教育部高等学校电子信息类专业教学指导委员会规划教材

高等学校电子信息类专业系列教材

数字信号分析和处理

（第2版）

张旭东　崔晓伟　王希勤　编著

清华大学出版社

北京

内 容 简 介

本书系统深入地介绍了数字信号分析和处理的原理和算法。全书由 11 章组成。第 1 章是信号处理预备知识,概述了连续信号处理的基本知识和采样定理。连续信号处理的各种概念和技术对于深入理解数字信号处理的结果是非常有帮助的,因此本章的设置可使本书更加自成体系。第 2～8 章是全书的核心,内容有:离散信号与系统的表示、离散变换和快速算法、数字频谱分析、数字滤波器设计和实现、希尔伯特变换和复倒谱、多采样率信号处理等,构成了离散信号处理的基本知识体系。第 9～11 章介绍了几个与实际应用更加密切的专题,包括有限字长效应、带通采样和 I/Q 采样技术、数字处理提高 A/D 和 D/A 性能、自适应滤波器等。本书也简要介绍了数字信号处理中的几个前沿课题,例如压缩感知、试验模态分析和希尔伯特-黄变换等。第 2～10 章专设一节介绍相关的 MATLAB 函数和实现例程。

本书可以作为电子信息、通信、电子科学技术等专业本科生数字信号处理课程的教材,也可作为电子信息类专业硕士课程的教材和非电子信息专业的研究生教材,亦可作为有关行业工程师、科技人员和大学教师的参考书。

图书在版编目(CIP)数据

数字信号分析和处理/张旭东,崔晓伟,王希勤编著. —2 版. —北京:清华大学出版社,2021.9
高等学校电子信息类专业系列教材
ISBN 978-7-302-57780-5

Ⅰ. ①数… Ⅱ. ①张… ②崔… ③王… Ⅲ. ①数字信号-信号分析-高等学校-教材 ②数字信号处理-高等学校-教材 Ⅳ. ①TN911.72

中国版本图书馆 CIP 数据核字(2021)第 055483 号

责任编辑:王一玲　钟志芳
封面设计:李召霞
责任校对:郝美丽
责任印制:丛怀宇

出版发行:清华大学出版社
　　　　网　　　址:http://www.tup.com.cn,http://www.wqbook.com
　　　　地　　　址:北京清华大学学研大厦 A 座　　　　　邮　　编:100084
　　　　社 总 机:010-62770175　　　　　　　　　　　　邮　　购:010-83470235
　　　　投稿与读者服务:010-62776969,c-service@tup.tsinghua.edu.cn
　　　　质量反馈:010-62772015,zhiliang@tup.tsinghua.edu.cn
　　　　课件下载:http://www.tup.com.cn,010-83470236
印 装 者:天津安泰印刷有限公司
经　　　销:全国新华书店
开　　本:185mm×260mm　　印　张:34.5　　　　　字　　数:840 千字
版　　次:2014 年 8 月第 1 版　2021 年 9 月第 2 版　　印　　次:2021 年 9 月第 1 次印刷
印　　数:1～1500
定　　价:98.00 元

产品编号:086849-01

第2版前言

FOREWORD

《数字信号分析和处理》已出版 7 年,现根据读者的反馈和教学实践对第 1 版做必要的修订。

作为大学本科或专业硕士学位的专业基础课,数字信号处理课程的核心内容已经成熟。考虑到本书第 1 版在原理和算法方面的选择仍能适应当前和未来一段时间教学需要,因此第 2 版的整体改动并不大。除了对书中少量文字表述和公式符号做了必要的修改和润色,以及第 2 章中增加了 z 变换的两个性质和第 9 章中增加了"自适应滤波器的应用举例"一节外,第 2 版的主要变化包括如下两部分。

(1)删除了第 1 版中第 12 章"数字信号处理的系统实现概述"。随着电子信息技术的快速发展,数字信号处理系统以数字信号处理器(DSPs)或 DSPs+FPGA 为主流结构的状况已经发生了变化,目前实际信号处理系统的组成结构呈现出更加多样化的发展趋势。本书作为以讲授数字信号处理基础理论和算法为目标的教材,对随技术发展变化相对较快的信号处理系统各种实现方式进行深入的介绍并无必要。基于这种考虑,删除第 1 版中介绍系统实现这一章。

(2)对习题做了较多补充。一本成熟的教材应该有足够数量且反映不同难度层次的习题。第 1 版尽管提供了可支持教学需求的习题,但在数量和层次上仍有所不足。第 2 版新增了较多数量和面向不同读者层次要求的习题,并且把习题明确分为普通习题和MATLAB 编程习题两大类。新版的习题总计约 230 题,比第 1 版增加了近一倍,为教师教学和学生学习提供了更大的选择性。

目前,学生上机进行 MATLAB 练习的情况比较普及。第 2 版中大多数 MATLAB 习题都是比较简单的练习题,可随每章的普通作业一起布置给学生作为课下练习来完成。此外,在课程教学过程中也可灵活使用 MATLAB 习题,例如可选择一个较复杂综合的MATLAB 习题布置给学生,作为课程实践,并将其成绩计入学期成绩。对于使用本书的自学者,若有条件,在学习各章时可多做一些 MATLAB 练习。

关于本教材的目标和针对的教学需求与第 1 版一致。需要提到的一点是,在第 1 版前言中强调本书适用于对数字信号处理要求较高的本科生或工程硕士研究生。目前研究生培养模式开展了以专业硕士替代原来的工程硕士的调整,所以本教材同样适用于电子信息类或相关工程类专业硕士"数字信号处理"课程。

感谢清华大学出版社王一玲、曾珊、钟志芳编辑在本书出版过程中给予的帮助和支持。

新版教材仍会存在缺点和不足,希望读者批评指正。

作　者
于清华园
2021 年 8 月

数字信号处理是国内外高校电子信息专业普遍开设的课程,目前很多高校的生物医学工程、机械、电气、自动化、航空航天等许多专业也开设同名课程。课程的目的是介绍广泛应用于各领域的数字信号处理方法,为实现各类数字或离散系统的信号设计、分析和处理提供理论基础和实现算法,也为更深入广泛地学习诸如图像处理、语音处理、雷达信号处理、通信信号处理、振动信号处理、医学信号处理等更专业的信号处理打下坚实的基础。

本书是作者在清华大学电子工程系长期讲授"数字信号处理"课程的基础上,由多年积累的讲义整理扩充而成的。

一本教材通常有两类典型写法。第一类是按照预定的教学大纲或学时组织材料,教材的内容满足于一门规定课程的教学需求。这样的教材因其精练,为学生提供一本经济的教材是其明显的优势,许多"规划"教材属于这一类。第二类更着重反映学科的系统性和完整性,既注重对核心知识细致深入的探讨,也提供一定的知识外延。正因如此,其内容一般会超出一门课程的需要,篇幅会更大;但这类教材为任课教师提供选择的灵活性,也为好学的学生留下足够的自学材料。两类教材各有优缺点,也有教材在两者之间进行平衡。本书偏于第二类。

本书的核心包括第2~8章和第10章的不带星号的内容,这些章节足够一学期的"数字信号处理"课程使用;第9、11、12章和其他章节带星号的内容是扩充性材料,供任课教师自由选择或学生自学使用;第1章是预备性内容,复习了连续信号分析和处理的基本知识,以更方便读者使用。为学好数字信号处理,经常需要回顾一些连续信号处理的概念,这些概念在第1章大都可以找到;另外,第1章最后一节(即1.6节)详细讲解了采样定理,这节内容应该在"数字信号处理"课程上给予适当深度的复习。

数字信号处理学科具有比较完整的理论、方法和实现算法,又有非常广泛的应用,而广泛的应用又催生了许多软件工具用于数字信号处理算法的仿真、系统设计和系统模拟。MATLAB的信号处理工具箱(SPB)是目前应用最广泛的一种信号处理软件包。结合MATLAB-SPB学习数字信号处理,一方面为理解信号处理算法提供一个良好的可视化实验环境;另一方面,也可早日掌握一种非常有用的软件工具。本书对MATLAB-SPB给予适当重视,在各章末尾专门设置一节介绍相关MATLAB函数和一些实现例程。这样的处理既不打乱对数字信号处理理论和算法论述的系统性,对MATLAB不感兴趣或暂时没有MATLAB基础的读者可直接跳过各章的这一节而不影响全书的连贯性,同时又给予MATLAB工具以相当篇幅的介绍。本书以数字信号处理原理和算法为主旨,MATLAB介绍是辅助性的,只选择部分重要的函数给出简单介绍,例程也主要为说明正文中的算法。若要看懂本书介绍MATLAB的小节,要求读者对MATLAB编程有初步知识。本书不介绍MATLAB编程基础,希望学习MATLAB编程的读者参考有关MATLAB教材,对于SPB

函数集的完整介绍可参考 MATLAB 文档或 MATLAB 在线帮助功能。书中专门安排了几个 MATLAB 大作业，习题中带 * 号的是这类作业。

本书可以作为电子信息、通信、电子科学技术等专业本科生数字信号处理课程的教材；适当减少理论部分并选择一些扩充性章节，也可作为工程硕士课程的教材；还可作为本科没有开设数字信号处理课程的专业用作研究生教材。本书亦可作为有关行业工程师或科技人员的参考书。本书的核心内容在清华大学电子工程系本科课程中使用多年，加上扩充材料（第 9、11 章）后也在该系工程硕士班使用多次，大多数材料还在安捷伦北京研发中心工程师培训课程中使用过。通过适当选择，本书可用于多种不同类型的课程。

感谢应启珩教授对本书初稿进行了细致的审核，提出了许多有建设性的修改意见。电子科技大学彭启琮教授和清华大学胡广书教授对本书的提纲提出许多有益的建议，谨表谢意。我们教学过程中也曾使用本系教授应启珩、冯一云、窦维蓓编著的《离散时间信号分析和处理》一书作为教材或参考书，本书有几个例子取材于该书，谨向三位同事表示感谢。特别是应启珩和冯一云先生是我们的老师和前辈，对我们都有过指导。我们的学生高昊、闫慧辰、黄丽刚、李杰然、李方圆、高艳涛、汪沨、谢林、刘婧、郭元元、王智睿等帮助准备了部分 MATLAB 例程，也帮助校对了部分初稿，谢谢他们。同时感谢多年来选择我们课程的同学，他们的疑问、讨论和反馈对改善本书的质量不可或缺。

作者之一张旭东教授感谢 TEXAS INSTRUMENTS(TI) Leadership Program 长期给予的支持，感谢 TI 对我们 DSP 课程改革和实验环境改善给予的支持，感谢沈洁女士和她的团队、林昆山博士、Gene A Frantz 先生在 DSP 应用上的合作与支持。

尽管我们做了努力，本书仍难免有疏漏和不足之处，望读者指正。

作　者

2014 年 1 月

学习建议

LEARNING TIPS

　　本课程的授课对象为电子、计算机、自动化、生物医学工程等专业的本科生,课程类别属于电子通信类。本课程教学以课堂讲授为主,参考学时为 48 学时;部分内容可以通过学生自学加以理解和掌握。授课教师可根据需要增加基于 MATLAB 等工具软件的实验教学环节,学时可灵活安排,主要由学生课后自学完成。

　　基于作者在清华大学电子工程系面向本科生讲授本课程的实践经验,将本课程主要知识点、重点、难点和课时分配安排的建议汇总在下表中,供使用本教材的授课教师参考。本教学建议是针对本科教学的,当面向专业硕士讲授本课程时,由于专业方向可能差距较大,授课教师可根据教学需要进行选择。

序号	知识单元(章节)	知 识 点	要求	推荐学时
1	数字信号处理概论 (绪论)	数字信号处理的基本概念	掌握	2
		数字信号和模拟信号处理的优劣比较	理解	
		数字信号处理的发展历程	了解	
		数字信号处理的应用	了解	
2	采样 (1.6 节、2.6 节和 11.1 节)	理想采样过程的建模和频域分析	理解	2
		采样前后连续和离散信号频谱关系	掌握	
		奈奎斯特和带通采样定理	掌握	
3	离散信号和系统的 表示与性质 (2.1 节~2.3 节)	离散信号的表示方法:时域、变换域、特征量	理解	3
		常用的基本离散信号	掌握	
		离散信号的性质:因果性、对称性、周期性等	掌握	
		离散系统的表示方法:输入输出函数、差分方程、状态空间表示法、系统框图/流图	理解	
		离散系统的性质:因果性、稳定性、线性、时不变性等	掌握	
		线性时不变系统的卷积和表示和性质	掌握	
4	离散时间傅里叶变换 (2.4 节)	离散时间傅里叶变换(DTFT)的定义	掌握	3
		DTFT 的性质	掌握	
		一般离散序列 DTFT 存在的条件	理解	
		特殊序列和周期序列的 DTFT	掌握	
5	离散傅里叶变换 (3.1 节~3.4 节)	离散傅里叶变换(DFT)的定义	掌握	4
		DFT 和 DTFT 间的关系	掌握	
		DFT 定义隐含的时频域周期延拓	理解	
		DFT 的性质	掌握	

序号	知识单元(章节)	知识点	要求	推荐学时
6	DFT 的快速计算方法 （3.6节）	FFT 算法的基本思想	理解	5
		按时间和按频率抽取的基 2-FFT 算法	掌握	
		基 4FFT 算法	掌握	
		分裂基 FFT 算法	理解	
		组合数 FFT 算法	了解	
7	DFT 的应用 （3.7节、第 4 章和5.7节）	利用 DFT 进行频谱分析	掌握	3
		短时傅里叶变换	了解	
		FIR 滤波器的 FFT 实现结构：重叠相加法和重叠保留法	掌握	
		CZT 频谱分析算法	理解	
8	LTI 系统分析 （2.2节～2.5节、 5.1节～5.4节）	z 变换的定义、性质和计算	掌握	6
		LTI 系统的时域、频域和变换域分析方法	掌握	
		LTI 系统幅频响应、相频响应和群延迟响应	掌握	
		LTI 系统的稳定性和因果性	掌握	
		全通系统、最小相位系统、线性相位系统的定义和性质	掌握	
9	LTI 系统(滤波器)设计 （5.4节～5.6节和第 6 章）	LTI 系统的可实现性	了解	6
		IIR 系统的各种实现结构	掌握	
		FIR 系统的各种实现结构	掌握	
		IIR 滤波器的设计方法：间接设计法、数字频率变换法、直接优化设计法	掌握	
		FIR 滤波器的设计方法：窗函数法	掌握	
10	希尔伯特变换 （7.1节～7.4节）	离散时间信号的希尔伯特变换	掌握	2
		频域的希尔伯特变换关系	掌握	
		复倒谱的定义和性质	了解	
11	有限字长效应分析 （第 10 章）	二进制数据表示和量化误差	理解	6
		ADC 的量化误差分析方法	掌握	
		滤波器系数量化影响分析方法	理解	
		数字系统运算量化误差分析方法	掌握	
		数字系统溢出和压缩比例因子分析方法	掌握	
		有限字长非线性效应分析方法	了解	
		DFT/FFT 运算中的有限字长效应分析方法	掌握	
12	多采样率信号处理 （8.1节、8.2节、8.5节、 11.3节和11.4节）	采样率变换系统的组成	掌握	3
		采样率变换前后的信号频谱的变化	掌握	
		采样率变换系统的高效实现结构：级联形式、多项实现形式	掌握	
		多采样率信号处理的应用：均匀滤波器组、提高 A/D 和 D/A 的有效量化位数	了解	
13	习题课	知识结构梳理和重点知识点串讲	掌握	3
		平时作业讲解、课堂练习		

ONTENTS

目 录

绪　　论

　　人自身具有很强的信号处理能力。眼睛获取的视觉信号、耳朵获取的听觉信号、鼻子获取的嗅觉信号、舌头获取的味觉信号、皮肤获取的触觉、痛觉和温度感觉信号等,最终由神经中枢对其进行处理,获取对环境的感知。早期设计的很多系统其信号处理功能需要借助人脑这个强大的处理器来完成。比如,早期的电报,需要人工编码、发送、译码;早期的电话需要人工接线完成交换;早期的雷达需要人工观察雷达回波,发现、测量和跟踪目标等。为了把人从复杂的信号处理任务中解放出来,避免人工处理信号易疲劳、易犯错误等不利因素,自第一次世界大战以来,机器自动处理信号成为研究的重点,并且取得了长足进步。数字信号处理就是在这种需求的驱动之下应运而生的。

　　如今数字信号处理技术的成果已经应用到生活的方方面面。家用固定电话、移动电话、网络电话、网络视频、数字电视、数字电影等,民用的现代医疗影像仪器、交通流传感器等,军用的数字保密通信、现代雷达、声呐系统等,均广泛采用数字信号处理技术。因此,当今电子信息领域的科研和技术人员有必要掌握数字信号处理的基本原理与技术。

　　尽管数字信号处理的应用已经十分广泛,但并不表示这项技术已经成熟定型;相反,它仍在快速发展之中。早期数字化主要是在基带,后来发展到中频,现在已经在向射频延伸;早期的数字信号处理系统主要是由数字电路实现,后来发展到用计算机和数字信号处理器实现,现在已经在向网络分布式处理发展;早期的数字信号处理主要面向线性时不变系统,利用正交变换、线性运算等数学工具,后来发展出自适应滤波、小波变换、神经网络等新方法,现在数字信号处理技术正在向非线性系统发展并对非线性数学工具提出新的要求;早期的信号处理主要研究以函数形式表示的信号,后来发展到信号处理之后的数据处理和数据融合,现在信号处理技术正在向数据挖掘、认知等更加复杂的研究数据之间关系的方向发展。所有这些新的发展方向和已经或即将出现的新理论、新技术,无疑会给人类的科技活动带来更加深刻而复杂的变化,而这一切都是以数字信号处理的基本理论和技术为基础的。学习好数字信号处理这门课程,能够给未来从事这些新领域的研究和开发工作打下坚实的基础。

　　绪论共有两部分内容:第一部分介绍数字信号处理的基本概念、本门课程的主要内容及其相互关系以及学习本门课程需要重点注意的问题;第二部分简要介绍数字信号处理相关理论和技术的发展历史,以期让读者概要了解与本门课程相关的学科发展历程及相关概念、理论、技术和方法的来历,从中体会到科学研究从具体到抽象、从模糊到清晰、从简陋到完善的过程,领悟科学研究的基本规律。

0.1　信号的基本概念和分类

为了加强对基本概念的重视，这里引用逻辑学关于概念及其层次的几个术语，帮助读者理解概念及其层次性对工程学科学习的作用。

概念（concept）是人类在长期实践过程中逐步形成的对某类事物的共同本质特征的认识。概念是一种思维形式，是事物在人脑中的一种反映，是人脑对事物本质特征的抽象概括。概念本身随着主观和客观的发展而变化，由具体到抽象，由肤浅到深入。概念的形成大大简化了人的思维过程，也极大地提高了人和人之间交流的效率。不同的人对同一个概念的认识，既有共通性，也会有差异。深入讨论概念、澄清概念的本质，有助于消除这种差异。对于从事科学研究工作的人来说，无论是为了更好地从事创新性科学研究和工程实践，还是为了更好地加强与同行的学术交流和科研合作，必须准确清晰地把握自身领域的基本概念。每个行业都有自己的一套概念体系和相应的术语体系（terminology），只有深入准确地理解了概念的内涵，才能算是"入了行"；只有能够正确使用概念的术语，才能算是学会"说行话"。

概念是有层次性的，就好比洋葱皮，层层包裹。大概念包含小概念，小概念从属于大概念。这里的"大小"指的是概念的外延（denotation，extension），即概念所指的对象的范围。大概念称为属（genus），小概念称为种（species）。属的外延大，包含种；种的外延小，归于属；一个种相对于同一属中其他种的特殊性就是种差（differentia）。种差增加了种的内涵（connotation，intension），因此种的内涵比属更丰富。利用概念的属和种差给概念下定义是逻辑学中常用的一种方法，相应的定义公式为：概念＝概念所归的属＋种差。属的性质和种差构成了概念的本质特征。

"数字信号处理"（digital signal processing）这个名称包含了三个基本概念：数字（digital）、信号（signal）和处理（processing）。学习这门课的学生应该对信号比较熟悉了，因此先从"信号"这个概念入手，对信号的基本特性稍做分析，然后再讨论什么是"数字"，什么是"信号处理"。

信号的概念包罗万象。举例来说，日常交流中的语言、手势、眼神、表情等都是信号；画家用线条、色彩、浓淡构成的图画是一种信号；音乐家用音符、节奏、强弱构成的乐曲是一种信号；舞蹈家用身体的动作构成的舞蹈也是一种信号，如此等等，举不胜举。从这些信号的具体形式中抽象出来，人们把表达某种内容的形式称为"信号"。为了避免漫无边际地讨论，我们把对信号这个概念的讨论集中到电子学范畴。

电信号　在电子学中，信号（signal）这个概念通常是指作为时间的函数的电量。电量（electric quantity）作为时间的函数也可以简称为电量函数。因此，电子学的信号就是电量函数，简称为电信号。这里所说的电量，可以是电荷量、电压、电流或电磁场强度。这个定义中只把时间规定为电量函数的自变量严格来讲是不完善的，比如二维图像信号是以二维空间变量作为自变量的，视频信号则是以二维空间再加上时间共三维变量作为自变量的。虽然时间和空间在物理上是不同的，但是从数学分析的角度而言，无论是时间还是空间，无论是一维还是多维，都是函数的自变量。数学分析手段对于不同的自变量是统一的，因此从数学的角度看，没有必要在信号定义中区分时间和空间。只要了解了以时间作为自变量的信号处理技术,那么对以空间作为自变量的信号处理技术也就了解了。二者虽然在处理技术上有差别,但是本质上是共通的,也就无须在目前这个层次上分开讨论。

如此定义电子学的信号对于采用数学工具研究信号处理问题是方便的,因为这样就把信号处理问题转化为对函数所做的各种操作。而对函数的操作是有坚实的数学基础的,这就是分析数学(analysis)。但是这样的定义只反映了各种信号外在表示上的共同特征,并没有反映具体信号的本质特征。在不同领域中,信号有着不同的本质含义。不少"信号与系统"教材中都对信号的本质特性予以讨论,并且通常以通信信号作为重点。之所以如此,是因为信号的存在绝大多数情况下是为了达成人与人之间、人与机器之间、机器与机器之间交流信息的目的,而交流信息就是通信。

通信信号 这里所说的"通信"(communications)是指无线电和电子学范畴的广义的通信学科,而不是狭义的电信(telecom)或者广播(broadcasting)。电信和广播有时也统称为"通信"(communication),比如电子对抗领域经常把通信(communication)与雷达(radar)和无线电导航(radio navigation)并列。在汉语中,通信有时称为"通讯",这时是指狭义的通信;英语里面也有用 telecommunications 替代 communication 表示狭义通信的情况,很容易混淆,读者在阅读时要根据上下文注意区分。下面我们用"通信"(communications)表示广义的通信,它包括了电信、广播、雷达和无线电导航等。

在通信中,信号的本质特征是"携带有消息"。消息(message)是信号的内容,信号是消息的载体或者消息的外在表现形式,所以可以说,通信信号是携带有消息的电信号。电量随着时间的变化表达了某种内容,这个内容就是信号所携带的消息。根据香农(Shannon)的信息理论(information theory),确定性的消息不带有信息(信息量为零)。不变的电量(常函数)没有不确定性,其携带的消息是确定性的,显然不带有信息,所以通信信号一定是变化着的电量。有些电量虽然是变化的,但是变化规律是确定的(比如单频正弦波的幅度、频率和相位都确定),这种确定性的电量函数携带的消息也是确定性的,同样是不带有信息的。所以通常在通信中论及"信号"时,不仅意味着某个电量是随时间变化着的,而且其变化有不确定性。从通信的角度看,接收到信息量为零的消息一般没有实际意义,所以可以更进一步地规定通信信号的本质特征是"携带有信息",即通信信号是携带有信息的电量函数(电信号)。

从以上分析可以看出,通信信号是一种特殊的电信号,电信号是"属"概念,通信信号是"种"概念。通信信号这"种"信号和其他电信号相比有差别,这个差别就是"携带有信息"。"携带有信息"就是通信信号与其他电信号之间的"种差"。这个种差给通信信号增加了内涵,因此通信信号比一般电信号的内涵要丰富。

通信信号所携带的信息可以是由发送端的发送者在产生信号时加载上去的,也可以是信号传输过程中由信道的不确定性作用加载上去的,或者二者兼而有之。发送者加载信息的情况如电报、电话、手机、网络、广播、电视等电信和广播系统。对于这样的信号,我们通常视信号传输过程中信道的各种影响为对信号的负面影响,需要在接收端予以补偿(均衡)。由信道的作用加载信息的情况,雷达正是一例。在雷达中,一般情况下发送的信号并不带有信息,其信息是在信号传输过程中,由目标对信号反射或者转发而加载上去的。如果把目标也看成信道的一部分,则可以说,雷达信号的信息是由信道的作用加载上去的。同时由发送者和信道加载信息的情况,无源雷达可算作一例。无源雷达利用其他辐射源发射的信号和该信号经过目标反射的信号探测目标。综上分析，雷达信号与电信和广播信号有本质区别：无论雷达是否自己发射信号，它都要利用目标的回波来探测目标，换句话说，雷达关心的是信号传输过程中信道里的目标对信号的作用所加载的信息；而电信与广播系统更关心发送端的发送者加载上去的信息。此二者之差别，就是雷达信号这"种"信号与其他通信信号之间的种差。这个种差给雷达信号这种特殊的通信信号增加了内涵，因此雷达信号比一般意义上的通信信号的内涵要丰富，当然比一般电信号的内涵更丰富。同样，电信信号和广播信号也是特殊的通信信号，它们的内涵也比一般意义上的通信信号的内涵要丰富。

电信与广播信号还可以进一步分为不同的"种"信号，使其内涵更加丰富，比如按照调制方式不同可以分为调幅、调频、调相以及幅度-频率联合调制、幅度-相位联合调制等不同的信号。同样雷达信号也可以进一步分为不同的"种"信号，使其内涵更加丰富，比如根据雷达信号的来源把信号分为目标信号和杂波等，这里就不再深入分析了。总之，随着属概念向种概念不断演进，概念的内涵逐步丰富，当然外延也逐步缩小。在学习信号处理技术的时候，对信号这个概念的理解一定要有层次性，这样才能真正把握概念的内涵。

噪声与干扰　无论是电信广播系统还是雷达系统，都难以避免信号传输过程中的干扰和噪声。干扰和噪声也是电子学意义上的信号，但是这些信号是"不期望有的"信号，要尽可能滤除掉。噪声是不可避免的，除非把温度降到绝对零度。事实上，噪声抑制是信号处理要面对的基本问题。现代电磁环境越来越复杂，使得干扰也很难避免，干扰抑制也日益成为信号处理的基本问题。

噪声在任何电子系统中都是不可避免的，接收机内部产生的热噪声（thermal noise）通常是噪声的主要成分。外部环境中的杂散电磁能量也会进入接收机，形成环境噪声（ambient noise）。噪声是随机的电信号，更适合用统计方法来刻画。

干扰（interference）是来自其他辐射源的电信号，干扰可以分为两类：敌意干扰（jamming）和无意干扰。敌意干扰有时也称为"人为干扰"，但是因为很多非敌意干扰也是"人为"的，故称为"敌意干扰"更能体现此类干扰有意破坏电信广播系统和雷达系统正常功能的本质。

敌意干扰属于电子对抗（electronic countermeasures，ECM）范畴，是电子战的一种手段。敌意干扰又分为两大类：噪声式干扰和欺骗式干扰。如何破坏对方利用电磁能量的能力而同时保护己方利用电磁能量的能力，是电子战的中心任务。电子战在现代战争中的作用越来越重要，因此，在现代电子系统中干扰是不可忽视的因素，在设计中必须予以充分的考虑，并采取适当措施提高系统抗干扰能力。

无意干扰是其他电子电力系统，如同频的雷达、无线电台等发射的信号，或者是同一系统中其他部件或元件产生的串扰。这些信号对电子系统也会造成不良影响，但是和敌意干扰不同的是，很多这类干扰信号可以通过适当的措施予以避免，比如频率管制或采取适当的电磁兼容措施等。

前面讨论的主要是电信号，还有很多信号并不以电量形式存在，而是以诸如化学物质、声、光、机械振动、流体运动、人体的生理信号等其他形式存在。对于这些信号，可以用不同的传感器把它们转变成电量。转变成电量以后，这些信号就变成了电信号。以传感器为媒介，把其他物理量转变成电量，扩大了信号处理技术的适用范围。

图 0.1 表示了上述各种信号之间的相互关系。

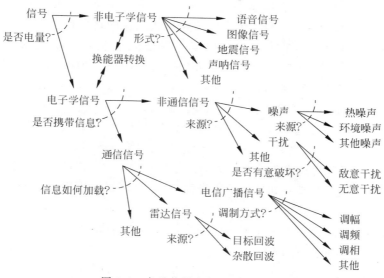

图 0.1　各种信号之间的相互关系

　　需要指出的是,对概念的分类方式不是唯一的,这里是从信号的本质特性出发所列举的一种分类方案。从不同角度讨论,还可以有别的分类方案,比如周期信号与非周期信号、确定性信号与随机信号、因果信号与非因果信号等,相关概念在后文中再做详述。

　　以上分析表明,各种电信号既有共同属性(比如都是电量的函数),又有其自身的特殊性。"数字信号处理"以各种信号的共同属性为基础研究具有共性的信号处理方法,在此基础上,可以发展出各种具有特殊性的信号处理方法,如通信信号处理(这里特指电信或者广播信号)、雷达信号处理、数字图像处理、语音信号处理、生物医学信号处理、地震信号处理等。数字信号处理是学习这些特定信号处理技术的基础。

0.2　数字与离散

　　讨论数字(digital)信号,首先要讨论离散(discrete)信号。

　　离散是和连续(continuous)或者模拟(analog)相对的。日常生活中可以见到很多离散的现象。比如古老的灌溉工具——水车,在一个大的轮子上安装若干个取水的小筒,当轮子转动使得小筒浸入水中时,小筒里面进水,随着轮子转动小筒逐步离开水面并把筒中的水带到高处,然后当轮子转到某个角度时,筒中的水被倾倒出来。轮子周围的若干个小筒,就这样随着轮子的转动"一筒一筒"地把水从河里搬运到水渠中。这种取水方式和现代的水泵抽水是不一样的,水泵通过叶片的旋转不断地把水抽送上来。二者的区别在于,水车是一筒一筒间断地取水的,而水泵是连续取水的。再比如走路和骑自行车是不同的:走路时,两条腿轮流跨步使双脚轮流踩踏地面,在地面上留下的是一个一个的足印;而骑自行车时车轮是连续地接触地面的。如此等等,还可以举出很多例子。

　　从这些例子可以初步总结出两类现象的差别。一类现象是可以一个一个地数的,而另外一类现象是连续的并不容易一个一个地数。能不能一个一个地数,是离散和连续的本质差别。能够一个一个地数，说明这个现象和自然数之间存在一一对应关系；不能一个一个地数，说明和自然数之间不能直接建立起一一对应关系。自然数有无穷多个，但是并不是所有现象都是无限的，能够和一部分或者有限个自然数对应的现象也是离散的。数学上把能够和自然数或者自然数的一部分一一对应起来的现象称为离散的。能够和自然数或者自然数的一部分一一对应起来在数学上称为可数（countable）或可列（enumerable）。除了上面举的日常生活中的例子以外，数学上这样的例子也很多。数列（sequence）和级数（series）是离散的，因为数列和级数的项可以和自然数对应起来。

能够和自然数一一对应表示过程本身带有简单实用的一面，这是很好的特性。水车早在千年前就发明了，因为它简易实用；用腿行走也比用轮子行走要方便，不强求修建平坦的道路；把一个连续函数表达成离散的级数形式，则是数学家非常钟爱的一种手段，因为很多情况下对级数的研究不仅要比研究函数本身简单，而且可以解决很多对函数本身进行研究难以克服的困难。

以上讨论隐含了离散信号是由对连续信号等周期抽样得到的，实际上，离散信号未必是等周期抽样的。等周期抽样（periodic sampling）也称为均匀抽样（uniform sampling），非等周期抽样也称为非均匀抽样。今后讨论的离散信号如果没有特别指出，都是指均匀抽样信号。对于均匀抽样信号，抽样周期不必出现在信号的离散序列表示中，但是抽样周期必须被记录下来以便在后续处理中使用。

还有一点需要指出，理论上可以用连续函数离散点上的取值来表示信号，但是实际系统中不可能在理想的离散点上取值。原因是一般的采样-保持（sample-and-hold）电路或者跟踪-保持（track-and-hold）电路从跟踪状态到保持状态总需要一定的时间，这个时间称为取样孔径（aperture）。实际取样信号近似为孔径内信号的平均值。如果孔径足够小使得孔径内的信号波形近似为直线，那么孔径本身只是引入一个等效延迟，称为孔径延迟（aperture-delay），而不会引入误差。但是，如果由于时钟不稳等原因使得孔径抖动（aperture-jitter），也就是孔径延迟在不同采样点上有变化，就会引入采样误差。

有了离散信号的概念，数字信号的概念就不难理解了。在离散信号的基础上，进一步对每一个取值离散化，就得到了数字信号。对离散信号取值进行离散化，称为量化过程。对离散信号取值的离散化，通常是把取值与有限个自然数对应起来。离散值所对应的自然数的个数决定了用二进制数表达这些值的字长，数字信号通常是用有限字长的二进制表示的。用有限字长表示信号取值通常会引进误差，这个误差称为量化误差。

数字信号适合用数字系统特别是计算机来存储、传输和处理。随着数字电路和计算机技术的发展，数字信号处理技术得到迅猛发展，已经深入到人们生活的方方面面。数字信号处理对大容量、高速度和实时性的要求，也反过来极大地推动了计算技术和数字系统的发展。数字信号处理技术越来越成为现代信息系统的重要基础，是电子信息类人才必须掌握的一门技术。

0.3　信号处理

处理（processing）就是加工。信号可以用函数表示，所以对信号的处理就是对函数的加工。通常对函数的加工有分析、变换和综合。分析就是把函数分解成一些简单易处理的成分，以便于研究其特性或对其组成成分分别进行处理；变换就是把函数变成另外一种形式，以使其特性更加明显或物理意义更加明确；综合就是用一些简单的成分合成所希望的信号，以使其能够按照要求携带信息。无论是分析、变换还是综合，都是对函数进行运算（operation）。

任何一个信号都包含了形式与内容两个方面：形式上，信号是电量的时间函数；内容上，信号表达了某种信息。信息通常是用信号的某些参量来表示的，比如同样是一段正弦波，信息可能包含在其幅度、相位、频率或者信号的持续时间中，也可能包含在几种参量的组合之中，或者几种参量同时包含有不同的信息。信号的形式体现了"属"的性质，信号的内容则体现了"种"的性质。不同种的信号其处理方法会有差别，对信号的处理与其形式和内容都有非常密切的关系。数字信号处理主要针对"属性"研究一般性的信号处理原理与技术。信号的"属性"是从各种不同的信号中归纳抽象出来的，据此用函数来表示信号，这样就把信号处理问题变成了数学问题。但是，信号处理与信号的物理本质特别是产生信号的物理过程密切相关。对物理过程和物理本质掌握得越多，利用得越充分，信号处理的效果就应该会越好。数字信号处理这门课程主要是介绍各种数学工具在信号处理中的应用，对相关的物理问题涉及不多；但是真正应用好这些工具，还需要了解具体信号产生、传输和携带信息的物理过程和其中的物理意义，二者缺一不可。这一点在后续各种针对特定信号的信号处理课程学习中要予以特别的重视。

信号处理不仅仅是个数学或物理的理论问题，还是个工程问题。把信号处理技术用于解决实际问题是信号处理研究的最终目的。要把信号处理技术应用于实际问题，用机器替代人的中枢神经系统完成信号处理任务，必须要构造信号处理系统。信号处理系统的任务是按照人的要求完成对函数的各种处理，主要是计算。数字信号处理系统包含软件和硬件两个方面。软件，就是计算的过程和方法，简称为算法；硬件，就是由运算模块构成的系统，也就是计算的机器，可以是普通计算机，也可以是数字信号处理器（一种特别针对信号处理设计的计算机）或者其他形式的数字系统。简单来说，数字信号处理系统是由计算的机器（计算机）和相应的算法构成的。硬件系统的设计在数字系统和计算机原理相关课程中已经学习过，在数字信号处理这门课程中不做重点介绍，仅在最后一章给出数字信号处理系统不同实现方式的概要介绍。数字信号处理这门课程重点介绍有关的算法和线性时不变数字滤波系统的设计。

一般来讲，实际工程中面临的很多问题都是连续的，而不是离散的，更不是数字的。要用数字信号处理系统来解决实际问题，需要完成连续到离散（continuous-to-discrete，C/D）和离散到连续（discrete-to-continuous，D/C）的转换。由于 C/D 和 D/C 都会引入误差，这些误差在实际工程问题中需要予以考虑，对这些误差的分析也是数字信号处理这门课程介绍的内容之一。

图 0.2(a)给出了用离散处理系统对连续时间信号进行处理的基本框图；若用数字系统进行数字信号处理，则实现框图可进一步细化为图 0.2(b)。在图 0.2(b)中，通过模/数（analog-to-digital，A/D）转换器把离散采样值变成数字信号，数字系统完成数字处理后，可用数/模（digital-to-analog，D/A）转换器把数字信号转换成连续信号。

综上所述，数字信号处理这门课程主要讨论数字系统对信号所施加的处理，这里所谓的"处理"主要包含以下四个方面的内容：

第一，离散信号的表示、分析、变换和综合的基本原理；

(a) 离散信号处理系统

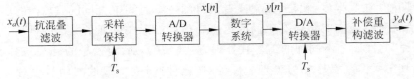

(b) 数字信号处理系统

图 0.2　离散和数字信号处理系统组成

第二，数字信号处理算法和线性时不变数字滤波器的设计与分析；

第三，有限字长效应和转换误差分析；

第四，与连续/离散混合系统、时变系统、非线性系统等相关的进一步扩展。

图 0.3 可以表达数字信号处理这门课程的主要内容与其他课程或者研究领域之间的相互关系。该图试图说明数字信号处理这门课程的主要内容是在把各种信号的共同属性抽象成函数的基础上，运用数学分析的工具，针对均匀采样的基带信号，应用电路模型实现线性时不变系统，完成信号级的处理。它既是针对各种特殊信号的处理方法的基础，也是进一步发展出来的现代信号处理和数据处理技术的基础。该图是示意性的，仅供读者参考。

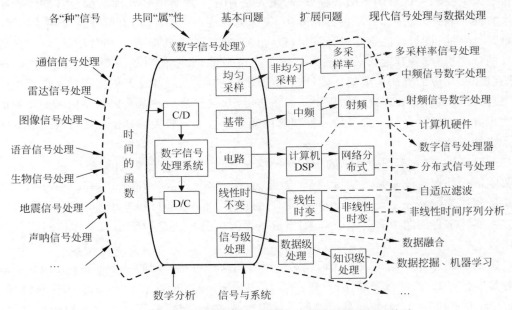

图 0.3　数字信号处理基础与外延或与其他领域的相互关系

在学习数字信号处理以及选择教材和参考书时，还要注意一个术语问题。为了表示上的简单性，在讨论数字信号处理的原理时，其实是针对离散时间信号进行的：即先不考虑取值的离散化，以导出各种分析和处理方法；然后再将取值量化造成的误差作为一个专门问题,进行单独的分析,这就是有限字长效应。鉴于这种原因,数字信号处理课程的原理部分,实际是针对离散时间信号展开的,因此也有作者将该领域的教材定名为"离散时间信号处理"。由于会专门讨论取值量化造成的有限字长问题,本书中不严格区分离散(时间)信号处理和数字信号处理这两个术语。

0.4　离散处理系统和数字处理系统的发展

1. 无线电与滤波器

信号处理的发展与无线电技术的发展密切相关,一个重要的原因是无线电传输需要调制、解调和滤波。

麦克斯韦(Maxwell)1864年发表了电磁场理论,预言了电磁波的存在。赫兹(Hertz)于1886—1888年通过实验证明了电磁波的存在。1895—1896年马可尼和波波夫实现了无线通信。1904年弗莱明(Fleming)发明了电子二极管,1906年福雷斯特(Forest)发明了电子三极管,使得振荡器、放大器、滤波器的实现成为可能,大大推动了无线电通信向实用化的发展。声音广播和图像广播相继于1920年和1929年出现,第一部实用雷达则于1935年研制成功。随着技术的进步,理论也在不断发展。1921年雷尼(Rainey)获得PCM编码的发明专利,提出了A/D、串行传输、D/A的思想。奈奎斯特(Nyquist)分别于1924年和1928年发表两篇文章,总结了采样的基本条件。"二战"期间由于战争的需要,一方面理论和技术在快速发展;另一方面很多成果由于保密的原因没有公开发表。直到1948年,香农(Shannon)发表信息论、维纳(Wiener)发表控制论,通信和滤波的理论基础才建立起来。此时,基于半导体材料的晶体管已于1947年发明出来,很多信号处理技术包括A/D、D/A、PCM、超外差已经出现,模拟的振荡器、放大器、滤波器也已经成功应用。

晶体管的出现,特别是随后集成电路的出现,使得电子设备小型化成为可能。集成化成为推动信号处理技术快速发展的强大动力。早期信号处理集成电路主要是围绕滤波器设计的,可能是因为滤波是信号处理中最为通用的功能。

20世纪50年代中期至60年代中期,先后出现了几种以晶体管(transistor)和固态电路(solid-state circuit)为核心的滤波器电路。这些电路的一个明显缺点是外围需要很多其他元件,这些元件由于体积和精度要求等原因尚不能集成到固态电路里面去。此后,人们开始寻找一种新的策略以便把一个完整的滤波器集成到一个固态电路中。

2. 离散信号处理电路

20世纪70年代中期,基于MOS大规模集成电路的数字滤波器开始出现。尽管数字滤波器的优点非常明显,但是由于集成度还不高,而外围需要抗混叠预滤波器(anti-aliasing pre-filter)、A/D、D/A和重建滤波器(reconstruction filter)等其他电路,相对而言,数字滤波的开销太大。这时,不需要A/D和D/A等外围电路的离散时间滤波器反而得到快速发展。这种技术不是用电流、电压等电量表示信号,而是利用电荷包(charge-packet)。这种技术尽管仍然需要抗混叠滤波器和重建滤波器,但是由于不需要幅度量化,因此省去了A/D、D/A,相对于全数字滤波而言,开销要小。电荷包的延迟可以通过开关、电容、运算放大器来实现,也可以用电荷耦合器件(charge coupled device,CCD)来实现;电荷量的比例和相加等运算可以用运算放大器实现。基于这种技术的完整的滤波器出现于 1977 年。随即，开关电容被发现可等效为电阻，1978 年出现了开关电容滤波器，使得滤波器的设计进一步简化，精度也有所提高，而且预滤波和重建滤波都可以集成到一个芯片中去。电荷耦合器件、开关电容电路等技术推动了集成电路的应用，从 1978 年直到 20 世纪 90 年代初，先后出现很多实用的此类集成电路。但是随着集成度的进一步提高，这些基于离散技术的集成电路在设计和生产上出现了难以克服的困难。电荷包的转移在集成电路拓扑结构上有很多限制，电荷包运算电路需要有很精确的模型才能够设计好，而这一点很难做到。此外，生产过程中的测试也比较困难。所以，20 世纪 70 年代后期至 80 年代初期，信号处理集成电路的重点开始转向数字电路。此时微处理器芯片已经出现。

3. 数字信号处理器

史上第一片数字信号处理器（digital signal processor，DSP）是 AMI 公司 1978 年设计的 12/16 位定点处理器 S2811，机器周期为 300ns，但是由于工艺上的问题，这个芯片直到 1982 年才正式推出。1979 年 AT&T 公司生产出 DSP1，这个芯片内部乘法器操作数的字长为 16/20 位，机器周期为 800ns。但是这个芯片只限于其公司内部使用，没有推向市场。真正在市场上大量使用的第一种 DSP 芯片是 NEC 公司 20 世纪 80 年代推出的 μPD7720，机器周期为 250ns。整个 20 世纪 80 年代有 10 多家公司先后推出了不同种类的 DSP 芯片，DSP 市场的增长率大大高于同期其他半导体产品。其中，后来发展成为主流的 DSP 芯片有 TI 公司的 TMS320 系列和 ADI 公司的 ADSP21 系列，至今这两个公司的 DSP 产品还是市场上的主流产品。

DSP 不仅能够实现滤波，还能够通过软件编程实现很多其他复杂的处理功能，这对许多应用来讲是非常重要的。所以 DSP 推出之后，极大地推动了数字信号处理的发展。但是，早期的 DSP 由于其通用结构和软件化处理的开销比较大，对许多商业应用而言，其计算能力、功耗、价格等还不能满足要求。在这种情况下，另一类数字电路，也就是所谓专用集成电路（application-specific integrated circuit，ASIC），得到快速发展和广泛应用。

4. 专用集成电路（ASIC）

傅里叶变换（Fourier transform，FT）是最通用的信号处理功能之一。专用的 FT 处理器首次出现在 1975 年，采用 CCD（电荷耦合元件）和横向滤波器结构实现 Chirp-Z 算法，完成 512 点变换需要 $256\mu s$。这种采用采样数据结构的电路，由于模拟运算的复杂度高，计算精度很难保证。1982 年 TRW 推出一款专用快速傅里叶变换（FFT）处理器，完成 1024 点 FFT 只需要 $188\mu s$。此后，针对语音处理、图像处理、彩色电视等应用的专用处理器纷纷推出。此外，专用的复数乘法、除法、复数求模（毕达哥拉斯处理器，Pythagoras processor）等专用芯片也都出现了。有了这些专用集成电路，就可以采用所谓积木块结构（building-block architecture）来实现数字信号处理系统。按照信号处理流程，分别用不同的专用处理器实现不同的功能，再配以适当的缓冲存储器和时序控制电路，就可以构造相当复杂的数字信号处理系统。在 20 世纪 80—90 年代很多实时应用主要采用这种积木块结构。DSP 以及此后出现的现场可编程门阵列（FPGA）电路在此期间不断改进，性能不断提高，现在已经逐步替代了专用集成电路。

采用数字信号处理技术，避免了早期离散处理难设计、难生产、难测试等问题，并且可以实现比离散滤波器复杂得多的信号处理功能。但是数字处理需要高性能的 A/D 和 D/A 才能嵌入模拟信号的处理通路中去。由于采样和量化的误差,数字处理还是有一些缺点的。但是,跟数字信号处理系统能够实现的算法复杂度相比,这些误差已经随着 A/D、D/A 性能的提高和算法的改进而越来越不重要了。

如果说 20 世纪 50 年代因为晶体管和固态电路的出现推动了信号处理技术的发展,那么现在随着信号处理理论和算法的研究越来越深入,对电路的要求越来越高,信号处理技术反过来又大大促进了集成电路技术的进一步发展。我们说计算包括了计算的机器和算法,此二者彼此依存,相互促进,构成了现代信号处理领域发展的主流。

信号处理系统发展史上的各种尝试,包括时分复用和频分复用,也包括模拟电路、离散电路、数字电路、积木块结构、微处理器结构等,在历史上都发挥过重要作用,也各有自己的优缺点。没有一种方案是十全十美的,一种方案的兴起与消失更多是跟当时的技术条件和应用需求密切相关。一个时代是主流的东西,下一个时代未必就是主流;同样,一个时代沉寂下去的东西,下一个时代未必就不能重新活跃起来。从事科学研究和技术开发工作,更多地要从应用需求的物理本质出发去仔细考察,选择或提出合理的方案,而不是随着"主流"人云亦云,唯有如此才能有大的创造。

0.5 本书的组成

本书由 11 章组成,包括了图 0.3 中数字信号处理的核心知识和几个选择的扩展性专题。其中第 2～8 章和第 10 章(不加星号的部分)是本书的核心内容,第 1 章是复习和预备性的,第 9 章、第 11 章和其他章节加星号的部分是扩展性专题。

第 1 章给出了关于连续时间信号处理的概括性的论述:一方面,当用数字信号处理技术处理由连续信号采样获得的数字信号时,连续信号处理的各种概念和技术对于深入地理解数字信号处理的结果是非常有帮助的,此章的设置可使得本书更加完善;另一方面,这一章给出了基本采样定理的详尽的论述,这是数字信号处理应用于物理问题的桥梁。

第 2 章是全书后续 10 章的基础,全面介绍了离散信号和系统表示的基本概念和方法,包括离散信号与系统的基本概念、卷积表示、离散时间傅里叶变换(DTFT)和 z 变换、连续和离散系统之间的基本转换关系等。

第 3 章和第 4 章专注于信号的表示问题。第 3 章主要讨论有限长离散序列的正交变换,重点介绍了离散傅里叶变换(DFT)及其快速算法(FFT),也概要介绍了离散余弦变换(DCT)和一些其他正交变换。第 4 章讨论与信号表示相关的重要应用:数字频谱分析。该章重点介绍了利用 DFT 进行数字频谱分析的各种特点和限制,讨论了加窗对谱分析的影响,最后概要介绍了短时傅里叶变换和时频谱分析的基本概念。

第 5 章和第 6 章讨论 LTI 系统的实现结构和设计方法。第 5 章首先介绍了 LTI 系统的基本表示方法,讨论了系统的可实现性条件。然后给出了 IIR 和 FIR 系统的各种实现结构,其中包括直接实现、分级实现和格型实现结构。该章也讨论了几类特殊系统。第 6 章给出了一大类 LTI 系统-数字滤波器的设计方法,主要分为 FIR 滤波器和 IIR 滤波器的设计。对于 FIR 滤波器重点讨论线性相位 FIR 滤波器的设计方法,主要有窗函数法和等波纹逼近方法;对于 IIR 滤波器,主要介绍了利用模拟滤波器原型的间接设计技术,重点讨论了冲激响应不变和双线性变换方法。

第 7 章讨论了希尔伯特变换及其相关技术的专题。除频域和时域的希尔伯特变换外，还介绍了复倒谱技术、实验模态分析和希尔伯特-黄变换。

第 8 章是多采样率信号处理的专题。多采样率技术在现代信息系统的应用越来越广泛，该章对此专题给出系统的介绍。首先介绍了整数倍降采样和整数倍升采样的基本结构，讨论了任意有理倍数重采样技术，也专门讨论了重采样技术中常用的多相实现方式和奈奎斯特滤波器设计技术。然后讨论了子带编码和滤波器组理论，给出了准确重构滤波器组准则，并介绍了几种实际设计的准确重构滤波器组。最后简要介绍了小波变换及其离散实现方法。

第 9 章是扩展性的一章，给出了典型的时变系统的例子：广泛应用的自适应滤波器。尽管从逻辑上讲，自适应滤波可以归于信号的统计处理领域，但我们希望在数字信号处理课程中能够让读者体验到时变系统的特点，故设立了此章。与一般著作讨论自适应滤波器不同，本书采用了更简单的直观性处理，从平均的角度理解自适应滤波的工作原理。这样在不需要引入很多统计信号处理概念的基础上，读者就可以理解自适应滤波的工作原理并能应用于实践。

第 10 章讨论有限字长效应。这一章讨论用数字系统实现信号处理时遇到的各种量化效应，分别讨论了 A/D 转换器的量化效应、有限位数表示系统系数带来的系数量化效应、有限位运算器带来的运算量化效应、非线性极限环效应、为防止溢出而采取的措施和由此带来的量化效应。此章也概要介绍了 FFT 的有限字长效应以及自适应滤波器的有限字长问题。

第 11 章是扩展性的一章，介绍了数字信号处理系统应用于实际中需要面对的一些实际问题。例如针对通信信号和雷达信号常用的带通采样定理和 I/Q 采样技术，用数字信号处理技术提高 A/D 转换器和 D/A 转换器的性能等。该章也简要介绍了一个发展中的专题：在一定条件下，用低于奈奎斯特率采样仍可准确重构信号。这是亚奈奎斯特采样和压缩感知技术讨论的问题。

第1章

信号处理：从连续到离散

尽管本书主要研究数字信号处理的问题,但在很多实际应用中离散信号或数字信号直接来自于对连续信号的采样。因此,连续信号分析和处理的很多重要概念与数字信号处理的结果是紧密相关的。在很多问题上需要通过数字信号处理的结果解释相应连续信号的物理意义。所以,连续信号的分析和处理与数字信号分析和处理往往具有某种对应关系。学习和应用好数字信号处理,往往离不开对连续信号处理的透彻理解。尽管在诸如"信号与系统"等课程中都有对连续信号处理的详细讨论,但为使本书内容相对完整,特别设置了本章。一方面作为复习,本章概要介绍连续信号分析和处理的基本知识,为了控制篇幅,以叙述性介绍为主,省略了大部分定理和性质的证明,也只提供了少量关键性的例子;另一方面本章也提供了从连续到离散的过渡过程。即使对于熟悉连续信号分析和处理的读者,建议也阅读一下 1.6 节。

尽管本章是概述性的,但也提供了一些较专门的内容,如 1.1.2 节中冲激函数的严格定义、1.4.1 节的驻相原理、1.4.4 节的时宽频宽积等。这些问题在实际中很有意义。

1.1 连续时间信号的表示

很多物理量经过传感器变换成电信号后,一般都是随时间变量 t 连续变化的,这类信号称为连续时间信号,或简称连续信号。常用符号 $x(t)$、$e(t)$ 等函数形式表示一个连续信号。连续信号中,由于来源不同、作用不同等,经常有不同的表示形式。有些信号可用数学表达式准确表示,有些信号可用图形直观表示,但也有些信号只能在实际中记录下来却无法用一个数学表达式或一个图形准确刻画。

信号处理中,常对不同信号进行分类。从大的方面来分类,常将信号分为连续时间信号和离散时间信号。本章主要是扼要给出连续信号分析和处理的概述。在本章最后一节,将给出从连续时间信号到离散时间信号的采样过程,自然也就给出了这两种信号的区别。这里首先讨论信号的另外一种大的分类:确定信号和随机信号。

确定信号　信号在任意时刻都有确定值,一旦指定了一个确定信号,也就知道了信号在任意时刻的取值。确定信号可以表示为一个时间的函数。

随机信号　在发生之前,信号的取值是无法完全确定的。信号在一个给定时刻的取值服从一个概率分布函数,但是在那个时刻到来之前无法准确地预测具体取何值。

本书重点讨论确定信号。确定信号分析和处理的方法和工具,大多可直接或加以改进后应用到随机信号分析和处理中,但随机信号处理也有其独特之处。也就是说,本书内容是信号处理的通用基础,虽然针对确定信号进行讨论,也可用于随机信号。

对信号也可有一些更狭义的分类,例如周期信号和非周期信号。对于信号 $x(t)$,若能找到一个值 T 和任意整数 k,使得对于任意 t 有

$$x(t) = x(t + kT) \tag{1.1}$$

则称信号是周期的,周期为 T。由于对于任意整数 n,nT 也是一个周期值并满足式(1.1),所以定义满足式(1.1)的最小 T 为信号的基本周期,$1/T$ 为基本频率,简称基频,$2\pi/T$ 为基本角频率。不满足周期性的信号为非周期信号。

1.1.1 常用连续信号

信号分析中常用一些基本信号,这些基本信号有许多用处:其一可以作为实例,帮助理解各种理论和方法;其二可以将复杂信号分解为一些基本信号之和,由对基本信号的处理构成对复杂信号的处理,即将复杂问题转化为简单问题之和。基本信号的数学表达式和图形在数学课程中大都遇到过,这里仅举几个例子说明。

1. 正弦类信号

$$x(t) = A\cos(\Omega_0 t + \theta)$$
$$x(t) = A\sin(\Omega_0 t + \theta)$$

两者都是周期信号,Ω_0 为角频率,$F_0 = \Omega_0/2\pi$ 为频率,单位为赫兹(Hz),基本周期为 $T_0 = 2\pi/\Omega_0$。

2. 复指数信号

$$x(t) = A\mathrm{e}^{\mathrm{j}(\Omega_0 t + \theta)} = A\cos(\Omega_0 t + \theta) + \mathrm{j}A\sin(\Omega_0 t + \theta)$$

以上将复指数展开成实部为余弦函数、虚部为正弦函数的公式称为欧拉公式。

3. 抽样信号

$$x(t) = \mathrm{Sa}(t) = \begin{cases} \dfrac{\sin t}{t}, & t \neq 0 \\ 1, & t = 0 \end{cases}$$

由于

$$\lim_{t \to 0} \frac{\sin t}{t} = 1$$

抽样信号经常简单地表示为

$$\mathrm{Sa}(t) = \frac{\sin t}{t} \tag{1.2}$$

该信号在 $t = \pm k\pi$ 处取值为零。$\mathrm{Sa}(t)$ 是偶函数,且满足

$$\int_{-\infty}^{+\infty} \mathrm{Sa}(t)\mathrm{d}t = \pi$$

其信号波形如图 1.1 所示,把原点两侧第一个零点之间的部分称为抽样信号的主瓣;其他零点之间的部分称为旁瓣。

4. 阶跃信号

阶跃信号由下式定义,其波形如图 1.2 所示。

$$u(t) = \begin{cases} 1, & t > 0 \\ 0, & t < 0 \end{cases}$$

在跳变点 $t = 0$ 时函数没有定义。为了与间断点傅里叶展开的收敛值一致，也可定义 $u(0) = \dfrac{1}{2}$。

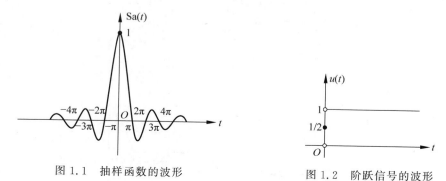

图 1.1　抽样函数的波形　　　　　　　　图 1.2　阶跃信号的波形

1.1.2　冲激函数

在许多问题的描述中，人们抽象出一个无法用物理系统实现却在很多科学问题中扮演了重要角色的函数：冲激函数。人们曾用不同的方式研究冲激函数，最早给出冲激函数定义的是物理学家狄拉克，人们也通过一些更直观的极限形式定义冲激函数。后来数学家把冲激函数定义为一种广义函数，并给出了更严格的定义，下面分别讨论这几种定义。

狄拉克的定义：冲激函数满足如下两个条件：

$$\int_{-\infty}^{+\infty} \delta(t)\mathrm{d}t = 1$$
$$\delta(t) = 0, \quad t \neq 0 \tag{1.3}$$

由狄拉克定义的冲激函数，自然的推论是 $\delta(t)\big|_{t=0} = +\infty$。用图 1.3 的带箭头线表示冲激函数。冲激函数无幅度可言，而是用强度来度量。图 1.3 中，箭头旁括号的数字 (1) 表示冲激强度。

通过多种不同的函数极限也可定义冲激函数，这些函数均满足面积为 1 的限制。最直观的定义是用脉冲定义的极限，如图 1.4 所示。

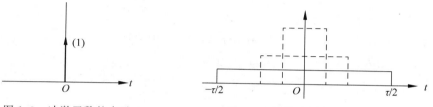

图 1.3　冲激函数的表示　　　　　　图 1.4　用脉冲极限定义冲激函数

$$\delta(t) = \lim_{\tau \to 0} \frac{1}{\tau}\left[u\left(t + \frac{\tau}{2}\right) - u\left(t - \frac{\tau}{2}\right)\right] \tag{1.4}$$

冲激函数的金字塔逼近如图 1.5 所示，极限形式为

$$\delta(t) = \lim_{\tau \to 0} \frac{1 - \dfrac{|t|}{\tau}}{\tau} [u(t+\tau) - u(t-\tau)]$$

用抽样函数逼近冲激函数如图 1.6 所示，其极限形式为

$$\delta(t) = \lim_{k \to +\infty} \frac{k}{\pi} \mathrm{Sa}(kt) = \lim_{k \to +\infty} \frac{\sin(kt)}{\pi t} \tag{1.5}$$

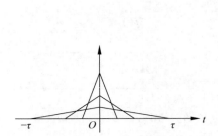

图 1.5　用金字塔极限定义冲激函数

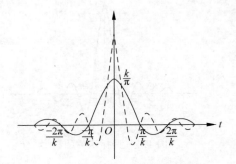

图 1.6　用采样函数极限定义冲激函数

利用此极限，得到一个有用的等式，由

$$\lim_{k \to +\infty} \frac{\sin(kt)}{\pi t} = \lim_{k \to +\infty} \frac{1}{2\pi} \int_{-k}^{k} \mathrm{e}^{\mathrm{j}\Omega t} \,\mathrm{d}\Omega = \delta(t)$$

上式重写为

$$\frac{1}{2\pi} \int_{-\infty}^{+\infty} \mathrm{e}^{\mathrm{j}\Omega t} \,\mathrm{d}\Omega = \delta(t) \tag{1.6}$$

冲激函数更严格的定义是通过广义函数来定义的。对于任意连续函数 $\varphi(t)$，满足 $\varphi(+\infty) = \varphi(-\infty) = 0$，若有

$$\int_{-\infty}^{+\infty} f(t)\varphi(t)\,\mathrm{d}t = \varphi(0) \tag{1.7}$$

其中 $f(t)$ 为一种广义函数，它与 $\varphi(t)$ 乘积的积分（又称内积）值等于 $\varphi(0)$，则称这种广义函数为冲激函数，即 $f(t) = \delta(t)$。冲激函数具有通过积分提取一个连续函数在原点取值的能力，这种抽取信号在一点取值的功能是一种理想取样。可以更直接地将 $\delta(t)$ 的定义写为

$$\int_{-\infty}^{+\infty} \delta(t)\varphi(t)\,\mathrm{d}t = \varphi(0) \tag{1.8}$$

冲激函数的几个常用性质如下：

性质 1　$x(t)$ 在零点连续且有界，则 $x(t)\delta(t) = x(0)\delta(t)$。

性质 1 的推论为：$x(t)\delta(t - t_0) = x(t_0)\delta(t - t_0)$。

性质 2　$\delta(at) = \dfrac{1}{|a|}\delta(t)$，$a \neq 0$。

性质 3　$\delta(t) = \delta(-t)$。

性质 4　$\delta(t) = \dfrac{\mathrm{d}u(t)}{\mathrm{d}t}$。

性质 5　$u(t) = \displaystyle\int_{-\infty}^{t} \delta(\tau)\,\mathrm{d}\tau$。

性质 6 $\int_{-\infty}^{+\infty} x(\tau)\delta(t-\tau)\mathrm{d}\tau = \int_{-\infty}^{+\infty} x(\tau)\delta(\tau-t)\mathrm{d}\tau = x(t)$。

可利用广义函数来定义冲激函数的各阶导数。对任意连续函数 $\varphi(t)$，冲激函数各阶导数满足

$$\int_{-\infty}^{+\infty} \varphi(\tau)\delta^{(n)}(\tau)\mathrm{d}\tau = (-1)^{(n)}\varphi^{(n)}(0)$$

1.1.3 信号的脉冲分解

冲激函数的性质 6，代表了任意信号 $x(t)$ 的一种脉冲分解。为了理解这一点，首先用如图 1.7 所示的脉冲台阶函数逼近一个信号，然后取极限得

$$
\begin{aligned}
x(t) &= \lim_{\Delta t_i \to 0} \sum_{i=-\infty}^{+\infty} x(t_i)\left[u(t-t_i) - u(t-t_i-\Delta t_i)\right] \\
&= \lim_{\Delta t_i \to 0} \sum_{i=-\infty}^{+\infty} x(t_i)\frac{\left[u(t-t_i) - u(t-t_i-\Delta t_i)\right]}{\Delta t_i}\Delta t_i \\
&= \lim_{\Delta t_i \to 0} \sum_{i=-\infty}^{+\infty} x(t_i)\delta(t-t_i)\Delta t_i \\
&= \int_{-\infty}^{+\infty} x(\tau)\delta(t-\tau)\mathrm{d}\tau
\end{aligned}
$$

(1.9)

可见，用冲激函数表示一个信号，是脉冲逼近的一种极限形式。

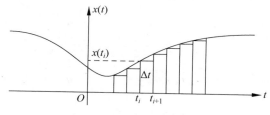

图 1.7　信号的脉冲分解

1.2　线性时不变系统

对于连续时间系统，若输入信号为 $x(t)$，输出信号为 $y(t)$，输入/输出的一般关系表示为

$$y(t) = T(x(t))$$

这里符号 $T()$ 表示可能实现的任意运算形式。用图 1.8 表示一个单输入单输出系统。

对于系统，若满足一些约束条件，则构成一类更特殊的系统。一些类型的系统存在成熟的分析和设计方法，例如线性时不变系统。

$$x(t) \rightarrow \boxed{系统 T} \rightarrow y(t)$$

图 1.8　系统的输入/输出表示

线性系统　如果一个系统的输入和输出之间满足如下叠加性和齐次性关系

$$
\begin{cases}
T(x_1(t) + x_2(t)) = T(x_1(t)) + T(x_2(t)) \\
T(ax(t)) = aT(x(t))
\end{cases}
$$

(1.10)

则称该系统为线性系统。

时不变系统　对一个系统，若 $y(t) = T(x(t))$，如果满足

$$y(t - t_0) = T(x(t - t_0)) \tag{1.11}$$

则称该系统为时不变系统。

线性时不变（LTI）系统　同时满足线性和时不变性的系统，已知 $y_1(t) = T(x_1(t))$ 和 $y_2(t) = T(x_2(t))$，当输入为 $x(t) = ax_1(t - t_1) + bx_2(t - t_2)$ 时，输出为

$$y(t) = T(x(t)) = ay_1(t - t_1) + by_2(t - t_2)$$

则该系统为 LTI 系统。

因果系统　如果一个系统在时刻 t 的输出仅由时刻 t 及其以前的输入确定，则称其为因果系统，否则是非因果系统。因果系统是物理可实现系统的必要条件。

BIBO 稳定系统　如果一个系统的输入信号有界，则其输出信号也有界，则称其为 BIBO 稳定系统。

对任意系统可定义冲激响应为：当输入信号为冲激函数 $\delta(t)$ 时，系统输出的零状态响应称为系统的冲激响应，冲激响应记为 $h(t)$，即

$$h(t) = T(\delta(t))$$

对于 LTI 系统，利用输入信号的冲激函数表示式(1.9)，可以容易地计算系统对任意输入信号的输出。

例 1.2.1　已知一个 LTI 系统的冲激响应为 $h(t) = e^{-\frac{10^4}{3}t} u(t)$，若输入信号为

$$x(t) = 0.3\delta(t) + \frac{1}{4}\delta(t - 10^{-3}) + \frac{1}{13}\delta(t - 2 \times 10^{-3})$$

系统输出为

$$y(t) = 0.3 e^{-\frac{10^4}{3}t} u(t) + \frac{1}{4} e^{-\frac{10^4}{3}(t - 10^{-3})} u(t - 10^{-3}) +$$

$$\frac{1}{13} e^{-\frac{10^4}{3}(t - 2 \times 10^{-3})} u(t - 2 \times 10^{-3})$$

既然任意信号均可分解为冲激函数的"无穷加权和"，利用系统 LTI 的性质，对于任意输入信号 $x(t)$，可以得到输出 $y(t)$ 的一般表达式。

由于输入信号 $x(t)$ 可以表示成

$$x(t) = \int_{-\infty}^{+\infty} x(\tau)\delta(t - \tau)d\tau = \lim_{\Delta\tau \to 0} \sum_{n=-\infty}^{+\infty} x(n\Delta\tau)\delta(t - n\Delta\tau)\Delta\tau$$

得到输入和输出的如下一系列关系，为了叙述方便，用"⇒"代表由输入对应的输出，则

$$\delta(t) \Rightarrow h(t)$$

$$\delta(t - n\Delta\tau) \Rightarrow h(t - n\Delta\tau)$$

$$(x(n\Delta\tau)\Delta\tau)\delta(t - n\Delta\tau) \Rightarrow (x(n\Delta\tau)\Delta\tau)h(t - n\Delta\tau)$$

$$x(t) = \lim_{\Delta\tau \to 0} \sum_{n=-\infty}^{+\infty} x(n\Delta\tau)\delta(t - n\Delta\tau)\Delta\tau \Rightarrow$$

$$y(t) = \lim_{\Delta\tau \to 0} \sum_{n=-\infty}^{+\infty} x(n\Delta\tau)h(t - n\Delta\tau)\Delta\tau = \int_{-\infty}^{+\infty} x(\tau)h(t - \tau)d\tau$$

重写输出的一般关系式为

$$y(t) = \int_{-\infty}^{+\infty} x(\tau)h(t-\tau)\mathrm{d}\tau = x(t) * h(t) \tag{1.12}$$

式(1.12)的积分称为卷积，其给出了 LTI 系统对任意输入信号的零状态输出响应。在后续讨论中，省略"零状态"一词。卷积有如下基本性质：

(1) 交换律 $x(t)h(t) = h(t)x(t)$

(2) 结合律 $x(t)[h(t)g(t)] = [x(t)h(t)]g(t)$

(3) 分配律 $x(t)[h(t)+g(t)] = x(t)h(t) + x(t)g(t)$

对于 LTI 系统，冲激响应是描述一个系统功能的重要函数，通过冲激响应，可以导出 LTI 系统的许多性质。连续 LTI 系统的 BIBO 稳定的充分必要条件为

$$\int_{-\infty}^{+\infty} |h(t)| \mathrm{d}t = B < \infty \tag{1.13}$$

连续 LTI 系统是因果系统的充分必要条件是：当 $t < 0$ 时，$h(t) = 0$。

1.3 线性时不变系统的特征表示

设一个 LTI 系统的冲激响应为 $h(t)$，系统输入为一个特定的信号 $s(t) = \mathrm{e}^{\mathrm{j}\Omega t}$，系统输出为

$$\begin{aligned}
y(t) = T(\mathrm{e}^{\mathrm{j}\Omega t}) &= \int_{-\infty}^{+\infty} h(\tau)s(t-\tau)\mathrm{d}\tau \\
&= \int_{-\infty}^{+\infty} h(\tau)\mathrm{e}^{\mathrm{j}\Omega(t-\tau)}\mathrm{d}\tau = \mathrm{e}^{\mathrm{j}\Omega t}\int_{-\infty}^{+\infty} h(\tau)\mathrm{e}^{-\mathrm{j}\Omega\tau}\mathrm{d}\tau \\
&= H(\mathrm{j}\Omega)\mathrm{e}^{\mathrm{j}\Omega t}
\end{aligned} \tag{1.14}$$

$\mathrm{e}^{\mathrm{j}\Omega t}$ 是连续 LTI 系统的特征函数，这里

$$H(\mathrm{j}\Omega) = \int_{-\infty}^{+\infty} h(t)\mathrm{e}^{-\mathrm{j}\Omega t}\mathrm{d}t \tag{1.15}$$

是对应的特征值。

当 $h(t)$ 是实值函数时，很容易验证：$H(-\mathrm{j}\Omega) = H^*(\mathrm{j}\Omega)$（称共轭对称性）。由于 $H(\mathrm{j}\Omega)$ 一般是复值函数，故可写为 $H(\mathrm{j}\Omega) = \mathrm{Re}(H(\mathrm{j}\Omega)) + \mathrm{j}\mathrm{Im}(H(\mathrm{j}\Omega)) = |H(\mathrm{j}\Omega)|\mathrm{e}^{\mathrm{j}\varphi(\Omega)}$，因此有

$$|H(\mathrm{j}\Omega)| = |H(-\mathrm{j}\Omega)|, \quad \varphi(\Omega) = -\varphi(-\Omega) \tag{1.16}$$

当输入信号为

$$x(t) = \cos(\Omega t) = \frac{1}{2}(\mathrm{e}^{\mathrm{j}\Omega t} + \mathrm{e}^{-\mathrm{j}\Omega t})$$

系统输出为

$$\begin{aligned}
y(t) &= \frac{1}{2}(H(\mathrm{j}\Omega)\mathrm{e}^{\mathrm{j}\Omega t} + H(-\mathrm{j}\Omega)\mathrm{e}^{-\mathrm{j}\Omega t}) \\
&= \frac{1}{2}(|H(\mathrm{j}\Omega)|\mathrm{e}^{\mathrm{j}\varphi(\Omega)}\mathrm{e}^{\mathrm{j}\Omega t} + |H(-\mathrm{j}\Omega)|\mathrm{e}^{\mathrm{j}\varphi(-\Omega)}\mathrm{e}^{-\mathrm{j}\Omega t}) \\
&= \frac{1}{2}|H(\mathrm{j}\Omega)|(\mathrm{e}^{\mathrm{j}(\Omega t+\varphi(\Omega))} + \mathrm{e}^{-\mathrm{j}(\Omega t+\varphi(\Omega))}) \\
&= |H(\mathrm{j}\Omega)|\cos(\Omega t + \varphi(\Omega))
\end{aligned} \tag{1.17}$$

类似地，当输入为

$$x(t) = \sin(\Omega t) = \frac{1}{2j}(e^{j\Omega t} - e^{-j\Omega t})$$

系统输出为

$$y(t) = \frac{1}{2j}(H(j\Omega)e^{j\Omega t} - H(-j\Omega)e^{-j\Omega t})$$

$$= \frac{1}{2j}(|H(j\Omega)|e^{j\varphi(\Omega)}e^{j\Omega t} - |H(-\Omega)|e^{j\varphi(-\Omega)}e^{-j\Omega t})$$

$$= \frac{1}{2j}|H(j\Omega)|(e^{j(\Omega t + \varphi(\Omega))} - e^{-j(\Omega t + \varphi(\Omega))})$$

$$= |H(j\Omega)|\sin(\Omega t + \varphi(\Omega)) \tag{1.18}$$

若 LTI 系统的输入为多个复正弦的和，即

$$x(t) = \sum_{k=0}^{M} c_k e^{j\Omega_k t} \tag{1.19}$$

系统输出为

$$y(t) = T\left(\sum_{k=0}^{M} c_k e^{j\Omega_k t}\right) = \sum_{k=0}^{M} c_k H(j\Omega_k)e^{j\Omega_k t} \tag{1.20}$$

或者 LTI 系统的输入为多个实正弦分量的和，即

$$x(t) = \sum_{k=0}^{M} \{a_k\cos(\Omega_k t) + b_k\sin(\Omega_k t)\}$$

则系统输出为

$$y(t) = \sum_{k=0}^{M} |H(j\Omega_k)| \{a_k\cos(\Omega_k t + \varphi(\Omega_k)) + b_k\sin(\Omega_k t + \varphi(\Omega_k))\} \tag{1.21}$$

如果能把任意信号分解为复指数或正弦/余弦信号之和（极限是积分形式），则通过 LTI 系统的特征值，可以得到系统对一般信号的响应。如果能把任意信号分解为复指数或正弦/余弦信号之和（极限是积分形式），则得到对复杂信号的一种有明显物理意义的解释，是信号诸多分解技术中最有基本意义的一种。傅里叶分析就是这样一种工具，这是傅里叶分析重要的原因。但也要认识傅里叶分析的局限性。傅里叶分析作为信号分析的工具，具有一般性；但作为系统分析的工具，只对 LTI 系统是特别有效的，但无法直接同样有效地用于非线性系统。

1.4 傅里叶分析

连续信号的傅里叶分析是信号处理的基础，这里给出一个概要性介绍，详细地研究可参考文献[20]和文献[21]等。

1.4.1 傅里叶变换的定义和基本性质

对于一般连续信号 $x(t)$ 的傅里叶变换表示为 $X(j\Omega)$，其定义为

$$X(j\Omega) = \int_{-\infty}^{+\infty} x(t)e^{-j\Omega t}dt \tag{1.22}$$

由傅里叶变换得到 $x(t)$ 的反变换公式为

$$x(t) = \frac{1}{2\pi} \int_{-\infty}^{+\infty} X(\mathrm{j}\Omega) \mathrm{e}^{\mathrm{j}\Omega t} \mathrm{d}\Omega \tag{1.23}$$

这里，为了证明式(1.22)和式(1.23)是一对变换对，利用式(1.6)的移位形式

$$\delta(t - t') = \frac{1}{2\pi} \int_{-\infty}^{+\infty} \mathrm{e}^{\mathrm{j}\Omega(t-t')} \mathrm{d}\Omega \tag{1.24}$$

将式(1.22)代入式(1.23)右边，注意代入时，为了区分两个时间变量，在式(1.22)中用 t' 替代 t，得到

$$\frac{1}{2\pi} \int_{-\infty}^{+\infty} X(\mathrm{j}\Omega) \mathrm{e}^{\mathrm{j}\Omega t} \mathrm{d}\Omega = \frac{1}{2\pi} \int_{-\infty}^{+\infty} \int_{-\infty}^{+\infty} x(t') \mathrm{e}^{-\mathrm{j}\Omega t'} \mathrm{d}t' \mathrm{e}^{\mathrm{j}\Omega t} \mathrm{d}\Omega$$

$$= \int_{-\infty}^{+\infty} x(t') \left[\frac{1}{2\pi} \int_{-\infty}^{+\infty} \mathrm{e}^{\mathrm{j}\Omega(t-t')} \mathrm{d}\Omega \right] \mathrm{d}t'$$

$$= \int_{-\infty}^{+\infty} x(t') \delta(t - t') \mathrm{d}t'$$

$$= x(t)$$

如上证明了式(1.22)和式(1.23)是互为反变换的变换对。如上的证明并不严格，隐含了式(1.22)的变换是存在的，同时 $x(t)$ 是处处连续的。这里不深入讨论傅里叶变换的存在性问题，这是一个比较复杂的专题。如下几条称为狄里赫利条件，这是傅里叶变换收敛的充分性条件：

(1) $x(t)$ 是绝对可积的，即

$$\int_{-\infty}^{+\infty} |x(t)| \mathrm{d}t < +\infty$$

(2) 在任何有限区间内，$x(t)$ 有有限个极大值、极小值和间断点；

(3) 存在间断点的区间的长度是有限的。

令

$$x_\sigma(t) = \frac{1}{2\pi} \int_{-\sigma}^{\sigma} X(\mathrm{j}\Omega) \mathrm{e}^{\mathrm{j}\Omega t} \mathrm{d}\Omega$$

若 $x(t)$ 满足狄里赫利条件，则在任何连续点上，有

$$\lim_{\sigma \to +\infty} x_\sigma(t) = x(t)$$

若 t 是 $x(t)$ 的间断点，则

$$\lim_{\sigma \to +\infty} x_\sigma(t) = \frac{x(t_-) + x(t_+)}{2}$$

若 $x(t)$ 的傅里叶变换存在，它一般为复函数，可写为

$$X(\mathrm{j}\Omega) = X_\mathrm{R}(\mathrm{j}\Omega) + \mathrm{j}X_\mathrm{I}(\mathrm{j}\Omega) = |X(\mathrm{j}\Omega)| \mathrm{e}^{\mathrm{j}\arg\{X(\mathrm{j}\Omega)\}} \tag{1.25}$$

这里

$$|X(\mathrm{j}\Omega)| = [X_\mathrm{R}^2(\mathrm{j}\Omega) + X_\mathrm{I}^2(\mathrm{j}\Omega)]^{1/2} \tag{1.26}$$

$$\varphi(\Omega) = \arg\{X(\mathrm{j}\Omega)\} = \arctan \frac{X_\mathrm{I}(\mathrm{j}\Omega)}{X_\mathrm{R}(\mathrm{j}\Omega)} \tag{1.27}$$

在信号分析中，一般称 $X(\mathrm{j}\Omega)$ 为信号的频域表示或信号的频谱密度函数，简称频谱。$X_\mathrm{R}(\mathrm{j}\Omega)$ 表示其实部，$X_\mathrm{I}(\mathrm{j}\Omega)$ 表示其虚部；称 $|X(\mathrm{j}\Omega)|$ 为幅度谱，$\varphi(\Omega) = \arg\{X(\mathrm{j}\Omega)\}$ 为相位谱。

由于式(1.23)可写为

$$x(t) = \frac{1}{2\pi} \int_{-\infty}^{+\infty} X(j\Omega) e^{j\Omega t} \, d\Omega = \lim_{\Delta\Omega \to 0} \sum_{k=-\infty}^{+\infty} \frac{1}{2\pi} X(jk\Delta\Omega) \Delta\Omega e^{jk\Delta\Omega t}$$

因此 $\frac{1}{2\pi} X(jk\Delta\Omega)\Delta\Omega$ 代表了信号中 $e^{jk\Delta\Omega t}$ 频率成分的强度,因此

$$X(j\Omega) = \lim_{\Delta\Omega \to 0} \frac{1}{2\pi} \frac{X(jk\Delta\Omega)\Delta\Omega}{\Delta\Omega} \tag{1.28}$$

具有频谱密度的含义。它表示了信号中包含了哪些频率成分,它们以多大的分布密度组成该信号,这是信号分析中最重要的一个物理量。

例 1.4.1 求实指数信号 $x(t) = e^{-at}u(t)$ 的傅里叶变换。

当 $a < 0$ 时, $\int_0^{+\infty} |e^{-at}| \, dt = +\infty$, $x(t)$ 不绝对可积,傅里叶变换不收敛,$a > 0$ 时

$$X(j\Omega) = \int_{-\infty}^{+\infty} e^{-at}u(t) e^{-j\Omega t} \, dt = \int_0^{+\infty} e^{-(j\Omega+a)t} \, dt = \frac{1}{a+j\Omega} \tag{1.29}$$

信号的幅度谱和相位谱分别为

$$|X(j\Omega)| = \frac{1}{(a^2 + \Omega^2)^{1/2}}$$

$$\arg\{X(j\Omega)\} = -\arctan(\Omega/a) \tag{1.30}$$

对于一个给定的参数 a,幅度谱和相位谱示于图 1.9 中。

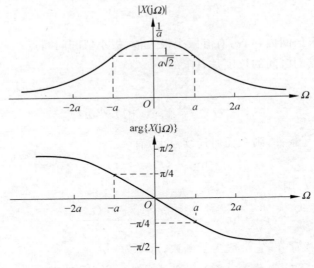

图 1.9　实指数信号的幅度谱和相位谱

当参数 $a = 0$ 时,信号退化为阶跃信号,尽管阶跃信号也不满足绝对可积性,但可以通过引进频域的冲激函数得到一类非绝对可积信号的傅里叶变换,稍后再讨论这一类问题。

例 1.4.2 若信号是对称的矩形脉冲,即 $x(t) = u(t+T_0) - u(t-T_0)$,求其傅里叶变换。

$$X(j\Omega) = \int_{-\infty}^{+\infty} [u(t+T_0) - u(t-T_0)] e^{-j\Omega t} \, dt = \int_{-T_0}^{T_0} e^{-j\Omega t} \, dt$$

$$= \begin{cases} 2T_0, & \Omega = 0 \\ \dfrac{2\sin(\Omega T_0)}{\Omega}, & \Omega \neq 0 \end{cases}$$

考虑到利用洛比达法则，可得极限

$$\lim_{\Omega \to 0} \frac{2\sin(\Omega T_0)}{\Omega} = 2T_0$$

矩形脉冲的傅里叶变换可写为

$$X(\mathrm{j}\Omega) = \frac{2\sin(\Omega T_0)}{\Omega} = 2T_0 \mathrm{Sa}(\Omega T_0) \tag{1.31}$$

对称矩形信号与频谱图如图 1.10 所示。

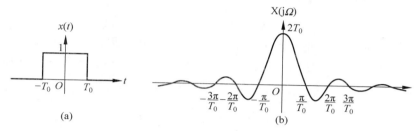

图 1.10 对称矩形信号及其频谱

有些信号的傅里叶变换求解需要一些技巧，例 1.4.3 给出高斯函数的傅里叶变换。

例 1.4.3 求高斯函数 $x(t) = \mathrm{e}^{-t^2/2}$ 的傅里叶变换。

$$X(\mathrm{j}\Omega) = \int_{-\infty}^{+\infty} x(t)\mathrm{e}^{-\mathrm{j}\Omega t}\,\mathrm{d}t = \int_{-\infty}^{+\infty} \mathrm{e}^{-t^2/2}\mathrm{e}^{-\mathrm{j}\Omega t}\,\mathrm{d}t$$

$$= \int_{-\infty}^{+\infty} \mathrm{e}^{-t^2/2}\cos\Omega t\,\mathrm{d}t$$

注意，由高斯函数的对称性，得到上式的第二行，对 Ω 求导，得

$$\frac{\mathrm{d}X(\mathrm{j}\Omega)}{\mathrm{d}\Omega} = \frac{\mathrm{d}}{\mathrm{d}\Omega}\int_{-\infty}^{+\infty} \mathrm{e}^{-t^2/2}\cos\Omega t\,\mathrm{d}t = \int_{-\infty}^{+\infty} \mathrm{e}^{-t^2/2}\frac{\mathrm{d}\cos\Omega t}{\mathrm{d}\Omega}\,\mathrm{d}t$$

$$= \int_{-\infty}^{+\infty} \mathrm{e}^{-t^2/2}(-t)\sin\Omega t\,\mathrm{d}t$$

$$= \int_{-\infty}^{+\infty} \mathrm{e}^{-t^2/2}\sin\Omega t\,\mathrm{d}\left(-\frac{t^2}{2}\right) = \int_{-\infty}^{+\infty} \sin\Omega t\,\mathrm{d}\mathrm{e}^{-t^2/2}$$

$$= \sin\Omega t\,\mathrm{e}^{-t^2/2}\Big|_{-\infty}^{+\infty} - \int_{-\infty}^{+\infty} \mathrm{e}^{-t^2/2}\,\mathrm{d}\sin\Omega t$$

$$= -\Omega\int_{-\infty}^{+\infty} \mathrm{e}^{-t^2/2}\cos\Omega t\,\mathrm{d}t$$

$$= -\Omega X(\mathrm{j}\Omega)$$

上式从第三行到第四行用了分部积分。由上式得到关于 $X(\mathrm{j}\Omega)$ 的微分方程

$$\frac{\mathrm{d}X(\mathrm{j}\Omega)}{\mathrm{d}\Omega} = -\Omega X(\mathrm{j}\Omega)$$

重写为

$$\frac{\mathrm{d}\ln X(\mathrm{j}\Omega)}{\mathrm{d}\Omega} = -\Omega$$

因此，$X(\mathrm{j}\Omega)$ 的解为

$$X(\mathrm{j}\Omega) = c\,\mathrm{e}^{-\Omega^2/2}$$

利用欧拉-泊松公式

$$\int_{-\infty}^{+\infty} \mathrm{e}^{-t^2}\,\mathrm{d}t = \sqrt{\pi}$$

得到系数 c 为

$$X(\mathrm{j}0) = c = \int_{-\infty}^{+\infty} \mathrm{e}^{-t^2/2}\,\mathrm{d}t = \sqrt{2\pi}$$

最后得到高斯函数的傅里叶变换为

$$X(\mathrm{j}\Omega) = \sqrt{2\pi}\,\mathrm{e}^{-\Omega^2/2}$$

如下不加证明地给出傅里叶变换的几个主要性质。在性质叙述中，均假定 $x(t)$ 的傅里叶变换表示为 $X(\mathrm{j}\Omega)$，简写为 $x(t) \leftrightarrow X(\mathrm{j}\Omega)$；若有多个信号，相应地有 $x_i(t) \leftrightarrow X_i(\mathrm{j}\Omega)$。

性质 1　线性性质

$$\sum_{i=1}^{K} a_i x_i(t) \leftrightarrow \sum_{i=1}^{K} a_i X_i(\mathrm{j}\Omega)$$

性质 2　对偶性

$$X(\mathrm{j}t) \leftrightarrow 2\pi x(-\Omega)$$

性质 3　共轭性

$$x^*(t) \leftrightarrow X^*(-\mathrm{j}\Omega)$$

推论，若信号为实函数 $x(t) = x^*(t)$，其傅里叶变换共轭对称，即 $X(\mathrm{j}\Omega) = X^*(-\mathrm{j}\Omega)$。

性质 4　尺度变换性

$$x(at) \leftrightarrow \frac{1}{|a|} X\left(\mathrm{j}\frac{\Omega}{a}\right) \tag{1.32}$$

例 1.4.4　利用尺度变换性，由例 1.4.3 的结果，不难验证如下更一般的高斯函数变换对为

$$A\,\mathrm{e}^{-\left(\frac{t}{\sigma}\right)^2} \leftrightarrow A\sqrt{\pi}\sigma\,\mathrm{e}^{-\left(\frac{\Omega\sigma}{2}\right)^2}$$

性质 5　位移性

对于任何实数 a，有

$$x(t-a) \leftrightarrow \mathrm{e}^{-\mathrm{j}a\Omega} X(\mathrm{j}\Omega) \tag{1.33}$$

$$\mathrm{e}^{\mathrm{j}at} x(t) \leftrightarrow X[\mathrm{j}(\Omega-a)] \tag{1.34}$$

性质 6　导数

$$(-\mathrm{j}t)^n x(t) \leftrightarrow X^{(n)}(\mathrm{j}\Omega) \tag{1.35}$$

$$x^{(n)}(t) \leftrightarrow (\mathrm{j}\Omega)^n X(\mathrm{j}\Omega) \tag{1.36}$$

这里 $x^{(n)}(t)$ 表示对 $x(t)$ 的 n 阶导数。

性质 7　卷积定理

$$x_1(t) * x_2(t) \leftrightarrow X_1(\mathrm{j}\Omega) X_2(\mathrm{j}\Omega) \tag{1.37}$$

性质 8 频域卷积定理

$$x_1(t)x_2(t) \leftrightarrow \frac{1}{2\pi}X_1(\mathrm{j}\Omega) * X_2(\mathrm{j}\Omega) = \frac{1}{2\pi}\int_{-\infty}^{+\infty}X_1(\mathrm{j}\theta)X_2\big[\mathrm{j}(\Omega-\theta)\big]\mathrm{d}\theta \tag{1.38}$$

性质 9 帕塞瓦尔定理

$$\int_{-\infty}^{+\infty}x_1(t)x_2^*(t)\mathrm{d}t = \frac{1}{2\pi}\int_{-\infty}^{+\infty}X_1(\mathrm{j}\Omega)X_2^*(\mathrm{j}\Omega)\mathrm{d}\Omega \tag{1.39}$$

帕塞瓦尔定理的特殊情况是，当 $x_1(t)=x_2(t)=x(t)$ 时，成为能量定理，即

$$\int_{-\infty}^{+\infty}|x(t)|^2\mathrm{d}t = \frac{1}{2\pi}\int_{-\infty}^{+\infty}|X(\mathrm{j}\Omega)|^2\mathrm{d}\Omega \tag{1.40}$$

性质 10 矩定理

若用

$$m_n = \int_{-\infty}^{+\infty}t^n x(t)\mathrm{d}t$$

表示 $x(t)$ 的 n 阶矩，则其傅里叶变换 n 阶导数在原点的值给出了矩的取值，即

$$X^{(n)}(0) = (-\mathrm{j})^n m_n \tag{1.41}$$

性质 11 驻相原理

信号为 $x(t)=a(t)\mathrm{e}^{\mathrm{j}\theta(t)}$，$\theta(t)$ 是单调的，令 $\phi(t,\Omega)=\theta(t)-\Omega t$，若 $t_i(i=0,1,\cdots,K)$ 为下式的解

$$\frac{\mathrm{d}\phi(t,\Omega)}{\mathrm{d}t} = \frac{\mathrm{d}\theta(t)}{\mathrm{d}t} - \Omega = 0$$

称其为驻相点，则信号的傅里叶变换近似由驻相点的如下取值构成

$$X(\mathrm{j}\Omega) \approx \sum_{i=0}^{K}\sqrt{\frac{-\pi}{2\phi^{(2)}(t_i,\Omega)}}\,\mathrm{e}^{-\mathrm{j}\pi/4}a(t_i)\mathrm{e}^{\mathrm{j}\phi(t_i,\Omega)} \tag{1.42}$$

驻相原理可使用的条件是 $\phi^{(2)}(t_i,\Omega)\neq 0$。这里 $\phi^{(2)}(t,\Omega)$ 表示 $\phi(t,\Omega)$ 对时间 t 的二阶导数。

如上性质中，性质 1～性质 9 是傅里叶变换的基本性质，在任何一本《信号与系统》教材中均有详述和例子，这里不再赘述。性质 10 可用于计算信号的质量中心或计算信号的等效时宽和带宽。性质 11 不是傅里叶变换的基本性质，但在近代电子系统分析中有许多应用，这里再做进一步讨论。

在近代电子系统中，常采用

$$x(t) = a(t)\mathrm{e}^{\mathrm{j}\theta(t)}$$

作为信号源或表示一类传输的信号，这里 $\theta(t)$ 可能是一个比线性函数更复杂的函数，因此，若假设 $a(t)$ 相对 $\theta(t)$ 是变化非常慢的，则信号的瞬时频率

$$F(t) = \frac{1}{2\pi}\frac{\mathrm{d}\theta(t)}{\mathrm{d}t}$$

是时变的。对这类信号，一般难以得到其傅里叶变换的精确数学表达式，可利用后续章节介绍的频谱分析工具对其频谱进行计算，这是数字信号处理的核心内容之一。另一种方法是得到其傅里叶变换的近似计算，利用数值积分近似计算的运算量太大，驻相原理是一种简单的近似方法。当信号只有一个驻相点 t_0 时，傅里叶变换近似为

$$X(j\Omega) \approx \sqrt{\frac{-\pi}{2\phi^{(2)}(t_0,\Omega)}} e^{-j\pi/4} a(t_0) e^{j\phi(t_0,\Omega)} \qquad (1.43)$$

通过线性调频波形的例子，来进一步理解驻相原理的应用。

例 1.4.5 设信号是如下脉冲调制波形

$$x(t) = a(t) e^{j\beta t^2}$$

其中

$$a(t) = \begin{cases} 1, & |t| \leqslant \tau/2 \\ 0, & |t| > \tau/2 \end{cases}$$

可见，该信号是只在 $|t| \leqslant \tau/2$ 范围内振荡的波形，其瞬时频率为

$$F(t) = \frac{1}{2\pi} \frac{d\theta(t)}{dt} = \frac{1}{\pi}\beta t$$

在 $|t| \leqslant \tau/2$ 范围，其瞬时频率从 $-\frac{1}{2\pi}\beta\tau$ 到 $\frac{1}{2\pi}\beta\tau$，由于其瞬时频率是随时间线性变化的，故称这类信号为线性调频信号。本例中，因信号只在 $|t| \leqslant \tau/2$ 范围非零，故为线性调频脉冲，这是现代雷达中的常用信号之一，其傅里叶变换为

$$X(j\Omega) = \int_{-\infty}^{+\infty} a(t) e^{j\beta t^2} e^{-j\Omega t} dt$$

$$= \int_{-\infty}^{+\infty} a(t) e^{j(\beta t^2 - \Omega t)} dt = \int_{-\infty}^{+\infty} a(t) e^{j\varphi(t,\Omega)} dt$$

如上积分得不到闭式解，用驻相原理得到其近似表示，由

$$\phi(t,\Omega) = \beta t^2 - \Omega t$$
$$\phi'(t,\Omega) = 2\beta t - \Omega$$
$$\phi^{(2)}(t,\Omega) = 2\beta$$

可求得驻相点为

$$\phi'(t,\Omega) = 2\beta t_0 - \Omega = 0 \Rightarrow t_0 = \frac{\Omega}{2\beta}$$

代入驻相原理得

$$X(j\Omega) \approx \sqrt{\frac{-\pi}{2\phi^{(2)}(t_0,\Omega)}} e^{-j\pi/4} a(t_0) e^{j\phi(t_0,\Omega)}$$

$$= j\sqrt{\frac{\pi}{4\beta}} e^{-j\pi/4} a\left(\frac{\Omega}{2\beta}\right) e^{-j\Omega^2/4\beta}$$

由

$$a\left(\frac{\Omega}{2\beta}\right) = \begin{cases} 1, & \left|\frac{\Omega}{2\beta}\right| \leqslant \frac{\tau}{2} \\ 0, & 其他 \end{cases} \quad \Rightarrow \quad a\left(\frac{\Omega}{2\beta}\right) = \begin{cases} 1, & |\Omega| \leqslant \tau\beta \\ 0, & 其他 \end{cases}$$

因此，由驻相原理得到的近似傅里叶变换为

$$X(j\Omega) \approx \begin{cases} j\sqrt{\frac{\pi}{4\beta}} e^{-j\pi/4} e^{-j\Omega^2/4\beta}, & |\Omega| \leqslant \tau\beta \\ 0, & 其他 \end{cases}$$

可见，在 $|\Omega| \leqslant \tau\beta$ 内，$|X(\mathrm{j}\Omega)| \approx \sqrt{\dfrac{\pi}{4\beta}}$，即频谱的幅度谱是常数；在此区间外，频谱为零。
得到信号角频率带宽为 $2\tau\beta$，按赫兹为单位的频率带宽为 $\tau\beta/\pi$。若希望得到带宽为 $B\,\mathrm{Hz}$ 的信号，可取 $\beta=\pi B/\tau$。图 1.11 给出了 $\tau B=100$ 时，由驻相原理得到的幅度谱(矩形部分)和数值计算得到的幅度谱的比较。由图可见，尽管驻相原理得到的幅度谱是近似的，但也大致反映了信号频谱的分布范围。

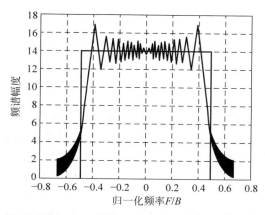

图 1.11　由驻相原理得到的幅度谱和数值计算得到的幅度谱的比较

1.4.2　信号的冲激谱

有一些常用信号，例如周期信号、阶跃信号等，不满足绝对可积条件。对这类信号可通过引入"频域冲激函数"得到其傅里叶变换表示，这有效地扩展了傅里叶变换的应用范围。

1. 直流信号

$x(t)=1$，其傅里叶变换为

$$X(\mathrm{j}\Omega)=\int_{-\infty}^{+\infty} \mathrm{e}^{-\mathrm{j}\Omega t}\,\mathrm{d}t=2\pi\delta(\Omega)$$

对偶的，有

$$x(t)=\delta(t)\leftrightarrow X(\mathrm{j}\Omega)=1 \tag{1.44}$$

2. 复指数和正弦/余弦信号

利用傅里叶变换性质 5 和欧拉公式得

$$\mathrm{e}^{\mathrm{j}\Omega_0 t}\leftrightarrow 2\pi\delta(\Omega-\Omega_0) \tag{1.45}$$

$$\cos(\Omega_0 t)\leftrightarrow \pi\delta(\Omega-\Omega_0)+\pi\delta(\Omega+\Omega_0) \tag{1.46}$$

$$\sin(\Omega_0 t)\leftrightarrow \frac{\pi}{\mathrm{j}}\delta(\Omega-\Omega_0)-\frac{\pi}{\mathrm{j}}\delta(\Omega+\Omega_0) \tag{1.47}$$

直流信号、复指数信号和正弦/余弦信号的傅里叶变换，再次诠释了傅里叶变换是"频谱密度"的概念。这些信号只在一个频率成分上有分量，且有固定的"强度"，因此它的频谱密度函数一定是冲激函数。与频谱密度对比的是质量密度，若在一段质量为零的线上，在一点处放置一个体积无穷小但有一定质量的小球，质量密度是在该点处的冲激函数。

3. 阶跃函数

$$u(t) \leftrightarrow \pi\delta(\Omega) + \frac{1}{j\Omega} \tag{1.48}$$

4. 一般周期信号

若信号 $x(t)$ 是周期信号，周期为 T_0，记 $\Omega_0 = 2\pi/T_0$ 为其基波角频率，周期信号可展开成傅里叶级数为

$$x(t) = \sum_{n=-\infty}^{+\infty} c_n e^{jn\Omega_0 t} \tag{1.49}$$

傅里叶级数展开的系数为

$$c_n = \frac{1}{T_0} \int_0^{T_0} x(t) e^{-jn\Omega_0 t} dt \tag{1.50}$$

傅里叶级数把任意周期信号展开为频率为 $n\Omega_0$ 的各次谐波分量之和。每个分量的"强度"由展开系数 c_n 确定，c_n 包含了幅度和相位信息。利用复指数函数的傅里叶变换，得到一般周期信号的傅里叶变换为

$$X(j\Omega) = 2\pi \sum_{n=-\infty}^{+\infty} c_n \delta(\Omega - n\Omega_0) \tag{1.51}$$

这样，可利用傅里叶变换统一表示周期和非周期信号。这种由冲激函数组成的频谱称为线谱。若信号是非周期信号，其频谱是连续分布的；若信号是周期信号，频谱是线谱；若一个信号可显式地分解为一个周期分量和一个非周期分量之和，则频谱中既有连续变化的部分，也同时存在线谱。

假设取出周期信号的一个周期得到信号 $x_0(t)$ 为

$$x_0(t) = x(t)[u(t) - u(t-T_0)] = \begin{cases} x(t), & 0 \leqslant t < T_0 \\ 0, & \text{其他} \end{cases}$$

$x_0(t)$ 的傅里叶变换为

$$X_0(j\Omega) = \int_{-\infty}^{+\infty} x_0(t) e^{-j\Omega t} dt = \int_0^{T_0} x(t) e^{-j\Omega t} dt$$

不难发现，c_n 和 $X_0(j\Omega)$ 的关系为

$$c_n = \frac{1}{T_0} X_0(j\Omega)\bigg|_{\Omega = n\Omega_0} = \frac{1}{T_0} X_0(jn\Omega_0) \tag{1.52}$$

代入周期信号的傅里叶变换表达式得

$$X(j\Omega) = 2\pi \sum_{n=-\infty}^{+\infty} \frac{1}{T_0} X_0(jn\Omega_0)\delta(\Omega - n\Omega_0)$$

$$= \Omega_0 \sum_{n=-\infty}^{+\infty} X_0(jn\Omega_0)\delta(\Omega - n\Omega_0) \tag{1.53}$$

可见，$x_0(t)$ 的傅里叶变换 $X_0(j\Omega)$ 在频率点 $n\Omega_0$ 的采样值确定了周期信号傅里叶变换各冲激的强度。

例 1.4.6 时域冲激串的傅里叶变换，设

$$x(t) = \sum_{n=-\infty}^{+\infty} \delta(t - nT_0)$$

可令 $x_0(t) = \delta(t)$ 为其一个周期，并知 $X_0(\mathrm{j}\Omega) = 1$，因此得到

$$x(t) = \sum_{n=-\infty}^{+\infty} \delta(t - nT_0) \leftrightarrow X(\mathrm{j}\Omega) = \Omega_0 \sum_{n=-\infty}^{+\infty} \delta(\Omega - n\Omega_0) \tag{1.54}$$

1.4.3　用傅里叶变换表示 LTI 系统

在 1.2 节导出了信号 $x(t)$ 经过一个冲激响应为 $h(t)$ 的 LTI 系统，系统响应是如下的卷积

$$y(t) = \int_{-\infty}^{+\infty} x(\tau) h(t - \tau) \mathrm{d}\tau = x(t) * h(t)$$

由傅里叶变换的卷积定理(性质 7)，输出信号的傅里叶变换为

$$Y(\mathrm{j}\Omega) = X(\mathrm{j}\Omega) H(\mathrm{j}\Omega) \tag{1.55}$$

这里，$H(\mathrm{j}\Omega)$ 是 $h(t)$ 的傅里叶变换，由 $H(\mathrm{j}\Omega)$ 建立了频域输入和输出之间的关系，$H(\mathrm{j}\Omega)$ 也可定义为

$$H(\mathrm{j}\Omega) = \frac{Y(\mathrm{j}\Omega)}{X(\mathrm{j}\Omega)} \tag{1.56}$$

$H(\mathrm{j}\Omega)$ 称为 LTI 系统的频率响应或频域系统函数，在本书中采用前者。与一般信号的傅里叶变换相同，系统频率响应可写为幅度和相位两部分

$$H(\mathrm{j}\Omega) = |H(\mathrm{j}\Omega)| \mathrm{e}^{\mathrm{j}\arg\{H(\mathrm{j}\Omega)\}} = |H(\mathrm{j}\Omega)| \mathrm{e}^{\mathrm{j}\varphi(\Omega)} \tag{1.57}$$

这里，$|H(\mathrm{j}\Omega)|$ 称为系统的幅频响应，$\varphi(\Omega)$ 称为系统的相频响应，这两者都是描述一个 LTI 系统的重要的量。在描述系统的幅频响应时，也常用对数表示形式 $20\lg|H(\mathrm{j}\Omega)|$，其单位为 dB。

由傅里叶反变换得到输出信号为

$$y(t) = \frac{1}{2\pi} \int_{-\infty}^{+\infty} X(\mathrm{j}\Omega) H(\mathrm{j}\Omega) \mathrm{e}^{\mathrm{j}\Omega t} \mathrm{d}\Omega \tag{1.58}$$

由 1.3 节讨论的 LTI 系统的特征分析，同样可以得到上式，因为输入信号可表示为

$$x(t) = \lim_{\Delta\Omega \to 0} \sum_{k=-\infty}^{+\infty} \frac{1}{2\pi} X(\mathrm{j}k\Delta\Omega) \Delta\Omega \mathrm{e}^{\mathrm{j}k\Delta\Omega t}$$

$\mathrm{e}^{\mathrm{j}k\Delta\Omega t}$ 是 LTI 系统的特征函数，系统对 $\mathrm{e}^{\mathrm{j}k\Delta\Omega t}$ 的响应是 $H(\mathrm{j}k\Delta\Omega) \mathrm{e}^{\mathrm{j}k\Delta\Omega t}$，故利用 LTI 系统的叠加性，得到系统输出为

$$\begin{aligned} y(t) &= \lim_{\Delta\Omega \to 0} \sum_{k=-\infty}^{+\infty} \frac{1}{2\pi} H(\mathrm{j}k\Delta\Omega) X(\mathrm{j}k\Delta\Omega) \Delta\Omega \mathrm{e}^{\mathrm{j}k\Delta\Omega t} \\ &= \frac{1}{2\pi} \int_{-\infty}^{+\infty} X(\mathrm{j}\Omega) H(\mathrm{j}\Omega) \mathrm{e}^{\mathrm{j}\Omega t} \mathrm{d}\Omega \end{aligned} \tag{1.59}$$

傅里叶变换可有效地分析 LTI 系统的本质原因是复指数函数为 LTI 系统的特征函数，而任意信号可分解为复指数之和(积分是一种无限求和的极限)。

例 1.4.7　设输入为一周期信号，LTI 系统的频率响应为 $H(\mathrm{j}\Omega)$，求输出。

输入信号可展开成傅里叶级数

$$x(t) = \sum_{n=-\infty}^{+\infty} c_n \mathrm{e}^{\mathrm{j}n\Omega_0 t}$$

其傅里叶变换为

$$X(\mathrm{j}\Omega) = 2\pi \sum_{n=-\infty}^{+\infty} c_n \delta(\Omega - n\Omega_0)$$

则输出信号写为

$$\begin{aligned}
y(t) &= \frac{1}{2\pi} \int_{-\infty}^{+\infty} X(\mathrm{j}\Omega) H(\mathrm{j}\Omega) \mathrm{e}^{\mathrm{j}\Omega t} \mathrm{d}\Omega \\
&= \frac{1}{2\pi} \int_{-\infty}^{+\infty} 2\pi \sum_{n=-\infty}^{+\infty} c_n \delta(\Omega - n\Omega_0) H(\mathrm{j}\Omega) \mathrm{e}^{\mathrm{j}\Omega t} \mathrm{d}\Omega \\
&= \sum_{n=-\infty}^{+\infty} c_n \int_{-\infty}^{+\infty} \delta(\Omega - n\Omega_0) H(\mathrm{j}\Omega) \mathrm{e}^{\mathrm{j}\Omega t} \mathrm{d}\Omega \\
&= \sum_{n=-\infty}^{+\infty} c_n H(\mathrm{j}n\Omega_0) \mathrm{e}^{\mathrm{j}n\Omega_0 t}
\end{aligned}$$

这与通过特征分析得到的结果是一致的。

滤波器是一类重要的 LTI 系统，一般通过 $H(\mathrm{j}\Omega)$ 或 $|H(\mathrm{j}\Omega)|$ 来定义一个滤波器。滤波器的概念是很宽泛的，若一个 LTI 系统的幅频响应不恒为常数，都可以称为滤波器。但实际中，若用滤波器来专指一个系统时，一般是指该系统能够滤除输入信号中的一些频率分量。常用的一些典型的滤波器有低通滤波器、高通滤波器、带通滤波器和带阻滤波器等。为了简单，经常定义一些理想滤波器，例如理想低通滤波器。用幅频响应定义的 4 种典型理想滤波器如下：

1. 理想低通滤波器

$$|H(\mathrm{j}\Omega)| = \begin{cases} 1, & |\Omega| \leqslant \Omega_{\mathrm{c}} \\ 0, & |\Omega| > \Omega_{\mathrm{c}} \end{cases} \tag{1.60}$$

2. 理想高通滤波器

$$|H(\mathrm{j}\Omega)| = \begin{cases} 0, & |\Omega| < \Omega_{\mathrm{c}} \\ 1, & |\Omega| \geqslant \Omega_{\mathrm{c}} \end{cases} \tag{1.61}$$

3. 理想带通滤波器

$$|H(\mathrm{j}\Omega)| = \begin{cases} 1, & \Omega_1 \leqslant |\Omega| \leqslant \Omega_2 \\ 0, & |\Omega| < \Omega_1 \ \text{和} \ |\Omega| > \Omega_2 \end{cases} \tag{1.62}$$

4. 理想带阻滤波器

$$|H(\mathrm{j}\Omega)| = \begin{cases} 0, & \Omega_1 \leqslant |\Omega| \leqslant \Omega_2 \\ 1, & |\Omega| < \Omega_1 \ \text{和} \ |\Omega| > \Omega_2 \end{cases} \tag{1.63}$$

以理想低通滤波器为例，可以看出，不管输入信号如何，滤波器输出中只包含低于 Ω_{c} 的频率成分，高于 Ω_{c} 的频率成分全部被滤除了，这正是低通滤波器名称的由来。其他几种滤波器可做类似理解。可以只用幅频响应来定义滤波器，对相频响应不做限制。在一些滤波器设计方法中，指定幅频响应，设计过程自动产生相频函数；也可以指定相频响应，从而得到频率响应，通过傅里叶反变换得到系统的冲激响应。

例 1.4.8　设一个理想低通滤波器定义为

$$|H(j\Omega)| = \begin{cases} 1, & |\Omega| \leqslant W \\ 0, & |\Omega| > W \end{cases}$$

$$\varphi(\Omega) = -\Omega\tau$$

求系统的冲激响应。

$$H(j\Omega) = |H(j\Omega)|e^{-j\Omega\tau} = \begin{cases} e^{-j\Omega\tau}, & |\Omega| \leqslant W \\ 0, & |\Omega| > W \end{cases} \tag{1.64}$$

冲激响应为

$$\begin{aligned} h(t) &= \frac{1}{2\pi}\int_{-\infty}^{+\infty} H(j\Omega)e^{j\Omega t}\,d\Omega \\ &= \frac{1}{2\pi}\int_{-W}^{W} e^{-j\Omega\tau}e^{j\Omega t}\,d\Omega = \frac{\sin W(t-\tau)}{\pi(t-\tau)} \\ &= \frac{W}{\pi}\mathrm{Sa}(W(t-\tau)) \end{aligned} \tag{1.65}$$

相频响应中 τ 的取值对应冲激响应的一个延迟量 τ。当 $\tau=0$ 时,频率响应和冲激响应示于图 1.12 中。

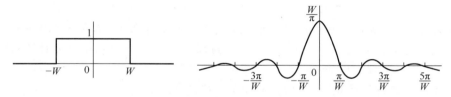

图 1.12　低通滤波器的频率响应和冲激响应

实际中,理想滤波器是无法实现的,实际系统的幅频响应只能在一定误差范围内逼近理想滤波器的幅频响应。本章不再详细讨论连续系统滤波器的设计问题,第 6 章研究数字滤波器设计时,对连续滤波器的逼近问题也有进一步的讨论。1.5 节讨论了 LTI 系统的系统函数概念后,再对连续系统的可实现问题给出一个判断准则。

相频响应反映了信号通过系统后的延迟情况,针对相频响应 $\varphi(\Omega)$ 定义两种延迟。相延迟定义为

$$\tau_p(\Omega) = -\frac{\varphi(\Omega)}{\Omega} \tag{1.66}$$

群延迟定义为

$$\tau_g(\Omega) = -\frac{d\varphi(\Omega)}{d\Omega} \tag{1.67}$$

以下用通信中的窄带调制信号,说明两种延迟的作用。若信号为

$$x(t) = a(t)e^{j\Omega_c t}$$

其中,$a(t)$ 是低频信号,非零频谱范围为 $|\Omega| \leqslant \Omega_0$,这里 $\Omega_0 \ll \Omega_c$,且在频率范围 $\Omega_c - \Omega_0 < \Omega < \Omega_c + \Omega_0$ 内,$|H(j\Omega)| \approx |H(j\Omega_c)|$,该信号经过频率响应为 $H(j\Omega)$ 的 LTI 系统的输出为

$$y(t) \approx |H(j\Omega_c)|a[t - \tau_g(\Omega_c)]e^{j\Omega_c[t - \tau_p(\Omega_c)]} \tag{1.68}$$

可见,对于窄带调制信号,相延迟决定了载波的延迟,群延迟决定了包络的延迟。对于一般的非调制信号,可用群延迟表示不同频率分量经过系统后的延迟度量。

1.4.4　时宽带宽积

一些信号在时域或频域持续区间有限。例 1.4.2 的矩形脉冲,其在时域持续时间为 $2T_0$,称为时宽有限信号,其时宽为 $2T_0$。例 1.4.8 中的理想低通滤波器的频率响应,在频域持续宽度有限,称为频带宽度(简称频宽)有限信号,其频宽为 $2W$。有些信号严格讲,既不是时宽有限信号,也不是频宽有限信号,如例 1.4.1 的指数信号、例 1.4.3 的高斯信号,但这类信号不管频域还是时域,其取值较大的区间是有限的。为了刻画这类信号能量分布的主要区域,可定义其等效时宽和等效频宽。在不同应用领域中,等效时宽和等效频宽的定义有多种,如下介绍几种常用的定义。

对于例 1.4.1 这样的单调下降的指数信号,经常用时间常数 τ_0 表示其时宽,所谓时间常数是指信号下降到最大值 $1/e$ 所需要的时间。对于信号 $e^{-at}u(t)$,显然时间常数 $\tau_0=1/a$。由于指数信号傅里叶变换的幅度部分也是以零频率为中心双向单调下降的,很多工程应用中习惯把幅度谱下降到最大值 $1/\sqrt{2}$ 处称为 3dB 点。这是因为从幅度最大值 p 降到 $p/\sqrt{2}$ 用 dB 单位度量,其下降了 3dB,即

$$20\lg p - 20\lg(p/\sqrt{2}) = 20\lg\sqrt{2} \approx 3\text{dB}$$

对这类幅度谱,从最大幅度对应角频率到 3dB 点对应角频率的间隔,称为单边 3dB 带宽,这个量可作为信号频宽的度量 σ_ω。对例 1.4.1 的指数信号 $\sigma_\omega=a$。利用这种时宽和频宽的定义,对指数信号时宽频宽积为 $\tau_0\sigma_\omega=1$。

对于例 1.4.2 这样的矩形信号,其时宽是准确的 $2T_0$。频宽也可以用 3dB 带宽表示,但这类频谱中,主要能量集中在其频谱主瓣中,故也常用主瓣宽度或单边主瓣宽度来表示其等效频宽。例 1.4.2 中,主瓣在正频率端的宽度称为单边主瓣宽度,其为 $\sigma_\omega=\pi/T_0$。以单边主瓣宽度为频宽度量的时宽频宽积为 2π。

例 1.4.8 与例 1.4.2 比较,相当于时域和频域做了交换,其单边频宽为 W,其等效时宽采用主瓣宽度,即 $2\pi/W$,时宽频宽积为 2π。

以上几例说明,在不同应用中人们可能采用不同的时宽和频宽的定义;但对一个给定信号,其时宽频宽积是一个常数。这是由于傅里叶变换具有如下的尺度性质

$$x(at) \leftrightarrow \frac{1}{|a|}X\left(\mathrm{j}\frac{\Omega}{a}\right)$$

通过尺度变换,若时宽增加,频宽则对应压缩同样倍数,其时宽频宽积不变。

下面讨论一种更一般的等效时宽和等效频宽的定义和相关的定理。对于给定的信号 $x(t)$,定义其能量为

$$E_x = \|x(t)\|^2 = \int_{-\infty}^{+\infty}|x(t)|^2\mathrm{d}t$$

这里用符号 $\|x(t)\|$ 表示信号的 l_2 范数。设信号能量是有限的,即平方可积,$x(t)\in L^2(R)$,则

$$\frac{1}{\|x(t)\|^2}|x(t)|^2$$

$$\frac{1}{\parallel X(\mathrm{j}\varOmega)\parallel^2}\mid X(\mathrm{j}\varOmega)\mid^2$$

在时域和频域分别具有概率密度函数的性质，即正实性和积分为 1。由此定义信号的时域中心和频域中心分别为

$$\mu_t=\frac{1}{\parallel x(t)\parallel^2}\int_{-\infty}^{+\infty}t\mid x(t)\mid^2\mathrm{d}t \tag{1.69}$$

$$\mu_\omega=\frac{1}{\parallel X(\mathrm{j}\varOmega)\parallel^2}\int_{-\infty}^{+\infty}\varOmega\mid X(\mathrm{j}\varOmega)\mid^2\mathrm{d}\varOmega \tag{1.70}$$

围绕中心的时域方差和频域方差分别为

$$\sigma_t^2=\frac{1}{\parallel x(t)\parallel^2}\int_{-\infty}^{+\infty}(t-\mu_t)^2\mid x(t)\mid^2\mathrm{d}t \tag{1.71}$$

$$\sigma_\omega^2=\frac{1}{\parallel X(\mathrm{j}\varOmega)\parallel^2}\int_{-\infty}^{+\infty}(\varOmega-\mu_\omega)^2\mid X(\mathrm{j}\varOmega)\mid^2\mathrm{d}\varOmega \tag{1.72}$$

式中，σ_t 为信号的等效时宽；σ_ω 为信号的等效频宽。

不确定性定理 对平方可积信号 $x(t)\in L^2(R)$，且满足 $\lim\limits_{\mid t\mid\to+\infty}\sqrt{t}\,x(t)=0$，其等效时宽和等效频宽满足如下不等式

$$\sigma_t\sigma_\omega\geqslant\frac{1}{2} \tag{1.73}$$

证明 为简单计，假设信号的时域中心和频域中心为零，即 $\mu_t=0$，$\mu_\omega=0$，直接代入 σ_t^2 和 σ_ω^2 的定义式得

$$\sigma_t^2\sigma_\omega^2=\frac{1}{\parallel x(t)\parallel^2}\int_{-\infty}^{+\infty}\mid tx(t)\mid^2\mathrm{d}t\ \frac{1}{\parallel X(\mathrm{j}\varOmega)\parallel^2}\int_{-\infty}^{+\infty}\mid\varOmega X(\mathrm{j}\varOmega)\mid^2\mathrm{d}\varOmega$$

由帕塞瓦尔定理知 $\parallel X(\mathrm{j}\varOmega)\parallel^2=2\pi\parallel x(t)\parallel^2$，由于 $\mathrm{j}\varOmega X(\mathrm{j}\varOmega)$ 是 $x'(t)$ 的傅里叶变换，由帕塞瓦尔定理

$$\frac{1}{2\pi}\int_{-\infty}^{+\infty}\mid\varOmega X(\mathrm{j}\varOmega)\mid^2\mathrm{d}\varOmega=\int_{-\infty}^{+\infty}\mid x'(t)\mid^2\mathrm{d}t$$

将这些代入前式，得

$$\sigma_t^2\sigma_\omega^2=\frac{1}{\parallel x(t)\parallel^4}\int_{-\infty}^{+\infty}\mid tx(t)\mid^2\mathrm{d}t\int_{-\infty}^{+\infty}\mid x'(t)\mid^2\mathrm{d}t$$

再由施瓦茨不等式得

$$\sigma_t^2\sigma_\omega^2\geqslant\frac{1}{\parallel x(t)\parallel^4}\left[\int_{-\infty}^{+\infty}\mid tx'(t)x^*(t)\mid\mathrm{d}t\right]^2$$

$$\geqslant\frac{1}{\parallel x(t)\parallel^4}\left[\int_{-\infty}^{+\infty}\frac{t}{2}[x'(t)x^*(t)+x'^*(t)x(t)]\mathrm{d}t\right]^2$$

$$\geqslant\frac{1}{4\parallel x(t)\parallel^4}\left[\int_{-\infty}^{+\infty}t(\mid x(t)\mid^2)'\mathrm{d}t\right]^2$$

$$=\frac{1}{4\parallel x(t)\parallel^4}\left[t\mid x(t)\mid^2\big|_{-\infty}^{+\infty}+\int_{-\infty}^{+\infty}\mid x(t)\mid^2\mathrm{d}t\right]^2$$

上式利用分部积分公式，并使用 $\lim\limits_{\mid t\mid\to+\infty}\sqrt{t}\,x(t)=0$ 得

$$\sigma_t^2 \sigma_\omega^2 \geqslant \frac{1}{4 \parallel x(t) \parallel^4} \left[\int_{-\infty}^{+\infty} |x(t)|^2 \mathrm{d}t \right]^2 = \frac{1}{4}$$

根据施瓦茨不等式等号成立的条件，若要使等号成立，必须满足

$$x'(t) = -2btx(t)$$

该方程的解为

$$x(t) = a\,\mathrm{e}^{-bt^2}$$

也就是说，只有 $x(t)$ 为高斯类函数时，不确定性定理的等号成立。

若 $\mu_t \neq 0, \mu_\omega \neq 0$，只要做变换 $y(t) = \mathrm{e}^{-\mathrm{j}\mu_\omega t} x(t+\mu_t)$，则 $y(t)$ 的时域中心和频域中心均为零，且 $y(t)$ 和 $x(t)$ 的时域和频域方差均相等，故 $\mu_t \neq 0, \mu_\omega \neq 0$ 时，不等式仍成立。同时，使等号成立的一般函数为

$$x(t) = a\,\mathrm{e}^{\mathrm{j}\xi t - b(t-\tau)^2}$$

不确定性原理给出了信号在时域和频域宽度的限制条件，我们不能产生这样一个信号：它同时具有很小的时宽和很小的频宽。这两者受该定理的限制：如果要产生一个频谱很窄的信号，其时域要有一定的持续时间；反之亦然。不确定性原理对很多信号处理和传输问题施加了基本限制。关于这些限制，在后续章节中有进一步的讨论。

1.5　拉普拉斯变换和系统函数

傅里叶变换能够应用的信号有较多限制。严格的收敛条件要求信号是绝对可积的；若放松到均方收敛，也要求信号是平方可积的，也就是能量有限信号。通过引入冲激函数及其导数等广义函数，可进一步把周期信号等功率有限信号包含进来。即使如此，对一般性随时间增长的信号，如随时间增长的指数信号等，仍然无法用傅里叶变换进行分析。因此，用傅里叶变换研究系统的稳定性等问题不够方便。为了更一般地描述系统，引入拉普拉斯变换。本节概要介绍拉普拉斯变换及其应用。

1.5.1　拉普拉斯变换及其性质

可从傅里叶变换入手导出拉普拉斯变换。对于一个因果信号 $x(t)$，对它乘以一个实指数项 $\mathrm{e}^{-\sigma t}$，然后求其傅里叶变换

$$
\begin{aligned}
F\{x(t)\mathrm{e}^{-\sigma t}\} &= \int_0^{+\infty} x(t)\mathrm{e}^{-\sigma t}\,\mathrm{e}^{-\mathrm{j}\Omega t}\,\mathrm{d}t = \int_0^{+\infty} x(t)\mathrm{e}^{-(\sigma+\mathrm{j}\Omega)t}\,\mathrm{d}t \\
&= \int_0^{+\infty} x(t)\mathrm{e}^{-st}\,\mathrm{d}t = X(s)
\end{aligned}
\tag{1.74}
$$

这里，σ 是一个实数，$s = \sigma + \mathrm{j}\Omega$ 是复数变量。上式定义的 $X(s)$ 称为信号 $x(t)$ 的单边拉普拉斯变换。由于 s 是一般的复数变量，故称 $X(s)$ 为信号的复频域表示。也可定义双边拉普拉斯变换，其收敛问题稍复杂一些。由于实际的连续系统都是因果系统，而拉普拉斯变换主要是用来分析和表示系统的，故本节只讨论单边拉普拉斯变换。把拉普拉斯变换简称为拉氏变换，其正式定义重新写为

$$X(s) = \mathcal{L}\{x(t)\} = \int_{0_-}^{+\infty} x(t)\mathrm{e}^{-st}\,\mathrm{d}t \tag{1.75}$$

注意,在式(1.75)中,积分下限用 0_- 替代 0,为的是把冲激函数包含在积分内,只有当原点有冲激存在时,才区分 0_- 和 0。为了导出拉普拉斯(下面简称拉氏)反变换,利用式(1.74)的表示,首先求傅里叶反变换为

$$x(t)\mathrm{e}^{-\sigma t}=\frac{1}{2\pi}\int_{-\infty}^{+\infty}F\{x(t)\mathrm{e}^{-\sigma t}\}\,\mathrm{e}^{\mathrm{j}\Omega t}\,\mathrm{d}\Omega$$

即

$$x(t)=\frac{1}{2\pi}\int_{-\infty}^{+\infty}X(s)\mathrm{e}^{(\sigma+\mathrm{j}\Omega)t}\,\mathrm{d}\Omega$$

等号右侧做变量替换 $s=\sigma+\mathrm{j}\Omega$,把 σ 看作是常数,有 $\mathrm{d}s=\mathrm{j}\mathrm{d}\Omega$,代入上式得

$$x(t)=\mathcal{L}^{-1}\{X(s)\}=\frac{1}{2\pi\mathrm{j}}\int_{\sigma-\mathrm{j}\infty}^{\sigma+\mathrm{j}\infty}X(s)\mathrm{e}^{st}\,\mathrm{d}s \tag{1.76}$$

式(1.76)是拉氏反变换公式。

由拉氏变换的定义可见,若信号 $x(t)=\mathrm{e}^{at}u(t)$,这里 a 是实数,只要取 $\sigma>a$, $x(t)\mathrm{e}^{-\sigma t}$ 是绝对可积的,拉氏变换收敛。当 $a>0$ 时,该信号为指数增长的,全部 $\mathrm{Re}\{s\}=\sigma>a$ 的 s 取值均可保证拉氏变换收敛。保证拉氏变换收敛的所有 s 取值的区间称为拉氏变换的收敛域,一个指数增信号的收敛域如图 1.13 所示。不难发现,若 $a<0$,指数是随时间衰减的,则收敛域包含了 $s=\mathrm{j}\Omega$ 的虚轴。同时,容易得到结论,如果一个因果信号随时间增长的速度不快于一个指数函数,其拉氏变换是存在的。

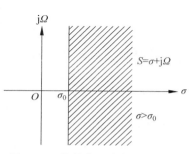

图 1.13　信号拉氏变换的收敛域

例 1.5.1　*两个基本的拉氏变换*

阶跃信号 $x(t)=u(t)$

$$X(s)=\mathcal{L}\{u(t)\}=\int_0^{+\infty}\mathrm{e}^{-st}\,\mathrm{d}t=\frac{1}{s},\quad \mathrm{Re}\{s\}>0$$

单边指数信号 $x(t)=\mathrm{e}^{at}u(t)$

$$X(s)=\mathcal{L}\{\mathrm{e}^{at}u(t)\}=\int_0^{+\infty}\mathrm{e}^{-(s-a)t}\,\mathrm{d}t$$

$$=\frac{1}{s-a},\quad \mathrm{Re}\{s\}>a$$

以上两个拉氏变换表达式中,同时给出了收敛域,对于单边拉氏变换,收敛域可以省略。

许多更复杂的信号的拉氏变换可写成一个有理分式的形式,即

$$X(s)=\frac{B(s)}{A(s)}=\frac{\displaystyle\sum_{k=0}^{M}b_ks^k}{\displaystyle\sum_{k=0}^{N}a_ks^k} \tag{1.77}$$

为了不失一般性,又为了表示方便,令 $a_N=1$。可对分子多项式和分母多项式分解因式,设多项式没有重根,则式(1.77)可表示为

$$X(s) = K \frac{\prod\limits_{i=1}^{M}(s - z_i)}{\prod\limits_{k=1}^{N}(s - p_k)} \tag{1.78}$$

在式（1.78）中，p_k 称为拉氏变换的极点。极点的定义是使得 $X(s)$ 取值为无穷大时的 s 值，由式（1.78），若 $M \leqslant N$，只有当 $s = p_k$ 时，$X(s) = \infty$。z_i 称为拉氏变换的零点，即 $X(s)|_{s = z_i} = 0$。

如下给出拉氏变换的几个主要性质。与讨论傅里叶变换性质时类似，假定 $x(t)$ 的拉氏变换表示为 $X(s)$，简写为 $x(t) \leftrightarrow X(s)$，若有多个信号，相应地有 $x_i(t) \leftrightarrow X_i(s)$。

性质 1　线性

$$\sum_{i=1}^{K} a_i x_i(t) \leftrightarrow \sum_{i=1}^{K} a_i X_i(s) \tag{1.79}$$

性质 2　位移性

对于任何实数 a 和复数 s_0，有

$$x(t - a) \leftrightarrow e^{-sa} X(s) \tag{1.80}$$

$$e^{s_0 t} x(t) \leftrightarrow X(s - s_0) \tag{1.81}$$

性质 3　卷积定理

$$x_1(t) * x_2(t) \leftrightarrow X_1(s) X_2(s) \tag{1.82}$$

性质 4　频域卷积定理

$$x_1(t) x_2(t) \leftrightarrow \frac{1}{2\pi j} X_1(s) * X_2(s) = \frac{1}{2\pi j} \int_{\sigma - \infty}^{\sigma + \infty} X_1(\lambda) X_2(s - \lambda) d\lambda \tag{1.83}$$

性质 5　导数性质

$$-t x(t) \leftrightarrow \frac{dX(s)}{ds} \tag{1.84}$$

$$\frac{dx(t)}{dt} \leftrightarrow s X(s) - x(0_-) \tag{1.85}$$

由式（1.85）不难得到更高阶导数的拉氏变换，例如二阶导数为

$$\frac{d^2 x(t)}{dt^2} = \frac{d}{dt}(x'(t)) \leftrightarrow s^2 X(s) - s x(0_-) - x'(0_-) \tag{1.86}$$

性质 6　积分性质

$$\int_{-\infty}^{t} x(\tau) d\tau \leftrightarrow \frac{X(s)}{s} + \frac{x^{(-1)}(0_-)}{s} \tag{1.87}$$

式中

$$x^{(-1)}(0_-) = \int_{-\infty}^{0} x(\tau) d\tau$$

性质 7　初值定理和终值定理

$$x(0_+) = \lim_{s \to +\infty} s X(s) \tag{1.88}$$

$$x(+\infty) = \lim_{s \to 0} s X(s) \tag{1.89}$$

式(1.88)称为初值定理,初值定理不能应用于分子多项式阶数大于或等于分母多项式阶数的有理分式。式(1.89)称为终值定理,其仅适用于 $X(s)$ 的全部极点都位于 s 左半平面,至多在原点处有一个单极点的情况。

1.5.2 拉普拉斯反变换

式(1.76)给出了拉氏反变换,许多应用中,并不直接通过式(1.76)求拉氏反变换,而是利用部分分式展开或留数定理。本节只概要介绍通过部分分式展开求取拉氏反变换的过程。设一个拉氏变换表达式是式(1.77)给出的有理分式,且 $M < N$,设分母多项式没有重根,故有理分式可写成式(1.78)的形式,式(1.78)可分解成如下部分分式展开的形式

$$X(s) = \frac{\sum_{k=0}^{M} b_k s^k}{\prod_{k=1}^{N}(s - p_k)} = \sum_{k=1}^{N} \frac{A_k}{s - p_k} \tag{1.90}$$

其中系数 A_k 由下式计算为

$$A_k = X(s)(s - p_k)\,|_{s = p_k} \tag{1.91}$$

由例1.5.1得到如下对应关系

$$\frac{A_k}{s - p_k} \leftrightarrow A_k e^{p_k t} u(t) \tag{1.92}$$

因此,式(1.90)的拉氏反变换为

$$x(t) = \sum_{k=1}^{N} A_k e^{p_k t} u(t) \tag{1.93}$$

讨论两种扩充的情况。第一种情况是分母多项式有一个 r 阶重根的情况,式(1.78)改写为

$$X(s) = \frac{\sum_{k=0}^{M} b_k s^k}{(s - p_0)^r \prod_{k=1}^{N-r}(s - p_k)} \tag{1.94}$$

这里 p_0 是拉氏变换的 r 重极点,部分分式展开为

$$X(s) = \sum_{k=1}^{N-r} \frac{A_k}{s - p_k} + \sum_{i=1}^{r} \frac{A_{0i}}{(s - p_0)^{r-i+1}} \tag{1.95}$$

系数的通式为

$$A_{0i} = \frac{1}{(i-1)!} \frac{d^{i-1}}{ds^{i-1}} \{(s - p_0)^r X(s)\}\,|_{s = p_0} \tag{1.96}$$

利用拉氏变换性质不难验证如下对应关系

$$\frac{A}{(s - p_k)^m} \leftrightarrow A \frac{1}{(m-1)!} t^{m-1} e^{p_k t} u(t) \tag{1.97}$$

第二种情况是 $M \geqslant N$ 的情况,利用长除法可得

$$X(s) = \sum_{k=0}^{M-N} B_k s^k + X_1(s) \tag{1.98}$$

这里 $X_1(s)$ 是分母多项式阶数大于分子多项式阶数的真分式。由拉氏变换的性质,可得

$$\sum_{k=0}^{M-N} B_k s^k \leftrightarrow \sum_{k=0}^{M-N} B_k \delta^{(k)}(t) \tag{1.99}$$

综合式(1.90)～式(1.99)可得到任意有理分式拉氏变换的反变换。

1.5.3　连续时间系统的拉普拉斯变换分析

拉氏变换是分析 LTI 系统的有效工具。设信号 $x(t)$ 经过一个冲激响应为 $h(t)$ 的 LTI 系统，系统响应是如下的卷积

$$y(t) = x(t) * h(t)$$

由拉氏变换的卷积定理，输出信号的拉氏变换为

$$Y(s) = X(s)H(s) \tag{1.100}$$

这里，$H(s)$ 是 $h(t)$ 的拉氏变换，由 $H(s)$ 建立了复频域输入和输出之间的关系，$H(s)$ 定义为

$$H(s) = \frac{Y(s)}{X(s)} \tag{1.101}$$

$H(s)$ 称为 LTI 系统的系统函数。

通过系统函数的极点，可有效判别一个系统的性质。如果一个 LTI 系统是因果稳定系统，其系统函数的极点全部位于 s 平面的左半平面，换句话说，其系统函数的收敛域包含虚轴在内的全部右半平面。对于因果稳定系统，当 s 只在虚轴取值，即 $s = j\Omega$ 时，由 LTI 的系统函数得到其频率响应

$$H(j\Omega) = H(s)\big|_{s=j\Omega} \tag{1.102}$$

对于一个连续系统来讲，如果给出对系统的设计要求，得到一个满足因果性条件的系统函数，总可以用物理器件实现该系统。在 1.4 节曾讨论过，一个理想低通滤波器是不可实现的，那么什么样的要求一定可以设计出一个因果系统来实现呢？如下的因式分解定理给出了回答。

因式分解问题有三种等效的提法[5]：

(1) 给定一个平方可积的非负的实函数 $A(j\Omega)$，求一个因果函数 $h(t)$，使得它的傅里叶变换 $H(j\Omega)$ 的幅度值等于 $A(j\Omega)$，即 $|H(j\Omega)| = A(j\Omega)$；

(2) 给定一个非负的实函数 $A(j\Omega)$，求一个收敛域 $\mathrm{Re}\{s\} > 0$ 并满足 $|H(j\Omega)| = A(j\Omega)$ 的函数 $H(s)$；

(3) 给定一个函数 $r(t)$，它的拉氏变换 $R(s)$ 在虚轴 $s = j\Omega$ 是一个非负的函数，即

$$R(j\Omega) = \int_{-\infty}^{+\infty} r(t)\mathrm{e}^{-j\Omega t}\,\mathrm{d}t = A^2(j\Omega) \geqslant 0$$

求一个因果函数 $h(t)$，它满足 $r(t) = h(t) * h^*(-t)$。其频域和复频域表示为，$H(j\Omega)$ 和 $H(s)$ 满足

$$R(j\Omega) = |H(j\Omega)|^2, \quad R(s) = H(s)H^*(-s^*)$$

注意，$H^*(-s^*)$ 是 $h^*(-t)$ 的拉氏变换，当 $h(t)$ 是实函数时(称为实系统)，以上复频域的分解式简化为

$$R(s) = H(s)H(-s) \tag{1.103}$$

对于上述三个等价的提法，**因式分解定理**为：若 $A(j\Omega)$ 满足如下的佩里-维纳条件

$$\int_{-\pi}^{\pi} \frac{|\ln A(\mathrm{j}\Omega)|}{1+\Omega^2} \mathrm{d}\Omega < \infty \qquad (1.104)$$

则上述等价问题就有一个解。

定理的含义是：不管给出一个非负实函数 $A(\mathrm{j}\Omega)$ 或一个平方函数 $A^2(\mathrm{j}\Omega)$，只要它满足式(1.104)，就可以找到一个因果系统 $H(s)$，满足 $|H(\mathrm{j}\Omega)|=A(\mathrm{j}\Omega)$，或 $|H(\mathrm{j}\Omega)|^2=A^2(\mathrm{j}\Omega)$。从佩里-维纳条件式(1.104)容易看出，如果 $A(\mathrm{j}\Omega)$ 在一个区间内恒为零，则不满足式(1.104)，由此推论各种理想滤波器是不可实现的。

对于一个滤波器设计问题，当给出要求的 $A^2(\mathrm{j}\Omega)$，也就得到了系统频率响应的幅度平方，即 $|H(\mathrm{j}\Omega)|^2=A^2(\mathrm{j}\Omega)$，若要设计的系统是实系数系统时，得到

$$A^2(\mathrm{j}\Omega)=|H(\mathrm{j}\Omega)|^2=H(\mathrm{j}\Omega)H^*(\mathrm{j}\Omega)=H(\mathrm{j}\Omega)H(-\mathrm{j}\Omega)$$

利用式(1.102)得

$$|H(\mathrm{j}\Omega)|^2\big|_{\mathrm{j}\Omega=s}=H(\mathrm{j}\Omega)H(-\mathrm{j}\Omega)\big|_{\mathrm{j}\Omega=s}=H(s)H(-s)$$

由如上关系，由给出的要求 $A^2(\mathrm{j}\Omega)$ 得到 $H(s)H(-s)$，对 $H(s)H(-s)$ 进行因式分解，将处于左半平面的极点和零点赋予 $H(s)$，得到 $H(s)$ 的解。

例 1.5.2 已知给出

$$A^2(\mathrm{j}\Omega)=|H(\mathrm{j}\Omega)|^2=\frac{(1-\Omega^2)^2}{(4+\Omega^2)(9+\Omega^2)}$$

在上式中，代入 $\mathrm{j}\Omega=s$ 得

$$H(s)H(-s)=\frac{(1+s^2)^2}{(4-s^2)(9-s^2)}$$

取左半平面的极点，由于零点在 $\mathrm{j}\Omega$ 轴上，一半分给 $H(s)$，一半分给 $H(-s)$，得

$$H(s)=\frac{s^2+1}{(s+2)(s+3)}=\frac{s^2+1}{s^2+5s+6}$$

本书主要研究离散系统的设计问题，在第5章讨论离散系统的佩里-维纳条件。离散系统的一类设计方法是间接地通过连续系统作为中间过程进行设计的，故这里也概要叙述了连续系统的可实现性问题。这部分内容的综合讨论在第5章和第6章有进一步论述。

1.6 基本采样定理

为了能够利用数字系统分析和处理连续时间信号，首先对连续时间信号进行采样，得到连续信号在一系列离散时刻 $\{T_i, i=0,\pm1,\pm2,\cdots\}$ 的取值 $x_a(T_i)$。目前，无论从理论的成熟性和实用性上，以均匀采样使用的最广泛，若不加特殊说明，本书中"采样"一词专指均匀采样。所谓均匀采样指：给出采样间隔 T_s，采样时刻取 $t=nT_s$，n 为整数，并定义 $F_s=1/T_s$ 为采样频率。本节将证明，对于满足一定条件的连续信号，通过选择充分大的采样频率 F_s 或充分小的采样间隔 T_s，由采样值序列 $x_a(nT_s)$ 可准确表示连续信号 $x_a(t)$。

为叙述方便，定义带限(BL)信号为：若 $x_a(t)$ 的傅里叶变换 $X_a(\mathrm{j}\Omega)$ 在 $|\Omega|>\sigma$ 时恒为零，即

$$X_a(\mathrm{j}\Omega)=0, \qquad |\Omega|>\sigma$$

则称信号为带限信号，或更确切地称为 σ-BL 信号。

对于 σ-BL 信号,其最高角频率为 $\Omega_M=\sigma$,因此信号中的最高频率为 $F_M=\sigma/2\pi$,对这类信号,有如下采样定理。

基本采样定理（奈奎斯特采样定理） 对于 σ-BL 信号,若取采样频率 $F_s>2F_M=\sigma/\pi$,或采样间隔 $T_s<\dfrac{1}{2F_M}=\pi/\sigma$,则由采样值 $x_a(nT_s)$ 可准确表示连续信号 $x_a(t)$。

为了证明采样定理,定义一种理想冲激采样,利用冲激串函数 $\delta_{T_s}(t)$ 乘以连续信号 $x_a(t)$ 得到理想冲激采样信号为

$$x_s(t)=x_a(t)\delta_{T_s}(t)=x_a(t)\sum_{n=-\infty}^{+\infty}\delta(t-nT_s)$$

$$=\sum_{n=-\infty}^{+\infty}x_a(nT_s)\delta(t-nT_s)$$

图 1.14 右侧表示 σ-BL 信号的频谱示意图,左侧是理想冲激采样（简称冲激采样或理想采样）的示意图。通过冲激采样,只保留了信号离散值 $x_a(nT_s)$。

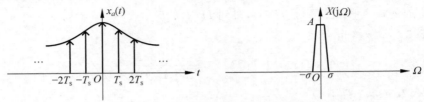

图 1.14 σ-BL 信号的理想采样和频谱

利用例 1.4.6 的结果重写 $\delta_{T_s}(t)$ 的傅里叶变换为

$$\delta_{\Omega_s}(\Omega)=\frac{2\pi}{T_s}\sum_{k=-\infty}^{+\infty}\delta\left(\Omega-k\frac{2\pi}{T_s}\right)$$

再利用时域乘积对应频域卷积的基本性质,得到冲激采样信号的傅里叶变换为

$$X_s(j\Omega)=\frac{1}{2\pi}X_a(j\Omega)*\delta_{\Omega_s}(\Omega)$$

$$=\frac{1}{2\pi}X_a(j\Omega)*\frac{2\pi}{T_s}\sum_{k=-\infty}^{+\infty}\delta\left(\Omega-k\frac{2\pi}{T_s}\right)$$

$$=\frac{1}{T_s}\sum_{k=-\infty}^{+\infty}X_a\left(j\Omega-jk\frac{2\pi}{T_s}\right)$$

$$=\frac{1}{T_s}\sum_{k=-\infty}^{+\infty}X_a(j\Omega-jk\Omega_s) \qquad (1.105)$$

其中,$\Omega_s=2\pi/T_s=2\pi F_s$ 是采样角频率。若取 $F_s>\sigma/\pi=2F_M$,则 $\Omega_s>2\sigma$,式(1.105)中各项不重叠,如图 1.15 右侧所示。

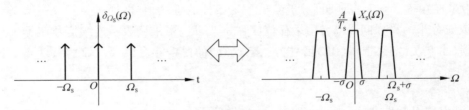

图 1.15 理想采样信号的频谱

在满足 $F_s > \sigma/\pi$ 的条件下，冲激采样信号的频谱中包含了连续信号傅里叶变换 $X_a(j\Omega)$ 的一个完整复制，可通过一个理想低通滤波器，从 $X_s(j\Omega)$ 中准确恢复出 $X_a(j\Omega)$。因此在满足 $F_s > \sigma/\pi$ 条件下，由采样值可准确恢复连续信号 $x_a(t)$。

定义一个理想低通滤波器，称其为重构滤波器

$$H_r(j\Omega) = \begin{cases} T_s, & |\Omega| \leqslant \Omega_r \\ 0, & |\Omega| > \Omega_r \end{cases}$$

参考图 1.15，只要取 $\sigma < \Omega_r < \Omega_s - \sigma$，即可得到

$$X_a(j\Omega) = X_s(j\Omega) H_r(j\Omega)$$

注意到，$H_r(j\Omega)$ 对应的冲激响应为

$$h_r(t) = \frac{1}{2\pi} \int_{-\infty}^{+\infty} H_r(j\Omega) e^{j\Omega t} d\Omega = \frac{T_s \Omega_r}{\pi} \mathrm{Sa}(\Omega_r t)$$

因此，连续信号重构为

$$x_a(t) = x_s(t) * h_r(t) = \left(\sum_{n=-\infty}^{+\infty} x_a(nT_s) \delta(t - nT_s) \right) * \frac{T_s \Omega_r}{\pi} \mathrm{Sa}(\Omega_r t)$$

$$= \frac{T_s \Omega_r}{\pi} \sum_{n=-\infty}^{+\infty} x_a(nT_s) \mathrm{Sa}[\Omega_r(t - nT_s)] \tag{1.106}$$

式(1.106)的含义是仅由一系列离散采样值 $x_a(nT_s)$，通过该式准确重构原连续信号。利用一系列离散值得到一个连续函数的过程称为插值运算，式(1.106)称为香农插值公式。

注意到，对 σ-BL 信号进行理想采样，冲激采样信号的傅里叶变换变成了如图 1.15 右侧所示的原频谱的周期延拓，周期为 Ω_s。把区间 $[-\Omega_s/2, \Omega_s/2]$ 称为主值周期，其他周期称为延拓周期。满足采样定理条件时，主值周期里包含了原信号的完整频谱（相差一个常数系数）。

采样定理有非常深刻的意义，是数字信号处理变得有意义的理论基石。为了进一步理解采样定理，进一步做几点说明。

1. 采样定理的一般性

采样定理的严格叙述中，其采样频率必须大于带限信号最高频率的 2 倍，在这个严格条件下，采样定理总是成立的。

2. 频谱有界信号情况

若连续信号的频谱是有界的，即总能找到一个有限正值 C，σ-BL 信号的频谱满足

$$|X_a(j\Omega)| < C, \quad |\Omega| \leqslant \sigma$$

即信号频谱中不存在冲激（线谱）函数。由于信号的傅里叶变换是频谱密度的概念，在这种情况下，采样频率可取信号中最高频率的 2 倍，即 $F_s = \sigma/\pi = 2F_M$。采样率 $F_s = 2F_M$ 被称为奈奎斯特率，这是对一般 σ-BL 信号采样所允许的最低采样频率。

在取奈奎斯特率时，图 1.15 右侧的频谱图中，两个相邻项在边界点上是重叠的。例如，在式(1.105)的求和项中 $k = 0$ 的项 $X_a(j\Omega)$ 和 $k = 1$ 的项 $X_a(j\Omega - j\Omega_s)$ 在角频率 $\Omega = \sigma$ 点是重叠的。但由于是频谱密度的关系，一个频点的重叠带来的损失是无穷小量，故由采样信号仍能够准确重构连续信号。

在取奈奎斯特率时，重构滤波器的截止频率 $\Omega_r = \sigma$，且 $T_s = \pi/\sigma$，将这些代入式(1.106)，得

到在这种特殊情况下，连续信号的重构公式为

$$x_a(t) = \sum_{n=-\infty}^{+\infty} x_a(nT_s) \mathrm{Sa}[\sigma(t - nT_s)] \qquad (1.107)$$

3. 连续信号包含线谱情况

若连续信号的频谱中存在线谱，并且线谱出现在最高频率端，则采样频率必须大于奈奎斯特采样率。由于线谱对应着在一个频点上存在一定的能量，因此谱密度出现冲激函数，所以，单频率点上的重叠是不允许的，故采样率必须大于奈奎斯特采样率。

关于线谱信号采样的一个典型疑惑是连续信号为 $x_a(t) = \sin\sigma t$ 时，该信号是 σ-BL 信号，若取采样间隔为 $T_s = \pi/\sigma$，则采样值为

$$x_a(nT_s) = \sin\pi n = 0$$

即全部采样值均为 0，无法重构信号。造成这个疑惑的原因是单频率点上的重叠引起。由于正弦信号的傅里叶变换为

$$X_a(\mathrm{j}\Omega) = -\mathrm{j}\pi[\delta(\Omega - \sigma) - \delta(\Omega + \sigma)]$$

式(1.105)的求和项中 $k=0$ 的项 $X_a(\mathrm{j}\Omega)$ 和 $k=1$ 的项 $X_a(\mathrm{j}\Omega - \mathrm{j}\Omega_s)$ 分别为

$$X_a(\mathrm{j}\Omega) = -\mathrm{j}\pi[\delta(\Omega - \sigma) - \delta(\Omega + \sigma)]$$

和

$$X_a(\mathrm{j}\Omega - \mathrm{j}\Omega_s) = X_a(\mathrm{j}\Omega - \mathrm{j}2\sigma) = -\mathrm{j}\pi[\delta(\Omega - 3\sigma) - \delta(\Omega - \sigma)]$$

这两项中的 $\delta(\Omega - \sigma)$ 项互相抵消了。类似地，式(1.105)求和的结果是所有项两两抵消，最后得到

$$X_s(\mathrm{j}\Omega) = 0$$

对于正弦信号来讲，只要采样频率大于奈奎斯特采样率，以上问题就不会出现。

上面 1~3 的内容说明了采样定理严格成立的条件是采样频率必须大于带限信号最高频率的 2 倍。在频谱满足有界条件或尽管存在线谱但谱中冲激不出现在频谱支集的边界时，可放宽到采样频率为大于或等于带限信号最高频率的 2 倍。只要理解采样定理的这个严格条件，从理论上讲采样定理没有歧义。

4. 实际采样频率的选择

采样定理是理想情况下的结果。由于理想低通滤波器是物理不可实现的，因此，利用采样序列恢复连续 σ-BL 信号的实际系统实现会存在误差。工程科学的目标往往不在于实现一个理想系统，而是要实现能够完成某一给定目标的实际任务，在这个过程中一定的误差存在是允许的。

通过选择采样频率和设计具有合理指标的低通滤波器，可以使得通过采样序列"相当精确"地重构连续信号。这里"相当精确"的含义是指重构信号的误差范围满足实际任务的需要。

对于频谱有界的信号，若取 $F_s = 2F_M$，为了足够精确地重构连续信号，低通滤波器必须非常逼近理想低通滤波器，实现非常困难；若取 $F_s > 2F_M$，则图 1.15 右侧各频谱项之间有一段空隙，可以允许低通滤波器有一个过渡带宽，而不影响连续信号的重构精度，这样实现高精度重构变得比较容易。所以，很多实际应用系统常取 $F_s \geqslant 2.5F_M$ 甚至更高。

5. 非 σ-BL 信号的采样问题

若连续信号不是 σ-BL 信号，无法从理论上保证由采样序列准确重构该信号。非 σ-BL

信号有不同来源，有一类信号其傅里叶变换对所有 Ω 都不为 0，例如一个高斯函数信号的傅里叶变换是高斯函数。另一类信号由多个信号成分构成，其中一个信号成分是有用信号，其他成分是干扰信号，在分析各类接收到的信号时，经常遇到这种信号，例如雷达接收的信号，或通信接收机收到的信号。在这种信号中，一般有用信号分量是 σ-BL 的或近似 σ-BL 的，但一些噪声分量是宽频带的，例如白噪声，相对有用信号分量可看作无穷带宽的。

对这类信号直接进行采样，若采样频率取 $F_s = \Omega_s/2\pi$，得到的采样信号的傅里叶变换仍用式 (1.105) 表示。但由于信号是非 σ-BL 的，式 (1.105) 各项相互重叠，混叠的结果仍构成以 Ω_s 为周期的频谱图。为了通过采样序列插值得到连续信号，通过如下的重构滤波器

$$H_r(j\Omega) = \begin{cases} T_s, & |\Omega| \leqslant \Omega_s/2 \\ 0, & |\Omega| > \Omega_s/2 \end{cases}$$

恢复区间 $[-\Omega_s/2, \Omega_s/2]$ 主值周期内的频谱作为重构的连续信号的频谱。

在这个过程中，区间 $[-\Omega_s/2, \Omega_s/2]$ 主值周期内的频谱与原来的连续信号频谱相比，有两种失真，一是频谱截断失真，二是频谱混叠失真。

频谱截断失真是指丢失了原信号在频域区间 $[-\Omega_s/2, \Omega_s/2]$ 之外的能量。频谱截断失真的能量用下式表示，这里假设为实信号

$$\varepsilon_d = \frac{1}{2\pi} \int_{-\infty}^{-\Omega_s/2} |X_a(j\Omega)|^2 d\Omega + \frac{1}{2\pi} \int_{\Omega_s/2}^{+\infty} |X_a(j\Omega)|^2 d\Omega$$

$$= \frac{1}{\pi} \int_{\Omega_s/2}^{+\infty} |X_a(j\Omega)|^2 d\Omega$$

频谱混叠失真指的是式 (1.105) 中 $k \neq 0$ 的各项延伸到区间 $[-\Omega_s/2, \Omega_s/2]$ 内产生的混叠项，显然，频谱混叠分量表示为

$$\Delta X(j\Omega) = \frac{1}{T_s} \left[\sum_{\substack{k=-\infty \\ k \neq 0}}^{+\infty} X_a(j\Omega - jk\Omega_s) \right] G_s(\Omega)$$

其中

$$G_s(\Omega) = \begin{cases} 1, & |\Omega| \leqslant \Omega_s/2 \\ 0, & |\Omega| > \Omega_s/2 \end{cases}$$

频谱混叠失真项的能量为

$$\varepsilon_\Delta = \frac{1}{2\pi} \int_{-\Omega_s/2}^{\Omega_s/2} |\Delta X(j\Omega)|^2 d\Omega = \frac{1}{2\pi} \int_{-\Omega_s/2}^{\Omega_s/2} \left| \frac{1}{T_s} \sum_{\substack{k=-\infty \\ k \neq 0}}^{+\infty} X_a(j\Omega - jk\Omega_s) \right|^2 d\Omega$$

直接对于非 σ-BL 信号采样，产生两种失真。如果对非 σ-BL 信号采样之前，通过一个滤波器，将其 $[-\Omega_s/2, \Omega_s/2]$ 之外的频谱滤除，再通过采样频率 $F_s = \Omega_s/2\pi$ 进行采样，不难理解，这个新的采样过程中，频谱截断失真仍然存在，但频谱混叠失真项被消除，可以获得更好的重构效果。因此，在对非 σ-BL 信号采样之前所施加的滤波器，称为抗混叠滤波器。理想抗混叠滤波器的频率响应定义为

$$H_\Delta(j\Omega) = \begin{cases} 1, & |\Omega| \leqslant \Omega_s/2 \\ 0, & |\Omega| > \Omega_s/2 \end{cases}$$

实际中，设计一个可实现的低通滤波器来逼近理想抗混叠滤波器。

6. 带通信号采样问题

在通信和雷达中，大量信号是带通信号。所谓带通信号是指其频谱非零区间集中在以载波频率 Ω_c 为中心的一个相对窄的区间，例如 $\Omega_c \gg \sigma$，信号频谱的非零区间为

$$[\Omega_c - \sigma, \Omega_c + \sigma] \quad \text{和} \quad [-\Omega_c - \sigma, -\Omega_c + \sigma] \tag{1.108}$$

一个简单的例子是，若 $a(t)$ 是 σ-BL 信号，则 $x_a(t) = a(t)\cos(\Omega_c t)$ 的频谱非零区间由式(1.108)表示。

带通信号可以看成是 $(\sigma + \Omega_c)$-BL 信号，由采样定理，可用 $F_s > (\sigma + \Omega_c)/\pi$ 的采样频率进行采样，从而准确表示该连续信号。但实际上带通信号是一种频域稀疏信号（频域内只有很少区间频谱非零），可以通过带通采样定理，用更低的采样频率来表示这种信号。带通采样定理指出：对于带通信号，只需要正比于 $2\sigma/\pi$ 量级的采样频率，即可准确重构信号。关于带通采样定理的详尽叙述，留待第 11 章讨论。

7. 复解析信号的采样问题

定义"复解析 σ-BL"信号为傅里叶变换只在 $0 \leqslant \Omega \leqslant \sigma$ 内非零的信号，即

$$X_a(\mathrm{j}\Omega) = 0, \quad \Omega < 0 \text{ 和 } \Omega > \sigma$$

显然，复解析 σ-BL 信号的傅里叶变换只在正频率的区域内取非零值。对于复解析 σ-BL 信号的采样，只要采样频率满足 $F_s > \sigma/2\pi$ 或采样间隔满足 $T_s < 2\pi/\sigma$，则可由采样序列准确重构原信号。

在通信或雷达的一些应用中，当接收的信号是实信号时，由该实信号构造出一种复解析信号，并对复解析信号进行采样和处理，反而比直接处理实信号更简捷和方便。由实信号构造复解析信号的典型方法是利用希尔伯特变换，将在第 7 章进一步讨论，有关复信号采样的更一般叙述将在第 11 章给出。

8. 亚奈奎斯特采样问题

对于实 σ-BL 信号，若 σ 充分大，但在区间 $[-\sigma, \sigma]$ 内只有很少的区域频谱非零，大多数区域频谱为零或近似为零，这样的信号称为频域稀疏信号。带通信号是频域稀疏信号的特例，可以用比 σ/π 小得多的采样频率进行采样。对于一般的频域稀疏信号，有多个频谱不为零的区域，且随机地分布在区间 $[-\sigma, \sigma]$ 内，对于这种情况，通过利用低于 σ/π 的采样率来准确或任意近似地重构信号的问题，称为亚奈奎斯特采样问题。该问题是信号处理中的前沿问题之一，已有一些解决方法，如压缩传感等。对于亚奈奎斯特采样问题，将在第 11 章给出一个概要介绍。

本节介绍了基本采样定理及其几点注释。基本采样定理在理论上是严格成立的，除了频带受限外没有其他附加条件，是关于采样问题的基本理论，也是通过数字信号处理对连续信号进行处理的理论基础。在一些条件下，可以使用比基本采样定理更低的采样率对连续信号进行采样，例如带通采样、稀疏信号采样等，但这些扩展性的采样技术都有更多附加条件才能正确应用。例如带通采样定理，需要已知带通信号的中心频率和带宽，才能确定正确的采样率；一般稀疏信号的采样问题就更加复杂，要已知关于"稀疏度"的度量指标。本书第 11 章之前，若不加特殊说明，均以基本采样定理为基础讨论信号采样问题，在第 11 章专门研究一些扩展的采样问题。

通过采样，用采样序列 $x_a(nT_s)$ 表示连续信号 $x_a(t)$，在数字信号处理中，为了使理论和算法更加简洁，省略采样间隔 T_s，用归一化间隔的离散序列 $x[n]$ 来表示离散信号，即

$$x[n] = x_a(nT_s)$$

数字信号处理的这种归一化的表示，可以用统一的符号和规范的取值范围建立起一套简洁的理论体系和算法体系。当把数字信号处理的结果转化为连续信号时，或用数字信号处理的结果解释实际物理问题时，再通过采样间隔 T_s 作为纽带，建立起连续世界和离散世界之间的联系。在后续章节中，我们会不断强调这种联系。

通过研究离散序列 $x[n]$，可以建立起关于离散序列分析和处理的一套自我封闭的表示方法。当处理源自离散问题的信号序列 $x[n]$ 时，数字信号处理是一套封闭的体系；但当离散信号 $x[n]$ 是由连续信号采样获得时，采样间隔 T_s 就成为连续信号处理和离散信号处理之间的桥梁，而采样定理也就是搭建这个桥梁的基石。

1.7　本章小结

本章给出了连续信号表示和处理的一个概要叙述，并详细讨论了基本采样定理，该定理搭建了从连续信号处理到数字信号处理的桥梁。

习题

1.1　$x_1(t) = u(t) - u(t-1)$，$x_2(t) = u(t-1) - u(t-2)$，求卷积 $y(t) = x_1(t) * x_2(t)$。

1.2　$x_1(t)$ 是周期信号，基频角频率为 ω_1，用复指数形式展开的傅里叶级数系数为 c_k，现有信号 $x_2(t) = x_1(1-t) + x_1(t-1)$，问：（1）$x_2(t)$ 的基频角频率 $\omega_2 = ?$（2）用 $x_1(t)$ 的展开系数 c_k 表示 $x_2(t)$ 的展开系数 $\tilde{c}_k$。

1.3　一个信号定义为：$x(t) = \begin{cases} \cos(10t), & \pi \leqslant t \leqslant 3\pi \\ 0, & \text{其他} \end{cases}$，求该信号的傅里叶变换 $X(j\Omega)$，并粗略画出信号的波形和频谱的幅度图。

1.4　一个连续信号的傅里叶变换为 $X(j\Omega) = e^{-j5\Omega/2}\left(\dfrac{\sin(\Omega/2) + 2\sin(3\Omega/2)}{\Omega}\right)$，画出信号的时域波形图。

1.5　设信号 $x(t) = \begin{cases} 1, & T \leqslant t \leqslant 2T \\ 0, & \text{其他} \end{cases}$。

（1）计算卷积 $y(t) = x(t) * x(t)$；

（2）计算 $x(t)$ 的自相关函数 $R_{xx}(\tau) = \displaystyle\int_{-\infty}^{+\infty} x(t)x(t-\tau)\mathrm{d}t$；

（3）粗略画出 $y(t)$，$R_{xx}(\tau)$ 的波形。

1.6　如题 1.6 图（a）所示系统，其中滤波器频响特性如题 1.6 图（b）和题 1.6 图（c）所示，且 $\Omega_0 \gg \Omega$。

（1）求滤波器的冲激响应 $h(t)$；

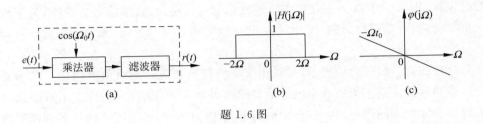

题 1.6 图

（2）若输入信号为 $e(t)=[\mathrm{Sa}(\Omega t)]^2\sin(\Omega_0 t+\pi/3)$，求系统输出信号 $r(t)$；

（3）虚框所示系统是否为线性时不变系统？

1.7 一种调制高斯信号表示为 $x(t)=\mathrm{e}^{-\frac{1}{4}(t-1)^2}\cos(100\pi t)$。

（1）求该信号的傅里叶变换表达式；

（2）画出时域和频域的示意图。

1.8 考虑如题 1.8 图所示的系统，三个子系统的冲激响应均为 $h(t)=\dfrac{\sin(11\pi t)}{\pi t}$。两个输入信号分别为 $x(t)=\displaystyle\sum_{k=1}^{+\infty}\dfrac{1}{k^2}\cos(5\pi kt)$，$g(t)=\displaystyle\sum_{k=1}^{10}\cos(8\pi kt)$。利用傅里叶变换方法，求输出 $y(t)$。

1.9 $x(t)=t\cos^2(2t)$，求其（单边）拉普拉斯变换 $X(s)$。

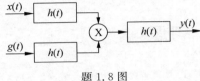

题 1.8 图

1.10 信号的拉普拉斯变换为 $X(s)=\dfrac{s^2+\omega_0^2+1}{s^2+\omega_0^2}$，求信号 $x(t)$。

1.11 一个系统的系统函数为 $H(s)=\dfrac{s+\gamma}{(s+\alpha)^2+\beta^2}$，且 α、β、γ 是实数。讨论若使系统是 BIBO 稳定的，α、β、γ 的取值范围是什么？若要求系统是最小相位的，α、β、γ 的取值范围是什么？

1.12 一个连续的线性时不变系统，其系统函数有两个极点分别是 $P_{1,2}=-2\pm\mathrm{j}$，一个零点为 $Z_1=2$。系统函数在 s 平面原点处取值为 1，即 $H(s)\big|_{s=0}=1$：

（1）写出系统函数 $H(s)$ 的表达式；

（2）利用拉普拉斯变换法，求解系统的冲激响应。

第2章

离散信号与系统基础

本章给出了研究离散信号和系统所需要的基础知识,是本书最基础的一章,讨论了有关离散信号的定义、分类和各种表示方法,并深入地研究了离散信号的傅里叶表示和 z 变换表示。本章也给出了关于离散系统的基本描述,针对线性时不变(LTI)离散系统给出了更详细的论述,除了卷积表达式外,也初步介绍了 LTI 系统的变换域分析方法和一些基本术语。

本章也讨论了离散 LTI 系统的特征分析,由特征分析导出关于 LTI 系统分析的一些重要概念。

2.1　离散信号与系统

离散信号是定义在离散定义域上的信号。离散定义域是一个可列的集合(enumerable set) $\{t_n \mid n \in \mathbf{N}\}$,其中 $\mathbf{N}$ 为自然数集(natural number set);相应的信号(或等价地看成函数)可以表示成一个数对(number pair)的序列

$$\{(t_n, x_n)\}, \quad n = 1, 2, 3, \cdots$$

数对中的第一个数为自变量(independent variable),第二个数为因变量(dependent variable)。

如果离散信号的定义域是离散的时间点,则该信号为时域离散信号。时间有先后,"先后"是离散时间集上的一种"序"(ordering)。有了先后之序,就有了过去、现在和将来。时间向过去推溯可至无穷,向未来推延也可至无穷。因此,离散时间集用自然数来列数并不"自然",更自然的方法是用整数来列数。对于时域离散信号,可以用下面的数对序列来表示:

$$\{(t_n, x_n)\}, \quad -\infty < n < +\infty, n \in \mathbf{Z}$$

其中,$\mathbf{Z}$ 为整数集(integer set),并且通常把序列中时间的先后与整数的大小对应起来,小的整数所对应的时刻是大的整数所对应时刻的过去,大的整数所对应的时刻是小的整数所对应时刻的将来,对应整数 0 的时间点为零时刻,零时刻是人为选定的。

如果 x_n 是某个连续函数 $x_a(t)$ 在离散时间点上的取值,则数对序列可以表示成

$$\{(t_n, x_a(t_n))\}, \quad -\infty < n < +\infty, n \in \mathbf{Z}$$

把信号定义域中的离散时间点按照先后次序排列起来之后,任意相邻两个时间点中间还有无穷多个时间点。由于这些时间点不在离散信号的定义域中,因此不管离散信号是否

是从时域连续信号抽样得到，在这些时间点上，我们规定离散信号是没有定义的。

如果信号定义域中的时间点 t_n 按照先后次序排列之后与整数 n 之间存在如下关系

$$t_n = nT_s$$

其中 T_s 为常数，也就是离散信号在以 T_s 为周期的点上有定义，则数对序列可以被简化成一个标量（scalar）序列

$$\{x_n\}, \quad -\infty < n < +\infty, n \in \mathbf{Z}$$

同样如果 x_n 是某个连续函数 $x_a(t)$ 在周期离散时间点上的均匀取样，则数对序列可以简化成标量序列

$$\{x_a(nT_s)\}, \quad -\infty < n < +\infty, n \in \mathbf{Z}$$

对连续信号的这种采样称为均匀采样（uniform sampling）或者周期采样（periodic sampling），采样后的离散信号称为均匀抽样的信号（uniformly sampled signal）。

序列可以用一个符号来表示

$$x = \{x_n\}, \quad n = \cdots, -2, -1, 0, 1, 2, \cdots$$

此时可以采纳"序列 x"这样的说法。序列中的每一项也可以用 $x[n]$ 表示

$$x[n] = x_n, \quad n = \cdots, -2, -1, 0, 1, 2, \cdots$$

这里用"[ ]"表示序列中的一个通项，表示序列是离散定义域上的函数，可用 n、m、k 等符号表示自变量，以区别于连续函数，连续函数用"( )"表示。在不引起混淆的情况下，也可以直接用序列的通项表示序列，即可以采用"序列 $x[n]$"这样的说法。

在本书中，若不专门加以说明，对连续信号的采样均假设为均匀采样。若离散序列 $x[n]$ 来自对连续信号 $x_a(t)$ 的均匀采样，可方便地将其表示为

$$x[n] = x_a(nT_s) \tag{2.1}$$

图 2.1 是一个由连续信号采样得到离散信号的例子。

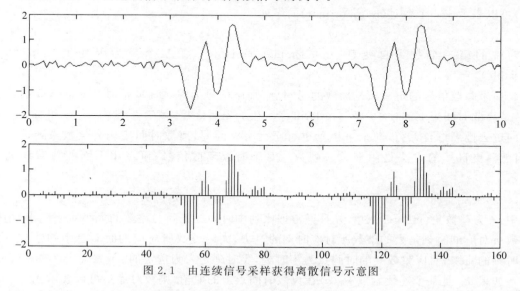

图 2.1　由连续信号采样获得离散信号示意图

离散信号的另一种由来是对各类实际问题的观察或记录。这些观察或记录的数据，其来源自身就是离散的。例如，对一个交通路口车辆的流量记录，记录每时间段流过这个路口的车辆数目。根据应用的不同，时间段可能设置为 1 分钟或 1 小时，但不会将时间段设置为无穷小

量以至于记录随连续时间变化的车流量。从这样的记录获取的数据,是可以一个一个地数的,自身就是离散序列。同样,以整数序号表示记录的次序,可用 $x[n]$ 表示这样的序列。这种来源于社会问题的离散序列有很多,例如很多经济数据,如股票价格、员工薪资、人口数量等。

在表示离散信号时,用整数序号会带来理论和算法上的一致性和简单性。在讨论离散算法自身的发展时,一般忽略离散整数序号增量"1"所表示的实际时间间隔。但当用离散信号处理的结果去解释实际问题时,就需要用到这个"时间间隔"。在对采样信号处理时,这个"时间间隔"就是采样间隔 T_s;在处理其他问题时,也存在类似的"采样间隔 T_s"。例如,上述车流量记录序列,"采样间隔 T_s"可能是 1 分钟或 1 小时。

例 2.1.1　第一个连续信号 $x_a(t)=\sin(10\pi t)+2\cos(20\pi t)$,用采样间隔 $T_1=1/100$ 进行采样,采得连续信号在 $t=nT_1=n/100$ 的值,由式(2.1)得到离散信号为

$$x_a[n]=x_a(t)|_{t=nT_1}=\sin(0.1\pi n)+2\cos(0.2\pi n)$$

第二个连续信号 $x_b(t)=\sin(5000\pi t)+2\cos(10^4\pi t)$,用采样间隔 $T_2=1/50\,000$ 进行采样,得到离散信号为

$$x_b[n]=x_b(t)|_{t=nT_2}=\sin(0.1\pi n)+2\cos(0.2\pi n)$$

从这个例子看到,对两个在时域变化速度不同但结构相同的信号(均是由两个分量信号组成,一个分量的频率是另一个分量频率的两倍),通过不一样的采样间隔可以得到相同的离散信号。如果我们通过离散信号分析,得到的信息是该信号由两个不同频率的分量组成,并可求出这些离散频率值 $\omega_0=0.1\pi,\omega_1=0.2\pi$。若通过离散信号分析的结果,得到对连续信号的正确解释,则需要采样间隔 T_s。关于怎样利用采样间隔 T_s 正确解释离散信号分析的结果,2.6 节做详细讨论。

2.1.1　信号的表示问题

信号是信号处理中关注的基本对象。离散信号的表示问题指的是如何来有效地描述一个信号,以利于对信号的理解或做进一步处理。可以由多种方法表示一个信号,这里给出概要的叙述。信号的表示问题,是贯穿全书的核心问题之一。

一个信号有三种基本表示方法:时域表示、变换域表示和特征量表示。

时域表示是刻画信号随时间变化的规律,也是大多数信号的"原始"表示。变换域表示往往是信号分析的核心任务,是将信号分解成"基本元素之和",而这些基本元素或具有明确的物理意义或具有进一步处理上的方便性。前者用于获取对信号的更清晰的解释,后者便于用"简单元素之和"解决复杂问题。有些变换同时具有这些因素。离散信号的典型变换有离散时间傅里叶变换(DTFT)、离散傅里叶变换(DFT)、z 变换、离散余弦变换、小波变换、沃尔什变换等,本章和后续章节进一步讨论这些变换。一般地,信号的时域表示和变换域表示是等价的,由一种表示可计算出另一种表示。它们都能完整地代表这个信号,不同的表示更清晰地反映了信号不同方面的性质。第三种表示称为信号的特征量表示。这种表示同样是以提取信号的某些重要性质为目的,但这种表示可能是单向性的。由信号的时域表示(或频域表示)可以计算这些特征量;反之,由这些特征量不一定能够完整地恢复原信号的所有取值。信号分析中用到一些这样的特征量,例如信号的相关函数、魏格纳-威利分布(WVD)、模糊函数等。几种基本表示方式可以结合成更一般的信号分析工具,例如时域表示和频域表示结合而形成信号的时频表示,像短时傅里叶变换、魏格纳-威利分布都是一种时频表示。

在信号的每一种表示方法中，又有几种表示方式。以时域表示为例，有如下三种形式表示时域信号：图形表示、数学表达式表示和数据表示。

1. 图形表示

图形表示是最直观的一种表示方式，尤其对于说明问题和帮助读者直观理解是非常有作用的，是叙述原理不可或缺的辅助手段。对于简单信号，用图形表示不仅直观，还可以准确地定义该信号的完整含义；对于复杂信号，图形表示仍可帮助理解信号的局部性质，但一般不能刻画其完整性。图形表示有其明显的优点和不足。图 2.2 是离散信号时域图形表示的两个例子。图 2.2(a)中，由图示可以了解信号的全部取值，但图 2.2(b)只看到信号的局部取值，却无法推断它的其他取值。

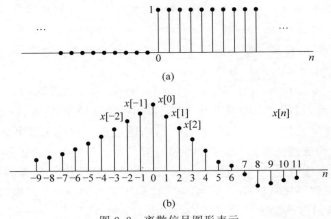

图 2.2   离散信号图形表示

2. 数学表达式表示

与图形表示类似，数学表达式表示可以表示一些信号，却无法表示所有信号。一些有用的基本信号可以用数学表达式准确定义，由基本信号的数学表达式还可以组合成更复杂信号的数学表达式。而且，有明确物理意义的一类基本信号可以构成基本信号集，用于构成变换的基函数，获得对复杂信号的表示。

3. 数据表示

从实际记录的离散信号或从连续信号采样得到的离散信号，大多数不存在一个准确的数学表达式，或者无法预先确定其数学表达式，也无法用图形表示其全部取值（可能存在无穷多无规律的采样值）。离散信号的最一般的时域表示就是数据表示，这种表示可以看作一种"没有表示的表示"。在数学形式上，用符号 $x[n]$ 表示一个一般的离散信号。在实际实现时，可能在存储器里开辟一个数组来存储采集到的数据。根据不同的应用环境，也许用一个固定的存储器区域保存采集到的数据；也可能动态使用存储器，随着时间变化保存新采集的部分数据，丢弃一些旧的数据。不管实际应用如何处理这些数据，我们总是用符号 $x[n]$ 来表示这个信号，从而导出对一般情况适用的算法。

2.1.2   离散信号的分类

对于离散信号，根据应用目标的不同，可将信号分成不同类型以便于研究。从大的种类到一些根据不同细节的分类，关于信号类型的名词有很多。本节首先给出信号的几种最基本分类,一些更细化的分类,后面将逐渐讨论。

1. 确定性信号和随机信号

若一个信号在任意时刻的取值是确定的,可以通过函数、表格或图形给予准确定义,称这样的信号为确定性信号。一些能用数学表达式准确定义的信号,例如正弦序列、指数序列等都是确定性信号;一些能用图表准确表示的信号,也是确定性信号。确定性信号及其与系统的相互作用,是信号处理和系统分析的基础。

在实际中遇到的大多数信号是具有随机性质的信号,可以用一个随机过程表示这样一个随机信号。随机信号在一个给定时刻的值是不能预先确定的,而是一个随机变量,服从一个概率分布函数。随机信号在不同时刻的取值构成随机矢量,服从一个联合概率分布函数。对于一个随机信号,进行多次试验记录的信号波形可能都是不同的,每次试验的波形称为随机信号的一次实现,所有实现的集合构成这个随机过程的整体。

本书主要讨论确定性信号,确定性信号处理方法也是随机信号处理的基础。

2. 离散周期信号和非周期信号

离散信号的周期性是指存在整数 N,使得序列满足

$$x[n] = x[n+N]$$

且把满足周期性定义的最小正整数称为离散信号的周期。

不存在一个有限周期值的信号是非周期信号。

3. 离散因果信号和非因果信号

一个离散信号 $x[n]$ 只有当 $n \geq 0$ 时取非零值,当 $n < 0$ 只取零值,则称为因果序列或离散因果信号,否则称为非因果序列。

2.1.3　一些常用的基本信号

存在一些基本的离散信号,这些信号是构成更复杂信号的基础;同时,这些简单信号通过系统的输出,也是研究复杂信号通过系统的基础。

1. 单位抽样信号

单位抽样信号定义为

$$\delta[n] = \begin{cases} 1, & n = 0 \\ 0, & n \neq 0 \end{cases}$$

单位抽样信号对离散信号表示的作用类似于连续信号的冲激函数,但其数学定义要简单得多,一个延迟的单位抽样信号为

$$\delta[n-k] = \begin{cases} 1, & n = k \\ 0, & n \neq k \end{cases}$$

由单位抽样信号可以表示任意离散信号,先看一个简单的例子,由下式定义一个离散全 1 信号,这相当于离散的"直流"信号。

$$p[n] = \sum_{k=-\infty}^{+\infty} \delta[n-k]$$

图 2.3 画出了以上 3 个信号的示意图。

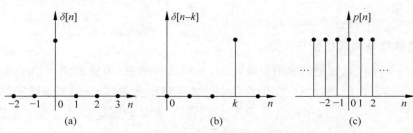

图 2.3　单位抽样信号和由其定义的信号

2. 单位阶跃信号

单位阶跃信号定义为

$$u[n]=\begin{cases}1, & n\geqslant 0\\0, & n<0\end{cases}$$

单位阶跃信号的图形示于图 2.4，不难看出，单位阶跃信号和单位抽样信号满足如下关系

$$\delta[n]=u[n]-u[n-1]$$

$$u[n]=\sum_{k=-\infty}^{n}\delta[k]$$

$$u[n]=\sum_{k=0}^{+\infty}\delta[n-k]$$

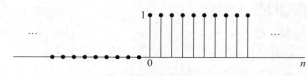

图 2.4　单位阶跃信号图形表示

还可以定义符号序列，它是关于 n 的奇函数

$$\text{sgn}[n]=\begin{cases}1, & n>0\\0, & n=0\\-1, & n<0\end{cases}$$

显然，阶跃信号和符号序列有如下关系

$$u[n]=\frac{1}{2}(\text{sgn}[n]+1)+\frac{1}{2}\delta[n]$$

3. 矩形窗序列

矩形窗序列定义为

$$R_N[n]=\begin{cases}1, & 0\leqslant n\leqslant N-1\\0, & 其他\end{cases}$$

不难看出，矩形窗序列和单位阶跃信号及单位抽样信号的关系为

$$R_N[n]=u[n]-u[n-N]=\sum_{k=0}^{N-1}\delta[n-k]$$

4. 实指数序列

单边实指数序列为

$$x[n] = a^n u[n]$$

双边实指数序列为

$$x[n] = a^{|n|}$$

5. 正弦型序列

实正弦序列定义为

$$x[n] = A\sin(\omega_0 n + \varphi)$$
$$x[n] = A\cos(\omega_0 n + \varphi)$$

一个实正弦序列波形的例子如图 2.5 所示。

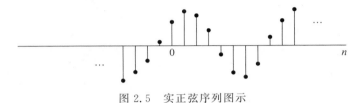

图 2.5　实正弦序列图示

复指数序列定义为

$$e^{j(\omega_0 n + \varphi)} = \cos(\omega_0 n + \varphi) + j\sin(\omega_0 n + \varphi)$$

离散正弦信号与连续正弦信号相比,有几个不同点是需要注意的。第一点是正弦信号的"角频率",在离散正弦信号中通常被称为"数字角频率"(本书用 ω 表示)。由于离散性,一些角频率是不可区分的,例如角频率 ω 和 $\omega + 2\pi r$ 是无法区分的,这里 r 为整数,容易验证如下

$$\sin((2\pi r + \omega)n + \varphi) = \sin(\omega n + \varphi)$$
$$\cos((2\pi r + \omega)n + \varphi) = \cos(\omega n + \varphi)$$

角频率 ω 和 $\omega + 2\pi r$ 的正弦型序列代表完全相同的信号,即角频率 ω 和 $\omega + 2\pi r$ 是不可区分的。因此,在讨论离散信号角频率时,一般将角频率的主值范围限定为 $(-\pi, \pi]$ 或 $[0, 2\pi)$ 的 2π 区间。若用频率表示,由于频率 $f = \omega / 2\pi$,频率的主值区间为 $(-1/2, 1/2]$ 或 $[0, 1)$。

对连续信号,角频率越大代表越高频的信号。这一点对离散信号是不成立的。这是显然的,$\omega + 2\pi r$ 和 ω 为角频率的信号是不可区分的,$\omega + 2\pi r$ 的角频率并不比 ω 的角频率代表更高频信号。为了考察离散信号的低频和高频,只需要在区间 $[0, 2\pi]$ 之间考察即可。在这个区间之外,角频率是以 2π 为周期代表相同频率属性的。通过 $\cos(\omega n)$ 考察信号频率的低频和高频的区别,$\sin(\omega n)$ 是其正交分量,只相差 $\pi/2$ 的相移。观察 3 个特殊角频率,$\omega = 0$ 时,$\cos(0n) = 1$ 是一常数序列,代表了最低频率;$\omega = \pi$ 时,$\cos(\pi n) = (-1)^n$,信号取值在最大和最小值之间跳变,表示了信号可能达到的最快速变化,代表最高频率;当 $\omega = 2\pi$ 时,$\cos(2\pi n) = 1$,因此,$\omega = 2\pi$ 代表了直流频率,在此表示最低频率。这是不难理解的,$\omega = 0$ 和 $\omega = 2\pi$ 是不可区分的角频率,自然代表了相同的频率属性。为了进一步说明从角频率 $\omega = 0$ 到 $\omega = \pi$,信号是从低频向高频变化,$\omega = \pi$ 是最高频率,从 $\omega = \pi$ 到 $\omega = 2\pi$,信号是从高频到低频,直到 $\omega = 2\pi$ 代表直流的最低频,图 2.6 给出了几个角频率的例子说明这一规律。

用单一频率的复指数信号也可说明这种规律。复指数为 $e^{j\omega_0 n}$,当 $\omega_0 = 0$ 时,复指数序列恒为 1,其为实直流信号。当 $\omega_0 = \pi/2$ 时,复指数序列以 $\{1, j, -1, -j\}$ 为周期,进行周期重

复。若分别讨论其实部和虚部，实部按$\{1,0,-1,0\}$周期变化，虚部按$\{0,1,0,-1\}$周期变化，实部和虚部正交。$\omega_0=\pi$时，复指数在$\{1,-1\}$之间跳变，以周期为2重复，达到了有界序列在其界内的最快变化，因此反映了最高频率。从$\omega_0=\pi$变化到$\omega_0=2\pi$时，是变化逐渐变缓的过程。

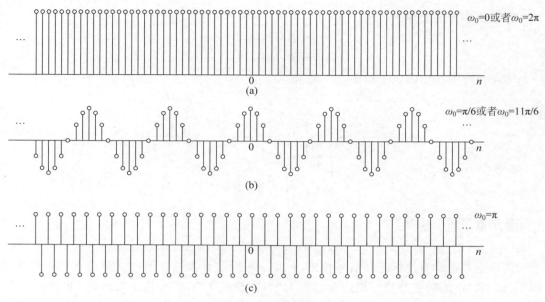

图2.6　不同角频率余弦信号的变化

对于离散正弦信号，初看起来最令人吃惊的性质是：离散正弦信号可能不是周期序列。对于正弦序列，$x[n]=\sin(\omega_0 n+\varphi)$和$x[n+N]=\sin(\omega_0(n+N)+\varphi)$，为使得$x[n]=x[n+N]$，要求$\omega_0 N=2\pi k$，求得$N=\dfrac{2\pi}{\omega_0}k$，这里$k$是可以任取的一个整数。这里似乎求得了"周期"$N=\dfrac{2\pi}{\omega_0}k$，问题是：是否对于所有的$\omega_0$，都可以通过取合适的$k$，使得$N=\dfrac{2\pi}{\omega_0}k$为整数？看如下例子。

例2.1.2　情况1　$\cos(\pi n/6)$，　$N=\dfrac{2\pi}{\omega_0}k=\dfrac{2\pi}{\pi/6}k=12$，　$k=1$。

情况2　$\cos\left(\dfrac{3\pi}{7}n\right)$，　$N=\dfrac{2\pi}{3\pi/7}k=\dfrac{14}{3}k=14$，　$k=3$。

情况3　$\cos(0.5n)$，　$N=\dfrac{2\pi}{0.5}k=4\pi k$。

第3种情况，无论k取什么整数，都得不到一个N的整数值，因此，情况3的正弦序列是非周期的。

例2.1.2的结论也许令人吃惊，如果离散正弦信号是从连续正弦信号采样获得，以上3种情况对应了连续信号周期T和采样间隔T_s之间的三种关系。情况1相当于T/T_s为整数，故在连续信号的一个周期内采得了整数个样本，对应连续信号每个周期采得的样本在离散域也同样构成了离散周期信号的一个周期；情况2相当于T/T_s为有理数，离散值需要对应原连续信号的几个周期的采样才能取得重复样本,离散周期 N 是 $\frac{2\pi}{\omega_0}$ 的整数倍;情况 3 相当于 T/T_s 为无理数,采样的离散信号变成非周期的。从另外一个角度来理解,由于离散信号只在整数序号取值,对于某些特殊角频率,无法通过整数序号获得重复的取值,故形不成周期性重复。

离散信号序号只取整数值这一要求,不仅造成一些正弦类信号可能是非周期的,而且无法直接获取一个信号的非整数位移。例如,我们采集一个连续信号,得到离散信号 $x[n]$,我们无法直接得到 $x[n-1/2]$,一个直接的理解是 $x[n-1/2]$ 没有定义。实际上,如果获得 $x[n]$ 时是满足采样定理的,在离散域可以得到实际延迟半采样间隔的信号 $y[n] = x_a(nT_s - T_s/2) = x_a((n-1/2)T_s)$,只是需要一些特殊的运算。关于这个问题,第 8 章会有详细讨论。

2.1.4 离散信号的基本运算

1. 移位

称 $y[n] = x[n-k]$ 为对 $x[n]$ 的移位运算,k 取整数。$k>0$ 时,将 $x[n]$ 的序列在 n 轴上向右移动 k 步得到 $y[n]$,称 $y[n]$ 相对 $x[n]$ 延迟了 k 个时间单位。$k<0$ 时,将 $x[n]$ 的序列在 n 轴上向左移动 k 步得到 $y[n]$,称 $y[n]$ 相对 $x[n]$ 前移了 k 个时间单位。

2. 反转

称 $y[n] = x[-n]$ 为对 $x[n]$ 的时间反转。若 $y[n] = x[k-n]$,其中 n 是时间自变量,k 是位移参数。由 $y[n] = x[k-n] = x[-(n-k)]$ 为反转位移,先对 $x[n]$ 做反转,再进行 k 步位移。$k>0$ 时,将反转后序列在 n 轴上向右移动 k 步得到 $y[n]$;$k<0$ 时,将反转序列在 n 轴上向左移动 k 步得到 $y[n]$。

3. 对称分量

一个实值信号,若满足 $x[n] = x[-n]$,称为偶对称的(或称对称);若满足 $x[n] = -x[-n]$ 称为奇对称的。一个复值信号,若满足 $x[n] = x^*[-n]$,称为共轭对称的;若满足 $x[n] = -x^*[-n]$ 称为共轭奇对称的。一般信号不一定具有对称性,但通过简单计算,可得到其对称分量。

对于一个离散复值信号 $x[n]$,可计算得到其共轭对称分量为

$$x_e[n] = \frac{1}{2}[x[n] + x^*[-n]]$$

共轭奇对称分量为

$$x_o[n] = \frac{1}{2}[x[n] - x^*[-n]]$$

容易验证,$x_e[n]$ 满足共轭对称性,$x_o[n]$ 满足共轭奇对称性,并且 $x[n]$ 可分解为共轭对称分量与共轭奇对称分量之和,即

$$x[n] = x_e[n] + x_o[n]$$

对于实信号,只要将如上的共轭符号去掉即可得到相应对称和奇对称分量,并且实信号可分解为对称分量和奇对称分量之和。

2.1.5　离散信号的单位抽样表示

用简单的基本信号表示任意信号，是将复杂问题化简为简单问题之和的重要步骤，本节讨论用一种最简单的基本离散信号表示任意离散信号。

在图 2.7 中，$x[n]$ 在 $n=0$ 时刻的取值可以用 $x[0]\delta[n]$ 表示，$x[n]$ 在 $n=1$ 时刻的取值，用 $x[1]\delta[n-1]$ 表示，以此类推，得到信号 $x[n]$ 的一种替代形式

$$x[n]=\sum_{k=-\infty}^{+\infty}x[k]\delta[n-k] \tag{2.2}$$

式(2.2)就是将任意信号分解为单位抽样序列的各延迟之和，该式表示了一种信号分解方式。式(2.2)的左侧是信号 $x[n]$，自变量 n 表示了信号随时间的变化；而在等式右侧，每一个基本项是 $x[k]\delta[n-k]$，是一个延迟 k 的单位抽样序列，$x[k]$ 只是该项的加权值，而时间变量转移到了 $\delta[n-k]$ 之上，这样就把任意时间信号 $x[n]$ 分解成各 $\delta[n-k]$ 的加权和。$\delta[n-k]$ 是一种基本的简单信号，这就完成了一种用一组基本简单信号表示任意信号的分解过程。2.1.6 节会看到，这一表示式可以导出线性时不变离散系统输出的一般表示式。

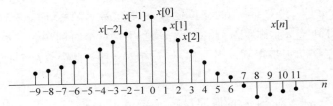

图 2.7　用单位抽样序列表示任意信号

这里，可以定义离散信号空间的一组特殊基函数

$$g_k[n]=\delta[n-k],\quad -\infty,\cdots,-2,-1,0,1,2,\cdots,+\infty$$

这组基函数是正交的，即

$$<g_k[n],g_l[n]>=\sum_{n=-\infty}^{+\infty}g_k[n]g_l[n]=\delta[k-l]$$

任意一个离散信号 $x[n]$ 均可展开为

$$x[n]=\sum_{k=-\infty}^{+\infty}a[k]g_k[n] \tag{2.3}$$

可以看到，当 $g_k[n]=\delta[n-k]$ 时，式(2.2)是式(2.3)的一般信号正交展开的一个特例。关于离散信号的一般正交展开问题，附录 A.1 有简要说明，我们在 2.4 节和第 3 章再做详述。

2.1.6　离散时间系统

凡对离散输入信号施加某些运算，得到离散输出信号的装置均称为离散系统。若强调输入和输出都是离散时间信号，也可加以限制地称该系统为离散时间系统；否则本书就简称为离散系统，在不引起歧义的情况下也可简称为系统。为简单起见，目前我们仅限制讨论单输入单输出系统，在后续有关章节专门讨论多输入多输出系统问题。系统可用如图 2.8 所示的框图表示。这里，用符号 T 表示系统运算，它是一般化的运算符，可以表示输入/输出之间的一般运算关系

图 2.8　系统表示

$y[n] = T(x[n])$，对于一个特定系统，T 被赋予特定的运算功能。

这里可以给出几个简单的特定系统。

例 2.1.3 差分运算 若输出是输入信号的一种差分运算,可称为差分系统,这里有几种常用差分运算:

前向差分 $y[n] = \Delta x[n] = x[n+1] - x[n]$;

后向差分 $y[n] = \nabla x[n] = x[n] - x[n-1]$;

高阶差分 $y[n] = \nabla^m x[n] = \nabla [\nabla^{m-1} x[n]]$;

最常用的高阶差分是二阶差分(以后向差分为例),即

$$y[n] = \nabla^2 x[n] = \nabla(\nabla x[n]) = x[n] - 2x[n-1] + x[n-2]$$

例 2.1.4 求和运算 $y[n] = x[n] + x[n-1]$。

求累加运算 $y[n] = \sum_{k=-\infty}^{n} x[k]$;

累加运算也可写成 $y[n] = y[n-1] + x[n]$,这是表示系统输入/输出关系的差分方程。

有限平方和运算 $y[n] = \sum_{k=0}^{M} x^2[n-k]$。

例 2.1.5 抽取运算 $y[n] = x[2n]$。

例 2.1.6 正切系统 $y[n] = \tan(x[n])$。

实际离散系统种类繁多,可对其按某些性质进行分类,主要的分类方式有:线性和非线性系统、时变和时不变系统、稳定和非稳定系统、因果和非因果系统。

线性系统 一个线性系统需满足相加性和齐次性条件:

$$\begin{cases} T(x_1[n] + x_2[n]) = T(x_1[n]) + T(x_2[n]) \\ T(ax[n]) = aT(x[n]) \end{cases} \tag{2.4}$$

两个条件可以归为一个条件,即

$$T(a_1 x_1[n] + a_2 x_2[n]) = a_1 T(x_1[n]) + a_2 T(x_2[n]) \tag{2.5}$$

如果系统满足式(2.4)或式(2.5)的条件,它是线性系统,否则是非线性系统。不难验证,例 2.1.3~例 2.1.5 中,只有有限平方和运算系统是非线性的,其他系统都是线性的,例 2.1.6 的系统是非线性的。

时不变系统 在离散系统中,称位移不变系统更确切,但习惯上仍称时不变系统。满足如下条件的系统:如果 $y[n] = T(x[n])$,当输入为 $x[n-n_0]$ 时,输出为 $y[n-n_0]$,即

$$y[n-n_0] = T(x[n-n_0]) \tag{2.6}$$

则为时不变系统;否则,称为时变系统。

例 2.1.3~例 2.1.5 中,只有例 2.1.5 的抽取运算是时变系统,其他均为时不变系统。若要证明一个系统是时不变的,必须在 $y[n] = T(x[n])$ 前提下,对于任意输入信号 $x[n-k]$,证明其满足式(2.6)。但若证明一个系统是时变的,只需给出一个特例信号不满足式(2.6)即可。对于例 2.1.5 的抽取系统,取输入信号为

$$x[n] = \begin{cases} 1, & n \text{ 为偶数} \\ 0, & n \text{ 为奇数} \end{cases}$$

容易看到 $y[n] = 1$,故 $y[n-1] = 1$,但 $T(x[n-1]) = 0$,因此: $T(x[n-1]) \neq y[n-1]$,抽取系统是时变的。

LTI 系统   在离散系统分析和设计中,特别重要的一类系统是同时满足线性和时不变性,这类系统称为离散线性时不变系统,简称离散 LTI 系统,在不会发生歧义时进一步简称为 LTI 系统。离散 LTI 系统的条件可更紧凑地写为：若已知

$$y_1[n] = T(x_1[n]), \quad y_2[n] = T(x_2[n])$$

当输入信号为

$$x[n] = ax_1[n-n_1] + bx_2[n-n_2]$$

时,输出信号为

$$y[n] = T(x[n]) = ay_1[n-n_1] + by_2[n-n_2] \tag{2.7}$$

以上的求和式可以推广到任意多项的求和。

稳定系统   关于系统的稳定性有多种不同的定义,这里给出一种常用定义：BIBO 稳定性。如果一个系统的输入信号是有界的,若其输出信号也是有界的,则称系统为 BIBO 稳定的。

容易验证,例 2.1.3～例 2.1.5 中,只有累加系统不满足 BIBO 稳定性。例 2.1.6 的系统是非稳定的,对于 $y[n] = \tan(x[n])$,若输入为 $\frac{\pi}{2}$ 时,产生无穷大的输出,因此是不稳定的。

因果系统   若一个系统当前时刻的输出,仅由其当前时刻输入、以前时刻输入和以前时刻输出确定,与以后时刻输入无关,则系统是因果的,否则是非因果的。例 2.1.3～例 2.1.5 中,前向差分系统和抽取系统是非因果的,其他系统是因果的。

需要注意的是,因果性是从连续系统延用过来的名词。但由于离散系统中数据存储很容易,有些处理系统是采集大量数据后再做处理,因此,因果性不再是系统是否可实现的强制性要求。例如,如果需要存储一些数据后,再得到输出,像前向差分这样的只有有限提前量的非因果系统不难实现。但存储容量毕竟是有限的,或者系统允许的延迟也是有限的,因此当前时刻的输出若需要未来无穷多输入时,仍是不可实现的。另外,即使可实现,非因果系统一般会带来附加的存储要求,在系统开销要求严苛的系统中仍希望采用因果系统。因此,在一般系统设计时,若因果系统设计不会带来性能的明显差距,我们仍首先采用因果系统,但也并不完全排斥具有有限提前量的非因果系统。

还要注意一点,其实因果性是系统的属性,信号自身无所谓因果或非因果。但在文献中,为了叙述方便,离散信号也常借用因果性这一术语,将只在 $n \geq 0$ 时刻取值非零的信号称为因果信号。一个信号若是因果序列,可表示为 $x[n] = x[n]u[n]$。

如上定义的系统分类经常组合起来限定一个特殊的系统,例如 LTI 就是线性和时不变性的组合。对大多数应用系统来讲,稳定性也是基本要求。很多情况下因果性也是希望具有的性质。在许多情况下,要求设计具有稳定性和因果性的 LTI 系统。

例 2.1.7   一个系统用差分方程 $y[n] - ay[n-1] = x[n]$ 表示,初始条件 $y[-1] = c$,设输入信号 $x[n]$ 为一任意因果序列,用递推方法推导系统输出响应 $y[n], n \geq 0$。

解   差分方程重写为

$$y[n] = ay[n-1] + x[n]$$

从 0 开始计算输出

$$y[0] = ay[-1] + x[0] = ac + x[0]$$

$$y[1]=ay[0]+x[1]=a^2c+ax[0]+x[1]$$
$$y[2]=ay[1]+x[2]=a^3c+a^2x[0]+ax[1]+x[2]$$

继续递推下去,不难看出,解的一般表达式为

$$y[n]=a^{n+1}cu[n]+\sum_{k=0}^{n}a^{n-k}x[k]$$

输出表达式中,第一项由系统初始条件决定,第二项由系统输入决定,若初始条件 $c=0$,系统的输出称为零状态响应。

在系统输出中,若输入 $|x[n]|$ 有界,只要 $|a|<1$,则系统输出也有界,系统是 BIBO 稳定的。

若初始条件 $c=0$,且输入信号为 $x[n]=\delta[n]$,系统输出为

$$y[n]=a^nu[n]$$

输入为单位抽样信号时的零状态响应称为系统的单位抽样响应。

在如上例子中,若系统是 BIBO 稳定的,由初始条件所产生的输出部分逐渐衰减,逼近为零,其影响逐渐消失,此时称系统达到稳态。在设计一个应用系统时,一般会选择设计一个 BIBO 稳定的系统,系统稳态时的功能是主要考虑的因素,况且在数字信号处理系统实现时,通过数字系统清零很容易实现零初始状态。因此,以后如不加特殊说明,所讨论的系统输出响应均指零状态响应。

2.2　离散 LTI 系统的卷积和方法

对于离散 LTI 系统,可以得到系统对于任意信号输入所产生的输出时域的一般形式,这就是离散 LTI 系统的卷积和表示。为了导出卷积和,需要定义离散 LTI 系统对单位抽样信号的响应。设离散 LTI 系统在 $n<0$ 时刻是无储能的,即 $y[n]=0,n<0$,以 $x[n]=\delta[n]$ 作为输入信号所产生的输出信号,称为离散系统的单位抽样响应,记为 $h[n]$,即

$$h[n]=T(\delta[n]) \tag{2.8}$$

对于一个 LTI 系统,若已知其单位抽样响应 $h[n]$,利用 LTI 系统的叠加性和时移不变性,若输入信号可表示为 $\delta[n]$ 及其延迟的加权和,则可求得系统的输出信号。

例 2.2.1　若一个离散 LTI 系统的单位抽样响应为 $h[n]=T(\delta[n])=\left(\dfrac{1}{3}\right)^n u[n]$,当该系统的输入信号为 $x[n]=\delta[n]+\dfrac{1}{2}\delta[n-2]+\dfrac{1}{4}\delta[n-3]$ 时,求系统输出信号。

根据 LTI 系统的性质,容易写出输出信号为

$$y[n]=h[n]+\frac{1}{2}h[n-2]+\frac{1}{4}h[n-3]$$
$$=\left(\frac{1}{3}\right)^n u[n]+\frac{1}{2}\left(\frac{1}{3}\right)^{n-2}u[n-2]+\frac{1}{4}\left(\frac{1}{3}\right)^{n-3}u[n-3]$$

2.2.1　离散 LTI 系统的卷积和

如果离散 LTI 系统的输入信号是任意复杂信号 $x[n]$,因为由式(2.2)已将任意信号分解为 $\delta[n-k]$ 的加权和,那么,利用 LTI 系统定义的式(2.7),得到一个离散 LTI 系统对任

意输入信号 $x[n]$ 的响应为

$$y[n] = T(x(n)) = T\Big(\sum_{k=-\infty}^{+\infty} x[k]\delta[n-k]\Big) = \sum_{k=-\infty}^{+\infty} x[k]T(\delta[n-k])$$

按照时不变性 $h[n-k] = T(\delta[n-k])$，故

$$y[n] = \sum_{k=-\infty}^{+\infty} x[k]h[n-k] = x[n] * h[n] \tag{2.9}$$

在式（2.9）中，将这种形式的求和运算定义为两个序列的卷积和 $x[n]*h[n]$，也可简称为卷积。式（2.9）给出了一个结论：如果已知一个系统的单位抽样响应，给出任意输入信号 $x[n]$，利用式（2.9）的卷积和得到系统的输出信号 $y[n]$。式（2.9）的本质是时移不变性下的加权求和，由于任意信号可分解为各项 $x[k]\delta[n-k]$ 之和，由时移不变性，$x[k]\delta[n-k]$ 对应的系统输出是 $x[k]h[n-k]$，最终的系统输出由叠加性原则得到式（2.9）的各项和。当输入信号 $x[n]$ 只有几个非零值时，如例 2.2.1 所示，式（2.9）也只有有限几项的和，问题变得很简单，但若 $x[n]$ 有无穷多非零值时，求式（2.9）需要一些运算技巧。在讨论式（2.9）的计算之前，先导出式（2.9）的一个等价形式。

做简单的变量替换，可将式（2.9）写成

$$y[n] = \sum_{k=-\infty}^{+\infty} x[k]h[n-k] = x[n] * h[n]$$

$$= \sum_{k=-\infty}^{+\infty} h[k]x[n-k] = h[n] * x[n] \tag{2.10}$$

式（2.10）说明卷积和运算是可交换的，即参与卷积和运算的两个序列可交换位置。

首先讨论两种特殊情况，当 LTI 系统和输入信号都是因果性的，即

$$x[n] = x[n]u[n], \quad h[n] = h[n]u[n]$$

由式（2.9）卷积和写为

$$y[n] = \sum_{k=-\infty}^{+\infty} x[k]h[n-k] = \sum_{k=0}^{n} x[k]h[n-k] \tag{2.11}$$

在 $n=0$ 时，只有一项求和，随着时间的进展，有越来越多的求和项进行求和，计算变得复杂。

用单位抽样响应描述离散 LTI 系统，可将系统分成两大类：有限抽样响应（FIR）系统和无限抽样响应（IIR）系统。FIR 系统中，单位抽样响应只有有限个取值不为零；IIR 系统中，单位抽样响应有无穷多个取值不为零。假设一个 FIR 系统，其单位抽样响应不为零的序号为 $0 \leqslant n \leqslant M$，则由式（2.10）第二行，输出信号表示为

$$y[n] = \sum_{k=0}^{M} h[k]x[n-k] \tag{2.12}$$

对于 FIR 系统，用卷积和表达式计算任意时刻 n 的输出值，均只需有限项的求和运算，用式（2.12）计算输出变得简单。

为了在一般情况下计算式（2.9），注意到，在求和式中，自变量是 k，n 只是一个参量。为了计算卷积和，首先将 $x[n]$ 和 $h[n]$ 变成 $x[k]$ 和 $h[n-k]$，注意到 $h[n-k]$ 中，k 是自变量，这是以 k 为自变量的反转位移，可写成 $h[n-k] = h[-(k-n)]$。为了得到 $h[-(k-n)]$，需要将 $h[k]$ 先以纵坐标为轴反转得到 $h[-k]$，再向右移 n，若 $n<0$ 实际是左移 $|n|$，若 $n>0$ 则是右移。由于计算每个时刻输出 $y[n]$ 时参量 n 都会变化，最一般情况下，对每个不

同的 n，$h[-k]$ 移动不同距离得到 $h[-(k-n)]$，先求出乘积项 $x[k]h[-(k-n)]$，将所有非零项相加得到 $y[n]$。然后，改变 n，再重新计算，这个过程一直重复。在一些特殊的序列情况下，可能简单地得到输出 $y[n]$ 的通式；在另一些情况下，可以得到 $y[n]$ 的分段表达式；而在最一般的情况下，尤其是 $x[n]$ 是采样得到的序列时，往往只能针对每个 n 值，分别计算出 $y[n]$。

例 2.2.2 $h[n]=u[n]-u[n-N]$，$x[n]=a^n u[n]$，用式(2.9)计算 $y[n]$。

画出 $x[k]$ 和 $h[n-k]$ 的图形，为了节省空间，将 $x[k]$ 和 $h[n-k]$ 画在一张图上，图 2.9(a) 对应 $n<0$，$x[k]$ 和 $h[n-k]$ 没有共同的非零区间，相乘为零，故 $n<0$ 时，$y[n]=0$。

n 在几个范围内变化，分别得到不同的输出表达式。

$0 \leqslant n \leqslant N-1$ 时，如图 2.9(b)所示，得

$$y[n] = \sum_{k=0}^{n} a^k = \frac{1-a^{n+1}}{1-a}$$

$n > N-1$ 时，如图 2.9(c)所示，得

$$y[n] = \sum_{k=n-N+1}^{n} a^k = a^{n-N+1} \frac{1-a^N}{1-a}$$

卷积和的输出结果画在图 2.9(d)中。

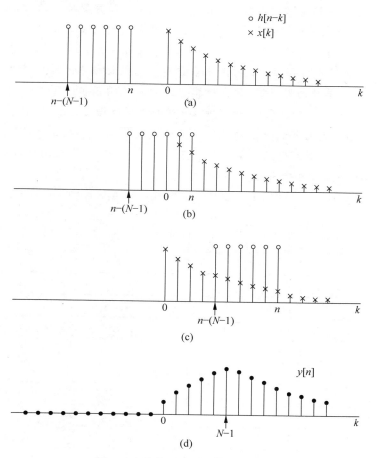

图 2.9 分段卷积和运算的示意图

　　以上例子说明了式(2.9)的计算方法,若通过可交换性,用式(2.10)的第二行计算卷积和时,只需要将 $x[n]$ 和 $h[n]$ 的位置交换即可。在例 2.2.2 中,$h[n]$ 表示的是一个 FIR 系统,$x[n]$ 是一个无限长的输入信号,是一个简单的基本信号,可以得到输出的分段表达式。但在实际中,很多情况下 $x[n]$ 是采样获得的实际信号,并不存在数学表达式,此时利用式(2.10)第二行得到的 FIR 系统输出表达式(2.12),可以方便地计算输出。并且当从 $n=0$ 时刻采集输入信号 $x[n]$ 时,随着采集时刻 n 的变化,容易看出,$y[n]$ 可通过下式实时计算

$$y[n]=\begin{cases} \sum_{k=0}^{n}h[k]x[n-k], & 0\leqslant n<M \\ \sum_{k=0}^{M}h[k]x[n-k], & n\geqslant M \end{cases} \tag{2.13}$$

　　例 2.2.3　用一个例子说明,在一个实际系统中如何用式(2.13)计算卷积和。设系统是 FIR 系统,单位抽样响应不为零的值只有 $h[0],h[1],\cdots,h[4]$。设输入信号 $x[n]$ 是由实际采集过程获得的,在 $n=0$ 时刻输入信号开始采集,并按照采样顺序输入数字处理系统中。在系统实现中,用 5 个寄存器存放单位抽样响应,如图 2.10 单独的一行所示(称它为上表格),同样用 5 个寄存器存放输入信号,在 $n<0$ 时,5 个寄存器均已清零(图 2.10 下表格的第 1 行),$n=0$ 时采集到的输入信号 $x[0]$ 存入最左侧的寄存器。注意,图 2.10 下表格的每一行代表一个不同时刻存储的输入信号,第 1 行代表 $n=-1$,第 2 行代表 $n=0$,直到第 7 行。在每一行都是下表格每列的数据和上表格对应列数据相乘并将非零乘积相加。下表格的最右侧表示一个单独的寄存器,暂存计算得到的系统输出值。第 2 行对应的计算结果为:$y[0]=h[0]x[0]$。第 3 行代表 $n=1$ 时刻,对寄存器数据进行右移,将原最左侧存放的数据移入第 2 列,第 1 列存入新采集的数据 $x[1]$,计算得 $y[1]=h[0]x[1]+h[1]x[0]$,在 $0\leqslant n<M=4$,计算公式如式(2.13)第一行。直到 $n=4$,所有寄存器均存入了输入信号值,用式(2.13)第二行公式计算输出值为

$$y[4]=h[0]x[4]+h[1]x[3]+h[2]x[2]+h[3]x[1]+h[4]x[0]$$

$h[0]$	$h[1]$	$h[2]$	$h[3]$	$h[4]$	
0	0	0	0	0	$y[-1]$
$x[0]$	0	0	0	0	$y[0]$
$x[1]$	$x[0]$	0	0	0	$y[1]$
$x[2]$	$x[1]$	$x[0]$	0	0	$y[2]$
$x[3]$	$x[2]$	$x[1]$	$x[0]$	0	$y[3]$
$x[4]$	$x[3]$	$x[2]$	$x[1]$	$x[0]$	$y[4]$
$x[5]$	$x[4]$	$x[3]$	$x[2]$	$x[1]$	$y[5]$
.	.	.	.	.	.
$x[n]$	$x[n-1]$	$x[n-2]$	$x[n-3]$	$x[n-4]$	$y[n]$

图 2.10　FIR 系统卷积和计算实例

在第7行,对应 $n=5$,寄存器数据右移,将最早的数据 $x[0]$ 丢弃,新输入信号值 $x[5]$ 存入最左侧寄存器,用式(2.13)第二行公式计算输出值。在后续时间里,这个过程重复进行,第9行表示,任意一个时间 n,寄存器里存放的输入数据分布。

例2.2.3用表格的方式,说明了FIR系统利用卷积和计算输出序列的过程。其实这个例子对应了用数字电路或嵌入式处理器实现FIR系统的一种实际操作方式。

2.2.2 由卷积和表示的LTI系统性质

由于单位抽样响应对离散LTI系统的重要性,有了 $h[n]$ 就可以通过卷积和计算任意输入信号时的输出信号,因此,可用 $h[n]$ 表示一个离散LTI系统,如图2.11所示。

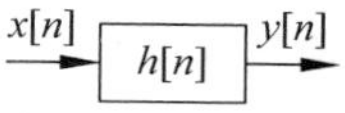

尽管卷积和是从LTI系统的输出导出的一种运算,对任意序列 $f[n]$ 和 $g[n]$,可同样定义卷积和 $f[n]*g[n]=\sum_{k=-\infty}^{+\infty}f[k]g[n-k]$,

图 2.11　用单位抽样响应代表一个离散 LTI 系统

卷积和有以下几个基本性质:

(1) 交换律 $f[n]*g[n]=g[n]*f[n]$;

(2) 结合律 $f[n]*(g[n]*c[n])=(f[n]*g[n])*c[n]$;

(3) 分配律 $f[n]*(g[n]+c[n])=f[n]*g[n]+f[n]*c[n]$。

这几个性质的证明很容易,留作练习。把这些性质用于多个系统的不同连接中,可以得到有用的结论。如图2.12(a)所示,有两个离散LTI系统,第一个系统的单位抽样响应为 $h_1[n]$,第二个系统的单位抽样响应为 $h_2[n]$,$x[n]$ 作为系统 $h_1[n]$ 的输入信号,产生输出 $y_1[n]$,把 $y_1[n]$ 作为系统 $h_2[n]$ 的输入,产生输出 $y[n]$,这种连接方式称为两个系统的级联。级联后系统输入/输出关系为

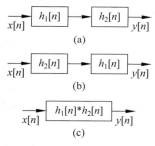

图 2.12　系统级联的等价性

$$y[n]=y_1[n]*h_2[n]=(x[n]*h_1[n])*h_2[n]$$
$$=x[n]*(h_1[n]*h_2[n])=x[n]*(h_2[n]*h_1[n])$$
$$=x[n]*h[n] \tag{2.14}$$

在式(2.14)中,用了结合律和交换律。由式(2.14)可以得到如下两点有用结论:

(1) 两个LTI系统级联等价于一个LTI系统,系统的单位抽样响应为
$$h[n]=h_1[n]*h_2[n]=h_2[n]*h_1[n]$$

(2) 两个LTI系统可交换次序而产生相同的输出。这表明图2.12的三个系统是等同的。

图2.13给出了另外一种连接,称为系统的并联,$h_1[n]$ 和 $h_2[n]$ 并联,等价为一个LTI系统,其单位抽样响应 $h[n]=h_1[n]+h_2[n]$,这是分配律的直接结果。

如上讨论的是如何将两个或多个系统连接构成一个新系统,通过诸多简单系统的级联和并联及其更复杂的连接,可以构成更复杂的系统。这个过程也可以是相反的,可以将一个复杂的系统分解为多个简单系统的级联或并联。关于这方面的应用,后续章节还会遇到。

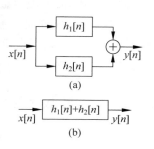

图 2.13　系统并联的等价性

由 $y[n]=x[n]*h[n]$，利用 LTI 系统的延迟特性以及卷积和的交换律得到 $y[n-n_0]=x[n-n_0]*h[n]=x[n]*h[n-n_0]$，由此得到卷积和的延迟特性为

$$x[n-n_0]*h[n]=x[n]*h[n-n_0] \tag{2.15}$$

注意到，任意信号的单位抽样分解也可以写成卷积和形式，即

$$x[n]=\sum_{k=-\infty}^{+\infty}x[k]\delta[n-k]=x[n]*\delta[n] \tag{2.16}$$

由卷积和的延迟特性，得到信号延迟的单位抽样分解如下

$$x[n-n_0]=x[n-n_0]*\delta[n]=x[n]*\delta[n-n_0] \tag{2.17}$$

用单位抽样响应和卷积和表达式，可以表示有关 LTI 系统的两个重要性质：因果性和稳定性。因果性的结果是简单和直接的，总结为如下的定理1。

定理1   若离散 LTI 系统的单位抽样响应满足 $h[n]=h[n]u[n]$，即 $h[n]$ 是因果序列，则该 LTI 系统是离散因果系统。

这个结论是显然的，由卷积和式(2.10)的第二行，当 $h[n]$ 是因果序列时，输出为

$$y[n]=\sum_{k=-\infty}^{+\infty}h[k]x[n-k]=\sum_{k=0}^{+\infty}h[k]x[n-k]$$

由于求和只在 $k\geqslant0$ 上进行，求 n 时刻输出所需要的输入 $x[n-k]$ 仅由当前时刻的输入和以前的输入组成，系统是因果的。

LTI 系统稳定性条件由定理2给出。

定理2   一个离散 LTI 系统是 BIBO 稳定的充分必要条件是

$$\sum_{n=-\infty}^{+\infty}|h[n]|=B<+\infty \tag{2.18}$$

证明   首先证明充分条件：设 $|x[n]|<B_1$，由卷积和表达式得

$$|y[n]|=\left|\sum_{k=-\infty}^{+\infty}h[k]x[n-k]\right|\leqslant\sum_{k=-\infty}^{+\infty}|h[k]x[n-k]|$$

$$\leqslant B_1\sum_{k=-\infty}^{+\infty}|h[k]|=B_1B$$

该式表明，若 $x[n]$ 有界且满足式(2.18)，则 $y[n]$ 有界。

再来证明必要性：使用反证法，假设 $\sum_{n=-\infty}^{+\infty}|h[n]|=+\infty$ 系统也可以是有界的，构造一个特殊信号，$x[n]=\mathrm{sgn}(h[-n])$，由卷积和得到输出在 $n=0$ 时刻的值为

$$y[0]=\sum_{k=-\infty}^{+\infty}h[k]x[-k]=\sum_{k=-\infty}^{+\infty}h[k]\mathrm{sgn}(h[k])=\sum_{k=-\infty}^{+\infty}|h[k]|=+\infty$$

这与假设矛盾，故定理得证。

由本节的讨论知道，通过离散 LTI 系统的单位抽样响应可以得到关于系统的很多性质，可以判断系统是否是稳定的和因果的，使用卷积和可以计算离散 LTI 系统对任意输入信号的输出，可以利用多个系统连接成新的系统，还可以将一个系统分解为若干小系统的连接。

2.3   离散 LTI 系统的特征表示与变换

对于一个系统，输入/输出运算关系用 $T(\cdot)$ 表示，对于一个特定的输入信号 $s[n]$，若输出为

$$T(s[n]) = \lambda s[n] \tag{2.19}$$

这里 λ 是一常数,对于一个给定的系统,只有一些特别的信号满足式(2.19),称满足式(2.19)的信号 $s[n]$ 为系统的特征函数,相应的 λ 为特征值。一个基本观察是:一个系统的特征函数通过系统处理后,除了比例系数(特征值)外具有"不变性"。

对于离散 LTI 系统,可以找到一系列特征函数和相应的特征值,对引出信号分析和系统分析的一些方法有启发意义。

设有一个离散 LTI 系统,系统的单位抽样响应为 $h[n]$,若令输入信号为 $s[n] = e^{j\omega n}$,这里,ω 是一任意给定的角频率,系统输出为

$$y[n] = \sum_{k=-\infty}^{+\infty} h[k]x[n-k] = \sum_{k=-\infty}^{+\infty} h[k]e^{j\omega(n-k)}$$

$$= e^{j\omega n} \sum_{k=-\infty}^{+\infty} h[k]e^{-j\omega k} = H(e^{j\omega})e^{j\omega n} \tag{2.20}$$

这里定义

$$H(e^{j\omega}) = \sum_{n=-\infty}^{+\infty} h[n]e^{-j\omega n} \tag{2.21}$$

表示单位抽样响应为 $h[n]$ 的 LTI 系统在输入为 $s[n] = e^{j\omega n}$ 时的特征值。当 ω 是一给定的角频率时,$H(e^{j\omega})$ 是一常数;当 ω 变化时,$H(e^{j\omega})$ 随 ω 变化而变化。在 LTI 系统分析时 $H(e^{j\omega})$ 被称为系统的频率响应,这个名称的含义是直观的。显然,$e^{j\omega n}$ 是任意 LTI 系统的特征函数,$H(e^{j\omega})$ 是其特征值,$e^{j\omega n}$ 通过 LTI 系统具有不变性。

为了进一步讨论特征分析带来的一些启示,我们给出特征值函数 $H(e^{j\omega})$ 的一个性质,注意到当 $h[n]$ 是实值序列时,有

$$H(e^{-j\omega}) = \sum_{n=-\infty}^{+\infty} h[n]e^{j\omega n} = \left(\sum_{n=-\infty}^{+\infty} h[n]e^{-j\omega n} \right)^* = H^*(e^{j\omega})$$

或者写为

$$H(e^{j\omega}) = H^*(e^{-j\omega}) \tag{2.22}$$

$H(e^{j\omega})$ 一般是复值函数,写成其幅度和相位部分为 $H(e^{j\omega}) = |H(e^{j\omega})|e^{j\varphi(\omega)}$,由式(2.22)得到幅度和相位函数的对称性如下

$$|H(e^{j\omega})| = |H(e^{-j\omega})|$$

$$\varphi(\omega) = -\varphi(-\omega) \tag{2.23}$$

利用式(2.23)和 LTI 系统的叠加性,得到当输入信号为 $x[n] = \cos(\omega n)$ 时的输出信号,既然

$$x[n] = \cos(\omega n) = \frac{1}{2}(e^{j\omega n} + e^{-j\omega n})$$

有

$$y[n] = \frac{1}{2}(H(e^{j\omega})e^{j\omega n} + H(e^{-j\omega})e^{-j\omega n})$$

$$= \frac{1}{2}(|H(e^{j\omega})|e^{j\varphi(\omega)}e^{j\omega n} + |H(e^{-j\omega})|e^{j\varphi(-\omega)}e^{-j\omega n})$$

$$= \frac{1}{2}|H(e^{j\omega})|(e^{j(\omega n + \varphi(\omega))} + e^{-j(\omega n + \varphi(\omega))})$$

最后写为

$$y[n] = |H(e^{j\omega})|\cos(\omega n + \varphi(\omega)) \tag{2.24}$$

类似地，当输入信号为 $x(n) = \sin(\omega n)$ 时，输出为

$$y[n] = |H(e^{j\omega})|\sin(\omega n + \varphi(\omega)) \tag{2.25}$$

由式(2.24)和式(2.25)看到，离散正弦信号并不是任意离散 LTI 系统的特征函数，但是 LTI 系统对正弦信号的输出仍保持了一定的"不变性"，没有改变频率只增加了一个相位偏移。当输入信号是复指数项的线性组合时，利用特征分析的结果，可得到系统的输出表示，若

$$x[n] = \sum_{k=-M}^{M} c_k e^{j\omega_k n} \tag{2.26}$$

时，输出信号为

$$y[n] = T\left(\sum_{k=-M}^{M} c_k e^{j\omega_k n}\right) = \sum_{k=-M}^{M} c_k H(e^{j\omega_k}) e^{j\omega_k n} \tag{2.27}$$

若输入信号写成一般余弦信号之和，即

$$x[n] = \sum_{k=0}^{M} a_k \cos(\omega_k n + \phi_k) \tag{2.28}$$

输出信号为

$$y[n] = \sum_{k=0}^{M} a_k |H(e^{j\omega_k})|\cos(\omega_k n + \phi_k + \varphi(\omega_k)) \tag{2.29}$$

由于考虑了相位项 ϕ_k，式(2.28)、式(2.29)把每个分量是 cos 或 sin 的特例都包括了进来。

　　如果能把任意信号分解为复指数或正弦信号之和（极限是积分形式），则通过 LTI 系统的特征值函数 $H(e^{j\omega})$，得到系统对一般信号的响应。如果能把任意信号分解为复指数或正弦信号之和（极限是积分形式），则得到对复杂信号的一种有明显物理意义的解释，是信号诸多分解技术中最有基本意义的一种。傅里叶分析就是这样一种工具，这是傅里叶分析重要的原因之一。也要认识傅里叶分析的限制，傅里叶分析作为信号分析的工具具有一般性，但作为系统分析的工具，只有对 LTI 系统是特别有效的，但这种方法无法直接同样有效地用于非线性系统和时变系统。

　　尽管是通过特征分析而得到的一个特征值函数（频率响应），但式(2.21)定义了任意离散序列的傅里叶变换。2.4 节详细讨论离散时间信号的傅里叶变换。

　　问题还可以进一步延伸，若取输入信号是更一般的复序列 $s[n] = z^n$，$z = a + jb$ 是任意复数，则离散 LTI 系统的输出响应为

$$y[n] = \sum_{k=-\infty}^{+\infty} h[k]x[n-k] = \sum_{k=-\infty}^{+\infty} h[k]z^{(n-k)} = z^n \sum_{k=-\infty}^{+\infty} h[k]z^{-k} = H(z)z^n$$

这里

$$H(z) = \sum_{n=-\infty}^{+\infty} h[n]z^{-n} \tag{2.30}$$

由此可见，z^n 也是离散 LTI 系统的特征函数；$H(z)$ 是对应的特征值，$H(z)$ 更一般地被称为离散 LTI 系统的"系统函数"。可以看到，$e^{j\omega n}$ 只是 $z = e^{j\omega}$ 时 z^n 的一个特殊情况。实际上，若以任意序列 $x[n]$ 代替式(2.30)的 $h[n]$，则得到离散信号的 z 变换的定义。将在 2.5 节讨论 z 变换。

2.4 离散时间傅里叶变换

本节讨论任意离散序列的傅里叶变换(DTFT)表示,这是离散信号频谱分析的基础。

2.4.1 离散时间傅里叶变换的定义

一个离散信号 $x[n]$ 的离散时间傅里叶变换(DTFT)定义为

$$X(\mathrm{e}^{\mathrm{j}\omega}) = \sum_{n=-\infty}^{+\infty} x[n]\mathrm{e}^{-\mathrm{j}\omega n} \tag{2.31}$$

2.3 节从特征分析的角度得到了 DTFT 的定义。从物理意义上,也可以探究一下怎样从连续信号采样的过程得到 DTFT。尽管离散信号 $x[n]$ 不总是来自于对连续信号的采样,但是从连续信号采样获得离散信号,却是处理实际物理问题中离散信号的主要来源。为了理解为什么用式(2.31)来定义离散时间信号的傅里叶变换,观察采样信号的傅里叶变换的另一种表达形式,对连续信号的理想采样表示为

$$x_s(t) = \sum_{n=-\infty}^{+\infty} x_a(nT_s)\delta(t-nT_s) \tag{2.32}$$

通过采样获取了连续信号在 nT_s 时刻的值,这些值通过归一化的序号定义为离散信号

$$x[n] = x_a(nT_s) \tag{2.33}$$

将式(2.32)的采样表达式代入连续信号的傅里叶变换的定义式(1.23)直接得到采样信号傅里叶变换的另一种表达式

$$
\begin{aligned}
X_s(\mathrm{j}\Omega) &= \int_{-\infty}^{+\infty} x_s(t)\mathrm{e}^{-\mathrm{j}\Omega t}\,\mathrm{d}t = \int_{-\infty}^{+\infty} \sum_{n=-\infty}^{+\infty} x_a(nT_s)\delta(t-nT_s)\mathrm{e}^{-\mathrm{j}\Omega t}\,\mathrm{d}t \\
&= \sum_{n=-\infty}^{+\infty} x_a(nT_s)\int_{-\infty}^{+\infty}\delta(t-nT_s)\mathrm{e}^{-\mathrm{j}\Omega t}\,\mathrm{d}t \\
&= \sum_{n=-\infty}^{+\infty} x_a(nT_s)\mathrm{e}^{-\mathrm{j}n\Omega T_s} = \sum_{n=-\infty}^{+\infty} x[n]\mathrm{e}^{-\mathrm{j}n\Omega T_s}
\end{aligned} \tag{2.34}
$$

可看到,式(2.34)与式(2.31)已经非常接近,实际上,如同式(2.1)在表示离散信号时,用"n"这个归一化形式替代 nT_s 一样,在式(2.34)中用新的"归一化"角频率符号 $\omega \overset{\Delta}{=} \Omega T_s$ 代入式(2.34),就得到了式(2.31)的定义。由此也得到理想采样信号连续傅里叶变换 $X_s(\mathrm{j}\Omega)$ 和离散时间傅里叶变换 $X(\mathrm{e}^{\mathrm{j}\omega})$ 的关系如下

$$X(\mathrm{e}^{\mathrm{j}\omega}) = X_s(\mathrm{j}\Omega)\Big|_{\Omega=\frac{\omega}{T_s}} = X_s\left(\mathrm{j}\frac{\omega}{T_s}\right) \tag{2.35}$$

已知在满足采样定理时,采样信号傅里叶变换 $X_s(\mathrm{j}\Omega)$ 中,包含其对应连续信号傅里叶变换的一个完整复本(仅有系数不同)和一些被搬移到高频端的周期重复(延拓)副本。由式(2.35)知,若离散信号来自对连续信号的采样,则 DTFT 实际是其采样信号傅里叶变换在角频率轴上被"压缩"了的一个版本,因此 DTFT 里面包含了原连续信号傅里叶变换的一个完整的压缩了的复本。通过自变量的简单变换,可从 DTFT 中取出原连续信号的完整傅里叶变换,即连续信号的频谱。由此可见,通过对离散信号的傅里叶变换分析,可以得到对应连续信号的傅里叶变换。关于连续和离散傅里叶变换的关系,本章后续还会做更细致的

讨论。

确定了式(2.31)作为离散信号的傅里叶变换的定义后,下面导出反变换公式,即如何由 $X(\mathrm{e}^{\mathrm{j}\omega})$ 重构信号 $x[n]$,容易验证如下等式

$$\int_{-\pi}^{\pi} \mathrm{e}^{-\mathrm{j}\omega n} \mathrm{e}^{\mathrm{j}\omega m} \mathrm{d}\omega = \int_{-\pi}^{\pi} \mathrm{e}^{-\mathrm{j}\omega(n-m)} \mathrm{d}\omega = \begin{cases} 2\pi, & m=n \\ 0, & m\neq n \end{cases} = 2\pi\delta[n-m] \tag{2.36}$$

利用式(2.36),在式(2.31)两侧同乘 $\mathrm{e}^{\mathrm{j}\omega m}$,并从 $-\pi$ 到 π 对 ω 积分得

$$\int_{-\pi}^{\pi} X(\mathrm{e}^{\mathrm{j}\omega}) \mathrm{e}^{\mathrm{j}\omega m} \mathrm{d}\omega = \int_{-\pi}^{\pi} \sum_{n=-\infty}^{+\infty} x[n] \mathrm{e}^{-\mathrm{j}\omega n} \mathrm{e}^{\mathrm{j}\omega m} \mathrm{d}\omega = \sum_{n=-\infty}^{+\infty} x[n] \int_{-\pi}^{\pi} \mathrm{e}^{\mathrm{j}\omega m} \mathrm{e}^{-\mathrm{j}\omega n} \mathrm{d}\omega$$

$$= 2\pi \sum_{n=-\infty}^{+\infty} x[n]\delta[n-m] = 2\pi x[m]$$

由上式得

$$x[n] = \frac{1}{2\pi} \int_{-\pi}^{\pi} X(\mathrm{e}^{\mathrm{j}\omega}) \mathrm{e}^{\mathrm{j}\omega n} \mathrm{d}\omega \tag{2.37}$$

为使用方便,将 DTFT 的正变换和反变换公式重写如下

$$X(\mathrm{e}^{\mathrm{j}\omega}) = \sum_{n=-\infty}^{+\infty} x[n] \mathrm{e}^{-\mathrm{j}\omega n} \tag{2.38}$$

$$x[n] = \frac{1}{2\pi} \int_{-\pi}^{\pi} X(\mathrm{e}^{\mathrm{j}\omega}) \mathrm{e}^{\mathrm{j}\omega n} \mathrm{d}\omega \tag{2.39}$$

式(2.38)与连续信号的傅里叶变换具有相同的物理意义,称 DTFT 为离散信号的频谱密度,或简称频谱。注意尽管时域离散信号 $x[n]$ 的自变量只取离散值,但 DTFT 的自变量 ω 是连续的,即一般离散信号的频谱密度是 ω 的连续函数。由式(2.35)知,因为把 DTFT 看作采样信号傅里叶变换的"压缩"版(频率归一化形式),角频率变量的连续性是自然的。一般地,$X(\mathrm{e}^{\mathrm{j}\omega})$ 是复函数,可以写成其幅度和相位表示形式 $X(\mathrm{e}^{\mathrm{j}\omega}) = |X(\mathrm{e}^{\mathrm{j}\omega})| \mathrm{e}^{\mathrm{j}\varphi(\omega)}$,$|X(\mathrm{e}^{\mathrm{j}\omega})|$ 称为离散信号的幅度谱密度,或简称幅度谱,$\varphi(\omega) = \arg\{X(\mathrm{e}^{\mathrm{j}\omega})\}$ 称为相位谱。

把 DTFT 看作采样信号傅里叶变换的"压缩"版,是 ω 的周期函数。DTFT 的周期是归一化的,即作为 ω 的函数,它的周期是 2π,这可以简单地验证如下

$$X(\mathrm{e}^{\mathrm{j}(\omega+2\pi k)}) = \sum_{n=-\infty}^{+\infty} x[n] \mathrm{e}^{-\mathrm{j}(\omega+2\pi k)n} = \sum_{n=-\infty}^{+\infty} x[n] \mathrm{e}^{-\mathrm{j}\omega n} \mathrm{e}^{-\mathrm{j}2\pi kn}$$

$$= \sum_{n=-\infty}^{+\infty} x[n] \mathrm{e}^{-\mathrm{j}\omega n} = X(\mathrm{e}^{\mathrm{j}\omega})$$

$X(\mathrm{e}^{\mathrm{j}\omega})$ 是以 2π 为周期的,对于离散信号的 DTFT,无法区分角频率 ω 和 $\omega+2k\pi$,我们可以把 $X(\mathrm{e}^{\mathrm{j}\omega})$ 在 $(-\pi,\pi]$ 或 $[0,2\pi)$ 的值称作其主值,主要研究 $X(\mathrm{e}^{\mathrm{j}\omega})$ 在该范围的性质,在此之外是周期重复的。

例 2.4.1 $x[n] = \delta[n]$,由定义直接得 $X(\mathrm{e}^{\mathrm{j}\omega}) = 1$。

例 2.4.2 单边指数序列 $x[n] = a^n u[n]$,$|a| < 1$ 的 DTFT 求解如下

$$X(\mathrm{e}^{\mathrm{j}\omega}) = \sum_{n=-\infty}^{+\infty} x[n] \mathrm{e}^{-\mathrm{j}\omega n} = \sum_{n=0}^{+\infty} a^n \mathrm{e}^{-\mathrm{j}\omega n}$$

$$= \frac{1}{1-a\mathrm{e}^{-\mathrm{j}\omega}} = \frac{1}{1-a\cos\omega + \mathrm{j}a\sin\omega}$$

其幅度谱为

$$|X(\mathrm{e}^{\mathrm{j}\omega})| = \frac{1}{(1+a^2-2a\cos\omega)^{1/2}}$$

相位谱为

$$\varphi(\omega) = -\arctan\left(\frac{a\sin\omega}{1-a\cos\omega}\right)$$

a 取不同值时,频谱如图 2.14 所示。

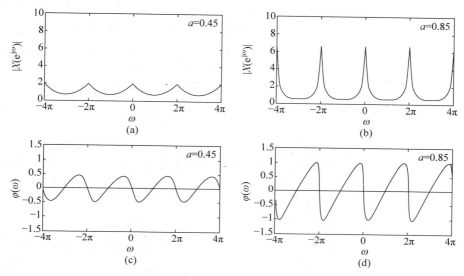

图 2.14 指数信号的频谱图

例 2.4.3 离散对称矩形窗序列信号 $x[n] = \begin{cases} 1, & |n| \leqslant M \\ 0, & |n| > M \end{cases}$ 的 DTFT 求解如下

$$X(\mathrm{e}^{\mathrm{j}\omega}) = \sum_{n=-\infty}^{+\infty} x[n]\mathrm{e}^{-\mathrm{j}\omega n} = \sum_{n=-M}^{+M} \mathrm{e}^{-\mathrm{j}\omega n}$$

$$= \begin{cases} \mathrm{e}^{\mathrm{j}\omega M} \dfrac{1-\mathrm{e}^{-\mathrm{j}\omega(2M+1)}}{1-\mathrm{e}^{-\mathrm{j}\omega}}, & \omega \neq 0, \pm 2\pi, \pm 4\pi, \cdots \\ 2M+1, & \omega = 0, \pm 2\pi, \pm 4\pi, \cdots \end{cases}$$

$$= \frac{\sin((2M+1)\omega/2)}{\sin(\omega/2)}$$

该信号的时域波形和傅里叶变换图形如图 2.15 所示。

若信号是单边的矩形窗函数

$$x[n] = R_N[n] = \begin{cases} 1, & 0 \leqslant n < N \\ 0, & \text{其他} \end{cases}$$

则其傅里叶变换为

$$X(\mathrm{e}^{\mathrm{j}\omega}) = \mathrm{e}^{-\mathrm{j}(N-1)\omega/2} \frac{\sin(N\omega/2)}{\sin(\omega/2)}$$

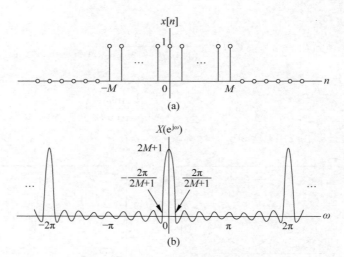

图 2.15　对称矩形窗和其傅里叶变换

多了一项 $\mathrm{e}^{-\mathrm{j}(N-1)\omega/2}$ 的附加相位因子。

例 2.4.4　给出一个信号的 DTFT，利用反变换求离散信号。一个理想的低频信号的 DTFT，其在 $[-\pi,+\pi]$ 范围的定义为

$$X(\mathrm{e}^{\mathrm{j}\omega}) = \begin{cases} 1, & |\omega| \leqslant W \\ 0, & W < |\omega| \leqslant \pi \end{cases}$$

离散信号为

$$x[n] = \frac{1}{2\pi}\int_{-W}^{W} \mathrm{e}^{\mathrm{j}\omega n}\,\mathrm{d}\omega = \frac{\sin(Wn)}{\pi n} = \frac{W}{\pi}\mathrm{Sa}(Wn)$$

信号的频谱和波形如图 2.16 所示。

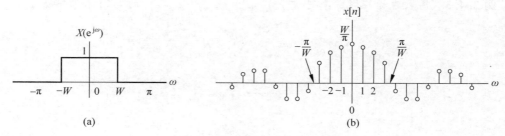

图 2.16　理想低频信号的频谱和波形

对 DTFT 的收敛性，给出一个简要的叙述：若序列满足绝对可和的性质，即 $\sum\limits_{n=-\infty}^{+\infty} |x[n]| < +\infty$，则序列的 DTFT 处处收敛，即对于任给的 $\varepsilon > 0$，总有 $N = N(\varepsilon)$，使得

$$\left| X(\mathrm{e}^{\mathrm{j}\omega}) - \sum_{n=-N}^{N} x[n]\mathrm{e}^{-\mathrm{j}\omega n} \right| < \varepsilon$$

若序列不满足绝对可和，但满足平方可和，即 $\sum\limits_{n=-\infty}^{+\infty} |x[n]|^2 < +\infty$，则序列的 DTFT 只满足均方收敛性，即

$$\lim_{N\to\infty}\left(\frac{1}{2\pi}\int_{-\pi}^{\pi}\left|X(\mathrm{e}^{\mathrm{j}\omega})-\sum_{n=-N}^{N}x[n]\mathrm{e}^{-\mathrm{j}\omega n}\right|^{2}\mathrm{d}\omega\right)=0$$

处处收敛是比均方收敛更强的条件,处处收敛一定是均方收敛,反之不是。均方收敛不是处处收敛的一个例子是吉布斯现象。

对于 DTFT 的相位问题,需要做进一步的说明。在序列的 DTFT 的一般定义中,由于序列的 DTFT 一般是复函数,可记为 $X(\mathrm{e}^{\mathrm{j}\omega})=X_{\mathrm{R}}(\mathrm{e}^{\mathrm{j}\omega})+\mathrm{j}X_{\mathrm{I}}(\mathrm{e}^{\mathrm{j}\omega})=\left|X(\mathrm{e}^{\mathrm{j}\omega})\right|\mathrm{e}^{\mathrm{j}\angle X(\mathrm{e}^{\mathrm{j}\omega})}$,这里,$X_{\mathrm{R}}(\mathrm{e}^{\mathrm{j}\omega})$ 是其实部,$X_{\mathrm{I}}(\mathrm{e}^{\mathrm{j}\omega})$ 是其虚部,$\angle X(\mathrm{e}^{\mathrm{j}\omega})$ 表示一般相位函数,由于

$$\mathrm{e}^{\mathrm{j}\angle X(\mathrm{e}^{\mathrm{j}\omega})}=\mathrm{e}^{\mathrm{j}\left[\angle X(\mathrm{e}^{\mathrm{j}\omega})\pm2\pi r\right]}$$

故 DTFT 的相位部分并不是唯一指定的,一般常取两种方式,第一种方式是取

$$\angle X(\mathrm{e}^{\mathrm{j}\omega})=\mathrm{ARG}\left[X(\mathrm{e}^{\mathrm{j}\omega})\right]=\arctan\frac{X_{\mathrm{I}}(\mathrm{e}^{\mathrm{j}\omega})}{X_{\mathrm{R}}(\mathrm{e}^{\mathrm{j}\omega})}$$

这里 $\mathrm{ARG}(\cdot)$ 称为相位函数的主值,取值范围为 $-\pi\leqslant\mathrm{ARG}(\cdot)\leqslant\pi$。一般计算机模拟结果的相位函数示意图都是画的 $\mathrm{ARG}(\cdot)$,计算机程序输出的一般也都是 $\mathrm{ARG}(\cdot)$。主值函数一般是不连续的。相位部分的第二种取法是取相位的“无缠绕”函数 $\arg\left[X(\mathrm{e}^{\mathrm{j}\omega})\right]$,这里

$$\arg\left[X(\mathrm{e}^{\mathrm{j}\omega})\right]=\mathrm{ARG}\left[X(\mathrm{e}^{\mathrm{j}\omega})\right]+2\pi r(\omega)=\arctan\frac{X_{\mathrm{I}}(\mathrm{e}^{\mathrm{j}\omega})}{X_{\mathrm{R}}(\mathrm{e}^{\mathrm{j}\omega})}+2\pi r(\omega)$$

这里,$r(\omega)$ 是补偿系数,只取整数值,目的是通过 $r(\omega)$ 的补偿将主值相位函数调整为可能的连续函数(有的相位函数本质是不连续的,无法调整为连续函数)。图 2.17 展示出无缠绕相位函数、主值相位函数和补偿系数 $r(\omega)$ 的关系。

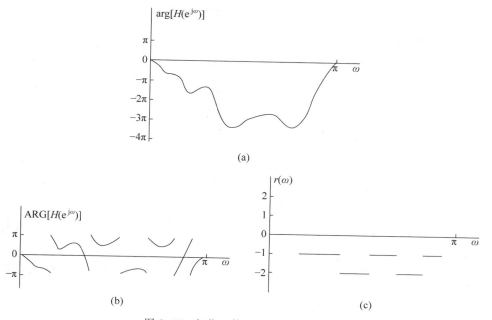

图 2.17 相位函数的两种取法示意图

当利用 DTFT 进行变换和反变换时,相位函数取主值函数或无缠绕相位函数都不会影响结果,但在一些特殊应用时,需要小心地选择。例如,若计算系统的群延迟(见 2.4.4 节),

则需要对相位函数求导，则必须选择无缠绕相位函数，否则群延迟中会出现冲激；在第7章计算复倒谱时，也必须选择无缠绕相位函数。当只是符号化地表示一般相位函数，或当相位函数取主值还是取连续的无缠绕函数对问题的分析没有实质影响时，用类似 $\varphi(\omega)$ 的一般符号表示 DTFT 的相位函数。

2.4.2　离散时间傅里叶变换的性质

设 $x[n]$ 的 DTFT 是 $X(e^{j\omega})$，$y[n]$ 的 DTFT 是 $Y(e^{j\omega})$，分别表示成 $x[n]\Leftrightarrow X(e^{j\omega})$ 和 $y[n]\Leftrightarrow Y(e^{j\omega})$，DTFT 的常用性质总结如下。由于 DTFT 性质的证明大多比较简单和直接，故除个别性质给出证明外，其他性质的证明留给读者练习。

（1）线性叠加性

$$ax[n]+by[n]\Leftrightarrow aX(e^{j\omega})+bY(e^{j\omega})$$

（2）时移特性

$$x[n-n_0]\Leftrightarrow e^{-j\omega n_0}X(e^{j\omega}) \tag{2.40}$$

由时移特性，将 $e^{-j\omega n_0}$ 当作离散信号的延时算子。

（3）频移特性

$$e^{j\omega_0 n}x[n]\Leftrightarrow X(e^{j(\omega-\omega_0)}) \tag{2.41}$$

（4）共轭性质

$$x^*[n]\Leftrightarrow X^*(e^{-j\omega}) \tag{2.42a}$$

反转性质

$$x[-n]\Leftrightarrow X(e^{-j\omega}) \tag{2.42b}$$

对于任意的复信号，共轭对称分量 $x_e[n]$ 及其对应的 DTFT 为

$$x_e[n]=\frac{1}{2}[x[n]+x^*[-n]]\Leftrightarrow\frac{1}{2}[X(e^{j\omega})+X^*(e^{j\omega})]=\mathrm{Re}\{X(e^{j\omega})\}=X_R(e^{j\omega})$$

即

$$x_e[n]\Leftrightarrow X_R(e^{j\omega})$$

同理

$$x_o[n]=\frac{1}{2}[x[n]-x^*[-n]]\Leftrightarrow\frac{1}{2}[X(e^{j\omega})-X^*(e^{j\omega})]=\mathrm{jIm}\{X(e^{j\omega})\}=jX_I(e^{j\omega})$$

即

$$x_o[n]\Leftrightarrow jX_I(e^{j\omega})$$

复信号共轭对称分量对应其 DTFT 的实部，共轭奇对称分量对应 DTFT 的虚部（包括虚号 j）。

对于复信号，不加证明地叙述一个对偶的性质为：复信号写成实部和虚部形式为

$$x[n]=x_R[n]+jx_I[n]$$

则

$$x_R[n]\Leftrightarrow\frac{1}{2}[X(e^{j\omega})+X^*(e^{-j\omega})]=X_e(e^{j\omega})$$

$$jx_I[n]\Leftrightarrow\frac{1}{2}[X(e^{j\omega})-X^*(e^{-j\omega})]=X_o(e^{j\omega})$$

复信号实部的 DTFT 对应复信号 DTFT 的共轭对称分量,复信号虚部(包括虚数符号 j)的 DTFT 对应复信号 DTFT 的共轭奇对称分量。

（5）实信号频谱对称性

$$X(e^{j\omega}) = X^*(e^{-j\omega}) \tag{2.43}$$

用性质（4）,对于实信号,$x[n] = x^*[n]$ 故 $X(e^{j\omega}) = X^*(e^{-j\omega})$,由此进一步得到

$$X(e^{j\omega}) = X_R(e^{j\omega}) + jX_I(e^{j\omega}) = X^*(e^{-j\omega}) = [X_R(e^{-j\omega}) + jX_I(e^{-j\omega})]^*$$

显然

$$X_R(e^{j\omega}) = X_R(e^{-j\omega})$$

$$X_I(e^{j\omega}) = -X_I(e^{-j\omega})$$

若写成幅度和相位形式,$X(e^{j\omega}) = |X(e^{j\omega})| e^{j\varphi(\omega)}$,则由上式得到推论

$$|X(e^{j\omega})| = |X(e^{-j\omega})|$$

$$\varphi(\omega) = -\varphi(-\omega)$$

也就是说,实序列的 DTFT 满足共轭对称性,由此推出,其实部和幅度函数满足偶对称性,其虚部和相位函数满足奇对称性。

（6）时域卷积性

$$x[n] * y[n] \Leftrightarrow X(e^{j\omega})Y(e^{j\omega}) \tag{2.44}$$

时域卷积特性是 DTFT 最常用的特性之一,用于 LTI 系统的频域分析,2.4.4 节将专门讨论该性质的应用。

证明

$$\begin{aligned}
\text{DTFT}\{x[n] * y[n]\} &= \sum_{n=-\infty}^{+\infty} \sum_{k=-\infty}^{+\infty} x[k]y[n-k]e^{-j\omega n} \\
&= \sum_{k=-\infty}^{+\infty} x[k] \sum_{n=-\infty}^{+\infty} y[n-k]e^{-j\omega(n-k)} e^{-j\omega k} \\
&= Y(e^{j\omega}) \sum_{k=-\infty}^{+\infty} x[k]e^{-j\omega k} = Y(e^{j\omega})X(e^{j\omega})
\end{aligned}$$

（7）时域乘积性（频域卷积性）

$$x[n]y[n] \Leftrightarrow \frac{1}{2\pi} \int_{-\pi}^{\pi} X(e^{j\theta})Y(e^{j(\omega-\theta)}) d\theta = \frac{1}{2\pi} X(e^{j\omega}) * Y(e^{j\omega}) \tag{2.45}$$

证明

$$\begin{aligned}
\text{DTFT}\{x[n]y[n]\} &= \sum_{n=-\infty}^{+\infty} x[n]y[n]e^{-j\omega n} = \sum_{n=-\infty}^{+\infty} \left[\frac{1}{2\pi}\int_{-\pi}^{\pi} X(e^{j\theta}) e^{j\theta n} d\theta\right] y[n]e^{-j\omega n} \\
&= \frac{1}{2\pi}\int_{-\pi}^{\pi} X(e^{j\theta}) \sum_{n=-\infty}^{+\infty} y[n]e^{-j(\omega-\theta)n} d\theta \\
&= \frac{1}{2\pi}\int_{-\pi}^{\pi} X(e^{j\theta})Y(e^{j(\omega-\theta)}) d\theta
\end{aligned}$$

（8）能量性质（帕塞瓦尔定理）

$$\sum_{n=-\infty}^{+\infty} |x[n]|^2 = \frac{1}{2\pi} \int_{2\pi} |X(e^{j\omega})|^2 d\omega \tag{2.46}$$

上式符号 $\int_{2\pi} |X|^2 d\omega$ 表示在 ω 任意的 2π 连续区间积分。

（9）时域差分性质

$$x[n] - x[n-1] \Leftrightarrow (1 - e^{-j\omega}) X(e^{j\omega}) \tag{2.47}$$

（10）时域累积特性

$$\sum_{k=-\infty}^{n} x[k] \Leftrightarrow \frac{1}{1 - e^{-j\omega}} X(e^{j\omega}) + \pi X(e^{j0}) \sum_{k=-\infty}^{+\infty} \delta(\omega - 2\pi k) \tag{2.48}$$

为了证明式（2.48），注意到

$$\sum_{k=-\infty}^{n} x[k] = x[n] * u[n] \Leftrightarrow X(e^{j\omega}) U(e^{j\omega})$$

这里 $U(e^{j\omega})$ 是单位阶跃 $u[n]$ 的 DTFT，2.4.3 节给出 $u[n]$ 的 DTFT 后，代入上式，式（2.48）即可得证。

（11）频域求导

$$-jn x[n] \Leftrightarrow \frac{dX(e^{j\omega})}{d\omega} \tag{2.49}$$

2.4.3　周期序列的 DTFT

从一般数学性质上讲，当 $n \to \infty$ 时仍不衰减为零的序列和周期序列的 DTFT 是不收敛的。但若引入频域的冲激函数，可用冲激函数描述这类序列的 DTFT，从而有效地扩大了能够用 DTFT 表示的信号类型。这一类信号的频谱中包含了冲激函数。若一个信号的频谱仅由频域冲激函数构成，称这类信号的频谱为线谱。

1. 几个特殊信号的 DTFT

先看几个简单例子，大多数是一些周期信号，但也有是非周期的，它们的 DTFT 是用冲激函数表示的。

（1）全 1 序列

$$x[n] = 1 \Leftrightarrow X(e^{j\omega}) = 2\pi \sum_{k=-\infty}^{+\infty} \delta(\omega - 2\pi k)$$

通过傅里叶反变换，可以验证以上变换对

$$x[n] = \frac{1}{2\pi} \int_{-\pi}^{\pi} X(e^{j\omega}) e^{j\omega n} d\omega = \frac{1}{2\pi} \int_{-\pi}^{\pi} \delta(\omega) e^{j\omega n} d\omega = 1$$

在 $[-\pi, \pi]$ 内，全 1 序列的 DTFT 可写为 $X(e^{j\omega}) = 2\pi\delta(\omega)$，求和项内的其他项是 DTFT 以 2π 为周期的自然结果，为了清楚和简单，也可写为

$$X(e^{j\omega}) = 2\pi\delta(\omega), \quad |\omega| \leqslant \pi$$

另一方面，由 DTFT 的定义，利用全 1 序列的 DTFT，可以得到如下恒等式

$$\sum_{n=-\infty}^{+\infty} e^{-j\omega n} = 2\pi \sum_{k=-\infty}^{+\infty} \delta(\omega - 2\pi k) \tag{2.50}$$

该等式称为泊松求和公式。

（2）单频复指数序列

$$x[n] = e^{j\omega_0 n} \Leftrightarrow X(e^{j\omega}) = 2\pi \sum_{k=-\infty}^{+\infty} \delta(\omega - \omega_0 - 2\pi k) \tag{2.51}$$

这是 DTFT 频移性质的直接结果，只在主值内可写为

$$x[n]=\mathrm{e}^{\mathrm{j}\omega_0 n}\Leftrightarrow X(\mathrm{e}^{\mathrm{j}\omega})=2\pi\delta(\omega-\omega_0),\quad |\omega|\leqslant\pi$$

（3）正弦信号

$$x[n]=\cos(\omega_0 n)\Leftrightarrow X(\mathrm{e}^{\mathrm{j}\omega})=\pi\sum_{k=-\infty}^{+\infty}[\delta(\omega-\omega_0-2\pi k)+\delta(\omega+\omega_0-2\pi k)]\quad(2.52)$$

$$x[n]=\sin(\omega_0 n)\Leftrightarrow X(\mathrm{e}^{\mathrm{j}\omega})=\frac{\pi}{\mathrm{j}}\sum_{k=-\infty}^{+\infty}[\delta(\omega-\omega_0-2\pi k)-\delta(\omega+\omega_0-2\pi k)]\quad(2.53)$$

或

$$x[n]=\cos(\omega_0 n)\Leftrightarrow X(\mathrm{e}^{\mathrm{j}\omega})=\pi[\delta(\omega-\omega_0)+\delta(\omega+\omega_0)],\quad |\omega|\leqslant\pi$$

$$x[n]=\sin(\omega_0 n)\Leftrightarrow X(\mathrm{e}^{\mathrm{j}\omega})=\frac{\pi}{\mathrm{j}}[\delta(\omega-\omega_0)-\delta(\omega+\omega_0)],\quad |\omega|\leqslant\pi$$

（4）离散周期冲激串

$$x[n]=\sum_{r=-\infty}^{+\infty}\delta(n-rN)\text{ 的 DTFT 为}$$

$$X(\mathrm{e}^{\mathrm{j}\omega})=\sum_{n=-\infty}^{+\infty}\mathrm{e}^{-\mathrm{j}\omega nN}=2\pi\sum_{k=-\infty}^{+\infty}\delta(N\omega-2\pi k)$$

$$=\frac{2\pi}{N}\sum_{k=-\infty}^{+\infty}\delta\left(\omega-\frac{2\pi}{N}k\right)\quad(2.54)$$

以上用了式（2.50）的泊松求和公式和冲激函数的尺度特性（参见第1章）。

（5）阶跃信号

先求符号序列 sgn[n]序列的 DTFT，利用如下的极限可方便地求得符号序列的 DTFT

$$\mathrm{SGN}(\mathrm{e}^{\mathrm{j}\omega})=\sum_{n=-\infty}^{+\infty}\mathrm{sgn}[n]\mathrm{e}^{-\mathrm{j}\omega n}$$

$$=\lim_{a\to1}\sum_{n=-\infty}^{+\infty}\mathrm{sgn}[n]a^{|n|}\mathrm{e}^{-\mathrm{j}\omega n}=\lim_{a\to1}\left(\sum_{n=1}^{+\infty}a^n\mathrm{e}^{-\mathrm{j}\omega n}-\sum_{n=-1}^{-\infty}a^{-n}\mathrm{e}^{-\mathrm{j}\omega n}\right)$$

$$=\lim_{a\to1}\left(\frac{\mathrm{e}^{-\mathrm{j}\omega}}{1-a\mathrm{e}^{-\mathrm{j}\omega}}-\frac{\mathrm{e}^{\mathrm{j}\omega}}{1-a\mathrm{e}^{\mathrm{j}\omega}}\right)=\frac{\mathrm{e}^{-\mathrm{j}\omega}}{1-\mathrm{e}^{-\mathrm{j}\omega}}-\frac{\mathrm{e}^{\mathrm{j}\omega}}{1-\mathrm{e}^{\mathrm{j}\omega}}$$

$$=\frac{1+\mathrm{e}^{-\mathrm{j}\omega}}{1-\mathrm{e}^{-\mathrm{j}\omega}}=\frac{1}{\mathrm{j}}\cot\frac{\omega}{2}$$

由

$$u[n]=\frac{1}{2}(\mathrm{sgn}[n]+1)+\frac{1}{2}\delta[n]$$

得到阶跃信号的 DTFT 为

$$U(\mathrm{e}^{\mathrm{j}\omega})=\frac{1}{1-\mathrm{e}^{-\mathrm{j}\omega}}+\pi\sum_{k=-\infty}^{+\infty}\delta(\omega-2\pi k)$$

2. 一般周期信号的 DTFT

先用一个比较数学化的方法导出一般周期信号的 DTFT。假设信号 $\tilde{x}(n)$ 是周期为 N 的离散序列，设有另一个信号 $x[n]=\begin{cases}\tilde{x}[n],&0\leqslant n<N\\0,&\text{其他}\end{cases}$，$x[n]$ 的 DTFT 是 $X(\mathrm{e}^{\mathrm{j}\omega})$，求 $\tilde{x}[n]$ 的 DTFT $\tilde{X}(\mathrm{e}^{\mathrm{j}\omega})$。注意到，$x[n]$ 相当于 $\tilde{x}[n]$ 第一个周期 $[0,N-1]$ 的信号，其他时刻均为零，

$x[n]$是$\tilde{x}[n]$的一个单周期信号，称为周期信号的主值序列。由$x[n]$按N的整数倍平移求和就得到$\tilde{x}[n]$，将该关系写为如下形式

$$\tilde{x}[n] = \sum_{r=-\infty}^{+\infty} x[n-rN] = x[n] * \sum_{r=-\infty}^{+\infty} \delta(n-rN)$$

故利用 DTFT 的卷积特性，有

$$
\begin{aligned}
\widetilde{X}(e^{j\omega}) &= X(e^{j\omega}) \frac{2\pi}{N} \sum_{k=-\infty}^{+\infty} \delta\left(\omega - \frac{2\pi}{N}k\right) \\
&= \frac{2\pi}{N} \sum_{k=-\infty}^{+\infty} X(e^{j\frac{2\pi}{N}k}) \delta\left(\omega - \frac{2\pi}{N}k\right) \\
&= \frac{2\pi}{N} \sum_{k=-\infty}^{+\infty} X[k] \delta\left(\omega - \frac{2\pi}{N}k\right)
\end{aligned}
\tag{2.55}
$$

注意，为了表达简单我们使用了简化表示，用$X[k]$表示$X(e^{j\frac{2\pi}{N}k})$。要记住这种简化符号，并明了其实际意义。其中

$$X[k] = X(e^{j\frac{2\pi}{N}k}) = \sum_{n=0}^{N-1} x[n] e^{-j\frac{2\pi}{N}kn} \tag{2.56}$$

可以看到，与连续信号情况类似，周期离散信号也是"线谱"，在$\omega_k = \frac{2\pi}{N}k$ 的频点上，有一个冲激，冲激的强度是主值序列频谱$X(e^{j\omega})$在频点$\omega_k = \frac{2\pi}{N}k$ 的"取样值"。

可以从另外一个角度来理解周期信号的傅里叶变换。与连续信号一样，可以先将周期序列展开成傅里叶级数，对于周期为N 的离散序列，其基频为$\frac{2\pi}{N}$，构成傅里叶级数的"有效"的各次谐波为

$$\omega_k = \frac{2\pi}{N}k, \quad k = 0, 1, 2, \cdots, N-1 \tag{2.57}$$

由于离散信号角频率的主值范围是2π，所以谐波$\omega_{k+N} = \frac{2\pi}{N}(k+N) = 2\pi + \frac{2\pi}{N}k$ 和$\omega_k = \frac{2\pi}{N}k$ 是无法区分的，可区分的有效谐波角频率只有式(2.57)所列的N 项。各基本谐波信号为

$$e_k[n] = e^{j\frac{2\pi}{N}kn}, \quad k = 0, 1, \cdots, N-1 \tag{2.58}$$

故离散周期序列的傅里叶级数表示为

$$\tilde{x}[n] = \frac{1}{N} \sum_{k=0}^{N-1} \widetilde{X}[k] e^{j\frac{2\pi}{N}kn} \tag{2.59}$$

$\widetilde{X}[k]$为傅里叶级数的展开系数，容易验证如下等式

$$\sum_{n=0}^{N-1} e^{j\frac{2\pi}{N}kn} (e^{j\frac{2\pi}{N}rn})^* = \begin{cases} N, & k = r + mN \\ 0, & \text{其他} \end{cases} = N \sum_{m=-\infty}^{+\infty} \delta(k-r-mN) \tag{2.60}$$

利用式(2.60)，在式(2.59)两侧同乘$(e^{j\frac{2\pi}{N}rn})^*$，并对$n$ 求和，得

$$\sum_{n=0}^{N-1} (e^{j\frac{2\pi}{N}rn})^* \tilde{x}[n] = \sum_{n=0}^{N-1} \frac{1}{N} \sum_{k=0}^{N-1} \widetilde{X}[k] e^{j\frac{2\pi}{N}kn} (e^{j\frac{2\pi}{N}rn})^* = \frac{1}{N} \sum_{k=0}^{N-1} \widetilde{X}[k] \sum_{n=0}^{N-1} e^{j\frac{2\pi}{N}kn} (e^{j\frac{2\pi}{N}rn})^*$$

$$= \frac{1}{N} \sum_{k=0}^{N-1} \widetilde{X}[k] N\delta(k-r) = \widetilde{X}[r]$$

上式的结果重写为

$$\widetilde{X}[k] = \sum_{n=0}^{N-1} \tilde{x}[n] \mathrm{e}^{-\mathrm{j}\frac{2\pi}{N}kn} = \sum_{n=0}^{N-1} x[n] \mathrm{e}^{-\mathrm{j}\frac{2\pi}{N}kn} = X(\mathrm{e}^{\mathrm{j}\omega}) \Big|_{\omega = \frac{2\pi}{N}k} = X[k] \qquad (2.61)$$

为了方便,重写离散周期序列的傅里叶级数表达式如下

$$\tilde{x}[n] = \frac{1}{N} \sum_{k=0}^{N-1} \widetilde{X}[k] \mathrm{e}^{\mathrm{j}\frac{2\pi}{N}kn}$$

$$\widetilde{X}[k] = \sum_{n=0}^{N-1} \tilde{x}[n] \mathrm{e}^{-\mathrm{j}\frac{2\pi}{N}kn}$$

为了从傅里叶级数出发导出周期序列的 DTFT,将 $\widetilde{X}[k] = X[k]$ 代入式(2.59)得

$$\tilde{x}[n] = \frac{1}{N} \sum_{k=0}^{N-1} X[k] \mathrm{e}^{\mathrm{j}\frac{2\pi}{N}kn} \qquad (2.62)$$

式(2.62)两侧直接做傅里叶变换,并利用单频指数傅里叶变换的结果,得到

$$\widetilde{X}(\mathrm{e}^{\mathrm{j}\omega}) = \frac{2\pi}{N} \sum_{k=0}^{N-1} X[k] \sum_{r=-\infty}^{+\infty} \delta\left(\omega - \frac{2\pi}{N}k - 2\pi r\right)$$

$$= \frac{2\pi}{N} \sum_{k=-\infty}^{+\infty} X[k] \delta\left(\omega - \frac{2\pi}{N}k\right) \qquad (2.63)$$

与式(2.55)是一致的。

2.4.4　LTI 系统的频率响应

若一个 LTI 系统的单位抽样响应 $h[n]$ 已确定,对其求 DTFT 得到

$$H(\mathrm{e}^{\mathrm{j}\omega}) = \sum_{n=-\infty}^{+\infty} h[n] \mathrm{e}^{-\mathrm{j}\omega n} \qquad (2.64)$$

称 $H(\mathrm{e}^{\mathrm{j}\omega})$ 为该系统的频率响应。注意到,频率响应的定义与 LTI 系统特征值的定义是一致的。

由 DTFT 的时域卷积定理知,若 LTI 系统的输入信号 $x[n]$ 的 DTFT 是 $X(\mathrm{e}^{\mathrm{j}\omega})$,输出信号 $y[n]$ 的 DTFT 是 $Y(\mathrm{e}^{\mathrm{j}\omega})$,则有

$$Y(\mathrm{e}^{\mathrm{j}\omega}) = H(\mathrm{e}^{\mathrm{j}\omega}) X(\mathrm{e}^{\mathrm{j}\omega}) \qquad (2.65)$$

一个 LTI 系统在频域的输入/输出关系由频率响应确定,因此 LTI 系统也可以用图 2.18 的方框图表示。

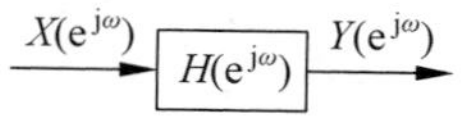

图 2.18　用频率响应表示 LTI 系统

通过 DTFT 的反变换式,可以得到输出时域信号的一种表达式为

$$y[n] = \frac{1}{2\pi} \int_{-\pi}^{\pi} Y(\mathrm{e}^{\mathrm{j}\omega}) \mathrm{e}^{\mathrm{j}\omega n} \mathrm{d}\omega = \frac{1}{2\pi} \int_{-\pi}^{\pi} H(\mathrm{e}^{\mathrm{j}\omega}) X(\mathrm{e}^{\mathrm{j}\omega}) \mathrm{e}^{\mathrm{j}\omega n} \mathrm{d}\omega \qquad (2.66)$$

式(2.66)可解释为用 $H(\mathrm{e}^{\mathrm{j}\omega})$ 对输入信号的频谱密度函数进行加权后,再做傅里叶反变换,因此 LTI 系统输出中不能产生新的频率分量,但可以通过设计"加权"函数 $H(\mathrm{e}^{\mathrm{j}\omega})$ 抑制输入信号中的一些频率分量,从而产生滤波的效果。如果有针对性地设计一个 LTI 系统,目的是保留输入的一些频率分量,抑制(滤除)一些频率分量,称这类离散系统为数字滤波器。

若设计一个 LTI 系统的频率响应为

$$H(e^{j\omega}) = \begin{cases} 1, & |\omega| \leqslant \omega_c \\ 0, & \text{其他} \end{cases}, \quad |\omega| \leqslant \pi \tag{2.67}$$

输入信号中低于 ω_c 的频率分量无损失地通过系统，而高于 ω_c 的频率分量被完全滤除了。如式(2.67)这样的滤波器是理想化的，实际中不可实现。第5章、第6章主要研究实际可实现的数字滤波器的设计与实现方法。

若输入信号是单一频率复指数 $x[n] = e^{j\omega_0 n}$，其 DTFT 为

$$X(e^{j\omega}) = 2\pi\delta(\omega - \omega_0), \quad |\omega| \leqslant \pi$$

由式(2.66)知其输出为

$$\begin{aligned} y[n] &= \frac{1}{2\pi}\int_{-\pi}^{\pi} H(e^{j\omega}) X(e^{j\omega}) e^{j\omega n} d\omega \\ &= \frac{1}{2\pi}\int_{-\pi}^{\pi} H(e^{j\omega}) 2\pi\delta(\omega - \omega_0) e^{j\omega n} d\omega = H(e^{j\omega_0}) e^{j\omega_0 n} \end{aligned} \tag{2.68}$$

这与在 LTI 系统特征分析一节得到的结论是相同的。$x[n] = e^{j\omega_0 n}$ 是 LTI 系统的特征函数，其特征值是 $H(e^{j\omega_0})$，式(2.68)是式(2.66)在输入是单一复指数信号时的特例。实际上，若输入信号是周期信号，代入其离散傅里叶级数式就得到类似式(2.68)有限项求和。这些结论与特征分析一节的结论是一致的。

若一个 LTI 系统的输入/输出关系满足

$$y[n] = cx[n-k]$$

这里 c 是非零的常数，k 是一整数。两边取 DTFT，有

$$Y(e^{j\omega}) = c e^{-j\omega k} X(e^{j\omega}) = H(e^{j\omega}) X(e^{j\omega})$$

相当于系统的频率响应为

$$H(e^{j\omega}) = c e^{-j\omega k}$$

在离散时间域，具有该频率响应的系统称为无失真传输系统。

由于 LTI 系统的频率响应 $H(e^{j\omega})$ 一般是复函数，故可写成幅度和相位两部分，即

$$H(e^{j\omega}) = |H(e^{j\omega})| e^{j\varphi(\omega)}$$

这里，$|H(e^{j\omega})|$ 称为系统的幅频响应；$\varphi(\omega)$ 称为相频响应。若其相频响应是如下线性函数

$$\varphi(\omega) = -\omega\alpha$$

这里，α 是一常数，即频率响应写为

$$H(e^{j\omega}) = |H(e^{j\omega})| e^{-j\omega\alpha}$$

则称该系统为严格线性相位系统。后续章节将用"线性相位系统"表示一类更宽松的系统，故这里给出的定义用了"严格"一词。

对于严格线性相位系统，若信号是由若干个频率分量组成，即

$$x[n] = \sum_{i=-K_1}^{K_2} c_i e^{j\omega_i n}$$

则由式(2.68)，输出

$$y[n] = \sum_{i=-K_1}^{K_2} c_i H(e^{j\omega_i}) e^{j\omega_i n} = \sum_{i=-K_1}^{K_2} c_i |H(e^{j\omega_i})| e^{-j\omega_i \alpha} e^{j\omega_i n}$$

$$= \sum_{i=-K_1}^{K_2} c_i \mid H(\mathrm{e}^{\mathrm{j}\omega_i}) \mid \mathrm{e}^{\mathrm{j}\omega_i(n-\alpha)}$$

上式说明,每个不同的频率分量经过一个严格线性相位系统,其各频率分量产生了相同的时间位移 α。由于延迟与相位是关联的,将该现象表述为:一个信号经过严格线性相位系统,不产生相位失真。

若一个输入信号是任意频谱的,其经过严格线性相位系统的输出表示为

$$y[n] = \frac{1}{2\pi} \int_{-\pi}^{\pi} H(\mathrm{e}^{\mathrm{j}\omega}) X(\mathrm{e}^{\mathrm{j}\omega}) \mathrm{e}^{\mathrm{j}\omega n} \mathrm{d}\omega$$

$$= \frac{1}{2\pi} \int_{-\pi}^{\pi} X(\mathrm{e}^{\mathrm{j}\omega}) \mid H(\mathrm{e}^{\mathrm{j}\omega}) \mid \mathrm{e}^{-\mathrm{j}\omega\alpha} \mathrm{e}^{\mathrm{j}\omega n} \mathrm{d}\omega$$

$$= \frac{1}{2\pi} \int_{-\pi}^{\pi} X(\mathrm{e}^{\mathrm{j}\omega}) \mid H(\mathrm{e}^{\mathrm{j}\omega}) \mid \mathrm{e}^{\mathrm{j}\omega(n-\alpha)} \mathrm{d}\omega$$

由此可见,对于一般信号,其经过严格线性相位系统不产生相位失真的结论仍然正确。

对于一个任意 LTI 系统,可研究延迟问题的更一般性表示。其相频响应的负导数值称为该系统的"群延迟",其定义式为

$$\tau_{\mathrm{g}}(\omega) = -\frac{\mathrm{d}\varphi(\omega)}{\mathrm{d}\omega}$$

还可以定义系统的"相延迟"为

$$\tau_{\mathrm{p}}(\omega) = -\frac{\varphi(\omega)}{\omega}$$

研究通信中常用的窄带调制信号经过系统的延迟情况。为了方便,用复指数调制形式,即

$$x[n] = a[n]\mathrm{e}^{\mathrm{j}\omega_c n}$$

假设包络 $a[n]$ 为窄带信号,其频谱范围为 $|\omega| < \omega_0$。这里 $\omega_0 \ll \omega_c$,调制信号的频谱范围为 $\omega_c - \omega_0 < \omega < \omega_c + \omega_0$,由于窄带信号,在该范围内 $|H(\mathrm{e}^{\mathrm{j}\omega})|$ 近似常数,即 $|H(\mathrm{e}^{\mathrm{j}\omega})| \approx |H(\mathrm{e}^{\mathrm{j}\omega_c})|$。

为更直观地观察窄带信号经过系统的输出信号,设 $a[n] = c_1 \mathrm{e}^{\mathrm{j}\omega_1 n} + c_2 \mathrm{e}^{\mathrm{j}\omega_2 n}$ 为仅由两个频率分量组成的信号,且 $|\omega_1| < \omega_0$,$|\omega_2| < \omega_0$ 以满足如上的窄带条件,输入窄带信号为

$$x[n] = a[n]\mathrm{e}^{\mathrm{j}\omega_c n} = c_1 \mathrm{e}^{\mathrm{j}(\omega_1 + \omega_c)n} + c_2 \mathrm{e}^{\mathrm{j}(\omega_2 + \omega_c)n}$$

经过系统后的输出为

$$y[n] = c_1 H(\mathrm{e}^{\mathrm{j}(\omega_1 + \omega_c)}) \mathrm{e}^{\mathrm{j}(\omega_1 + \omega_c)n} + c_2 H(\mathrm{e}^{\mathrm{j}(\omega_2 + \omega_c)}) \mathrm{e}^{\mathrm{j}(\omega_2 + \omega_c)n}$$

$$\approx \mid H(\mathrm{e}^{\mathrm{j}\omega_c}) \mid [c_1 \mathrm{e}^{\mathrm{j}(\omega_1 + \omega_c)n + \mathrm{j}\varphi(\omega_1 + \omega_c)} + c_2 \mathrm{e}^{\mathrm{j}(\omega_2 + \omega_c)n + \mathrm{j}\varphi(\omega_2 + \omega_c)}]$$

由于窄带信号,将 $\varphi(\omega)$ 在 ω_c 附近展开成泰勒级数为

$$\varphi(\omega) \approx \varphi(\omega_c) + \frac{\mathrm{d}\varphi(\omega)}{\mathrm{d}\omega}\Big|_{\omega=\omega_c} (\omega - \omega_c) = \varphi(\omega_c) - \tau_{\mathrm{g}}(\omega_c)(\omega - \omega_c)$$

这样得到

$$\varphi(\omega_1 + \omega_c) = \varphi(\omega_c) - \tau_{\mathrm{g}}(\omega_c)\omega_1$$

$$\varphi(\omega_2 + \omega_c) = \varphi(\omega_c) - \tau_{\mathrm{g}}(\omega_c)\omega_2$$

代入输出表达式得

$$y[n] \approx \mid H(\mathrm{e}^{\mathrm{j}\omega_c}) \mid [c_1 \mathrm{e}^{\mathrm{j}(\omega_1 + \omega_c)n + \mathrm{j}\varphi(\omega_c) - \mathrm{j}\tau_{\mathrm{g}}(\omega_c)\omega_1} + c_2 \mathrm{e}^{\mathrm{j}(\omega_2 + \omega_c)n + \mathrm{j}\varphi(\omega_c) - \mathrm{j}\tau_{\mathrm{g}}(\omega_c)\omega_2}]$$

$$= |H(e^{j\omega_c})| e^{j\omega_c \left[n + \frac{\varphi(\omega_c)}{\omega_c}\right]} \left[c_1 e^{j\omega_1 [n - \tau_g(\omega_c)]} + c_2 e^{j\omega_2 [n - \tau_g(\omega_c)]}\right]$$

$$= |H(e^{j\omega_c})| a[t - \tau_g(\omega_c)] e^{j\omega_c [n - \tau_p(\omega_c)]}$$

可见，群延迟 $\tau_g(\omega_c)$ 确定了窄带信号包络的延迟，相延迟 $\tau_p(\omega_c)$ 确定了其载波的延迟。尽管以上结论是针对 $a[n]$ 的特例证明的，对一般窄带信号都是成立的，一般情况的证明留作练习。当信号不是窄带信号，可用群延迟描述不同频率分量经过系统的延迟度量。一般情况下，群延迟随频率变化，引入相位失真。

当系统是严格线性相位时，其群延迟和相延迟相等，且均为常数

$$\tau_g(\omega) = -\frac{d\varphi(\omega)}{d\omega} = -\frac{d(-\omega\alpha)}{d\omega} = \alpha = \tau_p(\omega)$$

只有 LTI 系统的群延迟为常数时，该系统对所有频率成分都有相同的延迟，不产生相位失真。在后续章节滤波器设计时，希望设计一类具有线性相位的系统，但是严格线性相位在实际系统设计时难以保证，将适当放宽到一类更广义的线性相位设计。有关线性相位系统设计的问题，将在第 5 章和第 6 章进一步详述。

2.4.5 自相关分析、能量信号和功率信号

由于 DTFT 和相关分析关系密切，这里讨论离散信号的相关分析及其变换域表示。

一个信号的自相关、一个信号与其他信号的互相关，都是信号的重要特征量表示，可以刻画信号的许多内在性质，是信号分析的重要工具。确定性信号和随机信号的自相关（包括互相关）的定义是有区别的，本节讨论确定信号的相关定义和性质。

为了保证对一个信号的自相关的定义是存在的，这里给出能量信号和功率信号的定义。将一个离散信号的全部取值的平方和定义为该信号的能量，即

$$E_x = \sum_{n=-\infty}^{+\infty} |x[n]|^2 \tag{2.69}$$

若信号的能量是有限的，则称该信号是能量信号。

若一个离散信号不是能量信号，可以定义其功率为

$$P_x = \lim_{M \to +\infty} \frac{1}{2M+1} \sum_{n=-M}^{M} |x[n]|^2 \tag{2.70}$$

若其功率是有限的，称该信号是功率信号。

有些信号是能量信号，比如衰减的指数信号；也有些信号是功率信号，例如离散的正弦类信号。针对不同类型信号可分别定义其自相关和互相关序列。

首先研究能量信号，一个能量信号的自相关序列定义为

$$r_{xx}[k] = \sum_{n=-\infty}^{+\infty} x[n] x^*[n-k] \tag{2.71}$$

相关定义中，假设了信号是一般的复信号，故乘积的第二项带有共轭符号，这是复空间内积的基本形式。序号 k 表示时间差，自相关表示的是信号 $x[n]$ 和其具有时间差 k 的 $x[n-k]$ 之间的"相关联"程度。

为了直观地理解信号 $x[n]$ 和 $x[n-k]$ 之间有关联，假设用 $x[n-k]$ 来估计 $x[n]$ 的值，即取 $\hat{x}[n] = \alpha x[n-k]$，表示由 $x[n-k]$ 来估计 $x[n]$ 的值，若 $x[n]$ 和 $x[n-k]$ 之间有

很强的关联性,这个估计能够反映 $x[n]$ 的部分近似。估计误差为

$$e[n] = x[n] - \hat{x}[n] = x[n] - \alpha x[n-k]$$

所谓一个好的估计,是估计误差的能量是小的。为讨论简单,假设信号是实信号,计算估计误差能量为

$$E_e = \sum_{n=-\infty}^{+\infty} |e[n]|^2 = \sum_{n=-\infty}^{+\infty} (x[n] - \alpha x[n-k])^2 = r_{xx}[0] - 2\alpha r_{xx}[k] + \alpha^2 r_{xx}(0)$$

注意

$$r_{xx}[0] = \sum_{n=-N}^{N} |x[n]|^2 = E_x$$

是信号 $x[n]$ 的能量,为了使估计误差最小,求解

$$\frac{\mathrm{d}E_e}{\mathrm{d}\alpha} = -2r_{xx}[k] + 2\alpha r_{xx}[0] = 0$$

求得

$$\alpha = \frac{r_{xx}[k]}{r_{xx}[0]}$$

估计值

$$\hat{x}[n] = \alpha x[n-k] = \frac{r_{xx}[k]}{r_{xx}[0]} x[n-k]$$

由此看到,若 $r_{xx}[k]$ 取值较大,可从 $x[n-k]$ 估计出 $x[n]$ 相当有效的部分取值;若 $r_{xx}[k]$ 很小甚至为零,几乎无法从 $x[n-k]$ 估计出 $x[n]$ 的有效内容。

自相关有一些性质,如下是几个常用性质,其证明可留作习题。

性质 1 原点值最大,$r_{xx}[0] \geq |r_{xx}[k]|$。

性质 2 共轭对称性,$r_{xx}[-k] = r_{xx}^*[k]$,对于实信号有 $r_{xx}[-k] = r_{xx}[k]$,即实信号的自相关序列是对称的。

性质 3 半正定性,对于任给的不全为零的 a_i,满足 $\sum_i \sum_j a_i a_j^* r_{xx}[i-j] \geq 0$。

自相关的运算和卷积和的运算有紧密的联系,在式(2.71)的定义中,以 k 作为输出序号,以 n 作为求和变量,比较卷积和公式不难发现,自相关其实可写为如下的卷积和公式

$$r_{xx}[k] = x[k] * x^*[-k] \tag{2.72}$$

对自相关序列做 DTFT,得到

$$E_{xx}(\mathrm{e}^{\mathrm{j}\omega}) = \sum_{k=-\infty}^{+\infty} r_{xx}[k] \mathrm{e}^{-\mathrm{j}\omega k} \tag{2.73}$$

$$r_{xx}[k] = \frac{1}{2\pi} \int_{-\pi}^{\pi} E_{xx}(\mathrm{e}^{\mathrm{j}\omega}) \mathrm{e}^{\mathrm{j}\omega k} \mathrm{d}\omega \tag{2.74}$$

称 $E_{xx}(\mathrm{e}^{\mathrm{j}\omega})$ 为信号的能量谱密度或简称能量谱。能量谱密度的概念可以从两个方面解释,对式(2.72)两边求 DTFT,得到

$$E_{xx}(\mathrm{e}^{\mathrm{j}\omega}) = |X(\mathrm{e}^{\mathrm{j}\omega})|^2 \tag{2.75}$$

在式(2.74)两侧,取 $k=0$ 得

$$r_{xx}[0] = E_x = \frac{1}{2\pi} \int_{-\pi}^{\pi} E_{xx}(\mathrm{e}^{\mathrm{j}\omega}) \mathrm{d}\omega$$

即 $E_{xx}(\mathrm{e}^{\mathrm{j}\omega})$ 的积分是信号的能量。从这个意义上，称 $E_{xx}(\mathrm{e}^{\mathrm{j}\omega})$ 是能量谱密度也是合适的。

两个能量信号的互相关定义为

$$r_{xy}[k] = \sum_{n=-\infty}^{+\infty} x[n] y^*[n-k] \tag{2.76}$$

尽管自相关其实是互相关的一种特例，但自相关有更多的应用。对互相关序列做 DTFT，得到互能量谱密度

$$E_{xy}(\mathrm{e}^{\mathrm{j}\omega}) = \sum_{k=-\infty}^{+\infty} r_{xy}[k] \mathrm{e}^{-\mathrm{j}\omega k} = X(\mathrm{e}^{\mathrm{j}\omega}) Y^*(\mathrm{e}^{\mathrm{j}\omega})$$

尽管有一些应用，但是互能量谱密度没有明确的物理意义。

对于功率信号，上述定义的自相关和互相关不收敛，需要重新给出定义。功率信号的自相关序列定义为

$$r_{xx}[k] = \lim_{M \to +\infty} \left\{ \frac{1}{2M+1} \sum_{n=-M}^{M} x[n] x^*[n-k] \right\} \tag{2.77}$$

对于功率信号的自相关序列做 DTFT，得到信号的功率谱密度（简称功率谱），即

$$P_{xx}(\mathrm{e}^{\mathrm{j}\omega}) = \sum_{k=-\infty}^{+\infty} r_{xx}[k] \mathrm{e}^{-\mathrm{j}\omega k} = \lim_{M \to +\infty} \left\{ \frac{1}{2M+1} \left| \sum_{n=-M}^{M} x[n] \mathrm{e}^{-\mathrm{j}\omega n} \right|^2 \right\} \tag{2.78}$$

类似地，对于两个功率信号，其互相关序列定义为

$$r_{xy}[k] = \lim_{M \to +\infty} \left\{ \frac{1}{2M+1} \sum_{n=-M}^{M} x[n] y^*[n-k] \right\} \tag{2.79}$$

互功率谱可写为

$$P_{xy}(\mathrm{e}^{\mathrm{j}\omega}) = \sum_{k=-\infty}^{+\infty} r_{xy}[k] \mathrm{e}^{-\mathrm{j}\omega k}$$

$$= \lim_{M \to +\infty} \left\{ \frac{1}{2M+1} \left(\sum_{n=-M}^{M} x[n] \mathrm{e}^{-\mathrm{j}\omega n} \right) \left(\sum_{n=-M}^{M} y[n] \mathrm{e}^{\mathrm{j}\omega n} \right) \right\} \tag{2.80}$$

如上的定义和公式是实际信号能量谱或功率谱测量的基础。

设一个系统的单位抽样响应为 $h[n]$，输入为 $x[n]$，输出为 $y[n]$。若已知输入信号的自相关序列为 $r_{xx}[k]$，并用 $r_{hh}[k]$ 表示单位抽样响应的自相关序列，则输出信号的自相关为

$$r_{yy}[k] = r_{hh}[k] * r_{xx}[k]$$

对于能量信号，上式很容易证明，利用式(2.72)，有

$$r_{yy}[k] = y[k] * y^*[-k] = [x[k] * h[k]] * [x^*[-k] * h^*[-k]]$$

$$= [x[k] * x^*[-k]] * [h[k] * h^*[-k]] = r_{hh}[k] * r_{xx}[k]$$

对于功率信号的证明留给读者作为练习。

对于能量信号，相应的频域表示为

$$|Y(\mathrm{e}^{\mathrm{j}\omega})|^2 = |H(\mathrm{e}^{\mathrm{j}\omega})|^2 |X(\mathrm{e}^{\mathrm{j}\omega})|^2$$

对于功率信号，频域表示为

$$P_{yy}(\mathrm{e}^{\mathrm{j}\omega}) = |H(\mathrm{e}^{\mathrm{j}\omega})|^2 P_{xx}(\mathrm{e}^{\mathrm{j}\omega})$$

例 2.4.5 假设一功率信号，其自相关为 $r_{xx}[k] = \sigma_x^2 \delta[k]$，通过单位抽样响应为 $h[n]$ 的实系统，求输出信号 $y[n]$ 的功率。

解 由

$$r_{yy}[k] = r_{hh}[k] * r_{xx}[k] = r_{hh}[k] * \sigma_x^2 \delta[k] = \sigma_x^2 r_{hh}[k]$$

输出信号功率为

$$\sigma_y^2 = r_{yy}[0] = \sigma_x^2 r_{hh}[0] = \sigma_x^2 \sum_{n=-\infty}^{+\infty} h^2[n] = \frac{\sigma_x^2}{2\pi} \int_{-\pi}^{\pi} |H(e^{j\omega})|^2 d\omega$$

如上式可由帕塞瓦尔定理得到，也可直接由功率谱密度积分得到。

2.5　z 变换和系统函数

与连续系统分析的拉普拉斯变换对应，在离散域用于有效表示 LTI 系统的变换是 z 变换，它是信号的复频域表示。

2.5.1　z 变换的定义和收敛域

可把 z 变换看成是更一般化的 DTFT，将 DTFT 中的 $e^{j\omega}$ 代之以更一般的复数变量 z。在式(2.30)引出的关于 LTI 系统一般特征值的定义中，也用了这种更一般化的变量。将序列 $x[n]$ 的 z 变换定义为

$$X(z) = \sum_{n=-\infty}^{+\infty} x[n]z^{-n} \tag{2.81}$$

对于序列 $x[n]$ 使得 z 变换定义式收敛的全体 z 值的集合称为 z 变换的收敛域，即使得

$$|X(z)| = \left| \sum_{n=-\infty}^{+\infty} x[n]z^{-n} \right| < \infty$$

的全体 z 值的集合构成收敛域。

例 2.5.1　设 $x[n] = a^n u[n]$，其 z 变换为

$$X(z) = \sum_{n=-\infty}^{+\infty} x[n]z^{-n} = \sum_{n=0}^{+\infty} (az^{-1})^n = \frac{1}{1-az^{-1}} = \frac{z}{z-a} \tag{2.82}$$

上式成立的条件是 $|az^{-1}| < 1$，即 $|z| > |a| = R_{x1}$ 为收敛域，单边指数右序列的 z 变换表达式同式 (2.82)，收敛域如图 2.19 所示。

z 变换定义式(2.81)是洛朗级数，其通项为 $a_n = x[n]z^{-n}$。数学中有一些确定收敛域的一般方法，例如柯西方法、达朗贝尔方法等。柯西方法定义 $\rho = \lim\limits_{n \to +\infty} \sqrt[n]{|a_n|}$，当 $\rho < 1$ 级数收敛，$\rho > 1$ 级数发散，$\rho = 1$ 不能由该准则直接确定收敛或发散。

利用柯西方法，讨论三种典型序列的收敛域。

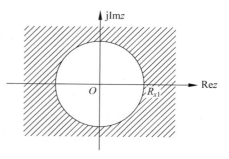

图 2.19　单边指数右序列的收敛域

1. 右序列

右序列指 $x[n]$ 取值非零的区间为 n 从任意整数 n_1 至 $+\infty$，其 z 变换表示为

$$X(z) = \sum_{n=n_1}^{+\infty} x[n]z^{-n}$$

收敛域满足条件

$$\rho = \lim_{n \to +\infty} \sqrt[n]{|x[n]z^{-n}|} = \lim_{n \to +\infty} \sqrt[n]{|x[n]|} |z^{-1}| < 1$$

故收敛域为

$$|z| > \lim_{n \to +\infty} \sqrt[n]{|x[n]|} = R_{x1}$$

是半径为 R_{x1} 的圆的外部，如图 2.19 所示。若 $n_1 \geqslant 0$，则收敛域包括无穷远处；$n_1 < 0$，则收敛域不包括无穷远处。

2. 左序列

左序列指 $x[n]$ 取值非零的区间为 n 从 $-\infty$ 至任意整数 n_2，其 z 变换表示为

$$X(z) = \sum_{n=-\infty}^{n_2} x[n] z^{-n} = \sum_{n=-n_2}^{+\infty} x[-n] z^n$$

收敛域满足条件

$$\rho = \lim_{n \to +\infty} \sqrt[n]{|x[-n] z^n|} = \lim_{n \to +\infty} \sqrt[n]{|x[-n]|} |z| < 1$$

故收敛域为

$$|z| < \frac{1}{\lim\limits_{n \to +\infty} \sqrt[n]{|x[-n]|}} = R_{x2}$$

是半径为 R_{x2} 的圆的内部。若 $n_2 > 0$，则收敛域不包括坐标原点；$n_2 \leqslant 0$，则收敛域包括坐标原点。

例 2.5.2 设 $x[n] = -a^n u[-n-1]$，其 z 变换为

$$X(z) = \sum_{n=-\infty}^{-1} x[n] z^{-n} = -\sum_{n=1}^{+\infty} (a^{-1} z)^n$$

$$= -\frac{a^{-1} z}{1 - a^{-1} z} = \frac{z}{z - a} = \frac{1}{1 - az^{-1}} \tag{2.83}$$

上式成立的条件是 $|a^{-1} z| < 1$，即 $|z| < |a| = R_{x2}$ 为收敛域，单边指数左序列的 z 变换表达式是式(2.83)，收敛域为图 2.19 中圆的内部。

3. 双边序列

双边序列指 $x[n]$ 取值非零的区间为 n 从 $-\infty$ 至 $+\infty$，其 z 变换表示为

$$X(z) = \sum_{n=-\infty}^{+\infty} x[n] z^{-n} = \sum_{n=0}^{+\infty} x[n] z^{-n} + \sum_{n=-\infty}^{-1} x[n] z^{-n}$$

综合以上两点的结果，收敛域为 $R_{x1} < |z| < R_{x2}$。若 $R_{x1} < R_{x2}$ 则收敛域是圆环状区域，如图 2.20 所示。若 $R_{x1} > R_{x2}$ 则无公共收敛域，z 变换不存在。

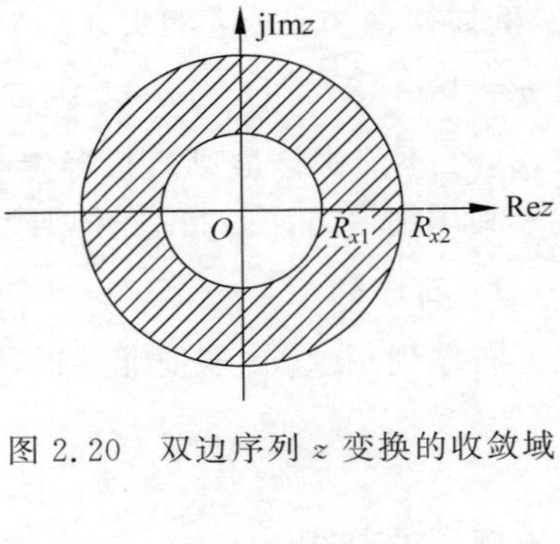

例 2.5.3 设 $x[n] = a^{|n|}$，其 z 变换为

$$X(z) = \sum_{n=-\infty}^{+\infty} x[n] z^{-n} = \sum_{n=-\infty}^{-1} a^{-n} z^{-n} + \sum_{n=0}^{+\infty} a^n z^{-n}$$

$$= \frac{az}{1 - az} + \frac{1}{1 - az^{-1}} = \frac{1 - a^2}{(1 - az)(1 - az^{-1})}$$

图 2.20 双边序列 z 变换的收敛域

上式第一个求和项成立的条件是 $|az| < 1$，即 $|z| < \dfrac{1}{|a|}$ 为收敛域，第二个求和项成立的条件是 $|az^{-1}| < 1$，即 $|z| > |a|$ 为收敛域，公共收敛域为 $|a| < |z| < \dfrac{1}{|a|}$，若 $|a| < 1$ 存在收敛域；否则，收敛域不存在。

注意到,式(2.82)和式(2.83)的 z 变换表达式是完全相同的,但对应信号不同,收敛域也不同。可见,仅由 z 变换表达式不能唯一地确定信号,必须由 z 变换表达式和收敛域一起才能唯一地确定信号序列。式(2.81)定义的 z 变换更准确地称为"双边 z 变换",在数字信号处理中广泛采用的就是双边 z 变换,本书也只使用双边 z 变换。也有的教材介绍了单边 z 变换,单边 z 变换只能用于因果序列,并且不需要指定收敛域也可由 z 变换表达式唯一地确定信号序列。单边 z 变换可以看作双边 z 变换的一种特殊形式,本书不再进一步讨论单边 z 变换。

利用极坐标表示,可把复变量写成 $z = r\mathrm{e}^{\mathrm{j}\omega}$,代入定义式得到 z 变换的另一个形式

$$X(z) = \sum_{n=-\infty}^{+\infty} x[n](r\mathrm{e}^{\mathrm{j}\omega})^{-n} = \sum_{n=-\infty}^{+\infty} (x[n]r^{-n})\mathrm{e}^{-\mathrm{j}\omega n}$$

当 $r=1$ 时,$z = \mathrm{e}^{\mathrm{j}\omega}$,相当于复变量 z 在单位圆上取值,若 z 变换的收敛域包括单位圆,z 变换在单位圆上是收敛的。在此条件下,z 变换在单位圆的取值就是序列的 DTFT,即

$$X(\mathrm{e}^{\mathrm{j}\omega}) = \sum_{n=-\infty}^{+\infty} x[n]z^{-n} \Big|_{z=\mathrm{e}^{\mathrm{j}\omega}} = X(z)\Big|_{z=\mathrm{e}^{\mathrm{j}\omega}} \tag{2.84}$$

另外需注意的问题是,做 z 变换相当于施加了加权运算 $x[n]r^{-n}$,若 $x[n]$ 是单边序列,通过选择"权"使得 $\sum\limits_{n=-\infty}^{+\infty}|x[n]r^{-n}| < +\infty$。当单边右序列是指数增长时,只要能够找到充分大的正值 M,满足 $|x[n]| < M^n$,$n \to +\infty$,则 z 变换总是存在收敛域,单边左序列的情况类似。但如果序列是双边序列,对于给定的 r,在 $n>0$ 时,r^{-n} 是衰减的,$n<0$ 时,r^{-n} 则是指数增的。反之亦然,在一侧起衰减作用,在另一侧起放大作用。因此,双边序列若不满足 $\sum\limits_{n=-\infty}^{+\infty}|x[n]| < +\infty$,$z$ 变换不一定存在。例如 $x[n]=1$,$-\infty<n<+\infty$ 和 $x[n]=\cos(\omega_0 n)$,$-\infty<n<+\infty$ 的 z 变换不存在,而单边序列 $x[n]=u[n]$ 和 $x[n]=\cos(\omega_0 n)u[n]$ 的 z 变换都存在,但其收敛域不包括单位圆。对于 z 变换收敛域不包括单位圆的序列,式(2.84)不成立。

2.5.2 z 变换的有理分式形式和零极点

在 2.5.1 节的三个例子中,z 变换表达式都是有理分式形式,即分子分母是变量 z 或 z^{-1} 的多项式,对分子分母以 z^{-1} 为变量分解因式,得到一般形式为

$$X(z) = \frac{\sum\limits_{r=0}^{M} b_r z^{-r}}{1 + \sum\limits_{k=1}^{N} a_k z^{-1}} = G\frac{\prod\limits_{r=1}^{M}(1 - z_r z^{-1})}{\prod\limits_{k=1}^{N}(1 - p_k z^{-1})} \tag{2.85}$$

使分子多项式为零的 z 变量取值称为零点;使分母多项式为零,相当于 z 变换取值为无穷值的 z 变量取值称为极点。在式(2.85)的表达式中,$z = z_r$ 是零点,$z = p_k$ 是极点。由于 z 变量取极点值时,z 变换不收敛,因此,z 变换的收敛域内不包括极点,但可以包括零点。

式(2.85)的一种等价形式是

$$X(z) = Gz^{N-M}\frac{\prod\limits_{r=1}^{M}(z - z_r)}{\prod\limits_{k=1}^{N}(z - p_k)} \tag{2.86}$$

从两种表达式可以看出极、零点的位置不变,当 $N>M$ 时,$z=0$ 处有零点;当 $N<M$ 时,$z=0$ 处有极点。

上述讨论中,极点和零点都是一阶的,有时分解因式时存在多重根,也就可能存在多重极点和零点,在一般情况下,式(2.85)可改写成

$$X(z)=G\frac{\displaystyle\prod_{r=1}^{M'}(1-z_r z^{-1})^{m_r}}{\displaystyle\prod_{k=1}^{N'}(1-p_k z^{-1})^{n_k}} \tag{2.87}$$

其中,$\displaystyle\sum_{r=1}^{M'}m_r=M$,$\displaystyle\sum_{k=1}^{N'}n_k=N$。这种情况下,$z=z_r$ 是 m_r 阶零点,$z=p_k$ 是 n_k 阶极点。

2.5.3　z 反变换

为了由 z 变换表达式得到对应的反变换序列,利用复变函数的一个特殊围线积分公式,即柯西积分定理

$$\frac{1}{2\pi j}\oint_C z^{m-n-1}dz=\begin{cases}1,&m=n\\0,&m\neq n\end{cases}=\delta[n-m] \tag{2.88}$$

为了从 z 变换得到信号序列,对 z 变换定义式(2.81)两侧同乘 z^{m-1} 并做围线积分得

$$\frac{1}{2\pi j}\oint_C z^{m-1}X(z)dz=\frac{1}{2\pi j}\oint_C z^{m-1}\left(\sum_{n=-\infty}^{+\infty}x[n]z^{-n}\right)dz=\sum_{n=-\infty}^{+\infty}x[n]\frac{1}{2\pi j}\oint_C z^{m-n-1}dz$$

$$=\sum_{n=-\infty}^{+\infty}x[n]\delta[n-m]=x[m]$$

将上式重写为

$$x[n]=\frac{1}{2\pi j}\oint_C z^{n-1}X(z)dz \tag{2.89}$$

上式为 z 反变换公式,通过此式由 z 变换求取信号序列。环路 C 是位于 z 变换收敛域内的一条闭合曲线。一般地,并不直接使用式(2.89)求取反变换,而是利用常用信号 z 变换的一些特殊形式,可更简单地完成对大多数 z 变换表达式求取信号序列的目的。这里介绍 3 种基本方法。

1. 对比系数法

利用 z 变换的定义,将 z 变换表达式写成复变量 z 的幂级数形式,对比各阶幂的系数可确定信号序列,例如 z^{-3} 的系数是 $x[3]$,以此类推,若 z 变换表达式是复变量 z 的多项式,这个方法最有效。

例 2.5.4　z 变换表达式为 $X(z)=0.5+z+\frac{1}{2}z^{-2}+\frac{1}{7}z^{-4}$,直接比较系数,得反变换为

$$x[n]=0.5\delta[n]+\delta[n+1]+\frac{1}{2}\delta[n-2]+\frac{1}{7}\delta[n-4]$$

例 2.5.5　z 变换表达式为 $X(z)=\ln(1+az^{-1})$,　$|z|>|a|$,利用幂级数展开得

$$X(z)=\ln(1+az^{-1})=\sum_{n=1}^{+\infty}\frac{(-1)^{n+1}a^n}{n}z^{-n}$$

与 z 变换定义直接比较系数得反变换序列为

$$x[n] = \frac{(-1)^{n+1}a^n}{n}u[n-1]$$

2. 留数定理法

当 z 变换表达式是有理分式时,可以容易地采用留数定理和部分分式展开来求反变换。留数定理是复变函数中求围线积分的一种有效方法,当 z 变换表达式是有理分式时,使用非常简便。

当 z 变换的收敛域是圆环,对应的序列 $x[n]$ 是一般的双边序列时,留数定理简述如下:

首先依照收敛域的极点分布,将 z 变换 $X(z)$ 分解为 $X_L(z)$ 和 $X_R(z)$,$X_L(z)$ 对应左序列,$X_R(z)$ 对应右序列。

$$X(z) = \sum_{n=-\infty}^{+\infty} x[n]z^{-n} = \sum_{n=0}^{+\infty} x[n]z^{-n} + \sum_{n=-\infty}^{-1} x[n]z^{-n} = X_R(z) + X_L(z)$$

实际中,位于圆环内部的极点属于右序列,位于圆环外部的极点属于左序列,以此将 $X(z)$ 分解为 $X_L(z)$ 和 $X_R(z)$。通过在 z 变换收敛域中,任意构成一条环路,环路积分为

$$x[n] = \frac{1}{2\pi j} \oint_C z^{n-1} X(z)\mathrm{d}z$$

$$= \frac{1}{2\pi j} \oint_C z^{n-1} X_R(z)\mathrm{d}z + \frac{1}{2\pi j} \oint_C z^{n-1} X_L(z)\mathrm{d}z$$

$$= \sum_k \mathrm{res}\{z^{n-1} X_R(z), z_k\} u[n] - \sum_m \mathrm{res}\{z^{n-1} X_L(z), z_m\} u[-n-1] \quad (2.90)$$

注意

$$\mathrm{res}\{z^{n-1} X(z), z_k\}$$

表示 $z^{n-1}X(z)$ 在 $z = z_k$ 处的留数,只有当 $z = z_k$ 是 $z^{n-1}X(z)$ 的极点时,才会取得留数。式(2.89)中环路积分总是逆时针的,当一个极点位于围线的内部(正包围)时,留数取"+"号,当一个极点位于围线的外部(负包围)时,留数取"−"号。对于双边序列,右序列对应极点的留数取"+"号,左序列对应极点的留数取"−"号。

若 $z^{n-1}X(z)$ 在 $z = z_k$ 处的极点是 r 阶,其留数为

$$\mathrm{res}\{z^{n-1} X(z), z_k\} = \frac{1}{(r-1)!} \left\{ \frac{\mathrm{d}^{r-1}}{\mathrm{d}z^{r-1}} [z^{n-1} X(z)(z - z_k)^r] \right\} \Big|_{z=z_k} \quad (2.91)$$

最基本的也是最常用的,若极点为一阶的,上式简化为

$$\mathrm{res}\{z^{n-1} X(z), z_k\} = \{z^{n-1} X(z)(z - z_k)\} \big|_{z=z_k} \quad (2.92)$$

例 2.5.6 若 z 变换和收敛域为

$$X(z) = \frac{1}{1 - 2r\cos\omega_0 z^{-1} + r^2 z^{-2}}, \quad |z| > |r| \quad (2.93)$$

这是右序列,z 变换有两个极点 $p_1 = re^{j\omega_0}$,$p_2 = re^{-j\omega_0}$,围线积分

$$x[n] = \oint_C \frac{1}{1 - 2r\cos\omega_0 z^{-1} + r^2 z^{-2}} z^{n-1}\mathrm{d}z$$

$$= \oint_C \frac{z^2}{(z - re^{j\omega_0})(z - re^{-j\omega_0})} z^{n-1}\mathrm{d}z$$

$$= \text{res}\{X(z)z^{n-1}, re^{j\omega_0}\}u[n] + \text{res}\{X(z)z^{n-1}, re^{-j\omega_0}\}u[n]$$

$$= \frac{z^{n+1}}{z - re^{-j\omega_0}}\Big|_{z=re^{j\omega_0}} + \frac{z^{n+1}}{z - re^{j\omega_0}}\Big|_{z=re^{-j\omega_0}}$$

$$= \frac{r^n}{\sin\omega_0}\sin[(n+1)\omega_0]u[n] \tag{2.94}$$

3. 部分分式展开法

部分分式展开法适用于 z 变换是有理分式的情况，利用一些已有 z 变换对，最常用的是如下的变换对

$$x[n] = a^n u[n] \Leftrightarrow X(z) = \frac{1}{1 - az^{-1}} = \frac{z}{z-a}, \quad |z| > |a| \tag{2.95}$$

$$x[n] = -a^n u[-n-1] \Leftrightarrow X(z) = \frac{1}{1 - az^{-1}} = \frac{z}{z-a}, \quad |z| < |a| \tag{2.96}$$

若把有理分式展开成如式(2.95)那样的分式之和，则根据收敛域，相应的信号序列为式(2.95)或式(2.96)中的序列形式，这是部分分式展开法的基本思路。如下给出有理分式展开的一般形式为

$$X(z) = \frac{\sum_{r=0}^{M} b_r z^{-r}}{1 + \sum_{k=1}^{N} a_k z^{-k}} = \frac{\sum_{r=0}^{M} b_r z^{-r}}{\prod_{k=1}^{N_1}(1 - p_k z^{-1})\prod_{i=1}^{N_2}(1 - p_i z^{-1})^{r_i}}$$

$$= \sum_{m=0}^{M-N} B_m z^{-m} + \sum_{k=1}^{N_1} \frac{A_k}{1 - p_k z^{-1}} + \sum_{i=1}^{N_2}\sum_{j=1}^{r_i} \frac{C_{ij}}{(1 - p_i z^{-1})^j} \tag{2.97}$$

式(2.97)部分分式展开中的第一项存在的条件是 $M \geqslant N$，当有理分式是 z^{-1} 的真分式时，即以 z^{-1} 为变量的分母多项式比分子多项式阶数高时，第一个求和项不存在；否则，可用多项式除法求得系数 B_m，且有对应反变换

$$\delta[n-m] \Leftrightarrow z^{-m}$$

第二个求和项对应一阶极点，其反变换根据收敛域对应式(2.95)或式(2.96)的序列。第三个求和项对应多阶极点，每一个 r_i 阶极点对应展开成 r_i 项。可利用 z 变换的性质(2.5.4 节)求得高阶项的反变换序列，如下是二阶情况

$$\mathcal{Z}\{(n+1)a^n u[n]\} = \frac{1}{(1 - az^{-1})^2}, \quad |z| > |a|$$

$$\mathcal{Z}\{-(n+1)a^n u[-n-1]\} = \frac{1}{(1 - az^{-1})^2}, \quad |z| < |a|$$

在第 5 章研究数字滤波器设计时将会看到，按照标准方法设计的系统都没有高阶极点，但在通过系统连接构成更复杂系统时，可能出现高阶极点。

系数 A_k 和 C_{ij} 可由下式求得

$$A_k = X(z)(1 - z_k z^{-1})\big|_{z=z_k} = \frac{X(z)}{z}(z - z_k)\big|_{z=z_k} \tag{2.98}$$

$$C_{ij} = \left(-\frac{1}{z_i}\right)^{r_i-j} \frac{1}{(r_i-j)!} \left\{ \frac{\mathrm{d}^{r_i-j}}{\mathrm{d}z^{r_i-j}} [X(z)(1-z_iz^{-1})^r] \right\} \Bigg|_{z=z_i}, \quad j=1,2\cdots,r_i$$

$$(2.99)$$

或

$$C_{ij} = \frac{1}{(r_i-j)!} \left\{ \frac{\mathrm{d}^{r_i-j}}{\mathrm{d}z^{r_i-j}} \left[\frac{X(z)}{z}(z-z_i)^r \right] \right\} \Bigg|_{z=z_i}, \quad j=1,2\cdots,r_i \qquad (2.100)$$

留数定理方法和部分分式方法在有理分式 z 反变换的求解上是等价的,但部分分式没有涉及复变函数概念,学习起来更简单,留数定理是求解围线积分问题的一个通用方法,2.5.4 节还会看到其他应用。

例 2.5.7 设 z 变换表达式为

$$X(z) = \frac{6 - \frac{7}{2}z^{-1}}{1 - \frac{1}{2}z^{-1} - \frac{15}{16}z^{-2}}$$

讨论其可能的收敛域和对应的 z 反变换。首先将分母分解因式为

$$X(z) = \frac{6 - \frac{7}{2}z^{-1}}{1 - \frac{1}{2}z^{-1} - \frac{15}{16}z^{-2}} = \frac{6 - \frac{7}{2}z^{-1}}{\left(1 + \frac{3}{4}z^{-1}\right)\left(1 - \frac{5}{4}z^{-1}\right)} = \frac{A_1}{1 + \frac{3}{4}z^{-1}} + \frac{A_2}{1 - \frac{5}{4}z^{-1}}$$

$$A_1 = X(z)\left(1 + \frac{3}{4}z^{-1}\right)\Bigg|_{z=-3/4} = 4$$

$$A_2 = X(z)\left(1 - \frac{5}{4}z^{-1}\right)\Bigg|_{z=5/4} = 2$$

部分分式分解为

$$X(z) = \frac{4}{1 + \frac{3}{4}z^{-1}} + \frac{2}{1 - \frac{5}{4}z^{-1}}$$

这里有两个极点 $p_1 = -3/4, p_2 = 5/4$,故收敛域有三种可能取值:

(1) 收敛域 $|z| > 5/4$,反变换为

$$x[n] = 4 \times \left(-\frac{3}{4}\right)^n u[n] + 2 \times \left(\frac{5}{4}\right)^n u[n]$$

这是一个因果但不收敛的序列。

(2) 收敛域 $3/4 < |z| < 5/4$,反变换为

$$x[n] = 4 \times \left(-\frac{3}{4}\right)^n u[n] - 2 \times \left(\frac{5}{4}\right)^n u[-n-1]$$

这是一个非因果的双边收敛序列,序列是绝对可和的。

(3) 收敛域 $|z| > 5/4$,反变换为

$$x[n] = -4 \times \left(-\frac{3}{4}\right)^n u[-n-1] - 2 \times \left(\frac{5}{4}\right)^n u[-n-1]$$

这是一个反因果,不收敛的序列。

2.5.4 z 变换的性质

z 变换有许多重要性质，以下列出主要性质。一些性质的证明很简单，留作练习，只对几个稍复杂的性质给出证明。

1. 线性

若 $\mathcal{Z}\{x_i[n]\} = X_i(z)$，则

$$\mathcal{Z}\left\{\sum_{i=1}^{K} a_i x_i[n]\right\} = \sum_{i=1}^{K} a_i X_i(z)$$

2. 位移性

若 $\mathcal{Z}\{x[n]\} = X(z)$，则

$$\mathcal{Z}\{x[n-k]\} = z^{-k} X(z) \tag{2.101}$$

特别地

$$\mathcal{Z}\{x[n-1]\} = z^{-1} X(z)$$

符号 z^{-1} 表示一步延迟。

3. z 域尺度变换性

若 $\mathcal{Z}\{x[n]\} = X(z)，R_{x1} < |z| < R_{x2}$，则

$$\mathcal{Z}\{a^n x[n]\} = X\left(\frac{z}{a}\right), \quad R_{x1} < \left|\frac{z}{a}\right| < R_{x2}$$

4. 序列的转置性

若 $\mathcal{Z}\{x[n]\} = X(z), \quad R_{x1} < |z| < R_{x2}$，则

$$\mathcal{Z}\{x[-n]\} = X(z^{-1}), \quad \frac{1}{R_{x2}} < |z| < \frac{1}{R_{x1}}$$

5. z 变换域求导性质

若 $\mathcal{Z}\{x[n]\} = X(z)$，则

$$\mathcal{Z}\{nx[n]\} = -z\frac{\mathrm{d}}{\mathrm{d}z}X(z) \tag{2.102}$$

例 2.5.8 利用求导性质，可得到如下两个 z 变换公式

$$\mathcal{Z}\{na^n u[n]\} = -z\frac{\mathrm{d}}{\mathrm{d}z}\left(\frac{1}{1-az^{-1}}\right) = \frac{az^{-1}}{(1-az^{-1})^2}, \quad |z| > |a|$$

$$\mathcal{Z}\{-na^n u[-n-1]\} = -z\frac{\mathrm{d}}{\mathrm{d}z}\left(\frac{1}{1-az^{-1}}\right) = \frac{az^{-1}}{(1-az^{-1})^2}, \quad |z| < |a|$$

6. 初值定理

如果 $x[n]$ 是因果序列，对应的 z 变换为 $X(z)$，则

$$x[0] = \lim_{z \to +\infty} X(z) \tag{2.103}$$

这是因为

$$\lim_{z \to +\infty} X(z) = \lim_{z \to +\infty}\left(\sum_{n=0}^{+\infty} x[n]z^{-n}\right) = \lim_{z \to +\infty}(x[0] + x[1]z^{-1} + x[2]z^{-2} + \cdots) = x[0]$$

7. 终值定理

如果 $x[n]$ 是因果序列,对应的 z 变换为 $X(z)$,且 $X(z)$ 的极点处于单位圆内(单位圆上最多在 $z=1$ 处有一阶极点),则

$$\lim_{n \to +\infty} x[n] = \lim_{z \to 1} \left[(z-1)X(z) \right] \qquad (2.104)$$

证明　根据 z 变换的定义,可以得到

$$\sum_{n=0}^{+\infty} (x[n+1] - x[n])z^{-n} = \sum_{n=0}^{+\infty} x[n+1]z^{-n} - \sum_{n=0}^{+\infty} x[n]z^{-n}$$

$$= zX(z) - zx[0] - X(z)$$

$$= (z-1)X(z) - zx[0]$$

取极限可得

$$\lim_{z \to 1} \left[(z-1)X(z) \right] = x[0] + \lim_{z \to 1} \sum_{n=0}^{+\infty} (x[n+1] - x[n])z^{-n}$$

$$= x[0] + (x[1] - x[0]) + (x[2] - x[1]) + (x[3] - x[2]) + \cdots$$

$$= x[+\infty]$$

8. 时域卷积定理

若 $\mathcal{Z}\{x[n]\} = X(z), R_{x1} < |z| < R_{x2}$ 和 $\mathcal{Z}\{h[n]\} = H(z), R_{h1} < |z| < R_{h2}$,两个序列的卷积和 $y[n] = x[n] * h[n]$ 的 z 变换满足

$$Y(z) = X(z)H(z), \quad R_{y1} < |z| < R_{y2} \qquad (2.105)$$

收敛域边界为 $R_{y1} = \max\{R_{x1}, R_{h1}\}, \quad R_{y2} = \min\{R_{x1}, R_{h2}\}$。

证明

$$Y(z) = \sum_{n=-\infty}^{+\infty} y[n]z^{-n} = \sum_{n=-\infty}^{+\infty} \sum_{k=-\infty}^{+\infty} x[k]h[n-k]z^{-n}$$

$$= \sum_{k=-\infty}^{+\infty} x[k] \sum_{n=-\infty}^{+\infty} h[n-k]z^{-n}$$

$$= \sum_{k} x[k]z^{-k} \sum_{n=-\infty}^{+\infty} h[n-k]z^{-(n-k)} = X(z)H(z)$$

9. 复频域卷积定理

若 $\mathcal{Z}\{x[n]\} = X(z), R_{x1} < |z| < R_{x2}$ 和 $\mathcal{Z}\{w[n]\} = W(z), R_{w1} < |z| < R_{w2}$,两个序列的积 $y[n] = x[n]w[n]$ 的 z 变换满足

$$Y(z) = \frac{1}{2\pi j} \oint_C X(\lambda) W\left(\frac{z}{\lambda}\right) \frac{d\lambda}{\lambda}, \quad R_{x1}R_{w1} < |z| < R_{x2}R_{w2} \qquad (2.106)$$

证明

$$Y(z) = \sum_{n=-\infty}^{+\infty} x[n]w[n]z^{-n}$$

$$= \sum_{n=-\infty}^{+\infty} \frac{1}{2\pi j} \oint_C X(\lambda)\lambda^{n-1} d\lambda \, w[n]z^{-n}$$

$$= \frac{1}{2\pi j} \oint_C X(\lambda) \left[\sum_{n=-\infty}^{+\infty} w[n]\left(\frac{z}{\lambda}\right)^{-n} \right] \frac{d\lambda}{\lambda}$$

$$= \frac{1}{2\pi j} \oint_C X(\lambda) W\left(\frac{z}{\lambda}\right) \frac{d\lambda}{\lambda}$$

为更清楚地反映复频域卷积的本质，令积分围线 C 是围绕原点的圆，可设

$$\lambda = \rho e^{j\theta}, \quad z = r e^{j\omega}$$

代入上式得

$$Y(re^{j\omega}) = \frac{1}{2\pi j} \oint_C X(\rho e^{j\theta}) W\left(\frac{re^{j\omega}}{\rho e^{j\theta}}\right) \frac{d\rho e^{j\theta}}{\rho e^{j\theta}}$$

$$= \frac{1}{2\pi} \oint_C X(\rho e^{j\theta}) W\left(\frac{r}{\rho} e^{j(\omega-\theta)}\right) d\theta$$

$$= \frac{1}{2\pi} \int_{-\pi}^{\pi} X(\rho e^{j\theta}) W\left(\frac{r}{\rho} e^{j(\omega-\theta)}\right) d\theta \tag{2.107}$$

注意，在围线积分时，$\lambda = \rho e^{j\theta}$ 中的 ρ 是常数，θ 的变化范围是 2π，故有上式的最后一行，这正是复频域的卷积形式。

当 $x[n]$，$w[n]$ 的收敛域包含单位圆时，围线积分可在单位圆 $\lambda = e^{j\theta}$ 上进行，若输出复变量 z 也在单位圆取值，即 $z = e^{j\omega}$，则复频域卷积变成

$$Y(e^{j\omega}) = \frac{1}{2\pi} \int_{-\pi}^{\pi} X(e^{j\theta}) W(e^{j(\omega-\theta)}) d\theta$$

这正是 DTFT 的频域卷积定理。

10. 帕塞瓦尔定理

帕塞瓦尔定理的一般形式为：若 $\mathscr{Z}\{x[n]\} = X(z)$ 和 $\mathscr{Z}\{y[n]\} = Y(z)$，两个 z 变换的收敛域均包含单位圆时，下式成立

$$\sum_{n=-\infty}^{+\infty} x[n] y^*[n] = \frac{1}{2\pi j} \oint_C X(z) Y^*\left(\frac{1}{z^*}\right) \frac{dz}{z} \tag{2.108}$$

帕塞瓦尔定理的一般形式，表明了序列在时域的内积等于其复频域内积。从复频域卷积定理出发，可很容易得到其证明，该证明留作习题。

帕塞瓦尔定理有几个常用的特殊形式，当 $y[n] = x[n]$ 时

$$\sum_{n=-\infty}^{+\infty} |x[n]|^2 = \frac{1}{2\pi j} \oint_C X(z) X^*\left(\frac{1}{z^*}\right) \frac{dz}{z} \tag{2.109}$$

取 $z = e^{j\omega}$ 得

$$\sum_{n=-\infty}^{+\infty} |x[n]|^2 = \frac{1}{2\pi} \int_{-\pi}^{\pi} |X(e^{j\omega})|^2 d\omega$$

这就是 DTFT 的狭义帕塞瓦尔定理，反映了时域和频域的能量守恒性。

例 2.5.9　利用帕塞瓦尔定理，通过围线积分计算信号能量，围线积分可利用留数定理求得。设信号是

$$x[n] = \frac{r^n}{\sin \omega_0} \sin[(n+1)\omega_0] u[n]$$

其 z 变换是式(2.106)，即

$$X(z) = \frac{1}{1 - 2r\cos(\omega_0) z^{-1} + r^2 z^{-2}}, \quad |z| > |r|$$

我们用式(2.109)计算信号能量，因为信号是实信号，故

$$\sum_{n=-\infty}^{+\infty} x^2[n] = \frac{1}{2\pi j} \oint_C X(z) X(z^{-1}) z^{-1} \mathrm{d}z$$

$$= \frac{1}{2\pi j} \oint_C \frac{z}{(z - re^{j\omega_0})(z - re^{-j\omega_0})(1 - re^{j\omega_0} z)(1 - re^{-j\omega_0} z)} \mathrm{d}z$$

$$= \mathrm{res}\{X(z) X(z^{-1}) z^{-1}, re^{j\omega_0}\} + \mathrm{res}\{X(z) X(z^{-1}) z^{-1}, re^{-j\omega_0}\}$$

$$= \frac{re^{j\omega_0}}{(re^{j\omega_0} - re^{-j\omega_0})(1 - r^2 e^{j2\omega_0})(1 - r^2)} + \frac{re^{-j\omega_0}}{(re^{-j\omega_0} - re^{j\omega_0})(1 - r^2)(1 - r^2 e^{-j2\omega_0})}$$

$$= \frac{1 + r^2}{1 - r^2} \frac{1}{1 - 2r^2 \cos(2\omega_0) + r^2}$$

在如上围线积分项中,只有两个极点是位于围线内的,故只需要求两个留数。

为便于查阅,一些常见 z 变换列于表 2.1。

表 2.1　常用 z 变换

序　列	z　变　换	ROC
$\delta[n]$	1	整个复平面
$a^n u[n]$	$\dfrac{1}{1 - az^{-1}}$	$\lvert z \rvert > \lvert a \rvert$
$-a^n u[-n-1]$	$\dfrac{1}{1 - az^{-1}}$	$\lvert z \rvert < \lvert a \rvert$
$na^n u[n]$	$\dfrac{az^{-1}}{(1 - az^{-1})^2}$	$\lvert z \rvert > \lvert a \rvert$
$-na^n u[-n-1]$	$\dfrac{az^{-1}}{(1 - az^{-1})^2}$	$\lvert z \rvert < \lvert a \rvert$
$r^n \cos(\omega_0 n) u[n]$	$\dfrac{1 - r\cos(\omega_0) z^{-1}}{1 - 2r\cos(\omega_0) z^{-1} + r^2 z^{-2}}$	$\lvert z \rvert > \lvert r \rvert$
$r^n \sin(\omega_0 n) u[n]$	$\dfrac{r\sin(\omega_0) z^{-1}}{1 - 2r\cos(\omega_0) z^{-1} + r^2 z^{-2}}$	$\lvert z \rvert > \lvert r \rvert$
$\begin{cases} a^n, & 0 \leqslant n \leqslant N-1 \\ 0, & \text{其他} \end{cases}$	$\dfrac{1 - a^N z^{-N}}{1 - az^{-1}}$	$\lvert z \rvert > 0$

2.5.5　用 z 变换表示系统

若一个 LTI 系统的单位抽样响应 $h[n]$ 已确定,对其求 z 变换得到

$$H(z) = \sum_{n=-\infty}^{+\infty} h[n] z^{-n} \tag{2.110}$$

称 $H(z)$ 为该系统的系统函数。注意到,系统函数的定义与 LTI 系统广义特征值的概念是一致的。

由 z 变换的时域卷积定理知,若 LTI 系统的输入信号 $x[n]$ 的 z 变换是 $X(z)$,输出信号 $y[n]$ 的 z 变换是 $Y(z)$,则有

$$Y(z) = H(z) X(z) \tag{2.111}$$

一个 LTI 系统在复频域的输入/输出关系由系统函数确定,因此 LTI 系统也可以用图 2.21

的方框图表示。

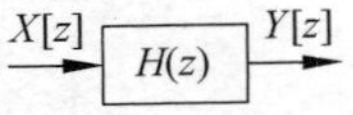

　　一个系统的频率响应与系统函数是密切关联的，若系统函数的收敛域包括单位圆，则系统的频率响应是系统函数在单位圆上的取值，即

$$H(\mathrm{e}^{\mathrm{j}\omega}) = H(z)\big|_{z=\mathrm{e}^{\mathrm{j}\omega}} \qquad (2.112)$$

图 2.21　用系统函数表示 LTI 系统

如果给出了描述一个离散 LTI 系统的差分方程，可以建立差分方程和系统函数之间的一般关系，设 LTI 系统的差分方程的一般形式为

$$y[n] + \sum_{k=1}^{N} a_k y[n-k] = \sum_{r=0}^{M} b_r x[n-r] \qquad (2.113)$$

两边取 z 变换得

$$Y(z) + \sum_{k=1}^{N} a_k z^{-k} Y(z) = \sum_{r=0}^{M} b_r z^{-r} X(z)$$

得系统函数为

$$H(z) = \frac{Y(z)}{X(z)} = \frac{\displaystyle\sum_{r=0}^{M} b_r z^{-r}}{1 + \displaystyle\sum_{k=1}^{N} a_k z^{-k}} \qquad (2.114)$$

差分方程所表示的 LTI 系统的系统函数是有理分式。实际中，由各种设计方法设计出的离散 LTI 系统，均可由差分方程和有理系统函数表示，因此，有理系统函数可以表示可实现的实际 LTI 系统。如式(2.85)所示，有理系统函数均可以表示成极、零点形式，重写式(2.85)如下

$$H(z) = \frac{\displaystyle\sum_{r=0}^{M} b_r z^{-r}}{1 + \displaystyle\sum_{k=1}^{N} a_k z^{-k}} = G\,\frac{\displaystyle\prod_{r=1}^{M}(1 - z_r z^{-1})}{\displaystyle\prod_{k=1}^{N}(1 - p_k z^{-1})} \qquad (2.115)$$

由系统的收敛域和极点可以确定系统的收敛性质，为讨论简单，先假设系统的极点都是一阶的。

　　首先讨论稳定性。若一个系统是 BIBO 稳定的，其单位抽样响应满足绝对可和条件，即

$$\sum_{n=-\infty}^{+\infty} |h[n]| < +\infty$$

满足该条件的序列，其收敛域包括单位圆，充分性验证如下

$$|H(z)|\Big|_{|z|=1} = \left|\sum_{n=-\infty}^{+\infty} h[n]z^{-n}\right|\Big|_{|z|=1} \leqslant \sum_{n=-\infty}^{+\infty} |h[n]z^{-n}|\Big|_{|z|=1} = \sum_{n=-\infty}^{+\infty} |h[n]| < +\infty$$

也可证明，抽样响应满足绝对可和也是 z 变换收敛域包括单位圆的必要条件。BIBO 稳定和系统函数的收敛域包括单位圆是等价的。

　　若系统函数有多个极点，如果从系统函数的极点分布去确定收敛域，则有多种组合。最常用的限定条件是：限定系统是因果的，则单位抽样响应是因果序列（右序列的特殊情况），以每个极点的模为半径，以原点为中心画一个圆，每个极点构成的部分分式确定的收敛域是这样一个圆的外部，系统函数的收敛域是所有收敛域的交集，即半径最大的圆的外部。若要使得收敛域包括单位圆，最大圆的半径小于 1，即所有极点都位于单位圆之内。这是一个重要结论：BIBO 稳定的因果系统，其收敛域包括单位圆，所有极点位于单位圆之内，收敛域的

半径由模值最大的极点确定。

若式(2.113)差分方程和式(2.115)有理分式系统函数中的系数 a_k、b_r 都是实数,这称为实系数系统。则其极点和零点要么是实数,要么是以共轭形式出现的复数,通过简单归纳可以得到这个结论。以极点为例,当只有 1 个极点时,必定是实的,假设有 2 个极点,要么都是实的,要么是互为共轭的(这由一元二次方程的解可直接得到结论),设这对极点分别为

$$p_1 = r e^{j\theta}, \quad p_2 = r e^{-j\theta}$$

其构成的二阶多项式为

$$(1 - r e^{j\theta} z^{-1})(1 - r e^{-j\theta} z^{-1}) = 1 - 2r z^{-1}\cos\theta + r^2 z^{-2}$$

若有 3 个极点,必是在两个极点基础上增加一个实极点,以此类推,得到基本结论:实系数系统的极点和零点,要么是实的,要么是以共轭成对形式的复极点或复零点。

对应式(2.115)的一个实极点 p_k,其对应在单位抽样响应中的贡献是:$p_k^n u[n]$,即

$$\frac{A}{1 - p_k z^{-1}} \Leftrightarrow A p_k^n u[n] \tag{2.116}$$

若是一对复极点,部分展开式和对应的时域项为

$$\frac{K}{1 - r e^{j\theta} z^{-1}} + \frac{K^*}{1 - r e^{-j\theta} z^{-1}} \Leftrightarrow K r^n e^{j\theta n} u[n] + K^* r^n e^{-j\theta n} u[n] = 2|K| r^n \cos(\theta n + \phi) u[n]$$

这里 ϕ 是系数 K 的相位。

如果出现高阶极点,其解对应乘上一个多项式 $p[n]$,由于多项式被指数项抑制,若系统是 BIBO 稳定的因果系统,其单位抽样响应存在高阶极点时仍然是绝对可和的。

若系统在单位圆上存在极点,系统不再是 BIBO 稳定的。若只有一阶极点,实极点只能取 $p_k = 1$ 或 $p_k = -1$,对应的时域项为:$u[n]$ 和 $(-1)^n u[n]$。若有一对复共轭极点,其对应的单位抽样响应是正弦序列,即

$$p_1 = e^{j\theta}, \quad p_2 = e^{-j\theta} \Leftrightarrow |K|\cos(\theta n + \phi) u[n] \tag{2.117}$$

若系统在单位圆上存在极点,而且是一阶极点,称系统是临界稳定系统。利用临界稳定系统,可产生离散正弦信号源,具体系统的构成在第 5 章将进一步讨论。如果在单位圆上存在二阶或更高阶极点,则系统是不稳定的。

2.5.6 通过零极点分析频率响应

系统函数为 $H(z)$ 的系统,若是稳定的,其收敛域包含单位圆,取 $z = e^{j\omega}$ 得到系统的频率响应 $H(e^{j\omega})$,由式(2.115)得

$$H(e^{j\omega}) = H(z)\bigg|_{z = e^{j\omega}} = G \frac{\prod_{r=1}^{M}(1 - z_r e^{-j\omega})}{\prod_{k=1}^{N}(1 - p_k e^{-j\omega})} = G e^{j\omega(N-M)} \frac{\prod_{r=1}^{M}(e^{j\omega} - z_r)}{\prod_{k=1}^{N}(e^{j\omega} - p_k)}$$

通过极、零点分布,可以估计出频率响应的大致曲线,粗略估计系统的性能。

把式中 $e^{j\omega}$、z_r 和 p_k 看作矢量,根据如图 2.22 所示的几何关系,令

$$e^{j\omega} = \overline{OF}, \quad p_k = \overline{OP}, \quad z_k = \overline{OQ}$$

其中 $e^{j\omega}$ 表示从原点到单位圆上对应角频率 ω 点的矢量,$\overline{OP}$ 表示一个极点位置矢量,$\overline{OQ}$ 表示一个零点位置矢量,且

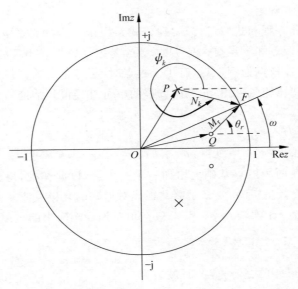

图 2.22　频率响应的几何法表示

$$e^{j\omega} - p_k = \overline{OF} - \overline{OP} = \overline{PF} = N_k e^{j\psi_k}$$

$$e^{j\omega} - c_r = \overline{OF} - \overline{OQ} = \overline{QF} = M_r e^{j\theta_r}$$

代入 $H(e^{j\omega})$ 表达式得

$$H(e^{j\omega}) = Ge^{j\omega(N-M)} \frac{\prod\limits_{r=1}^{M}(M_r e^{j\theta_r})}{\prod\limits_{k=1}^{N}(N_k e^{j\psi_k})} = Ge^{j\omega(N-M)} \frac{M_1 M_2 \cdots M_M}{N_1 N_2 \cdots N_N} e^{j(\theta_1 + \theta_2 + \cdots + \theta_M - \psi_1 - \psi_2 - \cdots - \psi_N)}$$

因此，系统的幅频响应为

$$|H(e^{j\omega})| = G\frac{M_1 M_2 \cdots M_M}{N_1 N_2 \cdots N_N}$$

系统的相频响应为

$$\arg[H(e^{j\omega})] = \omega(N-M) + \sum_{r=1}^{M}\theta_r - \sum_{k=1}^{N}\psi_k$$

如果在图 2.22 上标出所有极点和零点，根据 ω 的变化，观察各矢量的变化，可得到系统幅频响应和相频响应大致的变化曲线。从以上分析可以看出：若一个极点越靠近单位圆，对应 N_k 在该频率附近变得越小，幅频响应在该频率附近形成一个峰值；类似地，若一个零点越靠近单位圆，对应 M_r 在该频率附近变得越小，幅频响应在该频率附近形成一个谷点；而处于原点的极零点不影响系统幅频特性。

例 2.5.10　系统函数为

$$H(z) = \frac{1}{1 - az^{-1}}, \quad 0 < a < 1$$

确定该系统的幅频响应和相频响应。

解　系统函数可写为

$$H(z) = \frac{z}{z-a}$$

只有 $p_1 = a$ 一个极点和 $z_1 = 0$ 一个零点,极零点分布和相关矢量如图 2.23 所示。频率响应由几何表示写为

$$H(e^{j\omega}) = \frac{1}{N} e^{j(\omega-\psi)}$$

可见,$\omega = 0$ 时,$N = 1-a$ 为最小值,幅频响应达到最大值,$\omega = \pi$ 时,$N = 1+a$ 为最大值,幅频响应取最小值,类似地可分析相频响应的趋势。该一阶系统的幅频响应和相频响应的变化趋势如图 2.24 所示。

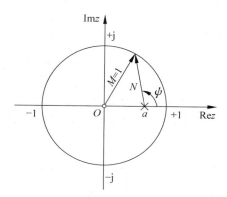

图 2.23 一阶系统极零点分布

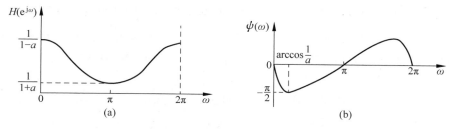

图 2.24 一阶系统幅频响应和相频响应

随着 MATLAB 这类软件的广泛应用,利用极零点分布画出系统频率响应图的技巧逐渐用的少了。但是,通过理解这种极零点分布对频率响应影响的物理本质而获得对系统特性的直观理解,对学习系统分析和设计仍有意义。无论技术手段和软件工具怎样发达,利用直观判断能力分析问题仍是优秀科技人员不可或缺的素质。

2.6 连续信号的数字处理问题初探

在本节,将对实际物理信号的连续处理和离散处理问题建立起一定的联系。主要讨论两个问题:一是当离散信号是由连续信号采样获得时,连续信号频谱和离散信号频谱之间的关系;二是连续处理系统和离散处理系统的等价性问题。第二个问题有两方面内容。第一个方面:如果对于连续的物理信号需要做一些处理,但希望采样后到离散域去做处理,由连续域的要求怎样转化为对离散系统的要求;第二个方面是反问题:已经在离散域对信号

做了一些处理，等价到连续域，相当于做了什么？如下两节分别讨论这些问题。

2.6.1　连续和离散频谱之间的关系

设连续信号 $x_a(t)$ 的傅里叶变换为 $X_a(j\Omega)$，离散信号 $x[n]=x_a(nT_s)$ 是由连续信号经采样获得，其离散时间傅里叶变换为 $X(e^{j\omega})$。很显然，$X_a(j\Omega)$ 和 $X(e^{j\omega})$ 之间应该存在一定的关系。

在 2.4 节已经看到，离散信号的 DTFT 和理想采样信号的傅里叶变换之间存在一个简单的自变量的比例变换关系

$$X(e^{j\omega}) = X_s(j\Omega)\Big|_{\Omega=\frac{\omega}{T_s}} = X_s\left(j\frac{\omega}{T_s}\right) \tag{2.118}$$

理想采样信号的傅里叶变换可由 $X_a(\Omega)$ 表示为

$$X_s(j\Omega) = \frac{1}{T_s}\sum_{l=-\infty}^{+\infty} X_a(j(\Omega-l\Omega_s)) = \frac{1}{T_s}\sum_{l=-\infty}^{+\infty} X_a\left(j\left(\Omega-l\frac{2\pi}{T_s}\right)\right) \tag{2.119}$$

将式(2.119)代入式(2.118)得

$$X(e^{j\omega}) = \frac{1}{T_s}\sum_{l=-\infty}^{+\infty} X_a\left(j\left(\frac{\omega}{T_s}-l\Omega_s\right)\right) = \frac{1}{T_s}\sum_{l=-\infty}^{+\infty} X_a\left(j\left(\frac{\omega}{T_s}-l\frac{2\pi}{T_s}\right)\right) \tag{2.120}$$

式(2.120)也可以重写成

$$X(e^{j\omega}) = \frac{1}{T_s}\sum_{l=-\infty}^{+\infty} X_a\left(j\left(\frac{\omega}{T_s}-l\frac{2\pi}{T_s}\right)\right) = \frac{1}{T_s}\sum_{l=-\infty}^{+\infty} X_a\left(j\frac{1}{T_s}(\omega-l2\pi)\right) \tag{2.121}$$

从式(2.121)看到，由连续频谱 $X_a(j\Omega)$ 得到离散频谱 $X(e^{j\omega})$，可以有两条途径：一是先将 $X_a(j\Omega)$ 以 $\Omega_s=\dfrac{2\pi}{T_s}$ 的整数倍为间隔平移相加（理想采样信号的傅里叶变换），再做 $\omega=\Omega T_s$（$\Omega=\omega/T_s$）的坐标变换，得到以 2π 为周期的 $X(e^{j\omega})$；二是先做 $\omega=\Omega T_s$（$\Omega=\omega/T_s$）的坐标变换，再在 ω 坐标下以 2π 的整数倍为间隔平移相加得到以 2π 为周期的 $X(e^{j\omega})$。两个过程结果是相同的。

对于式(2.121)，也可给出更数学化的证明如下

$$\begin{aligned}
X(e^{j\omega}) &= \sum_{n=-\infty}^{+\infty} x[n]e^{-j\omega n} = \sum_{n=-\infty}^{+\infty} x_a(nT_s)e^{-j\omega n}\\
&= \sum_{n=-\infty}^{+\infty} \frac{1}{2\pi}\int_{-\infty}^{+\infty} X_a(j\Omega)e^{j\Omega nT_s}\,d\Omega\, e^{-j\omega n}\\
&= \frac{1}{2\pi}\int_{-\infty}^{+\infty} X_a(j\Omega)\sum_{n=-\infty}^{+\infty} e^{j(\Omega T_s-\omega)n}\,d\Omega\\
&= \frac{1}{2\pi}\int_{-\infty}^{+\infty} X_a(j\Omega)\frac{2\pi}{T_s}\sum_{r=-\infty}^{+\infty}\delta\left(\Omega-\frac{\omega}{T_s}-\frac{2\pi}{T_s}r\right)d\Omega\\
&= \frac{1}{T_s}\sum_{r=-\infty}^{+\infty} X_a\left(j\left(\frac{\omega}{T_s}-\frac{2\pi}{T_s}r\right)\right)
\end{aligned}$$

证明中，从第 3 行到第 4 行用了泊松求和公式。下面通过例子进一步解释式(2.121)。

例 2.6.1　设一个实连续信号的最高频率是 F_M，对应角频率是 $\Omega_M=2\pi F_M$。假设以奈奎斯特率采样，即采样频率为 $F_s=2F_M=\dfrac{\Omega_M}{\pi}$，采样间隔为 $T_s=\dfrac{1}{F_s}=\dfrac{\pi}{\Omega_M}$，由连续信号角频率

Ω 到离散信号角频率 ω 的变换是 $\omega = \Omega T_s = \dfrac{\pi}{\Omega_M}\Omega$。既然连续信号的频谱范围为 $-\Omega_M \leqslant \Omega \leqslant \Omega_M$，得到相应离散信号的频谱范围为 $-\pi \leqslant \omega \leqslant \pi$，相当于式（2.121）中 $l = 0$ 的项，把角频率范围 $-\Omega_M \leqslant \Omega \leqslant \Omega_M$ 的连续信号频谱映射为 $-\pi \leqslant \omega \leqslant \pi$ 内的离散信号频谱。$l \neq 0$ 的项构成了离散信号频谱以 2π 为周期的重复项。

例 2.6.2　一个实连续信号的最高频率是 F_M，对应角频率是 $\Omega_M = 2\pi F_M$。假设以高于奈奎斯特率采样，设采样频率为 $F_s = 2\alpha F_M = \alpha\dfrac{\Omega_M}{\pi}$，　$\alpha > 1$，采样间隔为 $T_s = \dfrac{1}{F_s} = \dfrac{\pi}{\alpha\Omega_M}$，由连续信号角频率 Ω 到离散信号角频率 ω 的变换是 $\omega = \Omega T_s = \dfrac{\pi}{\alpha\Omega_M}\Omega$。既然连续信号的频谱范围为 $-\Omega_M \leqslant \Omega \leqslant \Omega_M$，得到相应离散信号的频谱范围为 $-\dfrac{\pi}{\alpha} \leqslant \omega \leqslant \dfrac{\pi}{\alpha}$，这是相当于式（2.121）中 $l = 0$ 的项，把角频率范围 $-\Omega_M \leqslant \Omega \leqslant \Omega_M$ 的连续频谱映射为 $-\dfrac{\pi}{\alpha} \leqslant \omega \leqslant \dfrac{\pi}{\alpha}$ 内的离散信号频谱。$l \neq 0$ 的项中心角频率为 $2\pi l$，频谱分布在角频率范围 $2\pi l - \dfrac{\pi}{\alpha} \leqslant \omega \leqslant 2\pi l + \dfrac{\pi}{\alpha}$ 内，构成了离散频谱以 2π 为周期的重复项。

例 2.6.3　在以上两例中，离散信号无失真处理的连续信号的最高频率是采样频率的一半，即 $F_M = \dfrac{F_s}{2}$，对应的最高角频率 $\Omega_M = 2\pi\dfrac{F_s}{2} = \pi F_s = \dfrac{\pi}{T_s}$，变换关系 $\omega = \Omega T_s$ 总是将连续角频率 $\Omega_M = \dfrac{\pi}{T_s}$ 变换为离散角频率 $\omega_M = \pi$。在采样频率高于奈奎斯特率时，离散频谱中存在一些取值为零的区间，这是一部分空余的频率区间。

图 2.25 是从连续频谱到离散频谱的变换关系的示意图，为简单起见，画出的是幅度谱，

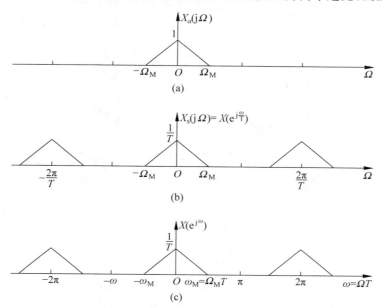

图 2.25　从连续傅里叶变换到离散时间傅里叶变换

中间的图是理想采样信号的傅里叶变换，若以理想采样信号傅里叶变换为中间过程，只要通过式（2.118）的简单横坐标变换即可获得离散时间傅里叶变换。在满足采样定理的条件下，式（2.121）各项是不重叠的，可以写出如下简单关系

$$X(e^{j\omega}) = \frac{1}{T_s} X_a\left(j\frac{\omega}{T_s}\right), \quad |\omega| \leqslant \pi \tag{2.122}$$

在前面讨论连续信号频谱和离散信号频谱的关系时，着重讨论了由连续信号频谱得到离散信号频谱的过程，这些讨论对于理解连续信号频谱和离散信号频谱之间的关系和离散信号频谱的物理意义是很有帮助的。但在实际频谱分析中，也存在一个反过程，通过对采集的一段离散信号做离散傅里叶变换（DFT），用 DFT 系数插值得到离散信号的频谱 $X(e^{j\omega})$，为了正确解释对应连续信号的频谱，需要由 $X(e^{j\omega})$ 得到连续信号频谱 $X_a(j\Omega)$，这只需要在式（2.122）两侧代入 $\omega = \Omega T_s$，得到

$$X_a(j\Omega) = T_s X(e^{j\Omega T_s}), \quad |\Omega| < \frac{\pi}{T_s} \tag{2.123}$$

由式（2.123），通过离散信号的处理结果，得到连续信号的频谱，这实际上是用 $\Omega = \omega/T_s$ 得到横坐标的变换。

式（2.123）可以等价为通过滤波器作用于 $X(e^{j\Omega T_s})$，即

$$X_a(j\Omega) = X(e^{j\Omega T_s}) H_r(j\Omega) \tag{2.124}$$

对比式（2.123），这里模拟滤波器 $H_r(j\Omega)$ 的定义为

$$H_r(j\Omega) = \begin{cases} T_s, & |\Omega| < \dfrac{\pi}{T_s} \\ 0, & \text{其他} \end{cases} \tag{2.125}$$

利用式（2.123）或式（2.124），也可得到由相应离散信号重构连续信号的关系如下

$$
\begin{aligned}
x_a(t) &= \frac{1}{2\pi} \int_{-\infty}^{+\infty} X_a(j\Omega) e^{j\Omega t} \, d\Omega \\
&= \frac{1}{2\pi} \int_{-\infty}^{+\infty} H_r(j\Omega) X(e^{j\Omega T_s}) e^{j\Omega t} \, d\Omega \\
&= \frac{1}{2\pi} \int_{-\infty}^{+\infty} H_r(j\Omega) \sum_{n=-\infty}^{+\infty} x[n] e^{-j\Omega T_s n} e^{j\Omega t} \, d\Omega \\
&= \sum_{n=-\infty}^{+\infty} x[n] \frac{1}{2\pi} \int_{-\infty}^{+\infty} H_r(j\Omega) e^{j\Omega(t - nT_s)} \, d\Omega \\
&= \sum_{n=-\infty}^{+\infty} x[n] h_r(t - nT_s) = \sum_{n=-\infty}^{+\infty} x[n] \frac{\sin\left(\dfrac{\pi}{T_s}(t - nT_s)\right)}{\dfrac{\pi}{T_s}(t - nT_s)}
\end{aligned} \tag{2.126}
$$

上式本质上与第 1 章式（1.107）是一致的。

2.6.2　连续系统和离散系统的关系

先来考虑第一个问题，用离散系统处理连续信号的基本框图如图 2.26 所示。连续信号 $x_a(t)$ 经过采样变成离散信号 $x[n]$，经过一个频率响应为 $H(e^{j\omega})$ 的离散时间系统得到处理后的离散输出 $y[n]$，再经过一个离散到连续的转换得到最后的连续输出 $y_a(t)$。假设离散

系统 $H(e^{j\omega})$ 是确定的,这个处理过程对应于从连续输入 $x_a(t)$ 到连续输出 $y_a(t)$ 的操作是怎样的? 即图 2.26 的系统从 $x_a(t)$ 到 $y_a(t)$ 的等价连续系统的频率响应 $H_{\rm eff}(j\Omega)$ 是什么?

图 2.26 离散系统处理连续信号

假设信号严格服从采样定理,C/D 和 D/C 转换没有任何损失。在这些理想化的条件下,利用 2.6.1 节的讨论结果,不难推导出 $y_a(t)$ 的表达式,通过频域表达式有

$$Y_a(j\Omega) = \begin{cases} T_s Y(e^{j\Omega T_s}), & |\Omega| < \pi/T_s \\ 0, & \text{其他} \end{cases}$$

$$= H_r(j\Omega)Y(e^{j\Omega T_s}) = H_r(j\Omega)H(e^{j\Omega T_s})X(e^{j\Omega T_s})$$

$$= H_r(j\Omega)H(e^{j\Omega T_s}) \frac{1}{T_s} \sum_{k=-\infty}^{+\infty} X_a\left(j\Omega - j\frac{2\pi}{T_s}k\right)$$

$$= \begin{cases} H(e^{j\Omega T_s})X_a(j\Omega), & |\Omega| < \pi/T_s \\ 0, & \text{其他} \end{cases} = H_{\rm eff}(j\Omega)X_a(j\Omega)$$

上式中的 $H_r(j\Omega)$ 与式(2.125)的定义一致。由此得到连续时间域等价的系统频率响应为

$$H_{\rm eff}(j\Omega) = \begin{cases} H(e^{j\Omega T_s}), & |\Omega| < \pi/T_s \\ 0, & \text{其他} \end{cases} \tag{2.127}$$

下面讨论一个相反的问题,要求完成对连续信号的处理,处理系统的频率响应已经给定为 $H_a(j\Omega)$,冲激响应为 $h_a(t)$,该系统是严格频带受限的,即

$$H_a(j\Omega) = \begin{cases} F(j\Omega), & |\Omega| < \pi/T_s \\ 0, & \text{其他} \end{cases} \tag{2.128}$$

$F(j\Omega)$ 可以是任意函数。若采用图 2.26 所示的系统实现该任务,其中的离散时间系统的频率响应 $H(e^{j\omega})$(或单位抽样响应 $h[n]$)如何取?

由连续和离散的等价性,有

$$H_{\rm eff}(j\Omega) = H_a(j\Omega) = \begin{cases} H(e^{j\Omega T_s}), & |\Omega| < \pi/T_s \\ 0, & \text{其他} \end{cases}$$

反求得

$$H(e^{j\omega}) = H_a(j\omega/T_s), \quad |\omega| < \pi \tag{2.129}$$

根据 $H(e^{j\omega})$ 的周期性,得到

$$H(e^{j\omega}) = \sum_{k=-\infty}^{+\infty} H_a\left(j\frac{\omega}{T_s} - j\frac{2\pi}{T_s}k\right)$$

$$= T_s\left(\frac{1}{T_s} \sum_{k=-\infty}^{+\infty} H_a\left(j\frac{\omega}{T_s} - j\frac{2\pi}{T_s}k\right)\right) \tag{2.130}$$

式(2.129)和式(2.130)就是要求的离散系统频率响应表达式。比较式(2.129)和式(2.120)，可以得到离散系统单位抽样响应和相应连续系统冲激响应之间的关系为

$$h[n] = Th_a(nT_s) \tag{2.131}$$

除了一个系数外，离散系统单位抽样响应是相应连续系统冲激响应的采样值，这个关系式称为"冲激响应不变"。

这一节讨论了在理想情况下连续系统和离散系统之间的等价关系，这些关系是用数字信号处理解决连续信号处理问题的基础。在实际问题中，一个连续系统不可能是严格频带受限的，C/D 和 D/C 转换也不可能是无损失的。关于非严格频带受限带来的问题在第 6 章进一步研究，关于 C/D 和 D/C 转换的失真带来的问题在第 11 章将做深入探讨，本节只给出了这个问题的最基本的解释。

2.7　与本章相关的 MATLAB 函数与实例

2.7.1　相关的 MATLAB 函数简介

首先介绍与离散信号处理基础相关的几个 MATLAB 函数，用于说明与本章内容相关的 MATLAB 功能。限于篇幅，本节重点介绍几个与信号生成、卷积和、z 变换相关的函数，与系统分析相关的更多函数，安排在后续章节再做介绍。例如第 5 章将介绍更多与系统分析有关的函数。

1. tripuls

功能介绍　产生非周期三角波。

语法

```
y = tripuls(T)
y = tripuls(T,w)
y = tripuls(T,w,s)
```

输入变量　T 为信号时间，w 为三角波宽度，s 为三角波斜率（$-1 < s < 1$）。

输出内容　产生由 T 指定的时间范围，宽度为 w，斜率为 s 的非周期三角波信号。

2. conv

功能介绍　计算线性卷积和两个多项式相乘。

语法

```
w = conv(u,v)
```

输入变量　u 和 v 分别是有限长度序列矢量。

输出内容　w 是 u 和 v 的卷积结果序列矢量。如果矢量 u 和 v 的长度分别为 N 和 M，则矢量 w 的长度为 $N+M-1$。如果矢量 u 和 v 是两个多项式的系数，则 w 就是这两个多项式乘积的系数。

3. poly

功能介绍　可以用根构造多项式和生成矩阵的特征多项式。

语法

```
p = poly(A)
p = poly(r)
```

输入变量 r 指多项式的根，A 为一 $N \times N$ 矩阵。

输出内容 poly(r)得到该多项式的系数矢量，poly(A)得到该矩阵的特征多项式的系数矢量。

4. residuez

功能介绍 可以计算部分分式的展开系数(留数)和极点值,常用于 z 反变换。

语法

```
[r,p,k] = residuez(b,a)
```

输入变量 b,a 分别为分子多项式和分母多项式的系数矢量。

输出内容 r 为部分分式的展开系数(留数),p 为极点值,k 为多项式的系数。若有理分式为真分式,则 k 为空,否则 k 是一个矢量,是通过多项式除法将有理分式变成真分式时产生的多项式的系数矢量。

5. ztrans

功能介绍 对信号做 z 变换。

语法

```
F = ztrans(f)
F = ztrans(f, v)
F = ztrans(f, u, v)
```

输入变量 f 为输入信号序列表达式,默认自变量为 n。

输出内容 F＝ztrans(f),对 f(n)进行 z 变换,其结果为 F(z),这是 ztrans 函数的基本用法,用 n 表示时间序号,用 z 表示 z 变换的复变量。F＝ztrans(f,v),对 f(n)进行 z 变换,其结果为 F(v),也就是用符号 v 替代符号 z。F＝ztrans(f,u,v),对 f(u)进行 z 变换,其结果为 F(v)。

注意,在调用函数 ztrans( )之前,要用 syms 命令对所有需要用到的变量(如 t,u,v,w)等进行说明,即要将这些变量说明成符号变量。

6. iztrans

功能介绍 对信号做反 z 变换。

语法

```
f = iztrans(F)
f = iztrans(F,u)
f = iztrans(F,v,u)
```

输入变量 F 为以 z 为默认自变量的函数表达式。

输出内容 f＝iztrans (F) 对 F(z)进行 z 反变换,其结果为 f(n),f＝iztrans(F,u),对 F(z)进行 z 反变换,其结果为 f(u),f＝iztrans(F,v,u),对 F(v)进行 z 反变换,其结果为 f(u)。

注意,在调用函数 iztrans( )之前,要用 syms 命令对所有需要用到的变量(如 t,u,v,w 等)进行说明,即要说明这些变量为符号变量。

2.7.2　MATLAB 例程

通过几个例程及其运行结果，说明 MATLAB 函数在离散信号处理中的应用。

例 2.7.1　给出典型离散时间信号的表示：单位抽样信号、单位阶跃信号、指数信号和余弦信号。注意，由于 MATLAB 函数的限制，对无穷长信号，只给出有限的数据表示，后续很多例子都是类似处理的。例程如下，运行结果见图 2.27。

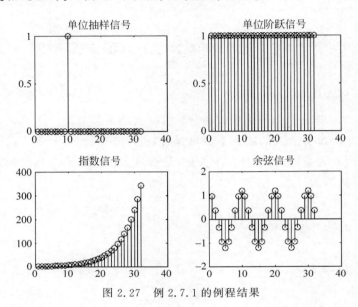

图 2.27　例 2.7.1 的例程结果

```
%------典型离散信号表示------%
clear all
close all
clc
N = 32;
a = 1.2;
Ts = 0.005;
n = 1:N;
f = 20;
%------1.单位抽样信号,其在 n = k 时为 1------%
k = 10;
x_sample = zeros(1,N);
x_sample(k) = 1;
subplot(221);
stem(x_sample);
title('单位抽样信号');
%------2.单位阶跃信号------%
x_step = ones(1,N);
subplot(222);
stem(x_step);
title('单位阶跃信号');
%------3.指数信号------%
```

```
x_exp = a.^n;
subplot(223);
stem(x_exp);
title('指数信号');
%------4.余弦信号------%
x_cos = a * cos(2 * pi * f * n * Ts);
subplot(224);
stem(x_cos);
title('余弦信号');
```

例 2.7.2　设某 LTI 系统的单位抽样响应为 $h[n]=0.6^n u[n]$，当输入信号为三角波 $x[n]=\text{triplus}([1:20]-10,20)$ 时，求此 LTI 系统的输出 $y[n]$。例程如下，运行结果见图 2.28。

```
clear all
close all
clc
x = tripuls([1:20] - 10,20);          % 生成三角波
N1 = length(x);
n1 = 0:N1-1;
N2 = 30;
n2 = 0:N2-1;
h = 0.6.^n2;
y = conv(x,h);                         % 线性卷积
M = N1 + N2-1;
m = 0:M-1;
subplot(311)                           % 画出三角波
stem(n1,x)
title('三角波')
subplot(312)                           % 画出单位抽样响应
stem(n2,h)
title('单位抽样响应')
```

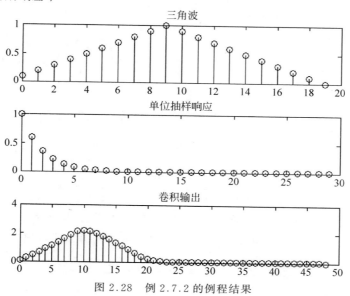

图 2.28　例 2.7.2 的例程结果

```
subplot(313)                                              % 画出卷积输出图形
stem(m,y)
title('卷积输出')
```

例 2.7.3　求 $x(n)=0.5^n u(n)$ 的离散时间傅里叶变换。例程如下，运行结果见图 2.29。

```
clear all
close all
clc
n = 0:50;
a = 0.5;
x = a.^n;
w = linspace( - 4 * pi,4 * pi,501);
X = 1./(1-a * cos(w) + 1j * a * sin(w));
X_abs = abs(X);
X_angle = angle(X);
subplot(211)
plot(w/pi,X_abs)
title('离散时间傅里叶变换幅度')
subplot(212)
plot(w/pi,X_angle)
title('离散时间傅里叶变换相位')
```

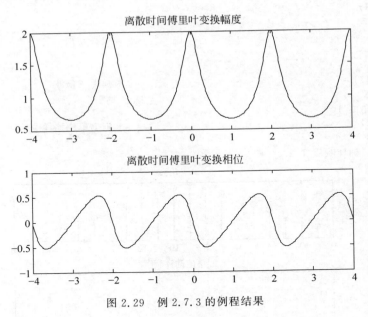

图 2.29　例 2.7.3 的例程结果

例 2.7.4　计算公式 $X(z)=\dfrac{1}{(1-0.9z^{-1})^2(1+0.7z^{-1})}$ 的反变换。

解　可以直接用 iztrans 求 z 反变换，也可先用函数 poly 求出分母多项式的系数，再用函数 residuez 求 $X(z)$ 的留数和极点，利用部分分式展开的方法得到离散序列。

代码为：

```
b = 1;
a = poly([0.9,0.9, - 0.7]);
```

```
[r,p,c] = residuez(b,a)
```

得到结果为：

```
r =
    0.2461
    0.5625
    0.1914
p =
    0.9000
    0.9000
   -0.7000
c =
    [ ]
```

说明多项式可以分解为

$$X(z) = \frac{0.2461}{1-0.9z^{-1}} + \frac{0.5625}{(1-0.9z^{-1})^2} + \frac{0.1914}{1+0.7z^{-1}}$$
$$= \frac{0.2461}{1-0.9z^{-1}} + \frac{0.5625}{0.9}z\frac{0.9z^{-1}}{(1-0.9z^{-1})^2} + \frac{0.1914}{1+0.7z^{-1}}$$

则

$$x[n] = 0.2461 \cdot 0.9^n u[n] + \frac{0.5625}{0.9}(n+1) \cdot 0.9^{n+1} u[n+1] + 0.1914(-0.7)^n u[n]$$

例 2.7.5 利用 ztrans 和 iztrans 求信号的 z 变换和反变换。

（1）求 $x[n] = \left[\left(\frac{1}{2}\right)^n + \left(\frac{1}{3}\right)^n\right]u[n]$ 的 z 变换。

代码为：

```
clear all;close all;clc;
syms n
f = 0.5^n + (1/3)^n;                    % 定义离散信号
F = ztrans(f)                           % z 变换
pretty(F)
```

运算结果（MATLAB 实际显示）为：

```
    z       z
----- + -----
    1       1
z - -   z - -
    2       3
```

（2）$x[n] = n^4$ 的 z 变换。

代码为：

```
clear all;close all;clc;
syms n
f = n^4;                                % 定义离散信号
F = ztrans(f)                           % z 变换
pretty(F)
```

运算结果（MATLAB 实际显示）为：

```
(z^4 + 11 * z^3 + 11 * z^2 + z)/(z - 1)^5
```

写成比较清楚的表达式为

$$\frac{z^4 + 11z^3 + 11z^2 + z}{(z-1)^5} = \frac{z^{-1} + 11z^{-2} + 11z^{-3} + z^{-4}}{(1-z^{-1})^5}$$

（3）$x(n) = \sin(an+b)u[n]$ 的 z 变换。

代码为：

```
clear all;close all;clc;
syms a b n
f = sin(a * n + b)                          % 定义离散信号
F = ztrans(f)                               % z 变换
pretty(F)
```

运算结果（MATLAB 实际显示）为：

```
(z * cos(b) * sin(a))/(z^2 - 2 * cos(a) * z + 1) + (z * sin(b) * (z - cos(a)))/(z^2 - 2 * cos(a) * z + 1)
```

（4）$X(z) = \dfrac{2z}{(z-2)^2}$ 的 z 反变换。

代码为：

```
clear all;close all;clc;
syms k z
Fz = 2 * z/(z - 2)^2;                       % 定义 z 反变换表达式
fk = iztrans(Fz,k)                          % z 反变换
pretty(fk)
```

运算结果（MATLAB 实际显示）为：

```
2^k + 2^k * (k - 1)
```

其实这个结果可更简单地写成

$$x[n] = n2^n u[n]$$

（5）$X(z) = \dfrac{z(z-1)}{z^2 + 2z + 1}$ 的 z 反变换。

代码为：

```
clear all;close all;clc;
syms k z
Fz = z * (z - 1)/(z^2 + 2 * z + 1);         % 定义 z 反变换表达式
fk = iztrans(Fz,k)                          % z 反变换
pretty(fk)
```

运算结果（MATLAB 实际显示）为：

```
3 * ( - 1)^k + 2 * ( - 1)^k * (k - 1)
```

上式以 k 作为时间序号，若以 n 为时间序号，上式可更清晰地写为

$$3(-1)^n u[n] + 2(n-1)(-1)^n u[n]$$

也可人工计算写成

$$x[n] = (-1)^n u[n] + 2n(-1)^n u[n]$$

注意到，用 iztrans 得到的 z 反变换不一定是最简洁的形式，由于是符号运算，计算非常慢，故我们更多地用例 2.7.4 的方式计算 z 反变换。

2.8 本章小结

本章是全书后续章节的基础,详细介绍了离散信号与系统表示的基本方法,包括信号的基本时域表示和频域表示(DTFT),也包括了 LTI 系统的基本分析工具:卷积表示和 z 变换方法。本章也初步讨论了对连续信号进行数字处理的几个基本问题。

习题

2.1　请判断如下各系统是否是线性系统、时不变系统、稳定系统、因果系统,并请说明理由。

(1) $T\{x[n]\}=\cos(\omega_0 n)x[n]$

(2) $T\{x[n]\}=\mathrm{e}^{x[n]}$

(3) $T\{x[n]\}=a\log_2 x[n]$

(4) $T\{x[n]\}=3x[2n]+c$

(5) $T\{x[n]\}=ax[n]+b$

2.2　请判断如下各离散信号是否是周期信号。对于周期信号,请给出其周期。

(1) $x[n]=\mathrm{e}^{\mathrm{j}(2\pi n/5)}$

(2) $x[n]=\sin(4\pi n/7)$

(3) $x[n]=\mathrm{e}^{\mathrm{j}\pi n/\sqrt{3}}$

(4) $x[n]=\mathrm{e}^{\mathrm{j}n}$

2.3　已知序列 $x[n]=\{-1,-2+\mathrm{j},3,4-5\mathrm{j},2+2\mathrm{j},1\}$,$-1\leqslant n\leqslant 4$,在该区间外的取值均为零。请写出如下序列的取值:

(1) $y_1[n]=x[n-3]$

(2) $y_2[n]=x[n+2]u[1-n]$

(3) $y_3[n]=x[2n]$

(4) $y_4[n]=x_e[n]$(共轭对称分量)

2.4　已知 $x[n]$ 和 $y[n]$ 分别为共轭对称序列和共轭反对称序列,请判断如下序列是否是共轭对称序列或共轭反对称序列。

(1) $z_1[n]=x^2[n]$

(2) $z_2[n]=y^2[n]$

(3) $z_3[n]=x[n]y[n]$

2.5　已知序列 $x[n]=u[n]-u[n-6]$,　$h[n]=u[n]-u[n-10]$,求 $y[n]=h[n]*x[n]$。

2.6　有两个离散线性时不变(LTI)系统,其单位抽样响应为 $h_1[n]=h_2[n]=\begin{cases}1, & 0\leqslant n<K \\ 0, & \text{其他}\end{cases}$,两个系统级联构成一个新系统。请回答:

(1) 新系统单位抽样响应的非零范围是多少?

(2) 新系统单位抽样响应的最大值是多少? 最大值对应的时刻是多少?(直接回答,不必计算)

2.7 已知 $x[n]=\sum\limits_{k=-\infty}^{+\infty}\delta[n+kN]$，$h[n]=a^n u[n]$，$|a|<1$，求 $y[n]=h[n]*x[n]$。

2.8 已知离散系统表示为 $y[n]=\sum\limits_{k=n-2}^{n+3}x[k]$，证明该系统是线性时不变系统，并求其单位抽样响应 $h[n]$ 和系统函数 $H(z)$。

2.9 已知一个离散因果的线性时不变系统，由差分方程表述为：

$$y[n]=2r\cos\theta y[n-1]-r^2 y[n-2]+x[n]，$$ 其中 $0<r<1$，$0\leqslant\theta\leqslant\pi$，且 θ,r 为常数，求该系统的单位抽样响应 $h[n]$。

2.10 请证明卷积和计算满足结合律和分配律，即

(1) $f[n]*(g[n]*c[n])=(f[n]*g[n])*c[n]$

(2) $f[n]*(g[n]+c[n])=f[n]*g[n]+f[n]*c[n]$

2.11 求下列离散信号的 DTFT

(1) $x[n]=0.4\delta[n+3]+0.6\delta[n-1]+\delta[n-3]$；

(2) $x[n]=u[n+2]-u[n-5]$

(3) $x[n]=\left(\dfrac{1}{3}\right)^n\cos\left(\dfrac{1}{3}\pi n\right)u[n]$

2.12 设离散信号 $x[n]=\begin{cases}\cos\dfrac{\pi n}{6}, & 0\leqslant n<12 \\ 0, & \text{其他}\end{cases}$，求 $x[n]$ 的 DTFT $X(e^{j\omega})$。

2.13 求如下两个离散信号的 DTFT $X(e^{j\omega})$，画出各自的频谱图并标出关键点的值。

(1) $x[n]=\dfrac{\sin(3\pi n/4)}{\pi n}\dfrac{\sin(\pi n/2)}{\pi n}$

(2) $x[n]=\dfrac{\sin(\pi n/6)}{\pi n}\dfrac{\sin(\pi n/3)}{\pi n}\cos(\pi n/2)$

2.14 求如下 DTFT 对应的离散序列 $x[n]$。

(1) $X(e^{j\omega})=e^{j\omega}+5+3e^{-j\omega}+2e^{-j5\omega}$

(2) $X(e^{j\omega})=\dfrac{e^{-j\omega}-\dfrac{1}{5}}{1-\dfrac{1}{2}e^{-j\omega}}$

(3) $X(e^{j\omega})=j[-4+3\cos\omega+4\cos(2\omega)]\sin\omega$

2.15 证明(2.46)式的帕塞瓦尔定理。

2.16 已知一个有限长因果序列 $x[n]=-2\delta[n-1]+\delta[n]+3\delta[n-1]-\delta[n-3]+\delta[n-4]$，其 DTFT 为 $X(e^{j\omega})$。不求变换请直接写出如下结果。

(1) $X(e^{j0})$

(2) $X(e^{j\pi})$

(3) $\displaystyle\int_{-\pi}^{\pi}X(e^{j\omega})d\omega$

(4) $\displaystyle\int_{-\pi}^{\pi}|X(e^{j\omega})|^2 d\omega$

(5) $\int_{-\pi}^{\pi} \left| \dfrac{\mathrm{d}}{\mathrm{d}\omega} X(\mathrm{e}^{\mathrm{j}\omega}) \right|^2 \mathrm{d}\omega$

2.17 已知离散序列 $x[n]$ 的 DTFT 为 $X(\mathrm{e}^{\mathrm{j}\omega})$，请用 $X(\mathrm{e}^{\mathrm{j}\omega})$ 求如下序列的 DTFT。

(1) $y[n] = x[2n]$

(2) $y[n] = \begin{cases} x[n/2], & n \text{ 为偶数} \\ 0, & n \text{ 为奇数} \end{cases}$

(3) $y[n] = x^2[n]$

(4) $y[n] = \displaystyle\sum_{k=-\infty}^{n} x[k]$

2.18 已知离散序列 $x[n] = n\,0.6^n u[n]$，其 DTFT 为 $X(\mathrm{e}^{\mathrm{j}\omega})$。求如下各 DTFT 对应的离散序列。

(1) $Y(\mathrm{e}^{\mathrm{j}\omega}) = X(\mathrm{e}^{\mathrm{j}(\omega+\omega_0)})$

(2) $Y(\mathrm{e}^{\mathrm{j}\omega}) = \mathrm{Re}[X(\mathrm{e}^{\mathrm{j}\omega})]$

(3) $Y(\mathrm{e}^{\mathrm{j}\omega}) = \mathrm{e}^{\mathrm{j}3\omega} \dot{X}(\mathrm{e}^{\mathrm{j}\omega})$

(4) $Y(\mathrm{e}^{\mathrm{j}\omega}) = \dfrac{\mathrm{d}X(\mathrm{e}^{\mathrm{j}\omega})}{\mathrm{d}\omega}$

2.19 请指出下列那些信号是线性时不变系统的特征函数。

(1) $2^n u[n]$ (2) $\mathrm{e}^{\mathrm{j}3\omega n}$ (3) $\mathrm{e}^{\mathrm{j}\omega n} + \mathrm{e}^{\mathrm{j}3\omega n}$ (4) 3^n

2.20 已知线性时不变系统的单位抽样响应 $h[n] = \left(\dfrac{1}{3}\right)^n u[n]$，求其频率响应函数 $H(\mathrm{e}^{\mathrm{j}\omega})$。如果该系统的输入序列为 $x[n] = \cos\left(\dfrac{\pi}{4}n\right)$，求其相应的输出序列。

2.21 已知 $x_1[n]$ 和 $x_2[n]$ 为因果稳定实序列，请证明：

$$\frac{1}{2\pi}\int_{-\pi}^{\pi} X_1(\mathrm{e}^{\mathrm{j}\omega}) X_2(\mathrm{e}^{\mathrm{j}\omega})\,\mathrm{d}\omega = \left\{\frac{1}{2\pi}\int_{-\pi}^{\pi} X_1(\mathrm{e}^{\mathrm{j}\omega})\,\mathrm{d}\omega\right\}\left\{\frac{1}{2\pi}\int_{-\pi}^{\pi} X_2(\mathrm{e}^{\mathrm{j}\omega})\,\mathrm{d}\omega\right\}$$

2.22 已知一个离散系统，其输入序列 $x[n]$ 和输出序列 $y[n]$ 的 DTFT 间满足如下关系

$$Y(\mathrm{e}^{\mathrm{j}\omega}) = 2X(\mathrm{e}^{\mathrm{j}\omega}) + \mathrm{e}^{-\mathrm{j}\omega}X(\mathrm{e}^{\mathrm{j}\omega}) - \frac{\mathrm{d}}{\mathrm{d}\omega}X(\mathrm{e}^{\mathrm{j}\omega})$$

(1) 该系统是否是线性的？为什么？

(2) 是否是时不变的？为什么？

(3) 如果 $x[n] = \delta[n]$，求 $y[n]$。

2.23 证明自相关序列的三个基本性质

性质 1：原点值最大，$r_{xx}[0] \geqslant |r_{xx}[k]|$。

性质 2：共轭对称性，$r_{xx}[-k] = r_{xx}^*[k]$，对于实信号有 $r_{xx}[-k] = r_{xx}[k]$，即实信号的自相关函数是对称的。

性质 3：半正定性，对于任给的 a_i，满足 $\displaystyle\sum_i \sum_j a_i a_j^* r_{xx}[i-j] \geqslant 0$。

2.24 求下列序列的 z 变换，并画出相应的零极点分布图。

(1) $x[n]=\left(\dfrac{1}{3}\right)^{n}u[n]+2^{n}u[-1-n]$

(2) $x[n]=\left(\dfrac{1}{3}\right)^{n}[u[n]-u[n-8]]$

(3) $x[n]=n^{2}u[n]$

(4) $x[n]=a^{n}\cos(\omega_{0}n)u[n]$

(5) $x[n]=na^{n}\cos(\omega_{0}n)u[n]$

2.25   求下列逆 z 变换。

(1) $\dfrac{1-\dfrac{1}{2}z^{-1}}{1+\dfrac{3}{4}z^{-1}+\dfrac{1}{8}z^{-2}}$，$\dfrac{1}{4}<|z|<\dfrac{1}{2}$

(2) $\dfrac{1}{(1-az^{-1})^{3}}$，$|z|>|a|$

(3) $\dfrac{1}{(1-az^{-1})^{3}}$，$|z|<|a|$

(4) $\dfrac{1-az^{-1}}{z^{-1}-a}$，$|z|>\left|\dfrac{1}{a}\right|$

2.26   已知一个线性时不变系统的系统函数为 $H(z)=\dfrac{1}{(1-0.5z^{-1})(1-2z^{-1})}$。请写出该系统函数所有可能的收敛域，并在每种收敛域下说明对应系统是否是因果的、是否是 BIBO 稳定。在每种收敛域条件下，求该系统的单位抽样响应。

2.27   一个线性时不变系统的系统函数为 $H(z)=\dfrac{1-z^{-1}}{(1-0.9\mathrm{e}^{\mathrm{j}\pi/4}z^{-1})(1-0.9\mathrm{e}^{-\mathrm{j}\pi/4}z^{-1})}$，若输入信号为 $x[n]=\cos(\pi n/4)+1$，求输出信号 $y[n]$。

2.28   已知因果序列 $x[n]$ 的 z 变换为
$$X(z)=\frac{(1+z^{-1})(1-0.6z^{-1})^{2}}{(1-z^{-1})(1-0.8z^{-1})(1+0.5z^{-1})^{2}}$$
求 $x[0]$ 和 $x[+\infty]$。

2.29   连续时间信号 $x_{a}(t)$ 由频率为 250Hz、450Hz、1.0kHz、2.75kHz 和 4.5kHz 的正弦信号组成。首先以 1.5kHz 的采样率对信号 $x_{a}(t)$ 进行采样得到离散序列 $x[n]$，然后将 $x[n]$ 通过一个截止频率为 750Hz 的理想低通滤波器进行重构得到连续时间信号 $y_{a}(t)$。

(1) 请写出离散序列 $x[n]$ 中所包含各离散正弦信号的数字角频率。

(2) 请写出重构信号 $y_{a}(t)$ 中包含各正弦信号的频率值。

2.30   对连续正弦波信号 $x_{a}(t)$ 进行采样，得到的离散序列为 $x[n]=\cos\left(\dfrac{\pi}{3}n\right)$。

(1) 如果已知连续正弦波信号为 $x_{a}(t)=\cos(2500\pi t)$，请确定采样率 f_{s}。

(2) 如果已知采样频率 f_{s} 为 7500Hz，请确定 $x_{a}(t)$ 的频率。

2.31   已知连续信号 $x_{a}(t)$ 的傅里叶变换如题 2.31 图所示，其中 $\Omega_{1}=2\pi\times 5000$，$\Omega_{2}=2\pi\times 10\,000$。现以 10kHz 采样率对其进行采样，得到离散信号 $x[n]$，画出其离散信号傅立

叶变换 DTFT 的图形,标出关键点的值(关键点的幅度值、角频率值)。

2.32 设一个连续信号 $x_a(t) = \cos(2\pi \times 100t) + \sin(2\pi \times 125t) + 2\cos(2\pi \times 150t)$,通过一个采样率为 100Hz 的理想采样电路变成一个离散信号,再通过一个实系数数字带通滤波器。该带通滤波器在 $[0, \pi]$ 区间的定义为

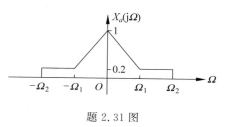

题 2.31 图

$$H(e^{j\omega}) = \begin{cases} 1, & \dfrac{2\pi}{5} \leqslant \omega \leqslant \dfrac{3\pi}{4} \\ 0, & \text{其他} \end{cases}$$

数字滤波器的输出通过一个与采样率同频率的理想插值器,求输出 $y_a(t)$

2.33 在如题 2.33 图所示系统中,输入信号和输出信号分别为 $x_a(t)$ 和 $y_a(t)$;C/D 表示连续到离散转换器,完成理想均匀采样,采样间隔为 T_1;D/C 表示离散到连续的转换器,完成理想插值,插值间隔为 T_2;中间的离散系统 $H(z)$ 是一个理想无失真传输系统,其频率响应为 $H(e^{j\omega}) = e^{-jn_0\omega}$,$|\omega| \leqslant \pi$。在一般应用中,通常取 $T_1 = T_2 = T$。在本题中取 $T_1 = T$,而 $T_2 = 1.5T$,求 $y_a(t)$。

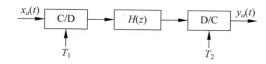

题 2.33 图

2.34 在很多系统中,系统希望接收信号 $x(t)$,但实际接收到的是 $x(t)$ 和一个反射的"回波"的叠加,即接收到的信号是 $s_c(t) = x(t) + \alpha x(t - T_0)$,$\alpha < 1$。我们希望设计一个离散系统,来完成回波抵消。该系统首先将连续信号 $s_c(t)$ 转换成离散信号 $s[n] = s_c(nT)$,将 $s[n]$ 通过一个单位抽样响应为 $h[n]$ 的离散系统,得到输出信号 $y[n]$。然后,再将 $y[n]$ 插值变成连续信号 $y_c(t)$。系统实现的方框图如题 2.34 图所示。假定 $x(t)$ 是频带受限信号,满足对于 $\omega > \omega_M$,$X(\omega) = 0$。

(1) 若延迟 $T_0 < \pi/\omega_M$,取采样周期 $T = T_0$,图中 $A = 1$,求数字滤波器 $h[n]$ 输入和输出之间的差分方程,以使得 $y_c(t) = x(t)$。

(2) 若 $\pi/\omega_M < T_0 < 2\pi/\omega_M$,取合理的采样周期 T 和单位抽样响应 $h[n]$,使 $y_c(t) = x(t)$。

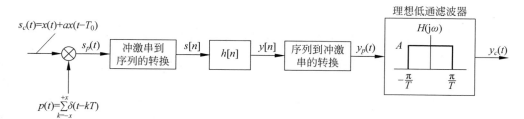

题 2.34 图

2.35　在很多系统中，系统希望接收信号 $s(t)$，但实际接收到的是 $s(t)$ 和几个反射的"回波"的叠加。一种环境下系统接收到的信号是

$$x_c(t) = s(t) + \alpha s(t - T_0) + \beta s(t - 2T_0), \quad |\alpha| < 1, |\beta| < 1,$$

我们希望设计一个离散系统，来完成回波抵消。系统首先将连续信号 $x(t)$ 转换成离散信号 $x[n] = x_c(nT)$，然后将 $x[n]$ 通过一个冲激响应为 $h[n]$ 的离散系统，得到输出信号 $y[n]$。然后，再将 $y[n]$ 通过理想插值变成连续信号 $y_c(t)$。假定 $s(t)$ 是频带受限信号，满足对于 $\omega > \omega_M$，$X(\omega) = 0$。若延迟满足 $T_0 < \pi/\omega_M$，

（1）取采样周期 $T = T_0$，是否合理？为什么？

（2）取采样周期 $T = T_0$，求数字滤波器 $h[n]$ 的输入和输出之间的差分方程，以使得系统输出 $y_c(t) = s(t)$，即消除了回波。

MATLAB 习题

2.1　请用 MATLAB 画出习题 2.11 中三个离散序列的时域波形和相应 DTFT 的实部、虚部、幅度谱和相位谱。

2.2　请编写一个 MATLAB 函数，实现从输入有限长离散序列中提取共轭对称分量和共轭奇对称分量的功能。

2.3　请用 MATLAB 函数计算习题 2.5 中两个有限长序列的卷积和。

2.4　请用 MATLAB 求出习题 2.24 中各离散序列的 z 变换。

2.5　请用 MATLAB 求出习题 2.28 中 z 变换函数的逆变换，并通过该例子验证 z 变换的初值和终值定理。

第3章

有限长序列离散变换和快速算法

本章讨论有限长离散序列的正交变换，主要关注离散傅里叶变换（DFT），详细讨论 DFT 的定义和性质以及 DFT 的快速算法 FFT。

DFT 及其快速算法 FFT 是数字信号处理中最重要的工具之一，应用非常广泛。本章集中在 DFT 的定义和性质、DFT 的快速算法 FFT。有关 DFT 的各项应用将在后续章节陆续介绍，第 4 章集中讨论以 DFT 为核心的数字频谱分析技术，第 5 章包括了 DFT 在滤波器实现中的应用，第 6 章介绍 DFT 在 FIR 滤波器设计中的应用，第 8 章给出了 DFT 在滤波器组的应用等。

本章也简要介绍了其他的正交变换，例如离散余弦变换（DCT）等。

3.1 离散正交变换

假设 $x[n]$ 只在 $0 \leqslant n < N$ 区间内取非零值，该区间之外为零，这样的序列称为 N 点有限长序列。对于 N 点有限长序列，最多只有 N 个非零值，故只有 N 个自由度，可以在 N 维矢量空间里完整地表示该信号。在 N 维矢量空间里，定义 N 个相互正交的基序列（相当于基矢量），对于 $0 \leqslant k \leqslant N-1$，每个基序列为

$$a_k[n], \quad n = 0, 1, \cdots, N-1 \tag{3.1}$$

每个基序列也只定义在区间 $0 \leqslant n < N$ 内。为了由基序列对有限长序列定义正交变换，要求基序列满足正交性和完备性。

正交性

$$\sum_{n=0}^{N-1} a_k[n] a_{k'}^*[n] = C\delta[k - k'] \tag{3.2}$$

完备性

$$\sum_{k=0}^{N-1} a_k[n] a_k^*[n'] = C\delta[n - n'] \tag{3.3}$$

C 是一个常数，当 $C=1$ 时正交基是归一化的。

由于基序列是正交的，对每个基序列定义一个变换系数 $T[k]$ 为

$$T[k] = \sum_{n=0}^{N-1} x[n] a_k[n], \quad 0 \leqslant k \leqslant N-1 \tag{3.4}$$

由完备性，可以证明由全部变换系数 $T[k]$ 可以重构有限长信号为

$$x[n] = \frac{1}{C} \sum_{k=0}^{N-1} T[k] a_k^*[n], \quad 0 \leqslant n \leqslant N-1 \tag{3.5}$$

为得到式(3.5)，对式(3.4)两侧同乘 $a_k^*[m]$，并对 k 从 $0 \sim N-1$ 求和，得到

$$\sum_{k=0}^{N-1} T[k] a_k^*[m] = \sum_{k=0}^{N-1} a_k^*[m] \sum_{n=0}^{N-1} a_k[n] x[n] = \sum_{n=0}^{N-1} x[n] \sum_{k=0}^{N-1} a_k[n] a_k^*[m]$$

$$= C \sum_{n=0}^{N-1} x[n] \delta[n-m] = C x[m]$$

上式中将 m 换为 n，得到式(3.5)。

如前所述，由式(3.4)给出了变换的定义式，然后由完备性导出信号重构公式(3.5)(反变换公式)。容易证明若从式(3.5)出发，两边同乘 $a_{k'}(n)$ 对 n 求和，利用正交性式(3.2)，可得到式(3.4)，因此，式(3.4)和式(3.5)构成正、反变换对。

满足条件式(3.2)和式(3.3)的基序列有很多。给出每一种基序列，用式(3.4)和式(3.5)可定义一种离散变换，但不是每一种基序列和每一种离散变换都能得到广泛应用。其中有几种离散变换已得到广泛应用，应用最广泛的当属离散傅里叶变换(DFT)。对于按如下定义的基序列

$$a_k[n] = e^{-j\left(\frac{2\pi}{N}k\right)n}, \quad k=0,1,\cdots,N-1; \; n=0,1,\cdots,N-1$$

其正交性表示为

$$\sum_{n=0}^{N-1} e^{-j\frac{2\pi}{N}kn} \left(e^{-j\frac{2\pi}{N}rn}\right)^* = N\delta[k-r]$$

完备性表示为

$$\sum_{k=0}^{N-1} e^{j\frac{2\pi}{N}kn} \left(e^{j\frac{2\pi}{N}kl}\right)^* = N\delta[n-l]$$

用 $X[k]$ 表示变换系数的 DFT 变换对定义为

$$X[k] = \text{DFT}\{x[n]\} = \sum_{n=0}^{N-1} x[n] e^{-j\frac{2\pi}{N}kn}, \quad k=0,1,\cdots,N-1 \tag{3.6}$$

$$x[n] = \text{IDFT}\{X[k]\} = \frac{1}{N} \sum_{k=0}^{N-1} X[k] e^{j\frac{2\pi}{N}kn}, \quad n=0,1,\cdots,N-1 \tag{3.7}$$

这是利用有限长序列正交展开引出的 DFT 变换的定义。由于 DFT 应用十分广泛，为了理解 DFT 定义的多方面性质，3.2 节我们从其他不同方面重新引入 DFT 的定义。当然这些来自于不同方面对 DFT 的定义式是相同的，但却帮助读者从不同侧面理解 DFT。

3.2　离散傅里叶变换

在 2.4.3 节讨论周期序列的傅里叶变换时我们已经看到，周期序列的傅里叶变换是线谱形式，每个冲激的幅度由对单周期信号的 DTFT 在频点 $\omega_k = \frac{2\pi}{N}k$ 的采样值确定。由此可以得到结论，只需单周期信号 DTFT 在频点 $\omega_k = \frac{2\pi}{N}k$ 的采样值就可以准确表示一个周期信号。那么很自然，它也能够准确表示这个有限长的单周期信号。因此，对于有限长信号，我

们并不需要 DTFT 的全部,而是只需要对 DTFT 在一些离散频点的采样值。

假设 $x[n]$ 是有限长信号,只有在 $0 \leqslant n < N$ 区间内取非零值,这样,只在 $0 \leqslant n < N$ 区间内使用式(2.59),并结合式(2.61)得到如下的变换对

$$X[k] = \sum_{n=0}^{N-1} x[n] \mathrm{e}^{-\mathrm{j}\frac{2\pi}{N}kn}, \quad k = 0, 1, \cdots, N-1 \tag{3.8}$$

$$x[n] = \frac{1}{N} \sum_{k=0}^{N-1} X[k] \mathrm{e}^{\mathrm{j}\frac{2\pi}{N}kn}, \quad n = 0, 1, \cdots, N-1 \tag{3.9}$$

我们称这一变换对为离散傅里叶变换对(DFT),其中式(3.8)是离散傅里叶变换对的正变换(DFT),式(3.9)是离散傅里叶变换对的反变换(IDFT)。

当 $x[n]$ 是有限长信号,只有在 $0 \leqslant n < N$ 区间内取非零值,此区间之外取零值时,其 DFT 和 DTFT 关系为

$$X[k] = X(\mathrm{e}^{\mathrm{j}\omega}) \Big|_{\omega = \frac{2\pi}{N}k} = \sum_{n=0}^{N-1} x[n] \mathrm{e}^{-\mathrm{j}\omega n} \Big|_{\omega = \frac{2\pi}{N}k} \tag{3.10}$$

由式(3.10),我们可以看到,DFT 变换系数 $X[k]$ 有清晰的物理意义。

3.2.1　DFT 作为对 DTFT 的频域离散采样

为了进一步理清一个离散信号的 DFT 和 DTFT 之间的关系、明确 DFT 的物理意义和限制条件,以下我们从对一般离散信号的 DTFT 采样入手,重新审视 DFT 定义的含义和限制。

从一般信号 $x[n]$ 出发,讨论对 $x[n]$ 的 DTFT $X(\mathrm{e}^{\mathrm{j}\omega})$ 采样问题。这里先不限制 $x[n]$ 为有限长序列,在频点 $\omega_k = \frac{2\pi}{N}k$ 上对 $X(\mathrm{e}^{\mathrm{j}\omega})$ 进行采样,在 2π 的一个周期内可以采得 N 个点,其他的采样值都是周期重复的。采样值写为

$$X[k] = X(\mathrm{e}^{\mathrm{j}\omega}) \Big|_{\omega_k = \frac{2\pi}{N}k} = \sum_{n=-\infty}^{+\infty} x[n] \mathrm{e}^{-\mathrm{j}\frac{2\pi}{N}kn} \tag{3.11}$$

为了使用 DTFT 的反变换公式且仅用 DTFT 的采样值求取原信号,我们定义采样离散时间傅里叶变换为

$$\hat{X}(\mathrm{e}^{\mathrm{j}\omega}) = \sum_{k=-\infty}^{+\infty} \frac{2\pi}{N} X[k] \delta\left(\omega - \frac{2\pi}{N}k\right) \tag{3.12}$$

将 $\hat{X}(\mathrm{e}^{\mathrm{j}\omega})$ 代入 DTFT 反变换公式,仅利用 DTFT 的采样值得到的时域离散信号用 $\hat{x}[n]$ 表示,有

$$\begin{aligned}
\hat{x}[n] &= \frac{1}{2\pi} \int_0^{2\pi} \hat{X}(\mathrm{e}^{\mathrm{j}\omega}) \mathrm{e}^{\mathrm{j}\omega n} \mathrm{d}\omega \\
&= \frac{1}{2\pi} \int_0^{2\pi} \sum_{k=-\infty}^{+\infty} \frac{2\pi}{N} X[k] \delta\left(\omega - \frac{2\pi}{N}k\right) \mathrm{e}^{\mathrm{j}\omega n} \mathrm{d}\omega \\
&= \frac{1}{N} \sum_{k=0}^{N-1} X[k] \int_0^{2\pi} \delta\left(\omega - \frac{2\pi}{N}k\right) \mathrm{e}^{\mathrm{j}\omega n} \mathrm{d}\omega \\
&= \frac{1}{N} \sum_{k=0}^{N-1} X[k] \mathrm{e}^{\mathrm{j}\frac{2\pi}{N}kn}
\end{aligned} \tag{3.13}$$

根据冲激函数的抽样性质,式(3.12)的 $\hat{X}(\mathrm{e}^{\mathrm{j}\omega})$ 也可以写成

$$\hat{X}(\mathrm{e}^{\mathrm{j}\omega}) = X(\mathrm{e}^{\mathrm{j}\omega}) \frac{2\pi}{N} \sum_{k=-\infty}^{+\infty} \delta\left(\omega - \frac{2\pi}{N}k\right) \tag{3.14}$$

由卷积定理和周期冲激串的傅里叶变换得

$$\hat{x}[n] = x[n] * \sum_{r=-\infty}^{+\infty} \delta[n-rN] = \sum_{r=-\infty}^{+\infty} x[n-rN] \tag{3.15}$$

从式(3.15)可以看出，对于无穷长序列 $x[n]$，仅由 DTFT 的采样值 $X[k]$ 是无法得到原信号的，得到的是原信号的重叠相加后的一个周期化序列，这种现象称为时域混叠。只有当 $x[n]$ 是一个有限长序列，其不为零的值集中在 $0 \leqslant n < M$ 且 $M \leqslant N$ 时，式(3.15)中各 $x[n-rN]$ 项对不同的 r 互不重叠，此时没有时域混叠发生。只要取出 $\hat{x}(n)$ 中 $0 \leqslant n < N$ 对应的一个周期的值，就可得到 $x[n]$，即

$$x[n] = \hat{x}[n] R_N[n]$$

　　总结如上的讨论：当 $x[n]$ 是长度不超过 N 的有限长序列，由对 DTFT 的采样所获得的 $X[k]$ 可完全恢复信号 $x[n]$。此时变换对式(3.8)和式(3.9)成立，称为 DFT 变换对。其中 $X[k]$ 是对 $X(\mathrm{e}^{\mathrm{j}\omega})$ 的采样值，由式(3.10)确定。当 $x[n]$ 是长于 N 的序列时，由采样值 $X[k]$ 所恢复的信号是如式(3.15)所示的混叠后的周期化序列，周期是 N。

　　DFT 变换有几个明显的特点。其一，它是可直接计算的。不像 DTFT，由于 ω 取值的连续性，无法编写一个程序或通过一个数字系统直接计算出所有 DTFT 的值。当 $x[n]$ 是 N 点有限长序列，直接通过式(3.8)计算出所有变换系数 $X[k]$（$k=0,1,\cdots,N-1$）需要 N^2 次复数乘法和 $N(N-1)$ 次复数加法。进一步的研究表明，DFT 存在高效算法，这些高效算法统称快速傅里叶变换（FFT），可以把计算量降低到 $N\log_2 N$ 的量级。

　　其二，DFT 有明确的物理意义。它是对 DTFT 的采样，表示在频点 $\omega_k = \dfrac{2\pi}{N}k$ 处的频谱密度值。实际频谱分析的软件或仪器，大多采用 DFT 来计算频谱密度，再通过以 $X[k]$ 为基点插值获得频谱密度 $X(\mathrm{e}^{\mathrm{j}\omega})$。在这些软件或仪器中，是通过用 $X[k]$ 插值来显示频谱图 $X(\mathrm{e}^{\mathrm{j}\omega})$ 的。容易证明，对于 N 点序列 $x[n]$，由 $X[k]$ 通过插值可获得 $X(\mathrm{e}^{\mathrm{j}\omega})$ 精确重构。插值公式为

$$X(\mathrm{e}^{\mathrm{j}\omega}) = \sum_{k=0}^{N-1} X[k] \varphi\left(\omega - \frac{2\pi}{N}k\right) \tag{3.16}$$

其中

$$\varphi(\omega) = \frac{1}{N} \mathrm{e}^{-\mathrm{j}\frac{N-1}{2}\omega} \frac{\sin\dfrac{N}{2}\omega}{\sin\dfrac{\omega}{2}}$$

式(3.16)推导如下

$$X(\mathrm{e}^{\mathrm{j}\omega}) = \sum_{n=0}^{N-1} x[n] \mathrm{e}^{-\mathrm{j}\omega n} = \sum_{n=0}^{N-1} \frac{1}{N} \sum_{k=0}^{N-1} X[k] \mathrm{e}^{\mathrm{j}\frac{2\pi}{N}kn} \mathrm{e}^{-\mathrm{j}\omega n}$$

$$= \sum_{k=0}^{N-1} X[k] \sum_{n=0}^{N-1} \frac{1}{N} \mathrm{e}^{\mathrm{j}\frac{2\pi}{N}kn} \mathrm{e}^{-\mathrm{j}\omega n} = \sum_{k=0}^{N-1} X[k] \frac{1}{N} \frac{1 - \mathrm{e}^{-\mathrm{j}N\left(\omega - \frac{2\pi}{N}k\right)}}{1 - \mathrm{e}^{-\mathrm{j}\left(\omega - \frac{2\pi}{N}k\right)}}$$

$$= \sum_{k=0}^{N-1} X[k] \frac{1}{N} e^{-j\frac{N-1}{2}\left(\omega - \frac{2\pi}{N}k\right)} \frac{\sin\left[\frac{N}{2}\left(\omega - \frac{2\pi}{N}k\right)\right]}{\sin\left[\frac{1}{2}\left(\omega - \frac{2\pi}{N}k\right)\right]}$$

由 $X[k]$ 通过式(3.16)可精确重构 $X(e^{j\omega})$，但在实际应用中，例如频谱分析的软件包或频谱分析仪中，显示 $X(e^{j\omega})$ 的幅度谱和相位谱的显示器分辨率是有限的，并不需要完全精确的 $X(e^{j\omega})$ 值，可以用一些更简单的插值方式由 $X[k]$ 得到 $X(e^{j\omega})$ 的近似值。例如，在 N 充分大时，可以用直线连接相邻 $X[k]$ 的值，即用线性插值代替式(3.16)的精确插值(见图 3.1)，或者将相邻几个 $X[k]$ 的值用多项式插值来近似 $X(e^{j\omega})$。

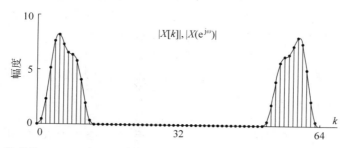

图 3.1　序列的 DFT(垂直点线)和插值得到的 DTFT(包络线)(图中只画出幅度谱)

其三，可以利用 DFT 来计算离散 LTI 系统的输出。在一定条件下，利用 DFT 的快速算法 FFT，可获得更高效率的卷积计算方法。对该问题，在 3.4 节介绍 DFT 性质时再详细讨论，其在滤波器实现中的应用在第 5 章再做进一步分析。

3.2.2　DFT 的矩阵表示

DFT 和 IDFT 可以用矩阵运算形式表示，我们定义信号矢量

$$\boldsymbol{x} = [x[0], x[1], \cdots, x[N-1]]^{\mathrm{T}}$$

变换系数矢量

$$\boldsymbol{X} = [X[0], X[1], \cdots, X[N-1]]^{\mathrm{T}}$$

变换矩阵

$$\boldsymbol{T} = \left[e^{-j\frac{2\pi}{N}kn}\right]_{N\times N} = \begin{bmatrix} 1 & 1 & \cdots & 1 \\ 1 & e^{-j\frac{2\pi}{N}} & \cdots & e^{-j\frac{2\pi}{N}(N-1)} \\ \vdots & \vdots & \ddots & \vdots \\ 1 & e^{-j\frac{2\pi}{N}(N-1)} & \cdots & e^{-j\frac{2\pi}{N}(N-1)(N-1)} \end{bmatrix}$$

反变换矩阵

$$\boldsymbol{U} = \frac{1}{N}\left[e^{j\frac{2\pi}{N}nk}\right]_{N\times N} = \frac{1}{N} \begin{bmatrix} 1 & 1 & \cdots & 1 \\ 1 & e^{j\frac{2\pi}{N}} & \cdots & e^{j\frac{2\pi}{N}(N-1)} \\ \vdots & \vdots & \ddots & \vdots \\ 1 & e^{j\frac{2\pi}{N}(N-1)} & \cdots & e^{j\frac{2\pi}{N}(N-1)(N-1)} \end{bmatrix}$$

DFT 的矩阵形式为

$$X = Tx \tag{3.17}$$

IDFT 的矩阵形式为

$$x = UX \tag{3.18}$$

不难验证

$$UT = I \tag{3.19}$$

和

$$U = \frac{1}{N} T^{\mathrm{H}} \tag{3.20}$$

式(3.19)表示了变换的完备性。通过式(3.17)的变换获得一组变换系数,通过式(3.18)的反变换重构原信号矢量,在这个过程中,能够通过变换和反变换准确重构原信号的条件就是式(3.19)。这可以通过将式(3.17)代入式(3.18)得到验证

$$x = UX = UTx \tag{3.21}$$

由式(3.21)知,只有满足式(3.19)才能通过变换系数准确重构原信号矢量。

3.2.3　DFT 的实例

通过以下例子,进一步理解 DFT 的定义,尤其是通过例子说明 DFT 定义隐含的灵活性。

例 3.2.1　N 点有限长信号

$$x[n] = R_N[n] = \begin{cases} 1, & 0 \leqslant n < N \\ 0, & \text{其他} \end{cases}$$

做 N 点 DFT,DFT 系数记为 $X[k]$,由 DFT 的定义得

$$X[0] = \sum_{n=0}^{N-1} x[n] \mathrm{e}^{-\mathrm{j}\frac{2\pi}{N}kn} \bigg|_{k=0} = \sum_{n=0}^{N-1} x[n] = N$$

对于 $k \neq 0, 1 \leqslant k < N$,有

$$X[k] = \sum_{n=0}^{N-1} x[n] \mathrm{e}^{-\mathrm{j}\frac{2\pi}{N}kn} = \sum_{n=0}^{N-1} \mathrm{e}^{-\mathrm{j}\frac{2\pi}{N}kn} = 0$$

其 N 点 DFT 系数除 $X[0]$ 外均为零。由这组 DFT 系数,可以反变换得到原信号,对于 $0 \leqslant n < N$,有

$$x[n] = \frac{1}{N} \sum_{k=0}^{N-1} X[k] \mathrm{e}^{\mathrm{j}\frac{2\pi}{N}kn} = \frac{1}{N} X[0] \mathrm{e}^{\mathrm{j}\frac{2\pi}{N}0n} = 1, \quad 0 \leqslant n < N$$

从另外一个角度理解 DFT 系数,2.4 节得到 $x[n]$ 的 DTFT 为

$$X(\mathrm{e}^{\mathrm{j}\omega}) = \mathrm{e}^{-\mathrm{j}(N-1)\omega/2} \frac{\sin(N\omega/2)}{\sin(\omega/2)}$$

对 DTFT 在 $\omega = \frac{2\pi}{N}k$ 处采样,首先考虑 $k=0$ 的情况

$$X[0] = X(\mathrm{e}^{\mathrm{j}\omega}) \big|_{\omega=0} = N$$

对于 $k \neq 0, 1 \leqslant k < N$,有

$$X[k] = X(\mathrm{e}^{\mathrm{j}\omega}) \bigg|_{\omega=\frac{2\pi}{N}k} = \mathrm{e}^{-\mathrm{j}(N-1)\frac{2\pi}{2N}k} \frac{\sin\left(N\frac{2\pi}{2N}k\right)}{\sin\left(\frac{2\pi}{2N}k\right)} = \mathrm{e}^{-\mathrm{j}(N-1)\frac{\pi}{N}k} \frac{\sin(\pi k)}{\sin\left(\frac{\pi}{N}k\right)} = 0$$

除了线性相位项 $e^{-j(N-1)\omega/2}$ 外，$X(e^{j\omega})$ 重画于图 3.2 中，可以看到每个过零点位置对应 $N\omega/2=k\pi$，即

$$\omega = \frac{2\pi}{N}k$$

处，这与 DFT 对 DTFT 的采样点重合，故除 $X[0]$ 外，其余 DFT 系数均为 0。

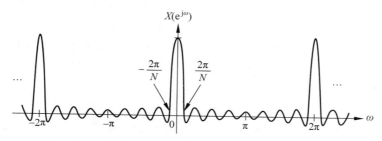

图 3.2　N 点等值序列的 DTFT 示意图（忽略线性相位项）

在例 3.2.1 中，$x[n]$ 有 N 个非零值，至少要做 N 点 DFT，才能由变换系数求得原序列的全部非零值。在实际中为了处理的方便，对于有 N 个非零值的序列，可以进行 $N_1 > N$ 点的 DFT。也就是说，在 $x[n]$ 后面补上若干零，把 $x[n]$ 看成是 N_1 长度的序列进行 DFT。这样，用 N_1 点 DFT 系数除了可以计算出 $x[n]$ 的全部非零值，还会把后面补的零值也计算出来，这在应用中没有什么危害。所以，对于只有 N 个非零值的序列，通过补零计算更长点数的 DFT，是 DFT 应用中经常采用的一种办法。后续还会看到，DFT 的这种灵活性，大大地扩宽了 DFT 的应用范围。

例 3.2.2　继续讨论例 3.2.1 中的 $x[n]$ 序列，取 $N_1 = 2N$，对 $x[n]$ 做 N_1 点 DFT。为了与上例对比，用 $x_1[n]$ 表示补零后的 $x[n]$，用 $X_1[k]$ 表示对 $x[n]$ 补零后的 $2N$ 点 DFT 系数。因此

$$x_1[n] = \begin{cases} x[n], & 0 \leqslant n < N \\ 0, & N \leqslant n < 2N \end{cases}$$

直接代入 DFT 定义式，得

$$X_1[k] = \sum_{n=0}^{2N-1} x_1[n] e^{-j\frac{2\pi}{2N}kn} = \sum_{n=0}^{N-1} e^{-j\frac{\pi}{N}kn}$$

$$= \begin{cases} N, & k=0 \\ \dfrac{1-e^{-j\frac{\pi}{N}kN}}{1-e^{-j\frac{\pi}{N}k}}, & 1 \leqslant k < 2N \end{cases} = \begin{cases} N, & k=0 \\ \dfrac{1-(-1)^k}{1-e^{-j\frac{\pi}{N}k}}, & 1 \leqslant k < 2N \end{cases}$$

$$= \begin{cases} N, & k=0 \\ 0, & k\text{ 为偶数} \\ e^{-j\left(\frac{\pi}{2}-\frac{\pi}{2N}k\right)}\dfrac{1}{\sin\left(\frac{\pi}{2N}k\right)}, & k\text{ 为奇数} \end{cases}$$

请读者自行验证，用

$$X_1[k] = X(e^{j\omega})\Big|_{\omega=\frac{2\pi}{2N}k}$$

也得到相同的 $X_1[k]$ 表达式。对 $x[n]$ 补上 N 个零，做 $2N$ 点的 DFT，相当于对 $X(e^{j\omega})$ 在

$$\omega = \frac{2\pi}{2N}k = \frac{\pi}{N}k$$

处采样，采样密度比作 N 点 DFT 高了一倍，相当于对图 3.2 采样时，将两个过零点之间的峰值处也进行了采样，这正是 $X_1[k]$ 中 k 为奇数点的那些取值。

补零后做更长点数的 DFT，一方面，可得到对 DTFT 更密集（更细致）的采样；另一方面，通过反变换仍准确重构信号值，这给 DFT 带来灵活性。但也注意到，既然通过 N 点 DFT 就可准确重构信号和插值得到 $X(e^{j\omega})$，因此，理论上补零做更长点数 DFT 不会带来更多的有用信息，但在实际应用中会带来很多方便性。至于 DFT 的这种灵活性带来的方便，本章后文还会多次遇到。

3.3　DFT 与周期序列傅里叶级数的关系

为讨论方便，重写离散周期序列的傅里叶级数（DFS）和 DFT 以便于比较。周期序列 $\tilde{x}[n] = \sum_{r=-\infty}^{+\infty} x[n-rN]$，周期为 N，其傅里叶级数系数为 $\tilde{X}[k]$。尽管只关心 $\tilde{X}[k]$ 的 N 个取值，但它也是周期为 N 的序列。用简化符号 $W_N = e^{-j\frac{2\pi}{N}}$，离散周期序列的傅里叶级数展开重写如下

$$\tilde{X}[k] = \sum_{n=0}^{N-1} \tilde{x}[n] W_N^{kn} \tag{3.22}$$

$$\tilde{x}[n] = \frac{1}{N} \sum_{k=0}^{N-1} \tilde{X}[k] W_N^{-kn} \tag{3.23}$$

考虑有限长序列 $x[n]$，长度为 N，序号范围为 $0 \leqslant n \leqslant N-1$，其 DFT 重写为

$$X[k] = \text{DFT}\{x[n]\} = \sum_{n=0}^{N-1} x[n] W_N^{kn}, \quad 0 \leqslant k \leqslant N-1 \tag{3.24}$$

$$x[n] = \text{IDFT}\{X[k]\} = \frac{1}{N} \sum_{k=0}^{N-1} X[k] W_N^{-kn}, \quad 0 \leqslant n \leqslant N-1 \tag{3.25}$$

DFS 和 DFT 仅从数学形式上是一致的，但两者的目标不同。DFT 的定义中，只关心有限长序列，它本质上是对 DTFT 的采样。由此，其可以看成是时域/频域双域采样得到的"纯离散变换"。尽管 DFT 定义时仅关心有限长序列，但是因为时域采样带来的频域周期拓展，使得 DTFT 自身就是周期的，作为 DTFT 采样的 $X[k]$ 自然具有周期性（尽管不关心 $0 \leqslant k \leqslant N-1$ 之外的值）；$X[k]$ 作为对 DTFT 的采样，又引起由 $X[k]$ 重构的信号构成周期拓展，尽管只关心由式(3.25)在 $0 \leqslant n \leqslant N-1$ 内重构 $x[n]$，但式(3.25)也隐含地满足周期性，即在 $0 \leqslant n \leqslant N-1$ 之外按周期 N 重复 $x[n]$ 的取值。所以，尽管 DFT 是仅就有限长序列定义的，但其存在自然的周期延拓性，即 $X[k]$ 隐含周期性。

为后面讨论方便，这里给出将有限长序列周期化和从周期序列取出一个周期形成有限长序列的表达方式。由有限长序列 $x[n]$，得到周期序列 $\tilde{x}[n]$ 可表示为

$$\tilde{x}[n] = \sum_{r=-\infty}^{+\infty} x[n+rN] = x[((n))_N] \tag{3.26}$$

这里$((\cdot))_N$表示对N取余数运算,例如$x[((r+kN))_N]=x[r]$。由周期序列,取出一个周期表示为

$$x[n]=\tilde{x}[n]R_N[n]=x[((n))_N]R_N[n] \tag{3.27}$$

我们在讨论 DFT 性质时,尤其是与反转、位移等相关联的性质时,有限长序列位移或反转后序号超出$0\leqslant n\leqslant N-1$,但由于 DFT 对$0\leqslant n\leqslant N-1$之外没有定义,不方便于这些性质的理解。为了处理这些性质,可先将有限长序列拓展成周期序列,进行反转或位移后再取其一个周期。将看到,在表述 DFT 的一些性质时,就是用的这种方式。

至此,已讨论了各种不同的傅里叶变换。各种傅里叶变换在时域和频域有一些不同的对偶关系,把理想采样信号的傅里叶变换也包括在内,几种傅里叶变换时域和频域的一些对偶关系总结在表 3.1 中,时域和频域的一般对偶性总结在表 3.2 中。

表 3.1　各种傅里叶变换时域和频域对偶关系

变换名称	时域性质	频域性质
连续傅里叶级数	周期连续	离散,无限
连续傅里叶变换	连续,无限	连续,无限
采样信号	离散,无限	周期连续
DTFT	离散,无限	周期连续,频域归一化
离散傅里叶级数	离散,周期	离散,周期
DFT	离散,有限长	离散,有限长

表 3.2　时域和频域一般对偶性

时　域	频　域
连续,无限	连续,无限
离散,无限	周期连续
周期连续	离散,无限
离散,周期	离散,周期

3.4　DFT 的性质

DFT 有许多性质,其中一些是简单和自明的,另一些性质却并不直观,需要仔细地解释。对于一些简单性质,只简单列出,证明留作练习。对于几个需要仔细解释的性质,给出详细的讨论。

在叙述 DFT 性质之前,为了在各性质叙述中节省重复声明的篇幅,假设$X[k]=$DFT$\{x[n]\}$,$X_1[k]=$DFT$\{x_1[n]\}$,$X_2[k]=$DFT$\{x_2[n]\}$。这里 DFT$\{x[n]\}$表示对$x[n]$求离散傅里叶变换,若不加说明,表示N点 DFT。

性质 1　线性性质

若$x[n]=a_1x_1[n]+a_2x_2[n]$,则$X[k]=a_1X_1[k]+a_2X_2[k]$。线性性质中,各序列均取N点 DFT,若$x_1[n]$和$x_2[n]$长度不同,则N代表较长序列的长度,较短的序列通过补零也做N点 DFT。

性质 2　反转性

对于定义在$0\leqslant n\leqslant N-1$的$N$点有限长序列,如何描述其反转性?信号的反转对应于 DFT 系数如何变化?对有限长序列的反转性,既要有"反转"之表现,又要保持在$0\leqslant n\leqslant N-1$区间。为了研究反转性,首先将$x[n]$周期化,然后反转,再取其一个周期值,相当于

$$x[((-n))_N]R_N[n]=\begin{cases}x[0], & n=0\\ x[N-n], & n\neq 0\end{cases} \tag{3.28}$$

反转的表现为$x[0]$不变,其他值在取值范围内依次前后对换。为了使表示式更简洁,可将

反转运算简记为

$$x[((-n))_N]R_N[n]=x[N-n] \tag{3.29}$$

例3.4.1 序列反转的示意图如图3.3所示，图中示出了由 $x[n]=\{5,4,3,2,1\}$ 周期延拓得到 $x[((n))_N]$，然后反转得到 $x[((-n))_N]$，最后仅取第一个周期得到 $x[((-n))_N]R_N[n]$，最后得到的反转序列如式(3.28)所示。

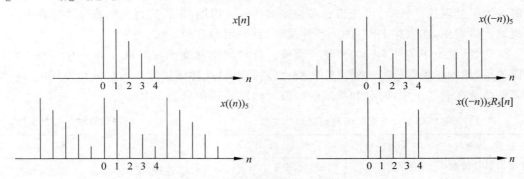

图 3.3　有限长序列反转的示意图

DFT 变换的反转性叙述为

$$\mathrm{DFT}\{x[((-n))_N]R_N[n]\}=X[((-k))_N]R_N[k]$$

或简记为

$$X[N-k]=\mathrm{DFT}\{x[N-n]\} \tag{3.30}$$

即信号反转对应其 DFT 系数反转。

证明

$$\mathrm{DFT}\{x[((-n))_N]\}=\sum_{n=0}^{N-1}x[((-n))_N]\mathrm{e}^{-\mathrm{j}\frac{2\pi}{N}nk}=x[0]+\sum_{n=1}^{N-1}x[N-n]\mathrm{e}^{-\mathrm{j}\frac{2\pi}{N}nk}$$

$$=x[0]+\sum_{n'=1}^{N-1}x[n']\mathrm{e}^{-\mathrm{j}\frac{2\pi}{N}n'((-k))_N}=\sum_{n'=0}^{N-1}x[n']\mathrm{e}^{-\mathrm{j}\frac{2\pi}{N}n'((-k))_N}$$

$$=X[((-k))_N]$$

上式的推导过程中，由于求和号已经限制了序列的取值范围，故省略了 $R_N[n]$ 和 $R_N[k]$。

对于 N 个非零值的有限长序列，也可通过补零把序列看作 $N_1>N$ 长的序列，若对该补零序列做 N_1 点 DFT，如上反转性质用 N_1 替代 N 进行描述。

例3.4.2　在例3.4.1中，若对序列补上5个零，将序列作为 $x[n]=\{5,4,3,2,1,0,0,0,0,0\}$ 的 $N_1=2N$ 长序列进行反转，其反转 $x[((-n))_{10}]R_{10}[n]$ 如图3.4所示。

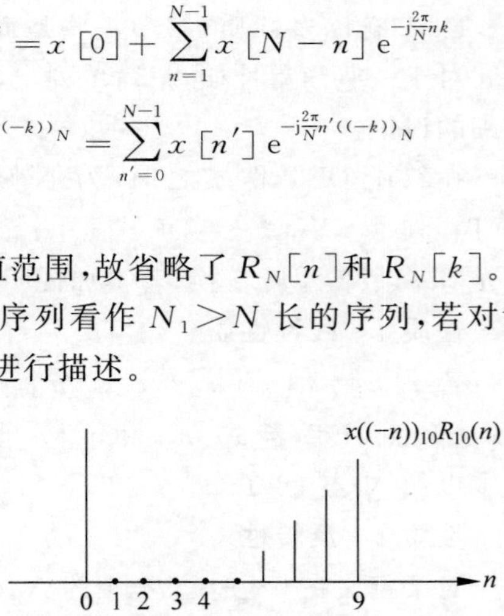

性质3　对偶性（duality）

如果有限长序列 $x[n]$ 的 N 点 DFT 为 $X[k]$，把 $X[n]$ 看成时域离散序列，则 $X[n]$ 的 N 点 DFT 为

图 3.4　序列补零做反转

$$\mathrm{DFT}\{X[n]\}=\sum_{n=0}^{N-1}X[n]\mathrm{e}^{-\mathrm{j}\frac{2\pi}{N}nk}=\sum_{n=0}^{N-1}\left(\sum_{m=0}^{N-1}x[m]\mathrm{e}^{-\mathrm{j}\frac{2\pi}{N}mn}\right)\mathrm{e}^{-\mathrm{j}\frac{2\pi}{N}nk}$$

$$= \sum_{m=0}^{N-1} x[m] \sum_{n=0}^{N-1} e^{-j\frac{2\pi}{N}(m+k)n} = Nx[((-k))_N]$$

可见,如果 $x[n]$(时域)和 $X[k]$(频域)构成一对离散傅里叶变换对,则 $X[n]$(时域)和 $Nx[((-k))_N]R_N[k]$ 之间构成一对离散傅里叶变换对。

利用对偶性,只要知道了某个有限长序列的 DFT,则与其频域序列相同的时域序列的 DFT 也就得到了,无须再重新计算。

性质 4　循环位移性

循环位移性表述为下式的形式

$$\mathrm{DFT}\{x[((n-m))_N]R_N[n]\} = W_N^{km}X[k] \tag{3.31}$$

这里 $x[((n-m))_N]R_N[n]$ 称为循环位移。设 $m>0$,$x[((n-m))_N]$ 表示周期化后右移 m 点,$R_N[n]$ 取出一个周期。由于 $x[((n-m))_N]$ 的周期性,不难看出,$x[((n-m))_N]R_N[n]$ 相当于 $x[n]$ 依次从 $0 \leqslant n \leqslant N-1$ 的尾部移出一个数据,又从头部移进来,直到移动完 m 次。这相当于把 $0 \leqslant n \leqslant N-1$ 序列绕在一个圆柱上右移 m 次,所以称这种移位为循环移位。$m<0$ 时是相反的移动,数据从头部移出从尾部移入,是循环左移。不管移动方向如何,循环移位对应 DFT 系数乘以 $W_N^{km} = e^{-j\frac{2\pi}{N}km}$ 的指数项。

例 3.4.3　序列 $x[n] = \{5,4,3,2,1\}$ 按 $N=5$ 进行循环位移,位移量 $m=2$ 的示意图如图 3.5 所示。

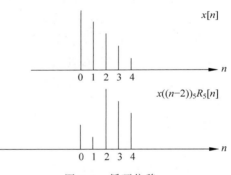

上述移位的过程之所以被称为"循环"移位,因为可以形象地用图 3.6 来表示。图 3.6(a)中有一个圆桶,四周被均匀地划分成 N 个格,依次刻上有限长序列的值。把序列第一点 $x[0]$ 对准 0 刻度压到一根直线轴上,随着圆桶转动,刻在桶上的序列被复制到直线轴上,就形成了周期延拓后的序列。

图 3.5　循环位移

循环移位,就是先把圆桶旋转指定的步数,正延迟逆时针旋转,负延迟顺时针旋转,然后再把旋转后的圆桶对准 0 刻度压下去,随着圆桶转动,刻在桶上的循环移位后的序列被复制到直线轴上,就形成了延迟后的序列的周期延拓。图 3.6(b)是延迟为 2 时的示意图。

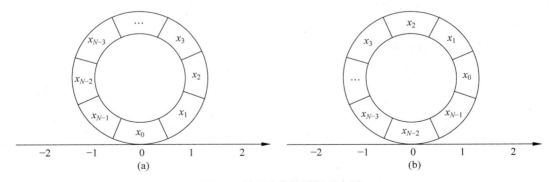

图 3.6　循环移位的圆桶示意图

证明

取 $x_1[n]=x[((n-m))_N]R_N[n]$，直接代入 DFT 定义运算如下

$$\mathrm{DFT}\{x_1[n]\}=\sum_{n=0}^{N-1}x_1[n]\mathrm{e}^{-\mathrm{j}\frac{2\pi}{N}nk}=\sum_{n=0}^{N-1}x[((n-m))_N]\mathrm{e}^{-\mathrm{j}\frac{2\pi}{N}nk}$$

$$=\sum_{n=0}^{((m))_N-1}x[n+N-((m))_N]\mathrm{e}^{-\mathrm{j}\frac{2\pi}{N}nk}+\sum_{n=((m))_N}^{N-1}x[n-((m))_N]\mathrm{e}^{-\mathrm{j}\frac{2\pi}{N}nk}$$

$$=\sum_{n'=N-((m))_N}^{N-1}x[n']\mathrm{e}^{-\mathrm{j}\frac{2\pi}{N}n'k}\mathrm{e}^{-\mathrm{j}\frac{2\pi}{N}((m))_Nk}+\sum_{n'=0}^{N-((m))_N-1}x[n']\mathrm{e}^{-\mathrm{j}\frac{2\pi}{N}nk}\mathrm{e}^{-\mathrm{j}\frac{2\pi}{N}((m))_Nk}$$

$$=\sum_{n'=0}^{N-1}x[n']\mathrm{e}^{-\mathrm{j}\frac{2\pi}{N}n'k}\mathrm{e}^{-\mathrm{j}\frac{2\pi}{N}mk}=X[k]\mathrm{e}^{-\mathrm{j}\frac{2\pi}{N}mk}$$

这里可能会问，DFT 怎样反映自然移位性（即延迟特性），即对 N 点有限长序列 $x[n]$，$x[n-m]$ 对应的 DFT 系数怎样？若 $x[n]$ 在 $0\leqslant n\leqslant N-1$ 范围内的取值均非零，由于 $x[n-m]$ 的部分数据已移出 $0\leqslant n\leqslant N-1$ 范围，无法直接用 N 点 DFT 表示，故无法用 N 点 DFT 性质表述自然移位 $x[n-m]$。但是，这并不是说 DFT 就无法表示自然移位了，可以通过 DFT 定义的灵活性解决这个问题。

设有一个有限长信号 $x[n]$ 在 $0\leqslant n\leqslant N-1$ 范围内的取值均非零。若应用中需要用到 $m<M$ 的自然移位 $x[n-m]$ 的 DFT 域表示，这只要把 $x[n]$ 看成是长度为 $N_1=N+M$ 的序列，在 $N\leqslant n<N+M$ 范围 $x[n]=0$，对 $x[n]$ 做 N_1 点 DFT。这种做法在 DFT 应用中很常用，也就是对 $x[n]$ 补 M 个零从而构成长度为 $N_1=N+M$ 的序列，再做 N_1 点的 DFT。这样，当延迟不超过 M 时，$x[n-m]$ 和循环移位 $x[((n-m))_{N_1}]R_{N_1}[n]$ 相等，注意到，现在循环移位的循环周期是 N_1，这样，$x[n-m]$ 对应的 DFT 系数是 $W_{N_1}^{km}X[k]$，这里的 $X[k]$ 是 $x[n]$ 补零后的 N_1 点 DFT 系数。

例 3.4.4 将例 3.4.3 中的序列补零，得到 $x[n]=\{5,4,3,2,1,0,0,0,0,0\}$ 的序列，按 $N_1=10$ 进行循环位移，得到图 3.7 的位移序列，这种情况下，循环位移等于自然位移。

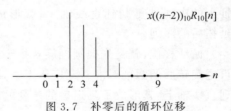

图 3.7　补零后的循环位移

我们将会看到，DFT 的基本性质大多建立在"循环变化"基础上，但通过补零，DFT 可用于描述各种自然的信号处理算法。

性质 5　频域循环位移性

这是性质 4 的对偶性质，仅表示如下

$$W_N^{rn}x[n]\Leftrightarrow X[((k+r))_N]R_N[k] \tag{3.32}$$

性质 6　循环卷积性

假设 $x_1[n]$ 和 $x_2[n]$ 均为 N 点序列时，$X_1[k]$ 和 $X_2[k]$ 分别是两个序列的 N 点 DFT。若取 $X[k]=X_1[k]X_2[k]$，其反变换得到的序列为

$$x[n]=\mathrm{IDFT}\{X[k]\}=\sum_{m=0}^{N-1}x_1[m]x_2[((n-m))_N] \tag{3.33}$$

式（3.33）的求和项称为循环卷积（和）。和式中的第二项是循环反转和位移运算，尽管只关

心 $0 \leqslant n \leqslant N-1$ 范围的结果,但实际上该求和项的结果是周期性的。严格讲,式(3.33)应该写为

$$x[n] = \mathrm{IDFT}\{X[k]\} = \left[\sum_{m=0}^{N-1} x_1[m] x_2[((n-m))_N]\right] R_N(n)$$

由于我们清楚 $x[n]$ 只取 $0 \leqslant n \leqslant N-1$ 范围的值,若为简单计可省略 $R_N(n)$ 项。

证明

$$x[n] = \mathrm{IDFT}\{X_1[k] X_2[k]\} = \frac{1}{N} \sum_{k=0}^{N-1} X_1[k] X_2[k] e^{j\frac{2\pi}{N}nk}$$

$$= \frac{1}{N} \sum_{k=0}^{N-1} \sum_{m=0}^{N-1} x_1[m] e^{-j\frac{2\pi}{N}mk} X_2[k] e^{j\frac{2\pi}{N}nk}$$

$$= \sum_{m=0}^{N-1} x_1[m] \frac{1}{N} \sum_{k=0}^{N-1} X_2[k] e^{-j\frac{2\pi}{N}mk} e^{j\frac{2\pi}{N}nk}$$

$$= \sum_{m=0}^{N-1} x_1[m] x_2[((n-m))_N]$$

注意到上式第3行相当于求 $X_2[k] e^{-j\frac{2\pi}{N}mk}$ 的反变换,故用性质4(循环移位性),得到了第4行的结果。

两个序列 DFT 乘积的 IDFT 是两个序列的循环卷积,循环卷积过程可用图 3.8 形象地表示。图中,两个内外相嵌的圆桶分别被划分成 N 个格,一个序列逆时针排列在其中一个圆桶上,另一个序列顺时针排列在另一个圆桶上。把按照顺时针排列的圆桶按照逆时针方向每次转动一格(或者等价地把按照逆时针排列的圆桶按照顺时针方向每次转动一格),对应格的序列值相乘然后求和,就得到循环卷积结果。

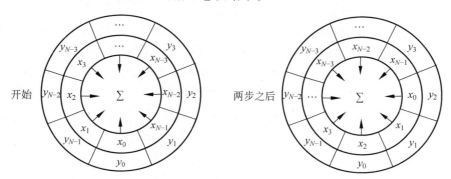

图 3.8 循环卷积的圆桶示意图

循环卷积实际上是两个序列以 N 为周期延拓之后在一个周期上的卷积和。式(3.33)的求和式称为循环卷积,用符号 $x_1[n] \circledN x_2[n]$ 表示。如下讨论循环卷积与线性卷积的关系。为了区分两种卷积,用如下符号表示线性卷积

$$x^L[n] = x_1[n] * x_2[n] = \sum_{m=-\infty}^{+\infty} x_1[m] x_2[n-m]$$

$$= \sum_{m=0}^{N} x_1[m] x_2[n-m] \tag{3.34}$$

假设 $x_1[n]$ 和 $x_2[n]$ 均为 N 点序列,这是为了使两个序列均可做 N 点 DFT,实际上可以放

宽到 $x_1[n]$ 真正非零长度为 $L \leqslant N$，$x_2[n]$ 真正非零长度为 $P \leqslant N$，通过补零对 $x_1[n]$ 和 $x_2[n]$ 均做 N 点 DFT。由第 2 章介绍的线性卷积性质知，两个有限长序列 $x_1[n]$ 和 $x_2[n]$ 的线性卷积 $x^L[n]$ 不为零的长度为 $L+P-1$。可以证明：循环卷积与线性卷积的关系为

$$x[n] = \left\{ \sum_{r=-\infty}^{+\infty} x^L[n-rN] \right\} R_N[n] \tag{3.35}$$

这说明，N 点循环卷积是线性卷积以周期为 N 的周期性延拓叠加结果。为了证明式(3.35)的正确性，对式(3.34)两侧做 DTFT，得到

$$X^L(e^{j\omega}) = X_1(e^{j\omega}) X_2(e^{j\omega}) \tag{3.36}$$

对式(3.36)两侧均在 $\omega_k = \dfrac{2\pi}{N}k$ 处采样，得

$$X^L(e^{j\omega}) \Big|_{\omega=\frac{2\pi}{N}k} = X_1(e^{j\omega}) \Big|_{\omega=\frac{2\pi}{N}k} X_2(e^{j\omega}) \Big|_{\omega=\frac{2\pi}{N}k}$$

右侧的采样值分别对应 $X_1[k]$ 和 $X_2[k]$，故

$$X[k] = X_1[k] X_2[k] = X^L(e^{j\omega}) \Big|_{\omega=\frac{2\pi}{N}k}$$

因此，$X[k]$ 相当于是对 $x^L[n]$ 的 DTFT $X^L(e^{j\omega})$ 在 $\omega_k = \dfrac{2\pi}{N}k$ 的采样值，由 DFT 定义时导出的结论式(3.15)得到式(3.35)。

先来看循环卷积和线性卷积最不同的情况。当 $x_1[n]$ 和 $x_2[n]$ 非零长度均为 N，这时 $x^L[n]$ 是长度为 $2N-1$ 的序列。既然 $X[k]$ 相当于是对 $X^L(e^{j\omega})$ 的 N 点采样 $\left(在 \omega_k = \dfrac{2\pi}{N}k 的采样值\right)$，由 DFT 定义时的讨论得知，由 $X[k]$ 无法重构 $2N-1$ 长的序列 $x^L[n]$，而是得到混叠的结果。这个结果如式(3.35)所示，由 $X[k]$ 做 IDFT 得到的 $x[n]$ 中几乎所有值都是混叠了的(只有一点的值是对的)。

上述讨论说明，无法直接用 DFT 计算线性卷积。但是通过对序列补零，利用 DFT 的灵活性，是可以用 DFT 计算有限长序列的线性卷积的。这里讨论两种特殊情况。

第一种情况，设 $x_1[n]$ 和 $x_2[n]$ 长度不等，$x_1[n]$ 长度为 L，$x_2[n]$ 长度为 P，且 $L>P$。取 $N=L$，$x_1[n]$ 直接做 N 点 DFT，$x_2[n]$ 补零后也做 N 点 DFT，对 $X[k]=X_1[k]X_2[k]$ 做 N 点 IDFT 得到 $x[n]$。在这些条件下，通过式(3.35) $x^L[n]$ 和 $x[n]$ 的关系示于图 3.9 中。

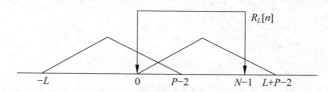

图 3.9　线性卷积和与循环卷积和的关系

如图 3.9 所示，矩形框住的值就是 IDFT 的结果 $x[n]$，而三角图形表示线性卷积 $x^L[n]$ 和它的各移位求和项。在该情况下，式(3.35)中只有 $x^L[n]$ 和 $x^L[n+N]$ 两项对矩形窗内的值有影响，两个三角形重叠的区域 $x[n]$ 的取值由 $x^L[n]$ 和 $x^L[n+N]$ 混合而成。观察图 3.9 发现，$x[n]$ 在 $0 \leqslant n \leqslant P-2$ 范围内的 $P-1$ 个值是混叠结果，而 $x[n]$ 在 $P-1 \leqslant n \leqslant N-1$ 范围内的 $L-P+1$ 个值是与线性卷积相等的。这种情况说明，当 $x_1[n]$ 和 $x_2[n]$ 长度不等时，若以长序列的点数做 DFT，利用 IDFT 计算得到的循环卷积中保留了线性卷积的

部分正确结果,即 $P-1 \leqslant n \leqslant N-1$ 范围内循环卷积保留了线性卷积的部分正确值。这个结论在 FIR 滤波器计算时会得到应用。

第二种情况,仍设 $x_1[n]$ 长度为 L,$x_2[n]$ 长度为 P。取 $N \geqslant L+P-1$,对 $x_1[n]$ 和 $x_2[n]$ 均补零,做 N 点 DFT,计算 $X[k]=X_1[k]X_2[k]$ 的 IDFT,得到循环卷积 $x[n]$。在这种条件下,因满足

$$x[n] = \left\{ \sum_{r=-\infty}^{+\infty} x^L[n-rN] \right\} R_N[n] = x^L[n]$$

循环卷积等于线性卷积。由此,对于有限长序列,用循环卷积计算线性卷积的步骤为取 $N \geqslant L+P-1$,计算如下:

(1) $x_1[n]$ 在 $P \sim N-1$ 补零,做 N 点 DFT;

(2) $x_2[n]$ 在 $L \sim N-1$ 补零,做 N 点 DFT;

(3) $X[k]=X_1[k]X_2[k]$,$0 \leqslant k \leqslant N-1$;

(4) $x^L[n]=x[n]=\text{IDFT}\{X[k]\}$,$0 \leqslant n \leqslant N-1$。

用循环卷积计算线性卷积有其实际意义。若把上述讨论中的 $x_1[n]$ 换作一个离散 LTI 系统的单位抽样响应,把 $x_2[n]$ 看作系统的输入信号,则线性卷积就是系统的输出。利用循环卷积也可计算系统的输出。由于 DFT 存在快速算法 FFT,一定条件下用 DFT 计算系统输出可能更经济。

在实际应用中还会遇到 LTI 系统的单位抽样响应是有限长的,即 FIR 系统,但系统输入信号是无限长序列。这种情况下,可将输入序列分成有限长的段进行处理,具体算法将在第 5 章进一步讨论。

例 3.4.5 有两个信号,$x_1[n]=\{1,1,1,1,1\}$,$x_2[n]=\{5,4,3,2,1\}$,取 $N=5$,进行循环卷积,首先利用式(3.33)的定义直接计算循环卷积,计算过程的示意图如图 3.10 所示,记循环卷积的结果为 $y[n]$,显然 $y[n]=\{15,15,15,15,15\}$。

图 3.10(c)是 $x_2[((-k))_5]$,注意到

$$y[0] = \sum_{k=0}^{4} x_1[k]x_2[((-k))_5] = 15$$

对于 $1 \leqslant n < 5$,图 3.10(c)进行循环位移,得到 $x_1[k]x_2[((n-k))_5]$ 并进行求和,但由于 $x_1[k]=1$,所以循环卷积结果总是 $x_2[n]$ 非零值之和,恒为 15。

以上结果同样可以通过 DFT 求得。$N=5$ 时,例 3.2.1 已得到 $x_1[k]$ 的 DFT 系数为:只有 $X_1[0]=5$ 非零,故也只需要求出 $X_2[0]=15$,因此

$$X_1[k]X_2[k]=\{75,0,0,0,0\}$$

求 IDFT 为

$$y[n] = \frac{1}{5} \sum_{k=0}^{4} X_1[k]X_2[k]W_5^{-kn} = \frac{1}{5} \times 75W_5^0 = 15$$

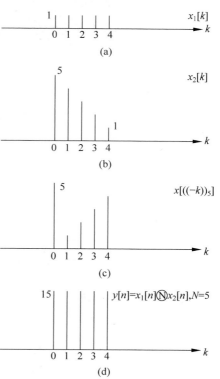

图 3.10 循环卷积

例 3.4.6　离散序列与例 3.4.5 相同，本例取 $N=10$ 进行循环卷积，补零后两个信号为

$$x_1[n]=\{1,1,1,1,1,0,0,0,0,0\}, \quad x_2[n]=\{5,4,3,2,1,0,0,0,0,0\}$$

直接计算循环卷积，示意图如图 3.11 所示。图 3.11(b) 和图 3.11(c) 给出了 $x_2[((n-k))_{10}]$ 在 $n=0$ 和 $n=2$ 的示意图，图 3.11(d) 是循环卷积的结果。可见对本例，取 $N=10$ 时，计算得到的循环卷积等于线性卷积。本例满足循环卷积等于线性卷积的最小 N 值是 9。

同样的结果，可通过 DFT 求得，做 $N=10$ 点 DFT，得

$$X_1[k]=\{5, 1-j3.0777, 0, 1-j0.7265, 0, 1, 0, 1+j0.7265, 0, 1+j3.0777\}$$

$$\begin{aligned}X_2[k]=\{&15, 7.7361-j7.6942, 2.5-j3.4410, 3.2639-j1.8164i,\\ &2.5-j0.8123i3, 2.5+j0.8123, 3.2639+j1.8164, 2.5+j3.4410,\\ &7.7361+j7.6942\}\end{aligned}$$

相乘后做 IDFT 得

$$y[n]=\text{IDFT}\{X_1[k]X_2[k]\}=\{5,9,12,14,15,10,6,3,1,0\}$$

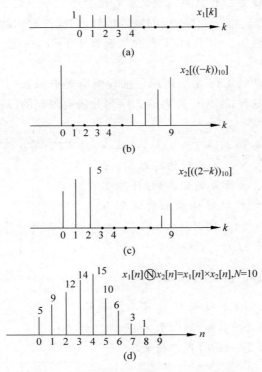

图 3.11　补零后循环卷积等于线性卷积的例子

性质 7　频域卷积性

设序列 $x[n]=x_1[n]x_2[n]$，其中 $x[n]$、$x_1[n]$、$x_2[n]$ 均为 N 点有限长序列，并分别做 N 点 DFT，则

$$X[k]=\text{DFT}\{x[n]\}=\sum_{l=0}^{N-1}X_1[l]X_2[((k-l))_N]$$

性质 8　共轭性质

$$\text{DFT}\{x^*[n]\} = X^*[N-k]$$

证明

$$\text{DFT}\{x^*[n]\} = \sum_{n=0}^{N-1} x^*[n] e^{-j\frac{2\pi}{N}kn} = \left(\sum_{n=0}^{N-1} x[n] e^{-j\frac{2\pi}{N}(-k)n} \right)^*$$

$$= \left(\sum_{n=0}^{N-1} x[n] e^{-j\frac{2\pi}{N}((-k))_N n} \right)^* = \left(\sum_{n=0}^{N-1} x[n] e^{-j\frac{2\pi}{N}(N-k)n} \right)^* = X^*[N-k]$$

性质 9　DFT 的对称性

利用有限长序列的周期延拓,定义有限长序列的周期共轭对称性为

$$x_{\text{ep}}[((n))_N] R_N[n] = x_{\text{ep}}^*[((-n))_N] R_N[n]$$

记住,除零点自身互共轭(一定是实数)外,周期共轭对称关系可简写为

$$x_{\text{ep}}[n] = x_{\text{ep}}^*[N-n]$$

类似地,周期共轭反对称分量简写为

$$x_{\text{op}}[n] = -x_{\text{op}}^*[N-n]$$

对于一个任意序列 $x[n]$,可分解为周期共轭对称序列和周期共轭反对称序列之和。周期共轭对称序列和周期共轭反对称序列与 $x[n]$ 的关系为

$$x_{\text{ep}}[n] = \frac{1}{2}\{x[n] + x^*[N-n]\}$$

$$x_{\text{op}}[n] = \frac{1}{2}\{x[n] - x^*[N-n]\}$$

如果 $x[n]$ 的 DFT 分别写成其实部和虚部之和,即 $X(k) = X_R(k) + jX_I(k)$,则有

$$X_R[k] = \text{DFT}\{x_{\text{ep}}[n]\}$$

$$jX_I[k] = \text{DFT}\{x_{\text{op}}[n]\}$$

对偶的关系表述为：若 $x[n] = x_r[n] + jx_i[n]$ 为复序列,$x_r[n]$ 是实部,$x_i[n]$ 为虚部,则

$$\text{DFT}\{x_r[n]\} = X_{\text{ep}}[k] = \frac{1}{2}\{X[k] + X^*[N-k]\}$$

$$\text{DFT}\{jx_i[n]\} = X_{\text{op}}[k] = \frac{1}{2}\{X[k] - X^*[N-k]\}$$

例 3.4.7　利用对称性可以简化 DFT 的计算。例如,有两个实值信号 $x_1[n]$ 和 $x_2[n]$,用它们分别作为实部和虚部构成一个复信号 $x[n] = x_1[n] + jx_2[n]$。直接计算得到复信号的 DFT $X[k]$,利用对称性得到 $x_1[n]$ 和 $x_2[n]$ 的 DFT 为

$$X_1[k] = \text{DFT}\{x_1[n]\} = X_{\text{ep}}[k] = \frac{1}{2}\{X[k] + X^*[N-k]\}$$

$$X_2[k] = \text{DFT}\{x_2[n]\} = \frac{1}{j}X_{\text{op}}[k] = \frac{1}{2j}\{X[k] - X^*[N-k]\}$$

性质 10　实序列 DFT 的对称性

这是性质 9 的特例,因为重要,故单独列为一条性质。若离散信号是实值信号,其信号自身就是其实部。这说明,实值信号的 DFT 自身满足周期共轭对称性,即

$$X[k] = X^*[N-k] \tag{3.37}$$

也就是说，实值有限长序列的 DFT 系数满足 $X[0]=X^*[0]$，故 $X[0]$ 是实值；其他 DFT 系数在 $1 \leqslant k \leqslant N-1$ 范围内，满足式(3.37)的周期共轭对称性质。若 N 是偶数，也可确定 $X[N/2]=X^*[N/2]$ 是实数。

对一个 N 点实序列，其 N 点 DFT 系数存在共轭对称性，仅由 $X[0]$、$X[N/2]$ 和 $1 \leqslant k \leqslant N/2-1$ 的系数即可确定全部系数。这样，可以用 $N/2$ 个复数存储单元即可存储 N 点实序列的 DFT 系数。由于存储一个复数需要两个实数存储单元，因此存储实序列和存储其 DFT 系数需要相同数目的存储单元。

性质 11　帕塞瓦尔定理

如果有限长序列 $x[n]$ 的 N 点 DFT 为 $X[k]$，帕塞瓦尔定理(Parseval's Theorem)反映变换前后序列的能量关系

$$\sum_{n=0}^{N-1} |x[n]|^2 = \frac{1}{N} \sum_{k=0}^{N-1} |X[k]|^2$$

证明

$$\sum_{n=0}^{N-1} |x[n]|^2 = \sum_{n=0}^{N-1} x[n] x^*[n] = \sum_{n=0}^{N-1} \left(\frac{1}{N} \sum_{k=0}^{N-1} X[k] e^{j\frac{2\pi}{N}nk} \right) x^*[n]$$

$$= \frac{1}{N} \sum_{k=0}^{N-1} X[k] \left(\sum_{n=0}^{N-1} x[n] e^{-j\frac{2\pi}{N}nk} \right)^* = \frac{1}{N} \sum_{k=0}^{N-1} X[k] X^*[k]$$

$$= \frac{1}{N} \sum_{k=0}^{N-1} |X[k]|^2$$

DFT 有许多性质，其中一些性质很独特。灵活使用 DFT 的各种性质，可以极大地方便 DFT 的各类应用。

3.5　用 DFT 计算相关序列

如果一有限长离散信号 $x[n]$，在 $0 \leqslant n \leqslant N-1$ 内非零，根据自相关的定义，自相关序列为

$$r_{xx}[k] = \sum_{n=-\infty}^{+\infty} x[n] x^*[n-k] = \begin{cases} \displaystyle\sum_{n=k}^{N-1} x[n] x^*[n-k], & 0 \leqslant k \leqslant N-1 \\ \displaystyle\sum_{n=0}^{N-1+k} x[n] x^*[n-k], & -N+1 \leqslant k < 0 \\ 0, & |k| \geqslant N \end{cases}$$

对于有限长序列来讲，信号总是能量有限的，故用如上的能量信号的自相关定义。自相关取值不为零的区间为 $|k| \leqslant N-1$，非零长度为 $2N-1$。

第 2 章已经详细研究了自相关的 DTFT，假设

$$E_{xx}(e^{j\omega}) = \text{DTFT}\{r_{xx}[k]\} = |X(e^{j\omega})|^2$$

由于自相关是 $2N-1$ 长度的，只要取 $L \geqslant 2N-1$，在 $\omega_k = \dfrac{2\pi}{L}k$ 对 $E_{xx}(e^{j\omega}) = |X(e^{j\omega})|^2$ 进行采样，由采样值可重构自相关序列。故得到用 DFT 计算自相关序列的算法如下。

算法 1：

（1）取 $L \geqslant 2N-1$，离散信号 $x[n]$ 补零，得到

$$x_L[n] = \begin{cases} x[n], & 0 \leqslant n \leqslant N-1 \\ 0, & N \leqslant n \leqslant L-1 \end{cases}$$

（2）对 $x_L[n]$ 做 L 点 DFT，得到 $X_L[k]$，$0 \leqslant k \leqslant L-1$；

（3）计算 $E_{xx}[k] = |X_L[k]|^2$，$0 \leqslant k \leqslant L-1$；

（4）计算 IDFT，得到 $r_L[n] = \text{IDFT}\{|X_L[k]|^2\}$，$0 \leqslant n \leqslant L-1$；

（5）得到自相关序列为

$$r_{xx}[k] = \begin{cases} r_L[k], & 0 \leqslant k \leqslant N-1 \\ r_L[L+k], & -N+1 \leqslant k < 0 \\ 0, & |k| \geqslant N \end{cases}$$

可通过类似的讨论，给出互相关的计算步骤如下。

算法 2：

（1）取 $L \geqslant 2N-1$，离散信号 $x[n]$、$y[n]$ 补零，得到

$$x_L[n] = \begin{cases} x[n], & 0 \leqslant n \leqslant N-1 \\ 0, & N \leqslant n \leqslant L-1 \end{cases}$$

$$y_L[n] = \begin{cases} y[n], & 0 \leqslant n \leqslant N-1 \\ 0, & N \leqslant n \leqslant L-1 \end{cases}$$

（2）对 $x_L[n]$ 做 L 点 DFT，得到 $X_L[k]$，$0 \leqslant k \leqslant L-1$，对 $y_L[n]$ 做 L 点 DFT，得到 $Y_L[k]$，$0 \leqslant k \leqslant L-1$；

（3）计算 $E_{xy}[k] = X_L[k]Y_L^*[k]$，$0 \leqslant k \leqslant L-1$；

（4）计算 IDFT，得到 $r_{xyL}[n] = \text{IDFT}\{E_{xy}[k]\}$，$0 \leqslant n \leqslant L-1$；

（5）得到互相关序列为

$$r_{xy}[k] = \begin{cases} r_{xyL}[k], & 0 \leqslant k \leqslant N-1 \\ r_{xyL}[L+k], & -N+1 \leqslant k < 0 \\ 0, & |k| \geqslant N \end{cases}$$

在研究了 DFT 的快速算法 FFT 后，自相关和互相关计算中的 DFT 和 IDFT 都采用 FFT 算法高效实现。

3.6 DFT 的快速计算方法

由 DFT 的定义

$$X[k] = \sum_{n=0}^{N-1} x[n] W_N^{nk} \tag{3.38}$$

计算每一个 DFT 系数需要 N 次复数乘法和 $N-1$ 次复数加法，本节不加说明时，乘法和加法次数均指复数运算。这样计算所有的 DFT 系数需要 N^2 次复数乘法和 $N(N-1)$ 次复数加法。一次复数乘法需要四次实数乘法和两次实数加法，一次复数加法需要 2 次实数加法。所

以,直接计算 DFT 所需要的实数乘法次数为 $4N^2$,所需要的实数加法次数为 $N(4N-2)$。这样的算法复杂度我们称为 N^2 量级的,简记为 $O(N^2)$。在数据采集速率比较高,N 取值较大时,实时计算 DFT 的运算量仍是很可观的。本节研究 DFT 的快速计算方法:快速傅里叶变换(FFT)。

DFT 定义中的 W_N^{nk} 项,有许多性质可用于简化 DFT 的计算。首先,一些特殊值可节省运算,如 $W_N^0 = W_N^{kN} = 1, W_N^{N/2} = -1$,这些项都节省乘法运算;另外一些项如 $W_N^{N/4} = -j$,$W_N^{3N/4} = j$ 在复数乘法运算时,并不需要实际做乘法,只是交换实部和虚部,可统计为 0 次乘法,这些特殊项均可节省乘法次数。另外一些性质,主要是周期性、齐次性和对称性,与序列分解结合可显著节省运算量。

周期性为

$$W_N^{nk} = W_N^{(N+n)k} = W_N^{n(k+N)}$$

齐次性为

$$W_N^k = W_{N/m}^{k/m}$$

变换基的对称性表现为复共轭对称性(complex conjugate symmetry)

$$W_N^{(N-n)k} = W_N^{-nk} = (W_N^{nk})^*$$

利用变换基的周期性和对称性可以从一定程度上提高计算效率,但是并不是数量级上的改进。提高 DFT 计算效率的另一类方法是把长序列分解成短序列,先做短序列的 DFT,然后再在此基础上进一步得到长序列的 DFT。

应用变换基的这些性质可方便地将长序列分解为短序列进行计算。那些可直接节省乘法运算次数的项,对于长序列 DFT 的直接计算来讲,节省的乘法次数并不明显,但对于短序列可以明显节省乘法次数。例如 $N=2$ 或 $N=4$ 时,可不需要任何乘法运算。为了看清楚这一点,列出如下几个短序列直接做 DFT 的计算公式。

2 点 DFT 的直接计算,不需要乘法,只需要两次加法,计算如下

$$X[k] = \sum_{n=0}^{1} x[n]W_2^{nk} = x[0]W_2^0 + x[1]W_2^k, \quad k=0,1$$

计算两个系数的矩阵形式为

$$\begin{bmatrix} X[0] \\ X[1] \end{bmatrix} = \begin{bmatrix} W_2^0 & W_2^0 \\ W_2^0 & W_2^1 \end{bmatrix} \begin{bmatrix} x[0] \\ x[1] \end{bmatrix} = \begin{bmatrix} 1 & 1 \\ 1 & -1 \end{bmatrix} \begin{bmatrix} x[0] \\ x[1] \end{bmatrix} = \begin{bmatrix} x[0]+x[1] \\ x[0]-x[1] \end{bmatrix}$$

这个计算过程可表示为图 3.12 的蝶形结构。

3 点 DFT 的计算如下

$$X[k] = \sum_{n=0}^{2} x[n]W_3^{nk} = x[0]W_3^0 + x[1]W_3^k + x[2]W_3^{2k}, \quad k=0,1,2$$

矩阵形式为

$$\begin{bmatrix} X[0] \\ X[1] \\ X[2] \end{bmatrix} = \begin{bmatrix} W_3^0 & W_3^0 & W_3^0 \\ W_3^0 & W_3^1 & W_3^2 \\ W_3^0 & W_3^2 & W_3^4 \end{bmatrix} \begin{bmatrix} x[0] \\ x[1] \\ x[2] \end{bmatrix} = \begin{bmatrix} 1 & 1 & 1 \\ 1 & W_3^1 & W_3^2 \\ 1 & W_3^2 & W_3^1 \end{bmatrix} \begin{bmatrix} x[0] \\ x[1] \\ x[2] \end{bmatrix}$$

3 点 DFT 的蝶形结构示于图 3.13。

4 点 DFT 计算为

$$X[k] = \sum_{n=0}^{3} x[n]W_4^{nk} = x[0]W_4^0 + x[1]W_4^k + x[2]W_4^{2k} + x[3]W_4^{3k}, \quad k=0,1,2,3$$

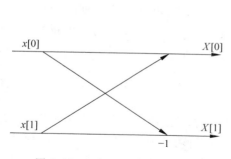

图 3.12　2 点 DFT 的蝶形计算

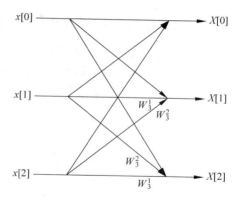

图 3.13　3 点 DFT 的蝶形计算

矩阵形式为

$$
\begin{bmatrix} X[0] \\ X[1] \\ X[2] \\ X[3] \end{bmatrix} = \begin{bmatrix} W_4^0 & W_4^0 & W_4^0 & W_4^0 \\ W_4^0 & W_4^1 & W_4^2 & W_4^3 \\ W_4^0 & W_4^2 & W_4^4 & W_4^6 \\ W_4^0 & W_4^3 & W_4^6 & W_4^9 \end{bmatrix} \begin{bmatrix} x[0] \\ x[1] \\ x[2] \\ x[3] \end{bmatrix} = \begin{bmatrix} 1 & 1 & 1 & 1 \\ 1 & -j & -1 & j \\ 1 & -1 & 1 & -1 \\ 1 & j & -1 & -j \end{bmatrix} \begin{bmatrix} x[0] \\ x[1] \\ x[2] \\ x[3] \end{bmatrix}
$$

当 DFT 算法要求的变换点数 N 为组合数时，既然 N 为组合数，比如 $N = N_1 N_2$，那么 n 可以表示为

$$
n = n_2 N_1 + n_1, \quad n_1 = 0, 1, \cdots, N_1 - 1; \quad n_2 = 0, 1, \cdots, N_2 - 1
$$

此时

$$
W_N^{nk} = W_N^{(n_2 N_1 + n_1)k} = W_N^{n_2 N_1 k} W_N^{n_1 k}
$$

而

$$
W_N^{n_2 N_1 k} = \mathrm{e}^{-\mathrm{j}\frac{2\pi}{N} n_2 N_1 k} = \mathrm{e}^{-\mathrm{j}\frac{2\pi}{N_2} n_2 k} = W_{N_2}^{n_2 k}
$$

是 N_2 点 DFT 变换的基。变换基的以上性质对 k 同样适用。

利用这种组合数性质，可以把 N 点长序列的变换基转变成 N_1 或 N_2 点短序列的变换基。经过适当的分解与合成，将对长序列的 DFT 计算问题转换为计算短序列的 DFT 然后再组合，这样做可能大大降低运算量。尤其是短序列因子 N_i 为 2 或 4 时，运算效率更高。这类算法统称为快速傅里叶变换（fast fourier transform，FFT）。注意，FFT 不是一类新变换，而是 DFT 快速计算算法的总称。

快速傅里叶变换可以把 DFT 的计算量减少到 $O(N\lg N)$ 量级。由于计算量小，FFT 得到广泛应用。

但是标准 FFT 算法必须要把所有 $X[k]$ 都计算出来，对于某些只需要一部分谱的应用来说，特别是当点数 N 比较大时，FFT 算法在效率方面并没有优势。此时采用卷积实现 DFT 的线性调频 z 变换（chirp-z）算法可以减少无效计算。

在对序列做滑窗（sliding-window）分析时，如果上次的 FFT 结果已知，则分析窗滑动一步，只有一个最老的值被滑出窗外，同时只有一个新值被滑进窗内，此时可以利用上次 FFT 结果递推得到新的 FFT 结果。这种算法可以把每一段变换的计算量减小到 $O(N)$。

3.6.1　按时间抽取基 2-FFT 算法

既然目的是将长序列分解成短序列,先进行短序列的 DFT,将短序列的 DFT 合成为长序列的 DFT,很自然的一种分解方法是将序列分成两部分,偶数序号为一个新的短序列,奇数序号组成第二个短序列,即

$$\begin{cases} e[n]=x[2n], \\ f[n]=x[2n+1], \end{cases} \quad 0 \leqslant n \leqslant \frac{N}{2}-1 \tag{3.39}$$

这里 $e[n]$ 和 $f[n]$ 都是 $N/2$ 点序列,对其分别 DFT,记为 $E[k]$ 和 $F[k]$,均为 $N/2$ 点 DFT。考虑到利用短序列 DFT 合成长序列 DFT 时,序号 k 在 $0 \leqslant k \leqslant N-1$ 范围取值,利用 DFT 隐含的周期性,用 $E[((k))_{N/2}]$ 和 $F[((k))_{N/2}]$ 分别表示 $E[k]$ 和 $F[k]$ 的周期延拓。这样

$$\begin{aligned} X[k] &= \sum_{n=0}^{N-1} x[n] W_N^{nk} \\ &= \sum_{r=0}^{\frac{N}{2}-1} x[2r] W_N^{2rk} + \sum_{r=0}^{\frac{N}{2}-1} x[2r+1] W_N^{(2r+1)k} \\ &= \sum_{r=0}^{\frac{N}{2}-1} e[r] W_{N/2}^{rk} + W_N^k \sum_{r=0}^{\frac{N}{2}-1} f[r] W_{N/2}^{rk} \\ &= E[((k))_{N/2}] + W_N^k F[((k))_{N/2}] \end{aligned} \tag{3.40}$$

上式第三行是 $N/2$ 点 DFT,考虑到 k 在 $0 \leqslant k \leqslant N-1$ 范围取值,第四行用了 $N/2$ 点 DFT $E[k]$ 和 $F[k]$ 的周期延拓形式。

式(3.40)给出了用短序列变换合成长序列变换的公式,为了方便,取 $0 \leqslant k \leqslant \frac{N}{2}-1$,重写式(3.40)最后一行为

$$\begin{cases} X[k]=E[k]+W_N^k F[k], \\ X\left[k+\frac{N}{2}\right]=E[k]-W_N^k F[k], \end{cases} \quad 0 \leqslant k \leqslant \frac{N}{2}-1 \tag{3.41}$$

由式(3.41)更清楚地看到,由于 $W_N^k F(k)$ 只需要计算一次,若已经计算出 $N/2$ 点 DFT $E[k]$ 和 $F[k]$,由 $E[k]$ 和 $F[k]$ 得到 $X[k]$,$0 \leqslant k \leqslant N-1$,仅需要 N 次加法和 $N/2$ 次乘法。图 3.14 中,以 $N=8$ 为例,画出了由两个 $N/2$ 点 DFT $E[k]$ 和 $F[k]$ 合成得到 $X[k]$ 的示意图。

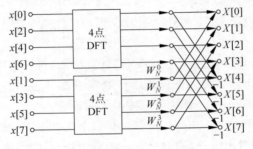

图 3.14　8 点序列第一次分解流图

图 3.14 中看到,只有奇序列的变换 $F[k]$ 输出端需要乘因子 W_N^k,该因子称为旋转因子。一次分解后总运算量为

乘法次数

$$2\left(\frac{N}{2}\right)^2 + \frac{N}{2} = \frac{N}{2}(N+1) \approx \frac{N^2}{2}$$

加法次数

$$2\left(\frac{N}{2}\right)\left(\frac{N}{2}-1\right) + N = \frac{N^2}{2}$$

乘法次数里的近似符号对大的 N 成立,可以看到一次分解获得的效果是大约降低了一半的乘法次数和加法次数,因此,这种分解可以继续进行下去,将 $e[n]$ 和 $f[n]$,按照奇偶继续划分为

$$\begin{cases} a[n] = e[2n] = x[4n], \\ b[n] = e[2n+1] = x[4n+2], \\ c[n] = f[2n] = x[4n+1], \\ d[n] = f[2n+1] = x[4n+3], \end{cases} \quad 0 \leqslant n \leqslant \frac{N}{4}-1$$

对以上序列分别做 $N/4$ 点 DFT,类似式(3.41)的推导,得到

$$\begin{cases} E[k] = A[k] + W_{N/2}^k B[k] = A[k] + W_N^{2k} B[k], \\ E\left[k+\frac{N}{4}\right] = A[k] - W_{N/2}^k B[k] = A[k] - W_N^{2k} B[k], \end{cases} \quad 0 \leqslant k \leqslant \frac{N}{4}-1 \quad (3.42)$$

$$\begin{cases} F[k] = C[k] + W_{N/2}^k D[k] = C[k] + W_N^{2k} D[k], \\ F\left[k+\frac{N}{4}\right] = C[k] - W_{N/2}^k D[k] = C[k] - W_N^{2k} D[k], \end{cases} \quad 0 \leqslant k \leqslant \frac{N}{4}-1 \quad (3.43)$$

以 $N=8$ 为例,图 3.15 画出第二次分解后的示意图。

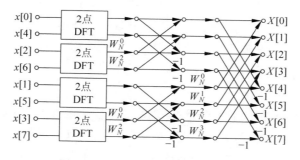

图 3.15　8 点序列第二次分解流图

这个分解过程一直进行下去。若取 $N=2^m$,经过 $m-1$ 次分解后,序列已经变成 2 点序列。2 点序列的 DFT 只需要 2 次加法,直接实现,不需要再分解。对于 $N=8$ 的情况,最后的 2 点 DFT 直接用图 3.12 的蝶形图实现,最后得到的完整图形如图 3.16 所示。图 3.16 中最左侧的蝶形中的旋转因子 W_N^0 是为保持图中各级运算单元的一致性加入的。

图 3.16 中,每一级的基本运算单元都是一致的,是一种蝶形运算单元,重新画在图 3.17 中。每个蝶形运算单元需要 1 次乘法和 2 次加法运算。在 $N=2^m$ 的情况下,总共有 m 级运算,每一级由 $N/2$ 个蝶形运算单元构成。故总运算量为

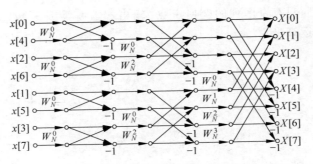

图 3.16　8 点序列按时间抽取 FFT 流图

乘法次数

$$m_c = m \times \frac{N}{2} = \frac{N}{2} \log_2(2^m) = \frac{N}{2} \log_2(N) \qquad (3.44)$$

加法次数

$$a_c = m \times N = N \log_2(2^m) = N \log_2(N) \qquad (3.45)$$

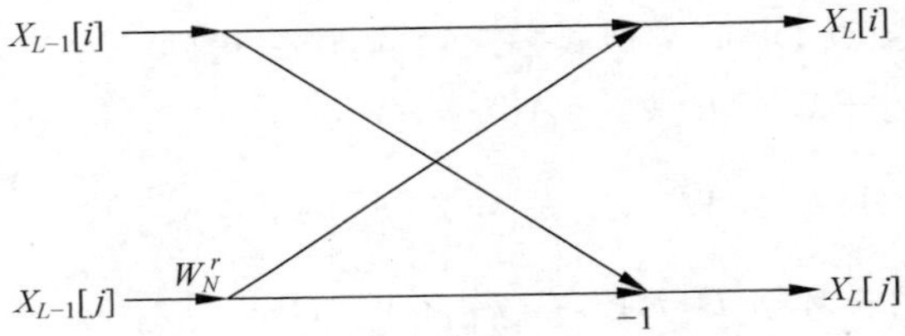

图 3.17　按时间抽取 FFT 的蝶形计算结构

观察图 3.16 的计算流程图，发现图中最左侧信号的输入不再是自然的顺序。图中所示的这种顺序称为倒位序。为了理解倒位序的一般性顺序，需分析序号的二进制表示。设 $N = 2^m$ 为有限长信号的长度，需要用 m 位二进制数表示样本的序号 n，n 的二进制表示为

$$n = (b_{m-1} b_{m-2} \cdots b_1 b_0)_2 = b_{m-1} 2^{m-1} + b_{m-2} 2^{m-2} + \cdots + b_1 2^1 + b_0 2^0$$

上式中，b_i 只取 0 和 1。序号 n 的倒位序 $\bar{n}$ 记为

$$\bar{n} = (b_0 b_1 \cdots b_{m-2} b_{m-1})_2 = b_0 2^{m-1} + b_1 2^{m-2} + \cdots + b_{m-2} 2^1 + b_{m-1} 2^0$$

从二进制表示来讲，倒位序是由原序号的二进制表示按位进行次序反转得到。

不难验证，图 3.16 输入端的排列次序是 3 位二进制数的倒位序。例如 $4 = (100)_2$，其倒位序为 $(001)_2 = 1$，这正是图中 $x[4]$ 的位置。另一例子 $5 = (101)_2$，其倒位序取值不变。

不难理解为什么按时间抽取 FFT 算法的输入顺序是倒位序排列。在序号的二进制表示中，最低位决定奇偶性，最高位决定前一半和后一半。在按时间抽取的分解时，用最低位（序号的奇偶性）决定了被分到上一半还是下一半，因此实际上由最低位和最高位进行了交换；在下一次分解时，原最高位和最低位都不再起作用，次高位和次低位交换；当分解过程一直进行下去，到最后一级时，二进制位完成了倒位序过程。

注意到，在分解过程中，FFT 的输出顺序保持原来的顺序，称为正位序。

在用数字系统实现 FFT 时，有一些专用处理器内部带有进行倒位序运算的单元，方便 FFT 的编程实现。在用通用计算机编程实现 FFT 运算时，可以通过编写一个专用子程序

巧妙地实现倒位序运算。

3.6.2 按频率抽取基 2-FFT 算法

与时间抽取 FFT 的推导不同,换一种思路,将长序列的前后各一半分开,观察会得到什么结果

$$X[k] = \sum_{n=0}^{\frac{N}{2}-1} x[n] W_N^{nk} + \sum_{n=\frac{N}{2}}^{N-1} x[n] W_N^{nk}$$

$$= \sum_{n=0}^{\frac{N}{2}-1} x[n] W_N^{nk} + \sum_{n=0}^{\frac{N}{2}-1} x\left[n+\frac{N}{2}\right] W_N^{\left(n+\frac{N}{2}\right)k} \qquad (3.46)$$

$$= \sum_{n=0}^{\frac{N}{2}-1} \left\{ x[n] + x\left[n+\frac{N}{2}\right] (-1)^k \right\} W_N^{nk}$$

在式(3.46)中,仅考虑 $k=2r$ 的偶数序号 DFT 系数,得到

$$X[2r] = \sum_{n=0}^{\frac{N}{2}-1} \left\{ x[n] + x\left[n+\frac{N}{2}\right] \right\} W_{\frac{N}{2}}^{rn} = \sum_{n=0}^{\frac{N}{2}-1} e[n] W_{\frac{N}{2}}^{rn} = E[r] \qquad (3.47)$$

仅考虑 $k=2r+1$ 的奇数序号 DFT 系数,得到

$$X[2r+1] = \sum_{n=0}^{\frac{N}{2}-1} \left\{ x[n] - x\left[n+\frac{N}{2}\right] \right\} W_N^n W_{\frac{N}{2}}^{rn} = \sum_{n=0}^{\frac{N}{2}-1} f[n] W_{\frac{N}{2}}^{rn} = F[r] \qquad (3.48)$$

在式(3.47)和式(3.48)中,对偶数序号和奇数序号 DFT 系数的计算,相当于先定义如式(3.49)和式(3.50)所表示的两个 $N/2$ 点长的序列,然后做 $N/2$ 点 DFT,即

$$e[n] = x[n] + x\left[n+\frac{N}{2}\right], \quad 0 \leqslant n < N/2 \qquad (3.49)$$

$$f[n] = \left\{ x[n] - x\left[n+\frac{N}{2}\right] \right\} W_N^n, \quad 0 \leqslant n < N/2 \qquad (3.50)$$

以 $N=8$ 为例,这个分解过程如图 3.18 所示。

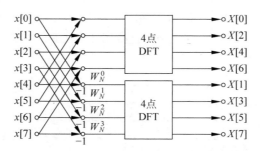

图 3.18 按频率抽取 FFT 的第一次分解流图

与时间抽取情况类似,第一步分解可节省约一半运算量。可继续分解,第二级分解为

$$a[n] = e[n] + e\left[n+\frac{N}{4}\right], \quad 0 \leqslant n < N/4$$

$$b[n] = \left\{ e[n] - e\left[n + \frac{N}{4}\right] \right\} W_{N/2}^n = \left\{ e[n] - e\left[n + \frac{N}{4}\right] \right\} W_N^{2n}, \quad 0 \leqslant n < N/4$$

$$c[n] = f[n] + f\left[n + \frac{N}{4}\right], \quad 0 \leqslant n < N/4$$

$$d[n] = \left\{ f[n] - f\left[n + \frac{N}{4}\right] \right\} W_{N/2}^n = \left\{ f[n] - f\left[n + \frac{N}{4}\right] \right\} W_N^{2n}, \quad 0 \leqslant n < N/4$$

显然

$$X[4r] = E[2r] = \sum_{n=0}^{\frac{N}{4}-1} a[n] W_{\frac{N}{4}}^{rn} = A[k]$$

$$X[4r+2] = E[2r+1] = \sum_{n=0}^{\frac{N}{4}-1} b[n] W_{\frac{N}{4}}^{rn} = B[k]$$

$$X[4r+1] = F[2r] = \sum_{n=0}^{\frac{N}{4}-1} c[n] W_{\frac{N}{4}}^{rn} = C[k]$$

$$X[4r+3] = F[2r+1] = \sum_{n=0}^{\frac{N}{4}-1} d[n] W_{\frac{N}{4}}^{rn} = D[k]$$

以 $N=8$ 为例，第二级分解过程如图 3.19 所示。

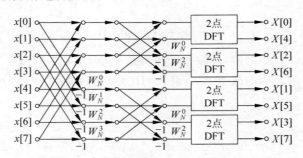

图 3.19 按频率抽取 FFT 的第二次分解流图

这种分解过程一直持续下去，直到只剩下 2 点长序列，2 点长序列直接实现即可。以 $N=8$ 为例，第二级分解后只剩下 2 点序列，直接用 2 点 DFT 的蝶形实现，完整的计算过程如图 3.20 所示。

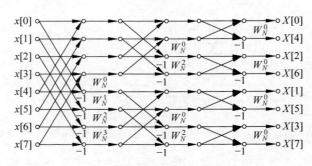

图 3.20 8点序列按频率抽取 FFT 的流图

由于这种分解算法,在每一步都将 DFT 系数(频域序号)分成偶序号和奇数序号分别运算,因此称为按频率抽取的基 2-FFT 算法。它的基本运算蝶形图如图 3.21 所示,显然其乘法和加法运算量与按时间抽取基 2-FFT 算法一致。

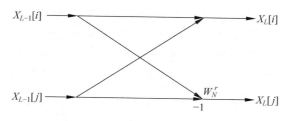

图 3.21　按频率抽取 FFT 的蝶形计算结构

注意到,按频率抽取 FFT 流程中,输入是按正位序排列的,输出是倒位序。

注意到,不管是时间抽取或频率抽取,基 2-FFT 的序号 n 和 k 互为倒序。还要注意到,不管是时间抽取还是频率抽取,蝶形运算结构都是从前一级的两个位置取出数据,经蝶形运算后,结果放置回相同的位置。这种运算结构称为同址运算,可有效节省运算过程中的存储器空间。

3.6.3　基 4 和分裂基 FFT

设 $N=4^m$,类似于基 2 分解的方式讨论基 4-FFT 算法。设 $N=4N_1$,将序列分成 4 个子序列,这里只讨论按时间抽取的基 4-FFT,故按照序号对 4 取余,分成 4 个子序列。

$$n=4m_0+n_0 \tag{3.51}$$

这里 $0\leqslant m_0<N_1$,$0\leqslant n_0<4$,n_0 表示每个子序列,m_0 表示子序列中的序号。

输出序号 k 按下式分解

$$k=N_1 k_{m-1}+\ell_{m-1} \tag{3.52}$$

这个式子是按时间抽取基 2-FFT 输出合成的推广,4 个子序列的 N_1 点 DFT 系数,用序号 ℓ_{m-1} 表示,且 $0\leqslant \ell_{m-1}<N_1$,4 个子序列 DFT 系数中,序号 ℓ_{m-1} 取值相等的一组(4 个)值构成一个 4 蝶形,4 蝶形的输出序号用 k_{m-1},$0\leqslant k_{m-1}<4$ 表示,4 个输出值在最终 DFT 系数列中间隔为 N_1,故 DFT 输出序号表示为式(3.52)。

用稍紧凑一点的表示方法,描述第一次分解过程为

$$
\begin{aligned}
X[k] &= \sum_{n_0=0}^{3}\sum_{m_0=0}^{N_1-1} x[4m_0+n_0]W_N^{(4m_0+n_0)(N_1 k_{m-1}+\ell_{m-1})}\\
&= \sum_{n_0=0}^{3}\left\{\left(\sum_{m_0=0}^{N_1-1} x[4m_0+n_0]W_{N_1}^{m_0\ell_{m-1}}\right)W_N^{n_0\ell_{m-1}}\right\}W_4^{n_0 k_{m-1}}\\
&= \sum_{n_0=0}^{3}\left\{X[\ell_{m-1},n_0]W_N^{n_0\ell_{m-1}}\right\}W_4^{n_0 k_{m-1}}
\end{aligned}
\tag{3.53}
$$

上式第二行中,小括号内是每个子序列的 DFT,即

$$X[\ell_{m-1},n_0]=\sum_{m_0=0}^{N_1-1} x[4m_0+n_0]W_{N_1}^{m_0\ell_{m-1}},\quad 0\leqslant \ell_{m-1}<N_1$$

针对子序列标号不同，乘以不同的旋转因子 $W_N^{n_0\ell_{m-1}}$，然后通过 4 蝶形运算合成 N 点 DFT。

图 3.22 是以 $N=64$ 为例的按时间抽取基 4-FFT 的第一次分解的部分流程图。由于 $m=3$，故图中 $\ell_{m-1}=\ell_2$，4 个 16 点 DFT 分别对应 n_0 的 4 个取值，每个 16 点 DFT 输出序号用 ℓ_2 表示。由于复杂性原因，在一张图上已经无法清晰地画出所有蝶形运算，只画出了一个完整 4 蝶形的示意图，图 3.23 单独画出了一个标准 4 蝶形运算。

与基 2 一样，式（3.53）中的每一个 N_1 点 DFT 可继续分解，直到分解为 4 点为止。通过对每一级分解和每一个 4 蝶形运算量的统计，可以得到基 4-FFT 的乘法运算量为

$$m_c = 3 \times \frac{N}{4} \times (m-1) \approx \frac{3}{4}Nm = \frac{3}{4}N\log_4 N$$

$$= \frac{3}{4}N\left(\frac{1}{2}\log_2 N\right) = \frac{3}{4}\left(\frac{N}{2}\log_2 N\right)$$

可见，基 4-FFT 比基 2-FFT 进一步减少乘法运算次数。

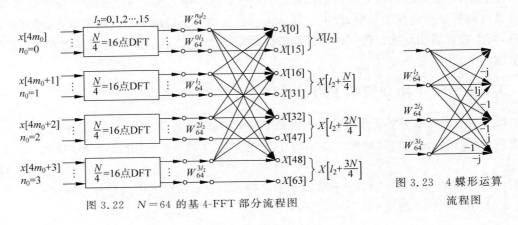

图 3.22　$N=64$ 的基 4-FFT 部分流程图

图 3.23　4 蝶形运算流程图

直接实现 4 蝶形需要 12 次加法，故加法运算量为

$$a_c = 12 \times \frac{N}{4} \times (m-1) \approx 3Nm = 3N\log_4 N = \frac{3}{2}N\log_2 N$$

可见，基 4-FFT 的加法运算量高于基 2-FFT。若对每一个基 4 蝶形重新安排一下运算（分解成 2 蝶形的级联，如同 4 点序列的基 2-FFT 实现，见习题）则只需 8 次加法，这样基 4-FFT 的加法运算与基 2-FFT 的相等。

分裂基　分裂基是基 2 和基 4 两种 FFT 的结合。尽管 1965 年就提出了基 2-FFT，基 4-FFT 是基 2 的直接推广，但分裂基却晚了近 20 年。直到 1984 年由杜阿梅尔（P Dohamel）和霍尔曼（H Hollmann）提出。

在按时间抽取基 2-FFT 的算法流程中，偶数序号构成的子序列产生的 DFT 系数没有加旋转因子，奇数序号子序列的 DFT 系数都加了旋转因子。由于基 4-FFT 进一步减少乘法运算，以此为启发，将奇数序号进一步再分成两个子序列，这样就构成了 3 个子序列，即

$$x_1[r] = x[2r], \quad 0 \le r \le \frac{N}{2} - 1$$

$$x_2[l] = x[4l+1], \quad 0 \le l \le \frac{N}{4} - 1$$

$$x_3[l] = x[4l+3], \quad 0 \leqslant l \leqslant \frac{N}{4}-1$$

将原序列的 DFT 分解成三个子序列的 DFT 的组合,进行类似基 2 或基 4 的推导得到

$$X[k] = X_1[((k))_{N/2}] + W_N^k X_2[((k))_{N/4}] + W_N^{3k}[X_2((k))_{N/4}], \quad 0 \leqslant k \leqslant N-1$$

将上式分成 4 段,针对 $0 \leqslant k \leqslant \dfrac{N}{4}-1$ 得到

$$X[k] = X_1[k] + W_N^k X_2[k] + W_N^{3k} X_3[k]$$

$$X\left[k+\frac{N}{4}\right] = X_1\left[k+\frac{N}{4}\right] + W_N^{(k+\frac{N}{4})} X_2\left[\left(\left(k+\frac{N}{4}\right)\right)_{\frac{N}{4}}\right] + W_N^{3(k+\frac{N}{4})} X_3\left[\left(\left(k+\frac{N}{4}\right)\right)_{\frac{N}{4}}\right]$$

$$= X_1\left[k+\frac{N}{4}\right] - \mathrm{j}(W_N^k X_2[k] - W_N^{3k} X_3[k])$$

$$X\left[k+\frac{N}{2}\right] = X_1\left[\left(\left(k+\frac{N}{2}\right)\right)_{\frac{N}{2}}\right] + W_N^{(k+\frac{N}{2})} X_2\left[\left(\left(k+\frac{N}{2}\right)\right)_{\frac{N}{4}}\right]$$

$$+ W_N^{3(k+\frac{N}{2})} X_3\left[\left(\left(k+\frac{N}{2}\right)\right)_{\frac{N}{4}}\right]$$

$$= X_1[k] - W_N^k X_2[k] - W_N^{3k} X_3[k]$$

$$X\left[k+\frac{3N}{4}\right] = X_1\left[\left(\left(k+\frac{3N}{4}\right)\right)_{\frac{N}{2}}\right] + W_N^{(k+\frac{3N}{4})} X_2\left[\left(\left(k+\frac{3N}{4}\right)\right)_{\frac{N}{4}}\right]$$

$$+ W_N^{3(k+\frac{3N}{4})} X_3\left[\left(\left(k+\frac{3N}{4}\right)\right)_{\frac{N}{4}}\right]$$

$$= X_1\left[k+\frac{N}{4}\right] + \mathrm{j}(W_N^k X_2[k] - W_N^{3k} X_3[k])$$

稍加整理,重新写为

$$\begin{cases} X[k] = X_1[k] + W_N^k X_2[k] + W_N^{3k} X_3[k], \\ X\left[k+\dfrac{N}{2}\right] = X_1[k] - (W_N^k X_2[k] + W_N^{3k} X_3[k]), \\ X\left[k+\dfrac{N}{4}\right] = X_1\left[k+\dfrac{N}{4}\right] - \mathrm{j}(W_N^k X_2[k] - W_N^{3k} X_3[k]), \\ X\left[k+\dfrac{3N}{4}\right] = X_1\left[k+\dfrac{N}{4}\right] + \mathrm{j}(W_N^k X_2[k] - W_N^{3k} X_3[k]), \end{cases} \quad 0 \leqslant k \leqslant \dfrac{N}{4}-1 \quad (3.54)$$

图 3.24 给出分裂基实现的流图。与基 4 情况一样,图中只完整画出了一个蝶形,分裂基的蝶形结构更一般地表示在图 3.25 中。

注意到分裂基的特点,它的蝶形是倒 L 型的,同时存在不同点数的 DFT 需要进一步分解。分裂基运算量的统计留作习题,乘法和加法运算量的近似结果分别为

$$m_c = \frac{1}{3} N \log_2 N$$

$$a_c = N \log_2 N$$

分裂基的乘法运算量比基 2-FFT 节省 33%,加法运算量相同。在所讨论的基 2、基 4 和分裂基 FFT 中,分裂基运算量最少,实现结构比基 2-FFT 稍复杂。分裂基要求 $N=2^m$ 而不是基 4 的 $N=4^m$,对序列长度的要求与基 2 相同,比基 4 算法灵活。综合来讲,分裂基在算

法有效性和复杂性方面取得了好的平衡。

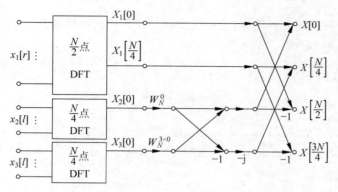

图 3.24　分裂基实现流图

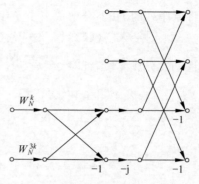

图 3.25　分裂基的蝶形结构

3.6.4　滑窗 FFT 算法

如果数据做 DFT 时是滑动处理的，即每次处理之后，观察窗移动一个采样点。起始做如下序列的 FFT

$$x\,[0]\,,x\,[1]\,,x\,[2]\,,\cdots,x\,[N-1]$$

滑动一步，做如下序列的 FFT

$$x\,[1]\,,x\,[2]\,,\cdots,x\,[N-1]\,,x\,[N]$$
$$\vdots$$

滑动 m 步，做如下序列的 FFT

$$x\,[m]\,,x\,[m+1]\,,\cdots,x\,[m+N-2]\,,x\,[m+N-1]$$

现假设已计算出第 m 步的 DFT 结果 $X_m\,[k]$，求下次滑动后的 DFT 结果。根据 DFT 的定义，第 m 步的 DFT 为

$$X_m\,[k]=\sum_{n=0}^{N-1}x\,[m+n]\,W_N^{nk}$$

第 $m+1$ 步的 DFT 为

$$
\begin{aligned}
X_{m+1}\,[k] &= \sum_{n=0}^{N-1}x\,[m+1+n]\,W_N^{nk}\\
&= \sum_{n=-1}^{N-2}x\,[m+1+n]\,W_N^{nk}+x\,[m+N]\,W_N^{-k}-x\,[m]\,W_N^{-k}\\
&= W_N^{-k}\sum_{n'=0}^{N-1}x\,[m+n']\,W_N^{n'k}+x\,[m+N]\,W_N^{-k}-x\,[m]\,W_N^{-k}\\
&= W_N^{-k}\{X_m\,[k]+x\,[m+N]-x\,[m]\}
\end{aligned}
\tag{3.55}
$$

可见滑动一步之后的 DFT 可从上一步的 DFT 结果加上滑进窗内的新数据与滑出窗外的老数据之差，再乘以旋转因子 W_N^{-k} 得到。

滑动 DFT 算法的优点是计算量比直接做 FFT 还要小。如果起始完成一次 FFT（假设采用基 2 算法）之后滑动 M 步，则总的复数乘法计算量为

$$\frac{1}{2}N\log_2 N + MN$$

平均每一步滑动 DFT 的计算量为

$$\frac{N}{2M}\log_2 N + N$$

当 $M \approx N$ 时,平均每步 DFT 的计算量为 $O(N)$。

滑动 DFT 的另一个优点是,滑动过程中可以不必计算所有频点的变换结果,而只计算所关心的频点的 DFT 结果,这对某些应用而言可以进一步减少计算量。

以上讨论了每次只滑动一步,若滑动 M 步则由 M 次一步滑动构成,也可以讨论一次直接滑动 M 步的情况,其详细推导留作练习。

由于滑动过程实际上是一个积累过程,因此滑动 DFT 存在误差稳定性的问题。一旦由于某种原因在滑动计算过程中引入某个误差,这个误差将保持在滑动计算结果中,直至下次重新计算一次起始 FFT 才能将这个误差清除。

*3.6.5　组合数 FFT 算法简述

将 FFT 的分解思想应用到任意组合数的情况。假定 N 是一个组合数,可以表达成 v 个因子的乘积

$$N = N_1 N_2 \cdots N_v$$

例如,$N = 3 \times 2 \times 5$ 是一个组合数的例子。

为了简化表示,用 $N_{a\sim b}$ 表示下标从 a 到 b 的连乘,即

$$N_{a\sim b} = N_a \cdots N_b$$

这样

$$N = N_{1\sim v}$$

则任意 $n = 0, 1, \cdots, N-1$ 可以表示为

$$n = n_0 + n_1 N_1 + n_2 N_{1\sim 2} + \cdots + n_{v-1} N_{1\sim v-1}$$

其中

$$n_0 = 0, 1, \cdots, N_1 - 1$$
$$n_1 = 0, 1, \cdots, N_2 - 1$$
$$\vdots$$
$$n_{v-1} = 0, 1, \cdots, N_v - 1$$

任意 $k = 0, 1, \cdots, N-1$ 可以表示为

$$k = k_0 + k_1 N_v + k_2 N_{v\sim v-1} + \cdots + k_{v-1} N_{v\sim 2}$$

其中

$$k_0 = 0, 1, \cdots, N_v - 1$$
$$k_1 = 0, 1, \cdots, N_{v-1} - 1$$
$$\vdots$$
$$k_{v-1} = 0, 1, \cdots, N_1 - 1$$

DFT 的变换基可以表示为

$$W_N^{nk} = W_N^{(n_0 + n_1 N_1 + n_2 N_{1\sim 2} + \cdots + n_{v-1} N_{1\sim v-1})k}$$

$$= W_N^{n_0 k} W_N^{n_1 N_1 k} W_N^{n_2 N_{1\sim 2} k} \cdots W_N^{n_{\upsilon-1} N_{1\sim\upsilon-1} \cdot k}$$

$$= W_N^{n_0 k} W_{N/N_1}^{n_1 k} W_{N/N_{1\sim 2}}^{n_2 k} \cdots W_{N/N_{1\sim\upsilon-1}}^{n_{\upsilon-1} k}$$

$$= W_{N_{1\sim\upsilon}}^{n_0 k} W_{N_{2\sim\upsilon}}^{n_1 k} W_{N_{3\sim\upsilon}}^{n_2 k} \cdots W_{N_\upsilon}^{n_{\upsilon-1} k}$$

根据 DFT 的定义

$$X[k] = \sum_{n=0}^{N-1} x[n = n_0 + n_1 N_1 + \cdots + n_{\upsilon-1} N_{1\sim\upsilon-1}] W_N^{nk}$$

$$= \sum_{n_0=0}^{N_1-1} W_{N_{1\sim\upsilon}}^{n_0 k} \sum_{n_1=0}^{N_2-1} W_{N_{2\sim\upsilon}}^{n_1 k} \cdots \sum_{n_{\upsilon-1}=0}^{N_\upsilon-1} x[n] W_{N_\upsilon}^{n_{\upsilon-1} k}$$

可见，DFT 可以分 υ 步逐步计算。第一步令

$$G_{k_0}[n'] = \sum_{n_{\upsilon-1}=0}^{N_\upsilon-1} x[n' + n_{\upsilon-1} N_{1\sim\upsilon-1}] W_{N_\upsilon}^{n_{\upsilon-1} k_0}, \quad n' = 0, 1, \cdots, N_{1\sim\upsilon-1} - 1$$

这样的子序列一共有 N_υ 个，每个序列的长度为 $N_{1\sim\upsilon-1}$。对每个这样的子序列再进行下一步计算，令

$$G_{k_1 k_0}[n'] = \sum_{n_{\upsilon-2}=0}^{N_{\upsilon-1}-1} G_{k_0}[n' + n_{\upsilon-2} N_{1\sim\upsilon-2}] W_{N_{\upsilon-1}}^{n_{\upsilon-2}(k_0 + k_1 N_\upsilon)}, \quad n' = 0, 1, \cdots, N_{1\sim\upsilon-2} - 1$$

对每一个 k_0，这样的子序列共有 $N_{\upsilon\sim\upsilon-1}$ 个，每个序列的长度为 $N_{1\sim\upsilon-2}$。如此重复计算，第 m 步有

$$G_{k_{m-1}\cdots k_1 k_0}[n'] = \sum_{n_{\upsilon-m}=0}^{N_{\upsilon-m+1}-1} G_{k_{m-2}\cdots k_1 k_0}[n' + n_{\upsilon-m} N_{1\sim\upsilon-m}] W_{N_{\upsilon\sim\upsilon-m+1}}^{n_{\upsilon-m} k}, \quad n' = 0, 1, \cdots, N_{1\sim\upsilon-m} - 1$$

对每个给定的 $k_{m-2}\cdots k_1 k_0$，这样的子序列共有 $N_{\upsilon\sim\upsilon-m+1}$ 个，每个序列的长度为 $N_{1\sim\upsilon-m}$。如此重复计算直至子序列长度为 1 止，一共要计算 υ 步。每一步蝶形的复数乘法次数为 $N_{\upsilon\sim\upsilon-m+1} N_{1\sim\upsilon-m} N_{\upsilon-m+1} = N N_{\upsilon-m+1}$，复数加法次数为

$$N_{1\sim\upsilon-m} N_{\upsilon\sim\upsilon-m+1}(N_{\upsilon-m+1} - 1) = N(N_{\upsilon-m+1} - 1)$$

故总的计算量为：复数乘法

$$\sum_{m=1}^{\upsilon} (N N_{\upsilon-m+1}) = N \sum_{m=0}^{\upsilon-1} N_{\upsilon-r} = N \sum_{m=1}^{\upsilon} N_m$$

复数加法

$$\sum_{m=1}^{\upsilon} N(N_m - 1)$$

计算量比直接计算 DFT 所需的 N^2 要少很多，且 k 和 n 是位（digit）倒序关系（称为广义倒序关系）。

3.6.6　快速傅里叶反变换

对于 IDFT，导出快速算法的思路与 DFT 几乎一致。由于反变换和正变换的计算结构如此相似，不再单独导出快速傅里叶反变换（IFFT）算法，而是采用 FFT 实现 IFFT。由 IDFT 的定义

$$x[n] = \text{IDFT}\{X[k]\} = \frac{1}{N} \sum_{k=0}^{N-1} X[k] W_N^{-kn} = \frac{1}{N} \left(\sum_{k=0}^{N-1} X^*[k] W_N^{kn} \right)^*$$

上式中,括号内的运算与 DFT 运算完全一致,只是需要以 $X^*[k]$ 为输入序列,故以 FFT 运算单元实现 IFFT 的过程如下:

(1) 以 $X^*[k]$ 作为输入,执行 FFT 运算;

(2) FFT 输出取共轭并除以 N,得到反变换 $x[n]$。

3.7 CZT 算法

DFT 和其标准 FFT 算法都有其局限性。当 DFT 的输入 N 点,输出 N 点,DFT 系数均匀分布于 z 平面单位圆,两个系数的频域间隔为 $\dfrac{2\pi}{N}$。可见,DFT 有如下局限性:

(1) 当输入采样点数很少时,若希望 DFT 输出的频率点数较多,则需要补零做大点数 FFT,增加了计算量;

(2) 对于窄带信号,希望通带内采样点密,带外疏,或根本不用计算,用 DFT 计算需计算全部密集采样点,再取所需的一部分;

(3) 难以准确得到信号的"自然频率"位置,DFT 系数代表的是信号频谱在 $\dfrac{2\pi}{N}k$,而不是任意感兴趣点的取值。

例 3.7.1 设一个带通信号,采样获得了 $N=150$ 个点,希望只分析在 $\dfrac{\pi}{4}\sim\dfrac{3\pi}{8}$ 之间的频谱,希望在这 $\dfrac{\pi}{8}$ 的间隔内,获得 128 点的采样密度,即两个 DFT 系数对应的频率间隔为 $\dfrac{\pi}{8\times128}$,如果用 DFT(通过 FFT 计算),需要计算的总点数是 $L=128\times\dfrac{2\pi}{\pi/8}=2048$,由于采样点只有 150 点,因此,需要补上 $L-N=1898$ 个零,然后做 $L=2048$ 点 FFT,FFT 结束后取出相当于频率 $\dfrac{\pi}{4}\sim\dfrac{3\pi}{8}$ 的 128 个系数,即 $X[256]\sim X[384]$ 的点。

CZT 变换相当于是一种广义的 DFT,同时也可以进一步利用快速卷积方法给出 CZT 的快速算法。相比于 DFT 是对 z 变换在单位圆上的均匀采样,CZT 变换相当于是在 z 平面一个更一般曲线上的采样值。如图 3.26,左侧是 DFT 在 z 平面的部分采样点,右图是 CZT 在 z 平面的部分采样点,CZT 的采样点是位于一条螺旋线上的。

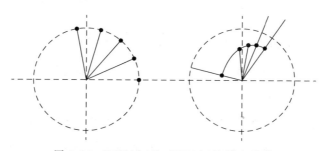

图 3.26 DFT(左)和 CZT(右)取样点比较

对于 N 点序列，CZT 计算 M 个输出，N 和 M 可以相等，也可以不等。CZT 的一般定义为

$$X_{CZ}(z)\big|_{z=z_k} = \sum_{n=0}^{N-1} x[n] z_k^{-n}, \quad k=0,1,\cdots,M-1 \tag{3.56}$$

其中

$$z_k = AW^{-k}, \quad 0 \leqslant k \leqslant M-1$$

更细致地取

$$z_k = (A_0 e^{j\theta_0})(W_0 e^{-j\phi_0})^{-k}$$

实际上 z_k 中的 $A=A_0 e^{j\theta_0}$ 代表第一个采样点在 z 平面的位置，$W=W_0 e^{-j\phi_0}$ 表示每一个采样点在 z 平面的步进关系，ϕ_0 表示两个采样点对应的角度差，W_0 表示采样曲线的形式。$W_0 > 1$，螺线向中心弯曲；$W_0 < 1$，螺线远离中心弯曲；若取 $W_0 = 1$，$A_0 = 1$，则采样点位于单位圆上，但起始点由 θ_0 确定。

例 3.7.2 若取 $\theta_0 = 0$，$\phi_0 = \dfrac{2\pi}{N}$，$W_0 = A_0 = 1$，$N=M$，显然 CZT 就退化为 DFT；若取 $\theta_0 = \dfrac{\pi}{4}$，$\phi_0 = \dfrac{2\pi}{2048}$，$W_0 = A_0 = 1$，$N=150$，$M=128$，用 CZT 即可只计算例 3.7.1 要求的 $\dfrac{\pi}{4} \sim \dfrac{3\pi}{8}$ 之间的频谱。

如下导出利用卷积计算 CZT 的算法，由

$$X_{CZ}(z_k) = \sum_{n=0}^{N-1} x[n] z_k^{-n} = \sum_{n=0}^{N-1} x[n] A^{-n} W^{nk}, \quad 0 \leqslant k \leqslant M-1$$

利用

$$nk = \frac{1}{2}\left[n^2 + k^2 - (k-n)^2\right]$$

代入上式得到

$$X_{CZ}(z_k) = \sum_{n=0}^{N-1} x[n] A^{-n} W^{\frac{1}{2}n^2} W^{-\frac{1}{2}(k-n)^2} W^{\frac{1}{2}k^2}$$

$$= W^{\frac{1}{2}k^2} \sum_{n=0}^{N-1} (x[n] A^{-n} W^{\frac{1}{2}n^2}) W^{-\frac{1}{2}(k-n)^2} \tag{3.57}$$

如果定义两个新序列

$$f[n] = x[n] A^{-n} W^{\frac{1}{2}n^2}, \quad 0 \leqslant n < N \tag{3.58}$$

$$h[n] = W^{-\frac{1}{2}n^2}, \quad -(N-1) \leqslant n \leqslant M-1 \tag{3.59}$$

代入 CZT 表示式得

$$X_{CZ}(z_k) = W^{\frac{1}{2}k^2} \sum_{n=0}^{N-1} f[n] h[k-n] = W^{\frac{1}{2}k^2} f[k] * h[k] \tag{3.60}$$

此式将 CZT 表示成两个序列的卷积形式。以卷积方式实现 CZT 计算的方框图如图 3.27 所示。

由于两个有限长序列的卷积可用 DFT 来计算，故可用 FFT 实现 CZT 的卷积计算形

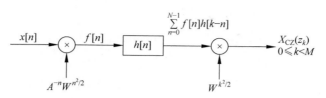

图 3.27 CZT 计算的卷积结构

式,若取 FFT 的长度 $L \geqslant N+M-1$,通过周期延拓得到 $h[n]$ 在 $0 \leqslant n \leqslant L-1$ 的取值,如图 3.28 所示。

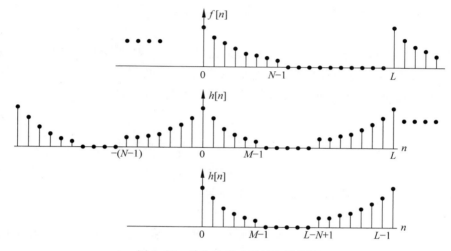

图 3.28 单位抽样响应的取值范围

用 FFT 计算 CZT 的方框图如图 3.29 所示,算法详细表述为如下步骤:

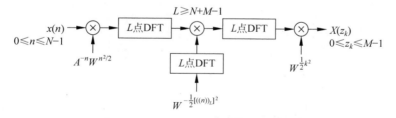

图 3.29 CZT 的 FFT 实现结构

(1) 选择可用 FFT 计算的点数,取 $L=2^m$;

(2) 计算 $f[n]=\begin{cases} x[n]\left[A^{-n}W^{\frac{n^2}{2}}\right], & 0 \leqslant n < N \\ 0, & N \leqslant n < L \end{cases}$;($N$ 次乘法)

(3) 计算 $\mathrm{DFT}\{f[n]\}=F[k]$;$\left(\dfrac{1}{2}L \log_2 L \text{ 次乘法}\right)$

（4）计算

$$
h[n] = \begin{cases} W^{-n^2/2}, & 0 \leqslant n \leqslant M-1 \\ 0, & M \leqslant n < L-N \\ W^{-(L-n)^2/2}, & L-N+1 \leqslant n < L \end{cases} ;
$$

（5）计算 $\mathrm{DFT}\{h[n]\} = H[k], 0 \leqslant k \leqslant L-1$；

（6）计算 $H[k]F[k]$；（L 次乘法）

（7）计算 $y[k] = \mathrm{IDFT}\{H[k]F[k]\}$；$\left(\dfrac{1}{2} L \log_2 L \text{ 次乘法}\right)$

（8）取 $y[k]$ 的 L 点中的前 M 点并乘权值：$X_{\mathrm{CZ}}(z_k) = W^{\frac{1}{2}k^2} y[k]$，　$0 \leqslant k \leqslant M-1$。
（M 次乘法）

在该算法实现中，由于 $h[n]$ 是预先已知的量，因此（4）和（5）两步可预先计算好，在实际操作时不需要运算量。其他各步的运算量放在算法表述的括号中。注意到，这里只统计了乘法次数，并假设用的是基 2-FFT，若采用分裂基等其他 FFT 算法可相应调整系数。集中起来总乘法运算量为

$$
\begin{aligned}
m_{\mathrm{cf}} &= N + \frac{1}{2} L \log_2 L + L + \frac{1}{2} L \log_2 L + M \\
&= L(\log_2 L + 1) + M + N
\end{aligned} \tag{3.61}
$$

不难统计，直接用卷积计算 CZT，需要乘法运算量

$$
m_{\mathrm{cc}} = NM \tag{3.62}
$$

例 3.7.3　对例 3.7.1 的计算任务，用 CZT 完成，如例 3.7.2 讨论的，$N=150, M=128$，用直接卷积实现 CZT，需要运算量

$$
m_{\mathrm{cc}} = 150 \times 128 = 19\,200
$$

若使用 FFT 计算 CZT，利用基 2-FFT 算法，故取 $L=512$，得到运算量

$$
m_{\mathrm{cc}} = 512 \times (9+1) + 150 + 128 = 5398
$$

若采用例 3.7.1 所示的 2048 点 FFT，乘法运算量为

$$
m_{\mathrm{c}} = 2048 \times 11/2 = 11\,264
$$

在这个任务中，利用 FFT 的 CZT 算法，运算量最低。

3.8　离散余弦变换及其快速算法

除了 DFT 外，数字信号处理领域还存在多种离散正交变换，其中有些变换也得到了重要应用。例如 DCT 变换特别适用于信号压缩问题，在当前的数字图像和数字视频压缩标准中被广泛采用。

3.8.1　离散余弦变换

离散余弦变换（DCT）广泛应用于信息压缩中，一维 DCT 变换的基函数集是

$$a_k[n] = \begin{cases} \dfrac{1}{\sqrt{N}}, & k=0, 0 \leqslant n \leqslant N-1 \\[3mm] \sqrt{\dfrac{2}{N}} \cos \dfrac{\pi(2n+1)k}{2N}, & 1 \leqslant k \leqslant N-1, 0 \leqslant n \leqslant N-1 \end{cases} \quad (3.63)$$

因此,矢量 $\boldsymbol{x} = [x[0], x[1], \cdots, x[N-1]]^{\mathrm{T}}$ 的一维 DCT 定义为

$$X_{\mathrm{DCT}}[k] = \partial[k] \frac{1}{\sqrt{N}} \sum_{n=0}^{N-1} x[n] \cos \left[\frac{\pi(2n+1)k}{2N} \right], \quad 0 \leqslant k \leqslant N-1 \quad (3.64)$$

这里

$$\begin{cases} \partial[0] = 1 \\ \partial[k] = \sqrt{2}, & 1 \leqslant k \leqslant N-1 \end{cases}$$

反变换(IDCT)为

$$x[n] = \frac{1}{\sqrt{N}} \sum_{k=0}^{N-1} \partial[k] X_{\mathrm{DCT}}[k] \cos \left[\frac{\pi(2n+1)k}{2N} \right] \quad (3.65)$$

很容易验证式(3.63)的基函数集满足正交性和完备性,因此式(3.64)和式(3.65)构成正交变换对。DCT 的由来还可以从几个方面来理解。DCT 可看作 KL 变换的一种逼近,KL 变换可去除变换序列中的相关性,是信源编码中最理想的变换。但 KL 变换实现复杂,基函数集不定,限制了其实际应用。人们证明,DCT 变换是 KL 变换的一种良好的逼近。正是如此,DCT 在图像和视频编码标准中被广泛采用。由于 DFT 变换的物理概念明确,接下来讨论 DCT 与 DFT 的关系,以此帮助理解 DCT 的物理意义。

1. DCT 与 DFT 的关系

可以通过序列延拓建立 DFT 和 DCT 之间的关系,对于 N 点序列 $x[n]$,通过对称性延拓得到序列 $x_2[n]$ 为

$$x_2[n] = \begin{cases} x[n], & 0 \leqslant n < N \\ x[2N-n-1], & N \leqslant n < 2N-1 \end{cases}$$
$$(3.66)$$

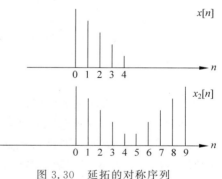

图 3.30　延拓的对称序列

序列 $x_2[n]$ 是长度 $2N$ 的对称性序列。图 3.30 示出了 $N=5$ 的序列对称延拓成 $N=10$ 序列的例子。

对 $x_2[n]$ 做 $2N$ 点 DFT 得到

$$\begin{aligned} X_2[k] &= \sum_{n=0}^{2N-1} x_2[n] W_{2N}^{kn} \\ &= \sum_{n=0}^{N-1} x[n] W_{2N}^{kn} + \sum_{n=N}^{2N-1} x[2N-n-1] W_{2N}^{kn} \end{aligned}$$

对第二个求和项做变量替换为 $n' = 2N-n-1$,得

$$X_2[k] = \sum_{n=0}^{N-1} x[n] W_{2N}^{kn} + \sum_{n'=N-1}^{0} x[n'] W_{2N}^{k(2N-n'-1)}$$

$$= \sum_{n=0}^{N-1} x[n] \left[e^{-j\frac{\pi}{2N} \cdot 2kn} + e^{j\frac{\pi}{2N} k(2n+2)} \right]$$

$$= \sum_{n=0}^{N-1} x[n] e^{j\frac{\pi}{2N} k} \left[e^{-j\frac{\pi}{2N} k(2n+1)} + e^{j\frac{\pi}{2N} k(2n+1)} \right]$$

$$= 2 e^{j\frac{\pi}{2N} k} \sum_{n=0}^{N-1} x[n] \cos \frac{\pi k(2n+1)}{2N}$$

对比式(3.64)有

$$X_2[k] = \begin{cases} 2\sqrt{N} X_{\mathrm{DCT}}[0], & k = 0 \\ \sqrt{2N} e^{j\frac{\pi}{2N} k} X_{\mathrm{DCT}}[k], & 0 < k < N \end{cases} \tag{3.67}$$

或由 $2N$ 点 DFT 系数 $X_2[k]$ 表示 DCT 系数为

$$X_{\mathrm{DCT}}[k] = \begin{cases} \dfrac{1}{2\sqrt{N}} X_2[0], & k = 0 \\ \dfrac{1}{\sqrt{2N}} e^{-j\frac{\pi}{2N} k} X_2[k], & 0 < k < N \end{cases}$$

$$= \partial[k] \frac{1}{2\sqrt{N}} e^{-j\frac{\pi}{2N} k} X_2[k], \quad 0 \leqslant k < N \tag{3.68}$$

除了比例因子外，N 点序列的 DCT 系数可由对称延拓 $2N$ 点序列 DFT 的前 N 个系数得到。也可以把 DCT 看成是 $2N$ 点变换，利用式(3.64)可验证(留作习题)

$$X_{\mathrm{DCT}}[k] = -X_{\mathrm{DCT}}[2N - k], \quad 0 \leqslant k < 2N$$

并且把式(3.67)推广为

$$X_2[k] = \begin{cases} 2\sqrt{N} X_{\mathrm{DCT}}[0], & k = 0 \\ \sqrt{2N} e^{j\frac{\pi}{2N} k} X_{\mathrm{DCT}}[k], & 0 < k < N \\ 0, & k = N \\ -\sqrt{2N} e^{j\frac{\pi}{2N} k} X_{\mathrm{DCT}}[2N - k], & N \leqslant k < 2N \end{cases} \tag{3.69}$$

因为 DFT 意味着时域的周期延拓，故 $2N$ 点对称序列的 DFT 其实质对应了如图 3.31 所示的周期延拓序列。这种延拓相当于先做对称延拓，再以 $2N$ 为周期进行周期延拓，与直接对序列 $x[n]$ 以 N 为周期进行周期延拓相比，大大减少了周期延拓后序列在周期边界处的跳跃性。因此，$X_2[k]$ 随 k 的衰减要快于直接对 $x[n]$ 的 DFT 变换 $X[k]$，由此使得 $X_{\mathrm{DCT}}[k]$ 比 $X[k]$ 随 k 的衰减更快。关于这方面的性质，在 DCT 的能量紧致特性中进一步讨论。

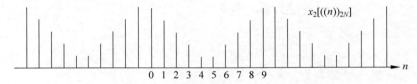

图 3.31　对称延拓序列的周期延拓

2. DCT 的能量紧致性

对于有限长序列的正交变换,变换系数和信号序列是完全等价的,由一种表示可精确得到另外一种表示。但在一些应用中,需要用到变换的一种特殊性质,即能量紧致性。所谓能量紧致性指的是用变换系数的子集有效重构信号序列的能力。

信号紧致性的典型应用是信源的压缩编码,例如语音、图像或视频的压缩编码,用尽可能少的数据尽可能精确地恢复信号是信源编码的目标。目前最常用的编码技术是变换编码。首先对信号进行变换,在变换域只保留部分变换系数,对这部分变换系数进行存储或传输,在播放端或接收端用这些部分系数反变换重构信号。由于只保留部分变换系数,重构的信号必定存在误差。出于对信源质量的要求,对误差大小要有限制。也就是给定一个误差门限,在误差值不大于门限的情况下,保留最少的变换系数。

对于一种变换来讲,给出要求的误差门限,需要保留的系数数目越少,则称该变换的能量紧致性越好。人们发现,对于大多数实际信号,DCT 变换的能量紧致性比 DFT 要好。也正是这个原因,图像和视频编码标准大都采用 DCT 变换。

设有 N 点有限长序列 $x[n]$,分别进行 N 点 DFT 和 DCT,系数分别记为 $X[k]$ 和 $X_{\text{DCT}}[k]$,用 Π 表示保留的 DFT 系数的序号集合,用 Π_{DCT} 表示保留的 DCT 系数的序号集合,用 $|\Pi|$ 表示集合中元素的个数,用 $\hat{X}[k]$ 和 $\hat{X}_{\text{DCT}}[k]$ 表示只保留部分系数,其他系数置为零,即

$$\hat{X}[k] = \begin{cases} X[k], & k \in \Pi \\ 0, & k \notin \Pi \end{cases} \tag{3.70}$$

和

$$\hat{X}_{\text{DCT}}[k] = \begin{cases} X_{\text{DCT}}[k], & k \in \Pi_{\text{DCT}} \\ 0, & k \notin \Pi_{\text{DCT}} \end{cases} \tag{3.71}$$

利用部分 DFT 系数重构的信号为

$$\hat{x}[n] = \text{IDFT}\{\hat{X}[k]\} \tag{3.72}$$

利用部分 DCT 系数重构的信号为

$$\hat{x}_{\text{DCT}}[n] = \text{IDCT}\{\hat{X}[k]\} \tag{3.73}$$

重构信号的平方误差和分别为

$$e = \sum_{n=0}^{N-1} (x[n] - \hat{x}[n])^2 \tag{3.74}$$

和

$$e_{\text{DCT}} = \sum_{n=0}^{N-1} (x[n] - \hat{x}_{\text{DCT}}[n])^2 \tag{3.75}$$

对于一般实际信号(实际语音、实际图像或视频数据)DCT 比 DFT 的能量紧致性好是指如下两种情况之一:若 $|\Pi_{\text{DCT}}| = |\Pi|$,则 $e_{\text{DCT}} < e$;或取 $e_{\text{DCT}} = e$,则有 $|\Pi_{\text{DCT}}| < |\Pi|$。

与帕塞瓦尔定理类似,可以证明误差的时域和频域等价表示,即如下的两个等式,证明过程留作习题。

$$e[\Pi] = \sum_{n=0}^{N-1} (x[n] - \hat{x}[n])^2 = \frac{1}{N} \left(\sum_{k=0}^{N-1} |X[k]|^2 - \sum_{k \in \Pi} |X[k]|^2 \right)$$

$$= \frac{1}{N} \sum_{k \notin \Pi} |X[k]|^2 \tag{3.76}$$

和

$$e_{\text{DCT}}[\Pi_{\text{DCT}}] = \sum_{n=0}^{N-1} (x[n] - \hat{x}_{\text{DCT}}[n])^2 = \sum_{k=0}^{N-1} |X_{\text{DCT}}[k]|^2 - \sum_{k \in \Pi_{\text{DCT}}} |X_{\text{DCT}}[k]|^2$$

$$= \sum_{k \notin \Pi_{\text{DCT}}} |X_{\text{DCT}}[k]|^2 \tag{3.77}$$

注意以上两式的区别，DCT 的基序列是归一化的，DFT 不是归一化的，故需要除以 N。

在变换编码中，怎样选择保留系数的集合 Π 和 Π_{DCT} 是有技巧的，进一步的细节讨论超出本书范围，有兴趣的读者可参考有关逼近论或信源编码的文献[30,58]。

例 3.8.1 对于一个 $N = 32$ 的实指数衰减序列，只保留部分系数，比较 DFT 和 DCT 的能量紧致性。

给出一个最简单的保留系数序号的选择，对于 DFT，若只保留一个系数，就保留序号 $k = 0$ 的系数（直流分量），若保留更多系数，因为实序列 DFT 的系数满足共轭对称性 $X[k] = X^*[N-k]$，保留的非零系数必须保持该性质，因此序号 $k, N-k$ 必须同时保留。例如，若保留 5 个系数，则保留系数序号集为 $\Pi = \{0, 1, 2, N-2, N-1\}$，对于 DCT 系数，问题简单得多，若保留 M 个系数，只需保留 $0 \leqslant k \leqslant M-1$ 序号的系数，若保留 5 个 DCT 系数，则 $\Pi_{\text{DCT}} = \{0, 1, 2, 3, 4\}$。

若保留系数个数为 $|\Pi| = |\Pi_{\text{DCT}}| = N$ 时，全部系数被保留，反变换重构的信号无失真，当 $|\Pi| = |\Pi_{\text{DCT}}| = 1$ 时，只保留一个直流系数，重构信号是常数，误差较大。改变保留系数数目，计算重构误差，结果示于图 3.32 中。注意图中横坐标是被置为零的系数个数，即 $N - |\Pi|$，纵坐标是均方误差，即式（3.76）和式（3.77）误差项除以 N 得到的平均误差。可见，在此例中，DCT 的紧致性比 DFT 好得多。

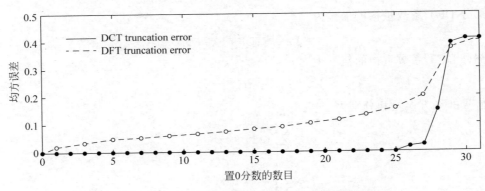

图 3.32 DCT 和 DFT 能量紧致性的比较

注意到，能量紧致性不是从数学上严谨地证明的特性，而是一种统计结果。我们说 DCT 的紧致性比 DFT 好，意味着对大多数实际信号讲，这是成立的；但也能找到一些信号，DFT 的紧致性可能更好。例如，对于信号 $A\cos\left(\frac{2\pi}{N}mn\right) + B\cos\left(\frac{2\pi}{N}kn\right)$，这里 m 和 k 都是整数，对这种特殊信号，DFT 的紧致性是最好的。

3.8.2 离散余弦变换的快速算法

由于 DCT 获得广泛应用,DCT 的快速算法得到深入的研究。这里简单介绍两类 DCT 的快速算法。第一类是基于 FFT 的间接算法,第二类是针对 DCT 直接导出的快速算法。

基于 FFT 的快速算法,利用 DCT 与一些特殊序列 DFT 的关系,直接利用 FFT 计算 DFT 系数后,得到 DCT 系数。显然,第一个算法是利用式(3.66)得到 $2N$ 点对称序列,用 FFT 得到 $2N$ 点 DFT 系数,再通过式(3.68)得到 DCT 系数。若做 DCT 反变换,由 N 点 DCT 系数通过式(3.69)得到 $2N$ 点 DFT 系数通过 IFFT 得到 $2N$ 点序列 $x_2[n]$,再取出前 N 个点。

一种稍简单的方法是定义 $2N$ 点序列

$$x_1[n] = \begin{cases} x[n], & 0 \leqslant n < N \\ 0, & N \leqslant n < 2N-1 \end{cases}$$

对 $x_1[n]$ 做 $2N$ 点 DFT 得到 $X_1[k]$,可以证明(留作习题)

$$X_{\mathrm{DCT}}[k] = \partial[k] \frac{1}{\sqrt{N}} \mathrm{Re}\{ \mathrm{e}^{-\mathrm{j}\frac{\pi}{2N}k} X_1[k] \}, \quad 0 \leqslant k < N$$

这里 $\mathrm{Re}\{\cdot\}$ 指取实部。

DCT 自身存在高效的快速算法,利用 DCT 的性质可构造专用的快速算法。这方面结果很多,进一步可以参考文献[59]。这里仅简要介绍 Loeffler 等提出的一个快速算法,它的结构规范,适用于硬件实现。对于 8 点 DCT 仅需要 11 次乘法和 29 次加法,乘法次数达到理论上的下限。这个算法的流程图如图 3.33(a)所示,其中图 3.33(a)中的主要运算单元如图 3.33(b)所示。注意,在图(b)的运算单元中,用下列等式可以将 4 次乘法、2 次加法运算变成 3 次乘法和 3 次加法

$$\begin{cases} y_0 = ax_0 + bx_1 = (b-a)x_1 + a(x_0 + x_1) \\ y_1 = -bx_0 + ax_1 = -(a+b)x_0 + a(x_0 + x_1) \end{cases} \tag{3.78}$$

由于 a、b 是常数,a+b、b-a 可以预先算好存在寄存器中,不需要增加运算。对于快速反变换,只需要改换输入/输出方向。

在图像压缩标准 JPEG 或视频压缩标准 MPEG 中,对 8×8 的块图像数据进行 DCT 变换,可通过多次对 8 点序列的 DCT 完成,因此 8 点 DCT 是实际中最常用的。图 3.33 的算法流程图很有用。

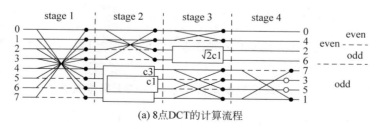

(a) 8点DCT的计算流程

图 3.33 8 点 DCT 的快速算法

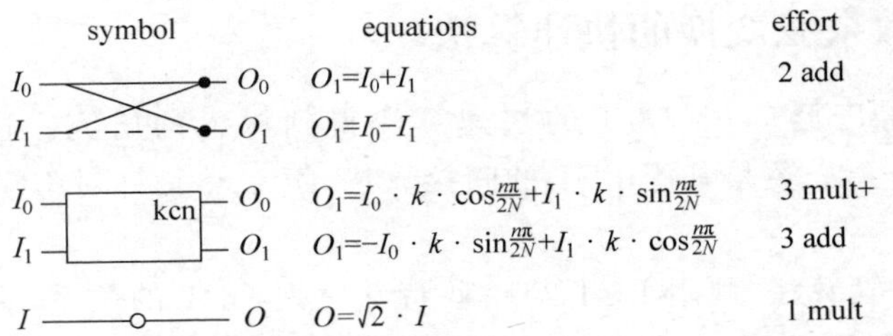

symbol	equations	effort
I_0 ⤬ O_0 I_1 ⤬ O_1	$O_1 = I_0 + I_1$ $O_1 = I_0 - I_1$	2 add
I_0 — kcn — O_0 I_1 — kcn — O_1	$O_1 = I_0 \cdot k \cdot \cos\frac{m\pi}{2N} + I_1 \cdot k \cdot \sin\frac{m\pi}{2N}$ $O_1 = -I_0 \cdot k \cdot \sin\frac{m\pi}{2N} + I_1 \cdot k \cdot \cos\frac{m\pi}{2N}$	3 mult+ 3 add
I —○— O	$O = \sqrt{2} \cdot I$	1 mult

(b) 计算流程中的运算单元

图 3.33　（续）

*3.9　一些其他离散变换简介

除 DFT 和 DCT 外，信号处理中还用到若干离散正交变换，这些变换在不同领域得到了应用，本节简述几种其他的离散变换。

3.9.1　离散正弦变换

与离散余弦变换对应，存在一种离散正弦变换（DST），一维 DST 变换的基函数集是

$$a_k[n] = \sqrt{\frac{2}{N+1}} \sin\frac{\pi(n+1)(k+1)}{N}, \quad 0 \leqslant k \leqslant N-1, 0 \leqslant n \leqslant N-1 \tag{3.79}$$

因此，矢量 $\boldsymbol{x} = [x[0], x[1], \cdots, x[N-1]]^{\mathrm{T}}$ 的 DST 定义为

$$X_{\mathrm{DST}}[k] = \sqrt{\frac{2}{N+1}} \sum_{n=0}^{N-1} x[n] \sin\frac{\pi(k+1)(n+1)}{N+1}, \quad 0 \leqslant k \leqslant N-1 \tag{3.80}$$

反变换（IDST）为

$$x[n] = \sqrt{\frac{2}{N+1}} \sum_{k=0}^{N-1} X_{\mathrm{DST}}[k] \sin\frac{\pi(k+1)(n+1)}{N+1}, \quad 0 \leqslant n \leqslant N-1 \tag{3.81}$$

DST 可以通过对序列进行反对称延拓，建立起与 DFT 的联系。本质上，DST 与 DCT 一样，也是 KL 变换的一种逼近。

有学者进一步定义了离散余弦变换和离散正弦变换族，包括四类余弦变换和四类正弦变换。其中 3.8 节讨论的也是最常用的这种离散余弦变换称为第二类余弦变换（DCT-Ⅱ）。关于余弦和正弦变换族的进一步讨论，请参考文献[89]。

3.9.2　Hadamard 变换

除一个归一化因子外，Hadamard 变换的基序列仅由 1、-1 组成，适宜于数字信号的合成与分解。

设变换序列 $N = 2^n$，Hadamard 变换矩阵 $\boldsymbol{H}_n$ 写成如下递推关系

$$\boldsymbol{H}_n = \frac{1}{\sqrt{2}} \begin{pmatrix} \boldsymbol{H}_{n-1} & \boldsymbol{H}_{n-1} \\ \boldsymbol{H}_{n-1} & -\boldsymbol{H}_{n-1} \end{pmatrix}$$

由初始值

$$H_1 = \frac{1}{\sqrt{2}} \begin{pmatrix} 1 & 1 \\ 1 & -1 \end{pmatrix}$$

递推可以得到长度为 8 的变换矩阵为

$$H_3 = \frac{1}{\sqrt{8}} \begin{bmatrix} 1 & 1 & 1 & 1 & 1 & 1 & 1 & 1 \\ 1 & -1 & 1 & -1 & 1 & -1 & 1 & -1 \\ 1 & 1 & -1 & -1 & 1 & 1 & -1 & -1 \\ 1 & -1 & -1 & 1 & 1 & -1 & -1 & 1 \\ 1 & 1 & 1 & 1 & -1 & -1 & -1 & -1 \\ 1 & -1 & 1 & -1 & -1 & 1 & -1 & 1 \\ 1 & 1 & -1 & -1 & -1 & -1 & 1 & 1 \\ 1 & -1 & -1 & 1 & -1 & 1 & 1 & -1 \end{bmatrix}$$

3.9.3 Haar 变换

Haar 变换相当于用两个滤波器 $H_1 = \left\langle \frac{1}{\sqrt{2}}, \frac{1}{\sqrt{2}} \right\rangle$ 和 $H_h = \left\langle \frac{1}{\sqrt{2}}, \frac{-1}{\sqrt{2}} \right\rangle$,分别对数据序列滤波,并进行 2∶1 降采样。得到的高频输出部分保持,而低频部分继续这样的分解过程,直到最后只有一个点。设 $N = 2^n$,分解过程需进行 n 次,这个过程也等价为一个线性变换。$N = 8$ 的 Haar 变换矩阵为

$$H_{r3} = \frac{1}{\sqrt{8}} \begin{bmatrix} 1 & 1 & 1 & 1 & 1 & 1 & 1 & 1 \\ 1 & 1 & 1 & 1 & -1 & -1 & -1 & -1 \\ \sqrt{2} & \sqrt{2} & -\sqrt{2} & -\sqrt{2} & 0 & 0 & 0 & 0 \\ 0 & 0 & 0 & 0 & \sqrt{2} & \sqrt{2} & -\sqrt{2} & -\sqrt{2} \\ 2 & -2 & 0 & 0 & 0 & 0 & 0 & 0 \\ 0 & 0 & 2 & -2 & 0 & 0 & 0 & 0 \\ 0 & 0 & 0 & 0 & 2 & -2 & 0 & 0 \\ 0 & 0 & 0 & 0 & 0 & 0 & 2 & -2 \end{bmatrix}$$

第 8 章将会看到,Haar 变换是一种最简单的小波变换。

3.9.4 Slant 变换

Slant 变换的核函数也可以通过递推公式求出,此处从略,仅给出一个 $N = 2^2$ 的变换矩阵的例子

$$S_2 = \frac{1}{2} \begin{bmatrix} 1 & 1 & 1 & 1 \\ \frac{3}{\sqrt{5}} & \frac{1}{\sqrt{5}} & \frac{-1}{\sqrt{5}} & \frac{-3}{\sqrt{5}} \\ 1 & -1 & -1 & 1 \\ \frac{1}{\sqrt{5}} & \frac{-3}{\sqrt{5}} & \frac{3}{\sqrt{5}} & \frac{-1}{\sqrt{5}} \end{bmatrix}$$

　　还有很多通过特别方法构造的正交变换，这些变换各有一些特殊性质，并获得一些应用。正交变换很多[58,59]，目前非正交的变换甚至突破基函数概念的框架变换、词典变换等的研究也很活跃，有兴趣的读者可参考有关文献[30]。

3.10　与本章相关的 MATLAB 函数与实例

3.10.1　相关的 MATLAB 函数简介

1. fft

功能介绍　离散傅里叶变换（FFT）。

语法

```
y = fft(x)
y = fft(x,n)
y = fft(x,n,dim)
```

　　输入变量　y＝fft(x)利用 FFT 算法计算矢量 x 的离散傅里叶变换。x 表示原始信号，当 x 的长度小于 n 时，在 x 的尾部补零，构成 n 点数据；当 x 的长度大于 n 时，x 被截断成为 n 点数据。若 x 为矩阵，则 fft 函数作用于 x 的每一列。dim 表示 fft 函数作用于 x 的维度。

　　输出内容　y 代表输出信号。

2. ifft

功能介绍　离散傅里叶反变换（IFFT）。

语法

```
y = ifft(x)
y = ifft(x,n)
y = ifft(x,n,dim)
```

　　输入变量　y＝ifft(x)利用 IFFT 算法计算矢量 x 的离散傅里叶反变换。x 表示原始变换系数，当 x 的长度小于 n 时，在 x 的尾部补零，构成 n 点数据；当 x 的长度大于 n 时，x 被截断成为 n 点数据。若 x 为矩阵，则 ifft 函数作用于 x 的每一列。dim 表示 ifft 函数作用于 x 的维度。

　　输出内容　y 代表输出信号。

3. fftshift

功能介绍　对 fft 的输出重新排列，将零频分量移到频谱的中心。

语法

```
y = fftshift(x)
```

　　输入变量　y＝fftshift(x)对 x 重新排列。x 表示原始变换系数，当 x 为向量时，将 x 的左右部分交换；当 x 为矩阵时，将 x 的第 1,3 象限以及 2,4 象限分别交换。

输出内容　y 代表输出信号。

4. czt

功能介绍　线性调频 z 变换。

语法

```
y = czt(x,m,w,a)
```

输入变量　y＝czt(x,m,w,a)计算 x 的线性调频 z 变换。x 表示原始信号,m 为要分析的频谱点数,w 为 z 平面取样轮廓线上各点之间的比率,a 为轮廓线上的复数起点。

输出内容　y 代表输出信号。

5. dct

功能介绍　离散余弦变换。

语法

```
y = dct(x)
y = dct(x,n)
```

输入变量　y＝dct(x)计算矢量 x 的离散余弦变换。x 表示原始信号,当 x 的长度小于 n 时,在 x 的尾部补零,构成 n 点数据;当 x 的长度大于 n 时,x 被截断成为 n 点数据。若 x 为矩阵,则 dct 函数作用于 x 的每一列。

输出内容　y 代表输出的变换系数。

6. idct

功能介绍　离散余弦反变换。

语法

```
y = idct(x)
y = idct(x,n)
```

输入变量　y＝idct(x)计算矢量 x 的离散余弦反变换。x 表示原始变换系数,当 x 的长度小于 n 时,在 x 的尾部补零,构成 n 点数据;当 x 的长度大于 n 时,x 被截断成为 n 点数据。若 x 为矩阵,则 idct 函数作用于 x 的每一列。

输出内容　y 代表输出信号。

3.10.2　MATLAB 例程

例 3.10.1　已知信号 $x[n]=[0,1,2,3,4,5,6,7]$,计算其离散傅里叶变换 $X[k]$,中心为零频的序列 $\hat{X}[k]$,离散傅里叶反变换 $\hat{x}[n]$,并画出相应的图形。

```
x = [0 1 2 3 4 5 6 7];
y = fft(x);
y1 = fftshift(y);
x1 = ifft(y);
figure(1);
stem(x,'ko');
xlabel('samples');
```

```
ylabel('Amplitude');
figure(2);
stem(abs(y),'ko');
xlabel('samples');
ylabel('Amplitude');
figure(3);
stem(abs(y1),'ko');
xlabel('samples');
ylabel('Amplitude');
figure(4);
stem(x1,'ko');
xlabel('samples');
ylabel('Amplitude');
```

运行结果如图 3.34 所示。

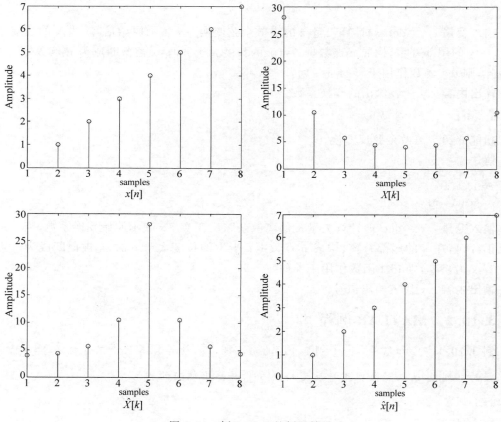

图 3.34　例 3.10.1 的例程结果

例 3.10.2　设 $x[n]$ 是由 3 个实正弦信号组成，频率分别为 7Hz、8Hz、9Hz，采样频率为 50Hz，采样点数为 256，在 6～10Hz 频率段求其 CZT。

```
t = 0:1/50:255/50;
x = sin(2 * pi * 7 * t) + sin(2 * pi * 8 * t) + sin(2 * pi * 9 * t);
fs = 50;
f1 = 6;
f2 = 10;
m = 50;
w = exp( - j * 2 * pi * (f2 - f1)/(m * fs));
a = exp(j * 2 * pi * f1/fs);
y = czt(x,m,w,a);
fy = (0:(m - 1)) * (f2 - f1)/m + f1;
plot(fy,abs(y),'ko');
title('CZT');
xlabel('Frequency');
ylabel('Amplitude');
```

运行结果如图 3.35 所示。

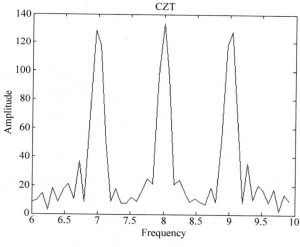

图 3.35 例 3.10.2 的例程结果

例 3.10.3 计算信号 $x[n] = 2n + 100\cos(2\pi n/5), n = 1, 2, \cdots, 50$ 的 DCT 和 IDCT。

```
n = 1:50;
x = 2 * n + 100 * cos(2 * pi * n/5);
y = dct(x);
x1 = idct(y);
figure(1);
stem(abs(y),'ko');
xlabel('samples');
ylabel('Amplitude');
```

```
figure(2);
stem(x1,'ko');
xlabel('samples');
ylabel('Amplitude');
```

运行结果如图 3.36 所示。

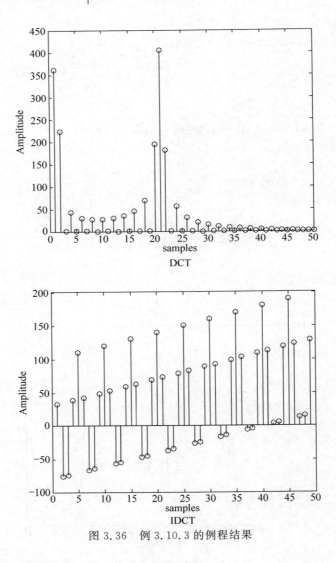

图 3.36　例 3.10.3 的例程结果

3.11　本章小结

DFT 和 DCT 等变换都是基于正交基的正交变换。正交变换的一个明显优势是正、反变换计算上的简洁性。在很多应用中，人们首先选择正交基，正交变换是信号表示中的一种最基本的变换方式。随着研究的深入，也出现很多非正交基，甚至基于"非基"序列集的变换。例如利用更广义的"框架"替代基序列集，构成的一般变换，在表示信号的稀疏性和时频局域性等方面显示出优势。本书主要讨论有关正交变换及其应用，属于"框架"变换的离散小波变换将在第 8 章给出简要介绍，有关信号变换的更广泛的讨论，可参考有关文献，例如 Mallat 的文献[30]。

习题

3.1 计算如下信号的 N 点 DFT(N 为偶数)。

(1) $x[n] = R_N[n] e^{-j\frac{2\pi}{N}n}$

(2) $x[n] = \delta[n-n_1] - \delta[n-n_2], 0 < n_1, n_2 < N$

(3) $x[n] = \begin{cases} 1, & n \text{ 为偶数}, 0 \leqslant n < N \\ 0, & n \text{ 为奇数}, 0 \leqslant n < N \end{cases}$

(4) $x[n] = \begin{cases} 1, & 0 \leqslant n < N/2 \\ 0, & N/2 \leqslant 0 \leqslant n < N-1 \end{cases}$

3.2 已知信号 $x[n] = \begin{cases} \cos\left(\frac{\pi n}{6}\right), & 0 \leqslant n < 12 \\ 0, & \text{其他} \end{cases}$。

(1) 求 $N=12$ 点的 DFT $X[k]$;

(2) 若取 $x[n]$ 的前 24 点,求 $N=24$ 点的 DFT $X_1[k]$。

3.3 如果 $\tilde{x}[n]$ 是周期为 N 的周期序列,那么它也是周期为 $2N$ 的周期序列。如果把 $\tilde{x}[n]$ 看作周期为 N 的周期序列,令 $\tilde{X}_1[k]$ 表示 $\tilde{x}[n]$ 的离散傅里叶级数的系数;当把 $\tilde{x}[n]$ 看作周期为 $2N$ 的周期序列,令对应的傅里叶级数的系数为 $\tilde{X}_2[k]$。请利用 $\tilde{X}_1[k]$ 来确定 $\tilde{X}_2[k]$。

3.4 若 $X[k] = \text{DFT}\{x[n]\}$,试证明下列各式。

(1) $\text{DFT}\{x[n]\} = Nx[N-k]$

(2) $X[0] = \sum_{n=0}^{N-1} x[n]$

(3) $x[0] = \frac{1}{N} \sum_{k=0}^{N-1} X[k]$

(4) 若 N 为偶数,则 $X\left[\frac{N}{2}\right] = \sum_{n=0}^{N-1} (-1)^n x[n]$

3.5 已知连续时间信号 $x_a(t) = e^{j(\sqrt{2}\pi t + \varphi_0)}$ 为复单频信号,现以 T 为周期对它进行采样得到离散序列 $x[n] = e^{j(\sqrt{2}\pi nT + \varphi_0)}$。对该序列做 N 点 DFT 得到 N 个变换系数。如果要使得 DFT 的 N 个变换系数只有一个不为零而其他全部为零,T 和 N 应满足什么条件? 为什么?

3.6 已知 N 点序列 $x[n]$ 的 N 点 DFT 是 $X[k]$。设 $y[n]$ 定义如下:

$$y[n] = \begin{cases} x[n], & 0 \leqslant n < N \\ 0, & N \leqslant n < 3N \end{cases}$$

对 $y[n]$ 做 $3N$ 点的 DFT,请用 $X[k]$ 表示 $Y[k]$。

3.7 已知 N 点序列 $x[n]$ 的 N 点 DFT 是 $X[k]$。对如下定义的 N 点序列求 N 点 DFT,请用 $X[k]$ 表示新的变换系数:

(1) $y_1[n]=x[N-1-n],0\leqslant n<N$

(2) $y_2[n]=(-1)^n x[n],0\leqslant n<N$

3.8　已知 N 点序列 $x[n]$ 的 N 点 DFT 是 $X[k]$。对如下定义的 $2N$ 点序列求 $2N$ 点 DFT，请用 $X[k]$ 表示新的变换系数：

$$(1)\ y_1[n]=\begin{cases}x[n], & 0\leqslant n<N\\ x[n-N], & N\leqslant n<2N\\ 0, & \text{其他}\end{cases}$$

$$(2)\ y_2[n]=\begin{cases}x[n], & 0\leqslant n<N\\ 0, & N\leqslant n<2N\\ 0, & \text{其他}\end{cases}$$

$$(3)\ y_3[n]=\begin{cases}x[n/2], & n \text{ 为偶数},0\leqslant n<2N\\ 0, & n \text{ 为奇数},0\leqslant n<2N\end{cases}$$

3.9　一个长度为 N 的有限长序列，从 0 时刻起有连续 N 个非零值，该序列的 z 变换为 $X(z)$。对该序列补 $2N$ 个零，做 $3N$ 点长度的 DFT，用 $X(\cdot)$ 表示第 $k=5$ 的 DFT 系数值。

3.10　已知 N 点序列 $x[n]$ 的 N 点 DFT 是 $X[k]$，请证明：

(1) 如果 $x[n]$ 是实周期偶对称，即 $x[n]=x[N-n]$，则 $X[k]$ 也具有实偶对称性。

(2) 如果 $x[n]$ 是实周期奇对称，即 $x[n]=-x[N-n]$，则 $X[k]$ 为纯虚数且奇对称。

3.11　已知 N 点序列 $x[n]$ 的 N 点 DFT 是 $X[k]$。可通过如下三种方式将其扩展成 rN 点的序列。

(1) 在原序列后面补零，即

$$y_1[n]=\begin{cases}x[n], & 0\leqslant n<N\\ 0, & N\leqslant n<rN\end{cases}$$

(2) 在原序列两点间插入 $r-1$ 个零，即

$$y_2[n]=\begin{cases}x[n/r], & n=mr, & 0\leqslant m<N\\ 0, & n\neq mr, & 0\leqslant m<N\end{cases}$$

(3) 将原序列进行 r 次的周期延拓，即

$$y_3[n]=x[((n))_N]R_{rN}[n]$$

求上述三个 rN 点序列的 rN 点 DFT $Y_1[k]$、$Y_2[k]$ 和 $Y_3[k]$ 与 $X[k]$ 之间的关系。

3.12　设 $X[k]$ 是一个 8 点长实序列 $x[n]$ 的 8 点 DFT，已知其中 5 个值 $X[0]=X[1]=0,X[2]=4,X[3]=X[4]=0$，求 $\sum_{n=0}^{7}x^2[n]$。

3.13　一个 4 点序列的 DFT 系数分别为：$\{2,1+j,0,1-j\}$，不加运算能否判断原序列是实序列还是复序列，为什么？序列的零序号值 $x[0]$ 为多少？

3.14　已知长度为 9 的序列 $x[n]=\{-2,3,1,4,-3,0,2,-1,6\}$，其 DTFT 为 $X(e^{j\omega})$。

(1) 从 $\omega=0$ 开始在 $[0,2\pi)$ 区间以间隔 $\pi/6$ 对 $X(e^{j\omega})$ 进行均匀采样，得到序列 $X_1[k]$。$x_1[n]$ 为 $X_1[k]$ 对应的 IDFT 序列，不计算 $X(e^{j\omega})$ 和 $X_1[k]$ 请直接写出序列 $x_1[n]$。

(2) 从 $\omega=0$ 开始在 $[0,2\pi)$ 区间以间隔 $\pi/4$ 对 $X(e^{j\omega})$ 进行均匀采样，得到序列 $X_2[k]$。$x_2[n]$ 为 $X_2[k]$ 对应的 IDFT 序列，不计算 $X(e^{j\omega})$ 和 $X_2[k]$ 请直接写出序列 $x_2[n]$。

3.15 已知无限长序列 $x[n]$ 的 z 变换为 $X(z)$,且其收敛域包含单位圆;另一长度为 N 的序列 $y[n]$ 的 N 点 DFT 为 $Y[k]$。已知 $Y[k]$ 和 $X(z)$ 间满足如下关系

$$Y[k] = X(z)\Big|_{z=e^{j\frac{2\pi}{N}k}}, \quad 0 \leqslant k < N$$

求 $y[n]$ 和 $x[n]$ 间的关系。

3.16 已知 5 点序列 $x[n] = 2\delta[n] + \delta[n-1] - \delta[n-4]$。

(1) 求对应的 DFT $X[k]$;

(2) 分别求 $x_1[n] = \text{IDFT}\{X^2[k]\}$ 和 $x_2[n] = \text{IDFT}\{|X[k]|^2\}$,并说明这两个结果的物理意义。

3.17 已知长度为 12 的实序列 $x[n]$ 的 12 点 DFT 为 $X[k]$,$X[k]$ 的前 7 个样本取值为 $X[k] = \{12, -18-21j, -10+4j, -6+7j, 9+8j, 19-16j, 39\}, 0 \leqslant k \leqslant 6$。不计算 $X[k]$ 的 IDFT,其如下表达式的值。

(1) $x[0]$ (2) $x[6]$ (3) $\displaystyle\sum_{n=0}^{11} x[n]$ (4) $\displaystyle\sum_{n=0}^{11} |x[n]|^2$ (5) $\displaystyle\sum_{n=0}^{11} e^{j\pi n/3} x[n]$

3.18 已知 12 点序列 $x[n] = \{2, -3, 4, -4, 5, -3, 3, 0, -1, -1, -1, 1\}$,其离散时间傅里叶变换为 $X(e^{j\omega})$。要求通过 M 点 DFT 来计算 $X(e^{j\frac{8}{3}\pi})$。

(1) 确定 M 可取的最小值;

(2) 按照最小 M 取值给出通过 DFT 计算 $X(e^{j\frac{8}{3}\pi})$ 的过程和结果。

3.19 已知如题 3.19 图所示的 5 点长序列,画出下列各序列的图形

(1) $\tilde{x}_1[n] = x[((-n))_5]$

(2) $\tilde{x}_2[n] = x[((-n))_3]$

(3) $\tilde{x}_3[n] = x[((-n))_7]$

(4) $x_4[n] = x[((n-2))_5]R_5[n]$

(5) $x_5[n] = x[((2-n))_3]R_5[n]$

(6) $x_6[n] = x[((n-2))_7]R_7[n]$

(7) $x_{ep}[n]$ 和 $x_{op}[n]$

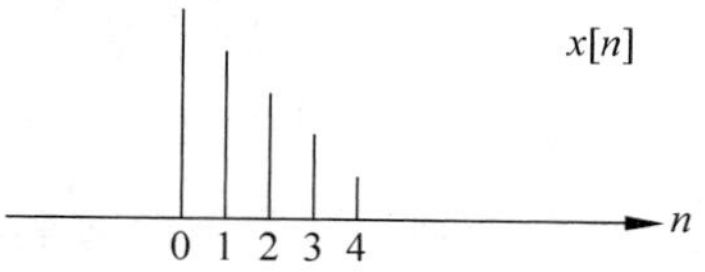

题 3.19 图

3.20 已知两个序列分别为

$$x_1[n] = \delta[n] + \delta[n-1] - \delta[n-2] - \delta[n-3]$$
$$x_2[n] = \delta[n] - \delta[n-2] + \delta[n-4]$$

(1) 求两个序列的线性卷积 $y_1[n] = x_1[n] * x_2[n]$;

(2) 求两个序列的 5 点循环卷积 $y_2[n] = x_1[n] \otimes x_2[n], N=5$;

(3) 求两个序列的 8 点循环卷积 $y_3[n] = x_1[n] \otimes x_2[n], N=8$。

3.21 已知 $x_1[n]$ 是 100 点长的序列,其非零值范围为 $0 \leqslant n \leqslant 99$;$x_2[n]$ 是 20 点长的序列,其非零值范围为 $10 \leqslant n \leqslant 39$。两序列做 100 点的循环卷积得到 $y[n]$。请确定 $y[n]$ 中哪些 n 值对应 $x_1[n]$ 和 $x_2[n]$ 线性卷积的结果。

3.22 计算一个长度为 5000 点的序列与一个长度为 100 点序列的线性卷积,要求利用重叠相加法并通过 256 点的 FFT 和 IFFT 来实现。请回答至少需要多少次 FFT 和多少次 IFFT,并请详细说明理由。

3.23 已知 $x[n]$ 是 N（N 为偶数）点的有限长序列,它的 DFT 是 $X[k]$。

(1) 如果由 $X[k]$ 中所有奇次谐波组合成新的 $\frac{N}{2}$ 点频谱 $X_1[r]\left(\text{即 } X_1[r]=X[2r+1],\right.$ $\left. 0\leqslant r\leqslant\frac{N}{2}-1\right)$,试推导 $x_1[n]=\text{IDFT}\{X_1[r]\}\left(0\leqslant n\leqslant\frac{N}{2}-1\right)$ 与原序列 $x[n]$ 的关系?

(2) 根据以上的推导,问对 $x[n]$ 经过怎样的预处理,就可以用 $\frac{N}{2}$ 点的复数 FFT 模块得到 $X[k]$ 中全部的奇次谐波频谱,以 $N=8$ 为例画出处理的流程框图。

3.24 在按时间抽取基 2 的 128 点 FFT 算法中,第一级中与 $x[47]$ 组成同一个蝶形的是 $x[m]$,请确定 m 的取值。

3.25 对一个长度为 $N=2^m$ 的序列 $x[n]$ 做 N 点 DFT。如果只需要计算 DFT 的奇数序号值,即 $X[1],X[3],\cdots,X[N-1]$,能否用一个 $\frac{N}{2}$ 点的 DFT 处理器进行计算? 如果可以,请写出 $\frac{N}{2}$ 点 DFT 处理器的输入序列的一般表达式。

3.26 设有一个 $N=2^m$ 点的复数基 2 FFT 运算模块,要求利用它一次算得 $2N$ 点的实序列的 DFT。请说明计算方法,并画出相应的处理框图。

3.27 序列 $x[n]$ 的长度为 N,其中 N 为偶数。$x[n]$ 的 N 点 DFT 可以按如下方式计算:将 $x[n]$ 拆成两个 $\frac{N}{2}$ 点序列 $g_1[n]=x[2n]$ 和 $g_2[n]=x[2n+1]$,分别计算这两个序列 $\frac{N}{2}$ 点 DFT 得到 $G_1[k]$ 和 $G_2[k]$,然后将其进行组合可得到 $X[k]$。如果在构建 $g_1[n]$ 和 $g_2[n]$ 时出现了错误,使得 $g_1[n]=x[2n+1]$、$g_2[n]=x[2n]$,但仍按原来方式进行计算,这样就会得到了一个错误的结果 $\hat{X}[k]$。请利用 $X[k]$ 给出 $\hat{X}[k]$ 的表达式。

3.28 设 $x[n]$ 是长度为 N 的序列,其中 N 是偶数,且

$$x[n]=-x\left[n+\frac{N}{2}\right], \quad n=0,1,\cdots,\frac{N}{2}-1$$

(1) 证明:在 $x[n]$ 的 N 点 DFT $X[k]$ 中,当 k 为偶数时,$X[k]=0$;

(2) 能否用如题 3.28 图所示的一个 $\frac{N}{2}$ 点的 DFT 处理器,通过级联系统 A 和系统 B 进行计算? 图中 $y[n]$ 和 $Y[k]$ 长度均为 $\frac{N}{2}$ 点,$Y[k]$ 是 $y[n]$ 的 $\frac{N}{2}$ 点 DFT。如果可以,请推导出 $x[n]$ 与 $y[n]$ 的关系,以及 $X[k]$ 与 $Y[k]$ 的关系。

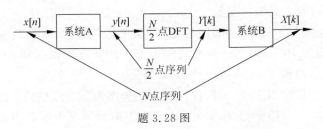

题 3.28 图

3.29 一个序列长为 $N=16$,按频率抽取进行基 4 分解计算其 FFT。

(1) 请写出第一级分解的原理表达式;

(2) 画出第一级自上而下的第 2 个蝶形和第二级分解的自上而下第 3 个蝶形的蝶形图(注意,蝶形图画标准的基 4 蝶形,不需要将基 4 蝶形分解成基 2 蝶形,标注蝶形的输入、输出及各支路系数)。

3.30 对于长度 $N=64$ 的序列,进行基 4 按时间抽取 FFT,按从上到下,写出第二级分解对应的前 8 个旋转因子。

3.31 一个长度为 9 的序列,按 3×3 的时间抽取进行 FFT,推导它的按时间抽取方式分解的原理表达式,画出完整的蝶形图,分析其乘法运算量(其中,乘以 $\pm1,\pm j$ 不计作一次乘法),比较它与直接补零用 16 点分裂基的运算量(使用分裂基算法时,不考虑一些输入信号是否是由补零产生)。

3.32 在一些实际应用中,一边采集信号一边进行 DFT 运算,当信号采集到 N 个样本后,得到信号序列

$$\boldsymbol{x}^{(1)} = \{x[0], x[1], \cdots, x[N-2], x[N-1]\}$$

用 FFT 进行计算,得到这第一组 DFT 系数 $X^{(1)}[k]$。若信号采集继续进行,信号存于固定长度的先入先出的存储器中,在继续采集了 M 个样本后,存储器里存的信号是

$$\boldsymbol{x}^{(2)} = \{x[M], x[M+1], \cdots, x[N+M-2], x[N+M-1]\}$$

对这一组信号的 DFT 记为 $X^{(2)}[k]$,这样的过程,称为滑动 DFT 或离散短时傅里叶变换。常用两类方法计算滑动 DFT,一种是对每一组信号都直接采用 FFT,一种计算方法是通过已计算出的 $X^{(1)}[k]$ 计算 $X^{(2)}[k]$,

(1) 导出由 $X^{(1)}[k]$ 和一些采样值联合计算 $X^{(2)}[k]$ 的一般表达式;

(2) 假设 $M=2^m, M<N=2^L$,对如上导出的各组运算尽可能使用 FFT,估计其运算量,并与直接进行 FFT 的算法进行比较。

3.33 证明 DCT 系数满足对称关系: $X_{\mathrm{DCT}}[k]=-X_{\mathrm{DCT}}[2N-k]$, $0\leqslant k<2N$。

3.34 定义 $2N$ 序列点序列

$$x_1[n] = \begin{cases} x[n], & 0 \leqslant n < N \\ 0, & N \leqslant n < 2N-1 \end{cases}$$

对 $x_1[n]$ 做 $2N$ 点 DFT 得到 $X_1[k]$,证明 DCT 变换可由下式求得

$$X_{\mathrm{DCT}}[k] = \partial[k] \frac{1}{\sqrt{N}} \mathrm{Re}\{e^{-\mathrm{j}\frac{\pi}{2N}k} X_1[k]\}, \quad 0 \leqslant k < N$$

这里 $\mathrm{Re}\{\cdot\}$ 指取实部。

3.35 证明式(3.76)和式(3.77)。

MATLAB 习题

3.1 请用 MATLAB 画出习题 3.2 中序列 $x[n]$ 的 DTFT,然后利用 MATLAB 自带 fft 函数计算序列 $x[n]$ 的 12 点和 24 点的 DFT,并将计算结果与 DTFT 画在同一张图中。通过该练习理解"DFT 作为对 DTFT 的频域离散采样"的含义。

3.2 请利用 MATLAB 自带 fft 函数计算习题 3.20 中两个序列的线性卷积和循环卷

积，并与按照定义直接计算的结果进行比对。

　　3.3　请利用 MATLAB 编写任意 2 的整数次幂点数的基 2 FFT 的通用函数，并与 MATLAB 自带 fft 函数进行比对确认自己编写函数的正确性。

　　3.4　请利用 MATLAB 按照 3.7 节中介绍的用 FFT 计算 CZT 的算法编写计算 CZT 的通用函数，并与 MATLAB 自带的 CZT 函数进行比对确认自己编写函数的正确性。

　　3.5　请利用 MATLAB 验证 3.4 节所讨论的 DFT 各种性质。

第4章

数字频谱分析

频谱分析是信号分析中的核心问题之一，有非常广泛的应用。频谱分析是分析信号物理特性的有效手段。谱分析历史上可追溯到牛顿时代，牛顿的光谱试验开启了谱分析的先河，而信号处理的频谱分析至今仍是活跃的研究方向。

从信号处理角度讲，建立在傅里叶变换基础上的频谱概念，因其物理意义明确，成为信号频谱分析的基础。在数字信号处理被广泛应用之前，基于傅里叶变换的频谱分析的概念早已被人们所认识；随着 DFT/FFT 计算技术的发展，基于 DFT 的数字频谱分析成为应用最广泛的工具。一方面，DFT 频谱分析工具应用得越来越广泛；另一方面，人们也认识到 DFT 频谱分析的局限性。因此，许多新的技术被提出，例如高分辨谱分析技术。同时，由于数字信号合成技术被广泛采用，更多的复杂信号被使用，很多复杂信号具有典型的时变谱特性，因此人们又提出了时频谱分析的方法。时频谱进一步拓展了人们关于信号稀疏性的认识，刺激了利用稀疏性有效处理信号的一些新技术的发展。从这个简短的叙述可以看出，谱分析既是信号处理中最经典的内容，又与前沿研究紧密相关，是信号处理的重要课题。

本章概要介绍基于 DFT 的频谱分析技术，这是频谱分析的基础。一方面，通过 DFT 谱分析透彻理解频谱分析的一些重要概念，为学习更高级的谱分析技术打下基础；另一方面，DFT 谱分析仍是工程中使用最多的方法。在 DFT 谱分析基础上推广到短时傅里叶变换，初步学习有关时频分析的概念。

4.1 DFT 与连续信号频谱的关系

DFT 作为频谱分析的主要工具，理解 DFT 的每一个系数与对应的连续信号频谱之间的关系是有意义的。当离散信号是由连续信号采样获得时，本节以两种思路讨论 DFT 系数与连续信号频谱之间的关系。第一种方法比较直观，利用 DFT 作为 DTFT 的采样值和 DTFT 与连续信号频谱的直接对应关系，得到 DFT 系数物理意义的一种直观解释；第二种方法，从 DFT 的定义、离散采样和连续信号频谱定义出发，通过演绎过程直接找到连续信号频谱与离散信号频谱的一般关系，利用导出的结果可以从滤波器的观点进一步理解 DFT 系数的含义。

4.1.1 DFT 与连续信号频谱关系的直观解释

DFT 的系数 $X[k]$ 也可以直接映射到连续频率，讨论这个问题之前先定义一个新的对称 DFT 系数。由于 $X[k]$ 是在 $[0,2\pi)$ 范围内对 DTFT 采样，而实际中常用的是 $[-\pi,\pi]$ 范围的频谱，为此，定义一个对称 DFT 系数 $X'[k]$，按如下取值

$$X'[k]=\begin{cases}X[k], & 0\leqslant k\leqslant N/2 \\ X[N+k], & -N/2\leqslant k<0 \\ 0, & \text{其他}\end{cases} \tag{4.1}$$

$X'[k]$ 在 $-N/2\leqslant k\leqslant N/2$ 内取值，利用 $X[k]$ 隐含的周期性，把 $X[k]$ 的后半段的值折反到负序号得到 $X'[k]$。折反按如下方式对应

$$X'[-1]=X[N-1]$$
$$X'[-2]=X[N-2]$$
$$\vdots$$
$$X'[-N/2]=X[N-N/2]$$

由于 $X'[k]$ 中的序号 k 对应于离散角频率值 $\omega_k=\dfrac{2\pi}{N}k$，由连续信号角频率 Ω 与离散信号频率 ω 的对应关系，序号 k 对应的连续信号角频率为

$$\Omega_k=\frac{\omega_k}{T_s}=\frac{2\pi}{T_s}\frac{k}{N}$$

k 在 $-N/2\leqslant k\leqslant N/2$ 范围取值，对应的连续角频率点分别为

$$-\frac{\pi}{T_s},\frac{2\pi}{T_s}\frac{1}{N}\left(-\frac{N}{2}+1\right),\frac{2\pi}{T_s}\frac{1}{N}\left(-\frac{N}{2}+2\right),\cdots-\frac{2\pi}{T_s}\frac{1}{N},0,\frac{2\pi}{T_s}\frac{1}{N},\cdots,\frac{2\pi}{T_s}\frac{1}{N}\left(\frac{N}{2}-1\right),\frac{\pi}{T_s}$$

相当于在连续频率域 $\left[-\dfrac{\pi}{T_s},\dfrac{\pi}{T_s}\right]$ 按间隔 $\Delta\Omega=\dfrac{2\pi}{T_s}\dfrac{1}{N}$ 取值，即

$$X_a\left(\mathrm{j}\frac{2\pi}{T_s}\frac{k}{N}\right)=T_sX'[k] \quad |k|\leqslant N/2$$

例 4.1.1 若 $x[n]=x_a(nT_s)$，采样频率 $F_s=10\mathrm{kHz}$，采样间隔 $T_s=0.1\mathrm{ms}$。假设采样了 $N=1000$ 样本，并做 DFT，假设其中 $X'[150]=X'[-150]=12\,000$，其他 $X'[k]$ 取值近似为零，得到

$$X_a\left(\mathrm{j}\frac{2\pi}{T_s}\frac{k}{N}\right)=X_a\left(\mathrm{j}\frac{2\pi}{10^{-4}}\frac{150}{1000}\right)=X_a(\mathrm{j}2\pi\times1.5\times10^3)=1.2$$

和

$$X_a(-\mathrm{j}2\pi\times1.5\times10^3)=1.2$$

其他连续频点的取值为零。由此，可以估计出连续信号是一个频率为 $1.5\times10^3\mathrm{Hz}$ 的正弦信号。

在例 4.1.1 中，可能产生一些怀疑：一个正弦信号的频谱应该是一个"冲激"，取值为无穷大；但在实际中，通过采样获得有限样本数进行 DFT 得不到信号的"准确"频谱，而是一个近似。"冲激"变成"平滑柱状图钉"形状，由此带来很多实际问题。例 4.1.1 是一个简化的例子。实际中，即使连续信号是一个单一频率的正弦波，用有限采样点计算得到的 DFT 系数也可能存在多个非零值，并且 DFT 系数取得最大值的点也不一定能与正弦波的频率准确对应，由此可产生对频率估计精度的偏差。这些问题在频谱分析中称为泄漏现象和栅栏现象。4.2 节将更详细讨论利用 DFT 做频谱分析所面对的一些实际问题以及改善性能的一些策略。

4.1.2　DFT 与连续信号频谱关系的一般性解释

用 DFT 做谱分析时，输入一般是自然的连续时间信号。根据傅里叶变换关系，连续时间信号和它的频谱之间有如下关系

$$s(t)=\frac{1}{2\pi}\int_{-\infty}^{+\infty}S(j\Omega)e^{j\Omega t}d\Omega \tag{4.2}$$

假定采样率为 f_s，采样周期为 $T_s=1/f_s$，将该信号抽样得到

$$s(nT_s)=\frac{1}{2\pi}\int_{-\infty}^{+\infty}S(j\Omega)e^{j\Omega nT_s}d\Omega$$

截取 M 长的序列 $\{s(nT_s)\}_{n=0}^{M-1}$，对该有限长序列补零到 N 点 $(N\geqslant M)$，得到一个新的序列

$$x[n]=\begin{cases}s(nT_s),& n=0,1,\cdots,M-1\\0,& n=M,M+1,\cdots,N-1\end{cases}$$

对该序列做 DFT，有

$$
\begin{aligned}
X[k]&=\sum_{n=0}^{N-1}x[n]e^{-j\frac{2\pi}{N}nk}=\sum_{n=0}^{M-1}s(nT_s)e^{-j\frac{2\pi}{N}nk}\\
&=\sum_{n=0}^{M-1}\left[\frac{1}{2\pi}\int_{-\infty}^{+\infty}S(j\Omega)e^{j\Omega nT_s}d\Omega\right]e^{-j\frac{2\pi}{N}nk}\\
&=\frac{1}{2\pi}\int_{-\infty}^{+\infty}S(j\Omega)\left(\sum_{n=0}^{M-1}e^{j\Omega nT_s}e^{-j\frac{2\pi}{N}nk}\right)d\Omega\\
&=\frac{1}{2\pi}\int_{-\infty}^{+\infty}S(j\Omega)\left(\sum_{n=0}^{M-1}e^{j\left(\Omega T_s-\frac{2\pi}{N}k\right)n}\right)d\Omega
\end{aligned}
$$

谱分析的问题就是从 $X[k]$ 去了解 $S(j\Omega)$ 的特征。为了从 DFT 结果 $X[k]$ 去了解原信号的频谱 $S(j\Omega)$ 的特征，必须对上式中积分号后面的求和式做仔细分析。不难看出，该求和式等价于对离散简谐序列 $e^{j\Omega nT_s}$ 截取 M 长并补零到 N 点再做 DFT。该求和式中包含如下变量：

M　信号截取窗长

N　变换窗长

k　DFT 的离散序列索引

Ω　信号的角频率

T_s　采样周期

定义 $\theta=\Omega T_s-\dfrac{2\pi}{N}k$，并令求和式等于 $\varphi(M,\theta)$，则

$$\varphi(M,\theta)=\sum_{n=0}^{M-1}e^{j\theta n}=\frac{1-e^{jM\theta}}{1-e^{j\theta}}=e^{j\frac{M-1}{2}\theta}\frac{\sin\left(\dfrac{M}{2}\theta\right)}{\sin\left(\dfrac{1}{2}\theta\right)}$$

于是，DFT 结果和原信号频谱之间的关系可表示为

$$X[k]=\frac{1}{2\pi}\int_{-\infty}^{+\infty}S(j\Omega)\varphi(M,\theta)d\Omega=\frac{1}{2\pi}\int_{-\infty}^{+\infty}S(j\Omega)\varphi\left(M,\Omega T_s-\frac{2\pi}{N}k\right)d\Omega \tag{4.3}$$

从 $X[k]$ 和 $S(\mathrm{j}\Omega)$ 之间的关系式可以看出，$\varphi(M,\theta)$ 在 DFT 中所起的作用是作为加权函数乘以原连续信号的频谱 $S(\mathrm{j}\Omega)$，然后再对加权后的信号频谱求积分得到 DFT 结果。对信号频谱的加权本质上是在做滤波，因此，$\varphi(M,\theta)$ 也可以看作滤波器的频率响应函数。而积分可以看作求滤波器在零时刻的响应

$$X[k]=\left[\frac{1}{2\pi}\int_{-\infty}^{+\infty}S(\mathrm{j}\Omega)\varphi\left(M,\Omega T_{\mathrm{s}}-\frac{2\pi}{N}k\right)\mathrm{e}^{\mathrm{j}\Omega t}\,\mathrm{d}\Omega\right]_{t=0} \tag{4.4}$$

从这个意义上说，DFT 结果 $X[k]$ 可看作频谱为 $S(\mathrm{j}\Omega)$ 的信号通过频率响应为 $\varphi(M,\theta)$ 的滤波器后在零时刻的输出。该滤波器的时域冲激响应为 $\mathrm{e}^{\mathrm{j}\frac{2\pi}{NT_{\mathrm{s}}}kt}\sum\limits_{n=0}^{M-1}\delta(t+nT_{\mathrm{s}})$，是一个非因果的滤波器。不同的 k 对应着不同的滤波器，这样的滤波器共有 N 个。这些滤波器有着共同的输入，但输出各自独立，这组滤波器也称为一个滤波器组（filter bank，连续时间滤波器组）。今后我们把这些滤波器称为谱分析滤波器。谱分析滤波器的性质决定了用 DFT 做谱分析的性能。在第 8 章将详细讨论数字滤波器组的概念，在那里会更详细地讨论把 DFT 看作滤波器组的问题。

不难证明，$\varphi(M,\theta)$ 是 θ 的周期函数，且以 2π 为周期。图 4.1 是信号初相为零时，$N=M=8$、$k=0$ 的情况下，$\varphi(M,\theta)$ 的实部、虚部和模随 θ 变化的图形，横轴对 2π 归一化。不难看出，$\varphi(M,\theta)$ 以 2π 为周期随着 θ 变化。其中，M 只影响 $\varphi(M,\theta)$ 的幅度，不影响周期。图 4.2 是信号初相为零时，$N=8$、$M=6$、$k=0$ 的情况下，$\varphi(M,\theta)$ 的实部、虚部和模随 θ 变化的图形，横轴对 2π 归一化。不难看出，$\varphi(M,\theta)$ 仍然以 2π 为周期随着 θ 变化。

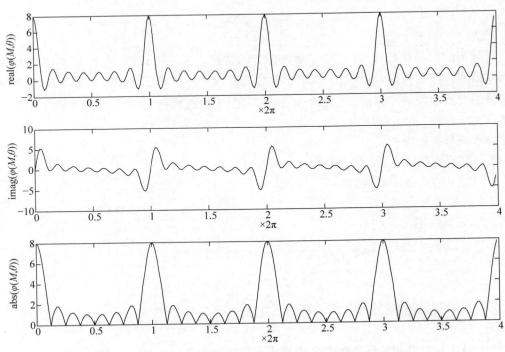

图 4.1 $\varphi(M,\theta)$ 的实部、虚部和模随 θ 变化的图形（参数 1）

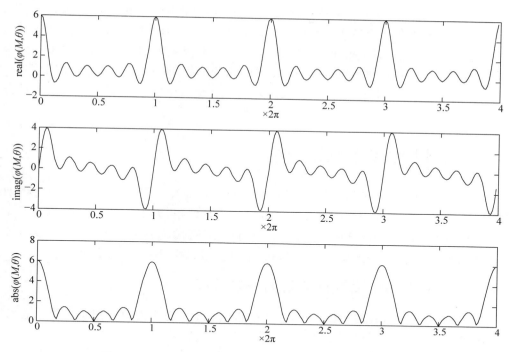

图 4.2　$\varphi(M,\theta)$ 的实部、虚部和模随 θ 变化的图形(参数 2)

$\varphi(M,\theta)$ 以 2π 为周期随着 θ 变化,说明对归一化频率 $\Omega T_s = \Omega/f_s$ 相差 2π 整数倍的不同的单频信号具有相同的响应。这种通带和阻带周期性出现的滤波器形状称为梳状滤波器(comb filter)。

DFT 的每个 k 对应一个谱分析滤波器,称为一个通道(channel)。每个谱分析滤波器在频率响应的一个周期内都存在多个过零点,由这些过零点分割成多个响应不为零的区间。其中频率响应最大的那个区间称为滤波器的主瓣(mainlobe),主瓣的最大频率响应点称为主峰(peak)。其他频率响应比较小的区间称为滤波器的旁瓣(side-lobe),旁瓣部分的峰在不引起混淆的情况下也简称为旁瓣。

不同的 k 对应的梳状滤波器的主峰位置不同。从 $\varphi(M,\theta)$ 的表达式不难发现,主峰位置出现在 $\theta=0$ 处,即 $\Omega=\dfrac{2\pi}{NT_s}k$ 处,主峰高度 $|\varphi(M,\theta)|\,|_{\theta=0}=M$。可见 N 个梳状滤波器的主峰在每个 2π 的周期内都均匀分布,相邻通道之间同一周期内主峰位置相差 $\dfrac{2\pi}{NT_s}$。主峰两侧的过零点之间相距 $\dfrac{4\pi}{MT_s}$,称为主瓣宽度。主瓣宽度反映了谱分析滤波器区分不同频率的单频信号的能力,决定了谱分析的分辨力(resolution)。注意,分辨力与变换点数无关,只取决于信号长度。信号持续长度越长,能够分辨开的不同频率越接近,分辨力越高。

由于 $\varphi(M,\theta)$ 既有主瓣也有旁瓣,考虑到 $X[k]$ 是由 $\varphi(M,\theta)$ 对 $S(\mathrm{j}\Omega)$ 加权积分得到,可以认为 $X[k]$ 主要反映了 $S(\mathrm{j}\Omega)$ 落在 $\varphi(M,\theta)$ 的主瓣内的那部分信号,因此不同的 k 所对

应的 DFT 结果大抵反映了不同频率范围的 $S(j\Omega)$。但是相邻两个通道的主瓣之间有交叠，同一个信号可能在相邻两个通道都有响应。此外，由于一个通道的旁瓣会在其他通道的主瓣位置出现，虽然旁瓣相对主瓣而言比较小，但是毕竟不为零，因此一个通道的 DFT 结果不可避免地包含了其他通道主瓣位置的信号成分。这说明用 DFT 去分析连续时间信号的频谱时，各通道在频率分割上不是理想的，彼此之间有重叠。在 4.2 节，还会以更直观的方式来讨论这些问题。

4.2　利用 DFT 的频谱分析

DFT 的定义和性质在数学上是严格的，并且存在快速算法 FFT，因而在数字信号处理中获得广泛应用。DFT 在很多场合作为谱分析的工具使用，如雷达中用 DFT 分析回波信号的多普勒频率、通信中用 DFT 对多个子带进行分割、现代数字频谱分析仪器用 DFT 分析信号频谱特征等。本节主要讨论用 DFT 做频谱分析遇到的问题和一些解决方法。

4.2.1　通过 DFT 做频谱分析的一般过程

利用 DFT 做频谱分析的一般过程，总结在图 4.3 中。首先简要介绍每一单元的作用，对几个关键单元在后续章节再做细致说明。

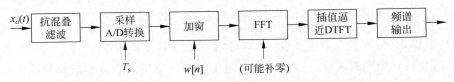

图 4.3　DFT 做频谱分析的步骤

第一个单元抗混叠滤波是在连续域进行的。在实际中遇到的信号，当环境非常复杂时，一般不满足严格的频带受限特性。不满足采样定理时，采样会引起频谱混叠问题。使得频率不受限的主要因素是宽带噪声的存在和环境干扰，而实际信号的频带一般是频带受限或近似频带受限的。为了得到良好的频谱分析效果，首先通过一个抗混叠滤波器（一般是一个低通滤波器），滤除感兴趣频带之外的频谱分量，使待分析信号变成非常接近于频带受限信号，便于利用采样定理。抗混叠滤波器的设计属于模拟电路的内容，几个模拟滤波器原型将在第 6 章介绍，但不是本书主要关注的对象。

若确定了待分析信号的最高频率为 F_M，或通过抗混叠滤波器把待分析信号的最高频率限制为 F_M，第二个单元的任务是通过采样保持电路和 A/D 转换器将连续信号转换为数字信号。根据采样定理，采样间隔 $T_s < 1/(2F_M)$，A/D 转换器把连续信号变成数字信号。A/D 转换器带来信号值精度的损失称为量化误差，量化误差的影响在第 10 章作为有限字长效应问题再做讨论。目前，先忽略 A/D 转换器带来的精度损失问题。

第三个单元是加窗，这是用 DFT 做频谱分析必要的步骤。加窗的含义是只获取输入信号的一部分数据进行 DFT 变换，几个方面原因都要求这样做：一是 DFT 是仅对有限长序列定义的，自身要求有限长序列；二是实际系统的存储和计算能力也要求只能采集和存储有限数据；三是实时性要求，尤其在现场测量的场合，要求延迟有限时间后给出分析结果。

加窗是一个截取和加权的过程,在截取信号为有限长的同时对各样本值加权,目的是减小谱分析的误差。最简单的窗是矩形窗,只截取不加权。如果习惯地把记录数据的起始时间记为 0,终止时间记为 M,矩形窗的定义为

$$w_R[n] = \begin{cases} 1, & 0 \leqslant n \leqslant M \\ 0, & \text{其他} \end{cases} \tag{4.5}$$

第 1 章曾指出,若一个信号是频带受限的,其时间必然是无限的。待分析的离散信号 $x[n]$ 是无限长的,通过加窗获取其有限长记录,即加窗样本 $x_w[n]$。假设使用矩形窗(其他窗的定义在下一节讨论),加窗样本为

$$x_w[n] = x[n]w_R[n] \tag{4.6}$$

加窗样本是有限长序列,可以直接计算其 DFT 系数。由于实际中,总是采用 FFT 计算 DFT,FFT 对序列长度有要求,例如,基-2FFT 要求序列长度是 2 的幂次。由于加窗样本长度是 $M+1$,若恰是 2 的幂次,则令 $N=M+1$,直接做 N 点 FFT;若 $M+1$ 不是 2 的幂次,需要补零,构成长度为 2 的幂次的序列。设 $N>M$ 是 2 的幂次,补零后的 N 点序列定义为

$$x_N[n] = \begin{cases} x_w[n], & 0 \leqslant n \leqslant M \\ 0, & M+1 \leqslant n \leqslant N-1 \end{cases} \tag{4.7}$$

由于 $x_N[n]$ 和 $x_w[n]$ 的非零值相同,其 DTFT 相同。由于 DFT 是对 DTFT 的采样,补零后做 N 点 DFT 比直接做 $M+1$ 点 DFT 是对 DTFT 的更密集的采样,对频谱分析来讲一般会更有益处。这样做既可采用 FFT 的有效算法,也可获得对 DTFT 的更密集采样。后续章节还会看到,为了改善频谱分析的质量,有时需要补更多的零做更长点数 FFT。

既然 DFT 是 DTFT 的采样,在通过 FFT 计算得到 DFT 后,通过插值获得加窗样本的 DTFT $X_w(e^{j\omega})$。用加窗样本的 DTFT 作为对待分析信号 DTFT 的估计,即

$$\hat{X}(e^{j\omega}) = X_w(e^{j\omega}) \tag{4.8}$$

最后一个单元通过坐标变换得到连续信号的频谱估计

$$\hat{X}_a(j\Omega) = T_s\hat{X}(e^{j\Omega T_s}) = T_s X_w(e^{j\Omega T_s}) \quad |\Omega| < \frac{\pi}{T_s} \tag{4.9}$$

最后两个单元也可以合在一起,即插值和坐标变换合在一起完成,这一过程也被称为平滑滤波。

以上概述性地讨论了用 DFT 做频谱分析的一般步骤。其中前两个单元不是本书的研究范围,不再做进一步讨论;后续几节围绕后面几个单元带来的问题和解决方法,再做详细讨论。

4.2.2　加窗与频率分辨率

4.2.1 节看到,利用 DFT 做频谱分析,实际得到加窗样本的 DTFT。有必要了解,加窗样本的 DTFT 和待分析信号 DTFT 之间的关系,用加窗样本的 DTFT 逼近待分析信号 DTFT 会带来哪些问题。通过 DTFT 来更准确地分析这些问题,作为 DTFT 采样的 DFT 仍存在这些问题,同时还会带来一些新问题。

利用 DTFT 频域卷积定理,得到加窗样本 DTFT 和待分析信号 DTFT 之间的关系为

$$X_w(e^{j\omega}) = \frac{1}{2\pi}\int_{-\pi}^{\pi} X(e^{j\theta}) W_R(e^{j(\omega-\theta)})d\theta \tag{4.10}$$

其中 $W_R(e^{j\omega})$ 是矩形窗函数的 DTFT，为

$$W_R(e^{j\omega}) = \text{DTFT}\{w_R[n]\} = e^{-j\frac{M}{2}\omega} \frac{\sin\left(\dfrac{M+1}{2}\omega\right)}{\sin\left(\dfrac{1}{2}\omega\right)} \tag{4.11}$$

矩形窗函数的幅度谱见图 4.4（仅画出一个周期），图中画出了 $M+1=64$ 的情况。注意最大值为 $M+1$，第一个零点位于 $\omega = 2\pi/(M+1)$，主瓣宽度为 $\Delta_M\omega = 4\pi/(M+1)$。当 M 很大时，中心是一个很窄很高的光滑柱状图形，$M \to \infty$ 时趋向于冲激函数。在 M 为有限值时，$W_R(e^{j\omega})$ 是一个窄的光滑函数，其与 $X(e^{j\omega})$ 的卷积实际是由 $W_R(e^{j\omega})$ 对 $X(e^{j\omega})$ 做平滑。因此，若 $X(e^{j\omega})$ 本身是一个连续函数，$X_w(e^{j\omega})$ 是由 $W_R(e^{j\omega})$ 对 $X(e^{j\omega})$ 的平滑修正。若 M 比较大时，$X_w(e^{j\omega})$ 和 $X(e^{j\omega})$ 非常接近，用 $X_w(e^{j\omega})$ 作为 $X(e^{j\omega})$ 的估计可得到良好的估计。

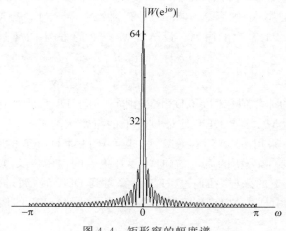

图 4.4　矩形窗的幅度谱

当 $X(e^{j\omega})$ 不是连续频谱时，例如 $X(e^{j\omega})$ 包含多个冲激谱（线谱）时，加窗造成的影响会更明显。设

$$x[n] = A\cos(\omega_0 n)$$
$$x_w[n] = A\cos(\omega_0 n)w_R[n]$$

得到相应 DTFT 为

$$X(e^{j\omega}) = A\pi \sum_{k=-\infty}^{+\infty} \delta(\omega - \omega_0 - 2\pi k) + \delta(\omega + \omega_0 - 2\pi k)$$

$$X_w(e^{j\omega}) = \frac{A}{2}\{W_R(e^{j(\omega-\omega_0)}) + W_R(e^{j(\omega+\omega_0)})\}$$

也就是加窗样本的 DTFT 形状由冲激形状变成矩形窗的频谱形状，但中心峰点不变，仍在 $\pm\omega_0$（也包括每间隔 2π 的重复峰）处。尽管加窗样本的 DTFT 不再是理想的冲激，当 M 充分大，且对待分析信号类型有一定的先验知识，通过加窗样本的 DTFT 可以判断信号的类型和估计信号频率。

当待分析信号是由多个正弦信号组成时，将出现更多问题。以两个频率分量为例做说明。设待分析信号和加窗样本分别为

$$x[n] = A_0\cos(\omega_0 n) + A_1\cos(\omega_1 n)$$

$$x_w[n] = [A_0 \cos(\omega_0 n) + A_1 \cos(\omega_1 n)] w_R[n]$$

相应的 DTFT 分别为

$$X(e^{j\omega}) = A_0 \pi \sum_{k=-\infty}^{+\infty} (\delta(\omega - \omega_0 - 2\pi k) + \delta(\omega + \omega_0 - 2\pi k)) +$$

$$A_1 \pi \sum_{k=-\infty}^{+\infty} (\delta(\omega - \omega_1 - 2\pi k) + \delta(\omega + \omega_1 - 2\pi k))$$

和

$$X_w(e^{j\omega}) = \frac{A_0}{2} \{W_R(e^{j(\omega-\omega_0)}) + W_R(e^{j(\omega+\omega_0)})\} + \frac{A_1}{2} \{W_R(e^{j(\omega-\omega_1)}) + W_R(e^{j(\omega+\omega_1)})\}$$

加窗样本的 DTFT 是中心分别位于 ω_0 和 ω_1 的窗频谱的叠加。当窗形状(当前只讨论矩形窗)和窗长度确定后,窗频谱的形状是确定的,即主瓣宽度和高度、主瓣和旁瓣取值大小等是确定的。待分析信号的角频率 ω_0 和 ω_1 变化时,频谱图发生变化。图 4.5 所示两种情况,图 4.5(a)中角频率 ω_0 和 ω_1 差值较大,两个主瓣清晰可辨;图 4.5(b)中角频率 ω_0 和 ω_1 很接近,两个主瓣已几乎重叠在一起,难以分辨。

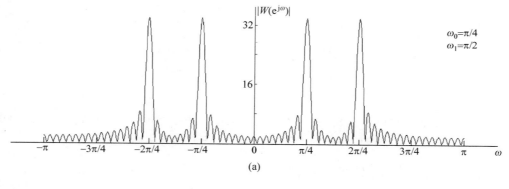

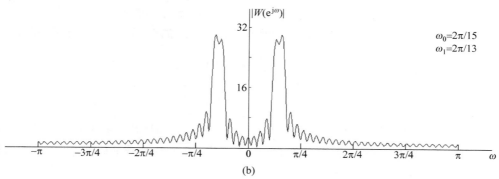

图 4.5 不同频率差的加窗 DTFT

由于窗函数的主瓣宽度是一定的,若待分析信号的两个角频率充分接近时,在频谱图中不可分辨。将一种加窗所能够分辨开的最小角频率(或频率)差 $\Delta\omega$(或 $\Delta f = \Delta\omega/2\pi$)称为该加窗的频率分辨率。$\Delta\omega$ 越小,频率分辨率越高。

矩形窗的主瓣宽度是 $\Delta_M \omega = 4\pi/(M+1)$。若两个角频率差大于主瓣宽度,一定是可以分辨的。可以近似计算出矩形窗的 3dB 带宽为 $\Delta_3\omega = 0.89 \times 2\pi/(M+1)$。实验证明,取

3dB带宽作为加窗的频率分辨率是合适的。在实际中留有一点余量，可用下式表示矩形窗的频率分辨率

$$\Delta\omega=\frac{2\pi}{M+1}\quad\text{或}\quad\Delta f=\frac{1}{M+1}\tag{4.12}$$

以上讨论频率分辨率是针对归一化的离散频率而言，将这个频率分辨率映射为连续信号频率则为

$$\Delta\Omega=\frac{2\pi}{M+1}\frac{1}{T_s}=\frac{2\pi}{M+1}F_s\tag{4.13}$$

或

$$\Delta F=\frac{1}{M+1}\frac{1}{T_s}=\frac{1}{M+1}F_s\tag{4.14}$$

这里，F_s 指采样频率。

例 4.2.1　设连续信号 $x_a(t)$ 的最高频率为 500kHz，采用 $F_s=1\text{MHz}$ 进行采样后进行频谱分析，希望获得 0.5kHz 的频率分辨率，需要得到多少采样点？相当于采样持续时间 Δt 为多少？

采样点数

$$N=M+1=\frac{F_s}{\Delta F}=\frac{10^6}{0.5\times10^3}=2000$$

采样持续时间

$$\Delta t=NT_s=2\text{ms}$$

通过加窗样本的 DTFT 分析，得到关于加窗限制了频率分辨率的一般讨论。由于 DFT 是对 DTFT 的采样，对加窗后序列的 DFT 运算与 DTFT 具有相同的频率分辨率。

4.2.3　DFT的频率泄漏和栅栏效应

这一节讨论 DFT 做频谱分析带来的两个问题：频率泄漏和栅栏现象。

假设仍使用截止点为 M 的矩形窗，并做 $N=M+1$ 点的 DFT，并且待分析信号由若干个正弦信号组成，且每个角频率为 $\omega_i=k_i\dfrac{2\pi}{N}$，那么 DFT 作为对 $X_w(\text{e}^{\text{j}\omega})$ 在

$$k\frac{2\pi}{N},\quad k=0,1,\cdots,N-1$$

位置的采样。在这种特殊情况下，只有当 $k=k_i$、$k=N-k_i$ 时恰好采到 $X_w(\text{e}^{\text{j}\omega})$ 的主瓣峰值，而其他采样点恰好对应 $X_w(\text{e}^{\text{j}\omega})$ 的过零点。因此，DFT 的系数非常理想。一个这样的例子是

$$x_w[n]=\left[\cos\left(\frac{3\pi}{32}n\right)+0.75\cos\left(\frac{2\pi}{8}n\right)\right]W_R[n],\quad N=64$$

在这个例子中，$\omega_0=3\times\dfrac{2\pi}{64}$，$\omega_1=8\times\dfrac{2\pi}{64}$，加窗样本的 DTFT 如图 4.6(b) 所示。对其以 $\dfrac{2\pi}{64}$ 为间隔采样得到的 DFT 系数如图 4.6(a) 所示，只有 $k=\{3,61,8,56\}$ 4 个点非零，其他点均为零。这是一个非常理想的情况。

由于实际中待分析信号的频率可能是任意值，如上的理想情况很难遇到。一般情况是，

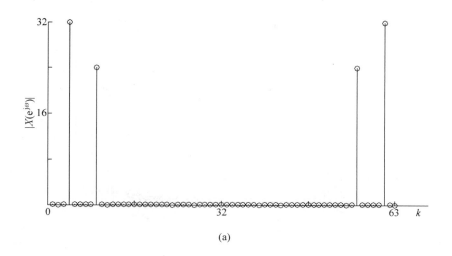

(a)

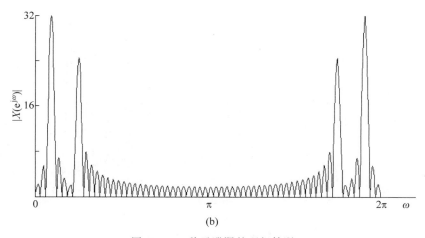

(b)

图 4.6　一种无泄漏的理想情况

即使待分析信号是由几个正弦信号组成,DFT 系数仍可能存在很多非零值。这是因为对 DTFT 采样时,除了会采样到非零的主瓣取值外,也会采样到非零的旁瓣值。例如

$$x_{w}[n] = \left[\cos\left(\frac{2\pi}{13}n\right) + 0.8\cos\left(\frac{4\pi}{15}n\right)\right] W_{R}[n], \quad N = 64 \tag{4.15}$$

该加窗样本的 DTFT 和 DFT 如图 4.7 所示,DFT 系数存在大量非零值。这是因为采样点 $\frac{2\pi}{64}k$ 并不对应 DTFT 的过零点,所以 DFT 采样了 DTFT 的非零旁瓣值。由于原信号仅有两个正弦,而 DFT 系数有大量非零值,这个现象称为 DFT 的频率泄漏现象。其本质是加窗造成了 DTFT 存在的旁瓣值,DFT 对 DTFT 采样时采得了这些旁瓣值所造成的。

图 4.7 所示的 DFT 系数还存在一个问题,原信号的频率值 $\omega_0 = \frac{2\pi}{13}$、$\omega_1 = \frac{4\pi}{15}$ 均不在采样点 $\frac{2\pi}{64}k$ 位置,因此 DFT 系数采集不到 DTFT 主瓣的峰值处,即漏掉了最关键的信息:主瓣峰值。这一点从图 4.7(a)、图 4.7(b) 的比较可以观察到。这个现象称为栅栏现象。

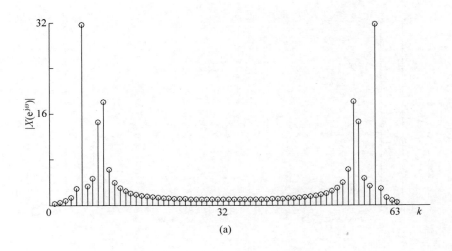

(a)

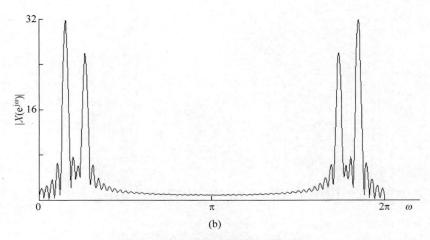

(b)

图 4.7　存在泄漏和栅栏效应的 DFT

　　若直接取图 4.7(b)的 DFT 系数幅度值的局部极大值对应的频率点来估计待分析信号的频率，前半段的两个局部极大值点分别为 $k_0 = 5$、$k_1 = 9$，分别对应的角频率为 $\hat{\omega}_0 = 5 \times \frac{2\pi}{64}$、$\hat{\omega}_1 = 9 \times \frac{2\pi}{64}$。若用这两个角频率估计 ω_0、ω_1，误差分别为 $\frac{\pi}{416}$、$\frac{7\pi}{480}$，这个误差可写成 $\frac{1}{13} \times \frac{2\pi}{64}$、$\frac{3}{7} \times \frac{2\pi}{64}$。注意到，最大误差不超过 $0.5 \times \frac{2\pi}{64}$。在该例中 ω_0 偏离采样点很小，故 DFT 的采样值与 DTFT 的峰值相比衰减不大；但 ω_1 偏离采样点较大，其对应的 DFT 采样点比真实 DTFT 的峰值有明显衰减。对于一般 N 点 DFT，用这种局部极大值估计待测角频率的最大误差为 $0.5 \times \frac{2\pi}{N}$。

4.2.4　由 DFT 插值 DTFT 的讨论

　　4.2.3 节的栅栏现象，有一些改善的方法。理论上栅栏现象是可以完全避免的。对于加窗样本做 DFT 后，由 DFT 系数可以完全重构其 DTFT $X_w(e^{j\omega})$。由于 $X_w(e^{j\omega})$ 包含了各频率分量的准确值,在不考虑其他因素,如量化误差、噪声干扰、计算误差的情况下,可以准确估计各频率分量的频率值。

做 DFT 时,一般采用 FFT 算法。假设采用基 2-FFT,若 $M+1$ 为 2 的幂次,则做 $N = M+1$ 的 DFT;否则,为加窗样本补零,补到大于 $M+1$ 的最小 2 的幂次 2^m。取 $N = 2^m$ 形成式(4.7)的 $x_N[n]$,对其做 N 点 FFT,得到 $X_N[k]$,$k=0,1,\cdots,N-1$。由式(3.16),得到加窗样本 DTFT 为

$$X_w(e^{j\omega}) = \sum_{k=0}^{N-1} X_N[k]\varphi_N\left(\omega - \frac{2\pi}{N}k\right) \tag{4.16}$$

这里

$$\varphi_N(\omega) = \frac{1}{N}e^{-j\frac{N-1}{2}\omega}\frac{\sin\left(\frac{N}{2}\omega\right)}{\sin\frac{\omega}{2}}$$

也可以直接写出估计的连续信号频谱为

$$\hat{X}_a(j\Omega) = T_s X_w(e^{j\Omega T_s}) = T_s\sum_{k=0}^{N-1}X_N[k]\varphi_N\left(\Omega T_s - \frac{2\pi}{N}k\right) \quad |\Omega| < \frac{\pi}{T_s} \tag{4.17}$$

式(4.16)和式(4.17)更多的是理论价值。实际中,由于运算量太大,会采用简化的插值方法。另一方面,$\hat{X}_a(j\Omega)$ 总是要显示在屏幕上的,显示屏分辨率的限制也使得不需要准确计算出任意密集的输出频谱图。同时注意到,式(4.17)和式(4.4)是从两个不同侧面研究 DFT 系数和连续频谱关系的表达式。

一种简单但常用的由 DFT 插值得到 $X_w(e^{j\omega})$ 或 $\hat{X}_a(j\Omega)$ 的方法是线性插值,即相当于将图 4.7(a)中计算出的两个相邻 DFT 系数值用直线连接起来,对于

$$\frac{2\pi}{N}k < \omega < \frac{2\pi}{N}(k+1)$$

即 ω 处于两个 DFT 采样点之间,其 $X_w(e^{j\omega})$ 的线性插值估计值为

$$|\hat{X}_w(e^{j\omega})| = \frac{\frac{2\pi}{N}(k+1)-\omega}{\frac{2\pi}{N}}|X_N[k]| + \frac{\omega - \frac{2\pi}{N}k}{\frac{2\pi}{N}}|X_N[k+1]| \tag{4.18}$$

注意,上式只给出了幅度谱的线性插值公式,相位部分类似,不再赘述。不难看到,若采用线性插值,由图 4.7(a)的 DFT 幅度插值估计出 $|\hat{X}_w(e^{j\omega})|$,则栅栏现象的影响并没有改善,若以 $|\hat{X}_w(e^{j\omega})|$ 峰值点估计频率,产生与 4.2.3 节同样的误差值。

减轻线性插值栅栏效应的办法是通过进一步补零,构成更长的 $N' > N$ 点序列,即

$$x_{N'}[n] = \begin{cases} x_N[n], & 0 \leq n \leq N-1 \\ 0, & N \leq n \leq N'-1 \end{cases}$$

对 $x_{N'}[n]$ 做 N' 点 DFT,由于相当于是对 $X_w(e^{j\omega})$ 以 $2\pi/N'$ 为间隔采样,获得 N' 个采样值构成 $X_{N'}[k]$,$k=0,1,\cdots,N'$。由于采样更密集,栅栏效应得到缓解。

例 4.2.2 式(4.15)所示的信号,若补零到 $N'=256$,做 256 点 FFT,相当于对

$X_w(e^{j\omega})$ 采样密度高了 4 倍,采样点更接近 $X_w(e^{j\omega})$ 的峰值,角频率估计误差的最大值相应减少为 $0.5 \times \dfrac{2\pi}{256}$。

　　由于窗长度决定了 $X_w(e^{j\omega})$ 的形状,即决定了频率分辨率,而补零只是改变了 DFT 计算时对 $X_w(e^{j\omega})$ 的采样密度。它可以使得直接采用线性插值得到的频谱分析图形更细致,频率估计精度更高,但不会改善频率分辨率。

　　例 4.2.3　设有一个信号,采样得到 400 个样本(矩形窗),用两种方法做变换:(1)补零到 $N=512$ 点做 FFT,对 FFT 系数进行线性插值;(2)补零到 $N'=2048$ 点做 FFT,然后进行线性插值。若信号中存在多个正弦分量,讨论频率值的估计精度和频率分辨率。

　　该问题中,由于采样点 $M+1=400$ 没有变化,即窗长为 400,因此频率分辨率总是 $\Delta f = 1/400$,做 $N=512$ 点 FFT,用线性插值的极大值点估计频率的误差小于 $\dfrac{0.5}{512}$,做 $N'=2048$ 点 FFT,用线性插值的极大值点估计频率的误差小于 $\dfrac{0.5}{2048}$。

　　从如上讨论中看到,式(4.16)的插值是准确的,由 DFT 系数准确重构 $X_w(e^{j\omega})$ 完全消除了栅栏效应,但运算复杂度太高。式(4.18)的线性插值简单实用,但继承了 DFT 的栅栏效应。通过补零可缓解栅栏效应,但补零一般带来的运算复杂性也是明显的,尤其在实时处理场合,可能造成系统成本的明显上升。在一些应用中,例如雷达动目标的多普勒频率估计,往往在一个时间段信号只包含很少的几个频率分量。在这种情况下,可以在对采样值不补零或为了 FFT 的点数要求只补很少零后,直接做 N 点 DFT。在 DFT 系数幅度的局部极大值点附近,由相邻的几个 DFT 幅度值对 DTFT 进行精细插值,以更准确地估计 DTFT 峰值的真实位置。

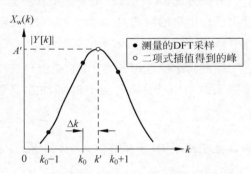

图 4.8　二阶插值逼近 DTFT 峰值

　　在图 4.8 中,k_0 是 DFT 系数幅度的局部极大值点。用 $\{k_0-1, k_0, k_0+1\}$ 点的 DFT 幅度来插值 DTFT 的局部幅度值,采用比线性插值更可能逼近 DTFT 峰值曲线的二次函数(抛物线)来插值 DTFT。为了表示简单,用 k 表示连续量,局部 DTFT 幅度插值公式表示为

$$X_w(k) = a_0 + a_1 k + a_2 k^2 \tag{4.19}$$

将 $\{k_0-1, k_0, k_0+1\}$ 点的 DFT 幅度值代入上式,得到求系数的方程

$$\begin{bmatrix} |X_N[k_0-1]| \\ |X_N[k_0]| \\ |X_N[k_0+1]| \end{bmatrix} = \begin{bmatrix} 1 & k_0-1 & (k_0-1)^2 \\ 1 & k_0 & (k_0)^2 \\ 1 & k_0+1 & (k_0+1)^2 \end{bmatrix} \begin{bmatrix} a_0 \\ a_1 \\ a_2 \end{bmatrix}$$

如上方程的系数矩阵是 Vandermonde 矩阵,可求出其行列式为

$$\det \left\{ \begin{bmatrix} 1 & k_0-1 & (k_0-1)^2 \\ 1 & k_0 & (k_0)^2 \\ 1 & k_0+1 & (k_0+1)^2 \end{bmatrix} \right\} = 2$$

系数有唯一解。假设插值函数的峰值位于 $k'=k_0+\Delta k$，代入式(4.19)同时代入所求系数整理得

$$X_w(k_0+\Delta k)=\frac{1}{2}\{(\Delta k-1)\Delta k\,|X_N[k_0-1]|-2(\Delta k-1)(\Delta k+1)\,|X_N[k_0]|+$$
$$(\Delta k+1)\Delta k\,|X_N[k_0+1]|\}$$

因为是峰值点，故上式对 Δk 求导为零，由此求出 Δk

$$\Delta k=\frac{-\frac{1}{2}\{|X_N[k_0+1]|-|X_N[k_0-1]|\}}{|X_N[k_0-1]|-2|X_N[k_0]|+|X_N[k_0+1]|}\qquad(4.20)$$

估计得到的 DTFT 的局部峰值点(即估计的角频率)为

$$\omega'=(k_0+\Delta k)\frac{2\pi}{N}\qquad(4.21)$$

当有多个局部极大值点时，在每一个峰值处重复该处理过程。在特殊情况下，例如当 $N=M+1$ 且采用矩形窗时，因为主瓣窄，三个 DFT 采样点可能出现图 4.9 所示的情况，即有一个 DFT 采样点处于 DTFT 的旁瓣上。这种情况下，抛物线插值的性能变差；但一般情况下，当有适当补零 $N>M+1$ 或采用 4.3 节介绍的其他窗函数时，这种现象不会发生。当采用抛物线插值的局部处理来估计信号频率时，估计精度的提高没有一个闭式公式，在具体情况下，可通过实验进行分析。例如，在 $M=30$、$N=64$ 情况下，采用线性插值角频率估计精度为 $0.5\times\frac{2\pi}{64}$，实验表明抛物线局部插值的精度为 $0.02\times\frac{2\pi}{64}$。

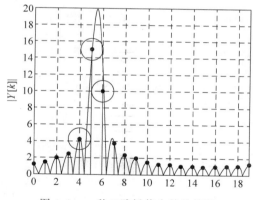

图 4.9　一种二阶插值失效的情况

4.3　窗函数和加窗频谱分析

前面一直使用矩形窗。矩形窗仅相当于一个截断运算，或相当于权值仅为 1 或 0，没有使用渐变的加权。矩形窗是所有窗函数中频率分辨率最高的，但是它的旁瓣电平也是最高的。从图 4.4 中可以看出，主瓣两侧的第一个旁瓣峰值大约是主瓣峰值的 1/5，以 dB(分贝)为单位，旁瓣峰值仅比主瓣峰值低 13dB。一些应用中，待测量信号中包含多个频率分量，这些分量的幅度可能有较大差别。矩形窗有比较大的旁瓣值使得很难区分一个局部极值点是

小信号的主瓣还是一个大幅度信号的旁瓣。在实际应用中，幅度相差一到几个数量级的多个正弦分量共存在一个信号中是可能的，用矩形窗难以区分。

假设用矩形窗采集记录下来的信号是雷达接收机接收的一段信号，第一项是从近处高楼反射的回波，第二项是从运动目标反射回来的信号分量，ω_d 是运动目标相对雷达径向运动速度引起的多普勒频率，则接收信号可以写为

$$x_w[n] = \left(A_0 \cos[\omega_0(n-n_0)+\varphi_0]\right.$$
$$\left.+ A_1 \cos[(\omega_0+\omega_d)(n-n_1)+\varphi_1]\right)W_R[n] \qquad (4.22)$$

若忽略两个分量互相叠加的影响，其幅度谱近似为

$$X_w(e^{j\omega}) = \frac{|A_0|}{2}|W_R(e^{j(\omega-\omega_0)})| + \frac{|A_1|}{2}|W_R(e^{j(\omega-\omega_0-\omega_d)})|$$

当 $\omega_d = \alpha\dfrac{2\pi}{N}$，$\alpha$ 是比较小的数，且 $|A_1| < \dfrac{1}{5}|A_0|$ 时，幅度谱中的第二项可能被第一项所湮没，从幅度谱中无法判断是否存在第二项。

通过选择一些光滑的窗函数，可以降低谱估计的旁瓣的能量。表 4.1 和表 4.2 列出了一些常见的窗函数及其参数，图 4.10 是几种常用窗函数的包络图形。这里以汉宁窗为例，分析所构造窗的特性，汉宁窗的表达式为

$$w(n) = \frac{1}{2}\left(1-\cos\frac{2\pi n}{M}\right)w_R[n] = \left(\frac{1}{2}-\frac{1}{4}e^{j\frac{2\pi}{M}n}-\frac{1}{4}e^{-j\frac{2\pi}{M}n}\right)w_R[n] \qquad (4.23)$$

它是由矩形窗乘上平滑变化的"权序列"构成，得到其 DTFT 为

$$W(e^{j\omega}) = \frac{1}{2}\left[W_R(e^{j\omega}) - \frac{1}{2}W_R(e^{j(\omega-\frac{2\pi}{M})}) - \frac{1}{2}W_R(e^{j(\omega+\frac{2\pi}{M})})\right]$$
$$= \frac{1}{2}\left[\hat{W}_R(e^{j\omega})e^{-j\frac{M}{2}\omega} - \frac{1}{2}\hat{W}_R(e^{j(\omega-\frac{2\pi}{M})})e^{-j\frac{M}{2}(\omega-\frac{2\pi}{M})}\right.$$
$$\left.-\frac{1}{2}\hat{W}_R(e^{j(\omega+\frac{2\pi}{M})})e^{-j\frac{M}{2}(\omega+\frac{2\pi}{M})}\right]$$
$$= \frac{1}{2}\left[\hat{W}_R(e^{j\omega})e^{-j\frac{M}{2}\omega} + \frac{1}{2}\hat{W}_R(e^{j(\omega-\frac{2\pi}{M})})e^{-j\frac{M}{2}\omega} + \frac{1}{2}\hat{W}_R(e^{j(\omega+\frac{2\pi}{M})})e^{-j\frac{M}{2}\omega}\right]$$
$$= \frac{1}{2}\left[\hat{W}_R(e^{j\omega}) + \frac{1}{2}\hat{W}_R(e^{j(\omega-\frac{2\pi}{M})}) + \frac{1}{2}\hat{W}_R(e^{j(\omega+\frac{2\pi}{M})})\right]e^{-j\frac{M}{2}\omega} \qquad (4.24)$$

上式中，$\hat{W}_R(e^{j\omega})$ 是矩形窗除去单独相位项 $e^{-j\frac{M}{2}\omega}$ 的部分。

图 4.11 示出了怎样构成旁瓣更小的窗函数的过程。三项叠加的过程减小了旁瓣，但也展宽了主瓣。从表 4.2 可以查到几个常见窗函数的主瓣宽度和 3dB 带宽以及旁瓣最大峰值对应于主瓣峰值的衰减。

注意在表 4.2 中，已将各种窗函数幅度谱的主瓣峰值归一化，列出了最大旁瓣电平的值。图 4.12 也画出了几个窗函数对应的幅度谱，为了显示得更清楚，图 4.12 采用了 dB 作为纵坐标的单位，可以对比观察表 4.2 和图 4.12。表 4.2 中的频率分辨率和主瓣带宽都是

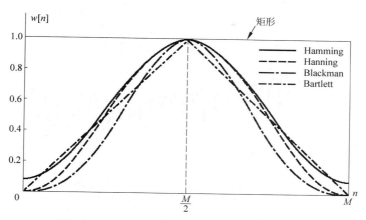

图 4.10 几种常见窗函数(见表 4.1)的包络图形

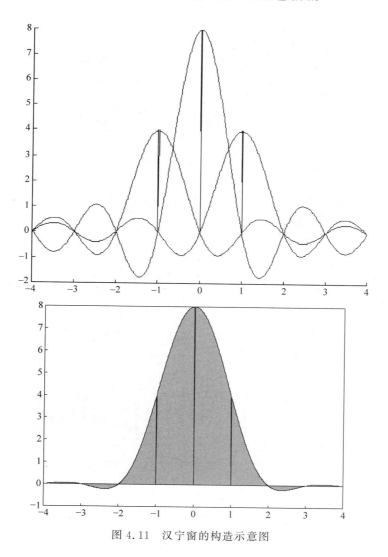

图 4.11 汉宁窗的构造示意图

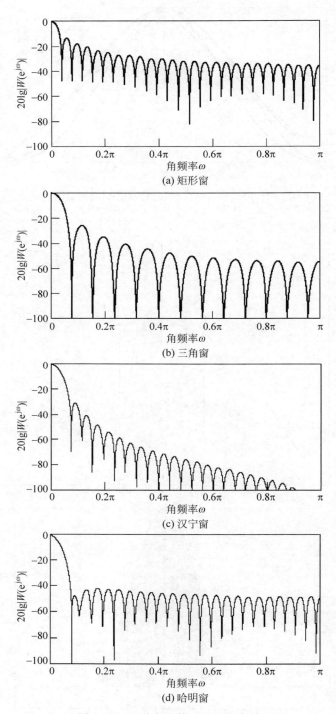

(a) 矩形窗

(b) 三角窗

(c) 汉宁窗

(d) 哈明窗

图 4.12　几种窗函数对应的幅度谱

用角频率单位表示的。不管采用那种窗函数,用 DFT 做频谱估计能够分辨出的频率间隔总为 $1/(M+1)$ 量级。在实际中,旁瓣电平小的窗频率分辨率一般会更低,需要根据应用环境折中地选择这些窗函数。

表 4.1　常用窗函数及其表达式

窗 函 数	表 达 式
矩形窗	$w[n]=1, \quad 0\leqslant n\leqslant M$
三角窗 (Bartlett)	$w[n]=\begin{cases} 2n/M, & 0\leqslant n\leqslant M/2 \\ 2-2n/M, & M/2\leqslant n\leqslant M \end{cases}$
汉宁窗 (Hanning)	$w[n]=\dfrac{1}{2}\left[1-\cos\left(\dfrac{2\pi n}{M}\right)\right], \quad 0\leqslant n\leqslant M$
哈明窗 (Hamming)	$w[n]=0.54-0.46\cos\left(\dfrac{2\pi n}{M}\right), \quad 0\leqslant n\leqslant M$
布莱克曼窗 (Blackman)	$w[n]=0.42-0.5\cos\left(\dfrac{2\pi n}{M}\right)+0.08\cos\left(\dfrac{4\pi n}{M}\right), \quad 0\leqslant n\leqslant M$

表 4.2　常用窗函数及其参数(主瓣峰值归一化)

窗 函 数	主瓣宽度	窗的 3dB 带宽	最大旁瓣电平
矩形窗	$4\pi/(M+1)$	$0.89\times 2\pi/(M+1)$	-13dB
三角窗	$8\pi/(M+1)$	$1.28\times 2\pi/(M+1)$	-25dB
汉宁窗	$8\pi/(M+1)$	$1.44\times 2\pi/(M+1)$	-31dB
哈明窗	$8\pi/(M+1)$	$1.3\times 2\pi/(M+1)$	-41dB
布莱克曼窗	$12\pi/(M+1)$	$1.68\times 2\pi/(M+1)$	-57dB

加非矩形窗后的加窗样本,其 DTFT 由待分析信号的 DTFT 和窗函数的 DTFT 做频域卷积。若待分析信号的频谱是连续的,加窗样本的频谱仍是由窗频谱对原信号频谱的平滑,新的平滑核比矩形窗的更宽,旁瓣更小。平滑过程使得原频谱的变化处变得更加平滑和稍有展宽,当 M 比较大时变化不明显。

若待分析信号中只包含几个正弦信号,与矩形窗一样,每条冲激谱线变成窗函数的谱形状。与矩形窗比较,主瓣变宽,旁瓣峰值明显减少。这意味着频率分辨力有所下降,但 DFT 实现时的频率泄漏效应明显减少,可以更好地检测和区分大信号与小信号。

例 4.3.1　若一个信号中包含两个正弦分量

$$x[n]=A_0\cos\left[\omega_0(n-n_0)+\varphi_0\right]+A_1\cos\left[(\omega_0+\omega_{\text{d}})(n-n_1)+\varphi_1\right]$$

共采样 $N=M+1$ 个点,设 $A_1=A_0/10$, $\omega_{\text{d}}\approx 2.5\times\dfrac{2\pi}{N}$,若分别采用矩形窗和哈明窗,比较其频谱分析的结果。

当采用矩形窗时,由于矩形窗的第一旁瓣峰值约是主瓣峰值的 $1/5$,由于 $\omega_{\text{d}}\approx 2.5\times\dfrac{2\pi}{N}$,因此,第 2 个频率分量的主瓣峰值几乎与第 1 个分量的第 2 旁瓣峰值位置重合,又 $A_1=$

$A_0/10$，故第 2 个分量的主瓣峰值小于第 1 个分量的第 1 旁瓣峰值，因此从频谱图上无法区分出第 2 分量的存在。

当采用哈明窗时，由于哈明窗的旁瓣至少比主瓣峰值小 41dB，故最大旁瓣峰值是主瓣峰值的 $1/10^{41/20}\approx 1/112$，故小信号 $A_1=A_0/10$ 的主瓣峰值远比哈明窗的旁瓣高，又 $\omega_d\approx 2.5\times\dfrac{2\pi}{N}$ 保证小信号分量处于大信号的主瓣之外，因此可以检测出存在的小信号分量。

在结束窗函数的讨论之前，研究窗的两种形式——滞后窗和对称窗。前面讨论的窗函数都称为滞后窗，这种窗函数是以 $M/2$ 点为对称的，其傅里叶变换总能写为（这种窗序列称为线性相位序列，第 5 章讨论线性相位的一般表示，矩形窗和汉宁窗的频域表达式说明了这种形式）

$$W(\mathrm{e}^{\mathrm{j}\omega})=\hat{W}(\mathrm{e}^{\mathrm{j}\omega})\mathrm{e}^{-\mathrm{j}\frac{M}{2}\omega}$$

这里 $\hat{W}(\mathrm{e}^{\mathrm{j}\omega})$ 是实函数，相位项 $\mathrm{e}^{-\mathrm{j}\frac{M}{2}\omega}$ 表示 $M/2$ 的延迟（滞后），因此这种窗称为滞后窗。

当 M 是偶数，窗长度 $N=M+1$ 为奇数，若将滞后窗向左移动 $M/2$ 个点，则构成以 $n=0$ 点为对称点的窗函数

$$w_0[n]=w[n+M/2], \quad -M/2\leqslant n\leqslant M/2 \tag{4.25}$$

其 DTFT 为

$$W_0(\mathrm{e}^{\mathrm{j}\omega})=\hat{W}(\mathrm{e}^{\mathrm{j}\omega}) \tag{4.26}$$

为实函数。这种窗称为对称窗，或称为无相位窗。由于信号的自相关序列是对称（实信号）或共轭对称（复信号）的，在利用自相关序列进行功率谱或能量谱估计时，需要使用对称窗。

4.4 对 DFT 做频谱估计的评述

通过加窗获得有限长数据，对有限长数据做 DFT，通过插值和坐标映射获得对连续时间信号频谱的输出结果。在这个过程中，根据 DFT 是加窗样本 DTFT 的采样的关系，利用 DTFT 和 DFT 的性质，分析了用 DFT 做频谱估计的若干问题。

加窗获取有限长数据带来频率分辨率的限制。不管用哪种窗函数，0～M 的加窗总是将频率分辨率限制在 $1/(M+1)$ 量级，这是 DFT 做频谱估计的本质性限制。若要求获得高的频率分辨率，必须增加窗样本的长度，但并不是所有实际应用场合都能够获得所需的长度。

DFT 还存在泄漏效应和栅栏效应。通过补零或局部精细插值，可以改善栅栏效应，获得更准确的频率峰值。矩形窗之外的其他更平滑的窗，因其旁瓣更低，可以减缓泄漏效应，但同时更进一步降低了频率分辨率。

在 DFT 做频谱估计的几个主要问题中，栅栏现象是"非实质性问题"，从原理上可以完全解决。由 DFT 系数利用式（4.16）的插值可精确重构 DTFT，在大多数实际应用中，通过补零或局部精细插值可获得满意的结果。

分辨率的限制是 DFT 做频谱估计的"实质性问题"，靠 DFT 技术自身是无法解决的。当仅能获取很有限的数据又要求很高的分辨率时，要寻找新的方法突破窗长和分辨率的固有限制。这方面也已有很多成果，例如 AR 模型法、子空间方法等。

在讨论信号频谱估计时重点关注了待分析信号存在线谱情况下的问题，这是因为线谱情况下面临的问题更严重。若信号自身是连续谱，DFT 做频谱分析的问题就没有这样突

出,窗函数对连续频谱的平滑效果一般是可以接受的。

尽管 DFT 做频谱估计存在许多问题,但它仍然是最常用的方法之一。工程科学在很多情况下是一种"折中"的科学,需要选择各种参数,达到对某一个问题分析所需要的结果。在 DFT 谱分析中,就要合理地选择窗长度、窗类型、DFT 长度(FFT 需要的点数,补零)、DFT 到频谱输出的插值方法等因素,以期获得对一个问题的有效分析。

有时候一些要求是矛盾的,例如选择平滑窗还是矩形窗。如果目的是要检测出大信号和小信号,应该选择平滑窗;但平滑窗例如布莱克曼窗的频率分辨率明显不如矩形窗,若小信号与大信号频率比较接近时,用平滑窗时小信号更可能落入大信号的主瓣中。如果应用环境允许采集更多的数据,利用平滑窗且采集更多数据可以解决这个矛盾;如果应用环境不允许采集到更多数据,这个矛盾就很难解决。根据应用可做侧重性选择,或采取多种参数做联合分析。

但当一种方法从本质上无法解决一些限制性问题时,寻求新的解决方法就变成方法创新的一种推动力。

也可以通过 4.1.2 节导出的 DFT 和连续谱的关系式(式(4.3)),对 DFT 做频谱分析带来的问题进行分析,可得到相似的结论。

4.5 通过 DFT 进行能量谱和功率谱估计

第 2 章讨论了信号的能量谱和功率谱,用 DFT 技术可以进行能量谱和功率谱的估计。当只采集有限长信号并且通过有限长采样点进行谱估计时,能量信号和功率信号的区分变得没有意义,能量谱和功率谱的估计只相差一个常数系数(功率谱是能量谱除以采样点数)。因此,这里不区分能量信号和功率信号,仅以功率谱估计为例进行讨论。

功率谱估计的典型方法是周期图法,一个加窗周期图定义为

$$\hat{P}_{xx}(\mathrm{e}^{\mathrm{j}\omega}) = \frac{1}{M+1}\,|\,X_{\mathrm{w}}(\mathrm{e}^{\mathrm{j}\omega})\,|^{2} = \frac{1}{M+1}\left|\,\sum_{n=0}^{M} x[n]w[n]\mathrm{e}^{-\mathrm{j}\omega n}\,\right|^{2} \tag{4.27}$$

在实际计算时,用 DFT 计算 $\hat{P}_{xx}(\mathrm{e}^{\mathrm{j}\omega})$ 在 $\omega = \frac{2\pi}{N}k$ 点的采样值

$$\hat{P}_{xx}(k) = \frac{1}{M+1}\,|\,X_{\mathrm{w}}(\mathrm{e}^{\mathrm{j}\frac{2\pi}{N}k})\,|^{2} = \frac{1}{M+1}\left|\,\sum_{n=0}^{M} x[n]w[n]\mathrm{e}^{-\mathrm{j}\frac{2\pi}{N}kn}\,\right|^{2} \tag{4.28}$$

上式相当于首先补零构成 N 点序列

$$x_{N}[n] = \begin{cases} x[n]w[n], & 0 \leqslant n \leqslant M \\ 0, & M+1 \leqslant n \leqslant N-1 \end{cases}$$

对 $x_{N}[n]$ 做 N 点 DFT,得到 $X_{N}[k]$,$k = 0,1,\cdots,N-1$,功率谱估计值是 $X_{N}[k]$ 的幅度平方除以采样点数,即

$$\hat{P}_{xx}(k) = \frac{1}{M+1}\,|\,X_{N}[k]\,|^{2}$$

由估计值 $\hat{P}_{xx}(k)$ 插值得到 $\hat{P}_{xx}(\mathrm{e}^{\mathrm{j}\omega})$ 和坐标变换得到连续信号功率谱的过程同 4.2 节讨论的一致,不再赘述。

也可以首先利用采集的数据估计信号的自相关,对自相关进行加窗后做 DFT 得到功率谱的估计序列 $\hat{P}_{xx}(k)$。相应原理如前述类似,如下给出算法过程:

（1）相当于用矩形窗获得采样数据 $x_w[n]=x[n]w_R[n]$，$0 \leqslant n \leqslant M$；

（2）用采集数据 $x_w[n]$，按 3.5 节给出的 FFT 法估计自相关序列，取序号不大于 M 的序列

$$r_{xx}[n], \quad -L \leqslant n \leqslant L, \quad L \leqslant M;$$

（3）对估计的自相关序列加窗 $r_w[n]=r_{xx}[n]w_0[n]$，$-L \leqslant n \leqslant L$，这里 $w_0[n]$ 是对称窗；

（4）取 $N \geqslant 2L+1$，定义序列

$$r_N[k]=\begin{cases} r_w[n], & 0 \leqslant n \leqslant L \\ 0, & L < n < N-L \\ r_w[n-N], & N-L \leqslant n \leqslant N-1 \end{cases}$$

对 $r_N[k]$ 作 N 点 DFT，得 $\hat{P}_{xx}(k)=\dfrac{1}{M+1}\text{DFT}\{r_N[n]\}$；

（5）估计值 $\hat{P}_{xx}(k)$ 插值得到 $\hat{P}_{xx}(e^{j\omega})$。

*4.6　短时傅里叶变换做时频谱分析

建立在傅里叶变换基础上的谱分析是一种"全局性"谱分析的工具，其揭示了在获取信号样本的所有时间里信号中包含了哪些频率成分。但对这些频率成分的存在期没有提供任何信息。传统傅里叶变换和 DFT 谱分析不能直接回答这些问题。

随着数字频率综合等技术的发展，很多信号源通过数字系统实现，因此可使用更复杂的信号源。这些复杂信号源通过传输后，可能演变为更复杂的信号。对这类信号，希望获取信号的更多信息。例如，除了本章前几节介绍的频谱外，还希望获得关于信号更多的特征，包括一些频率成分何时出现、何时消亡、持续期多久、一些信号分量瞬时频率随时间如何变化等。这些实际是关于信号的时间-频率的联合分析结果，这类工具称为时频分析。

时频分析已经成为现代信号处理中的一个很重要的领域，对其进行深入和全面的讨论超出本书范围。本节以短时傅里叶变换为例，简要说明时频分析（时频谱）的概念。

为了概念的清楚，首先在连续时间域说明短时傅里叶变换的定义和性质，然后再回到离散时间域讨论其实际实现问题。

4.6.1　短时傅里叶变换

回忆傅里叶变换的定义，傅里叶变换将一个函数 $x(t)$ 分解为一系列正弦复指数的和，即

$$x(t)=\frac{1}{2\pi}\int_{-\infty}^{+\infty} X(j\Omega)e^{j\Omega t}\,d\Omega \tag{4.29}$$

这里

$$X(j\Omega)=\int_{-\infty}^{+\infty} x(t)e^{-j\Omega t}\,dt=\langle x(t),e^{j\Omega t}\rangle \tag{4.30}$$

由式（4.30）可以注意到，要得到 $x(t)$ 的傅里叶变换，必须在整个时间轴上对 $x(t)$ 和 $e^{j\Omega t}$ 进行混合，式（4.30）的内积运算的几何解释是求 $x(t)$ 在 $e^{j\Omega t}$ 分量上的投影。由于 $e^{j\Omega t}$ 的单频

率性和无穷伸展性，$X(\mathrm{j}\Omega)$表示了在$(-\infty,+\infty)$的时间域上$x(t)$中Ω分量分布密度的强度和相位。因此，傅里叶变换没有能力抽取一个信号的局域性质，即它没有能力抽取或定位信号在某个时间附近的局域谱特性。

实际信号中，存在的信号分量可能是只在一段特定时间出现，对这些信号其出现和消亡的时间是很重要的。还有一些信号分量的瞬时频率是时变的，希望知道其瞬时频率的变化规律。

例4.6.1 一段接收到的雷达信号，其简化的表达式写为

$$x(t) = g(t)\cos(\Omega_0 t + \varphi) + v(t)$$

这里，$g(t)$是一个开关控制信号，即

$$g(t) \approx \begin{cases} 1, & t_0 < t < t_0 + T \\ 0, & \text{其他} \end{cases}$$

在这种应用中，不仅需要知道分量$\cos(\Omega_0 t + \varphi)$的存在，还希望知道其开始和消亡的时间。

在许多应用中，常采用一类信号，其可以表达为$x(t) = a(t)\mathrm{e}^{\mathrm{j}\varphi(t)}$，其中$a(t)$、$\varphi(t)$都是实的，且$a(t)$变化缓慢。信号的瞬时频率定义为

$$\Omega(t) = \varphi'(t) \tag{4.31}$$

常见的复正弦信号$x(t) = a\mathrm{e}^{\mathrm{j}\Omega_0 t}$，其频率$\Omega(t) = \Omega_0$为常数，但有许多实际信号其瞬时频率是时变的，如下例子中，讨论了一种频率随时间变化的信号。

例4.6.2 雷达中常用线性调频脉冲，一个典型例子是

$$x(t) = A(t)\mathrm{e}^{\mathrm{j}\alpha t^2}$$

其中

$$A(t) = \begin{cases} 1, & 0 \leqslant t \leqslant \tau \\ 0, & \text{其他} \end{cases}, \quad \alpha = \pi\frac{\beta}{\tau}$$

β是线性调频脉冲参数。信号实部的波形如图4.13所示，对该信号采样后用DFT做频谱分析，其幅度谱如图4.14所示。

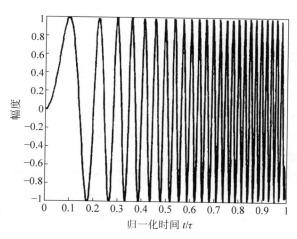

图4.13 线调频信号的波形

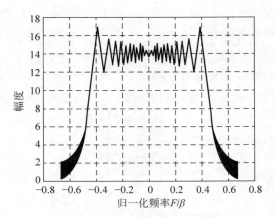

图 4.14　线调频信号的幅度谱

对于该信号,其瞬时频率为

$$\Omega(t) = \begin{cases} 2\alpha t, & 0 \leqslant t \leqslant \tau \\ 0, & \text{其他} \end{cases}$$

以上两个例子中,若通过 DFT 进行频谱分析,对第一个例子,可以知道信号中包含 Ω_0 的频率成分,但不知道其何时出现、何时消亡;对第二个例子,频谱图告诉我们信号中包含了很宽范围的频率分量,却不知道这只是由一个分量的频率瞬变引起的,更不知道瞬变频率的变化规律。

时频分析工具可以回答以上问题。这里不准备讨论一般的时频分析的概念,而是通过对傅里叶变换的改造使傅里叶变换具有分析信号局部频谱的能力。随着局部时间中心的平移,得到随时间变化的频谱分布,这就是一种时频分析工具。这种改造的傅里叶变换称为短时傅里叶变换(Short-Time Fourier Transform,STFT)。

对傅里叶变换进行变化,使之适合于时-频分析,是一个很自然的思路,短时傅里叶变换就是这样一个过程。取一个窗函数 $g(\tau)$,它在时域是一个(近似)有限持续时间函数,即它的能量主要集中在 $-\Delta t/2 \leqslant \tau \leqslant \Delta t/2$ 范围内,通过一个平移参数 t,使窗函数 $g(\tau-t)$ 移动到以 t 为中心,对于给出的信号 $x(\tau)$,$x(\tau)g(\tau-t)$ 反映了信号在以参考时间 t 为中心,在区间 $[t-\Delta t/2, t+\Delta t/2]$ 范围的变化。以 t 作为参数,取 $x(\tau)g(\tau-t)$ 的傅里叶变换,结果是 t 和 ω 的函数。短时傅里叶变换的定义为

$$\text{STFT}(t,\Omega) = \int_{-\infty}^{+\infty} x(\tau)g^*(\tau-t)e^{-j\Omega\tau}d\tau = \int_{-\infty}^{+\infty} x(\tau)g_{t,\Omega}^*(\tau)d\tau \qquad (4.32)$$

这里

$$g_{t,\Omega}(\tau) = g(\tau-t)e^{j\Omega\tau} \qquad (4.33)$$

是窗函数的平移和调制函数。

注意,在 DTFT 的定义中,为了用符号 t 表示 DTFT 的时间变量,信号表示中用 τ 表示其时间变量。

例 4.6.3　观察一个极端的例子,信号为 $x(\tau)=c\delta(\tau-t_0)$,取一个实的窗函数 $g(\tau)$,信号的 STFT 为

$$\text{STFT}(t,\Omega) = \int_{-\infty}^{+\infty} c\delta(\tau-t_0)g(\tau-t)e^{-j\Omega\tau}d\tau = cg(t_0-t)e^{-j\Omega t_0}$$

可见,在时-频平面,$|\mathrm{STFT}(t,\Omega)|^2$ 的主要能量集中在垂直于 t 轴,范围在 $[t_0-\Delta t/2,t_0+\Delta t/2]$ 的带状内,如图 4.15 所示(注意,图中只画出了 $|\mathrm{STFT}(t,\Omega)|^2$ 能量集中的带状区域,并没有数值大小的显示)。

在时-频分析中,$|\mathrm{STFT}(t,\Omega)|^2$ 称为时-频谱图,或简称谱图。

例 4.6.4 观察另一个极端的例子,$x(\tau)=\mathrm{e}^{\mathrm{j}\Omega_0\tau}$,它的 STFT 为

$$\mathrm{STFT}(t,\Omega)=\int_{-\infty}^{+\infty}c\,\mathrm{e}^{\mathrm{j}\Omega_0\tau}g(\tau-t)\mathrm{e}^{-\mathrm{j}\Omega\tau}\mathrm{d}\tau=cG(\Omega-\Omega_0)\mathrm{e}^{-\mathrm{j}(\Omega-\Omega_0)t}$$

这里 $G(\Omega)$ 是 $g(\tau)$ 的傅里叶变换,假设它在频域的主要能量集中在 $[-\Delta\Omega/2,\Delta\Omega/2]$ 范围内,信号 $x(\tau)=\mathrm{e}^{\mathrm{j}\Omega_0\tau}$ 的 STFT 的谱图 $|\mathrm{STFT}(t,\Omega)|^2$,在时-频平面主要集中在一个垂直于 Ω 轴,范围在 $[\Omega_0-\Delta\Omega/2,\Omega_0+\Delta\Omega/2]$ 的带状内,如图 4.16 所示。

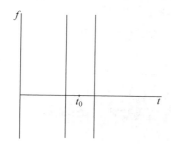

图 4.15 冲激信号的 $|\mathrm{STFT}(t,\Omega)|^2$ 的主能量区域

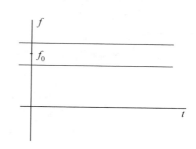

图 4.16 复正弦信号的 $|\mathrm{STFT}(t,\Omega)|^2$ 的主能量区域

从如上两个极端的例子,可以得到一些有意义的观察。对一个冲激信号,它在时域是任意窄的信号,但在 STFT 的时-频域,它的主要能量区域却有近似 Δt 的宽度。这意味着,如果有一个信号包含两个冲激信号,当两个冲激出现的时间小于 Δt,在 STFT 的时-频域这两个冲激将不能分辨。这就是时间分辨率问题,也就是说,STFT 的时间分辨率约为 Δt。Δt 越小,时间分辨率越高。

类似地,对于一个复正弦信号,它是单频率信号,但它的 STFT 的主要能量区域却有近似 $\Delta\Omega$ 的宽度。因此,如果有两个复正弦信号的角频率之差小于 $\Delta\Omega$,在 STFT 的时-频域这两个复正弦信号不能被分辨。因此,STFT 的频率分辨率近似为 $\Delta\Omega$,$\Delta\Omega$ 越小,频率分辨率越高。

很显然,一个信号的原始时间表示具有最高的时域分辨率,可以分辨任意接近的两个冲激信号,但完全没有频率分析能力。一个信号的连续傅里叶变换,具有最高的频率分辨率,可以区分两个频率任意接近的复正弦信号,但完全没有时域分辨率。而 STFT 作为一种时-频分析工具,具有一定的时间分辨率和频率分辨率,但时间和频率的分辨率都是有限的,这由第 1 章介绍的不确定性原理给予限制,即

$$\Delta t\Delta\Omega\geqslant 1/2 \tag{4.34}$$

这个限制条件,限定了时-频分析不可能得到任意的时间分辨率和频率分辨率。如果需要时间分辨率高一些,必然要降低频率分辨率;反之亦然。Δt 和 $\Delta\Omega$ 的大小,可以通过选择窗函数的形状和尺寸来确定。

下面来看一个频率时变信号的例子,由此体会 STFT 的时-频分析,相比傅里叶变换带来的更多的信息。

例 4.6.5 信号由两个线性调频信号（chirp）构成，即

$$f(t) = a_1 e^{j(bt^2+ct)} + a_2 e^{j(bt^2)}$$

相当于两个信号的瞬时频率分别是：$\omega_1(t) = 2bt+c$，$\omega_2(t) = 2bt$，其频率差为常数，为进行短时傅里叶变换，选择一个窗函数，取高斯窗 $\sigma=0.05$；，窗函数为

$$g(t) = \frac{1}{(\sigma^2\pi)^{1/4}} \exp\left(-\frac{t^2}{2\sigma^2}\right)$$

信号波形（实部）和它的短时傅里叶变换的幅度图如图 4.17。在时-频平面，用黑白强度表示 $|\text{STFT}(t,\Omega)|^2$ 的取值，越黑的点 $|\text{STFT}(t,\Omega)|^2$ 取值越大，白色点对应于 $|\text{STFT}(t,\Omega)|^2$ 取零。由图 4.17 清楚地表明，信号中有两个频率分量，随时间频率线性增加，频差保持不变。这些信息从傅里叶变换中无法获得，读者可以自行练习会发现，该信号的傅里叶变换的幅度值显示出该信号是一个宽带信号，能量分布在一个宽的频率范围内。也就是说，傅里叶变换告诉我们，在整个观测时间内，信号中包含很宽范围的频率成分；但却不知道，在任意给定时刻，信号中只有两个频率分量，且按一定规律变化。

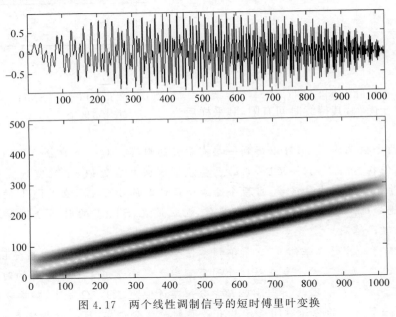

图 4.17 两个线性调制信号的短时傅里叶变换

STFT 的离散化

由于连续时间 STFT 存在的冗余性和对连续 STFT 计算上的困难，有必要进一步研究其离散化形式，即时-频离散 STFT(DSTFT)。不是计算所有 (t,ω) 的 STFT 的值，而是仅计算在 (t,ω) 离散采样点 $(t=nT_\Delta, \omega=m\Omega_\Delta)$ 的值 $\text{STFT}(nT_\Delta, m\Omega_\Delta)$，这里 T_Δ、Ω_Δ 分别是时频分析的时间和频率变量的采样间隔。同时，若对连续时间信号 $x_a(t)$ 进行采样，得到离散序列 $x[n] = x_a(t)|_{nT_s}$，可用离散序列计算 $\text{STFT}(nT_\Delta, m\Omega_\Delta)$。

4.6.2 离散信号短时傅里叶变换的计算

在讨论信号频谱分析时，用 DFT 逼近计算连续信号的傅里叶变换。若连续信号表示为 $x_a(t)$，其傅里叶变换为 $X_a(j\Omega)$。4.1 节已经说明，若以 $x[n] = x_a(t)|_{t=nT_s}$ 获得采样信

号,对截断的采样信号做 DFT,相当于在 $\Omega = \dfrac{\Omega_s}{N}k = \dfrac{2\pi}{T_s}\dfrac{k}{N}$ 处近似计算连续信号的傅里叶变换,即

$$\hat{X}_a(\mathrm{j}\Omega)\Big|_{\frac{\Omega_s}{N}k} = T_s X[k]$$

这里,Ω_s 是采样角频率,$X[k]$ 是 DFT 变换。

类似地,可用连续信号的采样计算短时傅里叶变换 STFT 在 $\mathrm{STFT}(t,\Omega)\big|_{t=nT_\Delta,\Omega=k\Omega_\Delta}$ 的值,为此,需离散化三个参数 t、Ω、τ。如下推导这个离散化过程。

重写 DTFT 的定义式(4.32)如下

$$\mathrm{STFT}(t,\Omega) = \int_{-\infty}^{+\infty} x_a(\tau) g^*(\tau - t) \mathrm{e}^{-\mathrm{j}\Omega\tau} \mathrm{d}\tau$$

为了后续表示方便,做简单变量替换,将上式改写为

$$\mathrm{STFT}(t,\Omega) = \mathrm{e}^{-\mathrm{j}\Omega t} \int_{-\infty}^{+\infty} x_a(\tau + t) g^*(\tau) \mathrm{e}^{-\mathrm{j}\Omega\tau} \mathrm{d}\tau \qquad (4.35)$$

将 $t = nT_\Delta$,$\Omega = k\Omega_\Delta$ 代入式(4.35),得

$$\mathrm{STFT}(nT_\Delta, k\Omega_\Delta) = \mathrm{e}^{-\mathrm{j}kn\Omega_\Delta T_\Delta} \int_{-\infty}^{+\infty} x_a(\tau + nT_\Delta) g^*(\tau) \mathrm{e}^{-\mathrm{j}k\Omega_\Delta \tau} \mathrm{d}\tau \qquad (4.36)$$

接下来,对信号 $x_a(\tau)$ 和窗函数 $g(\tau)$ 采样,选择采样间隔 T_s 满足采样定理,离散序列记为

$$x[m] = x_a(mT_s), \quad m = 0, 1, 2, \cdots \qquad (4.37)$$

由于 $g(\tau)$ 是窗函数,其持续时间有限,其采样后为 N 点有限长序列,即

$$g[m] = g(\tau)\big|_{\tau = mT_s}$$

$$g[m] = 0, \quad m < 0 \text{ 且 } m > N-1 \qquad (4.38)$$

将式(4.37)和式(4.38)代入式(4.36),并令 $\mathrm{d}\tau = T_s$,得到

$$\mathrm{STFT}(nT_\Delta, k\Omega_\Delta) \approx \mathrm{e}^{-\mathrm{j}kn\Omega_\Delta T_\Delta} \sum_{m=0}^{N-1} x_a(mT_s + nT_\Delta) g^*(mT_s) \mathrm{e}^{-\mathrm{j}\Omega_\Delta T_s km} T_s \qquad (4.39)$$

为得到更加规范的形式,对 T_Δ,Ω_Δ 的取值加些约束,即令

$$T_\Delta = \Delta M T_s \qquad (4.40)$$

这里 ΔM 为一整数,即 T_Δ 是信号采样间隔的整数倍。令

$$\Omega_\Delta = \frac{\Omega_s}{N} = \frac{2\pi F_s}{N} = \frac{2\pi}{NT_s} \qquad (4.41)$$

将式(4.40)和式(4.41)代入式(4.39),得

$$\mathrm{STFT}\left(n\Delta M T_s, k\frac{\Omega_s}{N}\right) = T_s \mathrm{e}^{-\frac{2\pi}{N}kn\Delta M} \sum_{m=0}^{N-1} x[m + n\Delta M] g^*[m] \mathrm{e}^{-\mathrm{j}\frac{2\pi}{N}km} \qquad (4.42)$$

上式中,令

$$X_D[n,k] = \sum_{m=0}^{N-1} x[m + n\Delta M] g^*[m] \mathrm{e}^{-\mathrm{j}\frac{2\pi}{N}km} \qquad (4.43)$$

注意到,$X_D[n,k]$ 是一个数据滑动的 DFT 结构。随着 n 的变化,相当于 $x[n]$ 滑动 ΔM 步,然后加窗做 N 点 DFT,其可以用 FFT 处理器快速实现。除了一个比例常数 T_s 和一个相位因子,离散短时傅里叶变换与滑动 DFT $X_D[n,k]$ 是一致的,即

$$\mathrm{STFT}\left(n\Delta M T_s, k\frac{\Omega_s}{N}\right) = T_s \mathrm{e}^{-\frac{2\pi}{N}kn\Delta M} X_D[n,k] \qquad (4.44)$$

如果需要画出时频谱的能量谱图，并忽略常数因子 T_s，则有

$$|\text{SFTF}(nT_\Delta, k\Omega_\Delta)|^2 = |X_D[n,k]|^2 \qquad (4.45)$$

例 4.6.6 一个实例研究。如下离散信号

$$x[n] = \begin{cases} 0, & n < 0 \\ \cos(0.1\pi n + 0.0005n^2), & 0 \leqslant n < 2048 \\ \cos(0.4\pi n), & 2048 \leqslant n < 4096 \\ \cos(0.4\pi n) + \cos(0.43\pi n), & 4096 \leqslant n < 6144 \end{cases}$$

信号共取 6144 个采样点，采用 Hamming 窗作为分析窗进行 STFT

$$g[m] = \begin{cases} 0.54 - 0.46\cos(2\pi m/L), & 0 \leqslant m \leqslant L \\ 0, & \text{其他} \end{cases}$$

分别取窗长度 $L=512$ 和 $L=128$，取 $\Delta M = 4$，针对不同的窗长，频率分辨率不同，如图 4.18 所示。注意，图 4.18 中，纵坐标是归一化频率，横坐标是窗的滑动步长序号 n。

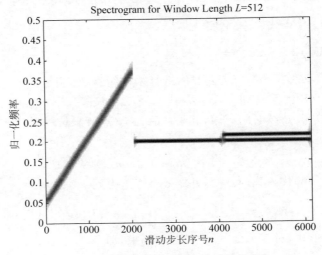

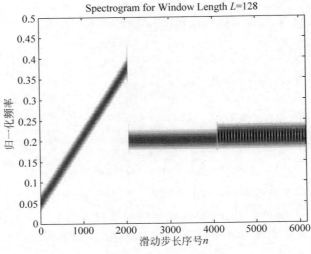

图 4.18 STFT 的幅度谱

针对该例子,比较 DFT 和 STFT 的运算复杂度,这里只考虑基本乘法运算,若直接做 FFT,需补零到 8192 点,总乘法次数

$$\frac{8192}{2}\log_2 8192 = 53\,248$$

做 STFT 运算,以窗长 512 为例(取 $L=512$,$\Delta M=4$,$N=512$),乘法次数约为

$$\left(\frac{512}{2}\log_2 512\right) \times \frac{6144}{4} = 3\,538\,944$$

对该例子 STFT 和 DFT 的乘法运算量之比:66.5:1。该例中,计算 STFT 时若利用第 3 章的滑动窗 FFT 的方法,可节省运算量。

4.7　与本章相关的 MATLAB 函数与实例

Signal Processing 工具箱中包含一组产生窗的函数,这组函数可用于实际频谱分析中。

4.7.1　相关的 MATLAB 函数简介

1. 产生窗函数

用 MATLAB 函数可产生多种窗,如下是几个例子:

Rectwin(矩形窗);

Triang(三角窗);

Hann(汉宁窗);

Hamming(哈明窗);

Blackman(布莱克曼窗);

功能介绍　这组函数用于生成一个窗函数。

语法

```
w = rectwin(L)
w = triang(L)
w = hann (L)
w = hann(L, 'sflag')
w = hamming (L)
w = hamming(L, 'sflag')
w = blackman (L)
w = blackman (L, 'sflag')
```

输入变量　用于生成一个长度为 L 的窗函数。L 表示矩形窗的长度。'sflag'可以为 'periodic'或者'symmetric'(默认值)。

输出内容　w 代表生成的长度为 L 的窗函数。

2. wvtool

功能介绍　这是窗函数的图形用户界面(GUI)工具。

语法

```
wvtool(W)
wvtool(W1,W2,…)
```

　　输入变量　W 或 W1,W2,…,表示一个或多个窗函数。

　　输出内容　画出一个或多个窗函数的时域和频域图形。

4.7.2　MATLAB 例程

　　例 4.7.1　画出矩形窗、三角窗、汉宁窗、哈明窗、布莱克曼窗的时域和频域波形,窗长为 64。结果如图 4.19 所示。

```
L = 64;
w_rect = wvtool(rectwin(L));
w_triang = wvtool(triang(L));
w_hann = wvtool(hann(L));
w_hamming = wvtool(hamming(L));
w_blackman = wvtool(blackman(L));
```

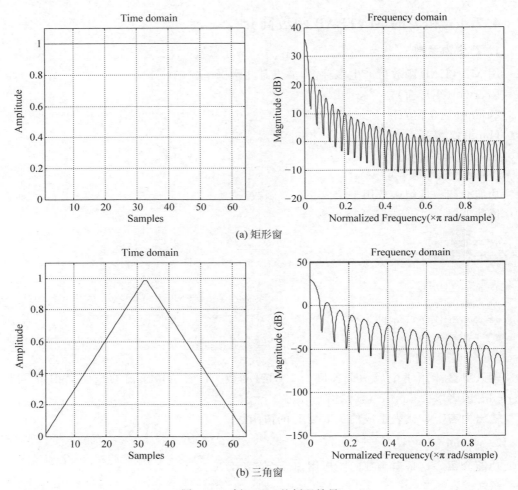

(a) 矩形窗

(b) 三角窗

图 4.19　例 4.7.1 的例程结果

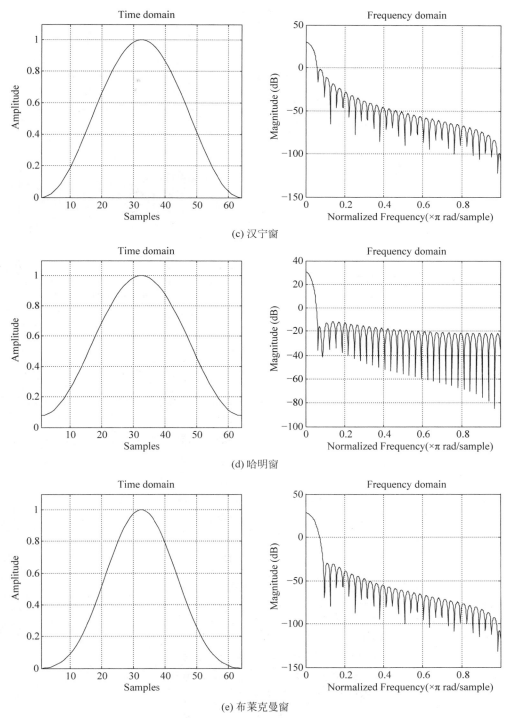

(c) 汉宁窗

(d) 哈明窗

(e) 布莱克曼窗

图 4.19 （续）

例 4.7.2 同时在一个图上画出三角窗和哈明窗的时域和频域波形，窗长为 64。结果如图 4.20 所示。

```
w1 = bartlett(64);
w2 = hamming(64);
wvtool(w1,w2);
```

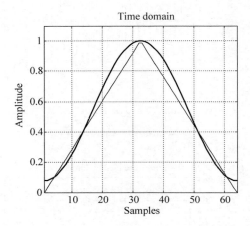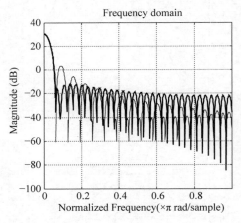

图 4.20　例 4.7.2 的例程结果

例 4.7.3 若一个信号中包含两个正弦分量，

$$x[n] = 10\cos(\omega_0 n) + \cos[(\omega_0 + \omega_d)n], \quad 0 \leqslant n \leqslant N-1$$

设 $N=512$，$\omega_0=0.1\times2\pi$，$\omega_d=2.7\times\dfrac{2\pi}{N}$，若分别采用矩形窗和哈明窗（Hamming），比较其频谱分析的结果。

```
N = 512;
f0 = 0.1;
fd = 2.7/N;
n = 0:N-1;
x = 10 * cos(2 * pi * f0 * n) + cos(2 * pi * (f0 + fd) * n);
y1 = x. * rectwin(N)';
y2 = x. * hamming(N)';
f1 = fftshift(fft(y1));
f2 = fftshift(fft(y2));
x = linspace(0,0.5,N/2);
f1_normal = abs(f1)/max(abs(f1));
f2_normal = abs(f2)/max(abs(f2));
figure(1);
plot(x(1:N/4),20 * log10(f1_normal(N/2 + 1:3 * N/4)));
xlabel('Normalized Frequency');
ylabel('Normalized Magnitude(dB)');
figure(2);
plot(x(1:N/4),20 * log10(f2_normal(N/2 + 1:3 * N/4)));
```

```
xlabel('Normalized Frequency');
ylabel('Normalized Magnitude(dB)');
```

结果如图 4.21 所示,当采用矩形窗时,第 2 个频率分量的主瓣峰值几乎与第 1 个分量的第 1 旁瓣峰值位置重合,并且第 2 个分量的主瓣峰值小于第 1 个分量的第 1 旁瓣峰值,因此,从频谱图上无法区分第 2 分量的存在。当采用哈明窗时,由于哈明窗的旁瓣至少比主瓣峰值小 41dB,故小信号的主瓣峰值远比哈明窗的旁瓣高,又 $\omega_d \approx 2.7 \times \dfrac{2\pi}{N}$ 保证小信号分量处于大信号的主瓣之外,因此可以检测出存在的小信号分量。

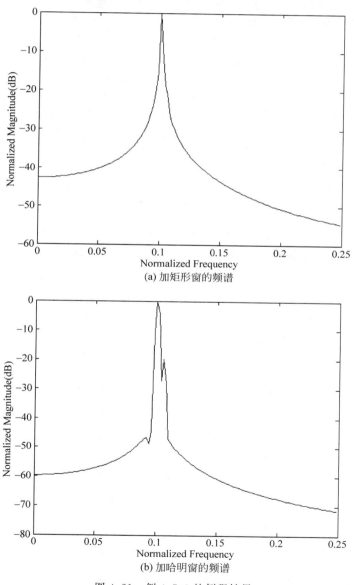

(a) 加矩形窗的频谱

(b) 加哈明窗的频谱

图 4.21　例 4.7.3 的例程结果

4.8　本章小结

本章讨论了利用 DFT 做频谱分析，这是数字信号处理最基本的应用之一。利用 DFT 及其快速算法 FFT 可有效地计算信号的频谱，获得了广泛应用。但是，利用有限采样点通过 DFT 进行频谱分析也带来许多问题，怎样在多个指标之间平衡获得好的频谱分析结果，需要深刻地理解这些限制条件的本质。

本章也概要讨论了时频分析的概念，给出了短时傅里叶变换的定义和实现。在离散实现时，短时傅里叶变换等价于滑动加窗 DFT。

习题

4.1　已知序列 $x[n]=e^{j\frac{2\pi}{6}n}R_N[n]$，请分别求 $N=6$ 和 $N=8$ 时的 DFT，分别画出两种情况下的幅度谱，并说明两种情况下幅度谱的区别及形成原因。

4.2　复带限连续信号 $x_c(t)$ 满足 $X_c(j\Omega)=0,|\Omega|\geqslant 2\pi(5000)$。以 $T=50\mu s$ 为采样周期对其进行采样得到 5000 点离散序列 $x[n]$，然后对 $x[n]$ 补零后计算 8192 点 DFT 得到 $X[k]$。

（1）请确定 $X[k]$ 相邻点间的等效连续频率间隔；

（2）请确定 $X[200]$ 和 $X[8000]$ 对应的连续频率值。

4.3　利用 DFT 对连续时间实信号 $x_c(t)$ 进行谱分析。对其进行均匀采样，时长为 0.5s，得到一个 2000 点的序列。

（1）已知 $x_c(t)$ 为一实带通信号，频谱集中在（5kHz$-B/2$，5kHz$+B/2$）内，若采样后没有发生频谱混叠，请给出带宽 B 的取值范围？

（2）若通过补零的方式计算采样信号 4000 点 DFT，DFT 系数之间的频率间隔是多少赫兹？

（3）利用 DFT 进行谱分析的频率分辨力 Δf 是多少赫兹？

4.4　回答如下问题：

（1）用 FFT 方法测量信号频率（有按时间抽取的基-2FFT 处理器模块），设采集到 150 个数据，希望频率测量精度达到至少千分之一，如何做？

（2）用 FFT 对连续信号做谱分析，要求频率分辨率 $\Delta f\leqslant 5Hz$，如果采用的采样间隔 $T_s=1ms$，试确定：①最小信号采集持续时间；②允许处理信号的最高频率；③在一个记录中的最少点数。

4.5　对于巴特利特窗

$$w[n]=\begin{cases}2n/M, & 0\leqslant n\leqslant M/2 \\ 2-2n/M, & M/2<n\leqslant M\end{cases}$$

求其 DTFT 表达式，并近似计算主瓣峰值与最大旁瓣之比。

4.6 推导布莱克曼窗 $w(n)=0.42-0.5\cos\dfrac{2\pi n}{M}+0.08\cos\dfrac{4\pi n}{M},0\leqslant n\leqslant M$ 的 DTFT 表达式。

4.7 已知 $x_a(t)=\cos(2\pi\times1002t)+\cos(2\pi\times1022t)$，若用 5000Hz 采样频率对其采样可得离散序列 $x[n]$。

(1) 求离散序列 $x[n]$ 的离散时间傅里叶变换。

(2) 采用基于矩形窗截断的 DFT 对信号进行频谱分析，为了能够将两个单频信号分开，矩形窗的最小窗长是多少？

(3) 如果要求 DFT 估计出的频率值与真实值的偏差不超过 2Hz，则 DFT 的最小点数是多少？

MATLAB 习题

4.1 已知离散序列 $x[n]=0.001\sin(0.4\pi n)-\cos(0.25\pi n)+\cos(0.252\pi n+0.25\pi)$，请确定合适的窗函数、截断长度和变换长度，使得当采用 DFT 分析其频谱时可以得到清楚的三根谱线。请用 MATLAB 验证你的结论。

4.2 有一个离散信号，$x[n]=7.5\sin(0.22\pi n)+1.2\cos(0.25\pi n)+4.6\cos(0.6328\pi n)$，用 DFT(通过 FFT 计算)方法分析其频谱，完成如下实验。

(1) 用矩形窗分别通过获取 32 点、64 点、128 点、256 点数据，进行频谱分析，只要求画出幅度谱，画幅度谱图形时，采用将各 DFT 幅度值直接用线段相连(以下图形均这样处理)。

(2) 用哈明窗重做以上问题

(3) 调用 RANDN 函数(乘以 0.3 的系数)，产生白噪声，将白噪声叠加到信号上，重新做(2)。

(4) 直接采集 128 点数据后，加哈明窗，通过补零得到 256、512 点数据，重做频谱分析，重新画频谱图。

(5) 通过以上实验，给出你尽可能的分析比较结论。

(6) 假如原信号是由连续信号通过 10MHz 采样获得，通过频谱图解释原连续信号。

4.3 对如下离散信号

$$x[n]=\begin{cases}0, & n<0\\ \cos(\alpha_0 n^2), & 0\leqslant n\leqslant 20\,000\\ \cos(0.2\pi n), & 20\,000<n\leqslant 25\,000\\ \cos(0.2\pi n)+\cos(0.23\pi n), & n>25\,000\end{cases}$$

信号共取 30 000 个采样点，采用哈明窗作为分析窗进行 STFT

$$g[m]=\begin{cases}0.54-0.46\cos(2\pi m/L), & 0\leqslant m\leqslant L\\ 0, & \text{其他}\end{cases}$$

分别取窗长度 $L=401$ 和 $L=101$，取 $\Delta M=50$。为了用 FFT，N 分别取 512 和 128，这里窗长度可以不等于 N，窗长度可取任意值，但为了使用 FFT，N 取 2 的幂次。当 $L=401$ 和 $N=512$ 时，实际是对 $L=401$ 的窗函数补零到 512 点，然后做 512 点 FFT。针对不同的窗长，频率分辨率不同。针对这两种窗长度，利用 STFT 分析画出时频谱图。

4.4　设发射机发射信号为

$$x(t) = A\cos(\omega_0 t + \varphi) \tag{1}$$

这里 φ 是初相位，ω_0 是发射信号角频率。发射信号空中传播遇到附近建筑物和近空飞行的飞机均反射回回波信号。与发射机同址的接收机接收到的信号为

$$y(t) = B\cos[\omega_0(t - t_0) + \varphi] + D\cos[(\omega_0 + \omega_d)(t - t_1) + \varphi] \tag{2}$$

这里 t_0、t_1 是不同的延迟时间，ω_d 是电磁波照射到运动物体后反射波中的多普勒频移的角频率，信号传播与反射示意图如题 4.4 图所示。

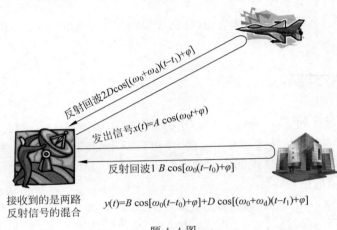

题 4.4 图

注意，计算多普勒频率的公式为 $f_d = 2v_r / \lambda$，这里 v_r 为径向速度，即运动物体与电磁波同方向的速度，λ 是发射电磁波的波长。

本问题中，假设 $v_r < 300\text{km/s}$，发射信号频率为 1GHz。针对这些具体参数，给出你叙述的算法流程中的一些参数设置。

要求当接收机接收到一段时间按照公式（2）生成的信号后，通过抽样变成离散信号，再通过离散信号估计多普勒频率。要求给出多普勒频率估计的详细流程图，解释每一步的原理，并要求通过 MATLAB 给出数值实验例子（各种设置，例如径向速度的具体值在实验中可以自行假设）（注：由于接收机与发射机是同址的，假设在接收机中保存了发送信号（1），若需要在算法设计时可以利用）。

第5章

离散系统和数字滤波器

本章首先集中讨论离散系统的表示。研究离散系统的基本分析和设计,给出离散系统实现的基本结构;讨论离散系统实现的几个基本问题,如可实现性、唯一性、逆系统的可实现性等;为此也讨论了几种基本系统,如无失真系统、全通系统和最小相位系统。为了后续数字滤波器的设计,重点研究了一类 FIR(有限抽样响应)系统——线性相位系统。讨论了FIR 和 IIR(无限抽样响应)滤波器的等价格型实现结构。本章最后还直观性地构造了一些实用系统的例子。

5.1　线性时不变系统的表示方法

对于线性时不变离散系统,已经有一些系统的分析和设计方法。首先,对于一个给定的或待设计的线性时不变系统,要有一种表示方法,用一组数据或一个函数来指定一个系统。有几种典型的方法表示一个线性时不变系统,这些方法之间相互是有联系的。第 2 章讨论过一些系统的表示方法,本节集中地进一步讨论系统的表示问题。

为了表示一个离散 LTI(Linear time-invariant,线性时不变)系统,可以有几种不同的方法,它们之间有紧密的关联性。

1. 单位抽样响应表示

对于一个离散 LTI 系统,单位抽样响应是其一种表示方式。给出了单位抽样响应 $h[n]$,就指定了一个具体的系统,系统的输入和输出之间的关系由卷积和表示,即

$$y[n] = x[n] * h[n] = \sum_{k=-\infty}^{+\infty} x[k]h[n-k] = \sum_{k=-\infty}^{+\infty} h[k]x[n-k] \qquad (5.1)$$

在系统分析的问题中,当给定了 $h[n]$,对于任意给出的输入信号 $x[n]$,可以求出相应的输出信号 $y[n]$。在系统设计问题中,给出一个特定的任务要求,若能求出一个能完成该任务的LTI 系统的单位抽样响应 $h[n]$,就相当于完成了系统设计,这类问题也被称为系统综合。

依据 $h[n]$ 的长度,可将 LTI 系统分成两大类:有限冲激响应(FIR)和无限冲激响应(IIR)系统。

FIR 系统　系统的单位抽样响应仅有有限个不为零的值,其他取值都为零。不失一般性,假设 $h[n]$ 不为零的范围为 $0 \leqslant n \leqslant M$。这里,$M$ 是一个有限大小的非负整数。

IIR 系统　系统的单位抽样响应有无限多个不为零的值。若系统是因果的,$h[n]$ 取值的非零范围是 $[0, +\infty)$;若系统是非因果的,$h[n]$ 取值的非零范围可能是 $(-\infty, +\infty)$。

对于因果 FIR 系统,可列出全部不为零的单位抽样响应值,$\{h[n],0\leqslant n\leqslant M\}$。由这组系数值可完整地表示该系统,对于给定的输入信号,可由卷积和有效地计算输出信号,即

$$y[n]=\sum_{k=0}^{M}h[k]x[n-k] \tag{5.2}$$

对于 FIR 系统,$\{h[n],0\leqslant n\leqslant M\}$ 是最有效的表示方法。一般地,当需要设计一个具有指定功能的 FIR 系统时,只要求出这组不为零的单位抽样响应值,设计任务即告完成。

对于 IIR 系统,由于单位抽样响应非零值个数为无穷,直接用 $h[n]$ 表示并不方便。对 IIR 系统的更有效的表示是系统函数或差分方程。

2. 系统函数表示

离散 LTI 系统的系统函数定义为其单位抽样响应 $h[n]$ 的 z 变换

$$H(z)\overset{\Delta}{=}\frac{Y(z)}{X(z)}=\sum_{n=-\infty}^{+\infty}h[n]z^{-n} \tag{5.3}$$

尽管不是所有可能的离散 LTI 系统的系统函数都可以写成有限阶有理分式形式,但大多数或通过系统设计方法设计出的全部离散 LTI 系统的系统函数都可以写成有理分式形式,即

$$H(z)=\frac{B(z)}{A(z)}=\frac{\displaystyle\sum_{r=0}^{M}b_r z^{-r}}{1+\displaystyle\sum_{k=1}^{N}a_k z^{-k}} \tag{5.4}$$

这里分子和分母多项式分别定义为

$$B(z)=\sum_{r=0}^{M}b_r z^{-r}$$

$$A(z)=1+\sum_{k=1}^{N}a_k z^{-k}$$

可以看到,任何一个分子多项式阶数为 M、分母多项式阶数为 N 的有理分式均可写成式(5.4)的形式。尽管 $A(z)$ 中的系数 $a_0=1$ 不是必需的,但为了与差分方程表示式对应,采用式(5.4)的分母形式,这并不失一般性。

在 2.5 节关于 z 变换和系统函数的讨论中已知,若式(5.4)中分子多项式和分母多项式没有可约因式且分母多项式阶数 $N>1$ 时,系统的单位抽样响应有无穷多非零项,是 IIR 系统。若再指定系统是因果的(若今后不特加说明,系统函数总是隐含着指定一个因果系统),则式(5.4)唯一地确定了一个系统。

对于 IIR 系统来讲,式(5.4)的系数确定一个系统,因此这组系数 $\{b_r,0\leqslant r\leqslant M;a_k,1\leqslant k\leqslant N\}$ 与一个系统是对应的。若需要设计一个具有指定功能的 IIR 系统,只要确定了阶数 M 和 N 以及这组系数,即完成了一个 IIR 系统的设计。

式(5.4)也可以表示 FIR 系统。若分母多项式取 $A(z)=1$,则系统函数为 $H(z)=\sum_{r=0}^{M}b_r z^{-r}$,表示的是一个 FIR 系统。利用系统函数的定义,即可得到系数和单位抽样响应的对应关系为

$$h[r]=b_r,\quad 0\leqslant r\leqslant M \tag{5.5}$$

3. 频率响应表示

离散 LTI 系统的频率响应定义为其单位抽样响应 $h[n]$ 的离散时间傅里叶变换(DTFT)

$$H(\mathrm{e}^{\mathrm{j}\omega}) = \sum_{n=-\infty}^{+\infty} h[n]\mathrm{e}^{-\mathrm{j}\omega n} = H(z)\Big|_{z=\mathrm{e}^{\mathrm{j}\omega}} \tag{5.6}$$

若单位抽样响应是绝对可和的,其频率响应是系统函数 $H(z)$ 在复平面单位圆上的取值。在研究系统设计问题时,一般希望设计的系统是因果稳定系统,因此频率响应作为系统函数在单位圆上取值的条件总是满足的。

系统的频率响应具有明确的物理意义,其可分解为幅度部分和相位部分,即

$$H(\mathrm{e}^{\mathrm{j}\omega}) = |H(\mathrm{e}^{\mathrm{j}\omega})|\mathrm{e}^{\mathrm{j}\varphi(\omega)} \tag{5.7}$$

其幅度部分 $|H(\mathrm{e}^{\mathrm{j}\omega})|$ 表示输入信号各频率成分通过系统后幅度的放大或衰减程度,其相位部分 $\varphi(\omega)$ 表示输入信号各频率成分通过系统后的相位偏移。

由于频率响应明确的物理意义,在一大类系统设计问题中往往指定频率响应的部分特性,然后设计一个系统以达到这个要求。例如,数字滤波器的设计中,往往指定频率响应的幅度函数 $|H(\mathrm{e}^{\mathrm{j}\omega})|$,设计一个系统满足这个要求。若要求设计的系统是 FIR 的,一般需要计算出 $\{h[n], 0 \leqslant n \leqslant M\}$ 以达到或逼近指定的要求;若要求设计的系统是 IIR 的,一般需要计算出式(5.4)中的阶数和系数。

若仅指定频率响应的部分特性,例如幅度函数 $|H(\mathrm{e}^{\mathrm{j}\omega})|$,即使在理想情况下也有无穷多的系统函数 $H(z)$ 存在以满足这个要求。理论上的可实现性和唯一性是一个有必要研究的课题,关于这些问题在 5.3 节和 5.4 节中做详细讨论。

4. 差分方程表示

一个 LTI 系统,其输入和输出关系可由差分方程表示为

$$y[n] + \sum_{k=1}^{N} a_k y[n-k] = \sum_{r=0}^{M} b_r x[n-r] \tag{5.8}$$

也可将式(5.8)的差分方程写成递推关系式

$$y[n] = -\sum_{k=1}^{N} a_k y[n-k] + \sum_{r=0}^{M} b_r x[n-r] \tag{5.9}$$

当将式(5.8)的差分方程写成式(5.9)时已经隐含系统是因果的,即当前时刻输出值仅由当前时刻输入以及以前时刻的输入和输出所决定。式(5.9)右侧的第一项称为递归项(离散反馈项),第二项称为滑动平均项。

对式(5.8)两侧做 z 变换即得到式(5.4)的系统函数,因此差分方程和系统函数表示是直接对应的。通过差分方程表示,很容易构造出系统的实现结构。对于一般的 IIR 系统,通过式(5.9)的递推关系可以方便地计算系统输出,也可以方便地构造出系统的递归实现结构。若是 FIR 系统,式(5.2)是式(5.9)的特例,相当于式(5.9)右侧第一项不存在的特殊情况。关于离散系统实现结构的更详细讨论,将在 5.5 节进行。

这里讨论了系统的几种表示方法。对于不同的系统,一种或几种表示方法是最有效的。例如若系统是 FIR 的,直接列出非零的单位抽样响应值可能是最简单的表示方法;但若系统是 IIR 的,单位抽样响应表示就不太方便。各种方法设计出的 IIR 系统的单位抽样响应的数学表达式往往是可以写出的,但却不方便用几个数据来简单表达。所以对 IIR 系统,最简单的表示方法是系统函数表示,通过几个数据列写出系统函数分子分母多项式的阶数和系数值即可清晰地表达该系统。而系统函数和差分方程系数又是一一对应的,若系统函数是有理分式表示的,可认为系统函数和差分方程是同一种表示。

几种系统表示之间是紧密相关的。若有单位抽样响应表示 $h[n]$，对其做 z 变换就得到系统函数表示；若系统函数是有理分式，则立刻得到差分方程表示。若系统是稳定的，对 $h[n]$ 做 DTFT 可得到频率响应表示，也可对系统函数在单位圆上取值得到频率响应。若已知系统的差分方程表示，可直接得到其有理分式形式的系统函数，用部分分式展开或留数定

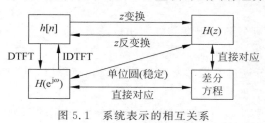

图 5.1　系统表示的相互关系

理作 z 反变换即可得到单位抽样响应，也可直接对差分方程通过时域求解技术或直接递推得到单位抽样响应。如上讨论了几种表示之间的相互关系。只讨论了部分转换关系，其他互相转换关系和限制性条件请读者自行分析。这些转换关系，示于图 5.1 中。

5.2　系统设计

在很多工程问题中，需要设计具有特定功能的系统。一般来讲，根据要求得到所设计的系统称为系统设计问题。所谓设计了一个系统，就是根据设计要求计算得到了系统的一种表达方式，例如 5.1 节中的某种表示方式。系统设计的要求源自各类不同的应用，本节以两个典型要求为例初步讨论系统设计问题。

5.2.1　逆系统设计

对于一个给出的 LTI 系统，用系统函数 $H(z)$ 表示该系统，对于任意的输入信号 $x[n]$，通过 $H(z)$ 系统的输出表示为 $y[n]$。若可以找到另一个 LTI 系统，其系统函数为 $H_1(z)$，以 $y[n]$ 作为系统 $H_1(z)$ 的输入，若产生的输出是 $x[n]$，这时称系统 $H(z)$ 是可逆的，系统 $H_1(z)$ 是系统 $H(z)$ 的逆系统。图 5.2 是一个系统和它的逆系统的示意图。

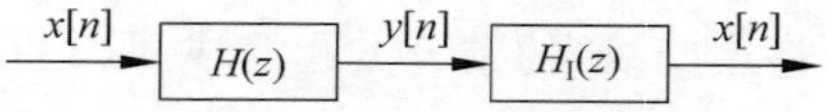

显然，用 z 变换表示的图 5.2 所示级联系统的最右侧输出为

$$X(z) = H_1(z)Y(z) = H_1(z)H(z)X(z)$$

图 5.2　一个 LTI 系统和其逆系统

因此，一个系统和它的逆系统的复频域关系为

$$H_1(z)H(z) = 1 \tag{5.10}$$

注意，由于系统函数存在收敛域，式(5.10)隐含着 $H(z)$ 和 $H_1(z)$ 必须有公共的收敛域，否则该式没有意义。

也可以在时域表示一个系统与其逆系统的关系，与式(5.10)对应的时域关系为

$$h_1[n] * h[n] = \delta[n] \tag{5.11}$$

式(5.11)隐含着，若 $h[n]$ 表示的系统可逆，由式(5.11)可解出 $h_1[n]$。

逆系统设计问题来自许多不同的应用需求。例如，一个简化的基带通信系统，把信号的传输通道看成为一个 LTI 系统 $H(z)$，传输的信号 $x[n]$ 通过信道后得到了信号 $y[n]$。为了在接收端恢复传送的原信号，设计一个补偿系统，将接收到的 $y[n]$ 转换成 $x[n]$。显然这个补偿系统是 $H(z)$ 的逆系统 $H_1(z)$。在通信系统中，在接收端用于补偿信道传输对信号影响的系统称为"均衡器"。这种逆系统作为均衡器是通信领域均衡器设计的一种方法。

从式(5.10)看,似乎逆系统的设计是非常简单的事情,从式(5.10)得到逆系统的系统函数为

$$H_1(z) = \frac{1}{H(z)} \tag{5.12}$$

初看式(5.12)的解是很简单的,但要考虑系统和逆系统的收敛域必须有公共区间这一要求,可以发现,"性能良好"的系统不一定具有"性能良好"的逆系统。这里,"性能良好"指的是系统是稳定因果的。通过两个例子说明这一点。

例 5.2.1　一个 LTI 系统的系统函数为

$$H(z) = \frac{1 - 0.65z^{-1}}{1 - 0.9z^{-1}}, \quad |z| > 0.9$$

求其可能的逆系统。

逆系统的系统函数为

$$H_1(z) = \frac{1 - 0.9z^{-1}}{1 - 0.65z^{-1}}$$

它有两种可能的收敛域,一是 $|z| > 0.65$;二是 $|z| < 0.65$。显然,第二种情况与原系统函数的收敛域没有公共区间,因此只有第一种情况是有意义的解,逆系统为

$$H_1(z) = \frac{1 - 0.9z^{-1}}{1 - 0.65z^{-1}}, \quad |z| > 0.65$$

利用部分分式展开,可求出其单位抽样响应,系统函数重新写为

$$H_1(z) = \frac{9}{6.5} - \frac{5}{13} \cdot \frac{1}{1 - 0.65z^{-1}}, \quad |z| > 0.65$$

单位抽样响应为

$$h_1[n] = \frac{9}{6.5} \delta[n] - \frac{5}{13} \cdot 0.65^n u[n]$$

例 5.2.1 的解是一种很理想的情况,即一个稳定因果的系统有一个稳定且因果的逆系统。但不是所有稳定因果系统都有这样的逆系统,例 5.2.2 说明了这种情况。

例 5.2.2　一个稳定因果系统的系统函数为

$$H(z) = \frac{1 - 1.3z^{-1}}{1 - 0.9z^{-1}}, \quad |z| > 0.9$$

逆系统的系统函数和收敛域有两种情况

情况 1　$H_1(z) = \dfrac{1 - 0.9z^{-1}}{1 - 1.3z^{-1}}, |z| > 1.3$

情况 2　$H_1(z) = \dfrac{1 - 0.9z^{-1}}{1 - 1.3z^{-1}}, |z| < 1.3$

两种情况下,逆系统收敛域和原系统收敛域均有公共区域,因此有两种可能的逆系统均满足可逆条件,但这两种系统都不是"性能良好"的系统。第一种情况,收敛域不包括单位圆,是一种因果的不稳定系统;第二种情况,收敛域包括单位圆,系统稳定,但单位抽样响应是左序列,是非因果的。两种逆系统都不是稳定因果系统。

例 5.2.2 说明稳定因果系统不一定具有稳定因果的逆系统。例 5.2.3 说明一个特别简单的 FIR 系统,其逆系统却是 IIR 的,并且可能是不稳定的。

例 5.2.3　一个 FIR 系统,其单位抽样响应仅有两个不为零的值,记为

$$h[n] = 0.5\delta[n] + 0.5\delta[n-1]$$

显然，其系统函数为

$$H(z) = 0.5(1 + z^{-1})$$

其逆系统有两种可能解：

情况 1 $H_1(z) = \dfrac{2}{1+z^{-1}}$，$|z| > 1$；其单位抽样响应为 $h[n] = 2(-1)^n u[n]$。

情况 2 $H_1(z) = \dfrac{2}{1+z^{-1}}$，$|z| < 1$；其单位抽样响应为 $h[n] = -2(-1)^n u[-n-1]$。

两种情况下，逆系统均为 IIR 系统。情况 1 是因果系统，情况 2 是非因果系统，且两种逆系统均不满足 BIBO 稳定性，仅满足临界稳定性。

这几个例子说明逆系统的表现是复杂的，远比解的形式式(5.12)令人感到困惑。实际上，很多问题可转化为系统求逆的问题，但系统求逆的问题却是一个复杂的问题。是不是有一种简单结论呢？若对系统施加一些约束，就一定有稳定因果的逆系统呢？答案是最小相位系统，最小相位系统具有稳定因果的逆系统（至少是临界稳定的），5.3 节将讨论最小相位系统。

图 5.2 和式(5.10)所定义的逆系统要求过于严格。实际上，信号经过一个系统，尤其是因果系统后，允许产生一定的延迟和幅度变化，广义逆系统更符合实际情况。系统与广义逆系统级联构成无失真传输系统，即图 5.3 所示的系统结构。

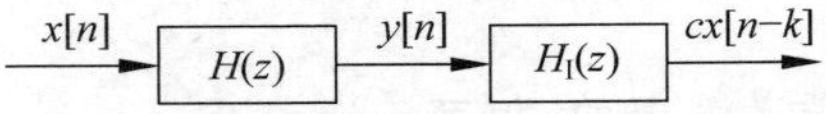

图 5.3   一个 LTI 系统与其广义逆系统

定义 $H_T(z) = H_1(z)H(z) = cz^{-k}$，这里 k 是一个给定的正整数，c 是任意给定的不为零的实数。满足条件

$$H_T(z) = cz^{-k} \tag{5.13}$$

的系统称为无失真传输系统。广义逆系统满足

$$H_1(z)H(z) = cz^{-k} \tag{5.14}$$

与式(5.10)相同，要求式(5.14)中的两个系统函数的收敛域有公共区域。广义逆系统的时域条件对应修改为

$$h_1[n] * h[n] = c\delta[n-k] \tag{5.15}$$

如果令 $c = 1$，对于给定的 k，重解例 5.2.1 至例 5.2.3，问题并没有根本性改善。在实际中，对于系统求逆问题，经常放弃精确解，只寻求近似解。例 5.2.4 中，讨论用最小二乘法设计一个近似逆系统的问题。有关最小二乘法的介绍参考附录 A.3。

例 5.2.4   设一个 FIR 系统，其单位抽样响应为

$$h[n] = 0.5\delta[n] + \delta[n-1] + 0.5\delta[n-2]$$

它的精确逆系统是 IIR 的且是不稳定的，它的精确逆系统的系统函数和单位抽样响应留作习题。本例中，求一个近似逆系统 $h_1[n]$。我们选择 $h_1[n]$ 是 FIR 的，并设其仅有 9 个非零值，即仅对 $0 \leqslant n \leqslant 8$，$h_1[n] \neq 0$。取 $k = 5$，$c = 1$，利用式(5.15)求该近似逆系统。

利用卷积的定义有

$$\sum_{k=0}^{2} h[k] * h_1[n-k] = \delta[n-5] \tag{5.16}$$

因为 $h[n]$ 有 3 个非零值，$h_1[n]$ 有 9 个非零值，卷积的有效长度为 $9+3-1=11$，故如上卷积仅对 $0 \leqslant n \leqslant 10$ 有效，分别取 $n=0,1,\cdots,10$，展开式(5.16)如下

$$h[0]h_1[n]+h[1]h_1[n-1]+h[2]h_1[n-2]=\delta[n-5], \quad n=0,1,\cdots,10 \quad (5.17)$$

写成矩阵形式

$$
\begin{bmatrix}
h[0] & 0 & 0 & 0 & 0 & 0 & 0 & 0 & 0 \\
h[1] & h[0] & 0 & 0 & 0 & 0 & 0 & 0 & 0 \\
h[2] & h[1] & h[0] & 0 & 0 & 0 & 0 & 0 & 0 \\
0 & h[2] & h[1] & h[0] & 0 & 0 & 0 & 0 & 0 \\
0 & 0 & h[2] & h[1] & h[0] & 0 & 0 & 0 & 0 \\
0 & 0 & 0 & h[2] & h[1] & h[0] & 0 & 0 & 0 \\
0 & 0 & 0 & 0 & h[2] & h[1] & h[0] & 0 & 0 \\
0 & 0 & 0 & 0 & 0 & h[2] & h[1] & h[0] & 0 \\
0 & 0 & 0 & 0 & 0 & 0 & h[2] & h[1] & h[0] \\
0 & 0 & 0 & 0 & 0 & 0 & 0 & h[2] & h[1] \\
0 & 0 & 0 & 0 & 0 & 0 & 0 & 0 & h[2]
\end{bmatrix}
\begin{bmatrix}
h_1[0] \\ h_1[1] \\ h_1[2] \\ h_1[3] \\ h_1[4] \\ h_1[5] \\ h_1[6] \\ h_1[7] \\ h_1[8]
\end{bmatrix}
=
\begin{bmatrix}
0 \\ 0 \\ 0 \\ 0 \\ 0 \\ 1 \\ 0 \\ 0 \\ 0 \\ 0 \\ 0
\end{bmatrix}
$$

$$(5.18)$$

由已知条件知系数矩阵中，$h[0]=0.5,h[1]=1,h[2]=0.5$，该方程可写成矩阵形式为

$$\boldsymbol{A}\boldsymbol{h}_1=\boldsymbol{b}$$

显然，这是过确定性方程，一般是无解的，但可以通过最小二乘(LS)技术得到近似解(LS 解的说明见附录 A.3)。近似逆系统的 LS 解为

$$\boldsymbol{h}_{1,\mathrm{LS}}=(\boldsymbol{A}^{\mathrm{T}}\boldsymbol{A})^{-1}\boldsymbol{A}^{\mathrm{T}}\boldsymbol{b}$$
$$=\begin{bmatrix}0.1818 & -0.5455 & 1.0909 & -1.8182 & 2.7273 \\ -1.8182 & 1.0909 & -0.5455 & 0.1818\end{bmatrix}^{\mathrm{T}}$$

将求出的 $h_{1,\mathrm{LS}}[n]$ 代入式(5.16)左侧，可计算卷积结果，并与式(5.16)右侧比较以分析解的精确性。参考式(5.18)，卷积用如下矩阵运算完成。

$$\boldsymbol{b}_{\mathrm{LS}}=\boldsymbol{A}\boldsymbol{h}_{1,\mathrm{LS}}$$
$$=\begin{bmatrix}0.0909 & -0.0909 & 0.0909 & -0.0909 & 0.0909 & 0.9091 & 0.0909 \\ -0.0909 & 0.0909 & -0.0909 & 0.0909\end{bmatrix}^{\mathrm{T}}$$

显然如下矢量

$$\boldsymbol{e}=\boldsymbol{b}-\boldsymbol{b}_{\mathrm{LS}}$$
$$=\begin{bmatrix}-0.0909 & 0.0909 & -0.0909 & 0.0909 & -0.0909 & 0.0909 \\ -0.0909 & 0.0909 & -0.0909 & 0.0909 & -0.0909\end{bmatrix}^{\mathrm{T}}$$

表示了近似逆系统带来的输出误差矢量，更一般地，用误差矢量的范数

$$d=\| \boldsymbol{e} \|_2^2=\boldsymbol{e}^{\mathrm{T}}\boldsymbol{e}=0.0909$$

表示误差的大小。

可见求出的近似逆系统系数 $\boldsymbol{h}_{1,\mathrm{LS}}$ 是对称的。稍后会看到，这种对称性带来线性相位性，并且近似逆系统与原系统的卷积结果 $\boldsymbol{b}_{\mathrm{LS}}$ 与 $\boldsymbol{b}$ 误差是较小的。如果不加入延迟 $k=5$，而是取 $k=0,c=1$，式(5.18)右侧第一行为 1，其他为零，重解该问题，相应的解为

$$h_{1,\mathrm{LS}} = (A^{\mathrm{T}}A)^{-1}A^{\mathrm{T}}b$$
$$= [1.3636 \quad -2.1818 \quad 2.5455 \quad -2.5455 \quad 2.2727$$
$$-1.8182 \quad 1.2727 \quad -0.7273 \quad 0.2727]^{\mathrm{T}}$$

$$b_{\mathrm{LS}} = Ah_{1,\mathrm{LS}}$$
$$= [0.6818 \quad 0.2727 \quad -0.2273 \quad 0.1818 \quad -0.1364$$
$$0.0909 \quad -0.0455 \quad 0.0455 \quad -0.0909 \quad 0.1364]^{\mathrm{T}}$$

$$e = b - b_{\mathrm{LS}}$$
$$= [0.3182 \quad -0.2727 \quad 0.2273 \quad -0.1818 \quad 0.1364$$
$$-0.0909 \quad 0.0455 \quad 0 \quad -0.0455 \quad 0.0909 \quad -0.1364]^{\mathrm{T}}$$

可见，求出的逆系统单位抽样响应不再对称，误差也更大。

系统求逆是一个复杂的问题，有各种近似处理方法，本节只做简要介绍。第9章的自适应滤波，也可用于系统近似求逆问题。

5.2.2　数字滤波器设计

数字滤波器是数字信号处理中研究最多的一种离散系统。人们从不同的角度出发，对滤波器给出不同的定义，典型的分类方法是将滤波器分类为经典滤波器和现代滤波器。本书前8章讨论的是所谓的"经典"滤波器的概念，把滤波器视为一种具有频率选择能力的装置。若信号中包含了宽范围的频率成分，通过滤波器可保留一些范围的频率成分，而滤除另一些范围的频率成分。经典滤波器可分为模拟滤波器和数字滤波器，其功能描述是一致的。数字滤波器是一个离散时间系统，输入和输出均为离散信号，本书主要讨论数字滤波器。

由于经典滤波器主要关心频率选择特性，因此，一般通过频域特性来定义。表示一个LTI系统的频域特性的主要量是频率响应 $H(\mathrm{e}^{\mathrm{j}\omega})$，频率响应的幅度即幅频响应，表示了一个系统的频率选择特性，故常用对 $|H(\mathrm{e}^{\mathrm{j}\omega})|$ 的取值要求来定义一个数字滤波器。

图 5.4 给出了几种理想数字滤波器的定义，是通过指定 $|H(\mathrm{e}^{\mathrm{j}\omega})|$ 来定义的。图 5.4 中从上向下分别定义了理想低通滤波器、理想高通滤波器、理想带通滤波器和理想带阻滤波器。

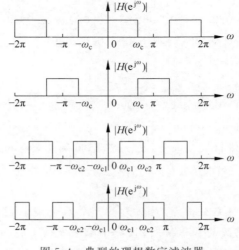

图 5.4　典型的理想数字滤波器

以理想低通数字滤波器为例,分析理想滤波器的定义。只需要在 $|\omega| \leqslant \pi$ 范围内定义一个滤波器的幅频特性,在该范围之外周期重复。在该范围内,理想低通滤波器的定义为

$$|H(e^{j\omega})| = \begin{cases} C, & |\omega| \leqslant \omega_c \\ 0, & \omega_c < |\omega| \leqslant \pi \end{cases} \tag{5.19}$$

一般给出滤波器幅频响应的定义后,根据设计方法的不同,对于相位部分可有不同处理方式。例如若设计 FIR 滤波器,可要求线性相位,若同时要求系统是因果的,则相位项可以被确定下来(详见 5.6 节);若设计 IIR 系统,一些设计方法默认地设计出最小相位系统,幅频响应确定了,相位函数也就确定了,设计中不必再给出相位要求。式(5.19)的定义中,$|\omega| \leqslant \omega_c$ 称为滤波器的通频带,$\omega_c < |\omega| \leqslant \pi$ 称为阻带。

设相位函数 $\varphi(\omega) = 0$,那么理想低通滤波器的频率响应为

$$H(e^{j\omega}) = |H(e^{j\omega})| e^{j\varphi(\omega)} = \begin{cases} C, & |\omega| \leqslant \omega_c \\ 0, & \omega_c < |\omega| \leqslant \pi \end{cases} \tag{5.20}$$

可计算出单位抽样响应为

$$h[n] = \frac{1}{2\pi} \int_{-w_c}^{w_c} C e^{j\omega n} d\omega = C \frac{\sin(\omega_c n)}{\pi n} = C \frac{\omega_c}{\pi} \mathrm{Sa}(\omega_c n) \tag{5.21}$$

该理想低通滤波器的单位抽样响应在 $-\infty < n < +\infty$ 内均不为零。由卷积和公式,系统当前时刻的输出需要从 $-\infty$ 到 $+\infty$ 的系统输入值,这样的系统是不可实现的。

类似地可定义其他理想数字滤波器,同样地它们是不可实现的。5.4 节将进一步讨论系统可实现性的一般条件。

接下来分析几个通过直观构造的简单滤波器,它们具有某些滤波能力。首先看几个低通滤波器。对于低通滤波器,可得到几个简单条件,幅频响应在角频率原点取值为一个常数,即

$$|H(e^{j\omega})|\big|_{\omega=0} = \left| \sum_{n=0}^{M-1} h[n] \right| = C \tag{5.22}$$

在归一化时,取 $C=1$。在 $\omega = \pi$ 处,幅频响应为零或很小的值,即

$$|H(e^{j\omega})|\big|_{\omega=\pi} = \left| \sum_{n=0}^{M-1} (-1)^n h[n] \right| = \delta \tag{5.23}$$

这里 δ 是一个很小的值或为零。

例 5.2.5 第一个简单滤波器的系统函数是

$$H(z) = \frac{1}{2}(1 + z^{-1}) \tag{5.24}$$

这是 FIR 滤波器,非零的单位抽样响应值仅有 $h[0] = 1/2, h[1] = 1/2$,其幅频响应为

$$|H(e^{j\omega})| = \left| \frac{1}{2}(1 + e^{-j\omega}) \right| = \frac{1}{2}(2 + 2\cos\omega)^{1/2} \tag{5.25}$$

幅频响应和相位函数示于图 5.5 中。

由图 5.5 和式(5.25)均可得到,$|H(e^{j0})| = 1, |H(e^{j\pi})| = 0$。对于频率从低向高变化,$|H(e^{j\omega})|$ 逐渐减小直到变为零,这是一个不理想的低通滤波器。

由式(5.24)知道,该滤波器输入和输出之间的时域关系为

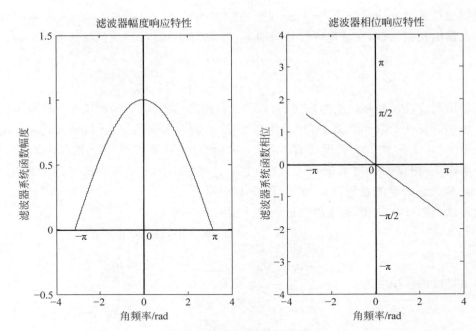

图 5.5　简单滤波器的频率响应

$$y[n] = \frac{1}{2}(x[n] + x[n-1])$$

即输出为两个相邻输入的平均值。这种平均运算保留了信号中的平缓变化而抑制了快速的正负起伏。从直观角度讲,这是低通滤波的能力。

由这个简单滤波器的级联,可构成对高频衰减更快一些的低通滤波器。如下是两个和三个式(5.24)滤波器级联构成的新低通滤波器。

两级联滤波器的系统函数

$$H(z) = \frac{1}{4}(1 + z^{-1})^2 = \frac{1}{4}(1 + 2z^{-1} + z^{-2})$$

非零单位抽样响应值

$$h[0] = 1/4 \quad h[1] = 1/2 \quad h[2] = 1/4$$

三级联滤波器的系统函数

$$H(z) = \frac{1}{8}(1 + z^{-1})^3 = \frac{1}{8}(1 + 3z^{-1} + 3z^{-2} + z^{-3})$$

非零单位抽样响应值

$$h[0] = 1/8 \quad h[1] = 3/8 \quad h[2] = 3/8 \quad h[3] = 1/8$$

三级联滤波器的幅频响应和相位函数如图 5.6,可以看到,幅频响应在高频段衰减得更快。

尽管例 5.2.5 的几个滤波器具有低通的能力,但却没有明显的通频带和阻带。例 5.2.6 进一步说明了通频带和阻带的划分。

例 5.2.6　有限求和滤波器的单位抽样响应为

$$h[n] = \begin{cases} 1, & 0 \leqslant n \leqslant M \\ 0, & \text{其他} \end{cases}$$

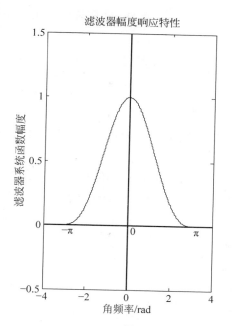

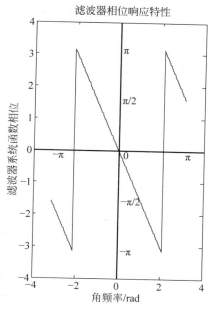

图 5.6 三级联低通滤波器的频率响应

该序列的 DTFT 在第 2 章作为例题曾讨论过,故滤波器的频率响应为

$$H(\mathrm{e}^{\mathrm{j}\omega}) = \frac{\sin[\omega(M+1)/2]}{\sin(\omega/2)} \mathrm{e}^{-\mathrm{j}\omega M/2}$$

其幅频响应为

$$|H(\mathrm{e}^{\mathrm{j}\omega})| = \left| \frac{\sin[\omega(M+1)/2]}{\sin(\omega/2)} \right|$$

幅频响应示于图 5.7 中。

显然这是一个低通滤波器,其正频率端的第一个过零点值对应的角频率用来表示该低通滤波器的通带截止角频率,其值为

$$\omega_{\mathrm{p}} = \frac{2\pi}{M+1}$$

该幅频响应的主瓣对应通带,但通带外的旁瓣也有较大的取值,最高旁瓣值约是主瓣最大值的 22%,这些构成了通带外的能量泄漏。另外,通带内幅频特性是单调下降的,缺乏平坦性,因此该滤波器虽然具有了明确的通频带的概念,但仍不是一个好的低通滤波器。

若要求幅频响应归一化,有限求和滤波器就变成滑动平均滤波器,即单位抽样响应修改为

$$h[n] = \begin{cases} \dfrac{1}{M+1}, & 0 \leqslant n \leqslant M \\ 0, & \text{其他} \end{cases}$$

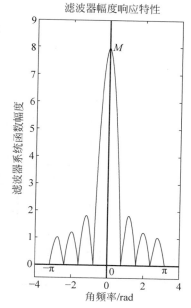

图 5.7 求和滤波器的幅频响应

对于高通滤波器，也有类似式(5.22)、式(5.23)的简单条件，只是对应的角频率值正好是相反的

$$|H(e^{j\omega})|_{\omega=0} = \left|\sum_{n=0}^{M-1} h[n]\right| = \delta \tag{5.26}$$

$$|H(e^{j\omega})|_{\omega=\pi} = \left|\sum_{n=0}^{M-1} (-1)^n h[n]\right| = C \tag{5.27}$$

这里，δ 是零或很小的值；归一化时，$C=1$。例 5.2.7 给出了与例 5.2.5 对应的几个高通滤波器。

例 5.2.7 几个高通滤波器的系统函数和对应的非零单位抽样值，列于下表中。

---

(1) $H(z) = \dfrac{1}{2}(1-z^{-1})$

$h[0]=1/2 \quad h[1]=-1/2$

---

(2) $H(z) = \dfrac{1}{4}(1-z^{-1})^2 = \dfrac{1}{4}(1-2z^{-1}+z^{-2})$

$h[0]=1/4 \quad h[1]=-1/2 \quad h[2]=1/4$

---

(3) $H(z) = \dfrac{1}{8}(1-z^{-1})^3 = \dfrac{1}{8}(1-3z^{-1}+3z^{-2}-z^{-3})$

$h[0]=1/8 \quad h[1]=-3/8 \quad h[2]=3/8 \quad h[3]=-1/8$

图 5.8(a)和图 5.8(b)分别画出了滤波器(1)和滤波器(3)的幅频响应，滤波器(3)是由滤波器(1)级联形成的，将抑制掉更多的低频分量。

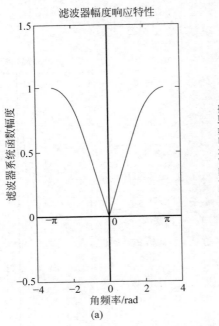
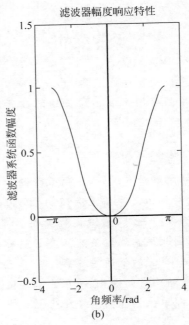

图 5.8　高通滤波器的幅频响应

理想滤波器不可实现,以上介绍的一些简单滤波器性能不够理想。第 6 章将讨论,给出一个合理要求的、可实现的 $|H(e^{j\omega})|$,怎样程序化地设计一个实际系统以达到给定的要求。

5.3 全通系统和最小相位系统

如前所述,不是所有的稳定因果 LTI 系统都有性能良好的逆系统,只有最小相位系统才能保证逆系统也是稳定因果的。全通系统与最小相位系统是紧密联系的,且全通系统在滤波器设计时也起到关键作用,本节专用于讨论这两类特殊系统。

5.3.1 全通系统

全通系统是指一个稳定因果系统,对于所有 ω,系统的幅频响应恒为常数,即

$$|H(e^{j\omega})|=C \tag{5.28}$$

为讨论方便,取 $C=1$。

一个平凡的系统 $H_{ap}(z)=z^{-k}$ 是全通系统。除此之外,一类满足特殊零极点约束的有理分式系统函数满足全通性。若一个极点

$$z_p = r e^{j\varphi}$$

对应一个零点

$$z_0 = \frac{1}{z_p^*} = \frac{1}{r} e^{j\varphi}$$

由于这对零极点是以单位圆为镜像对称的,为了构成稳定因果系统,令极点在单位圆内,对应零点在单位圆外。这对零极点构成的有理分式为

$$H_{ap}(z) = \frac{z^{-1} - z_p^*}{1 - z_p z^{-1}} \tag{5.29}$$

为了验证式(5.29)的系统是全通系统,其频率响应为

$$H_{ap}(e^{j\omega}) = \frac{e^{-j\omega} - z_p^*}{1 - z_p e^{-j\omega}} = e^{-j\omega} \frac{1 - r e^{j(\omega-\varphi)}}{1 - r e^{-j(\omega-\varphi)}} = |H_{ap}(e^{j\omega})| e^{j\varphi_{ap}(\omega)}$$

故

$$|H_{ap}(e^{j\omega})| = 1 \tag{5.30}$$

$$\varphi_{ap}(\omega) = -\omega - 2\arctan\left[\frac{r\sin(\omega-\varphi)}{1 - r\cos(\omega-\varphi)}\right] \tag{5.31}$$

式(5.30)说明了式(5.29)表示的系统是全通的,式(5.31)给出了一个一阶有理分式全通系统的相位表达式。

若假设全通系统的系统函数是实系数的有理分式,极点要么是位于单位圆内实轴上,要么是以复共轭成对的,假设有一对极点是复共轭的

$$z_p = r e^{j\varphi}, \quad z_p^* = r e^{-j\varphi}$$

对应的零点也是共轭成对的

$$z_0 = \frac{1}{z_p^*} = \frac{1}{r} e^{j\varphi}, \quad z_0^* = \frac{1}{z_p} = \frac{1}{r} e^{-j\varphi}$$

构成二阶有理分式系统为

$$H_{\text{ap}}(z) = \frac{z^{-1} - z_{\text{p}}^*}{1 - z_{\text{p}} z^{-1}} \frac{z^{-1} - z_{\text{p}}}{1 - z_{\text{p}}^* z^{-1}} = \frac{z^{-2} - 2r z^{-1} \cos\varphi + r^2}{1 - 2r z^{-1} \cos\varphi + r^2 z^{-2}}$$

$$= \frac{z^{-2} + a_1 z^{-1} + a_2}{1 + a_1 z^{-1} + a_2 z^{-2}} \tag{5.32}$$

考虑可能有实极点和复极点的一般全通系统的系统函数为

$$H_{\text{ap}}(z) = K \prod_{k=1}^{M_{\text{r}}} \frac{z^{-1} - r_k}{1 - r_k z^{-1}} \prod_{p=1}^{M_{\text{c}}} \frac{z^{-1} - c_p^*}{1 - c_p z^{-1}} \frac{z^{-1} - c_p}{1 - c_p^* z^{-1}}$$

$$= K \frac{z^{-N} + a_1 z^{-N+1} + \cdots + a_{N-1} z^{-1} + a_N}{1 + a_1 z^{-1} + a_2 z^{-2} + \cdots + a_N z^{-N}}$$

$$= K z^{-N} \frac{A(z^{-1})}{A(z)} \tag{5.33}$$

这里 K 是常数，一般取 $K=1$。

全通系统有一个基本性质，全通系统的群延迟为正，即

$$\tau(\omega) = -\frac{\text{d}}{\text{d}\omega} \varphi_{\text{ap}}(\omega) > 0 \tag{5.34}$$

利用式(5.33)的因式分解形式，任意全通系统可由多个一阶全通系统级联而成，其相位函数等于各一阶全通系统的相位函数之和。故若任意一阶系统的群延迟为正，则全通系统的群延迟即为正，利用式(5.31)，得到一阶系统群延迟为

$$-\frac{\text{d}}{\text{d}\omega} \left\{ -\omega - 2\arctan\left[\frac{r\sin(\omega - \varphi)}{1 - r\cos(\omega - \varphi)} \right] \right\} = \frac{(1 - r^2)}{|1 - r\text{e}^{\text{j}(\varphi - \omega)}|^2} > 0$$

故该性质得到证实。

全通系统的另一个性质为

$$|H_{\text{ap}}(z)| \begin{cases} > 1, & |z^{-1}| > 1 \\ = 1, & |z^{-1}| = 1 \\ < 1, & |z^{-1}| < 1 \end{cases} \tag{5.35}$$

该性质的证明留作习题。

5.3.2 最小相位系统

定义一个稳定因果系统，若其系统函数的极点和零点均位于单位圆内，称该系统是最小相位系统。若全部零点位于单位圆外，称为最大相位系统，这里主要讨论最小相位系统。注意，也有文献和著作将零点位于单位圆内和单位圆上的系统称为最小相位系统，即将零点位于单位圆上也包括在最小相位系统中。这是因为若有零点位于单位圆上，也满足后续讨论的关于最小相位的性质。但若零点位于单位圆上，其逆系统不再满足 BIBO 稳定性。故为了系统实现问题讨论的方便性，本书仅将最小相位系统定义为零点在单位圆内。

性质 1 最小相位系统有最小的相位变化。

性质 1 实际是对"最小相位"名称的一种校正。在幅频响应相同的所有稳定、因果系统中，对角频率 ω 的任意变化范围，最小相位系统的相位函数变化最小。"最小相位"实际是一个不准确的名称，其实际是"最小相位变化系统"。

性质 1 的结论可通过性质 3 直接得到。

性质 2 任何稳定、因果的非最小相位系统,可以表示为一个最小相位系统和全通系统的级联,它们具有相同的幅频响应。

设 $H(z)$ 是稳定因果的非最小相位系统,其极点均位于单位圆内,部分零点位于单位圆内,部分零点位于单位圆外。为简单起见,假设位于单位圆外的零点只有一个,记为 $z_0 = c_r$ 且 $|c_r| > 1$,其系统函数可分解为两部分,即

$$H(z) = H_1(z)(1 - c_r z^{-1})$$

通过下列的重新组合,得到

$$H(z) = H_1(z)(1 - c_r z^{-1}) \frac{z^{-1} - c_r^*}{z^{-1} - c_r^*}$$

$$= H_1(z)(z^{-1} - c_r^*) \frac{1 - c_r z^{-1}}{z^{-1} - c_r^*}$$

$$= H_{\min}(z) H_{\mathrm{ap}}(z)$$

这里

$$H_{\min}(z) = H_1(z)(z^{-1} - c_r^*), \quad H_{\mathrm{ap}}(z) = \frac{1 - c_r z^{-1}}{z^{-1} - c_r^*}$$

由此可见,一个稳定因果的非最小相位系统可分解为一个最小相位系统和一个全通系统的级联。上述通过只有一个零点在单位圆外的情况给出了证明,稍加推广即可得到一般结论。

性质 3 在具有相同幅频响应的稳定因果系统中,最小相位系统具有最小群延迟,即若

$$|H(\mathrm{e}^{\mathrm{j}\omega})| = |H_{\min}(\mathrm{e}^{\mathrm{j}\omega})|$$

则有

$$-\frac{\mathrm{d}}{\mathrm{d}\omega}\varphi(\omega) > -\frac{\mathrm{d}}{\mathrm{d}\omega}\varphi_{\min}(\omega) \tag{5.36}$$

证明 由

$$H(z) = H_{\min}(z) H_{\mathrm{ap}}(z)$$

得到

$$\varphi(\omega) = \varphi_{\mathrm{ap}}(\omega) + \varphi_{\min}(\omega)$$

或

$$\varphi_{\mathrm{ap}}(\omega) = \varphi(\omega) - \varphi_{\min}(\omega)$$

由于全通系统的群延迟为正,故上式两侧求导,得

$$\frac{\mathrm{d}}{\mathrm{d}\omega}\varphi_{\mathrm{ap}}(\omega) = \frac{\mathrm{d}}{\mathrm{d}\omega}\varphi(\omega) - \frac{\mathrm{d}}{\mathrm{d}\omega}\varphi_{\min}(\omega) < 0$$

由上式直接得到式(5.36)。

性质 4 在具有相同幅频响应的稳定因果系统中,最小相位系统具有最小能量延迟特性,若

$$|H(\mathrm{e}^{\mathrm{j}\omega})| = |H_{\min}(\mathrm{e}^{\mathrm{j}\omega})|$$

则有

$$\sum_{n=0}^{m} h_{\min}^2[n] \geqslant \sum_{n=0}^{m} h^2[n] \tag{5.37}$$

这里,m 是任意正整数。

证明　为了直观地证明该性质,构造如图 5.9 所示的三个系统。由系统 2 的右侧模块,因为 $|H_{ap}(e^{j\omega})|^2 = 1$,利用帕塞瓦尔定理,有

$$\sum_{n=0}^{+\infty} h_{\min}^2[n] = \frac{1}{2\pi}\int_{-\pi}^{\pi} |H_{\min}(e^{j\omega})|^2 d\omega$$

$$= \frac{1}{2\pi}\int_{-\pi}^{\pi} |H_{\min}(e^{j\omega}) H_{ap}(e^{j\omega})|^2 d\omega$$

$$= \sum_{n=0}^{+\infty} h^2[n]$$

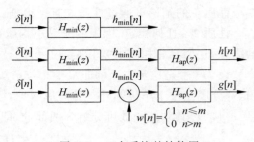

图 5.9　三个系统的结构图

故

$$\sum_{n=0}^{+\infty} h_{\min}^2[n] = \sum_{n=0}^{+\infty} h^2[n] \tag{5.38}$$

由系统 3 的右侧模块,同理

$$\sum_{n=0}^{+\infty} (h_{\min}[n]w[n])^2 = \sum_{n=0}^{+\infty} g^2[n]$$

故

$$\sum_{n=0}^{m} h_{\min}^2[n] = \sum_{n=0}^{+\infty} g^2[n] \tag{5.39}$$

对于系统 2 和系统 3,根据因果性,有,$h[n]=g[n]$, $n \leqslant m$

$$\sum_{n=0}^{m} h_{\min}^2[n] = \sum_{n=0}^{+\infty} g^2[n] = \sum_{n=0}^{m} g^2[n] + \sum_{n=m+1}^{+\infty} g^2[n]$$

$$= \sum_{n=0}^{m} h^2[n] + \sum_{n=m+1}^{+\infty} g^2[n] \geqslant \sum_{n=0}^{m} h^2[n]$$

性质 5　最小相位系统一定存在一个稳定且因果的也是最小相位的逆系统。

根据逆系统的定义和最小相位系统的定义,性质 5 的成立是显然的。

性质 6　如果系统 $H(z)$ 是最小相位的,可定义 $\hat{H}(z) = \ln(H(z))$, $\hat{H}(z)$ 的 z 反变换 $\hat{h}[n] = \mathcal{Z}^{-1}\{\hat{H}(z)\}$ 是稳定且因果的序列;反之,若 $\hat{h}[n]$ 是稳定且因果的序列,系统 $H(z)$ 是最小相位的。

由于 $H(z)$ 是最小相位的,假设其所有零点中模最大的零点 $|z_{\max}| = \rho_1 < 1$,所有极点中模最大的极点为 $|p_{\max}| = \rho_2 < 1$。$H(z)$ 是有理分式,故 $\hat{H}(z) = \ln(H(z))$ 可分解为 $H(z)$ 各分式的自然对数之和,$H(z)$ 的极点和零点全部变成 $\hat{H}(z)$ 的极点。这样,$\hat{H}(z)$ 模最大的极点是 $\rho = \max\{\rho_1, \rho_2\} < 1$,因此 $\hat{H}(z)$ 的收敛域为 $|z| < \rho < 1$,由此得到结论:$\hat{H}(z)$ 反变换得到的序列 $\hat{h}[n]$ 是稳定且因果的;反之,若 $\hat{h}[n]$ 是稳定且因果的序列,同样可推出系统 $H(z)$ 是最小相位的结论。

5.4　系统的可实现性

在 5.2 节曾讨论,若给定一个如式(5.19)这样的要求,即要求设计一个理想低通滤波器,这样的系统是不可实现的。那么什么样的要求一定可以设计出一个因果系统来实现

呢? 如下的因式分解定理给出了回答。

因式分解问题有三种等效的提法[5]:

(1) 给定一个非负的实函数 $A(\mathrm{e}^{\mathrm{j}\omega})$,求一个因果序列 $h[n]$,使得它的 z 变换 $H(z)$ 在单位圆上的幅度值等于 $A(\mathrm{e}^{\mathrm{j}\omega})$,即 $|H(\mathrm{e}^{\mathrm{j}\omega})|=A(\mathrm{e}^{\mathrm{j}\omega})$;

(2) 给定一个非负的实函数 $A(\mathrm{e}^{\mathrm{j}\omega})$,求一个对 $|z|>1$ 解析并满足 $|H(\mathrm{e}^{\mathrm{j}\omega})|=A(\mathrm{e}^{\mathrm{j}\omega})$ 的函数 $H(z)$;

(3) 给定一个序列 $r[n]$,它的 z 变换 $R(z)$ 在单位圆上的取值是一个非负的函数,即

$$R(\mathrm{e}^{\mathrm{j}\omega})=\sum_{n=-\infty}^{+\infty} r[n]\mathrm{e}^{-\mathrm{j}\omega n}=A^2(\mathrm{e}^{\mathrm{j}\omega})\geqslant 0$$

求一个因果序列 $h[n]$,使它的 z 变换 $H(z)$ 满足

$$R(\mathrm{e}^{\mathrm{j}\omega})=|H(\mathrm{e}^{\mathrm{j}\omega})|^2,\quad R(z)=H(z)H^*\left(\frac{1}{z^*}\right)$$

若是实系统,上述第二式简化为

$$R(z)=H(z)H\left(\frac{1}{z}\right)$$

对于上述三个等价的提法,因式分解定理为:

因式分解定理　若 $A(\mathrm{e}^{\mathrm{j}\omega})$ 满足如下的离散佩里-维纳条件

$$\int_{-\pi}^{\pi}|\ln A(\mathrm{e}^{\mathrm{j}\omega})|\,\mathrm{d}\omega<+\infty \tag{5.40}$$

则上述等价问题就有解;又若 $H(z)$ 是最小相位系统,则这个解是唯一的。

定理的含义是,不管给出一个非负实函数 $A(\mathrm{e}^{\mathrm{j}\omega})$ 或一个平方函数 $A^2(\mathrm{e}^{\mathrm{j}\omega})$,只要满足式(5.40),就可以找到一个因果系统满足 $|H(\mathrm{e}^{\mathrm{j}\omega})|=A(\mathrm{e}^{\mathrm{j}\omega})$ 或 $|H(\mathrm{e}^{\mathrm{j}\omega})|^2=A^2(\mathrm{e}^{\mathrm{j}\omega})$。从离散情况下的佩里-维纳条件式(5.40)容易看出,如果 $A(\mathrm{e}^{\mathrm{j}\omega})$ 在一个区间内为零那么一定不满足式(5.40)的佩里-维纳条件,这样的系统是不可实现的。一个推论是,若 $A(\mathrm{e}^{\mathrm{j}\omega})$ 非常数但在一个子区间内恒为一常数也是不可实现的。

以低通滤波器为例。如果给出的低通滤波器的要求不是图5.4或式(5.19)表示的理想低通滤波器,而是如图5.10所示的幅频特性要求(相当于给定 $A(\mathrm{e}^{\mathrm{j}\omega})$)。可以看到,这个幅频特性可能在有限几个点上取零,但不会在一个区间上恒为零。由定理知,一定可以找到一个因果系统 $H(z)$ 满足 $|H(\mathrm{e}^{\mathrm{j}\omega})|=A(\mathrm{e}^{\mathrm{j}\omega})$,即这样的要求是可实现的。

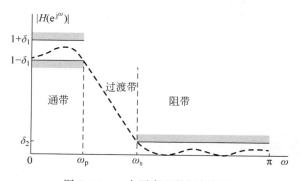

图5.10　一个可实现的幅频特性

因式分解定理的证明　由等价性只给出第三种提法的证明。由 Paley-Wiener 条件，知道 $\ln R(z)$ 的收敛域包含单位圆。假设 $\ln R(z)$ 的收敛域为 $r<|z|<1/r,0<r<1$，在收敛域内 $\ln R(z)$ 是解析函数，它的各阶导数是连续的，可以展开成 Laurent 级数为

$$\ln R(z)=\sum_{k=-\infty}^{+\infty}c[k]z^{-k}$$

在单位圆上为

$$\ln R(e^{j\omega})=\sum_{k=-\infty}^{+\infty}c[k]e^{-j\omega k}$$

因此

$$c[k]=\frac{1}{2\pi}\int_{-\pi}^{\pi}\ln R(e^{j\omega})e^{j\omega k}d\omega$$

由于 $\ln R(e^{j\omega})$ 是实的，$c[k]$ 是共轭对称的，即 $c[-k]=c^*[k]$，并且注意到

$$c[0]=\frac{1}{2\pi}\int_{-\pi}^{\pi}\ln R(e^{j\omega})d\omega$$

由 $\ln R(z)=\sum\limits_{k=-\infty}^{+\infty}c[k]z^{-k}$ 两边取指数运算得

$$R(z)=\exp\left\{\sum_{k=-\infty}^{+\infty}c[k]z^{-k}\right\}=\exp\{c[0]\}\exp\left\{\sum_{k=1}^{+\infty}c[k]z^{-k}\right\}\exp\left\{\sum_{k=-\infty}^{-1}c[k]z^{-k}\right\}$$

令

$$\sigma^2=\exp\{c[0]\}=\exp\left\{\frac{1}{2\pi}\int_{-\pi}^{\pi}\ln R(e^{j\omega})d\omega\right\}$$

定义

$$H(z)=\sqrt{\sigma^2}\exp\left\{\sum_{k=1}^{+\infty}c[k]z^{-k}\right\},\quad|z|>r$$

由 $H(z)$ 的收敛域，它对应的序列 $h[n]$ 是因果和稳定的；且对于 $|z|>r$，$H(z)$ 和 $\ln H(z)$ 都是解析的。因此 $H(z)$ 是最小相位的（见最小相位系统性质 6），故 $H(z)$ 可以写成

$$H(z)=h[0]+h[1]z^{-1}+h[2]z^{-2}+\cdots$$

由 $r(k)$ 的共轭对称性，进一步有

$$\sqrt{\sigma^2}\exp\left\{\sum_{k=-\infty}^{-1}c[k]z^{-k}\right\}=\sqrt{\sigma^2}\exp\left\{\sum_{k=1}^{+\infty}c^*[k]z^k\right\}=\sqrt{\sigma^2}\exp\left\{\sum_{k=1}^{+\infty}c^*[k](1/z^*)^{-k}\right\}^*$$

$$=H^*(1/z^*)$$

因此

$$R(z)=\sigma^2H(z)H^*(1/z^*)$$

结论得证。

5.5　IIR 系统的实现结构

离散时间系统的实现方式有很多种，可以将采样后的信号直接处理，例如应用声表面波器件、开关电容网络等；也可以将离散信号先经过 A/D 转换器，通过数字系统实现。数字

系统实现自身就有很多种形式：利用 FPGA 构成的数字系统，利用通用微处理器编程实现等。讨论这些具体化的实现问题超出了本书的范围。本节讨论的基本结构指的是：用基本运算单元实现一个离散时间系统所要求的运算单元的连接结构。

实现一个离散 LTI 系统需要三种基本运算单元，分别示于图 5.11 中，三种基本运算单元分别是加法器、乘法器和单位延迟单元。由这三种基本运算单元可构成任何离散 LTI 系统。注意到，这样三种基本运算单元是一种"抽象"出的运算模块，在用一种实际工具实现时可能对应该工具中的具体部件。例如，若使用 FPGA 构成一个离散 LTI 系统，一般采用同步时序逻辑来实现，加法器和乘法器都是可由 FPGA 实现的基本运算模块，单位延迟单元 z^{-1} 可由同步寄存器来实现。若系统中用 B 位二进制数字表示离散信号和计算结果，则寄存器是 B 位宽的。

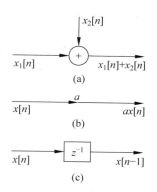

图 5.11　构成离散 LTI 系统的基本运算单元

本节讨论 IIR 系统，并假设由有理系统函数或差分方程描述该 IIR 系统。

5.5.1　IIR 系统的基本结构

首先通过一个简单例子，说明一个 IIR 系统的基本实现结构。一个 IIR 系统的差分方程写为

$$y[n] = -a_1 y[n-1] - a_2 y[n-2] + b_0 x[n]$$

显然，该差分方程可由图 5.12 所示的一个递归计算结构来实现。

图 5.12 的例子可推广到一般情况，设一个系统的系统函数为有理分式

$$H(z) = \frac{\sum_{r=0}^{M} b_r z^{-r}}{1 + \sum_{k=1}^{N} a_k z^{-k}}$$

相应的差分方程写为

$$y[n] = -\sum_{k=1}^{N} a_k y[n-k] + \sum_{r=0}^{M} b_r x[n-r]$$

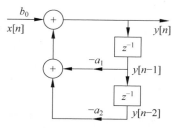

图 5.12　一个递归实现结构的例子

推广图 5.12 的结构到一般情况，得到图 5.13 的一般实现结构，称这个结构为 IIR 系统的直接 I 型实现。

直接 I 型实现可以看作两个子系统的级联，第一个子系统的输入/输出关系为

$$v[n] = \sum_{r=0}^{M} b_r x[n-r] \qquad (5.41)$$

第二个子系统的输入/输出关系为

$$y[n] = -\sum_{k=1}^{N} a_k y[n-k] + v[n] \qquad (5.42)$$

由于所讨论的是 LTI 系统，显然上述两个子系统也是 LTI 系统。两个 LTI 子系统的级联与次序交换后的系统是等价的，故将图 5.13 中前后两个子系统交换，得到图 5.14 所示的结构。

图 5.14 的第一个子系统的输入/输出关系为

$$w[n] = -\sum_{k=1}^{N} a_k w[n-k] + x[n] \tag{5.43}$$

第二个子系统的输入/输出关系为

$$y[n] = \sum_{r=0}^{M} b_r w[n-r] \tag{5.44}$$

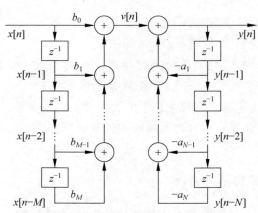

图 5.13　IIR 系统的直接 I 型实现

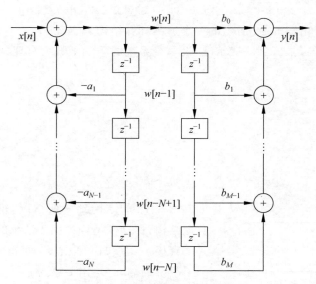

图 5.14　直接 I 型实现的次序交换

将图 5.14 中中间两列的单位延迟单元合并并不影响系统输出结果。合并后的结构示于图 5.15 中，该结构称为 IIR 系统的直接 II 型实现。图 5.15 画出了 $M=N$ 的情况。

为了简单，如上的实现结构图可用信号流图来表示。例如图 5.15 所示直接 II 型实现的信号流图示于图 5.16。

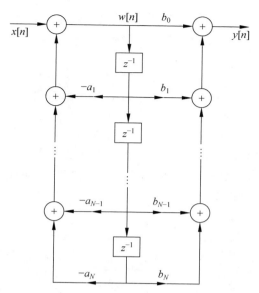

图 5.15　IIR 系统的直接 II 型实现

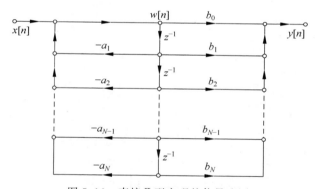

图 5.16　直接 II 型实现的信号流图

5.5.2　IIR 系统级联和并联结构

若一个 IIR 系统的有理分式系统函数的阶数较高时,也可以得到一些等价的级联和并联实现方式。

设有理系统函数的分子多项式和分母多项式均为实系数,分别分解因式得到零点和极点。假设有部分实的零点和极点,也有部分以共轭形式成对出现的复零点和极点。分解因式后一个有理分式系统函数的一般形式为(此处假设 $M_1 = N_1$, $M_2 = N_2$)

$$
H(z) = A\frac{\displaystyle\prod_{k=1}^{M_1}(1-g_k z^{-1})\prod_{k=1}^{M_2}(1-h_k z^{-1})(1-h_k^* z^{-1})}{\displaystyle\prod_{k=1}^{N_1}(1-c_k z^{-1})\prod_{k=1}^{N_2}(1-d_k z^{-1})(1-d_k^* z^{-1})}
$$

$$
= A\prod_{k=1}^{N_1}H_{1,k}(z)\prod_{k=1}^{N_2}H_{2,k}(z) \tag{5.45}
$$

这里

$$H_{1,k}(z) = \frac{1 - g_k z^{-1}}{1 - c_k z^{-1}} \tag{5.46}$$

$$H_{2,k}(z) = \frac{1 + b_{1k} z^{-1} + b_{2k} z^{-2}}{1 + a_{1k} z^{-1} + a_{2k} z^{-2}} \tag{5.47}$$

式(5.45)中将 $H(z)$ 分解为多个低阶有理分式 $H_{1,k}(z)$ 和 $H_{2,k}(z)$ 的相乘,从系统实现角度讲是将一个高阶系统分解成多个低阶系统(系统函数为 $H_{1,k}(z)$ 或 $H_{2,k}(z)$)的级联。例如一个 IIR 系统,分子分母多项式均是六阶的,各有三对复数根。每对复零点和每对复极点可任意组合构成三个子系统,每个子系统的系统函数是式(5.47)的形式,则原系统分成 3 个子系统的级联,其级联结构如图 5.17。

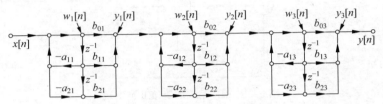

图 5.17　一个 IIR 系统的级联形式

另一种分解方式如下

$$H(z) = \frac{\sum\limits_{r=0}^{M} b_r z^{-r}}{1 + \sum\limits_{k=1}^{N} a_k z^{-k}} = \sum\limits_{k=0}^{M-N} C_k z^{-k} + \frac{\sum\limits_{r=0}^{N-1} \overline{b}_r z^{-r}}{1 + \sum\limits_{k=1}^{N} a_k z^{-k}}$$

$$= \sum\limits_{k=0}^{M-N} C_k z^{-k} + \frac{\sum\limits_{r=0}^{N-1} \overline{b}_r z^{-r}}{\prod\limits_{k=1}^{N_1} (1 - c_k z^{-1}) \prod\limits_{k=1}^{N_2} (1 - d_k z^{-1})(1 - d_k^* z^{-1})}$$

$$= \sum\limits_{k=0}^{M-N} C_k z^{-k} + \sum\limits_{k=1}^{N_1} \frac{A_k}{(1 - c_k z^{-1})} + \sum\limits_{k=1}^{N_2} \frac{B_k(1 - e_k z^{-1})}{(1 - d_k z^{-1})(1 - d_k^* z^{-1})}$$

$$= \sum\limits_{k=0}^{M-N} C_k z^{-k} + \sum\limits_{k=1}^{N_1} H_{1,k}(z) + \sum\limits_{k=1}^{N_2} H_{2,k}(z)$$

这个分解过程中,若 $M < N$ 则系统函数是真分式,从第二行起第一项都不存在;否则,第一项存在,由不同延迟项组成。各求和项的意义是将原系统分解为多个子系统的并联。例如,一个系统函数的分子分母多项式均是四阶的,有两对复极点,其并联实现的系统结构图如图 5.18 所示。

　　原理上,级联和并联方式与直接 I 型和直接 II 型实现方式是等同的。但在实际数字系统实现时,用有限位的二进制数字表示滤波器系数和进行数字运算会带来表示误差和运算误差,这称为有限字长效应。由于不同实现方式带来的误差效应不同,当存在有限字长效应时,分级实现和直接实现方式不再等同。一般地,通过合理的组合极零点构成的级联和并联系统,在用有限位数数字系统实现时表现出更好的性能。本书集中在第 10 章讨论有限字长效应。

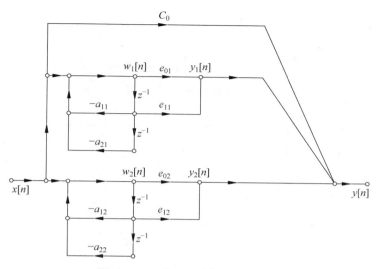

图 5.18　一个 IIR 系统的并联实现

5.6　FIR 系统实现的基本结构

本节讨论 FIR 的实现问题。首先讨论 FIR 的基本结构,然后研究 FIR 系统的一个特殊性质即线性相位,并讨论线性相位系统的实现结构。FIR 系统还可以利用 FFT 构成"块实现"结构,有关 FFT 实现 FIR 系统,将在 5.7 节讨论。

5.6.1　FIR 系统的基本结构

FIR 系统的直接实现方法更加简单,可以看成 IIR 实现的前向部分。从系统函数的角度看,FIR 系统的系统函数只相当于分子多项式部分,即

$$H(z)=\sum_{k=0}^{M}b_k z^{-k}=\sum_{k=0}^{M}h[k]z^{-k} \tag{5.48}$$

从卷积实现的角度看,有限和只相当于差分方程的滑动平均部分,即

$$y[n]=\sum_{r=0}^{M}b_r x[n-r]=\sum_{k=0}^{M}h[k]x[n-k] \tag{5.49}$$

由此可以直接得到 FIR 系统直接实现的结构流图如图 5.19 所示。

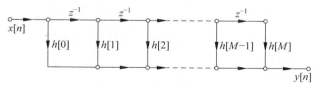

图 5.19　FIR 系统的直接实现

图 5.19 所示的 FIR 直接实现结构,也称为"横向抽头延迟线结构"。对 FIR 的系统函数进行分解因式,可得到其级联实现。一个 FIR 系统可分解为

$$H(z) = A \prod_{k=1}^{M_1} (1 - g_k z^{-1}) \prod_{k=1}^{M_2} (1 - h_k z^{-1})(1 - h_k^* z^{-1})$$

$$= \prod_{k=1}^{M_1} (g_{0k} - g_{1k} z^{-1}) \prod_{k=1}^{M_2} (b_{0k} + b_{1k} z^{-1} + b_{2k} z^{-2})$$

将一个 FIR 系统分解为多级二阶系统级联的示意图如图 5.20 所示。

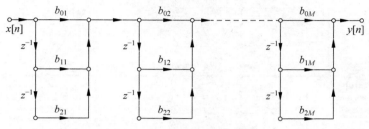

图 5.20　FIR 系统的级联实现

5.6.2　线性相位系统及其实现结构

FIR 系统在一定的约束下可实现一些具有特殊性质的系统，线性相位系统就是一类常用的特殊系统。一个 LTI 系统被称为线性相位系统，是指其频率响应可写为

$$H(e^{j\omega}) = \hat{H}(e^{j\omega}) e^{-j(\alpha\omega - \beta)} \tag{5.50}$$

这里 $\hat{H}(e^{j\omega})$ 是实函数，$-(\alpha\omega - \beta)$ 表示了线性相位部分。

注意线性相位系统与第 2 章讨论的严格线性相位系统的区别和关联。若 $\beta = 0$ 且 $\hat{H}(e^{j\omega})$ 是非负的，则线性相位系统就是严格线性相位系统。在滤波器设计时，实际可实现的数字滤波器很难做到严格线性相位，用线性相位系统替代严格线性相位系统具有设计上的简单性。若希望设计的滤波器的幅频特性是类似图 5.10 所示的具有通带和阻带的滤波器，一般在通带内满足 $\hat{H}(e^{j\omega}) > 0$，而在阻带内 $\hat{H}(e^{j\omega})$ 可能在很小的取值范围 $[-\delta, \delta]$ 内振荡，即线性相位在通带内是严格线性相位的，所有通带内频率分量都不存在相位失真；而阻带内的频率成分，通过滤波器后的残留值是由滤波器特性的不理想造成的，是系统所允许的，而这些残留成分的相位失真是无关紧要的。所以滤波器设计文献中，所谓的线性相位是式（5.50）定义的"广义"线性相位系统，是严格线性相位系统的一种近似。

为了导出线性相位系统需要满足的一般条件，将式（5.50）改写为

$$H(e^{j\omega}) = \hat{H}(e^{j\omega}) e^{-j(\alpha\omega - \beta)}$$

$$= \hat{H}(e^{j\omega}) \cos(\beta - \omega\alpha) + j\hat{H}(e^{j\omega}) \sin(\beta - \omega\alpha) \tag{5.51}$$

另一方面，由频率响应的定义

$$H(e^{j\omega}) = \sum_{n=-\infty}^{+\infty} h[n] e^{-j\omega n} = \sum_{n=-\infty}^{+\infty} h[n] \cos(\omega n) - j \sum_{n=-\infty}^{+\infty} h[n] \sin(\omega n) \tag{5.52}$$

由于式（5.51）和式（5.52）是相等的，故由两式得到相位的正切函数是相等的，即

$$\frac{\hat{H}(\mathrm{e}^{\mathrm{j}\omega})\sin(\beta-\omega\alpha)}{\hat{H}(\mathrm{e}^{\mathrm{j}\omega})\cos(\beta-\omega\alpha)} = \frac{\displaystyle\sum_{n=-\infty}^{+\infty}h[n]\sin(\omega n)}{-\displaystyle\sum_{n=-\infty}^{+\infty}h[n]\cos(\omega n)}$$

由三角函数积化和差公式得

$$\sum_{n=-\infty}^{+\infty}h[n]\sin[\omega(n-\alpha)+\beta]=0 \tag{5.53}$$

式(5.53)给出了一个线性相位 LTI 系统的单位抽样响应需满足的条件。

可以给出式(5.53)的典型解。注意到,若取 $\beta=0$,则只需要 $h[n]$ 以 $n-\alpha=0$ 对称,式(5.53)左侧和式为零即可得到满足。$h[n]$ 以 $n-\alpha=0$ 对称可表示为 $h[n]=h[2\alpha-n]$,这里 2α 必须为整数,即 $2\alpha=M$,M 是任给的正整数。若取 $\beta=\pi$,也有相同的解。若再加上限制条件系统是因果的,条件 $h[n]=h[2\alpha-n]$ 将限制 $h[n]$ 仅在 $0\leqslant n\leqslant M$ 范围内非零,故式(5.53)的一类解为

$$\beta=0,\pi$$

$$h[n]=\begin{cases}h[M-n], & 0\leqslant n\leqslant M\\0, & n \text{ 为其他}\end{cases} \tag{5.54}$$

类似地,可得到式(5.53)的另一类解为

$$\beta=\pm\pi/2$$

$$h[n]=\begin{cases}-h[M-n], & 0\leqslant n\leqslant M\\0, & n \text{ 为其他}\end{cases} \tag{5.55}$$

实际上式(5.54)和式(5.55)表示的都是 FIR 系统,其单位抽样响应分别是关于 $n=\dfrac{M}{2}$ 偶对称和奇对称的。这就得到一个结论,单位抽样响应具有这种偶对称或奇对称的因果 FIR 系统是线性相位系统。

这里,定义

$$N=M+1$$

为 FIR 系统非零系数的数目,M 表示 $h[n]$ 非零值的最大序号。

由于 $h[n]$ 的对称性质,通过组合相同的系数可将运算量减少大约一半。为了推导简单,设 $h[n]$ 满足式(5.54)的偶对称特性且长度 N 为奇数(M 为偶数),卷积计算为

$$\begin{aligned}y[n]&=\sum_{k=0}^{M}h[k]x[n-k]\\&=\sum_{k=0}^{\frac{M}{2}-1}h[k]x[n-k]+h\left[\frac{M}{2}\right]x\left[n-\frac{M}{2}\right]+\sum_{k=\frac{M}{2}+1}^{M}h[k]x[n-k]\\&=\sum_{k=0}^{\frac{M}{2}-1}h[k]x[n-k]+\sum_{k=0}^{\frac{M}{2}-1}h[M-k]x[n-M+k]+h\left[\frac{M}{2}\right]x\left[n-\frac{M}{2}\right]\end{aligned}$$

用式(5.54),即

$$y[n]=\sum_{k=0}^{\frac{M}{2}-1}h[k](x[n-k]+x[n-M+k])+h\left[\frac{M}{2}\right]x\left[n-\frac{M}{2}\right] \tag{5.56}$$

式(5.56)的实现框图如图 5.21 所示，与同等长度非线性相位 FIR 的实现相比，可节省大约一半运算量。

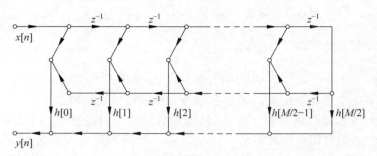

图 5.21　奇数长对称 FIR 滤波器的实现结构

经过类似推导，若偶对称型 FIR 滤波器的长度 N 为偶数（M 为奇数），则计算公式为

$$y[n]=\sum_{k=0}^{\frac{M-1}{2}}h[k](x[n-k]+x[n-M+k]) \tag{5.57}$$

注意式(5.57)与式(5.56)的区别，缺少一个单独项，且求和上标有所不同，其实现结构如图 5.22 所示。

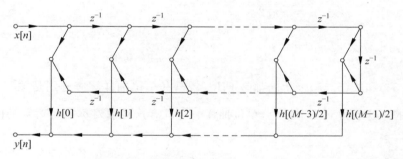

图 5.22　偶数长对称 FIR 滤波器的实现结构

对于满足奇对称式(5.55)的 FIR 系统，同样可得其计算公式，当 N 为奇数

$$y[n]=\sum_{k=0}^{\frac{M}{2}-1}h[k](x[n-k]-x[n-M+k]) \tag{5.58}$$

注意到，式(5.58)中，并没有单独项 $h\left[\dfrac{M}{2}\right]x\left[n-\dfrac{M}{2}\right]$，原因是，当 N 为奇数时，由式(5.55)代入 $n=\dfrac{M}{2}$ 有 $h\left[\dfrac{M}{2}\right]=-h\left[\dfrac{M}{2}\right]=0$，故单独项消失了。

当满足奇对称且 N 为偶数时，计算公式为

$$y[n]=\sum_{k=0}^{\frac{M-1}{2}}h[k](x[n-k]-x[n-M+k]) \tag{5.59}$$

式(5.58)和式(5.59)的实现结构，可由图 5.21 和图 5.22 的结构稍加修改，这里不再画出。

5.6.3 线性相位系统的零点分布和级联实现

线性相位系统函数的零点分布有其特殊性。一个线性相位系统的单位抽样响应和其系统函数是一对 z 变换对,记为

$$h[n] \leftrightarrow H(z)$$

容易证明,如下是一对 z 变换对(证明留作习题)

$$h[M-n] \leftrightarrow H(z^{-1})z^{-M}$$

既然线性相位系统的单位抽样响应满足

$$h[n] = \pm h[M-n]$$

其系统函数则满足

$$H(z) = \pm H(z^{-1})z^{-M} \tag{5.60}$$

式(5.60)指出,若 $z_1 = r_1 \mathrm{e}^{j\theta_1}$ 是系统函数的一个复零点,则 $\dfrac{1}{z_1} = \dfrac{1}{r_1 \mathrm{e}^{j\theta_1}} = \dfrac{1}{r_1}\mathrm{e}^{-j\theta_1}$ 也是一个复零点。$h[n]$ 是实序列,$H(z)$ 是实系数多项式,则零点必然以共轭形式出现,故 $z_1^* = r_1 \mathrm{e}^{-j\theta_1}$ 也是一个复零点,因此 $\dfrac{1}{z_1^*} = \dfrac{1}{r_1 \mathrm{e}^{-j\theta_1}} = \dfrac{1}{r_1}\mathrm{e}^{j\theta_1}$ 也是一个复零点。这样,一个线性相位系统,若有 1 个复零点,必有 3 个复零点与其相伴,即 4 个复零点组成一个零点组,零点组写为

$$\left\{ r_1 \mathrm{e}^{j\theta_1} \quad r_1 \mathrm{e}^{-j\theta_1} \quad \frac{1}{r_1}\mathrm{e}^{-j\theta_1} \quad \frac{1}{r_1}\mathrm{e}^{j\theta_1} \right\} \tag{5.61}$$

这个复零点组画于图 5.23 中(以 z_1 和 z_1^* 的各变换形式标出)。其中 z_1 和 $\dfrac{1}{z_1^*}$ 是一对以单位圆为镜像的零点。

这里也有几种退化的特殊情况,当零点 z_2 是绝对值不为 1 的实数时,对应的只有一个镜像零点 $\dfrac{1}{z_2}$,这是两个一组的实零点情况,即零点组为 $\left\{ z_2 \quad \dfrac{1}{z_2} \right\}$。当零点 z_3 是位于单位圆上的复零点时,其倒数和其共轭是相等的,故单位圆上的复零点是两个为一对的,即 $\{\mathrm{e}^{j\theta_3} \quad \mathrm{e}^{-j\theta_3}\}$。还有一种退化情况,就是 $z_4 = \pm 1$ 的情况,此时,单一零点既满足互为倒数,又满足互为共轭,可单独成组。

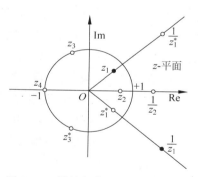

图 5.23 线性相位系统的复零点组

在这些情况下,一个零点组所对应的子系统函数可分别求得。

1. 4 个零点构成的复零点组

$$H_1(z) = (1 - r_1 \mathrm{e}^{j\theta_1} z^{-1})(1 - r_1 \mathrm{e}^{-j\theta_1} z^{-1})\left(1 - \frac{1}{r_1}\mathrm{e}^{j\theta_1} z^{-1}\right)\left(1 - \frac{1}{r_1}\mathrm{e}^{-j\theta_1} z^{-1}\right)$$

$$= \frac{1}{r_1^2}(1 - 2r_1\cos\theta_1 z^{-1} + r_1^2 z^{-2})(r_1^2 - 2r_1\cos\theta_1 z^{-1} + z^{-2})$$

$$= 1 - 2\frac{r_1^2+1}{r_1}\cos\theta_1 z^{-1} + \left(r_1^2+\frac{1}{r_1^2}+4\cos^2\theta_1\right)z^{-2} - 2\frac{r_1^2+1}{r_1}\cos\theta_1 z^{-3} + z^{-4}$$

简写为

$$H_1(z) = 1 + bz^{-1} + cz^{-2} + bz^{-3} + z^{-4} \tag{5.62}$$

这里

$$b = -2\frac{r_1^2+1}{r_1}\cos\theta_1, \quad c = r_1^2+\frac{1}{r_1^2}+4\cos^2\theta_1$$

2. 镜像实零点

$$H_2(z) = (1-r_2 z^{-1})\left(1-\frac{1}{r_2}z^{-1}\right) = 1 - \left(r_2+\frac{1}{r_2}\right)z^{-1} + z^{-2} \tag{5.63}$$

3. 单位圆上的复零点

$$H_3(z) = (1-e^{j\theta_3}z^{-1})(1-e^{-j\theta_3}z^{-1}) = 1 - 2\cos\theta_3 z^{-1} + z^{-2} \tag{5.64}$$

4. 单位圆上的实零点

$$H_4(z) = 1 - z^{-1} \tag{5.65}$$

或

$$H_4(z) = 1 + z^{-1} \tag{5.66}$$

以上讨论的是每个零点都是单零点时，也有零点是重根的情况，这种情况留给读者自行讨论。

　　既然线性相位系统的实现具有更低的运算量，若需要将一个有很多非零系数的线性相位系统分解为更小的子系统的级联，则希望每个子系统仍保持线性相位特性以使得总运算量更低。这一点很容易做到，只要每个子系统仍具有以上几种零点分组特性，这些子系统就仍具有线性相位特性。一个简单做法就是：按上述的零点组方式进行划分，由每个零点组组成一个子系统。根据零点类型的不同，可按式(5.62)～式(5.66)构成子系统。例如，对于一个不在单位圆上的复零点，由4个零点构成的零点组如式(5.61)所示，其对应的子系统函数如式(5.62)所示，它的结构是图 5.21 的特例，画在图 5.24 中。

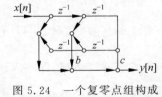

图 5.24　一个复零点组构成的子系统

　　式(5.63)～式(5.66)构成的子系统的结构流程图留作习题，由读者自行画出。将这些子系统级联起来，可构成一个高阶的线性相位 FIR 系统。

5.7　FIR 滤波器的 FFT 实现结构

　　对于 FIR 滤波器，给出滤波器单位抽样响应 $h[n]$，其非零值的序号范围为 $0 \leqslant n \leqslant M$。当给出输入信号 $x[n]$，也可以利用 DFT 方法求出输出信号 $y[n]$。在这个实现过程中，总是用 FFT 计算 DFT 和 IDFT，故称这种实现方式为 FIR 滤波器的 FFT 实现。

5.7.1 FIR 滤波器的基本 FFT 实现结构

先考虑简单情况。若输入信号也是较短的有限长序列,可通过 FFT 方法一次计算出所有输出。假设输入信号 $x[n]$ 非零长度为 L,其非零值的序号范围为 $0 \leqslant n < L$,输出序列的非零长度为 $N = L + M$。实际中为了符合 FFT 的长度要求,可取 $N \geqslant L + M$。根据第 3 章讨论的用 DFT 计算有限长线性卷积的要求,分别对 $h[n]$ 和 $x[n]$ 做 N 点 FFT,得到 $H[k]$ 和 $X[k]$,通过计算

$$Y[k] = X[k]H[k], \quad 0 \leqslant k \leqslant N - 1 \tag{5.67}$$

对 $Y[k]$ 做 N 点 IFFT,则得到输出序列 $y[n]$。图 5.25 给出了 FIR 滤波器的 FFT 实现结构。

比较 FIR 滤波器的两种实现方式,即图 5.19 的基本结构和图 5.25 的 FFT 实现结构:图 5.19 所示结构是一种实时的实现方式,每获得一个新的输入采样值 $x[n]$,即刻得到一个输出值 $y[n]$;但是 FFT 结构是一种块处理方式,只有当所有输入采样值准备好了,通过 FFT 和 IFFT 同时计算出所有输出信号

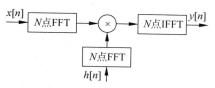

图 5.25 用 FFT 实现 FIR 滤波器

值。从这个意义上讲,FIR 滤波器的 FFT 实现的输出信号延迟更大。

不难看出,用图 5.19 的实现方式,通过式(5.49)计算输出信号,总乘法运算量为

$$C_1 = L(M + 1) \tag{5.68}$$

用 FFT 方式,$h[n]$ 是预先设计好的系统,它的 DFT 系数可预先计算和存储。故实际实现时,只需对 $x[n]$ 做 FFT,然后计算式(5.67)再做 IFFT,故总实数乘法运算量为

$$C_2 = 4N(\log_2 N + 1) \tag{5.69}$$

例 5.7.1 表 5.1 列出几种 L、M 组合和两种方法的实数乘法运算量。

表 5.1 L、M 组合和两种方法的实数乘法运算量

L、M 取值	直 接 实 现	FFT 实 现
$L = 80, M = 32$	$C_1 = 2640$	$N = 128$ $C_2 = 4096$
$L = 180, M = 48$	$C_1 = 8820$	$N = 256$ $C_2 = 9216$
$L = 450, M = 60$	$C_1 = 27\,450$	$N = 512$ $C_2 = 20\,480$
$L = 850, M = 148$	$C_1 = 126\,650$	$N = 1024$ $C_2 = 45\,056$

由这个表可以看到,当 L、M 较大时,FFT 方法效率有明显优势。若 L 确定,当

$$M \geqslant \frac{4N(\log_2 N + 1)}{L}$$

时,FFT 方法才更有效。以上只讨论了乘法次数的比较,加法次数比较留给读者练习。

5.7.2　FIR 滤波器的 FFT 实现结构：重叠相加法

在许多应用中，输入信号 $x[n]$ 是很长的序列。这时，从系统实现角度讲，可把输入序列看作无限长序列，$x[n]$ 的非零取值范围 $0 \leqslant n < +\infty$。需要研究 FFT 方法用于 FIR 滤波器对无限长输入信号的卷积问题。

为了使用 FFT 计算卷积，需将输入信号分段处理。第一种处理方法是将输入信号分段成互不重叠的段，每段的长度为 L，这样每段信号定义为

$$x_r[n] = \begin{cases} x[n], & rL \leqslant n \leqslant rL + L - 1 \\ 0, & \text{其他} \end{cases} \tag{5.70}$$

图 5.26 的第二行显示出两段信号及其起始和终止序号，显然

$$x[n] = \sum_{r=0}^{+\infty} x_r[n] \tag{5.71}$$

$h[n]$ 是非零值序号范围为 $0 \leqslant n \leqslant M$ 的单位抽样响应，并记

$$y_r[n] = h[n] * x_r[n] \tag{5.72}$$

可用图 5.25 所示的系统结构产生 $y_r[n]$。首先将 $x_r[n]$ 的非零取值移到以 $n = 0$ 为起点，利用图 5.25 的结构产生输出 $\bar{y}_r[n]$，再将 $\bar{y}_r[n]$ 的非零值起始时间移到 $n = rL$ 处，显然 $y_r[n]$ 取非零值的区间为

$$rL \leqslant n \leqslant rL + L + M - 1 \tag{5.73}$$

系统对于输入信号的响应为

$$y[n] = x[n] * h[n] = \left(\sum_{r=0}^{+\infty} x_r[n] \right) * h[n] = \sum_{r=0}^{+\infty} x_r[n] * h[n] = \sum_{r=0}^{+\infty} y_r[n] \tag{5.74}$$

系统的输出 $y[n]$ 由各段输出 $y_r[n]$ 的相加构成。由式(5.73)可见，各相邻段 $y_r[n]$ 之间有 M 个重叠值，需要对这些重叠值进行相加。故这种计算无限长输入信号通过 FIR 滤波器的输出响应的方法称为重叠相加法。其中，前两段输出 $y_0[n]$ 和 $y_1[n]$ 的非零范围和重叠区域示于图 5.26 的最后两行。

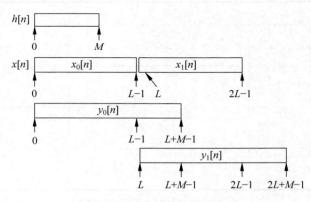

图 5.26　重叠相加法的示意图

5.7.3　FIR 滤波器的 FFT 实现结构：重叠保留法

重叠相加法的思路很简单，但 IFFT 之后需要一个专门的加法器进行重叠部分的相加运算，若用硬件实现该结构需要额外的加法器。这里讨论另外一种方法：重叠保留法，可避免 IFFT 之后的加法运算。

由第 3 章讨论的循环卷积和线性卷积的关系，若 $h[n]$ 非零值的序号范围为 $0 \leqslant n \leqslant M$，一段输入信号 $x[n]$ 非零值长度为 L，其非零值的序号范围为 $0 \leqslant n < L$，且 $L > (M+1)$，对 $h[n]$ 和 $x[n]$ 均做 L 点 DFT，则

$$X[k] = \mathrm{DFT}\{x[n]\}_{(L)}, \quad H[k] = \mathrm{DFT}\{h[n]\}_{(L)}$$

$$y^O[n] = \mathrm{IDFT}\{X[k]H[k]\}_{(L)} \tag{5.75}$$

上式中的 (L) 符号表示 L 点 DFT 或 IDFT 变换，循环卷积结果 $y^O[n]$ 的前 M 点是线性卷积的混叠信号，需要丢弃，但后 $L-M$ 点是与线性卷积 $y[n]$ 相等的，即

$$y^O[n] = y[n], \quad M \leqslant n \leqslant L-1 \tag{5.76}$$

也就是说，利用长点数 L 的 DFT 方法可得到部分正确的系统输出值。利用这一点，若在输入信号分段时，使前一段数据和后一段数据有 M 点的重叠，然后通过 L 点 DFT 或 IDFT 变换，将每段循环卷积结果 $y^O[n]$ 的前 M 点丢弃，后 $L-M$ 点拼接起来就构成了系统输出信号，该方法称为重叠保留法。

第 r 段数据 $x_r[n]$ 表示为

$$x_r[n] = \begin{cases} x[n], & rL-(r+1)M \leqslant n \leqslant (r+1)(L-M)-1 \\ 0, & \text{其他} \end{cases} \tag{5.77}$$

比较特殊的情况是起始的第一段 $x_0[n]$，为了同样丢弃 $y_0^O[n]$ 中的前 M 点，需要在 $x_0[n]$ 前面补上 M 个数据，一般将这 M 个数据取为零，故

$$x_0[n] = \begin{cases} 0, & -M \leqslant n \leqslant -1 \\ x[n], & 0 \leqslant n \leqslant (L-M)-1 \\ 0, & n \geqslant (L-M) \end{cases} \tag{5.78}$$

为了完成每一段的循环卷积运算，设 $H[k] = \mathrm{DFT}\{h[n]\}_{(L)}$ 已经预先算好，在每一段分别计算

$$x_r^O[n] = x_r[n-rL+(r+1)M] \tag{5.79}$$

$$X_r^O[k] = \mathrm{DFT}\{x_r^O[n]\}_{(L)} \tag{5.80}$$

$$y_r^O[n] = \mathrm{IDFT}\{X_r^O[k]H[k]\}_{(L)} \tag{5.81}$$

注意，式(5.79)是把 $x_r[n]$ 搬移到序号范围为 $0 \leqslant n < L$ 之间，搬移后的序列 $x_r^O[n]$ 直接做 DFT。注意到，$y_r^O[n]$ 的前 M 点需要丢弃，而 $y_r^O[M]$ 恰好是第一个正确的输出值 $y[0]$，故

$$y[n] = y_0^O[n+M], \quad 0 \leqslant n \leqslant L-M-1 \tag{5.82}$$

对于任意一段 $y_r^O[n]$，可通过下式拼接到系统输出中

$$y[n+r(L-M)] = y_r^O[n+M], \quad 0 \leqslant n \leqslant L-M-1 \tag{5.83}$$

在以上处理过程中，一般地取 $L = 2^m$ 通过 FFT 来完成 DFT 和 IDFT 运算。重叠保留法的示意图如图 5.27 所示。

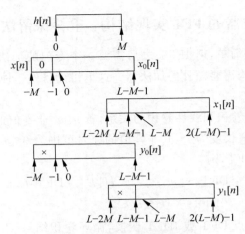

图 5.27 重叠保留法示意图

5.8 FIR 系统的频率取样结构

FIR 系统的单位抽样响应 $h[n]$ 是 $N=M+1$ 点的有限长序列,对其做 N 点 DFT 得到 DFT 系数 $H[k], k=0,1,\cdots,M$,用 $H[k]$ 也可以完全表示一个 FIR 滤波器。因此,由 $H[k]$ 可得到该 FIR 滤波器的系统函数 $H(z)$

$$H(z) = \sum_{n=0}^{N-1} h[n]z^{-n} = \sum_{n=0}^{N-1} \frac{1}{N} \sum_{k=0}^{N-1} H[k]W_N^{-kn}z^{-n}$$

上式交换求和次序得到

$$H(z) = \frac{1}{N}(1-z^{-N}) \sum_{k=0}^{N-1} \frac{H[k]}{1-W_N^{-k}z^{-1}} \tag{5.84}$$

若定义

$$H_N(z) = \frac{1}{N}(1-z^{-N})$$

$$H_k(z) = \frac{H[k]}{1-W_N^{-k}z^{-1}} \tag{5.85}$$

则式(5.84)写为

$$H(z) = H_N(z) \sum_{k=0}^{N-1} H_k(z) \tag{5.86}$$

可见一个 FIR 系统可由式(5.85)表示的子系统的级联和并联构成,图 5.28 表示了一个 FIR 系统的实现结构。

图 5.28 的结构称为 FIR 系统的频率取样结构,名称源于 DFT 系数是 $h[n]$ 的 DTFT 在频域的取样值。可见,FIR 系统也可采用递归结构实现。

当要求 $h[n]$ 是实数序列时,其 DFT 系数满足如下共轭对称关系

$$H[k] = H^*[N-k]$$

同时,每个子系统的系数也满足如下共轭对称性

$$(W_N^{-k})^* = W_N^{-(N-k)}$$

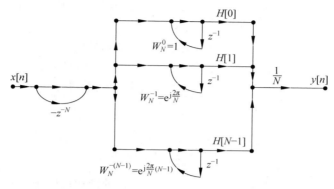

图 5.28　FIR 系统的频率取样实现结构

因此,可将子系统 $H_k(z)$ 和 $H_{N-k}(z)$ 合并为如下的实系数二阶子系统

$$H_k(z) + H_{N-k}(z) = \frac{H[k]}{1 - W_N^{-k} z^{-1}} + \frac{H[N-k]}{1 - W_N^{-(N-k)} z^{-1}}$$

$$= 2 \left| H[k] \right| \frac{\cos\theta(k) - \cos\left(\theta(k) - \frac{2\pi}{N}k\right) z^{-1}}{1 - 2\cos\left(\frac{2\pi}{N}k\right) z^{-1} + z^{-2}} \tag{5.87}$$

其中 $\theta(k)$ 是 $H[k]$ 的相位值,若 N 是偶数,有如下两个子系统是不成对的,但其只有实系数

$$H_0(z) = \frac{H[0]}{1 - W_N^{-0} z^{-1}} = \frac{H[0]}{1 - z^{-1}} \tag{5.88}$$

$$H_{N/2}(z) = \frac{H[N/2]}{1 - W_N^{-N/2} z^{-1}} = \frac{H[N/2]}{1 + z^{-1}} \tag{5.89}$$

当 N 是奇数时,只有式(5.88)的一个一阶子系统。式(5.87)所示的二阶子系统可由图 5.29 的结构实现,用图 5.29 的子系统替代图 5.28 中两个成对的子系统。

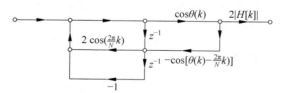

图 5.29　二阶子系统的结构实现

频率取样结构不是一种广泛应用的滤波器结构,但其有一些独特性质,在一些场合得到应用。几个性质总结如下:

(1) 频率取样结构的特点是它的系数 $H[k]$ 就是滤波器的频率响应在 $\frac{2\pi}{N}k$ 处的取值,因此控制滤波器的频率响应很方便。

(2) 尽管结构复杂,但是高度模块化,适用于时分复用的实现结构。

(3) 适用于窄带滤波器的情况。在窄带滤波器情况下,只有很少几个系数 $H[k]$ 非零,但 $h[n]$ 的非零值可能很多,这时频率取样结构的运算复杂度有明显优势。

（4）频率取样结构可进一步扩展后，应用于滤波器组的实现。关于滤波器组的讨论在第 8 章进行，此处不再赘述。

对频率取样结构再做两点讨论。其一，式(5.84)求和号内的每个子系统，其极点在单位圆上，造成不稳定性。为此，取略小于 1 的系数 r，对式(5.84)修正如下

$$H(z) = \frac{1}{N}(1 - r^N z^{-N}) \sum_{k=0}^{N-1} \frac{H[k]}{1 - r W_N^{-k} z^{-1}} \tag{5.90}$$

同时 $H[k]$ 也修正为

$$H[k] = \sum_{n=0}^{N-1} h[n] r^n W_N^{kn}$$

只要 r 很接近 1，$H(z)$ 的误差很小且是稳定系统，但这种结构敏感于有限字长效应。

其二，$H[k]$ 也可以不是标准的 DFT 系数，可以是在

$$\omega_k = \frac{2\pi}{N}(k + \alpha)$$

处对 DTFT 进行采样，这里 $0 \leqslant \alpha < 1$，可定义

$$H_\alpha[k] = H(e^{j\omega}) \Big|_{\omega = \frac{2\pi}{N}(k+\alpha)}$$

可以证明（留作习题）

$$H(z) = \frac{1}{N}(1 - e^{j2\pi\alpha} z^{-N}) \sum_{k=0}^{N-1} \frac{H_\alpha[k]}{1 - e^{j\frac{2\pi}{N}(k+\alpha)} z^{-1}} \tag{5.91}$$

当然，也可以将式(5.90)和式(5.91)结合起来，构成更一般的实现结构。

*5.9　格型滤波器结构

以上几节可以看到，对于给定的一个滤波器，可以选择多种不同结构实现其功能。从理论上这些结构是等效的，但当系统采用有限精度数字运算的实际数字系统实现时，各种结构的数值稳定性是不同的。其中，格型结构具有良好的数值稳定性，本节讨论数字滤波器的格型实现结构，分别讨论 FIR 和 IIR 滤波器的格型实现。

5.9.1　FIR 滤波器的格型结构

若已得到一个 FIR 滤波器设计，本节讨论另一种实现结构。假设 FIR 滤波器的单位抽样响应记为 $\{h[n], n = 0, 1, \cdots, M\}$ 且 $h[0] \neq 0$，其系统函数写为

$$
\begin{aligned}
H(z) &= h[0] + h[1]z^{-1} + h[2]z^{-2} + \cdots + h[M]z^{-M} \\
&= h[0]\left(1 + \frac{h[1]}{h[0]}z^{-1} + \frac{h[2]}{h[0]}z^{-2} + \cdots + \frac{h[M]}{h[0]}z^{-M}\right) \\
&= h[0](1 + a_M[1]z^{-1} + a_M[2]z^{-2} + \cdots + a_M[M]z^{-M}) \\
&= h[0]A_M(z)
\end{aligned}
\tag{5.92}
$$

这里有

$$A_M(z) = 1 + a_M[1]z^{-1} + a_M[2]z^{-2} + \cdots + a_M[M]z^{-M} \tag{5.93}$$

为符号表示一致，上式令 $a_M[0] = 1$，注意到，除了一个常数因子外，$H(z)$ 和 $A_M(z)$ 是相同的。为了方便，本节研究

$$H(z) = A_M(z) = 1 + a_M[1]z^{-1} + a_M[2]z^{-2} + \cdots + a_M[M]z^{-M} \tag{5.94}$$

的格型实现结构。所谓格型实现结构,是指由如图 5.30 所示的格型单元级联构成的系统,为了概念清楚,首先讨论两个低阶系统。

设 $M=1$,系统函数

$$H(z) = A_1(z) = 1 + a_1[1]z^{-1} \tag{5.95}$$

只用一个如图 5.30 的格子,通过将输入接到 $x[n]$,格子上边的支路输出为 $y[n]$,且令 $k_1 = a_1[1]$,即可实现该系统;格子的下边支路没有用到。$M=1$ 的 FIR 系统的格型实现如图 5.31 所示。

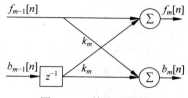

图 5.30　单格型结构

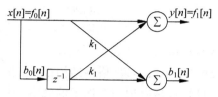

图 5.31　$M=1$ 的 FIR 滤波器格型实现

由图 5.31 可见

$$y[n] = f_0[n] + k_1 b_0[n-1] = x[n] + a_1[1]x[n-1] \tag{5.96}$$

式(5.96)的差分方程和式(5.95)的系统函数表示相同的系统。

当 $M=2$,系统函数

$$H(z) = A_2(z) = 1 + a_2[1]z^{-1} + a_2[2]z^{-2} \tag{5.97}$$

用图 5.32 的两个格型级联,得到

$$\begin{cases} f_1[n] = f_0[n] + k_1 b_0[n-1] = x[n] + k_1 x[n-1] \\ b_1[n] = k_1 f_0[n] + b_0[n-1] = k_1 x[n] + x[n-1] \\ f_2[n] = f_1[n] + k_2 b_1[n-1] = y[n] \\ b_2[n] = k_2 f_1[n] + b_1[n-1] \end{cases} \tag{5.98}$$

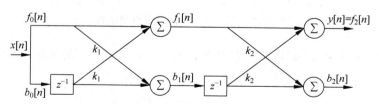

图 5.32　$M=2$ 的 FIR 滤波器格型实现

上式整理得

$$y[n] = f_2[n] = x[n] + k_1(1+k_2)x[n-1] + k_2 x[n-2] \tag{5.99}$$

式(5.99)和式(5.97)比较系数,得

$$\begin{cases} a_2[2] = k_2 \\ a_2[1] = k_1(1+k_2) \end{cases} \tag{5.100}$$

解得

$$\begin{cases} k_2 = a_2[2] \\ k_1 = \dfrac{a_2[1]}{1 + a_2[2]} \end{cases} \tag{5.101}$$

在图 5.32 中，代入式(5.101)求得的系数 k_1、k_2，从输入到第二级格型的上边支路输出得到式(5.97)给出的 $M=2$ 的 FIR 滤波器的格型实现结构。

尽管在 FIR 滤波器格型实现时，输出级的下边支路没有使用，但前级的格型模块的上下支路都是有用的。作为说明，观察图 5.32 中从输入 $x[n]$ 到 $b_2[n]$ 的差分方程，由式(5.98)整理得

$$\begin{aligned} b_2[n] &= k_2 x[n] + k_1(1+k_2)x[n-1] + x[n-2] \\ &= a_2[2]x[n] + a_2[1]x[n-1] + a_2[0]x[n-2] \end{aligned} \tag{5.102}$$

其滤波器系数集为 $\{a_2[2], a_2[1], a_2[0]\}$，与式(5.97)所示系统的系数集 $\{a_2[0], a_2[1], a_2[2]\}$ 反顺序，也就是说，格型结构中，上边支路和下边支路所表示的系统的系数集是相反顺序的。尽管这是通过一个例子的观察，但可证明这个结论是一般性的。

对于更大的 M，FIR 滤波器的格型结构如图 5.33 所示。由 M 个格型单元级联而成，每一个格型单元如图 5.30 所示。格型结构中的参数集是反射系数集 $\{k_1, k_2, \cdots, k_M\}$，而式(5.94)表示的 FIR 滤波器的系数集是单位抽样响应集合 $\{a_M[0], a_M[1], \cdots, a_M[M]\}$，这两组系数集之间的转换，即由单位抽样响应系数集怎样得到反射系数集，从而用格型结构实现 FIR 滤波器；或由反射系数集得到单位抽样响应系数集，也就是通过一个存在的格型实现得到 FIR 滤波器相应的单位抽样响应或系统函数。下面研究这两组参数的一般转换关系。

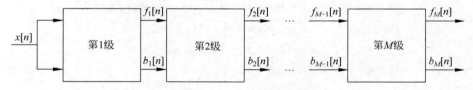

图 5.33　FIR 滤波器的一般格型结构

定义格型实现中，从 $x[n]$ 到第 m 级格型输出 $f_m[n]$ 和 $b_m[n]$ 的系统函数分别为 $A_m(z)$ 和 $C_m(z)$，则

$$A_m(z) = \frac{F_m(z)}{X(z)} = \frac{F_m(z)}{F_0(z)}$$

$$C_m(z) = \frac{B_m(z)}{X(z)} = \frac{B_m(z)}{B_0(z)} \tag{5.103}$$

根据图 5.30，得到一般的递推公式为

$$\begin{cases} f_m[n] = f_{m-1}[n] + k_m b_{m-1}[n-1] \\ b_m[n] = k_m f_{m-1}[n] + b_{m-1}[n-1] \end{cases}, \quad m = 1, 2, \cdots, M \tag{5.104}$$

初始条件为

$$f_0[n] = b_0[n] = x[n] \tag{5.105}$$

输出方程为

$$y[n] = f_M[n] \tag{5.106}$$

式(5.104)至式(5.106)构成了格型结构 FIR 滤波器实现时的计算过程。

对式(5.105)和式(5.104)两侧求 z 变换并除以 $X(z)$ 得

$$A_0(z) = C_0(z) = 1 \tag{5.107}$$

$$\begin{cases} A_m(z) = A_{m-1}(z) + k_m z^{-1} C_{m-1}(z) \\ C_m(z) = k_m A_{m-1}(z) + z^{-1} C_{m-1}(z) \end{cases}, \quad m = 1, 2, \cdots, M \tag{5.108}$$

最后的系统函数为

$$H(z) = A_M(z) \tag{5.109}$$

式(5.107)和式(5.108)已经构成了由格型结构通过简单递推计算获得系统函数的公式。为了进一步简化,讨论一下 $A_m(z)$ 和 $C_m(z)$ 的关系,如前所述,$C_m(z)$ 的系数与 $A_m(z)$ 是反向的,若用 $\{a_m[0], a_m[1], \cdots, a_m[m]\}$ 表示 $A_m(z)$ 的系数,则 $C_m(z)$ 可写为

$$C_m(z) = a_m[m] + a_m[m-1]z^{-1} + \cdots + a_m[0]z^{-M}$$

$$= \sum_{k=0}^{m} a_m[m-k]z^{-k} = z^{-m} \sum_{k=0}^{m} a_m[k]z^{k} = z^{-m} A_m(z^{-1}) \tag{5.110}$$

根据式(5.110),将式(5.108)改写为

$$\begin{cases} A_m(z) = A_{m-1}(z) + k_m z^{-1} C_{m-1}(z) \\ C_m(z) = z^{-m} A_m(z^{-1}) \end{cases}, \quad m = 1, 2, \cdots, M \tag{5.111}$$

式(5.111)比式(5.108)节省约一半运算量。将式(5.111)的第一式两侧用求和项展开得到

$$\sum_{k=0}^{m} a_m[k]z^{-k} = \sum_{k=0}^{m-1} a_{m-1}[k]z^{-k} + k_m z^{-1} \sum_{k=0}^{m-1} a_{m-1}[m-1-k]z^{-k} \tag{5.112}$$

令式(5.112)两侧同幂次系数相等得到

$$a_m[m] = k_m \tag{5.113}$$

$$a_m[0] = 1 \qquad\qquad, \quad k = 1, 2, \cdots, m-1, \quad m = 1, 2, \cdots, M \tag{5.114}$$

$$a_m[k] = a_{m-1}[k] + k_m a_{m-1}[m-k] \tag{5.115}$$

注意,由式(5.113)~式(5.115)可直接递推得到单位抽样响应 $\{a_M[0], a_M[1], \cdots, a_M[M]\}$。

至此,解决了第一个问题,即给出格型结构得到 FIR 滤波器的系统函数或单位抽样响应。现在,解决一个相反的问题,给出 $\{a_M[0], a_M[1], \cdots, a_M[M]\}$ 或 $H(z) = A_M(z)$,求出反射系数集 $\{k_1, k_2, \cdots, k_M\}$。由于 FIR 滤波器的设计工具一般是求出 $\{a_M[0], a_M[1], \cdots, a_M[M]\}$,故只有确定反射系数集,才能给出 FIR 滤波器的格型实现。由式(5.113)取 $m = M$,得

$$k_M = a_M[M] \tag{5.116}$$

可见,只要反递推得到 $A_m(z), m = M-1, M-2, \cdots, 1$,利用式(5.113)可得到各 $k_m, m = M-1, M-2, \cdots, 1$。式(5.108)解得

$$A_{m-1}(z) = \frac{A_m(z) - k_m C_m(z)}{1 - k_m^2}$$

$$= \frac{A_m(z) - k_m z^{-m} A_m(z^{-1})}{1 - k_m^2}, \quad m = M, M-1, \cdots, 2 \tag{5.117}$$

解得 $A_{m-1}(z)$ 后，得到反射系数为

$$k_{m-1} = a_{m-1}[m-1], \quad m = M, M-1, \cdots, 2 \tag{5.118}$$

求反射系数的第二种方法可从式(5.115)出发，在式(5.115)中取 k 和 $m-k$ 两项列联立方程为

$$\begin{cases} a_m[k] = a_{m-1}[k] + k_m a_{m-1}[m-k] \\ a_m[m-k] = a_{m-1}[m-k] + k_m a_{m-1}[k] \end{cases}$$

解得 $a_{m-1}[k]$ 为

$$a_{m-1}[k] = \frac{a_m[k] - k_m a_m[m-k]}{1 - k_m^2}$$

$$= \frac{a_m[k] - a_m[m] a_m[m-k]}{1 - a_m^2[m]}, \quad 1 \leqslant k \leqslant m-1 \tag{5.119}$$

式(5.119)对 $m = M, M-1, \cdots, 2$ 进行递推，可得到各阶格型滤波器的系数，同样由式(5.118)得到各反射系数。

例 5.9.1   已知一个 FIR 滤波器的系统函数为

$$H(z) = A_3(z) = (1 - 0.5z^{-1})(1 - 0.8e^{j\pi/3}z^{-1})(1 - 0.8e^{-j\pi/3}z^{-1})$$

$$= 1 - 1.3z^{-1} + 1.04z^{-2} - 0.32z^{-3}$$

求格型结构实现。

首先得到 $k_3 = -0.32$。利用式(5.117)，有

$$A_2(z) = \frac{A_3(z) - k_3 z^{-3} A_3(z^{-1})}{1 - k_3^2} = 1 - 1.0775z^{-1} + 0.6952z^{-2}$$

得到 $k_2 = 0.6952$。再次利用式(5.117)，有

$$A_1(z) = \frac{A_2(z) - k_2 z^{-2} A_2(z^{-1})}{1 - k_2^2} = 1 - 0.6356z^{-1}$$

得到 $k_1 = -0.6356$。图 5.34 给出了格型实现的框图，每个框中是图 5.30 的格型单元。

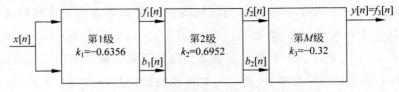

图 5.34   3 级格型结构的 FIR 滤波器实现

5.9.2   IIR 滤波器的格型结构

对于 IIR 结构的滤波器，也可以导出格型结构。为了与 FIR 系统对比，首先假设 IIR 系统是全极点系统，即系统函数为

$$H(z) = \frac{1}{A_N(z)} = \frac{1}{1 + \sum_{k=1}^{N} a_N[k]z^{-k}} \qquad (5.120)$$

对应的差分方程为

$$y[n] = -\sum_{k=1}^{N} a_N[k]y[n-k] + x[n] \qquad (5.121)$$

令 $a'_N[k] = -a_N[k]$，有

$$y[n] = x[n] + \sum_{k=1}^{N} a'_N[k]y[n-k] \qquad (5.122)$$

比较式(5.122)和 FIR 系统的差分方程实现，可见除 $x[n]$ 作为输入相同外，其他项以 $y[n-k]$ 替代了 $x[n-k]$，这种替代是一种回归结构。只要进行了这种回归替代，并且改变系数的符号，FIR 的差分方程与全极点 IIR 系统是一样的。为了更清楚地说明问题，首先观察低阶系统。设系统函数为

$$H(z) = \frac{1}{A_1(z)} = \frac{1}{1 + a_1[1]z^{-1}} \qquad (5.123)$$

带回归的格型实现如图 5.35 所示。

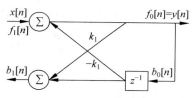

图 5.35　一阶回归格型结构

从图 5.35 观察到，将 $f_0[n] = b_0[n] = y[n]$ 作为回归格型的输入，可以看到回归格型的运算为

$$\begin{cases} x[n] = f_1[n] \\ f_0[n] = f_1[n] - k_1 b_0[n-1] \\ b_1[n] = k_1 f_0[n] + b_0[n-1] \\ f_0[n] = b_0[n] = y[n] \end{cases} \qquad (5.124)$$

整理式(5.124)得到两个方程

$$y[n] = x[n] - k_1 y[n-1] \qquad (5.125)$$
$$b_1[n] = k_1 y[n] + y[n-1] \qquad (5.126)$$

其中，只要取

$$k_1 = a_1[1] \qquad (5.127)$$

式(5.125)的差分方程与式(5.123)的系统函数等价。在一阶系统时，式(5.126)的输出没有使用。

进一步，给出二阶全极点系统函数为

$$H(z) = \frac{1}{A_2(z)} = \frac{1}{1 + a_2[1]z^{-1} + a_2[2]z^{-2}} \qquad (5.128)$$

对于式(5.128)的系统函数，给出图 5.36 的两个回归格型级联的实现形式。

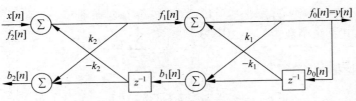

图 5.36　二阶回归格型结构

列出关系方程为

$$\begin{cases} x[n]=f_2[n] \\ f_1[n]=f_2[n]-k_2 b_1[n-1] \\ b_2[n]=k_2 f_1[n]+b_1[n-1] \\ f_0[n]=f_1[n]-k_1 b_0[n-1] \\ b_1[n]=k_1 f_0[n]+b_0[n-1] \\ f_0[n]=b_0[n]=y[n] \end{cases} \tag{5.129}$$

整理式（5.129）得到

$$y[n]=x[n]-k_1(1+k_2)y[n-1]-k_2 y[n-2] \tag{5.130}$$

与式（5.128）比较，得到的方程与式（5.100）相同，故反馈系数的解与式（5.101）相同，重写如下

$$\begin{cases} k_2=a_2[2] \\ k_1=\dfrac{a_2[1]}{1+a_2[2]} \end{cases} \tag{5.131}$$

最后，通过式（5.129），得到 $b_2[n]$ 的输出为

$$b_2[n]=k_2 y[n]+k_1(1+k_2)y[n-1]+y[n-2] \tag{5.132}$$

比较一阶和二阶全极点 IIR 系统和 FIR 系统，可见若用回归格型替代图 5.30 所示的前向格型，可实现全极点 IIR 滤波器，且对于给出的 $A_N(z)$，求全极点格型实现中反馈系数 k_i 的公式与 FIR 系统的相同，这个观察是一般性的，可推广到任意阶系统，对于任意阶系统，回归格型单元的一般结构如图 5.37（a）所示。由回归格型单元按图 5.37（b）进行级联，得到任意阶全极点 IIR 系统。对于给出的系统函数式（5.120），由 $A_N(z)$ 求反射系数的公式采用式（5.116）、式（5.117）或式（5.119），与 FIR 系统用同一组公式。

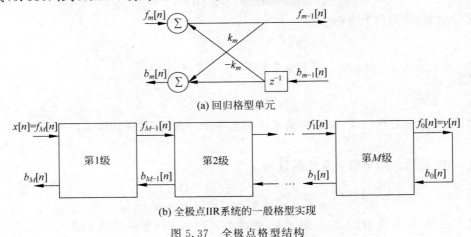

(a) 回归格型单元

(b) 全极点IIR系统的一般格型实现

图 5.37　全极点格型结构

对图 5.37(b)的结构进行进一步讨论,系统中有两条通道,一条从 $x[n]=f_N[n]$ 到 $y[n]=f_0[n]$,其系统函数为

$$H(z)=\frac{Y(z)}{X(z)}=\frac{F_0(z)}{F_N(z)}=\frac{1}{A_N(z)} \qquad (5.133)$$

另一条通道,从 $b_0[n]=y[n]=f_0[n]$ 到 $b_N[n]$,这是把 $y[n]$ 当作输入的一个全零点系统,其系统函数

$$C_N(z)=\frac{B_N(z)}{Y(z)}=\frac{B_N(z)}{B_0(z)}=z^{-N}A_N(z^{-1}) \qquad (5.134)$$

对于二阶系统,通过式(5.130)和式(5.132)证实了式(5.133)式(5.134)的关系,对于更高阶系统式(5.134)的证明留作习题。

图 5.37 的结构,如果上支路 $x[n]=f_N[n]$ 作为输入,下支路 $b_N[n]$ 作为输出,则有系统函数

$$\begin{aligned}
H(z)&=\frac{B_N(z)}{X(z)}=\frac{B_N(z)}{F_N(z)}\frac{Y(z)}{Y(z)}\\
&=\frac{Y(z)}{F_N(z)}\frac{B_N(z)}{Y(z)}\\
&=\frac{z^{-N}A_N(z^{-1})}{A_N(z)}
\end{aligned}$$

这是一个全通系统的系统函数,可见图 5.37 的结构,选择 $b_N[n]$ 作为输出时,实现全通系统。

以图 5.37 的结构为基础,可以进一步导出一般极零点情况的 IIR 格型结构。对于更一般的系统函数

$$H(z)=\frac{D_M(z)}{A_N(z)}=\frac{\sum\limits_{k=0}^{M}d_M[k]z^{-k}}{1+\sum\limits_{k=1}^{N}a_N[k]z^{-k}} \qquad (5.135)$$

不失一般性,假设 $M \leqslant N$。为实现式(5.135)所表示的 IIR 系统,构造图 5.38 所示的"格型-梯形"结构。其中的格型结构与图 5.37 相同,反射系数也相同,由 $A_N(z)$ 计算得到反射系数 $\{k_i, i=1,2,\cdots,N\}$,下层的梯形结构用于实现 $D_M(z)$,图中所示的是 $M=N$ 的情况,若 $M<N$,相应的系数 $g_i=0, i>M$。

为了求出系数 g_m,由图 5.38 得到

$$y[n]=\sum\limits_{m=0}^{M}g_m b_m[n] \qquad (5.136)$$

对式(5.136)两侧做 z 变换,并除以 $X(z)$,然后利用 $x[n]=f_N[n]$ 和 $b_0[n]=y[n]=f_0[n]$,得到

$$\begin{aligned}
H(z)&=\frac{Y(z)}{X(z)}=\frac{\sum\limits_{m=0}^{M}g_m B_m(z)}{X(z)}\\
&=\sum\limits_{m=0}^{M}g_m\frac{B_m(z)}{X(z)}=\sum\limits_{m=0}^{M}g_m\frac{B_m(z)}{B_0(z)}\frac{F_0(z)}{F_N(z)}
\end{aligned}$$

$$= \sum_{m=0}^{M} g_m C_m(z) \frac{1}{A_N(z)} = \frac{\sum\limits_{m=0}^{M} g_m C_m(z)}{A_N(z)} \tag{5.137}$$

比较式(5.135)和式(5.137)得

$$D_M(z) = \sum_{m=0}^{M} g_m C_m(z) \tag{5.138}$$

式(5.138)可进一步写为

$$D_M(z) = \sum_{m=0}^{M-1} g_m C_m(z) + g_M C_M(z)$$

$$= D_{M-1}(z) + g_M z^{-M} A_M(z^{-1}) \tag{5.139}$$

式(5.139)的最后一行用了式(5.134)，对比式(5.139)两侧，右侧 z^{-M} 项只有一个系数 g_M，由此得到

$$g_M = d_M[M] \tag{5.140}$$

在式(5.139)中，用 m 替代 M，得到

$$D_{m-1}(z) = D_m(z) - g_m z^{-m} A_m(z^{-1}) \tag{5.141}$$

令 $m = M, M-1, \cdots, 1$ 递推执行式(5.141)，并令

$$g_{m-1} = d_{m-1}[m-1], \quad m = M, M-1, \cdots, 1 \tag{5.142}$$

得到梯形加权系数 $\{g_m, m = M, M-1, \cdots, 1, 0\}$，完成图 5.38 中各参数的计算。

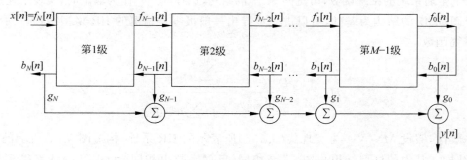

图 5.38　IIR 滤波器的"格型-梯形"结构

　　注意到，在递推式(5.141)时，各阶 $A_m(z)$ 在通过式(5.117)递推反射系数时已经算出，不需要重新计算。

　　在不考虑滤波器实现时的计算误差时，所有实现结构都是等同的。但当使用有限位数进行计算的(有限字长)数字系统实现时，计算误差必然存在。当存在计算误差时，不同实现结构的表现是不同的，这称为系统实现的数值稳定性问题。就目前所知，格型结构是数值稳定性最好的实现方式之一。

5.10　数字系统实例

　　第 6 章将讨论数字系统的一般设计方法，即给出一个要求，根据设计方法的程序化过程总可以设计出一个系统满足设计要求。在实际中，有一些常用系统可以通过一些直接的构

造方法获得。也有一些系统,因其特殊要求,例如不满足标准的 BIBO 稳定性,因而不便利用标准设计程序进行设计,反而通过对问题的特殊处理而容易构造。本节讨论几种这类系统。

5.10.1 数字正弦振荡器

在数字系统处理和仿真的应用中,常需要产生一些特殊信号,例如离散正弦和余弦信号,作为数字调制和解调系统等所需要的信号源。可以通过特殊的递归结构产生这类信号。将这类系统称为数字正弦振荡器。

首先考虑一个具有共轭极点的系统,其两个极点分别为

$$p_{1,2} = r\,e^{\pm j\omega_0}$$

其构成的一个递归系统的系统函数为

$$H(z) = \frac{b_0}{1 - 2r\cos\omega_0 z^{-1} + r^2 z^{-2}}$$

在第 2 章讨论过,该系统函数的单位抽样响应为

$$h[n] = \frac{b_0 r^n}{\sin\omega_0}\sin(\omega_0(n+1))\,u[n]$$

对该系统,取 $r=1$,即系统的两个极点位于单位圆上,此时系统不是 BIBO 稳定的,称该类系统为临界稳定系统,若再取

$$b_0 = A\sin\omega_0$$

得到系统的单位抽样响应为

$$h[n] = A\sin(\omega_0(n+1))\,u[n] \tag{5.143}$$

由以上分析,可以构造图 5.39(a)所示的系统,只在 $n=0$ 时输入幅度为 $A\sin\omega_0$ 的值,其后输入信号为零,并且保证零初始条件,即 $y[-1]=y[-2]=0$,则系统输出即为式(5.143)所示的正弦信号,这正是数字正弦振荡器。稍做变化,图 5.39(b)的系统同时产生正交的两路信号源。

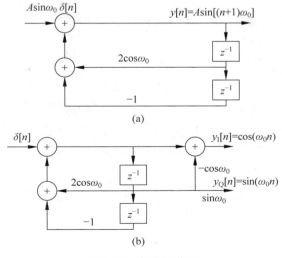

图 5.39 数字振荡器

另一种更有效的方法，是利用三角函数的性质，构造一个特殊递归系统。考查三角函数关系式

$$\begin{cases} \cos(\alpha + \beta) = \cos\alpha\cos\beta - \sin\alpha\sin\beta \\ \sin(\alpha + \beta) = \sin\alpha\cos\beta + \cos\alpha\sin\beta \end{cases} \qquad (5.144)$$

结合上式，令

$$\begin{cases} \alpha = (n-1)\omega_0 \\ \beta = \omega_0 \\ y_c[n] = \cos(\omega_0 n) u[n] \\ y_s[n] = \sin(\omega_0 n) u[n] \end{cases} \qquad (5.145)$$

将式(5.145)代入式(5.144)，得到

$$\begin{cases} y_c[n] = \cos(\omega_0 n) y_c[n-1] - \sin(\omega_0 n) y_s[n-1] \\ y_s[n] = \sin(\omega_0 n) y_c[n-1] + \cos(\omega_0 n) y_s[n-1] \end{cases} \qquad (5.146)$$

由式(5.146)可以构成如图 5.40 的系统，若取起始条件为

$$y_c[-1] = \cos\omega_0$$

$$y_s[-1] = -\sin\omega_0$$

则图 5.40 所示系统同时产生两路正交的正余弦信号。

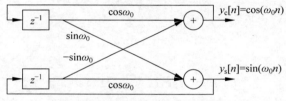

图 5.40　数字正弦/余弦振荡器

5.10.2　数字陷波器

所谓数字陷波器是指这样一个系统，对于一个给定的角频率 ω_0，系统将完全滤除输入信号中的 $\pm\omega_0$ 分量，而尽可能不损失其他分量。

若以实信号输入，设信号由两部分组成，

$$x[n] = x_1[n] + a\cos(\omega_0 n + \varphi) \qquad (5.147)$$

这里用 $x_1[n]$ 表示信号中不包括 $\pm\omega_0$ 分量的部分。理想的陷波器要求，以式(5.147)表示的输入信号通过陷波器后，$x_1[n]$ 部分没有损失，而 $a\cos(\omega_0 n + \varphi)$ 部分将被完全消除。在很多应用中，陷波器常用于消除电源干扰或其他固定频率干扰。

由于

$$a\cos(\omega_0 n + \varphi) = \frac{1}{2}a e^{j\varphi} e^{j\omega_0 n} + \frac{1}{2}a e^{-j\varphi} e^{-j\omega_0 n}$$

若一个系统的系统函数在

$$z_{1,2} = e^{\pm j\omega_0}$$

处有一对零点，则信号经过该系统后，$\pm\omega_0$ 分量被完全消除。故最简单的陷波器的系统函数为

$$H(z) = (1 - e^{j\omega_0} z^{-1})(1 - e^{-j\omega_0} z^{-1})$$
$$= 1 - 2\cos\omega_0 z^{-1} + z^{-2} \tag{5.148}$$

这是一个仅有 3 个非零系数的 FIR 滤波器,并且是一个线性相位系统。

图 5.41 给出了式(5.148)表示的简单陷波器的频率响应。由图 5.41 发现,这个简单陷波器可以完全消除 $\cos(\omega_0 n + \varphi)$ 的分量,但是由于凹口太宽,它也使得 $\pm\omega_0$ 附近的其他分量被明显衰减,是一个很不理想的陷波器。

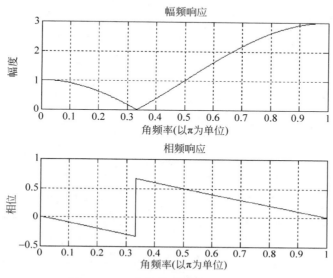

图 5.41　一个简单陷波器的幅频特性

一个直观构造的更好的陷波器是在零点对 $z_{1,2} = e^{\pm j\omega_0}$ 附近放置一对极点,$p_{1,2} = re^{\pm j\omega_0}$,这对极点要与零点非常近,但又不重叠,使得对偏离 $\pm\omega_0$ 的频率分量由极点和零点的"近似抵消"作用而使得系统幅频响应近似为 1;而在 $\pm\omega_0$ 频点上,由于零点的作用,仍保证完全陷波。这就要求极点取值满足 $|r| < 1$,$r \approx 1$,这里 $|r| < 1$ 保证系统是稳定的。这样构成的系统函数为

$$H(z) = \frac{1 - 2\cos\omega_0 z^{-1} + z^{-2}}{1 - 2r\cos\omega_0 z^{-1} + r^2 z^{-2}} \tag{5.149}$$

选择不同 r,可得到不同幅频特性的系统。图 5.42 给出两个不同 r 取值时的频率特性。

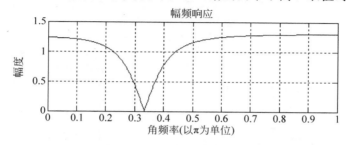

图 5.42　附加极点的陷波器频率特性

(上图 $r = 0.75$,下图 $r = 0.95$)

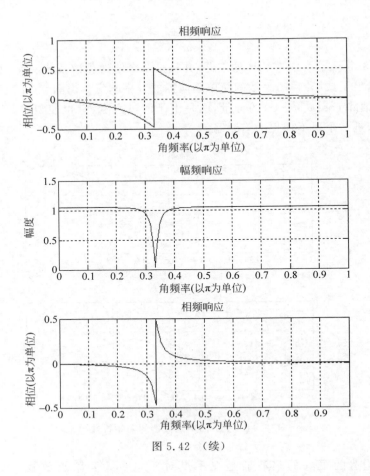

图 5.42 （续）

5.10.3 梳状滤波器

梳状滤波器是一个形象化的名称，即滤波器的幅频响应犹如梳子的形状。梳状滤波器是一种导出的滤波器。一般首先得到一个"原型"滤波器，再经过对其频率响应或单位抽样响应的变化得到梳状滤波器。

设一个原型滤波器的单位抽样响应为 $h[n]$，其频率响应为 $H(e^{j\omega})$，构造一个新的滤波器，其单位抽样响应为 $h_L[n]$，其频率响应为 $H_L(e^{j\omega})$，这里 L 是一个给定的正整数，$h_L[n]$ 由下式给出

$$h_L[n] = \begin{cases} h[n/L], & n=0,\pm L,\pm 2L,\cdots \\ 0, & \text{其他} \end{cases} \quad (5.150)$$

$h_L[n]$ 是由 $h[n]$ 的两个非零值之间插入 $L-1$ 个零而构成的。图 5.43 给出了 $L=5$ 时，$h_L[n]$ 的例子。

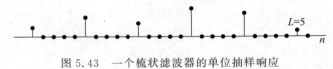

图 5.43 一个梳状滤波器的单位抽样响应

由 DTFT 的定义和式(5.150),得到

$$H_L(e^{j\omega}) = H(e^{jL\omega}) \tag{5.151}$$

显然。$H_L(e^{j\omega})$ 是由 $H(e^{j\omega})$ 在频率轴上压缩了 L 倍的结果,即把 $H(e^{j\omega})$ 在区间 $[-L\pi, L\pi]$ 的图形压缩到了 $[-\pi, \pi]$ 之间就得到了 $H_L(e^{j\omega})$,故 $H_L(e^{j\omega})$ 的幅频特性具有梳子的形状,故得名梳状滤波器。

为了给出更直接和更形象的理解,以如下熟悉的平均滤波器为原型滤波器,即

$$h[n] = \begin{cases} \dfrac{1}{M+1}, & 0 \leqslant n \leqslant M \\ 0, & \text{其他} \end{cases}$$

其频率响应为

$$H(e^{j\omega}) = \frac{1}{M+1} \frac{\sin(\omega(M+1)/2)}{\sin(\omega/2)} e^{-j\omega M/2}$$

因此得到梳状滤波器的频率响应为

$$H_L(e^{j\omega}) = \frac{1}{M+1} \frac{\sin(\omega L(M+1)/2)}{\sin(\omega L/2)} e^{-j\omega LM/2} \tag{5.152}$$

梳状滤波器的幅频响应为

$$|H_L(e^{j\omega})| = \left| \frac{1}{M+1} \frac{\sin(\omega L(M+1)/2)}{\sin(\omega L/2)} \right| \tag{5.153}$$

图 5.44 给出了一个例子,$M=7$,L 分别取 5 和 6,可以看到,由于原型滤波器的主瓣峰

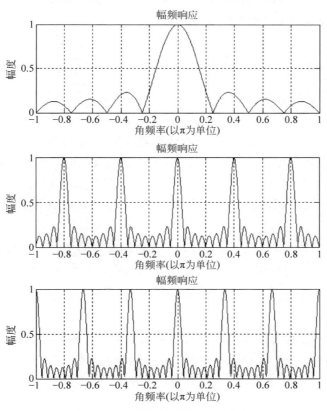

图 5.44 梳状滤波器的幅频响应

(上:原型滤波器,中:$L=5$ 的梳状滤波器,下:$L=6$ 的梳状滤波器)

处于 $\omega=2\pi k$ 的位置，故梳状滤波器的各通带频率中心为 $\omega=2\pi k/L$ 处。因此，当 L 为奇数时，$\pm\pi$ 处于阻带状态；当 L 为偶数时，$\pm\pi$ 处于通带状态。

若原型滤波器的通带中心频率为 $\omega=\omega_0$，则由 DTFT 的周期性，$\omega=\omega_0+2\pi k$ 也是通带中心频率，梳状滤波器的各通带频率中心为 $\omega=\dfrac{\omega_0+2\pi k}{L}$，梳状滤波器各通带带宽是原型滤波器通带带宽的 $1/L$。可以通过梳状滤波器的要求，导出原型滤波器参数。首先设计原型滤波器，然后通过式(5.150)得到梳状滤波器的单位抽样响应。第 6 章将讨论一般滤波器的设计方法，利用这些设计方法，可设计出更一般的原型滤波器，从而构成类型更丰富的梳状滤波器。

5.11　与本章相关的 MATLAB 函数与样例

5.11.1　相关的 MATLAB 函数简介

首先介绍几个与离散系统和数字滤波器相关的 MATLAB 函数。

1. impz

功能介绍　离散系统单位抽样响应的函数。本函数集成在 Signal Processing 工具箱中，用于计算数字滤波器单位抽样响应。

语法

```
[h,t] = impz(b,a)
[h,t] = impz(b,a,n)
[h,t] = impz(b,a,n,fs)
impz(b,a)
```

输入变量　$[h,t]=impz(b,a)$ 用于计算数字滤波器的单位抽样响应，其中 a 和 b 分别是数字系统差分方程表示形式下左右两侧的系数。n 是整数时，表示返回的冲击响应点的个数；n 是矢量时，表示的是时间点，只有矢量 n 指定的那些整数时间序号上的单位抽样响应值被计算和输出。fs 表示采样率，相邻采样点之间时间间隔 $1/fs$，默认值为 1。

输出内容　返回值 h 表示单位抽样相应，默认的时间序号为 $t=[0,1,2,3,\cdots]$；t 表示 h 对应的抽样时间。如果调用时没有指定返回值，impz 函数自动绘制出单位抽样响应的波形。

2. freqz

功能介绍　数字滤波器频率响应函数。本函数集成在 Signal Processing 工具箱中，用于计算数字滤波器频率响应。这是一个功能很强的常用函数。

语法

```
[h,w] = freqz(b,a,l)
h = freqz(b,a,w)
[h,w] = freqz(b,a,l,'whole')
```

```
[h,f] = freqz(b,a,l,fs)
h = freqz(b,a,f,fs)
[h,f] = freqz(b,a,l,'whole',fs)
freqz(b,a,...)
```

输入变量　$[h,w] = \text{freqz}(b,a,l)$ 用于计算数字滤波器的频率响应,其中 a 和 b 分别是数字系统差分方程表示形式下左右两侧的系数,或系统函数有理分式分母和分子多项式的系数矢量,l 表示返回 h、w 的长度,缺省时,在 $[0,\pi]$ 范围内均匀地计算 512 个点。

$h = \text{freqz}(b,a,w)$ 计算在给定频率点的响应,其中输入向量 w 表示给定的频率点。

$[h,w] = \text{freqz}(b,a,l,'whole')$,'whole'表示计算角频率范围为 $[0,2\pi]$ 的频率响应,未指定情况下默认计算角频率范围为 $[0,\pi]$。

$[h,f] = \text{freqz}(b,a,l,fs)$,fs 是采样频率,单位是赫兹。

$h = \text{freqz}(b,a,f,fs)$ 计算在响应频率点的响应,其中向量 f 指定频率点,fs 是采样频率,单位是赫兹(Hz)。

输出内容　向量 h 是数字滤波器的频率响应。向量 w 是 h 对应的数字角频率,其单位是弧度(rad);向量 f 则是跟 h 相对应的模拟频率,其单位是赫兹(Hz)。如果调用时没有指定返回值,freqz 函数自动绘制出频率响应的波形。

3. filter

功能介绍　计算一个数字滤波器的输出。

语法

```
y = filter(b,a,x)
```

输入变量　输入 a 和 b 分别是数字系统差分方程表示形式下左右两侧的系数,或系统函数有理分式分母和分子多项式的系数矢量。x 是输入信号矢量。

输出内容　滤波器输出矢量。

4. tf2latc

功能介绍　系统函数形式滤波器转级联格型结构函数。本函数集成在 Signal Processing 工具箱中,用于将滤波器从传输函数形式转为格型。

语法

```
[k,v] = tf2latc(b,a)
k = tf2latc(1,a)
[k,v] = tf2latc(1,a)
k = tf2latc(b)
k = tf2latc(b, 'phase')
```

输入变量　输入 a 和 b 分别是数字系统差分方程表示形式下左右两侧的系数,或系统函数有理分式分母和分子多项式的系数矢量。'phase'参数有'max','min'两种取值,前者表示返回的格型是最大相位滤波器,后者表示返回最小相位格型滤波器。

输出内容　返回值 k 是格型反射系数,v 是梯形加权系数(当滤波器是 IIR 时)。

5. latc2tf

这是与 tf2latc 相反功能的函数，将格型结构转换成系统函数或差分方程形式，变量的说明与 tf2latc 相同，只是交换位置。

```
[b,a] = LATC2TF(K,V)
b = LATC2TF(K)
b = LATC2TF(K,'fir')
b = LATC2TF(K,'phase')
[b,a] = LATC2TF(K,'allpole')
[b,a] = LATC2TF(K,'allpass')
```

6. tf2zp

功能介绍　根据输入的滤波器系统函数求滤波器系统函数的零极点分布。

语法

```
[z, p, k] = tf2zp(b, a)
```

输入变量　b 是表示滤波器系统函数分子多项式系数矢量；a 是表示滤波器系统函数分母多项式系数矢量。

输出内容　z 是滤波器零点矢量，p 是滤波器极点矢量，k 是滤波器系统增益系数。

7. zplane

功能介绍　绘制滤波器的零极点分布图。

语法

```
zplane(z, p)
zplane(b,a)
```

输入变量　z 是滤波器零点向量，p 是滤波器极点向量。b 是表示滤波器系统函数分子多项式系数矢量；a 是表示滤波器系统函数分母多项式系数矢量。

输出内容　画出滤波器的零极点分布图。

5.11.2　MATLAB 例程

通过几个例程及其运行结果，说明 MATLAB 函数在离散系统和数字滤波器上的应用。

例 5.11.1　*已知系统的差分方程表示*

$$y[n] - 0.3y[n-1] + 0.8y[n-2] = x[n] - 0.5x[n-2]$$

利用 impz 函数求该离散系统的单位抽样响应，例程如下，运行结果如图 5.45 所示。

```
a = [1 -0.3 0.8];
b = [1 0 -0.5];
n = 50;
impz(b,a,n);                                    %用 impz 函数计算单位抽样响应
```

例 5.11.2　尽管第 2 章已有卷积和的例子，由于其常用性并与系统分析紧密相关，这里再次给出一个卷积和的例子。一系统单位抽样响应是 $h[n] = a^n u[n]$，其中 $a =$

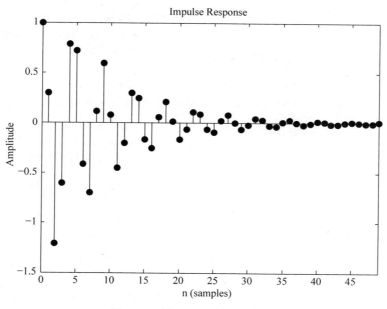

图 5.45　例 5.11.1 的例程结果

0.6,激励信号为 $x[n]=u[n]-u[n-5]$,利用 conv 函数求响应 $y[n]$,例程如下,运行结果如图 5.46 所示。

```
a = 0.6;                         % 定义系数 a = 0.6
N = 5;                           % 定义激励的长度 N
n = [0:20];                      % 定义时间
h = ((0.6).^n). * (n> = 0);      % 定义单位抽样响应
```

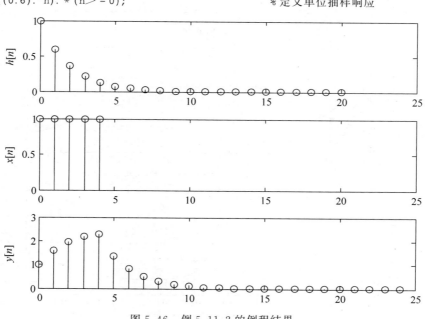

图 5.46　例 5.11.2 的例程结果

```
x = ones(1, 5);                              % 定义激励信号 x(n)
y = conv(h, x)                               % 用 conv 计算卷积
ex_5_11_2_plot();                            % 画图，此处调用一个自编的函数
```

例 5.11.3 已知系统的差分方程表示

$$y[n] - 0.3y[n-1] + 0.8y[n-2] = x[n] - 0.5x[n-2]$$

利用 freqz 函数求该离散系统的频率响应，例程如下，运行结果如图 5.47 所示。

```
a = [1 - 0.3 0.8];                           % 定义左侧系数
b = [1 0 - 0.5];                             % 定义右侧系数
freqz(b,a);                                  % 绘制频率特性曲线
zplane(b,a);
```

图 5.47 所示分别为零极点分布与频率响应。

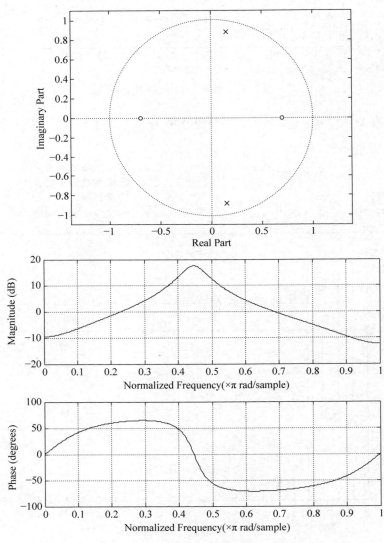

图 5.47　例 5.11.3 的例程运行结果

例 5.11.4 四阶 FIR 传输函数

$$H(z) = 1 + 1.2z^{-1} + 1.12z^{-2} + 0.12z^{-3} - 0.08z^{-4}$$

实现其级联格型结构,例程和运行结果如下。

```
b = [1 1.2 1.12 0.12 −0.08];        % FIR 滤波器传输函数
k = tf2latc(b)                      % 用 tf2latc 函数求格型反射系数
b1 = latc2tf(k)                     % 用 latc2tf 函数实现逆过程进行验证
```

运行结果:$k = [0.5 \quad 1.0 \quad 0.2174 \quad -0.08]$,且 $b = b1$。用函数 latc2tf 验证了格型实现的正确性。

5.12 本章小结

本章全面介绍了 LTI 系统的表示方法,讨论了表示一个 LTI 系统的几种等效的方式。研究了 LTI 系统设计问题,并回答了系统的可实现性条件。本章详细讨论了 IIR 系统和 FIR 系统的各种实现结构以及这些结构之间必要的转换关系。对于 FIR 系统,重点关注了线性相位系统的特性。利用直观的理解,本章也给出了几个实际系统的例子。

习题

5.1 设一个 FIR 系统,其单位抽样响应为

$$h[n] = 0.5\delta[n] + \delta[n-1] + 0.5\delta[n-2]$$

求它所有可能的逆系统,求出逆系统的系统函数和收敛域,以及系统的单位抽样响应。

5.2 已知一个线性时不变系统对输入序列 $x[n] = \left(\frac{1}{2}\right)^n u[n] + 2^n u[-n-1]$ 的响应为

$$y[n] = 6\left(\frac{1}{2}\right)^n u[n] - 6\left(\frac{3}{4}\right)^n u[n]$$

(1) 求系统函数 $H(z)$,并画出它的极、零点分布及收敛域;

(2) 求系统的单位抽样响应 $h[n]$;

(3) 写出系统的差分方程表示;

(4) 分析系统是否是因果的和 BIBO 稳定的。

5.3 已知两个 FIR 滤波器的单位抽样响应分别为 $h_1[n] = \left\{\frac{1}{8}, \frac{5}{8}, 1, \frac{5}{8}, \frac{1}{8}\right\}$ 和 $h_2[n] = \left\{\frac{1}{8}, -\frac{5}{8}, 1, -\frac{5}{8}, \frac{1}{8}\right\}$。两个单位抽样响应中第 1 个取值对应的时间序号均为零,两个系统的系统函数分别为 $H_1(z)$ 和 $H_2(z)$。

(1) $h_1[n]$ 和 $h_2[n]$ 所表示的两个滤波器是否是线性相位 FIR 滤波器?

(2) 用 $h_1[n]$ 表示 $h_2[n]$,用 $H_1(z)$ 表示 $H_2(z)$。

(3) 计算 $H_1(e^{j0})$ 和 $H_1(e^{j\pi})$。

(4) 不用计算,由第(2)和(3)题的结果直接得到 $H_2(e^{j0})$ 和 $H_2(e^{j\pi})$。

(5) 由第(3)和(4)题的结果,判断 $H_1(z)$ 和 $H_2(z)$ 分别是低通还是高通滤波器?

5.4 已知 $H_i(z) = \dfrac{z^{-1} - a_i}{1 - a_i^* z^{-1}}$ 为全通系统的系统函数，判断如下各系统函数是否保持全通性质：

(1) $\displaystyle\sum_{i=1}^{N} H_i(z)$ (2) $\displaystyle\prod_{i=1}^{N} H_i(z)$ (3) $\displaystyle\sum_{i=1}^{N-1} \dfrac{H_i(z)}{H_{i+1}(z)}$

5.5 已知一个全通 IIR 系统的系统函数为

$$H(z) = \frac{1 + 3z^{-1} + (\alpha + \beta)z^{-2} + 2z^{-3}}{2 + (\alpha - \beta)z^{-1} + 3z^{-2} + z^{-3}}$$

请确定 α 和 β 的取值。

5.6 证明全通系统的系统函数 $H_{ap}(z)$ 具有如下性质：

$$|H_{ap}(z)| \begin{cases} > 1, & |z^{-1}| > 1 \\ = 1, & |z^{-1}| = 1 \\ < 1, & |z^{-1}| < 1 \end{cases}$$

5.7 设 $h_{\min}[n]$ 为一最小相位系统的单位抽样响应，而 $h[n]$ 为与其具有相同幅频响应的因果非最小相位系统的单位抽样响应。请利用 z 变换初值定理证明：$|h[0]| < |h_{\min}[0]|$。

5.8 给定一个 FIR 系统的单位抽样响应为 $h[n] = \delta[n] + \delta[n-1] - \dfrac{1}{2}\delta[n-2] + \dfrac{3}{8}\delta[n-3]$。

(1) 请判断该系统是否为最小相位系统；如果不是，请找出与其具有相同幅频响应的最小相位系统的单位抽样响应。

(2) 请找出与该系统具有相同幅频响应的最大相位系统的单位抽样响应。

5.9 已知具有相同幅频响应的最小相位系统和最大相位系统的单位抽样响应分别为 $h_{\min}[n]$ 和 $h_{\max}[n]$，这两个系统的系统函数分别为 $H_{\min}(z)$ 和 $H_{\max}(z)$。请证明：

$$H_{\max}(z) = z^{-N} H_{\min}(z^{-1})$$

并利用此结果用 $h_{\min}[n]$ 来表示 $h_{\max}[n]$。

5.10 已知一个稳定 LTI 系统的单位抽样响应 $h[n]$ 是偶对称的，即满足 $h[n] = h[-n]$。

(1) 请确定该系统的系统函数的极点分布具有什么特点？

(2) 如果该系统的系统函数为 $H(z) = \dfrac{2 - 4.25z^{-1}}{(1 - 0.25z^{-1})(1 - 4z^{-1})}$，请确定其收敛域并写出 $h[n]$ 的表达式。

5.11 已知一个系统的系统函数是 $H(z) = \dfrac{z^{-1}(1 + 5z^{-1})}{1 - \dfrac{1}{3}z^{-1}}$，求一个系统函数形式为

$G(z) = \dfrac{d + cz^{-1}}{1 + bz^{-1}}$ 且与 $H(z)$ 有相同幅频响应的最小相位系统，请写出其系统函数并画出系统实现的流图。

5.12 一个 LTI 系统的系统函数为 $H(z) = \dfrac{(1 + 1.3z^{-1})(1 - 0.5z^{-1})}{(1 - 0.8z^{-1})(1 + 0.93z^{-1})}$，写出与该系统具有相同幅频响应的最小相位系统的系统函数。

5.13 已知一个 LTI 系统的系统函数为

$$H(z) = \frac{3 + 3.6z^{-1} + 0.6z^{-2}}{1 + 0.1z^{-1} - 0.2z^{-2}}$$

请画出该系统如下实现形式的结构流图：(1) 直接形式 I；(2) 直接形式 II；(3) 级联形式；(4) 并联形式。

5.14 已知一个实系数全通系统的系统函数为 $H(z) = \dfrac{z^{-1} - a}{1 - az^{-1}}$。

(1) 请画出该系统直接形式 II 实现的结构流图。

(2) 请画出一种只需一次乘法而延迟单元数不受限的实现结构流图（其中乘 ± 1 不计作乘法次数）。

(3) 请对比分析第(1)和(2)题实现结构各自的优缺点。

5.15 已知一数字系统用差分方程 $y[n] = x[n] - x[n-1] + \dfrac{4\sqrt{2}}{5}y[n-1] - \dfrac{16}{25}y[n-2]$ 描述。

(1) 画出系统的零极点分布，粗略画出系统的幅频特性；说明它具有什么滤波特性？

(2) 画出系统实现的直接 II 型结构流图。

(3) 如果系统输入信号为 $x[n] = 2\cos\left(\dfrac{\pi}{4}n\right)$，求系统输出信号。

5.16 一个 IIR 系统的实现流图如题 5.16 图所示。

(1) 请写出其系统的系统函数。

(2) 请画出该系统直接形式 II 实现的结构流图。

(3) 请对比分析两种实现结构的优缺点。

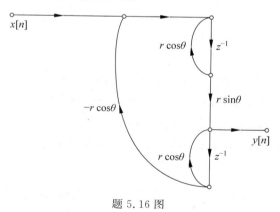

题 5.16 图

5.17 有一个输入信号为 $x[n] = \cos\left(\dfrac{1}{4}\pi n\right) + 0.12\cos\left(\dfrac{3}{4}\pi n\right)$，其中第一个余弦分量是有用信号，第 2 个余弦分量是干扰噪声，该信号经过一个 IIR 滤波器，滤波器传输函数的两个极点分别是 $z_{1,2} = 0.8e^{\pm j\pi/4}$，一阶零点位于 $z_0 = -1$，且其频率响应在零频率点的取值 $H(e^{j0}) = 1/4$。

(1) 求出系统的传输函数，用直接 II 型实现，画出其实现流图。

(2) 求两个频率分量经过系统后，各自的幅度值，并讨论该系统有提高信噪比的作用吗？

5.18   已知 FIR 滤波器的单位抽样响应为
$$h[n]=\delta[n-1]-1.5\delta[n-2]+2.75\delta[n-3]+$$
$$2.75\delta[n-4]-1.5\delta[n-5]+\delta[n-6]$$
求该滤波器的零点分布，并画出其级联形式结构流图。

5.19   一个实系数滤波器可用线性常系数差分方程 $y[n]=b_0x[n]+b_1x[n-1]+b_2x[n-2]$ 表示。已知其可完全抑制 $\omega_0=2\pi/3$ 处的频率成分，且其频率响应满足 $H(e^{j0})=1$，请写出该滤波器的单位抽样响应，并计算出其群延迟。

5.20   设 $h[n]\leftrightarrow H(z)$ 是 z 变换对，证明 $h[M-n]\leftrightarrow H(z^{-1})z^{-M}$ 是 z 变换对。

5.21   一个有五个非零系数的线性相位因果 LTI 数字 FIR 滤波器，已知其中一个零点是 $0.8e^{j\frac{3}{4}\pi}$，且 $H(e^{j\omega})|_{\omega=0}=1$，求其单位抽样响应。

5.22   已知一个第Ⅲ类实系数因果线性相位 FIR 滤波器的单位抽样响应的长度为 9 且具有零点 $z_1=-\frac{\sqrt{2}}{2}+\frac{\sqrt{2}}{2}j$ 和 $z_2=-\frac{1}{4}j$。

（1）写出该滤波器的其他零极点，并注明零极点的阶数。

（2）写出该滤波器的群延迟。

5.23   一个类型Ⅱ型的实系数线性相位 FIR 滤波器，已知其单位脉冲响应的长度为 8 且具有零点 $z_1=2$ 和 $z_2=1+j$，

（1）写出该滤波器其他的零点。

（2）写出该滤波器的群延迟。

5.24   已知两个 FIR 系统的单位抽样响应分别为
$$h_1[n]=\{1,4,2,3,\underset{\uparrow}{3},2,4,1\}$$
$$h_2[n]=\{1,-4,2,-1,\underset{\uparrow}{3},-1,2,-4,1\}$$

其中箭头代表 $n=0$ 的位置。请写出这两个系统的群延迟响应。

5.25   已有滤波器的系统函数为 $H(z)$，单位抽样响应为 $h[n]$，对其进行 $z=-Z^2$ 变换，得到新的滤波器 $H_1(z)$ 和单位抽样响应为 $h_1[n]$。用 $h[n]$ 表示 $h_1[n]$；若 $H(z)$ 是对应截止频率为 $\pi/3$ 的理想低通滤波器，画出新滤波器的幅频响应的图形（画出 $[-\pi,\pi]$ 之间的图形），标出关键频率点的值（即截止频率的位置）。

5.26   已知离散序列 $x[n]$，将其送入如题 5.26 图结构的系统，其中 $h[n]=\frac{1}{2}(\delta[n]+\delta[n-5])$，系统 A 的输入输出关系为 $b[n]=\begin{cases}a[n], & n \text{ 为偶数}\\ 0, & n \text{ 为奇数}\end{cases}$，若输出序列为 $y[n]$，请给出 $y[n]$ 用 $x[n]$ 表示的表达式，要求化到最简形式。

5.27   用基 2 的 FFT 处理器做线性卷积和运算，参与运算的两个信号第一个长度为 97，第二个长度为 132，均为实信号。

（1）选择多长的 FFT 点数是合适的？

（2）统计实数乘法运算次数并与直接卷积求和比较运算量（假设第一个信号的 DFT 预

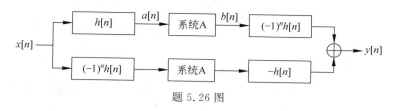

题 5.26 图

先做好,不需要实际统计其运算次数)。

5.28　我们希望利用长度为 50 的 $h[n]$ 对一长串信号数据进行滤波,要求利用重叠保留法通过 DFT 实现。为了做到这一点:输入各段必须重叠 V 个数据点;每一段产生的输出中取出 M 个数据点,使这些从每一段得到的数据点连接在一起时得到的序列就是要求的滤波结果。假设输入的各段数据长度为 100,而 DFT 的点数为 128。又假设每段循环卷积输出结果的序号为 $0 \sim 127$。

(1)请确定满足要求的 V 和 M。

(2)求从循环卷积输出的 128 点中要取出 M 点的起点和终点的序号。

5.29　有一个 FIR 滤波器,冲激响应长度为 56,均为实数值,该滤波器过滤一个实值长信号,用 256 点按基 2 分解的 FFT 程序做处理(W_N^0 等旋转因子都计入乘法次数),采用重叠保留法。给出长信号的分段方法和结果的拼接方法。假设用 DSP 处理器处理该任务,处理器完成一次乘法需要一个时钟周期,假设编程技巧足够好,数据存取和加法均不需要额外指令,只需考虑乘法次数。若信号是按 1MHz 采样获得的,为完成实时处理,需要处理器MIPS 值至少多大?并与直接卷积方法需要的 MIPS 数进行比较(注:MIPS 指处理器每秒执行的兆时钟周期数)。

5.30　设原型滤波器的单位抽样响应为

$$h[n] = \begin{cases} \dfrac{(-1)^n}{M+1}, & 0 \leqslant n \leqslant M \\ 0, & \text{其他} \end{cases}$$

(1)写出其梳状滤波器的频率响应 $H_L(\mathrm{e}^{\mathrm{j}\omega})$。

(2)求出其梳状滤波器的通带中心频率的一般表达式。

(3)若取 $M=7$,画出 L 分别取 5 和 6 时,梳状滤波器的幅频响应,并与图 5.44 进行对比分析。

5.31　如果一个滤波器的冲激响应是 $h[n] = \begin{cases} 1, & 0 \leqslant n \leqslant 15 \\ 0, & \text{其他} \end{cases}$。

(1)它的频率响应 $H(\mathrm{e}^{\mathrm{j}\omega})$,大致画出频率响应的草图,如果定义频率响应的峰值到第一个零值点的距离为带宽,该滤波器的带宽为多大?

(2)要求以 $H(\mathrm{e}^{\mathrm{j}\omega})$ 为基础,设计多通带滤波器,在 $[0, 2\pi]$ 范围内,各通带中心为 $\omega_i = \dfrac{\pi}{3}k, k=0,1,\cdots,6$,每个通带形状与 $H(\mathrm{e}^{\mathrm{j}\omega})$ 一致,但带宽约是 $H(\mathrm{e}^{\mathrm{j}\omega})$ 的 $1/6$,求该滤波器的冲激响应 $h_1[n]$。

(3)在 2 中滤波器的基础上,求一个新的滤波器,频率中心比 2 中滤波器向右平移 $\pi/12$,求该滤波器的冲激响应 $h_2[n]$。

5.32 已知实系数 FIR 滤波器的单位抽样响应 $h[n]$ 长度 N 为 $16,0 \leqslant n \leqslant 15$。$H[k]$ 为 $h[n]$ 的 16 点 DFT，且已知 $H[0]=12$，$H[1]=-3-j\sqrt{3}$，$H[2]=1+j$，$H[3]\sim H[8]$ 都为零。

(1) 请求出 $h[n]$。

(2) 请画出该 FIR 滤波器频率取样结构的实现流图。

5.33 FIR 系统的单位抽样响应 $h[n]$ 是 $N=M+1$ 点的有限长序列，若按下式对 $h[n]$ 的 DTFT 进行采样，并取 $0 \leqslant \alpha < 1$

$$H_a[k] = H(e^{j\omega}) \Big|_{\omega=\frac{2\pi}{N}(k+\alpha)}$$

证明系统函数可由 $H_a[k]$ 按下式求得

$$H(z) = \frac{1}{N}(1-e^{j2\pi\alpha}z^{-N})\sum_{k=0}^{N-1}\frac{H_a[k]}{1-e^{j\frac{2\pi}{N}(k+\alpha)}z^{-1}}$$

5.34 一个线性相位 FIR 系统，其系统函数可写为

$$H(z) = (1-0.8e^{j3\pi/4}z^{-1})(1-az^{-1})(1-bz^{-1})(1-cz^{-1})$$

求(1) a,b,c 的值；

(2) 写出系统函数的多项式表达式；

(3) 若用格型实现，求各反射系数，并画出格型结构的信号流图。

5.35 一个 IIR 系统的系统函数为

$$H(z) = \frac{1+1.2z^{-1}}{(1-0.75e^{j\pi/3}z^{-1})(1-0.75e^{-j\pi/3}z^{-1})(1-0.5z^{-1})}$$

(1) 给出系统的一种并联实现结构，画出信号流图。

(2) 若采用格型-梯形实现，求出各参数，画出信号流图。

MATLAB 习题

5.1 请利用 MATLAB 自带函数画出习题 5.8 中数字系统的单位抽样响应、零极点分布图、幅频响应、相频响应和群延迟响应。

5.2 请分别编写 MATLAB 函数实现采用重叠相加法和重叠保留法的 FIR 滤波器 FFT 实现结构，函数应可根据输入的 FIR 滤波器单位抽样响应的长度自行选择最优的 FFT 变换长度。请通过与 MATLAB 自带滤波函数的对比验证所编写函数的正确性。

5.3 请针对习题 5.12 给出的系统函数，利用 MATLAB 验证关于最小相位系统的如下性质。

(1) 在具有相同幅频响应的稳定因果系统中，最小相位系统具有最小群延迟。

(2) 在具有相同幅频响应的稳定因果系统中，最小相位系统具有最小能量延迟。

5.4 请针对习题 5.18 中给出的 FIR 滤波器，利用 MATLAB 验证关于线性相位系统的相关性质，包括：①单位抽样响应的对称性；②零点分布的对称性；③相频响应的广义线性；④固定的群延迟响应。

5.5 请利用 MATLAB 确定如下 IIR 滤波器系统函数因式分解后的表示形式

$$H(z) = \frac{0.1103 - 0.4413z^{-1} + 0.6619z^{-2} - 0.4413z^{-3} + 0.1103z^{-4}}{1 - 0.1510z^{-1} + 0.8042z^{-2} + 0.1618z^{-3} + 0.1872z^{-4}}$$

在此基础上请给出 $H(z)$ 两种不同的级联实现和并联实现形式。

数字滤波器设计

本章讨论数字滤波器的设计。在给出有关设计问题的基本介绍后,分成两个相对独立的部分分别介绍 FIR 滤波器和 IIR 滤波器的设计方法,这两类滤波器的设计方法有很大区别。FIR 滤波器有两种主要设计方法——窗函数法和等波纹逼近法:前者具有非常直观的物理意义,并且满足频域均方误差最小原则;后者把误差更均匀地分布于频域的通带和阻带中,是最大误差最小化准则的一种实现。IIR 滤波器的设计方法是明显不同的,最有效的设计技术是利用模拟滤波器原型,通过模拟和数字域的变换实现的。由于 FIR 滤波器设计技术更加简单和直接,本章首先讨论 FIR 滤波器设计,然后研究 IIR 滤波器设计。

6.1 数字滤波器设计概述

所谓数字滤波器设计,是指给定一组要求或称为设计指标,得到一个离散时间系统达到指标的要求。如第 5 章所讨论的,理想滤波器是不可实现的,实际滤波器指标要满足离散系统的佩利-维纳条件。为了叙述简单,以数字低通滤波器为例,给出设计指标的描述,这些指标可以很方便地推广到其他类型的滤波器,如带通、高通等。

数字滤波器的设计指标是对系统的幅频响应 $|H(e^{j\omega})|$ 给出的要求。一些设计方法可同时满足一些有关相位的要求,但这不作为数字滤波器的基本指标。一个典型的可实现的数字低通滤波器的幅频响应如图 6.1 所示。

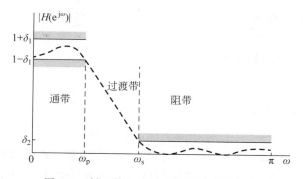

图 6.1 低通数字滤波器的设计指标要求

一个数字滤波器的幅频响应对应通带、阻带和过渡带 3 个区间。所谓通带指的是信号中通过滤波器后基本保持无衰减的频率范围,而阻带指的是信号中被滤波器滤除的频率范围。由于系统实现能力的限制，从通带到阻带有一个过渡带。本章中，如不加特殊说明，均假设所设计滤波器是实系数的，其幅频特性对正负频率对称，故只给出$[0,\pi]$范围的幅频特性，其他区间可根据对称性和周期性自动获得。对于低通滤波器，通带所对应的最高角频率值称为通带截止角频率，用ω_p表示。类似地，阻带对应的最低角频率值称为阻带截止角频率，用ω_s表示。$\omega_p<\omega<\omega_s$是过渡带。

为了方便，假设幅频响应在通带内近似为1。实际中无法设计出在通带内幅度值恒为1的系统，而是希望幅频响应在通带内偏离标准值1的波动幅度限定在一个范围内，这个限定值称为通带峰值波纹，用符号δ_1表示，即要求

$$1-\delta_1 \leqslant |H(e^{j\omega})| \leqslant 1+\delta_1, \quad |\omega| \leqslant \omega_p \tag{6.1}$$

同理，幅频响应在阻带内不可能恒为0，而是要小于一个限定值，这个限定值称为阻带峰值波纹，用符号δ_2表示，即要求

$$|H(e^{j\omega})| \leqslant \delta_2, \quad \omega_s \leqslant |\omega| \leqslant \pi \tag{6.2}$$

对于幅频响应在过渡带内的取值没有特别的要求。但实际中，幅频响应在过渡带内的取值总是满足

$$\delta_2 \leqslant |H(e^{j\omega})| \leqslant 1-\delta_1, \quad \omega_p \leqslant |\omega| \leqslant \omega_s \tag{6.3}$$

工程实际中，也常用分贝（dB）为单位给出滤波器的波纹指标，对应的分贝通带峰值波纹定义为

$$\alpha_1 = -20\lg(1-\delta_1) \tag{6.4}$$

分贝阻带峰值波纹（或称为最小阻带衰减）为

$$\alpha_2 = -20\lg\delta_2 \tag{6.5}$$

对于设计一个数字低通滤波器，需要给出4个指标：$\{\omega_p,\omega_s,\delta_1,\delta_2\}$或$\{\omega_p,\omega_s,\alpha_1,\alpha_2\}$。设计一个离散系统，使其幅频响应满足该指标。所谓设计一个系统是指，若设计的系统是IIR系统，需要得到系统函数

$$H(z) = \frac{\sum_{k=0}^{M} b_k z^{-k}}{1+\sum_{r=1}^{N} a_r z^{-r}} \tag{6.6}$$

即通过设计过程，获得一组参数

$$\{M,N,b_k,0\leqslant k\leqslant M,a_r,1\leqslant r\leqslant N\} \tag{6.7}$$

若设计的系统是FIR的，其系统函数为

$$H(z) = \sum_{n=0}^{M} h[n]z^{-n} \tag{6.8}$$

即通过设计过程，获得一组参数

$$\{M,h[n],0\leqslant n\leqslant M\} \tag{6.9}$$

注意到给出的滤波器指标是一种限制性指标，即在通带内满足式（6.1）的约束，在阻带内满足式（6.2）的约束，但并没有给出幅频响应$|H(e^{j\omega})|$在每一角频率处取值的确切定义。因此，满足式（6.1）和式（6.2）要求的系统有无穷多，我们要研究的设计方法应该设计出满足指标要求的且尽可能经济的离散系统。所谓尽可能经济是指式（6.7）或式（6.9）中的阶数指标M、N尽可能小。根据第5章的系统实现结构，M、N小意味着可用更少的系统开销来实现。

对于系统指标,一般地,若固定过渡带带宽 $|\omega_s - \omega_p|$,则 δ_1、δ_2 越小,系统复杂性越高,即系统需要的阶数越高,系统实现就越复杂。类似地,若固定 δ_1、δ_2,过渡带带宽 $|\omega_s - \omega_p|$ 越小,系统复杂性越高。若同时减小 $|\omega_s - \omega_p|$ 和 δ_1、δ_2,则系统复杂性将增加得更快。注意,ω_p、ω_s 的差值影响系统复杂度,而其自身取值一般并不影响系统复杂度。

一般地讲,数字滤波器的设计分为如下几个步骤:

(1) 制定滤波器技术指标;

(2) 用一个因果的离散 LTI 系统进行逼近;

(3) 对设计的系统进行仿真验证;

(4) 选定一种系统结构来实现该系统;

(5) 通过仿真,验证在实际系统结构中是否满足指标要求;若不满足指标,做适当调整回到(2)重新设计。

本章主要讨论第(2)步,即对于给定的指标,设计一个离散因果系统满足该指标的要求。至于第(1)步,系统指标的制定主要来自实际问题的需要。在通信、雷达、仪器仪表、音视频处理等各种应用领域,需要各种不同的滤波器,指标会根据应用的需求进行制定。例如,同样是音频处理,对于普通通信系统中的话音处理所需的指标就远不如高保真音乐处理所需的指标高。因此,指标制定这一项超出本章讨论的范围。本章总是给出一个指标要求,然后利用所给的方法设计一个系统。

第(3)步是对设计的系统给出原理性仿真,确定设计的系统从原理上是否确实满足设计要求。由于第(2)步的一些设计方法并不是理想的,有可能设计的系统不能满足要求的指标,或许略有差距,这时可微调(增加)系统阶数,回到(2)重新设计。很多情况下,(2)的设计是满足指标的;有时不满足指标时,通过一两次调整,就会得到满意的设计。利用 MATLAB 等工具,第(3)步的操作已是非常方便了。

第(4)步包括两部分。一是选择一种结构来实现系统,例如,一个 IIR 系统是选择直接 Ⅱ 型实现,还是选择级联实现,或选择格型实现。二是在选择了实现结构后,是采用较短位数的定点数实现,还是选择更高精度的浮点数实现。关于实现结构,在第 5 章已做了详细讨论,关于有限字长效应对系统实现的影响,在第 10 章专门研究。第(5)步主要研究与实现结构和计算方式相联系后的系统性能评估,例如一个 IIR 系统,若通过 16 位定点运算来实现,是否还能满足设计指标?若换成一种级联实现方式呢?关于与有限字长和系统结构有关的性能评价问题,也在第 10 章专门讨论。

在很多实际应用中,常用数字滤波器来处理采样的连续信号,这时也经常用连续频率(Hz)给出滤波器的指标要求,此时需要转换为离散角频率或离散频率。假设以连续频率(Hz)给出的通带截止频率、阻带截止频率和采样频率分别为 F_p、F_s、F,则相应离散角频率为

$$\omega_p = \frac{2\pi F_p}{F} \qquad (6.10)$$

$$\omega_s = \frac{2\pi F_s}{F} \qquad (6.11)$$

例 6.1.1 给出的连续低通滤波器的参数分别为通带截止频率 200kHz,阻带截止频率 250kHz,采样频率 1MHz,通带峰值波纹 0.02,阻带峰值波纹 0.01,求相应数字滤波器

参数。

数字滤波器的通带截止频率为

$$\omega_p = \frac{2\pi F_p}{F} = 2\pi \frac{200 \times 10^3}{10^6} = 0.4\pi$$

阻带截止频率为

$$\omega_s = \frac{2\pi F_s}{F} = 2\pi \frac{250 \times 10^3}{10^6} = 0.5\pi$$

波纹参数分别为 $\delta_1 = 0.02, \delta_2 = 0.01$；以 dB 为单位的波纹参数分别为

$$\alpha_1 = -20\lg(1 - 0.02) \approx 0.175\text{dB}$$

$$\alpha_2 = -20\lg(0.01) = 40\text{dB}$$

以上讨论中，总是以低通滤波器为例，如下给出一个带通滤波器的例子。

例 6.1.2　给出的连续带通滤波器的参数分别为通带频率范围 $200\sim300\text{kHz}$，阻带截止频率分别为 150kHz 和 350kHz，采样频率 1MHz，通带峰值波纹 0.02，阻带峰值波纹 0.01，求相应数字滤波器参数。

带通数字滤波器的通带截止频率有两个，分别为

$$\omega_{p,1} = \frac{2\pi F_{p,1}}{F} = 2\pi \frac{200 \times 10^3}{10^6} = 0.4\pi$$

$$\omega_{p,2} = \frac{2\pi F_{p,2}}{F} = 2\pi \frac{300 \times 10^3}{10^6} = 0.6\pi$$

阻带截止频率也是两个，分别为

$$\omega_{s,1} = \frac{2\pi F_{s,1}}{F} = 2\pi \frac{150 \times 10^3}{10^6} = 0.3\pi$$

$$\omega_{s,2} = \frac{2\pi F_{s,2}}{F} = 2\pi \frac{350 \times 10^3}{10^6} = 0.7\pi$$

波纹参数同例 6.1.1，故略。

6.2　线性相位 FIR 滤波器的分类和表示

首先讨论 FIR 滤波器的设计。由于 FIR 滤波器可以具有线性相位，首先集中研究具有线性相位的 FIR 滤波器设计。在 5.6 节已经讨论了线性相位 FIR 滤波器的表示和实现结构，一个具有线性相位的 FIR 滤波器的频率响应可写为

$$H(e^{j\omega}) = \hat{H}(e^{j\omega})e^{-j(\beta + \alpha\omega)} \tag{6.12}$$

其中 $\hat{H}(e^{j\omega})$ 是 ω 的实函数，称为实幅度函数；$\beta + \alpha\omega$ 是线性相位部分。5.6 节也证明，若 FIR 的单位抽样响应满足式(6.13)和式(6.14)的两组条件，其一定是线性相位的。即

$$\begin{cases} \beta = 0 \\ \alpha = \dfrac{M}{2} \\ h[n] = h[M-n], \quad 0 \leqslant n \leqslant M \end{cases} \tag{6.13}$$

$$
\begin{cases}
\beta = \pm \dfrac{\pi}{2} \\[2mm]
\alpha = \dfrac{M}{2} \\[2mm]
h[n] = -h[M-n], \quad 0 \leqslant n \leqslant M
\end{cases}
\tag{6.14}
$$

这里 $N=M+1$ 为 FIR 滤波器单位抽样响应的非零值数目,M 为非零值 $h[n]$ 的最大序号。根据 M 为奇数或偶数,式(6.13)和式(6.14)可分为 4 种情况,这代表了 4 类线性相位 FIR 滤波器。

1. 第一类线性相位 FIR 滤波器

第一种情况,若单位抽样响应偶对称,且 M 为偶数,即满足

$$
h[n] = h[M-n], \quad 0 \leqslant n \leqslant M
\tag{6.15}
$$

并且 $\alpha = M/2$ 为整数,这称为第一类线性相位 FIR 滤波器。有

$$
\begin{aligned}
H(e^{j\omega}) &= \sum_{n=0}^{M} h[n] e^{-j\omega n} \\
&= \sum_{n=0}^{\frac{M}{2}-1} h[n] e^{-j\omega n} + h\left[\frac{M}{2}\right] e^{-j\omega\frac{M}{2}} + \sum_{n=\frac{M}{2}+1}^{M} h[n] e^{-j\omega n} \\
&= \sum_{n=0}^{\frac{M}{2}-1} h[n] e^{-j\omega n} + h\left[\frac{M}{2}\right] e^{-j\omega\frac{M}{2}} + \sum_{l=0}^{\frac{M}{2}-1} h[M-l] e^{-j\omega(M-l)}
\end{aligned}
$$

上式最后一行,做了变量替换 $l=M-n$,根据对称性式(6.15),上式写为

$$
H(e^{j\omega}) = e^{-j\omega\frac{M}{2}} \left[\sum_{n=0}^{\frac{M}{2}-1} 2h[n] \cos\left[\omega\left(\frac{M}{2}-n\right)\right] + h\left[\frac{M}{2}\right] \right]
$$

若再令 $m=\dfrac{M}{2}-n$,得

$$
H(e^{j\omega}) = e^{-j\omega\frac{M}{2}} \left[\sum_{m=1}^{\frac{M}{2}} 2h\left[\frac{M}{2}-m\right] \cos(m\omega) + h\left[\frac{M}{2}\right] \right]
$$

若令

$$
a[0] = h\left[\frac{M}{2}\right]
$$

$$
a[m] = 2h\left[\frac{M}{2}-m\right], \quad m=1,2,\cdots,\frac{M}{2}
\tag{6.16}
$$

则有

$$
H(e^{j\omega}) = e^{-j\frac{M}{2}\omega} \sum_{m=0}^{\frac{M}{2}} a[m] \cos(m\omega) = \hat{H}(e^{j\omega}) e^{-j\frac{M}{2}\omega}
\tag{6.17}
$$

故

$$
\hat{H}(e^{j\omega}) = \sum_{m=0}^{\frac{M}{2}} a[m] \cos(m\omega)
\tag{6.18}
$$

式(6.18)说明,第一类线性相位 FIR 滤波器不仅其 $h[n]$ 序列是偶对称的,其 $\hat{H}(\mathrm{e}^{\mathrm{j}\omega})$ 也是偶对称的,并且 $\hat{H}(\mathrm{e}^{\mathrm{j}\omega})$ 对 $\omega = 0$、π、2π 均呈偶对称性。图 6.2 给出了这种对称关系,图中给出 $0 \sim 2\pi$ 间的实幅度函数。

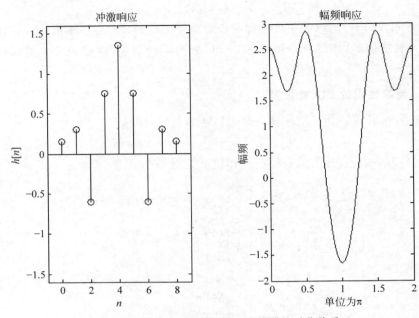

图 6.2 第一类线性相位 FIR 滤波器的对称关系

根据余弦函数的性质,式(6.18)也给出另一个有意思的结论:若令 $x = \cos\omega$,$\hat{H}(\mathrm{e}^{\mathrm{j}\omega})$ 是变量 $x = \cos\omega$ 的 $M/2$ 阶多项式。

2. 第二类线性相位 FIR 滤波器

第二种情况,M 为奇数,单位抽样响应仍是偶对称,即

$$h[n] = h[M-n], \quad 0 \leqslant n \leqslant M$$

但其对称中心 $\alpha = M/2$ 不是整数值,其单位抽样响应的对称性如图 6.3 左图所示。经过类似的推导(留作习题),得到

$$H(\mathrm{e}^{\mathrm{j}\omega}) = \mathrm{e}^{-\mathrm{j}\frac{M}{2}\omega} \sum_{m=1}^{\frac{M+1}{2}} b[m] \cos\left[\omega\left(m - \frac{1}{2}\right)\right] = \hat{H}(\mathrm{e}^{\mathrm{j}\omega}) \mathrm{e}^{-\mathrm{j}\frac{M}{2}\omega} \tag{6.19}$$

这里

$$b[m] = 2h\left[\frac{M+1}{2} - m\right], \quad m = 1, 2, \cdots, \frac{M+1}{2} \tag{6.20}$$

故有

$$\hat{H}(\mathrm{e}^{\mathrm{j}\omega}) = \sum_{m=1}^{\frac{M+1}{2}} b[m] \cos\left[\omega\left(m - \frac{1}{2}\right)\right] \tag{6.21}$$

从式(6.21)可以看出,当 $\omega = \pi$ 时,$\hat{H}(\mathrm{e}^{\mathrm{j}\pi}) = 0$,这个条件预示第二类线性相位 FIR 滤波器不

能实现高通滤波器。另外,可以观察到,在 $\omega = \pi$ 两侧,$\hat{H}(e^{j\omega})$ 是奇对称的,但在 $\omega = 0$ 两侧是偶对称的。第二类线性相位 FIR 滤波器可以实现低通滤波器和带通滤波器,不可实现高通滤波器。图 6.3 显示其对称关系,图中给出 $0 \sim 2\pi$ 间的实幅度函数。

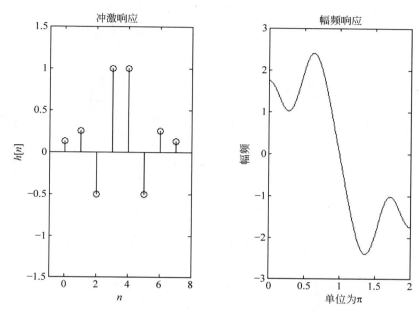

图 6.3　第二类线性相位 FIR 滤波器的对称关系

3. 第三类线性相位 FIR 滤波器

第三种情况,单位抽样响应奇对称,且 M 为偶数,即满足

$$h[n] = -h[M-n], \quad 0 \leqslant n \leqslant M \tag{6.22}$$

并且 $\alpha = M/2$ 为整数,这称为第三类线性相位 FIR 滤波器。

类似于类型一,得到其频率响应表达式为

$$H(e^{j\omega}) = e^{j\left(\frac{\pi}{2} - \frac{M}{2}\omega\right)} \sum_{m=0}^{\frac{M}{2}} c[m]\sin(m\omega) = \hat{H}(e^{j\omega})e^{j\left(\frac{\pi}{2} - \frac{M}{2}\omega\right)} \tag{6.23}$$

其中,实幅度函数为

$$\hat{H}(e^{j\omega}) = \sum_{m=0}^{\frac{M}{2}} c[m]\sin(m\omega) \tag{6.24}$$

其中系数定义为

$$c[m] = 2h\left[\frac{M}{2} - m\right], \quad m = 1, 2, \cdots, \frac{M}{2} \tag{6.25}$$

$$c[0] = h\left[\frac{M}{2}\right] = 0 \tag{6.26}$$

根据式(6.24),有

$$\hat{H}(e^{j0}) = \hat{H}(e^{j\pi}) = 0$$

并且,可以验证 $\hat{H}(e^{j\omega})$ 在 $\omega = 0$、π、2π 两侧均为奇对称。因此,第三类线性相位 FIR 滤波器

既不能实现低通滤波器，也不能实现高通滤波器，可用于实现带通滤波器。其对称关系如图 6.4 所示。

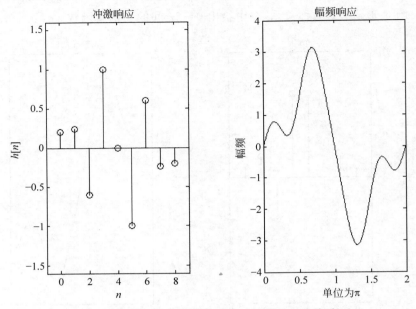

图 6.4　第三类线性相位 FIR 滤波器的对称关系

4. 第四类线性相位 FIR 滤波器

第四种情况，单位抽样响应奇对称，且 M 为奇数，即满足

$$h[n] = -h[M-n], \quad 0 \leqslant n \leqslant M$$

并且 $\alpha = M/2$ 不为整数，这称为第四类线性相位 FIR 滤波器。经推导得其频率响应表达式为

$$H(e^{j\omega}) = e^{j\left(\frac{\pi}{2}-\frac{M}{2}\omega\right)} \sum_{m=1}^{\frac{M+1}{2}} d[m] \sin\left(\omega\left(m-\frac{1}{2}\right)\right) = \hat{H}(e^{j\omega})e^{j\left(\frac{\pi}{2}-\frac{M}{2}\omega\right)} \tag{6.27}$$

其实幅度函数为

$$\hat{H}(e^{j\omega}) = \sum_{m=1}^{\frac{M+1}{2}} d[m] \sin\left(\omega\left(m-\frac{1}{2}\right)\right) \tag{6.28}$$

系数序列为

$$d[m] = 2h\left[\frac{M+1}{2}-m\right], \quad m = 1,2,\cdots,\frac{M+1}{2} \tag{6.29}$$

$\hat{H}(e^{j\omega})$ 在 $\omega = 0$、2π 处为零，即 $H(z)$ 在 $z = 1$ 处为零点；$\hat{H}(e^{j\omega})$ 对 $\omega = 0$、2π 呈奇对称，对 $\omega = \pi$ 呈偶对称，不能实现低通滤波器，可实现高通滤波器。第四类线性相位 FIR 滤波器有固定的 $\pi/2$ 相移，适宜做宽带微分器和正交变换器。其对称关系如图 6.5 所示。

将四类滤波器的特点和限制总结于表 6.1 中，这个表格清晰地列出了各种滤波器可能的限制条件。从表中可以看到，类型 1 滤波器具有最广泛的可用性。

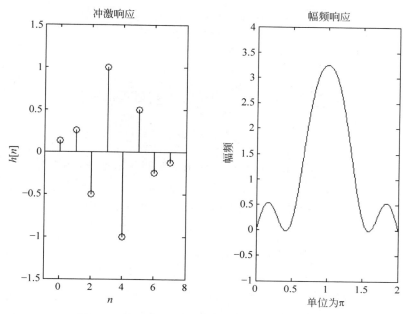

图 6.5　第四类线性相位 FIR 滤波器的对称关系

表 6.1　四种线性相位 FIR 滤波器的性质和限制

类型	$h[n]$对称性和长度	频域实幅度 $\hat{H}(e^{j\omega})$对称性	固定零点位置	可实现滤波器的类型限制
1	偶对称 奇数长（M 偶数）	对 $\omega=0,\pi,2\pi$ 呈偶对称	无	无限制
2	偶对称 偶数长（M 奇数）	$\omega=\pi$ 是奇对称，对 $\omega=0,2\pi$ 偶对称	$z=-1$ 处有一个零点 $H(e^{j\pi})=0$	不能实现高通滤波器
3	奇对称 奇数长（M 偶数）	对 $\omega=0,\pi,2\pi$ 成奇对称	在 $z=\pm1$ 处为零点 $H(e^{j0})=H(e^{j\pi})=0$	不能实现低通和高通滤波器
4	奇对称 偶数长（M 奇数）	对 $\omega=0,2\pi$ 呈奇对称，对 $\omega=\pi$ 呈偶对称	在 $z=1$ 处为零点 $H(e^{j0})=0$	不能实现低通滤波器

6.3　窗函数法设计 FIR 滤波器

一种设计 FIR 型数字滤波器的方法是：首先根据要求的滤波器类型，例如低通、带通和高通滤波器，给出一种期望滤波器的频率响应 $H_d(e^{j\omega})$；通过傅里叶反变换得到其单位抽样响应 $h_d[n]$，$h_d[n]$ 是无限长的；通过一种方式从 $h_d[n]$ 获得有限长的 $h[n]$，当 $n<0$ 和 $n>M$ 时 $h[n]=0$。$h[n]$ 的傅里叶变换 $H(e^{j\omega})$ 是 $H_d(e^{j\omega})$ 的一种近似，或称 $H(e^{j\omega})$ 是 $H_d(e^{j\omega})$ 的一种逼近。评价逼近程度有多种准则，其中之一是频域均方误差最小化准则。

$$\text{ems} = \frac{1}{2\pi} \int_{-\pi}^{\pi} \left| H_d(e^{j\omega}) - H(e^{j\omega}) \right|^2 d\omega$$

$$= \sum_{n=-\infty}^{+\infty} (h_d[n] - h[n])^2$$

$$= \sum_{n=-\infty}^{+\infty} h_d^2[n] + \sum_{n=0}^{M} h^2[n] - 2\sum_{n=0}^{M} h[n]h_d[n]$$

$$= \sum_{n=-\infty}^{-1} h_d^2[n] + \sum_{n=M+1}^{+\infty} h_d^2[n] + \sum_{n=0}^{M} (h_d[n] - h[n])^2 \qquad (6.30)$$

上式中，ems 表示均方误差，从第一行到第二行用了帕塞瓦尔定理，显然当

$$h[n] = h_d[n] w_R[n] \qquad (6.31)$$

时，式(6.30)最后一行的第三项为零，均方误差最小。式(6.31)中

$$w_R[n] = \begin{cases} 1, & 0 \leqslant n \leqslant M \\ 0, & \text{其他} \end{cases} \qquad (6.32)$$

是矩形窗函数。

以上分析说明，若从一个理想滤波器出发设计一个实际的 FIR 滤波器，通过式(6.31)对 $h_d[n]$ 加矩形窗获得的 FIR 滤波器 $h[n]$，其频率响应 $H(e^{j\omega})$ 是对理想频率响应 $H_d(e^{j\omega})$ 的最小均方逼近。

6.3.1　线性相位 FIR 滤波器的矩形窗设计

首先讨论 FIR 低通滤波器设计，设计一个具有线性相位的理想低通滤波器，$H_d(e^{j\omega})$ 可由下式定义

$$H_d(e^{j\omega}) = \begin{cases} e^{-j\omega a}, & |\omega| \leqslant \omega_c \\ 0, & \text{其他} \end{cases}$$

$$= e^{-j\omega a} [u(\omega + \omega_c) - u(\omega - \omega_c)] \qquad (6.33)$$

这里，u 是阶跃函数。其单位抽样响应为

$$h_d[n] = \frac{1}{2\pi} \int_{-\pi}^{\pi} H_d(e^{j\omega}) e^{j\omega n} d\omega$$

$$= \frac{1}{2\pi} \int_{-\omega_c}^{\omega_c} e^{-j\omega a} e^{j\omega n} d\omega$$

$$= \frac{\sin(\omega_c(n - \alpha))}{\pi(n - \alpha)} \qquad (6.34)$$

注意，当 α 是整数时，式(6.34)对 $n = \alpha$ 没有定义，通过取极限得到 $h_d[n]$ 在 α 是整数时的取值，式(6.34)的更严格表达式为

$$h_d[n] = \begin{cases} \dfrac{\sin(\omega_c(n - \alpha))}{\pi(n - \alpha)}, & n \neq \alpha \\ \dfrac{\omega_c}{\pi}, & n = \alpha \end{cases} \qquad (6.35)$$

通过式(6.34)和式(6.35)得到 α 是 $h_d[n]$ 的对称中心：当 α 是整数时，对称中心 $n = \alpha$ 对应的理想单位抽样响应值为 $h_d[\alpha]$；当 α 不是整数时，仍以 α 为对称中心，但对称中心不对应

一个 $h_d[n]$ 的取值，是一个不实际存在的"虚点"。为了以后表示简单和统一，用式(6.34)表示 $h_d[n]$ 不会引起歧义。

一个基于矩形窗的线性相位 FIR 滤波器，取 $\alpha = M/2$，得到的实际 FIR 滤波器为

$$h[n] = h_d[n]w_R[n] = \frac{\sin[\omega_c(n-\alpha)]}{\pi(n-\alpha)}w_R[n]$$

$$= \begin{cases} \dfrac{\sin[\omega_c(n-\alpha)]}{\pi(n-\alpha)}, & 0 \leqslant n \leqslant M \\ 0, & \text{其他} \end{cases} \tag{6.36}$$

式(6.36)中的 $w_R[n]$ 是式(6.32)定义的矩形窗。显然，该滤波器 $h[n]$ 满足式(6.13)的偶对称条件，根据 M 是偶数还是奇数，分别是第一类或第二类线性相位 FIR 滤波器。

为了评价设计的滤波器 $h[n]$ 的频率响应，重写矩形窗的傅里叶变换为

$$W_R(e^{j\omega}) = e^{-j\frac{M}{2}\omega} \frac{\sin\dfrac{(M+1)\omega}{2}}{\sin\dfrac{\omega}{2}} \tag{6.37}$$

$h[n]$ 的频率响应为

$$H(e^{j\omega}) = H_d(e^{j\omega}) * W_R(e^{j\omega}) = \frac{1}{2\pi}\int_{-\pi}^{\pi} H_d(e^{j\theta})W_R(e^{j(\omega-\theta)})\mathrm{d}\theta$$

$$= e^{-j\frac{M}{2}\omega}\left\{\frac{1}{2\pi}\int_{-\omega_c}^{\omega_c}\frac{\sin\left[\dfrac{M+1}{2}(\omega-\theta)\right]}{\sin\left[\dfrac{1}{2}(\omega-\theta)\right]}\mathrm{d}\theta\right\} \tag{6.38}$$

图 6.6 给出了式(6.38)的执行过程。图 6.6(a)表示 $H_d(e^{j\theta})$，$W_R(e^{j\theta})$ 画在图 6.6(b)中，$W_R(e^{j(\omega-\theta)})$ 表示以 ω 为参数的移动过程。给定一个 ω，$W_R(e^{j(\omega-\theta)})$ 与 $H_d(e^{j\theta})$ 相乘后的非零区间积分，得到 $H(e^{j\omega})$。图 6.6(c)~图 6.6(e)分别给出 ω 的几个不同取值时 $W_R(e^{j(\omega-\theta)})$ 的位置，实体部分表示 $W_R(e^{j(\omega-\theta)})$ 与 $H_d(e^{j\theta})$ 相乘后的非零区间，也就是有效的积分区间。形成的 $H(e^{j\omega})$ 画于图 6.7 中，图 6.7 也给出了几个关键点的标示。

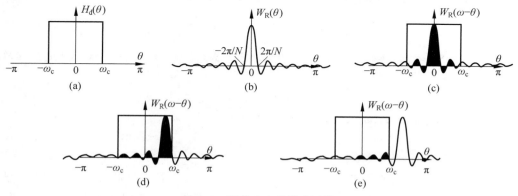

图 6.6　频率响应的形成过程

从式(6.38)，$H(e^{j\omega})$ 也可写为

$$H(e^{j\omega}) = \hat{H}(e^{j\omega})e^{-j\frac{M}{2}\omega}$$

这里，$\hat{H}(e^{j\omega})$ 是式(6.38)第二行的积分部分。

从图 6.7 可看出，$H(e^{j\omega})$ 是对 $H_d(e^{j\omega})$ 的逼近。它可能在个别频率点上取零值，但不在一个区间上恒为零，这是可实现性的要求。$H(e^{j\omega})$ 相对 $H_d(e^{j\omega})$ 的逼近误差是波动的，通带和阻带的最大波动误差相等，即 $\delta_1 = \delta_2 \approx 0.0895$，相当于

$$\alpha_2 = -20\lg(0.0895) \approx 21\text{dB} \tag{6.39}$$

而且这个最大波动误差是矩形窗固有的，与窗函数长度 $N = M+1$ 无关，这是吉布斯现象。

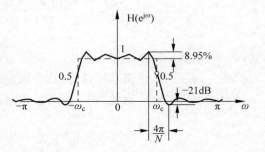

图 6.7　矩形窗产生的频率响应

从通带的最大峰值处到阻带第一个峰值的宽度是 $4\pi/N$，这正好是矩形窗主瓣的宽度，但这个宽度不是滤波器过渡带的宽度。为了定义过渡带，考虑通带截止频率 ω_p 和阻带截止频率 ω_s，ω_p 对应的频率点是 $\hat{H}(e^{j\omega})$ 从最大值处下降到 $\hat{H}(e^{j\omega}) = 1-\delta_1$ 对应的角频率值，阻带截止频率 ω_s 对应 $\hat{H}(e^{j\omega})$ 下降而第一次达到 $\hat{H}(e^{j\omega}) = \delta_2$ 对应的频率值。通过数值计算，可以得到过渡带为

$$\Delta\omega = |\omega_s - \omega_p| = 0.89\frac{2\pi}{M+1} \tag{6.40}$$

式(6.40)之所以加上绝对值符号，是因为该过渡带公式对高通滤波器和带通滤波器也是适用的。

另注意到，期望滤波器的截止频率 ω_c 对应 $\hat{H}(e^{j\omega})$ 下降到一半的位置，如果设计指标中给出了 ω_s 和 ω_p，ω_c 为

$$\omega_c = \frac{\omega_s + \omega_p}{2} \tag{6.41}$$

例 6.3.1　如果要求 $\delta_1 = \delta_2 \approx 0.09$，$\omega_p = 0.35\pi$ 和 $\omega_s = 0.45\pi$。设计一个 FIR 线性相位低通滤波器，写出 $h[n]$。由过渡带

$$\Delta\omega = |\omega_s - \omega_p| = 0.1\pi = 0.89\frac{2\pi}{M+1}$$

M 取整数，得 $M=17$，$\omega_c = (\omega_s + \omega_p)/2 = 0.4\pi$，代入式(6.36)，得到设计的 FIR 滤波器单位抽样响应为

$$h[n] = h_d[n]w_R[n] = \begin{cases} \dfrac{\sin[0.4\pi(n-8.5)]}{\pi(n-8.5)}, & 0 \leqslant n \leqslant 17 \\ 0, & \text{其他} \end{cases}$$

设计的 $h[n]$ 及其 $H(e^{j\omega})$ 示于图 6.8 中。

用矩形窗对期望滤波器进行加窗，得到的实际 FIR 滤波器的阻带衰减为 21dB，无法实现更大的阻带衰减。降低波纹系数 δ_1、δ_2 的一种解决方法是对期望滤波器做一些变换，在通带和阻带之间增加一个"简单"的过渡带，这个过渡带的引入可明显减小波纹系数 δ_1、δ_2。一种改造的期望滤波器的幅频响应如图 6.9(a)所示。

显然，这个具有直线下降的简单过渡带消除了幅频特性的不连续性。首先假设该

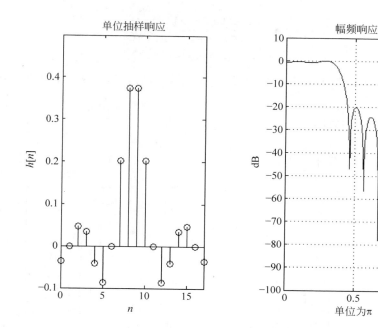

图 6.8 设计的 $h[n]$ 及其 $H(e^{j\omega})$ 示意图

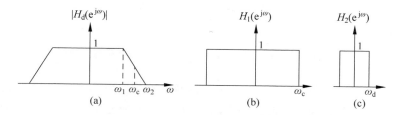

图 6.9 具有简单过渡带的理想低通滤波器

$H_d(e^{j\omega})$ 的相位函数为 0,根据频域卷积特性,$H_d(e^{j\omega})$ 是由图 6.9(b)和图 6.9(c)的频率响应的卷积生成,但需要乘一个系数,故

$$H_d(e^{j\omega}) = \frac{\pi}{\omega_d}\left[\frac{1}{2\pi}\int_\pi^\pi H_1(e^{j\theta})H_2(e^{j(\omega-\theta)})\,d\theta\right] \tag{6.42}$$

注意

$$\omega_d = (\omega_2 - \omega_1)/2$$

利用 DTFT 的性质,频域卷积对应时域乘积,得到

$$h_d[n] = \frac{\pi}{\omega_d}\frac{\sin(\omega_c n)}{\pi n}\frac{\sin(\omega_d n)}{\pi n} \tag{6.43}$$

若对 $H_d(e^{j\omega})$ 增加线性相位因子 $e^{-j\omega\alpha}$,则移位后的 $h_d[n]$ 为

$$h_d[n] = \frac{\pi}{\omega_d}\frac{\sin[\omega_c(n-\alpha)]}{\pi(n-\alpha)}\frac{\sin[\omega_d(n-\alpha)]}{\pi(n-\alpha)} \tag{6.44}$$

通过矩形窗,得到具有线性相位的 FIR 滤波器为

$$h[n]=h_{\mathrm{d}}[n]w_{\mathrm{R}}[n]=\frac{\pi}{\omega_{\mathrm{d}}}\frac{\sin[\omega_{\mathrm{c}}(n-\alpha)]}{\pi(n-\alpha)}\frac{\sin[\omega_{\mathrm{d}}(n-\alpha)]}{\pi(n-\alpha)}w_{\mathrm{R}}[n] \tag{6.45}$$

例 6.3.2　给出 $\omega_1=0.35\pi$ 和 $\omega_2=0.45\pi$，则 $\omega_{\mathrm{c}}=0.4\pi,\omega_{\mathrm{d}}=0.05\pi$，取 $M=24$，画出由式(6.45)设计的 FIR 滤波器的频率响应如图 6.10 所示。注意到，波纹系数明显减小。

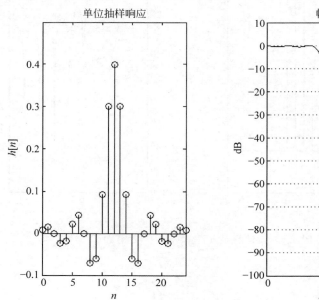
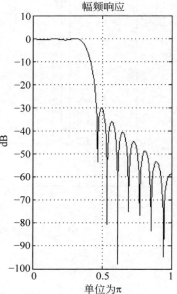

图 6.10　用线性过渡带技术设计的 FIR 滤波器频率响应

可以将以上方法进一步推广，将图 6.9(a)的频率响应与图 6.9(c)的窄带低通滤波器频率响应，再做一次卷积，得到的过渡带是二次函数形式，具有更好的光滑性。这个过程可以进一步递推下去，这样得到的 FIR 滤波器是式(6.45)的推广，写为

$$h[n]=\frac{\sin[\omega_{\mathrm{c}}(n-\alpha)]}{\pi(n-\alpha)}\left(\frac{\sin[\omega_{\mathrm{d}}(n-\alpha)]}{\omega_{\mathrm{d}}(n-\alpha)}\right)^K w_{\mathrm{R}}[n] \tag{6.46}$$

上式中，K 是卷积的次数，也是过渡带多项式阶数，在式(6.46)中，若取

$$w[n]=\left(\frac{\sin[\omega_{\mathrm{d}}(n-\alpha)]}{\omega_{\mathrm{d}}(n-\alpha)}\right)^K w_{\mathrm{R}}[n] \tag{6.47}$$

则 FIR 滤波器的单位抽样响应为

$$h[n]=\frac{\sin[\omega_{\mathrm{c}}(n-\alpha)]}{\pi(n-\alpha)}w[n] \tag{6.48}$$

式(6.47)相当于定义了一个更一般的窗函数，式(6.48)是用一般窗函数设计 FIR 滤波器的设计公式。故这种通过构造一个过渡带而降低波纹系数的方法也是一种窗函数法。6.3.2 节研究更一般的窗函数设计方法。

以上是针对低通滤波器进行的讨论。对于其他类型滤波器，只需修改 $H_{\mathrm{d}}(\mathrm{e}^{\mathrm{j}\omega})$ 和 $h_{\mathrm{d}}[n]$ 的表达式，选择窗长度和加窗过程是一致的。为了方便，表 6.2 总结了几种典型滤波器设计公式，包括标准低通滤波器、高通滤波器、带通滤波器和带阻滤波器。

表 6.2　标准滤波器的设计公式(适用矩形窗)

滤波器类型	设计公式：$H_d(e^{j\omega})$ 和 $h_d[n]$	窗长和加窗
低通滤波器	$H_d(e^{j\omega}) = \begin{cases} e^{-j\omega\alpha}, & \|\omega\| \leqslant \omega_c \\ 0, & \text{其他} \end{cases}$ $h_d[n] = \dfrac{\sin[\omega_c(n-\alpha)]}{\pi(n-\alpha)}$	
高通滤波器	$H_d(e^{j\omega}) = \begin{cases} e^{-j\omega\alpha}, & \omega_c \leqslant \|\omega\| \leqslant \pi \\ 0, & 0 \leqslant \|\omega\| < \omega_c \end{cases}$ $h_d[n] = \dfrac{\sin[\pi(n-\alpha)] - \sin[\omega_c(n-\alpha)]}{\pi(n-\alpha)}$	$M = 0.89 \dfrac{2\pi}{\Delta\omega} - 1$ $h[n] = h_d[n] w_R[n]$
带通滤波器	$H_d(e^{j\omega}) = \begin{cases} e^{-j\omega\alpha}, & \omega_l \leqslant \|\omega\| \leqslant \omega_h \\ 0, & \text{其他} \end{cases}$ $h_d[n] = \dfrac{\sin[\omega_h(n-\alpha)] - \sin[\omega_l(n-\alpha)]}{\pi(n-\alpha)}$	
带阻滤波器	$H_d(e^{j\omega}) = \begin{cases} e^{-j\omega\alpha}, & \|\omega\| \leqslant \omega_l \quad \|\omega\| \geqslant \omega_h \\ 0, & \text{其他} \end{cases}$ $h_d[n] = \dfrac{\sin[\omega_l(n-\alpha)] - \sin[\omega_h(n-\alpha)] + \sin[\pi(n-\alpha)]}{\pi(n-\alpha)}$	

6.3.2　线性相位 FIR 滤波器的一般窗设计方法

本节研究一般窗函数在 FIR 滤波器设计中的应用。有关窗函数的问题,在 4.3 节已有介绍,并且讨论了窗函数在频谱分析中的作用。窗函数在 FIR 滤波器设计中也起到重要作用。由于窗函数的重要性,其已被进行了广泛研究,提出了很多种类的窗函数。本节讨论几类常用窗函数在 FIR 滤波器设计中的应用。

首先讨论几个固定窗函数。这类窗函数也包括矩形窗在内,特点是除了窗长度 $N = M+1$ 外,其他都是预先确定的。4.3 节已介绍了几个这种类型的窗函数,为了方便将其表达式重写如下。

三角窗(Bartlett)

$$w[n] = \begin{cases} 2n/M, & 0 \leqslant n \leqslant M/2 \\ 2 - 2n/M, & M/2 \leqslant n \leqslant M \end{cases} \tag{6.49}$$

汉宁窗(Hanning)

$$w[n] = \frac{1}{2}\left(1 - \cos\frac{2\pi n}{M}\right), \quad 0 \leqslant n \leqslant M \tag{6.50}$$

哈明窗(Hamming)

$$w[n] = 0.54 - 0.46\cos\frac{2\pi n}{M}, \quad 0 \leqslant n \leqslant M \tag{6.51}$$

布莱克曼窗(Blackman)

$$w[n] = 0.42 - 0.5\cos\frac{2\pi n}{M} + 0.08\cos\frac{4\pi n}{M}, \quad 0 \leqslant n \leqslant M \tag{6.52}$$

由于这些窗函数的平缓变化,其旁瓣幅度明显小于矩形窗的旁瓣幅度,与期望滤波器卷积后的通带波纹和阻带波纹也明显减小；但同样窗长度下，过渡带也变得更宽。表 6.3 给出用以上几种窗函数设计的 FIR 滤波器的过渡带和阻带衰减的参数。

表 6.3 固定窗函数特性参数

窗 函 数	窗的主瓣宽度 /$(2\pi/N)$	窗的最大旁瓣值 /dB	滤波器的过渡带 宽度/$(2\pi/N)$	滤波器的最小阻 带衰减/dB
矩形窗	2	-13	0.89	21
三角窗	4	-25	2.1	25
汉宁窗	4	-31	3.1	44
哈明窗	4	-41	3.3	53
布莱克曼窗	6	-57	5.5	74

由于一种固定窗函数的阻带最大衰减 α_2 或通带和阻带最大波纹 $\delta_1 = \delta_2$ 都是固定的，因此，用固定窗函数设计 FIR 滤波器可采用查表法，即从表 6.3 中找到满足设计指标的最短窗，选择该窗函数构成 FIR 滤波器。

例 6.3.3 如果要求通带波纹最大为 0.02，阻带波纹最大为 0.01，$\omega_p = 0.35\pi$ 和 $\omega_s = 0.45\pi$。设计一个 FIR 线性相位低通滤波器，写出 $h[n]$。

由于窗函数法设计中实现的阻带波纹和通带波纹相等，故选择设计要求中更严格的条件，即取 $\delta_1 = \delta_2 = 0.01$，即 $\alpha_2 = 40$dB，查表 6.3 可知，汉宁窗即可满足该要求，故选择汉宁窗。

过渡带

$$\Delta\omega = |\omega_s - \omega_p| = 0.1\pi = 3.1 \frac{2\pi}{M+1}$$

得 $M = 61$，$\omega_c = (\omega_s + \omega_p)/2 = 0.4\pi$，从表 6.2 的第二行得到低通期望响应的表达式，并乘以汉宁窗表达式，得到设计的 FIR 滤波器单位抽样响应为

$$h[n] = h_d[n]w[n] = \begin{cases} \dfrac{1}{2} \dfrac{\sin(0.4\pi(n-30.5))}{\pi(n-30.5)} \left[1 - \cos\left(\dfrac{2\pi n}{61}\right)\right], & 0 \leq n \leq 61 \\ 0, & \text{其他} \end{cases}$$

设计的 $h[n]$ 相应的 $H(e^{j\omega})$ 示于图 6.11 中。

FIR 滤波器设计中最常用的一种窗函数是凯泽窗（Kaiser window），这是一种可调参数窗，即通过参数调整，该窗函数可实现各种波纹参数和过渡带参数。凯泽窗的定义如下

$$w_K[n] = \begin{cases} \dfrac{I_0\left[\beta(1 - [(n-\alpha)/\alpha]^2)^{1/2}\right]}{I_0(\beta)}, & 0 \leq n \leq M \\ 0, & \text{其他} \end{cases} \tag{6.53}$$

式中，β 是凯泽窗的待定参数；$\alpha = M/2$，$I_0(x)$ 是 0 阶修正贝塞尔（Bessel）函数，其定义为

$$I_0(x) = 1 + \sum_{k=1}^{+\infty} \left[\frac{(x/2)^k}{k!}\right]^2$$

实际中，根据精度要求可截取前若干项进行计算，前 20 项对大多数应用是足够精确的。

根据设计指标，可确定过渡带宽和阻带最小衰减，由这两个参数可确定 β 和 α，从而确定凯泽窗。令

$$\Delta\omega = |\omega_s - \omega_p|$$

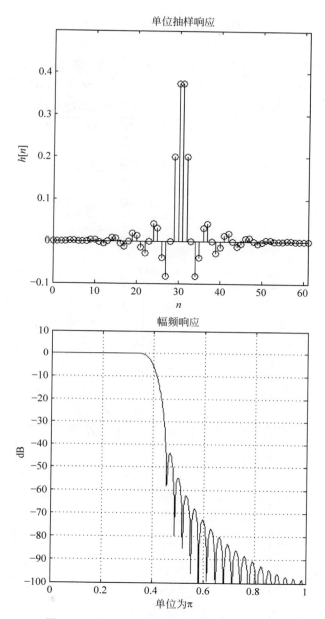

图 6.11 例 6.3.3 设计的滤波器的频率响应

和

$$\alpha_2 = -20\lg\delta_2$$

凯泽窗的参数估计公式是一种经验性的近似公式,为

$$\beta = \begin{cases} 0.1102(\alpha_2 - 8.7), & \alpha_2 > 50 \\ 0.5842(\alpha_2 - 21)^{0.4} + 0.078\,86(\alpha_2 - 21), & 21 \leqslant \alpha_2 \leqslant 50 \\ 0, & \alpha_2 < 21 \end{cases} \quad (6.54)$$

和

$$M = (\alpha_2 - 8)/(2.285\Delta\omega) \tag{6.55}$$
$$\alpha = M/2$$

例 6.3.4　用凯泽窗设计例 6.3.3 的滤波器，$\alpha_2 = 40\text{dB}$，$\Delta\omega = 0.1\pi$ 代入式（6.54），得 $\beta = 3.395$，用式（6.55）得 $M = (\alpha_2 - 8)/(2.285\Delta\omega) \approx 45$，$\alpha = 22.5$，故设计所得滤波器为

$$h[n] = \begin{cases} \dfrac{\sin(0.4\pi(n-22.5))}{\pi(n-22.5)} \dfrac{I_0\left[3.395(1-[(n-22.5)/22.5]^2)^{1/2}\right]}{I_0(3.395)}, & 0 \leqslant n \leqslant 45 \\ 0, & \text{其他} \end{cases}$$

凯泽窗设计的滤波器比例 6.3.3 中汉宁窗的设计更经济。设计的滤波器的频率响应示于图 6.12。

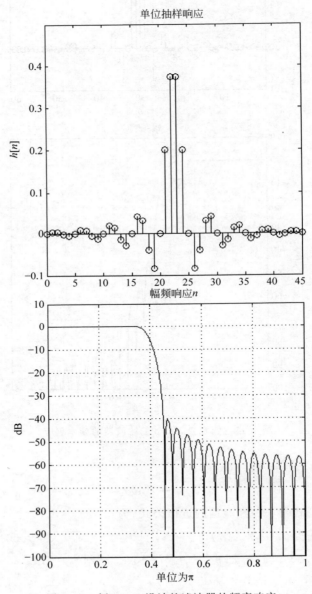

图 6.12　例 6.3.4 设计的滤波器的频率响应

尽管不如凯泽窗应用广泛,另一个参数可调整的窗是德尔夫-切比雪夫窗(Dolph-Chebyshev)。该窗在给定阻带最小衰减时,可得到最窄的过渡带。窗函数的频域定义比时域定义更简单,写为

$$W(\mathrm{e}^{\mathrm{j}\omega}) = \frac{\cos\left[(M+1)\arccos\left(\beta\cos\left(\dfrac{\omega}{2}\right)\right)\right]}{\cosh[(M+1)\mathrm{arccosh}(\beta)]}$$

这里,参数

$$\beta = \cosh\left[\frac{1}{M+1}\mathrm{arccosh}\left(\frac{1}{\zeta}\right)\right]$$

上式中,ζ＝窗频谱旁瓣峰值/窗频谱主瓣峰值。当 $\zeta = 0.001$,$M = 30$ 时,德尔夫-切比雪夫窗的波形和幅度谱图如图 6.13 所示。

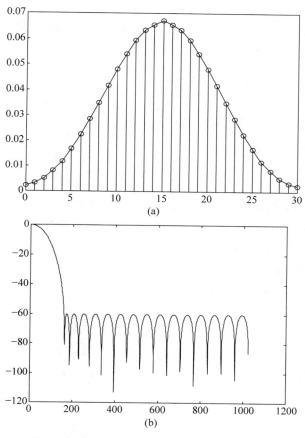

图 6.13　德尔夫-切比雪夫窗的波形和幅度谱图

用窗函数法进行 FIR 滤波器设计,物理意义清晰,设计过程简单。但是,不论用哪种窗函数设计 FIR 滤波器,用于估计窗参数尤其是窗长度参数的公式都是近似公式或经验公式,并不能保证所设计的滤波器严格满足指标要求,对设计完的滤波器要进行仿真验证(即6.1 节设计步骤中的第(3)步)。若已设计滤波器不能严格满足指标,可稍放宽参数后,再重新设计。例如,若用凯泽窗设计的高通滤波器是第一类 FIR 滤波器,满足波纹指标,但过渡

带稍超出指标要求，可将滤波器长度增加 2，重新计算 $h[n]$（在这个例子中，长度不能增加 1，因为若增加 1，则变为第二类 FIR 滤波器，它不能实现高通滤波）。一般这种重复过程只要一或两次就够了。

6.4　FIR 滤波器的等波纹逼近设计

如在 6.3 节开始所证明的，窗函数法设计是在频域均方误差最小的准则下对目标函数进行的逼近。尽管误差平方的积分最小，但由于误差可能集中于一个小的区间，从而使得最大误差较大，这与滤波器的指标要求不能很好地匹配。滤波器的指标要求在一个区间内波动误差不大于给定的值，若一种设计方法能把误差尽可能均匀地分布于一个区间内，则更符合滤波器的性能指标要求。

在数学中，对于一个期望的目标函数 $f(x)$，从一类函数中若能找到一个逼近函数 $P(x)$，对于感兴趣的区间 $[a,b]$ 使得逼近误差的最大值最小化，这种逼近方式称为最佳一致逼近。写为

$$\min_{\text{函数集}}\left\{\max_{a\leqslant x\leqslant b}\left[E(x)=|f(x)-P(x)|\right]\right\} \tag{6.56}$$

若逼近函数 $P(x)$ 选择为 L 阶多项式函数，即

$$P_L(x)=\sum_{k=0}^{L}a[k]x^k \tag{6.57}$$

最佳一致逼近条件式(6.56)可具体化为

$$\min_{\{a[k]\}}\left\{\max_{a\leqslant x\leqslant b}\left[E(x)=\left|f(x)-\sum_{k=0}^{L}a[k]x^k\right|\right]\right\} \tag{6.58}$$

切比雪夫逼近定理给出了用 $P_L(x)$ 得到 $f(x)$ 最佳一致逼近的充分必要条件，该定理实际上解决了用 $P_L(x)$ 得到 $f(x)$ 最佳一致逼近的存在性、唯一性及构造方法等问题。Parks 和 McClellan 利用该定理给出一种设计 FIR 滤波器的有效方法。如下首先叙述该定理，然后讨论怎样用于 FIR 滤波器设计问题。

切比雪夫交错定理　设 $f(x)$ 是定义在 $[a,b]$ 上的连续函数，$P_L(x)$ 是 L 阶多项式集合中的一个阶次不超过 L 的多项式，令

$$E_L=\max_{a\leqslant x\leqslant b}|P_L(x)-f(x)| \tag{6.59}$$

表示逼近误差的最大值，$P_L(x)$ 是 $f(x)$ 最佳一致逼近的充要条件是在 $[a,b]$ 上 $P_L(x)$ 至少存在 $(L+2)$ 个交错点：$a\leqslant x_1<x_2<\cdots<x_{L+2}\leqslant b$，使

$$\begin{cases} E(x_i)=\pm E_L \\ E(x_i)=-E(x_{i+1}) \end{cases} \tag{6.60}$$

式(6.60)也同时给出了交错点的定义。图 6.14 示出了最佳一致逼近时误差分布情况。可见误差是正负交错地分布于整个区间，而不是集中在一个小的区域，这种误差分布具有等波纹性质。在定理叙述时，只讨论了简单闭区间 $[a,b]$ 的情况，若自变量取自几个闭区间的交集，即

$$x\in[a_1,b_1]\cup[a_2,b_2]\cup\cdots\cup[a_m,b_m]$$

定理仍然成立。如果知道了各交错点的位置，把

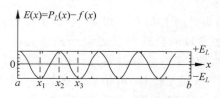

图 6.14　误差分布和交错点

式(6.57)代入式(6.60),解出多项式系数 $a[k]$,即可确定逼近函数 $P_L(x)$。

本节后序研究如下几个问题,以便用交错点定理设计 FIR 滤波器。

(1)怎样用多项式表示 FIR 滤波器的频率响应;

(2)怎样设计误差函数;

(3)怎样利用交错点定理逼近期望滤波器的频率响应;

(4)怎样将逼近函数转化为滤波器单位抽样响应 $h[n]$。

6.4.1 FIR 滤波器频率响应的多项式表示

交错定理很好地解决了用多项式逼近一个目标函数的问题,那么线性相位 FIR 滤波器的频率响应能否表示成多项式形式呢? 在 6.2 节给出了四种类型线性相位 FIR 滤波器的实幅度函数 $\hat{H}(e^{j\omega})$ 的表达式,由这些表达式很容易将 $\hat{H}(e^{j\omega})$ 表示成多项式形式。

首先查看第一类滤波器,$\hat{H}(e^{j\omega})$ 表达式为

$$\hat{H}(e^{j\omega}) = \sum_{m=0}^{\frac{M}{2}} a[m]\cos(m\omega)$$

利用三角函数的关系,

$$\cos(m\omega) = \sum_{k=0}^{m} \beta_k (\cos\omega)^k$$

可将第一类滤波器的 $\hat{H}(e^{j\omega})$ 重写为

$$\hat{H}(e^{j\omega}) = \sum_{m=0}^{L} a'[m](\cos\omega)^m \tag{6.61}$$

若令 $x=\cos\omega$,式(6.61)表示了 $L=M/2$ 阶多项式,可利用交错点定理进行最优一致逼近。

对于第二类滤波器,$\hat{H}(e^{j\omega})$ 表达式为

$$\hat{H}(e^{j\omega}) = \sum_{m=1}^{\frac{M+1}{2}} b[m]\cos\left(\omega\left(m-\frac{1}{2}\right)\right)$$

利用三角函数关系,重新整理为

$$\hat{H}(e^{j\omega}) = \cos\frac{\omega}{2}\sum_{m=0}^{\frac{M-1}{2}} \hat{b}[m]\cos(m\omega) \tag{6.62}$$

其中系数为

$$\begin{cases} \hat{b}[0] = b[1]/2 \\ \hat{b}[1] = 2b[1] - 2b[0] \\ \hat{b}[m] = 2b[m] - b[m-1], \quad m=2,3,\cdots,\frac{M-3}{2} \\ \hat{b}\left[\frac{M-1}{2}\right] = 2b\left[\frac{M+1}{2}\right] \end{cases} \tag{6.63}$$

类似地处理,第三类滤波器的 $\hat{H}(e^{j\omega})$ 表达式重新整理为

$$\hat{H}(e^{j\omega}) = \sin\omega\sum_{m=0}^{\frac{M}{2}-1} \hat{c}[m]\cos(m\omega) \tag{6.64}$$

新系数集对应为

$$\begin{cases} \hat{c}\left[\dfrac{M}{2}-1\right]=c\left[\dfrac{M}{2}\right] \\[2mm] \hat{c}\left[\dfrac{M}{2}-2\right]=2c\left[\dfrac{M}{2}-1\right] \\[2mm] \hat{c}[m-1]-\hat{c}[m+1]=2c[m], \quad 2\leqslant m\leqslant\dfrac{M}{2}-2 \\[2mm] \hat{c}[0]-\dfrac{1}{2}\hat{c}[2]=c[1] \end{cases} \tag{6.65}$$

第四类滤波器的 $\hat{H}(\mathrm{e}^{\mathrm{j}\omega})$ 表达式重新整理为

$$\hat{H}(\mathrm{e}^{\mathrm{j}\omega})=\sin\frac{\omega}{2}\sum_{m=0}^{\frac{M-1}{2}}\hat{d}[m]\cos(m\omega) \tag{6.66}$$

新系数对应为

$$\begin{cases} \hat{d}\left[\dfrac{M-1}{2}\right]=2d\left[\dfrac{M+1}{2}\right] \\[2mm] \hat{d}[m-1]-\hat{d}[m]=2d[m], \quad 2\leqslant m\leqslant\dfrac{M-1}{2} \\[2mm] \hat{d}[0]-\dfrac{1}{2}\hat{d}[1]=d[1] \end{cases} \tag{6.67}$$

把四类滤波器的实幅度响应整理成统一的形式如下

$$\hat{H}(\mathrm{e}^{\mathrm{j}\omega})=Q(\mathrm{e}^{\mathrm{j}\omega})P(\mathrm{e}^{\mathrm{j}\omega}) \tag{6.68}$$

其中

$$Q(\mathrm{e}^{\mathrm{j}\omega})=\begin{cases} 1, & \text{类型1} \\ \cos(\omega/2), & \text{类型2} \\ \sin\omega, & \text{类型3} \\ \sin(\omega/2), & \text{类型4} \end{cases} \tag{6.69}$$

$P(\mathrm{e}^{\mathrm{j}\omega})$ 为多项式形式

$$P(\mathrm{e}^{\mathrm{j}\omega})=\sum_{m=0}^{L}\alpha[m]\cos(m\omega) \tag{6.70}$$

其中，对于不同类型滤波器，多项式阶与 M 的关系为

$$L=\begin{cases} M/2, & \text{类型1} \\ (M-1)/2, & \text{类型2} \\ M/2-1, & \text{类型3} \\ (M-1)/2, & \text{类型4} \end{cases} \tag{6.71}$$

从式(6.68)，四种类型滤波器均可写为一个多项式乘以一个指定因子 $Q(\mathrm{e}^{\mathrm{j}\omega})$。对于一个给定的类型，$Q(\mathrm{e}^{\mathrm{j}\omega})$ 是固定的。因此，滤波器设计问题就变成了多项式系数 $\alpha[m]$ 的确定问题。

6.4.2　误差函数的构造

为了研究逼近误差问题，以低通滤波器为例进行讨论，其结果可直接推广到其他类型滤波器。既然研究逼近误差，这里有两个频率响应。一个是给出的期望滤波器的频率

响应

$$H_\mathrm{d}(\mathrm{e}^{\mathrm{j}\omega}) = \hat{H}_\mathrm{d}(\mathrm{e}^{\mathrm{j}\omega})\mathrm{e}^{-\mathrm{j}\alpha\omega} \tag{6.72}$$

一个是待确定的逼近系统的频率响应

$$H(\mathrm{e}^{\mathrm{j}\omega}) = \hat{H}(\mathrm{e}^{\mathrm{j}\omega})\mathrm{e}^{-\mathrm{j}\alpha\omega} \tag{6.73}$$

只在通带和阻带内使 $H(\mathrm{e}^{\mathrm{j}\omega})$ 逼近 $H_\mathrm{d}(\mathrm{e}^{\mathrm{j}\omega})$。既然线性相位是相同的,后续讨论可省略相位部分。一个直接定义的误差项为

$$E(\omega) = \hat{H}_\mathrm{d}(\mathrm{e}^{\mathrm{j}\omega}) - \hat{H}(\mathrm{e}^{\mathrm{j}\omega})$$

图 6.15 显示了 $\hat{H}(\mathrm{e}^{\mathrm{j}\omega})$ 的变化和误差项的变化。对于低通滤波,感兴趣的角频率区间是 $\Omega = [0,\omega_\mathrm{p}] \cup [\omega_\mathrm{s},\pi]$。由于通带误差和阻带误差要求不一致,为了使用交错定理,应该把误差极大值的幅度统一,故定义加权误差函数为

$$E(\omega) = W(\omega)\left[\hat{H}_\mathrm{d}(\mathrm{e}^{\mathrm{j}\omega}) - \hat{H}(\mathrm{e}^{\mathrm{j}\omega})\right] \tag{6.74}$$

加权函数的一种定义为

$$W(\omega) = \begin{cases} \delta_2/\delta_1, & \omega \in [0,\omega_\mathrm{p}] \\ 1, & \omega \in [\omega_\mathrm{s},\pi] \end{cases} \tag{6.75}$$

通过加权函数,误差函数 $E(\omega)$ 在通带和阻带的交错点上的取值均为 $\pm\delta_2$。

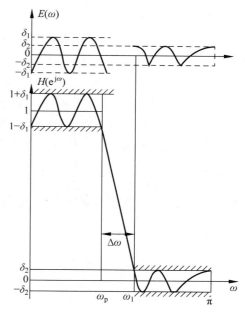

图 6.15　逼近的幅频响应和误差项

对于第一类 FIR 滤波器,$\hat{H}(\mathrm{e}^{\mathrm{j}\omega})$ 是多项式,式(6.74)可直接使用交错点定理。为了使得研究方法同样适用于第二至第四类 FIR 滤波器,将式(6.68)代入式(6.74),得

$$\begin{aligned}
E(\omega) &= W(\omega)\left[\hat{H}_\mathrm{d}(\mathrm{e}^{\mathrm{j}\omega}) - Q(\mathrm{e}^{\mathrm{j}\omega})P(\mathrm{e}^{\mathrm{j}\omega})\right] \\
&= W(\omega)Q(\mathrm{e}^{\mathrm{j}\omega})\left[\frac{\hat{H}_\mathrm{d}(\mathrm{e}^{\mathrm{j}\omega})}{Q(\mathrm{e}^{\mathrm{j}\omega})} - P(\mathrm{e}^{\mathrm{j}\omega})\right] \\
&= W_Q(\omega)\left[\hat{H}_{\mathrm{d},Q}(\mathrm{e}^{\mathrm{j}\omega}) - P(\mathrm{e}^{\mathrm{j}\omega})\right]
\end{aligned}$$

这里定义

$$W_Q(\omega) = W(\omega)Q(\mathrm{e}^{\mathrm{j}\omega})$$

$$\hat{H}_{\mathrm{d},Q}(\mathrm{e}^{\mathrm{j}\omega}) = \frac{\hat{H}_\mathrm{d}(\mathrm{e}^{\mathrm{j}\omega})}{Q(\mathrm{e}^{\mathrm{j}\omega})}$$

分别为修正的加权函数和修正的期望频率响应。再代入 $P(\mathrm{e}^{\mathrm{j}\omega})$ 的定义得

$$E(\omega) = W_Q(\omega)\left[\hat{H}_{\mathrm{d},Q}(\mathrm{e}^{\mathrm{j}\omega}) - \sum_{m=0}^{L}\alpha[m]\cos(m\omega)\right] \tag{6.76}$$

因此,等波纹逼近的设计成为求解如下问题

$$\min_{\{\alpha[m]\}} \left\{\max_{\omega\in\Omega} W_Q(\omega)\left[\hat{H}_{\mathrm{d},Q}(\mathrm{e}^{\mathrm{j}\omega}) - \sum_{m=0}^{L}\alpha[m]\cos(m\omega)\right]\right\} \tag{6.77}$$

6.4.3　Remeze 算法

首先说明，利用交错定理保证式(6.77)的解是最佳一致估计。为了简单，以第一类滤波器为例说明交错定理是怎样满足的。对第一类滤波器的误差表达式式(6.74)两边求导，考虑 $W(\omega)$ 和 $\hat{H}_d(e^{j\omega})$ 的分段常数特性，导数为

$$\frac{dE(\omega)}{d\omega} = \frac{d}{d\omega}\{W(\omega)[\hat{H}_d(e^{j\omega}) - \hat{H}(e^{j\omega})]\} = -\frac{d\hat{H}(e^{j\omega})}{d\omega} = 0 \tag{6.78}$$

上式的解为 $E(\omega)$ 的极值点，对第一类滤波器，式(6.78)等价为

$$\sin\omega \sum_{m=0}^{L} ma'[m](\cos\omega)^{m-1} = 0 \tag{6.79}$$

由于在 $0<\omega<\pi$ 范围内，$\sin\omega>0$ 故式(6.79)有 $L-1$ 个解。$\sin\omega=0$ 的解是 $\omega=\pi$ 和 $\omega=0$，即 $\hat{H}(e^{j\omega})$ 有 $L+1$ 个局部极大值和极小值，这样 $E(\omega)$ 有 $L+1$ 个极值点。注意到，对于频点 ω_p 和 ω_s，分别有 $E(\omega_p)=-E(\omega_s)=-\delta_2$，这样 $E(\omega)$ 至多有 $L+3$ 个极值点，满足交错定理的 $L+2$ 个交错点条件，从而得到对 $\hat{H}_d(e^{j\omega})$ 的最佳一致逼近。从以上推导可以看出滤波器的交错点比设计要求还多了一点，所以有时也称这种设计为"超波纹"设计。

有了理论的保证，针对四种类型滤波器的逼近问题研究具体的算法。设有 $L+2$ 个极值点 $\{\omega_n, n=0,1,\cdots,L+1\}$，将极值点代入式(6.76)得

$$W_Q(\omega_n)\left[\hat{H}_{d,Q}(e^{j\omega_n}) - \sum_{m=0}^{L}\alpha[m]\cos(m\omega_n)\right] = (-1)^n\delta_2, \quad n=0,1,\cdots,L+1 \tag{6.80}$$

这里，把 $\alpha(m)$ 和 δ_2 作为待确定参数，重写式(6.80)为如下形式

$$\sum_{m=0}^{L}\alpha[m]\cos(m\omega_n) + \frac{(-1)^n\delta_2}{W_Q(\omega_n)} = \hat{H}_{d,Q}(e^{j\omega_n}), \quad n=0,1,\cdots,L+1 \tag{6.81}$$

式(6.81)的矩阵形式的方程组写为

$$\begin{bmatrix} 1 & \cos\omega_0 & \cdots & \cos(L\omega_0) & \dfrac{1}{W_Q(\omega_0)} \\ 1 & \cos\omega_1 & \cdots & \cos(L\omega_1) & \dfrac{-1}{W_Q(\omega_1)} \\ \vdots & \vdots & \ddots & \vdots & \vdots \\ 1 & \cos\omega_{L+1} & \cdots & \cos(L\omega_{L+1}) & \dfrac{(-1)^{L+1}}{W_Q(\omega_{L+1})} \end{bmatrix} \begin{bmatrix} \alpha[0] \\ \alpha[1] \\ \vdots \\ \alpha[L] \\ \delta_2 \end{bmatrix} = \begin{bmatrix} \hat{H}_{d,Q}(e^{j\omega_0}) \\ \hat{H}_{d,Q}(e^{j\omega_1}) \\ \vdots \\ \hat{H}_{d,Q}(e^{j\omega_{L+1}}) \end{bmatrix} \tag{6.82}$$

实际中，并不知道 $\{\omega_n, n=0,1,\cdots,L+1\}$，而是采用迭代算法进行计算。基于式(6.82)的迭代算法叙述为：首先给出角频率的初始猜测值 $\{\omega_n, n=0,1,\cdots,L+1\}$，代入式(6.82)解出 $\alpha[l]$ 和 δ_2，从而得到 $P(e^{j\omega})$ 和 $E(\omega)$；用 $E(\omega)$ 算出一组新的极值频率，代入式(6.82)重复该过程，直到算法收敛（极值频率不再变化）。

这种迭代算法称为 Remeze 交换算法，一个改进的高效 Remeze 算法叙述如下：

(1) 给出初始猜测的极值点 $\{\omega_n, n=0,1,\cdots,L+1\}$；

(2) 由下式计算 δ_2

$$\delta_2 = \frac{\sum\limits_{k=0}^{L+1} \gamma_k \hat{H}_{\mathrm{d},Q}(\mathrm{e}^{\mathrm{j}\omega_k})}{\sum\limits_{k=0}^{L+1} \dfrac{(-1)^k \gamma_k}{W_Q(\omega_k)}} \tag{6.83}$$

这里

$$\gamma_k = \prod_{\substack{n=0 \\ n \neq k}}^{L+1} \frac{1}{\cos\omega_k - \cos\omega_n} \tag{6.84}$$

（3）计算 $P(\mathrm{e}^{\mathrm{j}\omega})$。式(6.81)左侧第一项是 $P(\mathrm{e}^{\mathrm{j}\omega})$ 在 ω_n 的取值,故有

$$P(\mathrm{e}^{\mathrm{j}\omega_n}) = \hat{H}_{\mathrm{d},Q}(\mathrm{e}^{\mathrm{j}\omega_n}) - \frac{(-1)^n \delta_2}{W_Q(\omega_n)} \tag{6.85}$$

同时, $P(\mathrm{e}^{\mathrm{j}\omega})$ 是多项式形式

$$P(\mathrm{e}^{\mathrm{j}\omega}) = \sum_{m=0}^{L} \alpha'[m](\cos\omega)^m = \sum_{m=0}^{L} \alpha'[m]x^m \tag{6.86}$$

因此可用拉格朗日插值公式得到 $P(\mathrm{e}^{\mathrm{j}\omega})$ 的表达式为

$$P(\mathrm{e}^{\mathrm{j}\omega}) = \frac{\sum\limits_{k=0}^{L} \dfrac{P(\mathrm{e}^{\mathrm{j}\omega_k})\nu_k}{\cos\omega - \cos\omega_k}}{\sum\limits_{k=0}^{L} \dfrac{\nu_k}{\cos\omega - \cos\omega_k}} \tag{6.87}$$

这里,系数为

$$\nu_k = \prod_{\substack{n=0 \\ n \neq k}}^{L} \frac{1}{\cos\omega_k - \cos\omega_n} \tag{6.88}$$

（4）在密集频率点上搜寻新的极值点。由于 $P(\mathrm{e}^{\mathrm{j}\omega})$ 已经得到,可在密集频率点上计算误差值

$$E(\omega) = W_Q(\omega)[\hat{H}_{\mathrm{d},Q}(\mathrm{e}^{\mathrm{j}\omega}) - P(\mathrm{e}^{\mathrm{j}\omega})]$$

这里密集频率点指在区间 $\Omega = [0,\omega_{\mathrm{p}}] \bigcup [\omega_{\mathrm{s}},\pi]$ 上,均匀采 I 个角频率点,建议 $I = 16(M+1)$,这里 $M+1$ 是 FIR 滤波器长度。在密集频率点上计算 $E(\omega)$,找到 $L+2$ 个新的极值点,回到(2),重复该过程,直到 $L+2$ 个极值点和 δ_2 收敛,算法转入(5)。

（5）求出 $h[n]$。由最后获得的 $P(\mathrm{e}^{\mathrm{j}\omega})$,根据滤波器的类型得到设计的频率响应为

$$H(\mathrm{e}^{\mathrm{j}\omega}) = Q(\mathrm{e}^{\mathrm{j}\omega})P(\mathrm{e}^{\mathrm{j}\omega})\mathrm{e}^{-\mathrm{j}(\omega\alpha+\beta)} \tag{6.89}$$

当 M 为偶数,计算

$$H[k] = H(\mathrm{e}^{\mathrm{j}\omega})\big|_{\omega=\frac{2\pi}{M+1}k}, \quad k=0,1,\cdots,M/2 \tag{6.90}$$

$$H[k] = H^*[N-k], \quad k=\frac{M}{2}+1,\cdots,M \tag{6.91}$$

当 M 为奇数,计算

$$H[k] = H(\mathrm{e}^{\mathrm{j}\omega})\big|_{\omega=\frac{2\pi}{M+1}k}, \quad k=0,1,\cdots,\frac{M-1}{2} \tag{6.92}$$

$$H[k] = H^*[N-k], \quad k=\frac{M+1}{2},\cdots,M \tag{6.93}$$

做 IDFT 得到 $h[n]$

$$h[n] = \text{IDFT}\{H[k]\}, \quad n = 0, 1, \cdots, M \tag{6.94}$$

之所以用式(6.91)和式(6.93)计算 $H[k]$ 的后半部分，是因为这保证了 $h[n]$ 是实序列。由式(6.89)得到的 $H(e^{j\omega})$ 是一种逼近设计，直接按式(6.90)采样得到全部的 $H[k]$ 不一定保证严格的共轭对称性，从而不能保证 $h[n]$ 是实序列。Remeze 算法的流程图如图6.16所示。

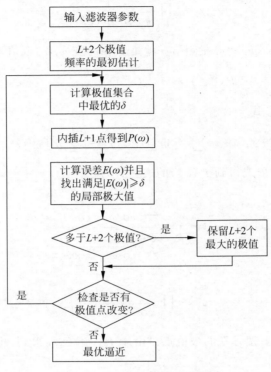

图 6.16　Remeze 算法的流程图

在 Remeze 算法中，参数 L 是预先指定的，故 M 参数需要预先给出。一个 M 的近似估计公式为

$$M = \frac{-20\lg\sqrt{\delta_1\delta_2} - 13}{2.32\,|\omega_s - \omega_p|} \tag{6.95}$$

Remeze 算法是一种迭代交换算法。它的特点是占用内存小，运算时间短，一般只需要5次左右迭代即可找到 $L+1$ 极值频率。在 MATLAB 中有现成的 Remeze 函数可以利用（新版函数名 firpm）。

6.5　频率取样设计

设计一个 FIR 滤波器的 $h[n]$ 是 $N = M+1$ 的有限长序列，其 DTFT 为 $H(e^{j\omega})$，N 点 DFT 系数为 $H[k]$，z 变换为 $H(z)$。对于有限长序列 $h[n]$，$H(e^{j\omega})$ 和 $H(z)$ 都可由 $H[k]$ 表示。第5章讨论的 FIR 系统的频率采样结构给出了以 $H[k]$ 为系数的 $H(z)$ 表达式，它是由一个梳状滤波器级联 N 个一阶 IIR 系统的并联结构组成的。

本节讨论,给出一个期望的滤波器 $H_d(e^{j\omega})$,怎样用一个实际频率采样结构的滤波器逼近它。设给出了期望滤波器的频率响应 $H_d(e^{j\omega})$,按如下方式得到 $H[k]$,即

$$H[k] = H_d(e^{j\omega})\big|_{\omega=\frac{2\pi}{N}k} = H_d[k] \tag{6.96}$$

做 N 点 IDFT,得到 FIR 滤波器的 $h[n]$,即

$$h[n] = \text{IDFT}\{H[k]\} \tag{6.97}$$

式(6.96)和式(6.97)构成了频率取样设计的基本步骤。

设计的 FIR 滤波器 $h[n]$,其频率响应 $H(e^{j\omega})$ 与 $H[k]$ 满足如下关系

$$H[k] = H(e^{j\omega})\big|_{\omega=\frac{2\pi}{N}k}$$

因此设计滤波器的频率响应和期望滤波器的频率响应,满足下式

$$H(e^{j\omega})\big|_{\omega=\frac{2\pi}{N}k} = H_d(e^{j\omega})\big|_{\omega=\frac{2\pi}{N}k} \tag{6.98}$$

即设计的滤波器和期望滤波器在频点 $\omega = \dfrac{2\pi}{N}k$ 处相等,作为逼近方式,$H(e^{j\omega})$ 是 $H_d(e^{j\omega})$ 的插值逼近。

例 6.5.1 设计一个长度 $N = M + 1 = 41$ 的 FIR 低通滤波器,假设为线性相位的,期望的滤波器频率响应在 $[0, 2\pi]$ 范围内的定义为

$$H_d(e^{j\omega}) = \begin{cases} e^{-j20\omega}, & 0 \leqslant \omega \leqslant 0.15\pi \\ 0, & 0.15\pi < \omega < 1.85\pi \\ e^{-j20\omega}, & 1.85\pi \leqslant \omega < 2\pi \end{cases}$$

得到

$$H[k] = H_d(e^{j\omega})\big|_{\omega=\frac{2\pi}{41}k}$$

$$H[0] = 1, \quad H[1] = e^{-j\frac{40\pi}{41}} \quad H[2] = e^{-j\frac{80\pi}{41}} \quad H[3] = e^{-j\frac{120\pi}{41}}$$

$$H[k] = 0, \quad 4 \leqslant k \leqslant 37$$

$$H[38] = e^{-j20\times\frac{2\pi}{41}\times(41-3)} = H^*[3], \quad H[39] = e^{-j20\times\frac{2\pi}{41}\times(41-2)} = H^*[2]$$

$$H[40] = e^{-j20\times\frac{2\pi}{41}(41-1)} = H^*[1]$$

该例子中,尽管 $h[n]$ 有 41 个非零系数,但 $H[k]$ 只有 7 个非零系数,其中 3 对互为共轭,构成的频率取样结构中,并联子系统只有一个一阶实系数子系统和三个二阶实系数子系统。

通过频率取样得到的 FIR 滤波器的频率响应,在频率点 $\omega = \dfrac{2\pi}{N}k$ 处与期望滤波器的频率响应相等,但在其他频率处需要用插值方法求出。将 5.8 节用 $H[k]$ 插值系统函数的公式重写如下

$$H(z) = \frac{1}{N}(1 - z^{-N})\sum_{k=0}^{N-1} \frac{H[k]}{1 - W_N^{-k}z^{-1}} \tag{6.99}$$

上式代入 $z = e^{j\omega}$ 得到 FIR 滤波器的频率响应为

$$H(e^{j\omega}) = \frac{1}{N}(1 - e^{-jN\omega})\sum_{k=0}^{N-1} \frac{H[k]}{1 - W_N^{-k}e^{-j\omega}}$$

$$= e^{-j\left(\frac{N-1}{2}\right)\omega} \sum_{k=0}^{N-1} H[k] \left\{ \frac{1}{N} e^{j\frac{k\pi}{N}(N-1)} \frac{\sin\left[\frac{N}{2}\left(\omega - \frac{2\pi}{N}k\right)\right]}{\sin\left[\frac{1}{2}\left(\omega - \frac{2\pi}{N}k\right)\right]} \right\} \qquad (6.100)$$

若希望设计的滤波器是线性相位的，同样要求期望的频率响应也是线性相位的，因此

$$H[k] = H_d[k] = H_d(e^{j\omega})\big|_{\omega=\frac{2\pi}{N}k} = \hat{H}_d(e^{j\omega}) e^{-j\omega\left(\frac{N-1}{2}\right)}\big|_{\omega=\frac{2\pi}{N}k}$$

$$= \hat{H}_d[k] e^{-j\left(\frac{N-1}{2}\right)\left(\frac{2\pi}{N}k\right)} = \hat{H}[k] e^{-j\left(\frac{N-1}{2}\right)\left(\frac{2\pi}{N}k\right)} \qquad (6.101)$$

式(6.101)代入式(6.100)得

$$H(e^{j\omega}) = e^{-j\left(\frac{N-1}{2}\right)\omega} \sum_{k=0}^{N-1} \hat{H}[k] \left\{ \frac{1}{N} \frac{\sin\left[\frac{N}{2}\left(\omega - \frac{2\pi}{N}k\right)\right]}{\sin\left[\frac{1}{2}\left(\omega - \frac{2\pi}{N}k\right)\right]} \right\} \qquad (6.102)$$

将上式大括号内的项定义为插值函数

$$S(\omega, k) = \frac{1}{N} \frac{\sin\left[\frac{N}{2}\left(\omega - \frac{2\pi}{N}k\right)\right]}{\sin\left[\frac{1}{2}\left(\omega - \frac{2\pi}{N}k\right)\right]} \qquad (6.103)$$

式(6.102)写成简洁的插值形式为

$$H(e^{j\omega}) = e^{-j\left(\frac{N-1}{2}\right)\omega} \sum_{k=0}^{N-1} \hat{H}[k] S(\omega, k) \qquad (6.104)$$

式(6.104)说明，若期望频率响应是线性相位的，设计得到的 FIR 滤波器也是线性相位的，得到的滤波器的频率响应由期望频率响应的采样值通过式(6.104)的插值运算得到。

图 6.17 以低通滤波器为例做了说明。在 $\omega = \frac{2\pi}{N}k$ 处满足式(6.98)，在其他频率点上，$H(e^{j\omega})$ 与理想低通滤波器相比在通带和阻带都存在波纹误差。通过数字计算可得到阻带最小衰减约 20dB，其性能与矩形窗函数法的设计结果大致相当。这种性能不能满足大多数实际需要，需要对这种方法进行改进。

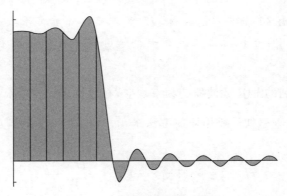

图 6.17   插值得到的频率响应

造成波纹误差较大的主要原因是 $\hat{H}_d[k]$ 取值的突变。为了降低波纹误差,在 $\hat{H}_d[k]$ 取值的突变处增加过渡点。以低通滤波器为例,若

$$\hat{H}_d[k_0]=1,\quad \hat{H}_d[k_0+1]=0,\quad \hat{H}_d[k_0+2]=0,\cdots$$

为了减少突变,可将 k_0+1 点变成"过渡点",即

$$\hat{H}[k]=\begin{cases}\hat{H}_d[k], & k\neq k_0+1, k\neq N-k_0-1 \\ H_1, & k=k_0+1, k=N-k_0-1\end{cases}$$

这里 H_1 是一个过渡值,其他的频率点上需满足 $H[k]=H_d[k]$ 的约束条件,故称为"约束频率";k_0+1,$N-k_0-1$ 点需要变成过渡点,不再满足约束条件,故称为"非约束频率"。

对于例 6.5.1,可以取 $k=4$ 和 $k=36$ 为过渡点。

一个简单猜测的过渡点取 $H_1=0.5$,图 6.18 画出了过渡点对插值的贡献。由于抵消作用,加入这个过渡点后,波纹误差有所下降,阻带最小衰减约为 30dB,比不加约束点得到改善。H_1 的取值不同,改善效果不同,$H_1=0.3904$ 是一个找到的最优值,阻带最小衰减可达 40dB。

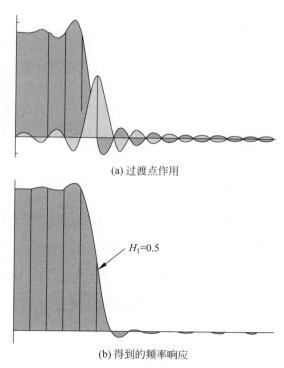

(a) 过渡点作用

$H_1=0.5$

(b) 得到的频率响应

图 6.18 有过渡点的插值后频率响应

可以增加更多的过渡点(非约束频率),例如在突变处增加 2 个非约束频率,其对应的幅度值表示为 H_1、H_2。如下研究 H_1、H_2 的最优取值问题。

式(6.104)中,实幅度部分重新写为

$$\hat{H}(e^{j\omega})=\sum_{k=0}^{N-1}\hat{H}[k]S(\omega,k)=B(\omega)+H_1S_1(\omega)+H_2S_2(\omega) \tag{6.105}$$

其中 $B(\omega)$ 表示全部约束频率对 $\hat{H}(e^{j\omega})$ 的贡献，$H_1S_1(\omega)+H_2S_2(\omega)$ 是非约束频率对 $\hat{H}(e^{j\omega})$ 的贡献。由于任一个非约束频率，都存在一个共轭对称项，故 H_1 的贡献合写为 $S_1(\omega)$，H_2 的贡献也是类似的。按滤波器指标要求，可得到两组条件：

（1）在通带内，$|\hat{H}(e^{j\omega})-\hat{H}_d(e^{j\omega})|\leqslant\delta_1$；

（2）在阻带内，优化 $\min\limits_{\{H_1,H_2\}}\{\max|\hat{H}(e^{j\omega})-\hat{H}_d(e^{j\omega})|\}$。

条件（1）要求满足通带指标，条件（2）要求 H_1、H_2 的选择使阻带衰减最大化。把能够得到的阻带衰减最大误差表示成 ε，并把式（6.105）代入条件（1）和（2）分别得到如下不等式。通带

$$\begin{cases} H_1S_1(\omega)+H_2S_2(\omega)\leqslant\delta_1-B(\omega)+\hat{H}_d(e^{j\omega}) \\ -H_1S_1(\omega)-H_2S_2(\omega)\leqslant\delta_1+B(\omega)-\hat{H}_d(e^{j\omega}) \end{cases} \tag{6.106}$$

阻带

$$\begin{cases} H_1S_1(\omega)+H_2S_2(\omega)-\varepsilon\leqslant-B(\omega)+\hat{H}_d(e^{j\omega}) \\ -H_1S_1(\omega)-H_2S_2(\omega)-\varepsilon\leqslant B(\omega)-\hat{H}_d(e^{j\omega}) \end{cases} \tag{6.107}$$

对式（6.106）和式（6.107），可分别在通带和阻带内随机地取一组频率值 $\{\omega_i\}$ 代入两式中。注意到对于给出的频率值，$S_1(\omega)$、$S_2(\omega)$、$B(\omega)$、$\hat{H}_d(e^{j\omega})$ 都可计算出具体值。这样，就得到了由多个不等式方程组成的方程组，未知数是 H_1、H_2、ε。这是典型的解线性规划问题，可利用计算机程序方便地求解。两个非约束频率的情况下，一种最优解是 $H_1=0.5886$，$H_2=0.1065$，得到的 $\varepsilon\approx0.001$，即阻带衰减达到 60dB。以上优化技术，很容易推广到加入三个和三个以上非约束频率的情况。

不加入非约束频率时，滤波器的过渡带显然小于 $\dfrac{2\pi}{N}$。加入 2 个非约束频率后，过渡带只是小于 $3\times\dfrac{2\pi}{N}$，显然过渡带有明显增加。为了得到波纹误差小和过渡带也小的设计，可以增加采样点 N，并加入适当数目的非约束频率。在实际设计中，很少使用超过三个非约束频率的情况。

如式（6.96）在 $\omega=\dfrac{2\pi}{N}k$ 处对 $H_d(e^{j\omega})$ 采样得到的滤波器，其通频带总是以 $\omega=\dfrac{2\pi}{N}k$ 为边界，不够灵活。如 5.8 节最后所讨论的，也可以在如下频率处采样，即

$$H_a[k]=H_d(e^{j\omega})\Big|_{\omega=\frac{2\pi}{N}(k+\alpha)}$$

适当选择 α，可使得通频带边界位于任意位置。至于通过选择非约束频率降低波纹系数的问题，则与在 $\omega=\dfrac{2\pi}{N}k$ 处采样类似，不再赘述。

6.6　IIR 数字滤波器的间接设计方法

6.1 节讨论了滤波器设计的一般问题。如果需要设计的滤波器是 IIR 型的，设计问题描述为：对于给定的指标，设计一个离散 IIR 系统，使其幅频响应满足该指标。通过设计，

得到系统函数

$$H(z) = \frac{\sum_{k=0}^{M} b_k z^{-k}}{1 + \sum_{r=1}^{N} a_r z^{-r}} \tag{6.108}$$

这等价为获得如下参数集

$$\{M, N, b_k, 0 \leqslant k \leqslant M, a_r, 1 \leqslant r \leqslant N\} \tag{6.109}$$

以设计一个数字低通滤波器为例,需要给出 4 个指标$\{\omega_p, \omega_s, \delta_1, \delta_2\}$或$\{\omega_p, \omega_s, \alpha_1, \alpha_2\}$,求得式(6.109)所表示的参数集,使系统的幅频响应满足指标要求。

IIR 系统无法实现线性相位,故对于 IIR 滤波器的设计总是给定幅频响应的指标,使得设计的系统满足给定的幅频响应要求。

IIR 滤波器的设计有两类基本方法:一是间接法设计,首先设计一个模拟滤波器,再用适当的方法转换成要求的数字滤波器;二是直接方法,在所要求的频率响应与实际设计的滤波器频率响应之间规定一个误差范围,用某种最优化算法确定滤波器系统函数,所以又称算法设计法。由于模拟滤波器设计有一套成熟的方法,故间接设计法在 IIR 滤波器设计中应用更为广泛。

间接法 IIR 滤波器设计具有明显的优点和缺点。优点是鉴于模拟滤波器设计的成熟性,设计方法简单,有闭式的设计公式;缺点是缺乏灵活性,只能设计如低通、高通、带通等标准滤波器,对于任意函数形式的幅频响应则难于用该方法设计。对间接法无法完成的设计,可以用直接法设计。

间接法设计的基本步骤如图 6.19 所示。第一步是给出数字滤波器的设计指标,这是设计问题的起点。第二步给出模拟滤波器指标。为了通过模拟滤波器转换成数字滤波器,首先要设计一个模拟滤波器,这需要在模拟系统和数字系统之间建立一种变换关系 $z = g(s)$ 或 $s = f(z)$。通过这个变换关系,先将数字滤波器的设计指标变成模拟滤波器的指标。仍以低通滤波器为例:若数字滤波器指标为$\{\omega_p, \omega_s, \delta_1, \delta_2\}$,通过一种变换得到模拟滤波器的指标集为

$$\{\Omega_p, \Omega_s, \delta_1', \delta_2'\} \tag{6.110}$$

这里,用 Ω 表示模拟滤波器的角频率。第三步是设计一个模拟滤波器,系统函数表示为

$$H_a(s) = \frac{\sum_{k=0}^{M} d_k s^k}{\sum_{k=0}^{N} c_k s^k} \tag{6.111}$$

通过变换 $s = f(z)$ 得到数字滤波器的系统函数 $H(z)$,完成 IIR 数字滤波器设计。

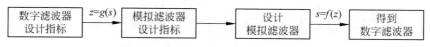

图 6.19 IIR 滤波器间接设计法基本步骤

在以上的设计步骤中,模拟滤波器的设计已有几种程序化的设计方法。从数字滤波器的设计指标得到模拟滤波器的设计指标和从模拟滤波器系统函数得到数字滤波器系统函数的变换,都需要研究模拟变换域(s 域)和离散变换域(z 域)之间的变换关系。这是间接法

IIR 滤波器设计的关键问题。

用 $s=f(z)$ 表示这种映射关系，这个映射应满足两个条件（映射条件）：

(1) 将 s 域的虚轴变换到 z 域的单位圆上。即当 $s=\mathrm{j}\Omega$，$-\infty<\Omega<\infty$ 时，对应 $z=\mathrm{e}^{\mathrm{j}\omega}$，$-\pi<\omega<\pi$；

(2) 将 s 域的左半平面映射到 z 域的单位圆内，即若 $\mathrm{Re}(s)<0$，对应 $|z|<1$。

条件(1)是在连续频率和离散频率之间建立映射关系。s 平面的虚轴表示连续角频率，z 平面的单位圆对应离散角频率。条件(1)的要求将模拟系统的频率响应与离散系统的频率响应对应，这个条件也保证将数字滤波器的频率指标转换为式(6.110)表示的模拟滤波器指标。条件(2)保证了将稳定因果的模拟系统变换为稳定因果的离散系统。

在 IIR 数字滤波器设计中，最常用的两种变换分别是冲激响应不变法和双线性变换法。下面分别介绍这两种方法。

6.6.1　冲激响应不变法

在 2.6 节曾讨论了在理想条件下连续系统和离散系统的等价关系，这里首先简要回顾有关结论。若连续系统的频率响应为 $H_a(\mathrm{j}\Omega)$，其冲激响应为 $h_a(t)$，该系统是严格频带受限的，即

$$H_a(\mathrm{j}\Omega)=\begin{cases}F(\mathrm{j}\Omega), & |\Omega|<\pi/T_s \\ 0, & 其他\end{cases} \tag{6.112}$$

$F(\mathrm{j}\Omega)$ 可以是任意函数，T_s 是采样间隔。若用离散系统实现该滤波功能，要求离散系统的频率响应满足

$$H(\mathrm{e}^{\mathrm{j}\omega})=H_a(\mathrm{j}\omega/T_s) \quad |\omega|<\pi \tag{6.113}$$

离散系统的单位抽样响应为

$$h[n]=T_s h_a(t)\big|_{t=nT_s}=T_s h_a(nT_s) \tag{6.114}$$

这个关系式称为"冲激响应不变"。利用冲激响应不变，可进行连续滤波器和数字滤波器的转换。若设计的模拟滤波器系统函数为

$$H_a(s)=\frac{\sum\limits_{k=0}^{M}d_k s^k}{\sum\limits_{k=0}^{N}c_k s^k}=\frac{\sum\limits_{k=0}^{M}d_k s^k}{\prod\limits_{k=1}^{N}(s-s_k)}=\sum_{k=1}^{N}\frac{A_k}{(s-s_k)} \tag{6.115}$$

下节会看到用规范的设计方法得到的模拟滤波器的系统函数都是单极点的真分式，故式(6.115)的表达式表示了一个模拟滤波器的系统函数的一般形式。式中，s_k 是 $H_a(s)$ 的单极点，展开系数为

$$A_k=(s-s_k)H_a(s)\big|_{s=s_k} \tag{6.116}$$

显然，对式(6.115)做拉普拉斯反变换，得到模拟系统的冲激响应为

$$h_a(t)=\left(\sum_{k=1}^{N}A_k\mathrm{e}^{s_k t}\right)u(t)$$

由式(6.114)的冲激响应不变原则，得到对应离散系统的单位抽样响应为

$$h[n]=T_s\sum_{k=1}^{N}A_k\mathrm{e}^{s_k nT_s}u(nT_s)=T_s\sum_{k=1}^{N}A_k\mathrm{e}^{s_k T_s n}u[n] \tag{6.117}$$

故离散系统函数为

$$H(z) = \mathcal{Z}\{h[n]\} = T_s \left\{ \sum_{n=0}^{+\infty} \left[\sum_{k=1}^{N} A_k e^{s_k T_s n} \right] z^{-n} \right\}$$

$$= T_s \sum_{k=1}^{N} A_k \left\{ \sum_{n=0}^{+\infty} (e^{s_k T_s} z^{-1})^n \right\} = \sum_{k=1}^{N} \frac{A_k T_s}{1 - e^{s_k T_s} z^{-1}} \qquad (6.118)$$

由式(6.115)的连续系统函数利用冲激响应不变法得到式(6.118)的离散系统,连续和离散系统函数之间的转换非常直接,按如下一阶系统——对应

$$\frac{1}{s - s_k} \Rightarrow \frac{T_s}{1 - e^{s_k T_s} z^{-1}} \qquad (6.119)$$

由 s 域的极点按如下对应关系得到 z 域的极点

$$s_k \Rightarrow e^{s_k T_s} \qquad (6.120)$$

若 $s_k = \sigma_k + j\Omega_k$ 位于 s 域的左半平面,$\sigma_k < 0$,则 $|e^{s_k T_s}| = |e^{\sigma_k T_s}| < 1$,即 z 域的极点 $z_k = e^{s_k T_s}$ 位于单位圆内,这保证了稳定因果的连续系统转换为稳定因果的离散系统。

2.6 节也讨论了采样后的离散信号的角频率和连续信号角频率的对应关系,即

$$\Omega = \omega / T_s \qquad (6.121)$$

由此得到连续滤波器的通带截止频率和阻带截止频率关系为

$$\Omega_p = \omega_p / T_s, \quad \Omega_s = \omega_s / T_s \qquad (6.122)$$

理想情况下,连续系统的频率响应和离散系统的频率响应满足式(6.113)。除了式(6.121)表示的频率的比例变换外幅度不变,故连续系统和离散系统的波纹参数不变,即

$$\delta_1' = \delta_1, \quad \delta_2' = \delta_2 \qquad (6.123)$$

综合以上讨论,得到冲激响应不变法进行 IIR 数字滤波器设计的基本步骤为:

(1) 利用式(6.122)和式(6.123),由数字滤波器指标集得到模拟滤波器指标集;

(2) 设计模拟滤波器,对模拟滤波器系统函数进行部分分式展开;

(3) 利用式(6.119)的对应关系得到数字滤波器的部分分式形式,合并分式得到数字滤波器有理分式形式的系统函数;

(4) 对设计的数字滤波器进行仿真验证。若不满足设计指标,回到步骤(2),适当增加模型阶数或降低波纹参数,重新设计模拟滤波器。通过反复设计和仿真,确保满足设计指标。

关于 T_s 的选取这里做些说明。这里 T_s 是在数字滤波器设计时为了使用模拟滤波器设计方法在连续系统和离散系统之间转换所需要的采样间隔,并不是对真实信号做采样的间隔。这是 IIR 数字滤波器间接设计所需要的中间过程,并不真正实现这个模拟滤波器。因此,这里 T_s 是可以任意选取的,为了简单,可选 $T_s = 1$。

以上讨论中,忽视了一个实际问题及其所带来的影响。按照模拟系统的佩利-维纳条件,式(6.112)所示的严格频带受限系统是无法实现的,设计得到的连续系统只能保证将误差限制在波纹参数限定的范围内。因此,式(6.113)也修改为(证明见 2.6 节)

$$H(e^{j\omega}) = \sum_{k=-\infty}^{+\infty} H_a \left(j\frac{\omega}{T_s} - jk\frac{2\pi}{T_s} \right) \qquad (6.124)$$

图 6.20 给出了式(6.124)的直观解释。由于 $H_a(j\Omega)$ 不是严格频带受限的,故式中各项产生混叠,即式(6.124)中 $k \neq 0$ 的各项将其尾部延伸到 $[-\pi, \pi]$ 区间内,造成混叠。若设计的模拟滤波器满足设计指标,但产生混叠现象后得到的数字滤波器的频率响应 $H(e^{j\omega})$ 有可能

不再满足设计指标。例如混叠现象可能使得 $|H(\mathrm{e}^{\mathrm{j}\omega_p})| < 1 - \delta_1$ 或 $|H(\mathrm{e}^{\mathrm{j}\omega_s})| > \delta_2$，这样不再满足数字滤波器的设计指标。

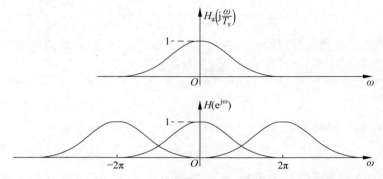

图 6.20　由设计的模拟滤波器得到数字滤波器频率响应

　　因为混叠现象的存在，故有以上所述设计步骤的步骤（4）要进行仿真验证。一般地，反复一到两次就可以得到满意的设计。

　　注意到，在冲激响应不变法中无法直接从 $H_a(s)$ 通过变换 $s = f(z)$ 得到 $H(z)$，但可以通过对 $h_a(t)$ 的理想采样信号

$$h_s(t) = \sum_{n=0}^{+\infty} h_a(nT_s)\delta(t - nT_s) \tag{6.125}$$

的拉普拉斯变换 $H_s(s)$ 得到。上式假设 $h_a(t)$ 是因果系统，由拉普拉斯变换的定义

$$H_s(s) = \int_0^{+\infty} h_s(t)\mathrm{e}^{-st}\,\mathrm{d}t = \int_0^{+\infty} \sum_{n=0}^{+\infty} h_a(nT_s)\delta(t - nT_s)\mathrm{e}^{-st}\,\mathrm{d}t$$

$$= \sum_{n=0}^{+\infty} h_a(nT_s)\mathrm{e}^{-snT_s} \tag{6.126}$$

另一方面，把式（6.114）代入 z 变换的定义得

$$H(z) = \mathcal{Z}\{h[n]\} = T_s\left\{\sum_{n=0}^{+\infty} h_a(nT_s)z^{-n}\right\} = T_s H_s(s)\Big|_{z = \mathrm{e}^{sT_s}} \tag{6.127}$$

可见，除了一个系数外通过变换 $z = \mathrm{e}^{sT_s}$ $\left(\text{或 } s = \dfrac{\ln z}{T_s}\right)$ 由 $H_s(s)$ 得到 $H(z)$。

　　从另一个侧面看

$$h_s(t) = h_a(t)\sum_{n=0}^{+\infty}\delta(t - nT_s) \tag{6.128}$$

其中

$$\sum_{n=0}^{+\infty}\delta(t - nT_s) \tag{6.129}$$

的拉普拉斯变换为

$$\sum_{n=0}^{+\infty}\mathrm{e}^{-nT_s s} = \frac{1}{1 - \mathrm{e}^{-sT_s}} \tag{6.130}$$

由时域相乘对应拉普拉斯变换卷积的性质，得到

$$H_s(s) = \frac{1}{2\pi j} \int_{\sigma-j\infty}^{\sigma+j\infty} H_a(\lambda) \frac{1}{1-e^{-(s-\lambda)T_s}} d\lambda \qquad (6.131)$$

将式(6.127)代入式(6.131)得到

$$H(z) = T_s \left\{ \frac{1}{2\pi j} \int_{\sigma-j\infty}^{\sigma+j\infty} H_a(\lambda) \frac{1}{1-e^{-(s-\lambda)T_s}} d\lambda \right\} \Big|_{z=e^{sT_s}} \qquad (6.132)$$

利用留数定理,可证明式(6.132)得到的结果与式(6.118)相同(留作习题)。

上述讨论,得到 s 域和 z 域之间的一个映射关系

$$z = e^{sT_s} \qquad (6.133)$$

若取 $s = \sigma + j\Omega$,则 $z = e^{sT_s} = e^{\sigma T_s} e^{j\Omega T_s}$,其模 $|z| = |e^{sT_s}| = |e^{\sigma T_s}|$。若 $\sigma < 0$,则 $|z| < 1$,将 s 域的左半平面映射到 z 域的单位圆之内。

若 s 在虚轴取值,$s = j\Omega$,则 $z = e^{j\Omega T_s} = e^{j\omega}$,即 $\omega = T_s\Omega$,这是早已熟知的频率变换关系。若 $s = j\left(\Omega + \frac{2\pi}{T_s}k\right)$,则 $z = e^{j(\Omega T_s + 2\pi k)} = e^{j\Omega T_s} = e^{j\omega}$,即这一映射将虚轴上的任意 $\Omega + \frac{2\pi}{T_s}k$,$k = 0$,$\pm 1, \pm 2, \cdots$,均映射到 z 域的单位圆上的角频率 $\omega = T_s\Omega$ 处。这种映射关系示于图 6.21 中,总是将闭左半平面(包括虚轴)的宽度 $\frac{2\pi}{T_s}$ 的带状区域映射到闭单位圆区域(包括单位圆上和单位圆内)。这是造成数字滤波器频率响应混叠现象的另一种等效解释,与式(6.124)说明了相同的道理。

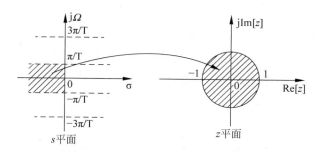

图 6.21 冲激响应不变法的频域多值影射

可见,映射关系 $z = e^{sT_s}$ 也将 s 域的虚轴变换到 z 域的单位圆上,但这种映射不是一一对应的,故产生了频率混叠问题。

6.6.2 双线性变换法

一种满足映射条件且是一一对应的变换是双线性变换。可以从不同角度导出双线性变换,本节介绍一种,其通过一个中间变换结合 $z = e^{sT_s}$ 映射得到双线性变换。

构造一个中间域,称为 s_1 域,将 s 域全平面映射到 s_1 域 $\frac{2\pi}{T_s}$ 带状区域,然后再从 s_1 域按 $z = e^{s_1 T_s}$ 的映射关系映射到 z 域。可见若能构造这个 s_1 域,从 s 域到 z 域就是一一映射的。这个过程如图 6.22 所示。

为了方便,首先构造虚轴的变换,将 $j\Omega$ 轴映射到 $j\Omega_1$ 的 $[-\pi/T_s, \pi/T_s]$ 之间,这个映射

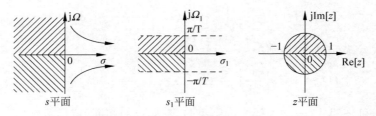

图 6.22 双线性变换的构造过程

容易找到为

$$\Omega = k \tan \frac{\Omega_1 T_s}{2} \qquad (6.134)$$

其中，k 是一非零常数。显见，式(6.134)达到将 $j\Omega$ 轴映
射到 $j\Omega_1$ 的 $[-\pi/T_s, \pi/T_s]$ 之间的目标，见图 6.23。

将式(6.134)写为

$$j\Omega = k \left(\frac{e^{j\frac{1}{2}\Omega_1 T_s} - e^{-j\frac{1}{2}\Omega_1 T_s}}{e^{j\frac{1}{2}\Omega_1 T_s} + e^{-j\frac{1}{2}\Omega_1 T_s}} \right)$$

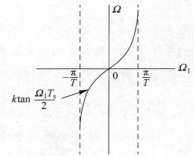

图 6.23 虚轴变换

取 $s = j\Omega$，$s_1 = j\Omega_1$ 将映射扩展到整个 s 平面，即

$$s = k \left(\frac{e^{\frac{1}{2}s_1 T_s} - e^{-\frac{1}{2}s_1 T_s}}{e^{\frac{1}{2}s_1 T_s} + e^{-\frac{1}{2}s_1 T_s}} \right) = k \left(\frac{1 - e^{-s_1 T_s}}{1 + e^{-s_1 T_s}} \right) \qquad (6.135)$$

若再令 $z = e^{s_1 T_s}$ 代入式(6.134)得到 s 域到 z 域的映射关系

$$s = k \frac{1 - z^{-1}}{1 + z^{-1}} \qquad (6.136)$$

或

$$z = \frac{k + s}{k - s} \qquad (6.137)$$

还需要确定常数 k，一种方式是在 $\Omega \to 0$ 时，希望 $\Omega \approx \Omega_1$，由式(6.134)

$$\Omega = k \tan \left(\frac{1}{2} \Omega_1 T_s \right) \bigg|_{\Omega_1 \approx 0} \approx k \left(\frac{1}{2} \Omega_1 T_s \right) \approx \Omega_1$$

故得到

$$k = \frac{2}{T_s} \qquad (6.138)$$

将式(6.138)代入式(6.136)和式(6.137)得到双线性变换为

$$s = \frac{2}{T_s} \frac{1 - z^{-1}}{1 + z^{-1}} \qquad (6.139)$$

或

$$z = \frac{\dfrac{2}{T_s} + s}{\dfrac{2}{T_s} - s} \qquad (6.140)$$

从式(6.139)和式(6.140)的函数形式可得到双线性变换名称的由来。与冲激响应不变相同的道理，T_s 可任意取值，显然计算最简单的取值是 $T_s=2$。

在式(6.140)中，取 $s=\mathrm{j}\Omega$，得

$$z=\frac{\dfrac{2}{T_s}+\mathrm{j}\Omega}{\dfrac{2}{T_s}-\mathrm{j}\Omega}=\mathrm{e}^{\mathrm{j}2\arctan\frac{\Omega T_s}{2}}=\mathrm{e}^{\mathrm{j}\omega} \tag{6.141}$$

式(6.141)说明，将 s 域的虚轴映射到 z 域的单位圆上，且连续角频率和离散角频率之间满足变换关系

$$\omega=2\arctan\frac{\Omega T_s}{2} \tag{6.142}$$

式(6.142)也可写为反变换形式

$$\Omega=\frac{2}{T_s}\tan\frac{\omega}{2} \tag{6.143}$$

式(6.141)将 $-\infty<\Omega<+\infty$ 一一映射为 $-\pi<\omega<\pi$，式(6.143)反之。角频率变换关系如图 6.24 所示。

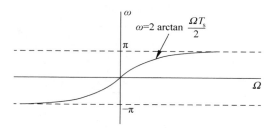

图 6.24 双线性变换的角频率变换关系

在式(6.140)中，取 $s=\sigma+\mathrm{j}\Omega$，得

$$z=\frac{\dfrac{2}{T}+s}{\dfrac{2}{T}-s}=\frac{\dfrac{2}{T}+(\sigma+\mathrm{j}\Omega)}{\dfrac{2}{T}-(\sigma+\mathrm{j}\Omega)}$$

其幅度值为

$$|z|=\sqrt{\frac{\left(\dfrac{2}{T}+\sigma\right)^2+\Omega^2}{\left(\dfrac{2}{T}-\sigma\right)^2+\Omega^2}} \tag{6.144}$$

若 $\sigma<0$，$|z|<1$，因此双线性变换将左半平面映射到单位圆内。双线性变换满足连续与离散的映射条件，且是一一对应的。

利用双线性变换法设计数字滤波器，若给出数字滤波器指标为 $\{\omega_p,\omega_s,\delta_1,\delta_2\}$，通过式(6.143)得到相应模拟角频率参数为

$$\Omega_p=\frac{2}{T_s}\tan\frac{\omega_p}{2}$$

$$\Omega_s = \frac{2}{T_s} \tan \frac{\omega_s}{2}$$

注意到，由离散角频率得到模拟滤波器角频率的变换关系式（6.143）是非线性变换，这种角频率之间的非线性变换称为预畸变。这种预畸变反映为滤波器的通带、过渡带和阻带带宽的比例关系在数字域和模拟域不再保持不变。数字滤波器频率响应和模拟滤波器频率响应之间的这种预畸变如图 6.25 所示。

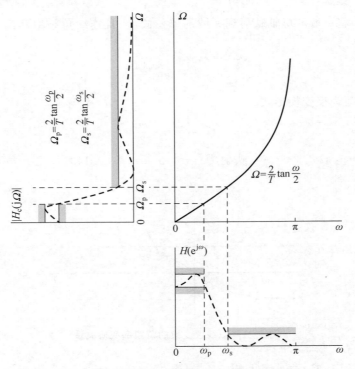

图 6.25　模拟和数字滤波器角频率的预畸变

双线性变换在频率轴是一一对应的变换，没有改变频率响应的幅度值，因此波纹参数不变，即 $\delta_1' = \delta_1$，$\delta_2' = \delta_2$。模拟滤波器的指标集 $\{\Omega_p, \Omega_s, \delta_1', \delta_2'\}$ 确定后，设计模拟滤波器 $H_a(s)$，代入式（6.139）的变换得到数字滤波器系统函数

$$H(z) = H_a(s) \Big|_{s = \frac{2}{T_s} \frac{1-z^{-1}}{1+z^{-1}}} \tag{6.145}$$

6.7　IIR 数字滤波器的设计实践

已经讨论了数字滤波器设计的两种变换方法：双线性变换和冲激响应不变。通过这些变换，把数字滤波器设计问题转化为模拟滤波器的设计问题。模拟滤波器的设计已取得大量成果，一些典型滤波器原型被提出并广泛研究，大量设计公式和图表可用。对于模拟滤波器设计而言，给出设计指标 $\{\Omega_p, \Omega_s, \delta_1, \delta_2\}$，设计问题就成为选择一种滤波器原型，根据指标要求计算出有关参数的"程序化"过程。模拟滤波器的设计问题不是本教材主要关注的问题，但为了能够完成 IIR 数字滤波器的设计过程，有必要对模拟滤波器设计问题做概要介

绍。本节首先介绍模拟滤波器设计方法,然后结合两种变换,给出几个 IIR 数字滤波器的设计实例。

6.7.1 模拟滤波器设计问题

给出了模拟滤波器的设计指标,也就相当于给出了对其幅频响应 $|H_a(j\Omega)|$ 的要求,等价地给出了幅频响应平方 $|H_a(j\Omega)|^2$ 的要求。模拟滤波器设计的第一步是根据 $|H_a(j\Omega)|^2$ 得到设计的系统函数 $H_a(s)$。至于模拟滤波器设计的第二步,由系统函数得到电路结构,则不是本书关注的问题。

由连续系统的佩利-维纳条件,给出一个低通滤波器的指标集,可以找到一个系统来实现。对于给出指标要求的 $|H_a(j\Omega)|^2$,可做如下分解

$$|H_a(j\Omega)|^2 = H_a(j\Omega)H_a^*(j\Omega) = H_a(j\Omega)H_a(-j\Omega) \tag{6.146}$$

要求设计的系统是稳定的,故

$$|H_a(j\Omega)|^2\big|_{j\Omega=s} = H_a(s)H_a(-s) \tag{6.147}$$

对于 $|H_a(j\Omega)|^2\big|_{j\Omega=s}$ 的分子分母做因式分解,由式(6.147)得到如下几点结论:

(1) 频率响应的模平方函数满足

$$A(j\Omega) = |H_a(j\Omega)|^2 \geqslant 0, \quad -\infty < \Omega < +\infty$$

(2) 因式分解的零、极点分布对 $j\Omega$ 轴呈镜像对称分布;若系数是实系数,则零、极点分布既呈共轭对称分布,对实轴也呈镜像对称分布;

(3) 虚轴上若存在零点,其零点必须是偶数阶的;

(4) 由 $|H_a(j\Omega)|^2$ 求 $H_a(s)$ 有多个解,若满足 $H_a(s)$ 是最小相位的,则其解是唯一的,即左半平面的零、极点构成 $H_a(s)$;若虚轴上有零点,因其偶数阶,平均分配给 $H_a(s)$ 和 $H_a(-s)$。

如果得到满足设计指标的 $|H_a(j\Omega)|^2$ 表达式,通过式(6.147)进行因式分解,得到所有极点和零点,把左半平面的极点和零点分配给 $H_a(s)$,就得到了稳定因果的最小相位系统函数 $H_a(s)$。所以,模拟滤波器设计的关键问题是给出设计指标 $\{\Omega_p, \Omega_s, \delta_1, \delta_2\}$ 如何确定 $|H_a(j\Omega)|^2$。在模拟滤波器设计文献中,已有几种标准形式的 $|H_a(j\Omega)|^2$ 表达式,只需要根据设计指标确定表达式中的相关参数。每一种标准形式对应一类模拟滤波器。常用的几种类型分别是巴特沃思滤波器、切比雪夫滤波器(Ⅰ型和Ⅱ型)和椭圆滤波器。

例 6.7.1 若已知 $|H_a(j\Omega)|^2$ 为

$$|H_a(j\Omega)|^2 = \frac{(1-\Omega^2)^2}{(4+\Omega^2)(9+\Omega^2)} = \frac{(1+(j\Omega)^2)^2}{(4-(j\Omega)^2)(9-(j\Omega)^2)}$$

故

$$|H_a(j\Omega)|^2\big|_{j\Omega=s} = H_a(s)H_a(-s) = \frac{(1+s^2)^2}{(4-s^2)(9-s^2)}$$

分解因式后,得

$$H_a(s) = \frac{s^2+1}{(s+2)(s+3)} = \frac{s^2+1}{s^2+5s+6}$$

6.7.2 巴特沃思滤波器

巴特沃思滤波器幅频响应的平方为

$$|H_a(\mathrm{j}\Omega)|^2 = \left[\frac{1}{\sqrt{1+\left(\dfrac{\Omega}{\Omega_c}\right)^{2N}}}\right]^2 = \frac{1}{1+\left(\dfrac{\Omega}{\Omega_c}\right)^{2N}} \tag{6.148}$$

式中，Ω_c 为截止角频率；N 为阶数。图 6.26 画出了不同阶数下幅频响应的变化。通过观察和分析，可得到巴特沃思滤波器的几个特点。

（1）最大平坦性。函数在 $\Omega=0$ 处"最平直"，对理想低通滤波的逼近，巴特沃思滤波器是以原点附近的最大平坦响应来逼近理想低通滤波器。

（2）通带、阻带特性下降的单调性。这种滤波器具有良好的相频特性。

（3）3dB 不变性。对于给定的参数 Ω_c，不管 N 多大，幅频响应都通过 3dB 点，即 $|H_a(\mathrm{j}\Omega_c)|=\dfrac{1}{\sqrt{2}}$。当 $\Omega>\Omega_c$ 时，幅频特性以每十倍频程 $20N$ dB 的速度下降。

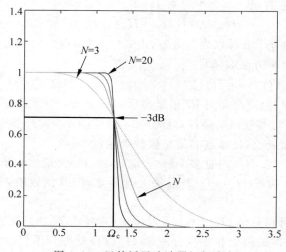

图 6.26　巴特沃思滤波器幅频响应

将滤波器设计指标代入式(6.148)，得到如下方程组

$$\begin{cases} \dfrac{1}{1+\left(\dfrac{\Omega_p}{\Omega_c}\right)^{2N}} = (1-\delta_1)^2 \\[4mm] \dfrac{1}{1+\left(\dfrac{\Omega_s}{\Omega_c}\right)^{2N}} = \delta_2^2 \end{cases}$$

解以上方程，得到模型阶数 N 和截止角频率分别为

$$N = \frac{\lg\left(\dfrac{\dfrac{1}{(1-\delta_1)^2}-1}{\dfrac{1}{\delta_2^2}-1}\right)}{2\lg\left(\dfrac{\Omega_p}{\Omega_s}\right)} \tag{6.149}$$

$$\Omega_c = \frac{\Omega_p}{\left(\frac{1}{(1-\delta_1)^2}-1\right)^{\frac{1}{2N}}} \tag{6.150}$$

若求得的 N 不是整数,取大于它的最小整数。式(6.148)的参数确定后,通过分解因式得到系统函数。将 $j\Omega = s$ 代入式(6.148)得

$$H_a(s)H_a(-s) = |H_a(j\Omega)|^2_{|j\Omega=s} = \frac{1}{1+\left(\frac{s}{j\Omega_c}\right)^{2N}} = \frac{(j\Omega_c)^{2N}}{s^{2N}+(j\Omega_c)^{2N}} \tag{6.151}$$

极点或分母多项式的解为

$$s_k = j\Omega_c(-1)^{\frac{1}{2N}} = j\Omega_c(e^{j(2\pi k-\pi)})^{\frac{1}{2N}} = \Omega_c e^{j\left[\frac{1}{2N}(2k-1)\pi+\frac{\pi}{2}\right]}, \quad k=1,2,\cdots,2N \tag{6.152}$$

图 6.27 画出了 $N=3$ 和 $N=4$ 下极点的分布图。可以发现这些极点的分布特点为

(1) $2N$ 个极点以 π/N 为间隔均匀分布地在以 Ω_c 为半径的巴特沃思圆上;

(2) 极点对 $j\Omega$ 轴呈轴对称分布,没有极点落在 $j\Omega$ 轴上,所有极点俩俩呈共轭对称分布;

(3) N 为奇数时,有二个极点落在实轴上。

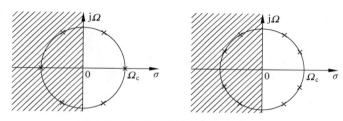

图 6.27　巴特沃思滤波器极点分布图

(左图 $N=3$,右图 $N=4$)

取全部左半平面的极点分配给 $H_a(s)$,左半平面的极点可由下式计算

$$s_k = -\Omega_c\sin\frac{(2k-1)\pi}{2N} + j\Omega_c\cos\frac{(2k-1)\pi}{2N}, \quad k=1,2,\cdots,N \tag{6.153}$$

将这些极点代入下式,得到系统函数 $H_a(s)$

$$H_a(s) = \frac{\Omega_c^N}{\prod_{k=1}^{N}(s-s_k)} \tag{6.154}$$

考虑极点是共轭成对出现的,当 N 为偶数时,系统函数

$$H_a(s) = \frac{\Omega_c^N}{\prod_{k=1}^{N/2}\left\{s^2+2\Omega_c\sin\left[\frac{\pi}{2N}(2k-1)\right]s+\Omega_c^2\right\}} \tag{6.155}$$

当 N 为奇数时,系统函数

$$H_a(s) = \frac{\Omega_c^N}{(s+\Omega_c)\prod_{k=1}^{\frac{N-1}{2}}\left\{s^2+2\Omega_c\sin\left[\frac{\pi}{2N}(2k-1)\right]s+\Omega_c^2\right\}} \tag{6.156}$$

6.7.3 切比雪夫滤波器

切比雪夫Ⅰ型滤波器的幅频响应的平方为

$$|H_a(\mathrm{j}\Omega)|^2 = \left[\frac{1}{\sqrt{1+\varepsilon^2 T_N^2\left(\dfrac{\Omega}{\Omega_c}\right)}}\right]^2 = \frac{1}{1+\varepsilon^2 T_N^2\left(\dfrac{\Omega}{\Omega_c}\right)} \tag{6.157}$$

其中，$T_N(x)$是第一类切比雪夫多项式，其定义为

$$T_N(x) = \begin{cases} \cos(N\arccos x), & |x| \leqslant 1 \\ \cosh(N\operatorname{arcosh} x), & |x| > 1 \end{cases} \tag{6.158}$$

$T_N(x)$有一些基本性质。$T_N(1)=1$；当$|x|\leqslant 1$时，$|T_N(x)|\leqslant 1$；$T_0(x)=1$；$T_1(x)=x$；$T_N(x)$满足递推关系：$T_{N+1}(x)=2xT_N(x)-T_{N-1}(x),N>1$。由递推式可得到各阶$T_N(x)$多项式。

不同阶数下切比雪夫Ⅰ型滤波器的幅频响应如图 6.28 所示。

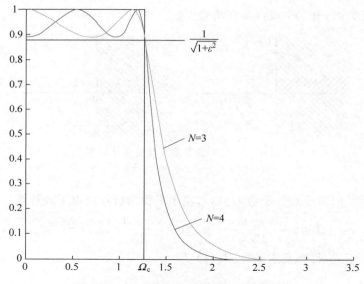

图 6.28 切比雪夫Ⅰ型滤波器的幅频响应

对于切比雪夫Ⅰ型滤波器，在$|\Omega|\leqslant\Omega_c$范围内

$$|H_a(\mathrm{j}\Omega)| \leqslant \frac{1}{\sqrt{1+\varepsilon^2}}$$

因此，可取$\Omega_c=\Omega_p$，求ε的值使得在通带内满足波纹参数，即

$$\frac{1}{\sqrt{1+\varepsilon^2}} = 1-\delta_1$$

解得

$$\varepsilon = \sqrt{\frac{1}{(1-\delta_1)^2}-1} \tag{6.159}$$

可见切比雪夫Ⅰ型滤波器在通带内是等波纹逼近理想特性。为了满足阻带特性,要求

$$\frac{1}{\sqrt{1+\varepsilon^2 T_N^2\left(\dfrac{\Omega_s}{\Omega_p}\right)}}=\delta_2$$

代入 $T_N(x)$ 的定义式(6.158),并考虑到 $\dfrac{\Omega_s}{\Omega_p}>1$ 得到

$$N=\frac{\operatorname{arcosh}\left(\dfrac{1}{\varepsilon}\sqrt{\dfrac{1}{\delta_2^2}-1}\right)}{\operatorname{arcosh}\left(\dfrac{\Omega_s}{\Omega_p}\right)} \tag{6.160}$$

在切比雪夫Ⅰ型滤波器中,由于 $\Omega_c=\Omega_p$,故只有 ε 和 N 是待定参数。参数确定后,可求解切比雪夫Ⅰ型滤波器的极点。这里略去求解极点的推导过程,只给出相关结果。对推导过程有兴趣的读者请参考文献[2]。切比雪夫Ⅰ型滤波器的极点位于椭圆上,极点的位置示意图见图6.29。

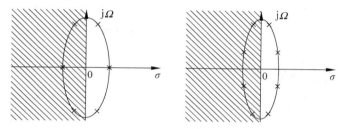

图 6.29　切比雪夫Ⅰ型滤波器极点分布图
(左图 $N=3$,右图 $N=4$)

这里直接给出左半平面的极点表达式为

$$s_k=-a\sin\left(\frac{(2k-1)\pi}{2N}\right)+jb\cos\left(\frac{(2k-1)\pi}{2N}\right),\quad k=1,2,\cdots,N \tag{6.161}$$

其中系数

$$a=\Omega_c\sinh\left(\frac{1}{N}\operatorname{arsinh}\frac{1}{\varepsilon}\right)$$

$$b=\Omega_c\cosh\left(\frac{1}{N}\operatorname{arsinh}\frac{1}{\varepsilon}\right) \tag{6.162}$$

其中 a 和 b 分别相当于椭圆的短轴和长轴。系统函数为

$$H_a(s)=\frac{\dfrac{\Omega_c^N}{\varepsilon\times 2^{N-1}}}{\displaystyle\prod_{k=1}^{N}(s-s_k)} \tag{6.163}$$

切比雪夫Ⅱ型滤波器可由Ⅰ型按下式构造,

$$|H_a(j\Omega)|^2=1-\frac{1}{1+\varepsilon^2 T_N^2\left(\dfrac{\Omega_c}{\Omega}\right)}=\frac{1}{1+\left(\varepsilon^2 T_N^2\left(\dfrac{\Omega_c}{\Omega}\right)\right)^{-1}} \tag{6.164}$$

其幅频响应特性如图6.30所示,阻带是等波纹逼近,通带是单调下降的。类似地可导出切比

雪夫II型滤波器的设计公式。由于 MATLAB 的广泛使用,已经很少用手工计算这些滤波器的阶数和极点。对于巴特沃思和切比雪夫I型滤波器,为了了解设计原理给出比较详细的讨论。其他类型模拟滤波器的设计公式不再详细讨论,实际中总可以用 MATLAB 完成设计。

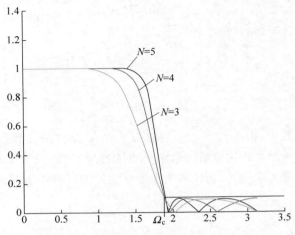

图 6.30　切比雪夫 II 型滤波器的幅频响应

6.7.4　椭圆滤波器

椭圆滤波器幅频响应的平方为

$$|H_a(\mathrm{j}\Omega)|^2 = \left[\frac{1}{\sqrt{1+\varepsilon^2 U_N\left(\dfrac{\Omega}{\Omega_c}\right)}}\right]^2 = \frac{1}{1+\varepsilon^2 U_N\left(\dfrac{\Omega}{\Omega_c}\right)} \tag{6.165}$$

其中 $U_N(x)$ 是 N 阶雅可比椭圆函数。椭圆滤波器幅频响应的特点是在通带和阻带都是等波纹逼近的。对于椭圆滤波器的参数确定,没有闭式公式,存在完整的设计图表可供设计使用。同样,现在可以通过 MATLAB 完成为椭圆滤波器的设计。

图 6.31 中,同时画出了巴特沃思滤波器、切比雪夫滤波器和椭圆滤波器的幅频响应。

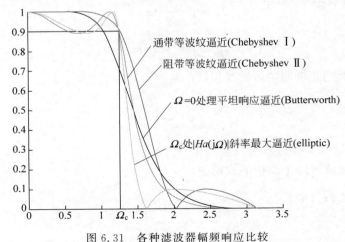

图 6.31　各种滤波器幅频响应比较

在给定的设计指标下,巴特沃思滤波器需要的阶数最高,椭圆最低。但同时,巴特沃思滤波器相位特性的非线性度最低,而椭圆滤波器最高,即相位的非线性失真最严重。故在实际中,不能简单地说哪种滤波器最好,而是根据实际的不同需求进行选择。

6.7.5　IIR 数字滤波器设计实例

这一节给出几个设计实例,用于说明怎样利用连续与离散的变换以及模拟原型滤波器进行 IIR 数字滤波器的设计。为了更清楚地说明设计问题的物理实质,从一个连续滤波器的要求出发,看一个完整的设计过程。假设需要实现一个连续信号的滤波,通过采样用数字滤波器完成实际的滤波过程,这里的任务是设计一个 IIR 数字滤波器。设计过程的步骤如下,该步骤是对图 6.19 的扩充。

(1) 将模拟滤波器指标转换为数字滤波器指标;

(2) 选择一种连续与离散的变换(冲激响应不变、双线性变换),将数字滤波器指标转换为模拟滤波器原型的设计指标;

(3) 选择一种模拟滤波器类型设计模拟滤波器,得到模拟滤波器系统函数;

(4) 通过连续到离散的变换,得到数字滤波器的系统函数;

(5) 对设计的数字滤波器进行验证,若达到指标设计完成,否则回到步骤(3)重新设计。

设模拟滤波器的通带截止频率、阻带截止频率分别为 F_p、F_s,采样频率为 F,采样间隔 $T=1/F$,用式(6.10)和式(6.11)可分别得到数字滤波器的截止频率。在步骤(2),为得到模拟滤波器设计原型的频率指标,需要首先选定连续与离散的变换,本书只在冲激响应不变法和双线性变换之间选其一。若选定了冲激响应不变,则用式(6.122)计算模拟原型滤波器的截止频率指标;若选定双线性变换,则用式(6.143)计算模拟原型滤波器的截止频率指标。不管选哪种变换,都得到模拟原型滤波器的设计指标:$\{\Omega_p,\Omega_s,\delta_1,\delta_2\}$。

这里注意,在从数字滤波器指标变换为模拟原型滤波器指标的式(6.122)或式(6.143)中,需要采样间隔 T_s。该值可任意选取并不需要与实际连续信号的采样间隔 T 一致,前面已对此做过解释,这里再进一步做些说明。模拟原型滤波器只是为了设计数字滤波器而使用的中间过程,并不实际实现它。既然数字滤波器的频率指标已经是归一化的,是从 1GHz 采样频率获得的离散信号还是从 100Hz 采样频率获得的离散信号,对数字滤波器的指标是不可见的。因此,一旦数字滤波器的指标确定后,实际连续信号的采样频率对数字滤波器的设计不再起作用。为了利用模拟原型滤波器设计数字滤波器,可以假设任意的采样间隔 T_s,为了方便一般取 1 或 2。当然也可以取 $T_s=T$,但由于实际中 T 可能是微秒甚至纳秒量级,取 $T_s=T$ 在连续与离散转换和模拟原型滤波器设计时常遇到非常小或非常大的数的计算,可能造成设计精度的下降,故一般不选择 $T_s=T$。

步骤(3)的模拟原型滤波器设计问题,关键在于选择哪种类型的滤波器。若从系统复杂性讲,椭圆滤波器是首选。若以系统的相位特性简单为主要考虑因素,则选巴特沃思滤波器。切比雪夫滤波器是这两者的折中。步骤(3)完成后,根据选择的变换将模拟系统函数变成离散系统函数。

一般地,由于连续与离散变换的一一映射特性,用双线性变换得到的 IIR 数字滤波器满足设计指标。因存在混叠问题,冲激响应不变法得到的设计不一定能完全满足数字滤波器的设计指标,需要进行验证,这个任务用 MATLAB 工具可以方便地完成。

如下通过两个设计实例说明设计过程,为了简单,给出的设计指标要求不高。

例 6.7.2 要求完成如下低通滤波过程:通带截止频率 $F_p=100\text{kHz}$,阻带截止频率 $F_s=150\text{kHz}$,通带峰值波纹 1dB,阻带最小衰减为 15dB,通过 $F=1\text{MHz}$ 的采样频率得到离散信号,通过数字滤波器完成滤波过程。用冲激响应不变法设计该数字滤波器,模拟原型滤波器选择巴特沃思滤波器。

用式(6.10)和式(6.11)分别得到数字滤波器的通带截止频率和阻带截止频率为

$$\omega_p=0.2\pi, \quad \omega_s=0.3\pi$$

由于给出的波纹指标是分贝(dB)的,对应的波纹系数分别为

$$1-\delta_1=10^{-1/20}, \quad \delta_2=10^{-15/20}$$

选择连续与离散变换所用的采样间隔 $T_s=1$,则 $\Omega_p=\omega_p=0.2\pi$,$\Omega_s=\omega_s=0.3\pi$,因为选择巴特沃思滤波器,故代入式(6.149)得 $N=5.8858$,取整数 $N=6$。

将 $N=6$ 代入式(6.150)得到 $\Omega_c=0.7032$。由于 N 比计算出的值稍大,这样确定的幅频响应在通带截止点满足要求,而在阻带截止频率点有所富余,可减小混叠带来的影响。这样得到的巴特沃思滤波器在左半平面的 6 个极点为

$$s_1=s_6^*=0.7032e^{j\left(\frac{105}{180}\pi\right)}$$

$$s_2=s_5^*=0.7032e^{j\left(\frac{135}{180}\pi\right)}$$

$$s_3=s_4^*=0.7032e^{j\left(\frac{165}{180}\pi\right)}$$

巴特沃思滤波器的系统函数为

$$H_a(s)=\frac{\Omega_c^6}{\prod\limits_{k=1}^{6}(s-s_k)}=\sum_{k=1}^{6}\frac{A_k}{s-s_k}$$

式中系数为

$$A_1=A_6^*=H_a(s)(s-s_1)\big|_{s=s_1}=0.1435+j0.2483$$

$$A_2=A_5^*=H_a(s)(s-s_2)\big|_{s=s_2}=-1.0714$$

$$A_3=A_4^*=H_a(s)(s-s_3)\big|_{s=s_3}=0.9278-j1.6071$$

利用冲激响应不变法得到离散系统函数为

$$H(z)=\sum_{k=1}^{6}\frac{A_k}{1-e^{s_k}z^{-1}}=\sum_{k=1}^{3}\left(\frac{A_k}{1-e^{s_k}z^{-1}}+\frac{A_k^*}{1-e^{s_k^*}z^{-1}}\right)$$

$$=\frac{0.2871-0.4466z^{-1}}{1-1.2971z^{-1}+0.6949z^{-2}}+\frac{-2.1428+1.1454z^{-1}}{1-1.0691z^{-1}+0.3699z^{-2}}+$$

$$\frac{1.8558-0.6304z^{-1}}{1-0.9972z^{-1}+0.2570z^{-2}}$$

图 6.32 画出了设计的数字滤波器的频率响应,从图上检查满足设计指标。本例的设计中,由于阻带指标有富余,减小了混叠效应,不需要反复设计和调整。

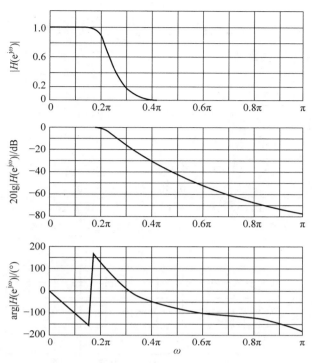

图 6.32 设计的六阶 IIR 数字滤波器频率特性

例 6.7.3 与例 6.7.2 的要求相同,利用双线性变换,模拟原型滤波器采用切比雪夫 I 型,重新设计 IIR 数字滤波器。

由于数字滤波器指标:$\omega_p = 0.2\pi$,$\omega_s = 0.3\pi$,设 $T_s = 1$,利用式(6.143),得到模拟原型滤波器的截止频率参数为

$$\Omega_p = \frac{2}{T_s}\tan\frac{\omega_p}{2} = 2\tan\frac{0.2\pi}{2} = 0.6498$$

$$\Omega_s = \frac{2}{T_s}\tan\frac{\omega_s}{2} = 2\tan\frac{0.3\pi}{2} = 1.0191$$

例 6.7.2 中已经求得 $1-\delta_1 = 10^{-1/20}$,$\delta_2 = 10^{-15/20}$,利用式(6.159)得

$$\varepsilon = \sqrt{\frac{1}{(1-\delta_1)^2} - 1} = 0.508\,85$$

用式(6.160)得到

$$N = \frac{\mathrm{arch}\left(\dfrac{1}{\varepsilon}\sqrt{\dfrac{1}{\delta_2^2} - 1}\right)}{\mathrm{arch}\left(\dfrac{\Omega_s}{\Omega_p}\right)} = \frac{\mathrm{arch}\left(\dfrac{1}{0.508\,85}\sqrt{10^{1.5} - 1}\right)}{\mathrm{arch}\left(\dfrac{1.0191}{0.6498}\right)} = 3.0135$$

取 $N = 4$,用式(6.161)和式(6.162),计算左半平面的 4 个极点为

$$s_1 = s_4^* = -a\sin\left(\frac{\pi}{2N}\right) + \mathrm{j}b\cos\left(\frac{\pi}{2N}\right) = -0.0907 + \mathrm{j}0.6391$$

$$s_2 = s_3^* = -a\sin\left(\frac{3\pi}{2N}\right) + \mathrm{j}b\cos\left(\frac{3\pi}{2N}\right) = -0.2189 + \mathrm{j}0.2647$$

切比雪夫 Ⅰ 型滤波器系统函数为

$$H_a(s) = \frac{\dfrac{\Omega_c^4}{\varepsilon \times 2^3}}{\displaystyle\prod_{k=1}^{4}(s - s_k)} = \frac{0.0438}{(s^2 + 0.1814s + 0.4167)(s^2 + 0.4378s + 0.1180)}$$

将 $s = 2\dfrac{1 - z^{-1}}{1 + z^{-1}}$ 代入上式，整理得

$$H(z) = \frac{0.00183(1 + z^{-1})^4}{(1 - 1.4996z^{-1} + 0.8482z^{-2})(1 - 1.5548z^{-1} + 0.6493z^{-2})}$$

图 6.33 是所设计 IIR 滤波器的频率响应，由于没有混叠，与冲激响应不变法比较，阻带下降一般更快。

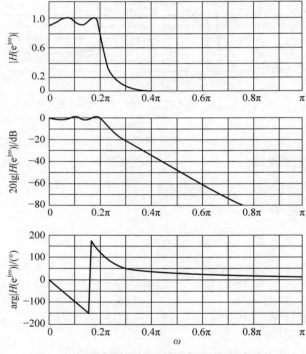

图 6.33　设计的四阶 IIR 数字滤波器频率特性

通过以上两个例子说明了 IIR 数字滤波器间接设计的步骤。实际中，与 FIR 滤波器设计类似，用 MATLAB 工具可以更方便地设计 IIR 数字滤波器。

6.8　数字滤波器的频率变换

前两节讨论了用间接法设计 IIR 数字滤波器，所研究的设计方法只能用于设计低通滤波器，巴特沃思、切比雪夫和椭圆滤波器原型都是低通滤波器。若希望设计一个高通、带通或带阻数字滤波器，有两种方法。一种方法是在模拟域进行变换，将模拟低通滤波器原型变

换为模拟高通、带通或带阻滤波器,然后再通过双线性变换或冲激响应不变法变换为数字滤波器;另一种方法是设计一个数字低通滤波器,通过离散域的变换得到数字高通、带通或带阻滤波器。两种方法都是可行的,本节仅介绍离散域的频率变换问题。关于模拟域的频率变换,有兴趣的读者请参考文献[2]。

这里要讨论的问题可描述为:已有一个设计好的数字低通滤波器系统函数为 $H_L(z)$,称该滤波器为原型滤波器,希望通过频率变换得到一个期望的滤波器 $H_d(Z)$。期望的滤波器可以是低通,但通带截止频率改变了,也可以是高通、带通或带阻滤波器。其中 z 和 Z 都代表 z 变换的复平面,大小写只是为了区分。

所谓数字频率变换是指

$$z = G(Z) \tag{6.166}$$

的变换函数,将该变换函数代入原型滤波器得到期望的滤波器,即

$$H_d(Z) = H_L(z)\big|_{z=G(Z)} = H_L[G(Z)] \tag{6.167}$$

为了达到此目的,研究怎样构造变换函数 $G(Z)$。

不难验证(留作习题),$z = -Z$ 可以将数字低通滤波器变换为高通滤波器,$z = -Z^2$ 可将低通变换为带通。但这些简单变换不够灵活,例如 $z = -Z$ 的变换,高通滤波器的通带截止频率为 $\pi - \omega_p$,完全由低通滤波器的截止频率控制,无法自由选取。需要研究更一般的变换形式。考虑到变换前后滤波器的稳定性、因果性和可实现性以及滤波器的频率响应是在复平面单位圆上定义的特点,一个一般性频率变换应该满足如下条件:

(1) 从单位圆变换到单位圆,即当 $z = e^{j\theta}$,$Z = e^{j\omega}$ 代入式(6.166)的变换公式有

$$e^{j\theta} = G(e^{j\omega}) = e^{j\arg[G(e^{j\omega})]} \tag{6.168}$$

这相当于要求 $G(Z)$ 是一个全通系统。

(2) 单位圆内的零、极点经变换后仍在单位圆内,相当于变换满足

$$\begin{cases} |Z| < 1 \Leftrightarrow |z| = |G(Z)| < 1 \\ |Z| = 1 \Leftrightarrow |z| = |G(Z)| = 1 \\ |Z| > 1 \Leftrightarrow |z| = |G(Z)| > 1 \end{cases} \tag{6.169}$$

且变换函数经自乘 $G_1(Z)G_2(Z)$ 仍是变换函数,其复合函数 $G_1[G_2(Z)]$ 也是变换函数。

(3) 由于所设计的原型低通滤波器是有理分式的,经变换后的系统函数 $H_d(Z)$ 仍是有理分式,可以方便地实现。

全通系统满足以上三条要求,故一般的变换函数 $G(Z)$ 可由全通系统的系统函数构造,一般形式为

$$G(Z) = \pm \prod_{k=1}^{N} \frac{Z - \alpha_k}{1 - \alpha_k Z} = \pm \frac{Z^N + d_1 Z^{N-1} + \cdots + d_N}{1 + d_1 Z + \cdots + d_N Z^N} = \pm \frac{D(Z)}{Z^N D(Z^{-1})} \tag{6.170}$$

根据应用的要求,可选择变换阶 N 以及选择变换式中的 $\pm$ 符号。

以下针对几种基本情况,讨论式(6.170)的阶数选择和参数确定问题。

1. 低通到低通的变换

用低通到低通的变换作为频率变换的最简单的例子,用于说明参数的确定。低通到低通的变换只需要一阶全通系统,并且取前面的符号为正。即

$$z = G(Z) = \frac{Z - \alpha_1}{1 - \alpha_1 Z} \tag{6.171}$$

$Z = e^{j\omega}$ 时对应 $z = e^{j\theta}$。既然变换后要保持低通滤波器，$Z = e^{j0} = 1$ 对应 $z = e^{j0} = 1$，这一点式(6.171)自然满足，这也是前面符号取正的原因。用 θ_p 表示原型滤波器的通带截止频率，ω_p 表示变换后滤波器的通带截止频率。既然要改变通带宽度，若当 $Z = e^{j\omega_p}$ 时对应 $z = e^{j\theta_p}$，则通带带宽满足了设计要求，故通过下式确定变换式(6.171)的待定系数 α_1。即变换满足如下对应关系

$$z = 1 \Rightarrow Z = 1$$
$$e^{j\theta_p} \Rightarrow e^{j\omega_p}$$

将上式第二项代入式(6.171)得

$$e^{j\theta_p} = \frac{e^{j\omega_p} - \alpha_1}{1 - \alpha_1 e^{j\omega_p}}$$

得到系数 α_1 的解为

$$\alpha_1 = \frac{\sin \dfrac{\theta_p - \omega_p}{2}}{\sin \dfrac{\theta_p + \omega_p}{2}} \tag{6.172}$$

将求得的系数代入式(6.171)即得到所要求的变换。低通到低通变换的示意图如图6.34所示。

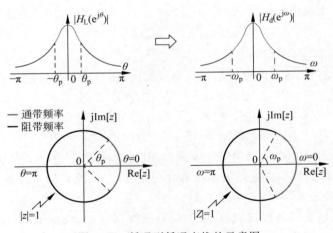

图 6.34　低通到低通变换的示意图

2. 低通到高通的变换

由于低通滤波器设计的方便性，很少用一个设计好的低通原型通过频率变换得到另一个低通滤波器，如上更多用于说明变换的原理。低通到高通的变换是实质性的，用于设计高通数字滤波器。低通到高通的变换只需要一阶全通系统，但前面的符号取负。即

$$z = G(Z) = -\frac{Z + \alpha_2}{1 + \alpha_2 Z} \tag{6.173}$$

高通滤波器的通带频率中心在 $Z = e^{j\pi} = -1$ 处，故低通到高通的变换应满足 $Z = e^{j\pi} = -1$ 对应 $z = e^{j0} = 1$，这个对应关系通过式(6.173)中的负号获得。另一个对应关系是 $Z =$

$e^{-j\omega_p}$ 对应 $z = e^{j\theta_p}$，这里 ω_p 对应高通滤波器在正频率端的通带截止频率，各频率点的示意图如图 6.35 所示。

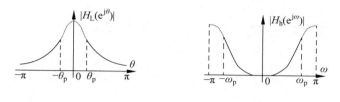

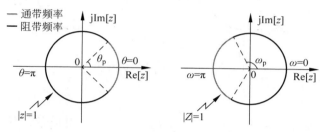

图 6.35　低通到高通变换的示意图

低通到高通变换的要求总结为

$$z = 1 \Rightarrow Z = -1$$
$$e^{j\theta_p} \Rightarrow e^{-j\omega_p}$$

将第二项要求代入式(6.173)得

$$e^{j\theta_p} = -\frac{e^{-j\omega_p} - \alpha_2}{1 - \alpha_2 e^{-j\omega_p}}$$

整理上式，得到变换系数为

$$\alpha_2 = -\frac{\cos\dfrac{\theta_p + \omega_p}{2}}{\cos\dfrac{\theta_p - \omega_p}{2}} \tag{6.174}$$

3. 低通到带通变换

低通到带通的转换需要二阶全通系统作为变换函数。直观的理解是：Z 在单位圆上转一周需要 z 在单位圆上转 2 周，这样就将 $H_L(e^{j\theta})$ 在区间$[-2\pi, 2\pi]$上两个周期的值压缩到 $H_d(e^{j\omega})$ 在区间$[-\pi, \pi]$上。同时为了压缩后带通中心频率不位于 $\omega = 0$ 处，需对中心频率做移位，故变换函数前取负号。低通到带通的变换函数为

$$z = G(Z) = \left(-\frac{Z + \alpha_2}{1 + \alpha_2 Z}\right)\left(\frac{Z - \alpha_1}{1 - \alpha_1 Z}\right) = -\frac{Z^2 + d_1 Z + d_2}{1 + d_1 Z + d_2 Z^2} \tag{6.175}$$

变换前后低通滤波器和带通滤波器的频率对应关系见图 6.36。

从图 6.36 不难看出，低通到带通的频率转换对应关系为

$$z = 1 \Rightarrow Z = e^{j\omega_0}$$
$$e^{j\theta_p} \Rightarrow e^{j\omega_2}$$

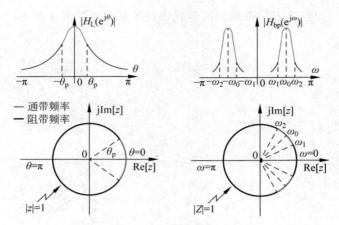

图 6.36 低通到带通变换的示意图

$$e^{-j\theta_p} \Rightarrow e^{j\omega_1}$$

其中 ω_0 是正频率端通带中心频率，不需要求出。将后两个对应条件代入式(6.175)，得到如下方程组

$$e^{j\theta_p} = -\frac{e^{j2\omega_2} + d_1 e^{j\omega_2} + d_2}{1 + d_1 e^{j\omega_2} + d_2 e^{j2\omega_2}}$$

$$e^{-j\theta_p} = -\frac{e^{j2\omega_1} + d_1 e^{j\omega_1} + d_2}{1 + d_1 e^{j\omega_1} + d_2 e^{j2\omega_1}}$$

解如上方程组，并做些符号简化，得

$$\begin{cases} d_1 = \dfrac{-2\alpha k}{k+1} \\[2mm] d_2 = \dfrac{k-1}{k+1} \end{cases} \tag{6.176}$$

其中

$$\begin{cases} \alpha = -\dfrac{\cos\dfrac{\omega_1 + \omega_2}{2}}{\cos\dfrac{\omega_2 - \omega_1}{2}} \\[4mm] k = \tan\dfrac{\theta_p}{2}\cot\dfrac{\omega_2 - \omega_1}{2} \end{cases} \tag{6.177}$$

4. 低通到带阻变换

低通到带阻的变换公式为

$$z = G(Z) = \frac{Z^2 + d_1 Z + d_2}{1 + d_1 Z + d_2 Z^2} \tag{6.178}$$

低通到带阻的频率对应关系为

$$z = 1 \Rightarrow Z = \pm 1$$

$$e^{j\theta_p} \Rightarrow e^{j\omega_1}$$

$$e^{-j\theta_p} \Rightarrow e^{j\omega_2}$$

这里 ω_1、ω_2 分别是阻带的上下截止频率。类似于带通情况,求得系数为

$$\begin{cases} d_1 = \dfrac{-2\alpha}{k+1} \\[3mm] d_2 = \dfrac{k-1}{k+1} \end{cases} \tag{6.179}$$

系数 α、k 同式(6.177)。

可以将以上讨论的低通到带通以及低通到带阻变换问题进一步推广到滤波器频率响应有多个通带或多个阻带的滤波器中,这些推广的计算比较复杂。有关公式总结在表 6.4 中,表中用 z^{-1} 和 Z^{-1} 作为变换的变量,细节不再赘述。

表 6.4 数字域频率变换设计表

转化类型	变换公式	计算公式
低通	$z^{-1} = \dfrac{Z^{-1}-\alpha}{1-\alpha_1 Z^{-1}}$	$\alpha = \dfrac{\sin\dfrac{\theta_p-\omega_p}{2}}{\sin\dfrac{\theta_p+\omega_p}{2}}$ ω_p 为转换后的通带截止频率
高通	$z^{-1} = -\dfrac{Z^{-1}+\alpha}{1+\alpha_1 Z^{-1}}$	$\alpha = -\dfrac{\cos\dfrac{\theta_p+\omega_p}{2}}{\cos\dfrac{\theta_p-\omega_p}{2}}$ ω_p 为转换后的通带截止频率
带通	$z^{-1} = -\dfrac{Z^{-2}-\dfrac{2\alpha k}{k+1}Z^{-1}+\dfrac{k-1}{k+1}}{1-\dfrac{2\alpha k}{k+1}Z^{-1}+\dfrac{k-1}{k+1}Z^{2}}$	$\alpha = \dfrac{\cos\dfrac{\omega_1+\omega_2}{2}}{\cos\dfrac{\omega_2-\omega_1}{2}}$ $k = \tan\dfrac{\theta_p}{2}\cot\dfrac{\omega_2-\omega_1}{2}$ ω_1 为转换后的通带上截止频率,ω_2 为转换后的通带下截止频率
带阻	$z^{-1} = \dfrac{Z^{-2}-\dfrac{2\alpha}{k+1}Z^{-1}+\dfrac{k-1}{k+1}}{1-\dfrac{2\alpha k}{k+1}Z^{-1}+\dfrac{k-1}{k+1}Z^{2}}$	$\alpha = \dfrac{\cos\dfrac{\omega_1+\omega_2}{2}}{\cos\dfrac{\omega_2-\omega_1}{2}}$ $k = \tan\dfrac{\theta_p}{2}\cot\dfrac{\omega_2-\omega_1}{2}$ ω_1 为转换后的阻带上截止频率,ω_2 为转换后的阻带下截止频率

续表

转化类型	变 换 公 式	计 算 公 式
多带通	$z^{-1} = -\dfrac{Z^{-N} + d_1 Z^{-N+1} + \cdots + d_N}{1 + d_1 Z^{-1} + \cdots + d_N Z^{-N}}$	$\cos\left(\dfrac{\theta_p}{2} + \dfrac{N}{2}\omega_{i1}\right) + \sum\limits_{k=1}^{N} d_k \cos\left(\dfrac{\theta_p}{2} + \dfrac{N}{2}\omega_{i1} - k\omega_{i1}\right) = 0$ $\cos\left(\dfrac{\theta_p}{2} - \dfrac{N}{2}\omega_{i2}\right) + \sum\limits_{k=1}^{N} d_k \cos\left(\dfrac{\theta_p}{2} - \dfrac{N}{2}\omega_{i2} + k\omega_{i2}\right) = 0$ $N/2$ 为 $[0,\pi]$ 间通带数 ω_{i1},ω_{i2} 为转换后的第 i 通带的上下截止频率
多带阻	$z^{-1} = \dfrac{Z^{-N} + d_1 Z^{-N+1} + \cdots + d_N}{1 + d_1 Z^{-1} + \cdots + d_N Z^{-N}}$	$\sin\left(\dfrac{\theta_p}{2} + \dfrac{N}{2}\omega_{i1}\right) + \sum\limits_{k=1}^{N} d_k \sin\left(\dfrac{\theta_p}{2} + \dfrac{N}{2}\omega_{i1} - k\omega_{i1}\right) = 0$ $\sin\left(\dfrac{\theta_p}{2} - \dfrac{N}{2}\omega_{i2}\right) + \sum\limits_{k=1}^{N} d_k \sin\left(\dfrac{\theta_p}{2} - \dfrac{N}{2}\omega_{i2} + k\omega_{i2}\right) = 0$ $N/2$ 为 $[0,\pi]$ 间通带数 ω_{i1},ω_{i2} 为转换后的第 i 阻带的上下截止频率

6.9　IIR 滤波器的直接优化设计

IIR 滤波器的直接设计法采用基于二阶级联形式的数字网络去逼近给定的滤波器幅频特性。

设要求的滤波器幅频特性为 $|H_d(e^{j\omega})|$，待设计滤波器的频率特性由下面的数字网络决定

$$H(z) = A\prod_{k=1}^{K} \frac{1 + a_k z^{-1} + b_k z^{-2}}{1 + c_k z^{-1} + d_k z^{-2}}$$

$$= A\prod_{k=1}^{K} G_k(z) = AG(z)$$

设计指标要求是在指定的一组离散频率点 $\{\omega_i\}_{i=1}^{M}$ 上幅频响应误差的平方和最小，即

$$E = \sum_{i=1}^{M} \left[A \,|\, G(z_i = e^{j\omega_i}) \,|\, - \,|\, H_d(e^{j\omega_i}) \,|\, \right]^2$$

$$= \min$$

将误差平方和对 A 求导可得

$$\frac{\partial E}{\partial A} = 2\sum_{i=1}^{M} \left[A \,|\, G(e^{j\omega_i}) \,|\, - H_d(e^{j\omega_i}) \right] |\, G(e^{j\omega_i}) \,| = 0$$

由此式可得

$$A_{\text{opt}} = \frac{\sum\limits_{i=1}^{M} |\, G(e^{j\omega_i}) \,| \,|\, H_d(e^{j\omega_i}) \,|}{\sum\limits_{i=1}^{M} |\, G(e^{j\omega_i}) \,|^2}$$

进一步将误差平方和对其他各参数求导可得

$$\frac{\partial E}{\partial \varphi_k} = 2 \sum_{i=1}^{M} \left[A \mid G(\mathrm{e}^{\mathrm{j}\omega_i}) \mid - H_{\mathrm{d}}(\mathrm{e}^{\mathrm{j}\omega_i}) \right] \frac{\partial}{\partial \varphi_k} \mid G(\mathrm{e}^{\mathrm{j}\omega_i}) \mid = 0$$

其中 φ_k 代表第 k 个二阶节中的某个参数 (a_k, b_k, c_k, d_k)；而

$$\frac{\partial}{\partial \varphi_k} \mid G(\mathrm{e}^{\mathrm{j}\omega_i}) \mid = \frac{\partial}{\partial \varphi_k} \left[G^*(\mathrm{e}^{\mathrm{j}\omega_i}) G(\mathrm{e}^{\mathrm{j}\omega_i}) \right]^{1/2}$$

$$= \frac{1}{\mid G(\mathrm{e}^{\mathrm{j}\omega_i}) \mid} \mathrm{Re} \left[G^*(\mathrm{e}^{\mathrm{j}\omega_i}) \frac{\partial}{\partial \varphi_k} G(\mathrm{e}^{\mathrm{j}\omega_i}) \right]$$

$$= \mid G(\mathrm{e}^{\mathrm{j}\omega_i}) \mid \mathrm{Re} \left[\frac{\dfrac{\partial}{\partial \varphi_k} G_k(\mathrm{e}^{\mathrm{j}\omega_i})}{G_k(\mathrm{e}^{\mathrm{j}\omega_i})} \right]$$

具体而言

$$\frac{\dfrac{\partial}{\partial a_k} G_k(\mathrm{e}^{\mathrm{j}\omega_i})}{G_k(\mathrm{e}^{\mathrm{j}\omega_i})} = \frac{\mathrm{e}^{-\mathrm{j}\omega_i}}{1 + a_k \mathrm{e}^{-\mathrm{j}\omega_i} + b_k \mathrm{e}^{-\mathrm{j}2\omega_i}}$$

$$\frac{\dfrac{\partial}{\partial b_k} G_k(\mathrm{e}^{\mathrm{j}\omega_i})}{G_k(\mathrm{e}^{\mathrm{j}\omega_i})} = \frac{\mathrm{e}^{-\mathrm{j}2\omega_i}}{1 + a_k \mathrm{e}^{-\mathrm{j}\omega_i} + b_k \mathrm{e}^{-\mathrm{j}2\omega_i}}$$

$$\frac{\dfrac{\partial}{\partial c_k} G_k(\mathrm{e}^{\mathrm{j}\omega_i})}{G_k(\mathrm{e}^{\mathrm{j}\omega_i})} = - \frac{\mathrm{e}^{-\mathrm{j}\omega_i}}{1 + c_k \mathrm{e}^{-\mathrm{j}\omega_i} + d_k \mathrm{e}^{-\mathrm{j}2\omega_i}}$$

$$\frac{\dfrac{\partial}{\partial d_k} G_k(\mathrm{e}^{\mathrm{j}\omega_i})}{G_k(\mathrm{e}^{\mathrm{j}\omega_i})} = - \frac{\mathrm{e}^{-\mathrm{j}2\omega_i}}{1 + c_k \mathrm{e}^{-\mathrm{j}\omega_i} + d_k \mathrm{e}^{-\mathrm{j}2\omega_i}}$$

由此可以得到一组共 $4K$ 个非线性方程。可用最陡下降迭代法通过计算机计算得到各系数

$$\varphi_k^{\mathrm{j}+1} = \varphi_k^{\mathrm{j}} + \mu \frac{\partial E}{\partial \varphi_k} \bigg|_{\mathrm{j}}$$

其中, $\dfrac{\partial E}{\partial \varphi_k} \bigg|_{\mathrm{j}}$ 为用第 j 步迭代所得各参数计算的对其中某个参数的导数。

这个计算过程的稳定性和收敛性取决于迭代初值和因子 μ。当迭代过程收敛到满足一定条件时可以结束迭代,得到滤波器参数的一组计算结果。

计算所得滤波器参数不能保证滤波器的极点一定在单位圆内,此时可通过乘以一个全通函数使得单位圆外的零、极点相互抵消,而把设计所得单位圆外的极点变成单位圆内的极点。这样可以保证滤波器是稳定的,而幅频特性与给定的设计要求一致。

6.10　与本章相关的 MATLAB 函数与样例

6.10.1　相关的 MATLAB 函数简介

首先介绍与数字滤波器设计相关的 MATLAB 函数,这些函数均集成在 MATLAB 的

信号处理工具箱内。

1. buttord

功能介绍　巴特沃斯滤波器阶数和截止频率函数。用于计算巴特沃斯滤波器的阶数。
语法

```
[n,Wn] = buttord(Wp,Ws,Rp,Rs)
```

输入变量　Wp 是通带截止频率，Ws 是阻带截止频率，均为归一化变量，取值范围为 0 到 1，注意 1 对应角频率 π，也对应采样频率的一半；Rp 是通带允许最大起伏（dB），Rs 是允许的阻带最小衰减（dB）。

输出内容　返回值 n 是巴特沃斯滤波器最低阶数，Wn 是归一化截止频率。

2. butter

功能介绍　巴特沃斯滤波器设计函数，用于实现巴特沃斯滤波器的设计。
语法

```
[z,p,k] = butter(n,Wn)
[z,p,k] = butter(n,Wn,'ftype')
[b,a] = butter(n,Wn)
[b,a] = butter(n,Wn,'ftype')
```

输入变量　n 是数字滤波器阶数，Wn 是归一化截止频率，若 Wn＝[W1　W2]，则设计一个 2n 阶带通滤波器。参数'ftype'取值有三种'high'，'low'，'stop'，依次表示待设计的滤波器为高通滤波器、低通滤波器和带阻滤波器。

输出内容　返回值 z,p 是长为 n 的零点矢量和极点矢量，k 是增益；a 和 b 分别是数字滤波器差分方程表示形式下方程左右两侧的系数，或系统函数分母分子多项式的系数矢量。

3. cheb1ord

功能介绍　切比雪夫Ⅰ型滤波器阶数函数，用于实现计算切比雪夫Ⅰ型滤波器的阶数。
语法

```
[n,Wp] = cheb1ord(Wp,Ws,Rp,Rs)
```

输入变量　Wp 是通带截止频率，Ws 是阻带截止频率，均为归一化变量；Rp 是通带允许最大起伏（dB），Rs 是允许的阻带最小衰减（dB）。

输出内容　返回值 n 是切比雪夫Ⅰ型滤波器最低阶数，Wp 是通带截止频率。

4. cheby1

功能介绍　切比雪夫Ⅰ型滤波器设计函数，用于实现切比雪夫Ⅰ型滤波器的设计。
语法

```
[z,p,k] = cheby1(n,R,Wp)
[z,p,k] = cheby1(n,R,Wp,'ftype')
[b,a] = cheby1(n,R,Wp)
[b,a] = cheby1(n,R,Wp,'ftype')
```

输入变量 n是数字滤波器阶数,R是通带内允许的起伏,Wp是归一化通带截止频率。参数'ftype'取值有三种'high','low','stop',依次表示待设计的滤波器为高通滤波器、低通滤波器和带阻滤波器。

输出内容 返回值z,p是长为n的零点矢量和极点矢量,k是增益;a和b分别是数字滤波器差分方程表示形式下方程左右两侧的系数,或系统函数分母分子多项式的系数矢量。

5. cheb2ord

功能介绍 切比雪夫Ⅱ型滤波器阶数函数,用于实现计算切比雪夫Ⅱ型滤波器的阶数。

语法

```
[n,Ws] = cheb2ord(Wp,Ws,Rp,Rs)
```

输入变量 Wp是通带截止频率,Ws是阻带截止频率,均为归一化变量;Rp是通带允许最大起伏(dB),Rs是允许的阻带最小衰减(dB)。

输出内容 返回值n是切比雪夫Ⅱ型滤波器最低阶数,Ws是阻带截止频率。

6. cheby2

功能介绍 切比雪夫Ⅱ型滤波器设计函数。用于实现切比雪夫Ⅱ型滤波器的设计。

语法

```
[z,p,k] = cheby2(n,R,Wst)
[z,p,k] = cheby2(n,R,Wst,'ftype')
[b,a] = cheby2(n,R,Wst)
[b,a] = cheby2(n,R,Wst,'ftype')
```

输入变量 n是数字滤波器阶数,R是阻带允许的最小衰减,Wst是阻带截止频率。参数'ftype'取值有三种'high','low','stop',依次表示待设计的滤波器为高通滤波器、低通滤波器和带阻滤波器。

输出内容 返回值z,p是长为n的零点矢量和极点矢量,k是增益;a和b分别是数字滤波器差分方程表示形式下方程左右两侧的系数,或系统函数分母分子多项式的系数矢量。

7. ellipord

功能介绍 椭圆滤波器阶数函数,用于实现计算椭圆滤波器的阶数。

语法

```
[n,Wp] = ellipord(Wp,Ws,Rp,Rs)
```

输入变量 Wp是通带截止频率,Ws是阻带截止频率,均为归一化变量;Rp是通带允许最大起伏(dB),Rs是允许的阻带最小衰减(dB)。

输出内容 返回值n是椭圆滤波器最低阶数,Wp是通带截止频率。

8. ellip

功能介绍 椭圆滤波器设计函数。本函数集成在 Signal Processing 工具箱中,用于实现椭圆滤波器的设计。

语法

```
[z,p,k] = ellip(n,Rp,Rs,Wp)
[z,p,k] = ellip(n,Rp,Rs,Wp,'ftype')
[b,a] = ellip(n,Rp,Rs,Wp)
[b,a] = ellip(n,Rp,Rs,Wp,'ftype')
```

输入变量　n是数字滤波器阶数，Rp是通带允许最大起伏，Rs是允许的阻带最小衰减，Wp是通带截止频率。参数'ftype'取值有三种'high'，'low'，'stop'，依次表示待设计的滤波器为高通滤波器、低通滤波器和带阻滤波器。

输出内容　返回值z,p是长为n的零点矢量和极点矢量；k是增益；a和b分别是数字滤波器差分方程表示形式下方程左右两侧的系数，或系统函数分母分子多项式的系数矢量。

9. 窗函数

窗函数法是设计FIR滤波器的主要方法之一，各函数在第4章已有介绍，为方便，这里重新列出几个窗函数。

窗　函　数	函　数　原　型	使　用　方　法
矩形窗	w = rectwin(L)	返回长度为L的列矢量w
三角窗	w = bartlett(L)	返回长度为L的列矢量w
汉宁窗	w = hann(L)	返回长度为L的列矢量w
哈明窗	w = hamming(L)	返回长度为L的列矢量w
布莱克曼窗	w = blackman(L)	返回长度为L的列矢量w

10. firpmord

功能介绍　Parks-McClellan最优FIR等波纹逼近滤波器阶数估计函数。用于设计Parks-McClellan最优FIR滤波器。

语法

```
[n,fo,ao,w] = firpmord(f,a,dev)
[n,fo,ao,w] = firpmord(f,a,dev,fs)
```

输入变量　f是截止频率矢量，a代表由f所划分的各个频段的幅度，dev表示设计出的频率响应和期望之间的最大误差，fs是采样频率，默认值是2。

输出内容　n是阶数，fo是边界频率矢量，ao是对应的幅度矢量，w是权值。

11. firpm

功能介绍　Parks-McClellan最优等波纹逼近FIR滤波器设计函数。用于设计Parks-McClellan最优FIR滤波器。

语法

```
b = firpm(n,f,a)
b = firpm(n,f,a,w)
[b,err] = firpm(...)
```

输入变量　n 是阶数,f 是频率矢量,a 是对应的幅度矢量,w 是权重。firpm 的输入变量参数由 firpmord 生成。

输出内容　返回值 b 为 FIR 滤波器单位抽样响应系数,err 是最大逼近误差。

6.10.2　MATLAB 例程

通过几个例程及其运行结果,说明 MATLAB 函数在数字滤波器设计上的应用。

例 6.10.1　用 butter 函数设计低通数字滤波器,要求指标:通带内允许起伏 -1dB,通带截止频率 0.3π,阻带衰减$\leqslant-15$dB,阻带截止频率 0.4π。

例程和运行结果如下。

```
Wp = 0.3;                              % 定义通带截止频率
Ws = 0.4;                              % 定义阻带截止频率
Rp = 1; Rs = 15;                       % 通带起伏及阻带衰减
[n, Wn] = buttord(Wp,Ws,Rp,Rs);       % 用 buttord 计算滤波器阶数
[b, a] = butter(n,Wn)                  % 用 butter 设计滤波器
freqz(b,a,[0:0.0025 * pi:0.5 * pi]);   % 绘制频率响应曲线
title('Butterworth lowpass Filter');
```

设计的返回结果如下,频率响应如图 6.37。

b = [0.0016,0.0114,0.0343,0.0572,0.0572,0.0343,0.0114,0.0016]
a = [1.0000, $-$2.3732,3.1316, $-$2.4992,1.3050, $-$0.4312,0.0833, $-$0.0072]

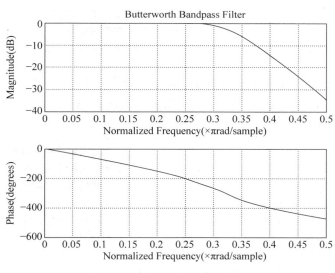

图 6.37　例 6.10.1 的例程结果

例 6.10.2　设计切比雪夫 I 型带通滤波器,要求指标:通带内允许起伏 -1dB,通带范围 $0.45\pi\leqslant\omega\leqslant0.55\pi$,阻带衰减$\leqslant-15$dB,阻带范围 $0\leqslant\omega\leqslant0.3\pi$,$0.7\pi\leqslant\omega\leqslant\pi$。

例程和运行结果如下。

```
Wp = [0.45 0.55];                      % 定义通带截止频率
Ws = [0.3 0.7];                        % 定义阻带截止频率
Rp = 1; Rs = 15;                       % 通带起伏及阻带衰减
```

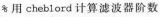

```
[n, Wp] = cheb1ord(Wp,Ws,Rp,Rs);          % 用 cheb1ord 计算滤波器阶数
[b, a] = cheby1(n,Rp,Wp)                   % 用 cheby1 设计滤波器
freqz(b,a);                                % 绘制频率响应曲线
title('Chebyshev Type I Bandpass Filter');
```

例程运行结果如下，频率响应如图 6.38 所示。

```
b = [0.0205,0, − 0.0410,0,0.0205]
a = [ 1.0000,0.0000,1.6185,0.0000,0.7106]
```

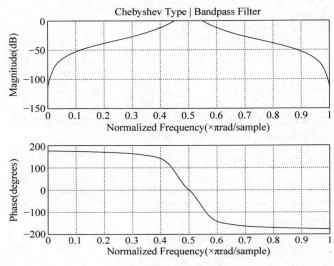

图 6.38 例 6.10.2 的例程结果

例 6.10.3 设计椭圆型带通滤波器，要求指标：通带内允许起伏 −1dB，通带范围 $0.45\pi \leqslant \omega \leqslant 0.55\pi$，阻带衰减 $\leqslant −15$dB，阻带范围 $0 \leqslant \omega \leqslant 0.3\pi$，$0.7\pi \leqslant \omega \leqslant \pi$。

例程和运行结果如下。

```
Wp = [0.45 0.55];                          % 定义通带截止频率
Ws = [0.3 0.7];                            % 定义阻带截止频率
Rp = 1; Rs = 15;                           % 通带起伏及阻带衰减
[n, Wp] = ellipord(Wp,Ws,Rp,Rs);          % 用 ellipord 计算滤波器阶数
[b,a] = ellip(n,Rp,Rs,Wp)                  % 用 ellip 设计滤波器
freqz(b,a);                                % 绘制频率响应曲线
title('Elliptic Bandpass Filter');
```

例程运行结果如下，频率响应如图 6.39 所示。

```
b = [ 0.1727, − 0.0000,0.2559, − 0.0000,0.1727]
a = [1.0000, − 0.0000,1.6404,0.0000,0.7409]
```

例 6.10.4 设计一个低通 FIR 滤波器，要求指标通带截止频率 500Hz，阻带截止频率 600Hz，采样频率 2000Hz，通带允许起伏 3dB，阻带允许最小衰减 40dB，例程和运行结果如下。

```
rp = 3;                                    % 通带起伏
rs = 40;                                   % 阻带衰减
```

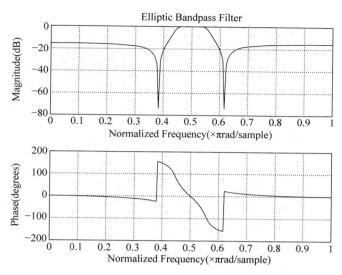

图 6.39 例 6.10.3 的例程结果

```
fs = 2000;                                                    % 采样频率
f = [500 600];                                               % 截止频率
a = [1 0];                                                   % 期望幅度
dev = [(10^(rp/20) − 1)/(10^(rp/20) + 1) 10^( − rs/20)];     % 计算误差
[n,fo,ao,w] = firpmord(f,a,dev,fs);                          % 用 firpmord 计算阶数
b = firpm(n,fo,ao,w)                                         % 用 firpm 计算抽头系数
freqz(b,1,1024,fs);                                          % 绘制频率特性曲线
title('Lowpass Filter Designed to Specifications');
```

例程运行结果如下,频率响应如图 6.40 所示。

b = [− 0.0127,0.0104,0.0598,0.0516, − 0.0233, − 0.0306,0.0511,0.0340, − 0.0976, − 0.0354,
0.3154,0.5359,0.3154, − 0.0354, − 0.0976,0.0340,0.0511, − 0.0306, − 0.0233,0.0516,
0.0598,0.0104, − 0.0127]

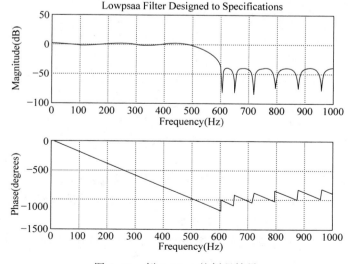

图 6.40 例 6.10.4 的例程结果

6.10.3　数字微分器设计

用数字微分器在离散域实现微分运算，可获得比用模拟电路实现微分器更好的精确度和稳定度，本节讨论利用 MATLAB 工具设计数字微分器。

模拟微分器的频率响应写为

$$H_a(j\Omega) = j\Omega$$

对于满足采样定理的带限信号实现微分运算，其数字微分器的频率响应为

$$H_d(e^{j\omega}) = j\omega/T_s$$

这里 T_s 只是一个比例系数，为简单起见，设计过程中忽略这个系数。若采用线性相位 FIR 滤波器实现微分器，考虑因果实现所需要的延迟因子，理想数字微分器的频率响应为

$$H_d(e^{j\omega}) = j\omega e^{-j\omega a}, \quad |\omega| \leqslant \pi$$

这里 $\alpha = \dfrac{M}{2}$ 为延迟因子，M 是 FIR 滤波器非零单位抽样响应的最大序号，$N = M+1$ 为 FIR 滤波器长度。

理想微分器的单位抽样响应为

$$h_d[n] = \frac{1}{2\pi}\int_{-\pi}^{\pi} H_d(e^{j\omega}) e^{j\omega n}\,d\omega = \frac{1}{2\pi}\int_{-\pi}^{\pi} j\omega e^{j\omega(n-M/2)}\,d\omega$$

$$= \frac{\cos[\pi(n-\alpha)]}{(n-\alpha)} - \frac{\sin[\pi(n-\alpha)]}{\pi(n-\alpha)^2}, \quad -\infty < n < +\infty$$

设计 FIR 滤波器实现该微分器，可用类型三和类型四线性相位结构。以下通过例子分别给出用窗函数法和等波纹逼近法设计的数字微分器，例子中的程序只需修改滤波器长度参数 N，可用于任意长度微分器的设计。注意到例子中的 MATLAB 例程，实现了式(6.24)和式(6.28)表示的实幅度函数，所以，没有调用通用的 freqz 函数。读者可以类似地实现式(6.18)和式(6.21)，这四个式子表示了四类线性相位滤波器的实幅度函数。

例 6.10.5　用窗函数法设计，分别采用矩形窗和哈明窗，设 FIR 单位抽样响应长度为 $N = M+1 = 15$，这是第三类线性相位滤波器。用矩形窗设计的滤波器的单位抽样响应为

$$h[n] = \begin{cases} \dfrac{\cos[\pi(n-\alpha)]}{(n-\alpha)} - \dfrac{\sin[\pi(n-\alpha)]}{\pi(n-\alpha)^2}, & 0 \leqslant n \leqslant M \\ 0, & \text{其他} \end{cases}$$

矩形窗设计的微分器的单位抽样响应和频率响应的实幅度如图 6.41 所示。用哈明窗设计的滤波器单位抽样响应为

$$h[n] = \begin{cases} \left[\dfrac{\cos[\pi(n-\alpha)]}{(n-\alpha)} - \dfrac{\sin[\pi(n-\alpha)]}{\pi(n-\alpha)^2}\right]\left[0.54 - 0.46\cos\left(\dfrac{2\pi n}{M}\right)\right], & 0 \leqslant n \leqslant M \\ 0, & \text{其他} \end{cases}$$

哈明窗设计的微分器的单位抽样响应和频率响应的实幅度图形如图 6.42 所示。注意到第三类线性相位滤波器在 $\omega = \pi$ 处幅度为零，因此幅度近似线性增长到接近 π 处转而下降到零，加哈明窗的实幅度比矩形窗要有明显改善。

类型三线性相位数字微分器的哈明窗设计的 MATLAB 例程如下。对于矩形窗设计，只需要用 h＝hd 替代 h＝hd. * w_ham 即可。

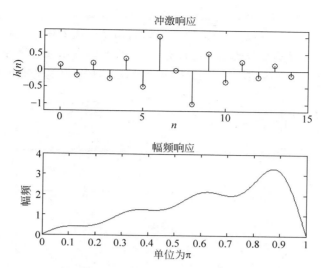

图 6.41 $N=15$ 矩形窗微分器的单位抽样响应和频率响应的实幅度

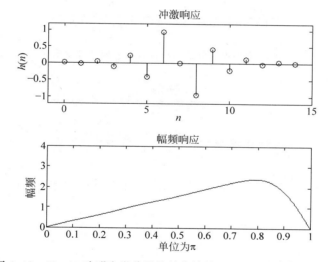

图 6.42 $N=15$ 哈明窗微分器的单位抽样响应和频率响应实幅度

```
N = 15;alpha = (N - 1)/2;
n = 0:N - 1;
hd = (cos(pi * (n - alpha)))./(n - alpha) - (sin(pi * (n - alpha)))./(pi * ((n - alpha).^2));
hd(alpha + 1) = 0;
w_ham = (hamming(N))';
h = hd. * w_ham;
subplot(2,1,1);stem(n,h);title('冲激响应');
axis([ - 1 N - 1.2 1.2]);xlabel('n');ylabel('h(n)');
L = (N - 1)/2;
c = [2 * h(L + 1: - 1:1)];m = [0:1:L];
w = [0:1:500]' * pi/500;Hr = sin(w * m) * c';
subplot(2,1,2);plot(w/pi,Hr);title('幅频响应');
xlabel('pi Units');ylabel('幅频');axis([0 1 0 4]);
```

例 6.10.6 仍用矩形窗和哈明窗设计微分器，但选择滤波器长度 N 为偶数，这是第四类线性相位滤波器，其没有 $\omega = \pi$ 幅度下降为零的限制，幅度曲线更理想。取 $N = 14$，图 6.43 是矩形窗微分器的单位抽样响应和频率响应的实幅度，图 6.44 是哈明窗微分器的单位抽样响应和频率响应的实幅度。由于没有下降过程，哈明窗的改善没有 N 为奇数时明显。

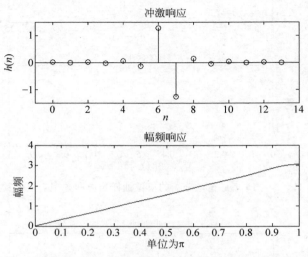

图 6.43 $N = 14$ 矩形窗微分器的单位抽样响应和频率响应的实幅度

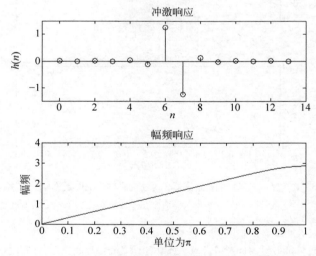

图 6.44 $N = 14$ 哈明窗微分器的单位抽样响应和频率响应实幅度

类型四线性相位数字微分器的哈明窗设计的 MATLAB 例程如下。对于矩形窗设计，只需要用 h＝hd 替代 h＝hd.＊w_ham 即可。

```
N = 14;alpha = (N - 1)/2;n = 0:N - 1;
hd = (cos(pi * (n - alpha)))./(n - alpha) - (sin(pi * (n - alpha)))./(pi * ((n - alpha).^2));
w_ham = (hamming(N))';
h = hd. * w_ham;
subplot(2,1,1);stem(n,h);title('冲激响应');
```

```
axis([-1 N -1.5 1.5]);xlabel('n');ylabel('h(n)');
L = N/2;
c = 2 * [h(L:-1:1)];m = [1:1:L];m = m - 0.5;
w = [0:1:500]' * pi/500;
Hr = sin(w * m) * c';
subplot(2,1,2);
plot(w/pi,Hr);title('幅频响应');
xlabel('pi Units');ylabel('幅频');axis([0 1 0 4]);
```

例 6.10.7　用等波纹逼近法可设计数字微分器,利用 firpm 函数的'differentiator'选项可方便地设计等波纹逼近的数字微分器。由于类型四滤波器实现微分器性能更好,这里只给出用等波纹逼近设计的类型四数字微分器,取 $N=8$,设计得到的单位抽样响应为

$$h = \{-0.0289, 0.0668, -0.1472, 1.2775, -1.2775, 0.1472, -0.0668, 0.0289\}$$

图 6.45 示出等波纹逼近设计的微分器的单位抽样响应和频率响应实幅度。

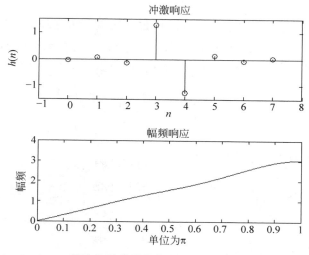

图 6.45　$N=8$ 等波纹微分器的单位抽样响应和频率响应实幅度

等波纹逼近类型四数字微分器设计的 MATLAB 例程如下。

```
N = 8;
f = [0 1]; a = [0 pi];
h = firpm(N-1,f,a,'differentiator')
n = 0:N-1;
subplot(2,1,1);stem(n,h);title('冲激响应');
axis([-1 N -1.5 1.5]);xlabel('n');ylabel('h(n)');
L = N/2;
c = 2 * [h(L:-1:1)];m = [1:1:L];m = m - 0.5;
w = [0:1:500]' * pi/500;
Hr = sin(w * m) * c';
subplot(2,1,2);
plot(w/pi,Hr);title('幅频响应');
xlabel('pi Units');ylabel('幅频');axis([0 1 0 4]);
```

6.11　本章小结

本章致力于 LTI 系统的设计，分别讨论了两类不同系统。首先讨论了 FIR 滤波器的设计，其主要设计方法是直接的。两类基本设计技术窗函数法和等波纹逼近法能够有效地设计各种线性相位数字滤波器，而频率采样法可用于一些特殊系统的设计。第二大类设计问题是针对 IIR 结构的滤波器。其主流方法是一种间接法，利用非常成熟的模拟滤波器设计技术进行 IIR 数字滤波器的间接设计，介绍了在模拟和数字系统函数之间进行转换的方法冲激响应不变法和双线性变换法。

MATLAB 提供了数字滤波器设计的完整函数集，实际设计工作可通过调用这些函数来完成，但深入理解设计原理是正确使用好设计工具的基础。

习题

6.1　通常按照如题 6.1 图描述的方式用数字滤波器来处理限带连续时间信号：在理想情况下，通过 A/D 变换将连续时间信号变换为序列 $x[n]=x_a(nT)$，然后经过数字滤波器滤波得到 $y[n]$，再由 D/A 变换将 $y[n]$ 变换为限带波形 $y_a(t)$，即有

$$y_a(t) = \sum_{n=-\infty}^{+\infty} y[n] \frac{\sin\left[\frac{\pi}{T}(t-nT)\right]}{\frac{\pi}{T}(t-nT)}$$

这样整个系统可以等效为一个线性时不变连续系统。

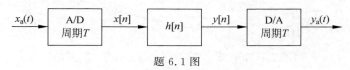

题 6.1 图

（1）如果系统 $h[n]$ 的截止角频率为 $\frac{\pi}{8}$ rad，$1/T=10\text{kHz}$，等效模拟滤波器的截止频率是多少？

（2）如果 $1/T=20\text{kHz}$，等效模拟滤波器的截止频率是多少？

6.2　已知 FIR 滤波器的单位抽样响应为

$$h[n]=n+1, \qquad n=0,1,2,3,4$$
$$h[n]=h[8-n], \quad n=5,6,7,8$$

（1）请说出该滤波器的滤波特性（低通、高通或其他），并说明理由；

（2）写出该滤波器的递归形式系统函数，列出相应的差分方程表示，并画出它的零、极点分布，验证题目（1）中的判断。

6.3　证明第二类线性相位 FIR 滤波器的频率响应为

$$H(e^{j\omega}) = e^{-j\frac{M}{2}\omega} \sum_{m=1}^{\frac{M+1}{2}} b[m]\cos\left[\omega\left(m-\frac{1}{2}\right)\right]$$

其中系数序列为 $b[m]=2h\left[\dfrac{N}{2}-m\right], m=1,\dfrac{N}{2}$，并说明 $H(\mathrm{e}^{\mathrm{j}\pi})=0$。

6.4 证明第三类线性相位 FIR 滤波器的频率响应为

$$H(\mathrm{e}^{\mathrm{j}\omega})=\mathrm{e}^{\mathrm{j}\left(\frac{\pi}{2}-\frac{M}{2}\omega\right)}\sum_{m=0}^{\frac{M}{2}}c[m]\sin(m\omega)$$

其中系数序列为 $c[m]=2h\left[\dfrac{M}{2}-m\right], m=1,\cdots,\dfrac{M}{2}, c[0]=h\left[\dfrac{M}{2}\right]=0$。

6.5 证明第二类线性相位 FIR 滤波器的实幅度响应可写为

$$\hat{H}(\mathrm{e}^{\mathrm{j}\omega})=\cos\frac{\omega}{2}\sum_{m=0}^{\frac{M-1}{2}}\hat{b}[m]\cos(m\omega)$$

并求出新系数集 $\hat{b}[m]$ 与习题 6.3 中系数集 $b[m]$ 的关系。

6.6 若一个理想滤波器是多频带的，每个频带的幅度为常数，题 6.6 图是 4 频带情况下幅频响应的一个图示，可推广到任意频带数 N_{mb}，若对幅频响应加入 $\mathrm{e}^{-\mathrm{j}\omega M/2}$ 线性相位，构成期望的频率相应，证明期望滤波器的单位抽样响应为

$$h_{\mathrm{d}}[n]=\sum_{k=1}^{N_{\mathrm{mb}}}(G_k-G_{K+1})\frac{\sin[\omega_k(n-M/2)]}{\pi(n-M/2)}$$

（注：上式中出现 $G_{N_{\mathrm{mb}}+1}$，令 $G_{N_{\mathrm{mb}}+1}=0$）

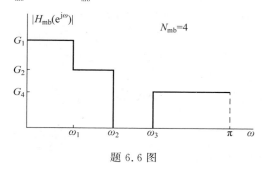

题 6.6 图

6.7 对线性相位 FIR 滤波器，试证明：若 $h[n]$ 满足奇对称条件(即 $h[n]=-h[N-1-n]$)，且 N 为奇数，则 $H(z)$ 在 $z=\pm 1$ 处必为零点。

6.8 设计一个带通希尔伯特滤波器，该滤波器的理想频率响应为

$$H(\mathrm{e}^{\mathrm{j}\omega})=\begin{cases}\mathrm{j}, & \pi/4\leqslant\omega\leqslant 3\pi/4 \\ -\mathrm{j}, & -3\pi/4\leqslant\omega\leqslant-\pi/4 \\ 0, & \text{其他}\end{cases}$$

(1) 计算该理想希尔伯特滤波器的冲激响应表达式。

(2) 如果用窗函数法设计一个可实现的因果线性相位的 FIR 滤波器来逼近如上的理想系统，选择凯泽窗，使得过渡带的宽度为 0.1π，阻带衰减不小于 40dB。求：①滤波器长度；②凯泽窗参数；③写出设计的 FIR 滤波器冲激响应的表达式。

6.9 已知一限带理想微分器的延迟为 τ，对应的频率响应特性为

$$H_a(\mathrm{j}\Omega)=\begin{cases}\mathrm{j}\Omega\mathrm{e}^{-\mathrm{j}\Omega\tau}, & |\Omega|\leqslant\Omega_c \\ 0, & \text{其他}\end{cases}$$

（1）设 $\Omega_c = \pi/T$，T 为采样间隔，利用冲激响应不变法求带延迟的理想数字微分器单位取样响应 $h_d[n] = Th_a(nT)$。

（2）由 $h_d[n]$ 求相应的频率响应函数 $H_d(e^{j\omega})$，画出示意图，并求出这个数字系统的延迟是多少个采样间隔。

（3）如果用长度为 N 的矩形窗对 $h_d[n]$ 截断，得到用 FIR 滤波器逼近的因果性数字微分器，那么在 N 为偶数和 N 为奇数两种情况下应如何选择 τ？画出 $h[n]$ 的示意图。

6.10　已知离散序列 $x[n]$ 的频谱 $X(e^{j\omega})$ 满足：当 $\dfrac{\pi}{4} \leqslant |\omega| \leqslant \dfrac{2\pi}{3}$ 以外时，$X(e^{j\omega}) = 0$。设计一个通带尽可能窄的理想滤波器，其对 $x[n]$ 滤波后得到输出序列 $y[n]$。要求由 $x[n]$ 和 $y[n]$ 形成的复序列 $s[n] = x[n] + jy[n]$ 的频谱 $S(e^{j\omega})$ 满足：当 $0 \leqslant \omega \leqslant \pi$，$S(e^{j\omega}) = 2X(e^{j\omega})$；当 $-\pi \leqslant \omega < 0$，$S(e^{j\omega}) = 0$。

（1）请写出该理想滤波器的频率响应 $H(e^{j\omega})$ 和单位抽样响应表达式 $h[n]$。

（2）用窗函数法设计一个因果线性相位 FIR 滤波器来逼近如上的理想系统，要求过渡带宽度为 0.1π，阻带衰减不小于 45dB。请问是否可以选择矩形窗，并说明原因。

（3）选择凯泽窗来设计上述 FIR 滤波器，请确定凯泽窗的长度和形状参数，并写出所设计 FIR 滤波器单位抽样响应的表达式。

6.11　对巴特沃思滤波器，试证明：在滤波器的阻带内（$\Omega \gg \Omega_c$）幅频特性的下降速度近似是 $-20N$（dB/十倍频程），其中 N 是滤波器的阶数。

6.12　已知一个连续 LTI 系统是稳定且因果的，其系统函数是系数为实数的真分式，通过冲激响应不变法得到相应的数字滤波器。证明：

（1）数字滤波器也是稳定且因果的。

（2）数字系统的系统函数也是系数为实数的真分式。

6.13　利用留数定理证明：

$$H(z) = T_s \left\{ \frac{1}{2\pi j} \int_{\sigma - j\infty}^{\sigma + j\infty} H_a(\lambda) \frac{1}{1 - e^{-(s-\lambda)T_s}} d\lambda \right\} \Bigg|_{z = e^{sT_s}}$$

积分的结果是

$$H(z) = \sum_{k=1}^{N} \frac{A_k T_s}{1 - e^{s_k T_s} z^{-1}}$$

6.14　已知如下因果稳定 IIR 滤波器的系统函数是采用冲激响应不变法在 $T = 0.5$s 设计得到的。请写出它们对应的原模拟滤波器的传输函数。

（1）$H(z) = \dfrac{1}{1 - e^{-1.5} z^{-1}} + \dfrac{5z}{z - e^{-2.5}}$

（2）$H(z) = \dfrac{e^{-1.4} \sin 1.6 \cdot z^{-1}}{1 - 2e^{-1.4} \cos 1.6 \cdot z^{-1} + e^{-2.6} z^{-2}}$

6.15　基于模拟低通滤波器设计数字低通滤波器，要求数字低通滤波器的截止频率为 $\omega_c = \pi/4$。

（1）采用双线性变换法且 $T = 0.1$ms，请确定模拟原型滤波器的截止频率 Ω_c。

（2）采用冲激响应不变法且 $T = 0.5$ms，请确定模拟原型滤波器的截止频率 Ω_c。

6.16 请判断冲激响应不变法和双线性变换法是否能够将具有最小相位或全通性质的模拟原型滤波器变换为具有对应性质的数字滤波器,并解释原因。

6.17 证明:$z=-Z$ 可以将数字低通滤波器变换为高通滤波器,$z=-Z^2$ 可将数字低通滤波器变换为带通滤波器,假设低通原型滤波器的通带截止频率为 ω_p,求变换后的两种滤波器的通带截止频率。

6.18 已知 $H_a(s)$ 表示一个连续低通滤波器的转移函数,令某数字滤波器的系统函数为 $H(z)=H_a\left(\dfrac{z+1}{z-1}\right)$。请判断此数字滤波器是什么性质的滤波器,为什么?

MATLAB 习题

6.1 利用 MATLAB 设计一个 IIR 数字低通滤波器,通带截止频率 $\omega_p=0.4\pi$,过渡带 $\Delta\omega=0.2\pi$,通带和阻带波纹参数为 $\delta_1=\delta_2=0.1$,选择巴特沃思滤波器作为模拟滤波器原型。

(1) 通过冲激响应不变法设计该 IIR 数字滤波器;

(2) 通过双线性变换法设计该 IIR 数字滤波器。

6.2 利用 MATLAB 设计一个 IIR 数字低通滤波器,通带截止频率 $\omega_p=0.4\pi$,过渡带 $\Delta\omega=0.2\pi$,通带和阻带波纹参数为 $\delta_1=\delta_2=0.1$,选择切比雪夫 I 型滤波器作为模拟滤波器原型。

(1) 通过冲激响应不变法设计该 IIR 数字滤波器;

(2) 通过双线性变换法设计该 IIR 数字滤波器。

6.3 利用 MATLAB 按照如下要求设计低通 FIR 滤波器。给出的连续低通滤波器的参数分别为:通带截止频率为 400kHz,阻带截止频率为 500kHz,采样频率 1.2MHz,要求通带峰值波纹不大于 0.02,阻带峰值波纹不大于 0.01。

(1) 用汉宁窗设计一个线性相位 FIR 滤波器;

(2) 用凯泽窗设计一个线性相位 FIR 滤波器。

请画出所设计滤波器的单位抽样响应和幅频响应,并对两种窗函数的设计结果进行对比分析。

6.4 利用 MATLAB 按照如下要求设计带通 FIR 滤波器。给出的连续带通滤波器的参数分别为:通带频率范围为 200kHz~400kHz,阻带截止频率分别为 150kHz 和 450kHz,采样频率 1MHz,通带峰值波纹为 0.01,阻带峰值波纹 0.01。

(1) 用汉宁窗设计一个线性相位 FIR 滤波器;

(2) 用凯泽窗设计一个线性相位 FIR 滤波器。

请画出所设计滤波器的单位抽样响应和幅频响应,并对两种窗函数的设计结果进行对比分析。

第7章

希尔伯特变换和复倒谱

本章对信号分析和处理领域中的一种重要理论工具——希尔伯特(Hilbert)变换展开讨论。希尔伯特变换作为一种数学工具被广泛应用在诸如窄带信号表示、单边带信号生成、通信信号的调制解调、系统辨识等信号处理领域中。从物理理解的角度来看,当给定信号在某一个表示域上具有因果性(或者单边性)的特征时,其在相对应的另一个表示域上的实部和虚部之间则存在着一种确定的内在关系,而希尔伯特变换正是对这种确定的内在关系的刻画。本章将依次对连续时间信号、离散时间信号和变换域的希尔伯特变换进行讨论。

在讨论序列傅里叶变换的幅度和相位的希尔伯特变换关系时,引入了复倒谱的概念,本章也就包括了对复倒谱的讨论;希尔伯特变换与模态分析结合,形成一种新的变换,即希尔伯特-黄变换(HHT),可看作是对希尔伯特变换方法的一种发展,本章对 HHT 也给出了概要介绍。

7.1 连续时间信号的希尔伯特变换

连续时间实信号 $x(t)$ 的希尔伯特变换定义为

$$\hat{x}(t) = x(t) * \frac{1}{\pi t} = \frac{1}{\pi} \int_{-\infty}^{+\infty} \frac{x(\tau)}{t-\tau} d\tau = \frac{1}{\pi} \int_{-\infty}^{+\infty} \frac{x(t-\tau)}{\tau} d\tau \tag{7.1}$$

由上述定义可知,连续信号 $x(t)$ 的希尔伯特变换 $\hat{x}(t)$ 是 $x(t)$ 与 $1/\pi t$ 的卷积;也可以将其看作连续信号 $x(t)$ 通过一个单位冲激响应为 $h(t) = 1/\pi t$ 的线性时不变滤波器的响应,这个线性时不变滤波器被称为希尔伯特变换器。

需要指出的是,式(7.1)给出的积分公式事实上是无穷函数的广义积分,因为被积函数在积分区间内存在取值为无穷的点。严格来说,连续时间信号 $x(t)$ 的希尔伯特变换需要利用式(7.1)中给出的积分公式的柯西主值来定义和计算,即

$$\hat{x}(t) = \mathcal{P}\left(\frac{1}{\pi} \int_{-\infty}^{+\infty} \frac{x(\tau)}{t-\tau} d\tau \right)$$

$$= \frac{1}{\pi} \lim_{\epsilon \to 0^+} \left[\int_{t-\frac{1}{\epsilon}}^{t-\epsilon} \frac{x(\tau)}{t-\tau} d\tau + \int_{t+\epsilon}^{t+\frac{1}{\epsilon}} \frac{x(\tau)}{t-\tau} d\tau \right] \tag{7.2}$$

希尔伯特变换器的性质更容易从频域上去理解,其单位冲激响应 $h(t) = 1/\pi t$ 的傅里叶变换即希尔伯特变换器的频率响应函数为

$$H(j\Omega) = -j\,\mathrm{sgn}(\Omega) = \begin{cases} -j, & \Omega > 0 \\ 0, & \Omega = 0 \\ j, & \Omega < 0 \end{cases} \tag{7.3}$$

则其幅度响应和相位响应分别为

$$|H(j\Omega)| = 1 \tag{7.4}$$

$$\varphi(\Omega) = \begin{cases} -\dfrac{\pi}{2}, & \Omega > 0 \\[2mm] \dfrac{\pi}{2}, & \Omega < 0 \end{cases} \tag{7.5}$$

因此,希尔伯特变换器是一个全通滤波器,其对输入信号的作用体现在将输入信号中正频率成分进行$-90°$的相移,而将负频率成分进行$+90°$的相移。希尔伯特变换器的幅频、相频响应特性如图 7.1 所示。

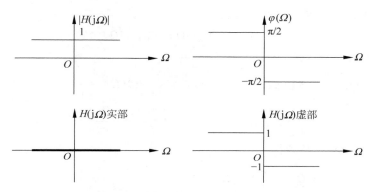

图 7.1　希尔伯特变换器的频率响应

由连续时间实信号 $x(t)$ 和其希尔伯特变换 $\hat{x}(t)$ 可构造复信号

$$z(t) = x(t) + j\hat{x}(t) \tag{7.6}$$

复信号 $z(t)$ 称为实信号 $x(t)$ 的解析信号(analytic signal)。根据式(7.3)给出的希尔伯特变换的频率响应,可得复解析信号 $z(t)$ 和原实信号 $x(t)$ 频谱之间的关系为

$$Z(j\Omega) = (1 + \mathrm{sgn}(\Omega)) X(j\Omega) = \begin{cases} 2X(j\Omega), & \Omega > 0 \\ 0, & \Omega < 0 \end{cases} \tag{7.7}$$

所以复解析信号的频谱中只包含原实信号中正的频率成分,即复解析信号的频域表示具有因果性的特征。这提供了另一个角度来理解连续时间信号的希尔伯特变换:解析信号频域表示上具有因果性的特征,决定了其时域表示的实部成分和虚部成分之间满足希尔伯特变换的关系。

例 7.1.1　设信号 $x(t) = a(t)\cos\Omega_0 t$,$a(t)$ 是低频实信号,其最高频率 $\Omega_M < \Omega_0$,求其希尔伯特变换和相应的解析信号。

解　通过频域表示

$$X(j\Omega) = \frac{1}{2}\left[A(j\Omega - j\Omega_0) + A(j\Omega + j\Omega_0)\right]$$

这里 $A(j\Omega)$ 是 $a(t)$ 的傅里叶变换,$x(t)$ 的希尔伯特变换的频域表示为

$$\hat{X}(j\Omega) = -j\mathrm{sgn}(\Omega)\frac{1}{2}\left[A(j\Omega - j\Omega_0) + A(j\Omega + j\Omega_0)\right]$$

$$= \frac{1}{2j}\left[A(j\Omega - j\Omega_0) - A(j\Omega + j\Omega_0)\right]$$

因此希尔伯特变换 $\hat{x}(t)$ 为

$$\hat{x}(t) = a(t)\sin(\Omega_0 t)$$

解析信号为

$$z(t) = a(t)\cos(\Omega_0 t) + \mathrm{j}a(t)\sin(\Omega_0 t) = a(t)\mathrm{e}^{\mathrm{j}\Omega_0 t}$$

从另一个方面来看希尔伯特变换的另一种形式，由于信号是因果的，故

$$x(t) = x(t)u(t) \tag{7.8}$$

上式两侧分别取傅里叶变换为

$$X(\mathrm{j}\Omega) = X(\mathrm{j}\Omega) * \frac{1}{2\pi}\left[\pi\delta(\Omega) + \frac{1}{\mathrm{j}\Omega}\right] \tag{7.9}$$

上式方括号中表示 $u(t)$ 的傅里叶变换，设

$$X(\mathrm{j}\Omega) = X_R(\mathrm{j}\Omega) + \mathrm{j}X_I(\mathrm{j}\Omega) \tag{7.10}$$

将式(7.10)代入式(7.9)，得

$$X_R(\mathrm{j}\Omega) + \mathrm{j}X_I(\mathrm{j}\Omega) = [X_R(\mathrm{j}\Omega) + \mathrm{j}X_I(\mathrm{j}\Omega)] * \frac{1}{2\pi}\left[\pi\delta(\Omega) + \frac{1}{\mathrm{j}\Omega}\right]$$

$$= \frac{1}{2\pi}\left[\pi X_R(\mathrm{j}\Omega) + X_I(\mathrm{j}\Omega) * \frac{1}{\Omega}\right] + \mathrm{j}\frac{1}{2\pi}\left[\pi X_I(\mathrm{j}\Omega) - X_R(\mathrm{j}\Omega) * \frac{1}{\Omega}\right]$$

令实部和虚部分别相等，整理得

$$X_R(\mathrm{j}\Omega) = \frac{1}{\pi}X_I(\mathrm{j}\Omega) * \frac{1}{\Omega} = \frac{1}{\pi}\int_{-\infty}^{+\infty}\frac{X_I(\mathrm{j}\lambda)}{\Omega - \lambda}\mathrm{d}\lambda \tag{7.11}$$

$$X_I(\mathrm{j}\Omega) = -\frac{1}{\pi}X_R(\mathrm{j}\Omega) * \frac{1}{\Omega} = -\frac{1}{\pi}\int_{-\infty}^{+\infty}\frac{X_R(\mathrm{j}\lambda)}{\Omega - \lambda}\mathrm{d}\lambda \tag{7.12}$$

式(7.11)和式(7.12)分别是频域的希尔伯特变换和反变换。显然，若信号在时域是因果的，其频域实部和虚部之间满足希尔伯特变换。

7.2　离散时间信号的希尔伯特变换和实现

类似连续时间信号的情况，可以定义离散时间信号 $x[n]$ 的希尔伯特变换。同样，从频域上可以更为容易和清晰地定义和理解离散时间信号的希尔伯特变换。由于离散时间傅里叶变换是以 2π 为周期的，故离散时间信号的希尔伯特变换器的频率响应在 $|\omega| \leqslant \pi$ 内的定义为

$$H(\mathrm{e}^{\mathrm{j}\omega}) = -\mathrm{j}\,\mathrm{sgn}(\omega) = \begin{cases} -\mathrm{j}, & 0 < \omega < \pi \\ \mathrm{j}, & -\pi < \omega < 0 \end{cases} \tag{7.13}$$

则由逆离散时间傅里叶变换可以求得相应的单位冲激响应序列 $h[n]$ 如下

$$h[n] = \frac{1}{2\pi}\int_{-\pi}^{\pi} H(\mathrm{e}^{\mathrm{j}\omega})\mathrm{e}^{\mathrm{j}\omega n}\mathrm{d}\omega = \begin{cases} \dfrac{2}{\pi}\dfrac{\sin^2(\pi n/2)}{n}, & n \neq 0 \\ 0, & n = 0 \end{cases} \tag{7.14}$$

理想希尔伯特变换器的单位抽样响应如图 7.2 所示。离散时间信号 $x[n]$ 的希尔伯特变换 $\hat{x}[n]$ 用卷积形式定义为

$$\hat{x}[n] = x[n] * h[n] = \frac{2}{\pi}\sum_{m=-\infty}^{+\infty}\frac{x[n-2m-1]}{2m+1} \tag{7.15}$$

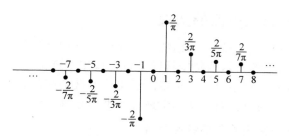

图 7.2 理想希尔伯特变换器的单位抽样响应

同样可以构造实离散时间信号的复解析信号,即

$$z[n] = x[n] + j\hat{x}[n] \tag{7.16}$$

则由式(7.13)可得复解析信号 $z[n]$ 和原实信号 $x[n]$ 频谱之间的关系为

$$Z(e^{j\omega}) = \begin{cases} 2X(je^{j\omega}), & 0 < \omega < \pi \\ 0, & -\pi < \omega < 0 \end{cases} \tag{7.17}$$

由上式可见,复解析信号 $z[n]$ 的频域表示呈现出类似因果性的特点(当然,由于 DTFT 的周期性只能要求在 $-\pi < \omega < 0$ 内, $Z(e^{j\omega}) = 0$)。同样,离散解析信号频域表示上具有的类似因果性的特征,决定了其时域表示的实部成分和虚部成分之间满足离散希尔伯特变换的关系。原实信号、希尔伯特变换和复解析信号之间的频域关系如图 7.3 所示。

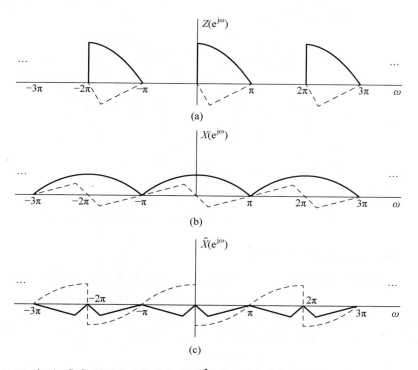

图 7.3 序列 $x[n]$、其希尔伯特变换序列 $\hat{x}[n]$ 和对应的复解析信号 $z[n]$ 的频谱关系

7.2.1 希尔伯特变换器的实现

相比较而言，连续时间信号的希尔伯特变换在信号处理理论和算法的研究中具有重要的理论价值；而离散信号的希尔伯特变换除了可以应用于理论研究，还可以通过具体的算法予以实现，因此在实际应用中也具有重要的意义。离散信号的希尔伯特变换器有时域和频域两种实现方式，下面将分别对这两种实现方式进行介绍。

1. 基于 FIR 滤波器实现希尔伯特变换器

根据式(7.14)可知，理想的希尔伯特变换器类似理想的低通滤波器，为非因果的具有无限长冲激响应的滤波器。由于希尔伯特变换器具有广义线性相位的性质，可以利用第 6 章中介绍的窗函数法和等波纹逼近法等设计 FIR 滤波器的方法来逼近理想的希尔伯特滤波器。如图 7.2 所示，理想希尔伯特变换器的单位抽样响应关于 $n=0$ 为奇对称。根据第 6 章中介绍的有关线性相位 FIR 滤波器设计的知识可知，只有类型三和类型四两类线性相位 FIR 滤波器结构适用希尔伯特滤波器的实现。其中，类型三由于在 $\omega=0$ 和 $\omega=\pi$ 处取 0，所以一般只适合设计带通滤波特性的希尔伯特滤波器；而类型四只在 $\omega=0$ 处取 0，所以适合于设计除低通外的希尔伯特滤波器。

需要注意的是，当利用 FIR 滤波器实现的希尔伯特变换器来生成复解析信号时，由于 FIR 滤波器会引入一定的延迟，所以原信号一路也要引入相当的延迟以保证和变换后得到的一路在时间上对准。图 7.4 是一个实际 FIR 希尔伯特变换器的示意图。

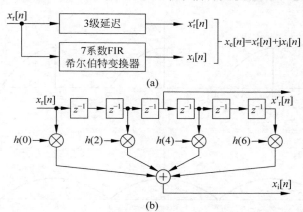

图 7.4 利用 FIR 希尔伯特变换器生成复解析信号

2. 基于 DFT 实现希尔伯特变换器

对于长度为 N 的有限长序列 $x[n]$，可以利用 DFT 来计算其希尔伯特变换 $\hat{x}[n]$。具体的步骤如下：

(1) 计算序列 $x[n]$ 的 DFT $X[k]$，$k=0,1,\cdots,N-1$；

(2) 由 $X[k]$ 构造 $x[n]$ 对应的复解析信号 $z[n]$ 的 DFT $Z[k]$ 如下

$$Z[k]=\begin{cases} X[k], & k=0 \\ 2X[k], & k=1,2,\cdots,\dfrac{N}{2}-1 \\ 0, & k=\dfrac{N}{2},\cdots,N-1 \end{cases} \tag{7.18}$$

（3）计算 $Z[k]$ 的逆 DFT 可求得复解析信号 $z[n]$，取 $z[n]$ 的虚部为序列 $x[n]$ 的希尔伯特变换 $\hat{x}[n]$。

7.2.2　希尔伯特变换的应用

1. 带通信号的复包络表示

希尔伯特变换在通信、雷达等领域中的一个重要应用就是可以将实带通调制信号变换为等价的复低通包络信号。复低通包络信号中包含有原来带通调制信号中被调信号的全部信息，而又独立于调制的载波信号，便于后续的解调、检测等处理。

设实带通调制信号采样后可表示为

$$s[n] = A[n]\cos(\omega_c n + \varphi[n]) \tag{7.19}$$

其中 $A[n]$ 和 $\varphi[n]$ 分别对应着对载波信号幅度和相位的调制，而 ω_c 为对采样频率归一化后的载波频率。对 $s[n]$ 进行希尔伯特变换可得

$$\hat{s}[n] = A[n]\sin(\omega_c n + \varphi[n]) \tag{7.20}$$

由 $s[n]$ 和 $\hat{s}[n]$ 构造复解析信号为

$$z[n] = s[n] + j\hat{s}[n] = (A[n]e^{j\varphi[n]})e^{j\omega_c n} \tag{7.21}$$

式（7.21）中的 $A[n]e^{j\varphi[n]}$ 被称为原实带通调制信号 $s[n]$ 的复包络信号。

2. 通信信号的正交数字解调

从式（7.21）给出的复解析信号中提取幅度 $A[n]$ 和相位 $\varphi[n]$ 称为通信信号的正交数字解调。可以由简单的三角函数关系得到

$$A[n] = (s^2[n] + \hat{s}^2[n])^{\frac{1}{2}} \tag{7.22}$$

$$\varphi[n] = \arctan\frac{\hat{s}[n]}{s[n]} - \omega_c n \tag{7.23}$$

由不同时刻点上的相位 $\varphi[n]$ 还可以进一步求得频率调制的信息。

图 7.5 给出了一个例子说明采用希尔伯特变换进行幅度解调的效果。图 7.5(a)表示一个由低频正弦波进行幅度调制得到的信号。图 7.5(b)为传统的调幅信号解调方法，调制信号首先经过整流电路（如虚线所示）然后再通过低通滤波器得到调制信号的波形（如粗实线所示）。图 7.5(c)给出了应用希尔伯特变换进行幅度解调的波形，其中细实线和虚线分别表示调幅信号和对应的希尔伯特变换，利用式（7.22）则可以提取出原调制信号的波形。对比图 7.5(b)和图 7.5(c)，基于希尔伯特变换的调幅信号解调可以获得更好的性能。

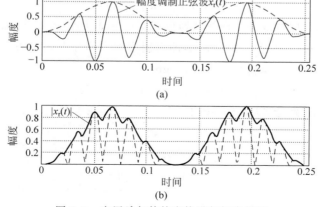

图 7.5　应用希尔伯特变换进行幅度解调

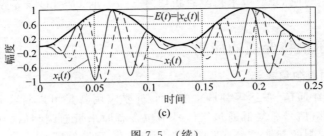

图 7.5 （续）

7.3 频域的希尔伯特变换关系

7.3.1 频域实部和虚部之间的希尔伯特变换关系

7.1 节和 7.2 节中的分析说明，无论是连续信号还是离散信号，其频域表示的因果性（或单边性）决定了其时域表示的实部和虚部之间满足希尔伯特变换关系；反过来，对于时域表示具有因果性性质的信号其频域表示的实部和虚部之间同样也满足另一种形式的希尔伯特变换关系。本节基于离散信号对变换域的希尔伯特变换进行讨论。

对于任意给定的实序列 $x[n]$，其总可以表示为一个偶序列和一个奇序列的和的形式，即

$$x[n] = x_e[n] + x_o[n] \tag{7.24}$$

其中

$$x_e[n] = \frac{x[n] + x[-n]}{2} \tag{7.25}$$

$$x_o[n] = \frac{x[n] - x[-n]}{2} \tag{7.26}$$

图 7.6 给出一个实序列及其偶分量和奇分量的例子，如果序列 $x[n]$ 为实因果序列，则 $x[n]$ 可由其偶序列 $x_e[n]$ 完全确定；除了 $n=0$ 这一点以外，$x[n]$ 也可由其奇序列 $x_o[n]$ 完全确定，即存在如下关系

$$x[n] = 2x_e[n]u[n] - x_e[0]\delta[n] \tag{7.27}$$

$$x[n] = 2x_o[n]u[n] + x_o[0]\delta[n] \tag{7.28}$$

进一步地，得到实因果序列 $x[n]$ 的奇序列可以完全由其偶序列确定，而偶序列除了 $n=0$ 这一点以外，也完全可以由其奇序列确定，即奇偶序列之间存在如下关系

$$x_o[n] = x_e[n]\mathrm{sgn}[n] \tag{7.29}$$

$$x_e[n] = x_o[n]\mathrm{sgn}[n] + x[0]\delta[n] \tag{7.30}$$

其中 $\mathrm{sgn}[n]$ 是符号函数，其定义重写如下

$$\mathrm{sgn}[n] = \begin{cases} 1, & n > 0 \\ 0, & n = 0 \\ -1, & n < 0 \end{cases} \tag{7.31}$$

不难发现,由式(7.29)确定的实因果序列奇偶分量之间的关系类似式(7.3)给出的一个信号的频谱和其希尔伯特变换的频谱之间的关系。

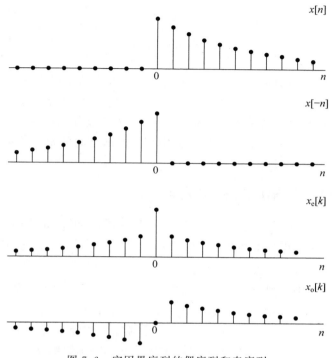

图 7.6　实因果序列的偶序列和奇序列

如果实因果序列 $x[n]$ 的傅里叶变换 $X(e^{j\omega})$ 存在,则可以表示为实部和虚部之和的形式,即

$$X(e^{j\omega}) = X_R(e^{j\omega}) + jX_I(e^{j\omega}) \tag{7.32}$$

设实因果序列 $x[n]$ 的奇偶序列 $x_o[n]$ 和 $x_e[n]$ 的傅里叶变换分别为 $X_o(e^{j\omega})$ 和 $X_e(e^{j\omega})$,则由 DTFT 的对称性质可知

$$X_e(e^{j\omega}) = X_R(e^{j\omega}) \tag{7.33}$$

$$X_o(e^{j\omega}) = jX_I(e^{j\omega}) \tag{7.34}$$

由式(7.29),根据 DTFT 的卷积性质可得

$$X_o(e^{j\omega}) = X_e(e^{j\omega}) * SGN(e^{j\omega}) \tag{7.35}$$

其中 $SGN(e^{j\omega})$ 为 $sgn[n]$ 的 DTFT。将式(7.33)和式(7.34)代入式(7.55)中,可得到

$$jX_I(e^{j\omega}) = X_R(e^{j\omega}) * SGN(e^{j\omega}) \tag{7.36}$$

因此

$$jX_I(e^{j\omega}) = \frac{1}{2\pi}\int_{-\pi}^{\pi} X_R(e^{j\theta}) SGN(e^{j(\omega-\theta)}) d\omega \tag{7.37}$$

第 2 章已求得 $SGN(e^{j\omega})$ 为

$$SGN(e^{j\omega}) = -j\cot\frac{\omega}{2} \tag{7.38}$$

将式(7.38)代入式(7.37)并考虑 cot 函数的奇异性,得到积分主值为

$$X_{\mathrm{I}}(\mathrm{e}^{\mathrm{j}\omega}) = -\frac{1}{2\pi}\mathcal{P}\left[\int_{-\pi}^{\pi}X_{\mathrm{R}}\left(\mathrm{e}^{\mathrm{j}\theta}\right)\cot\left(\frac{\omega-\theta}{2}\right)\mathrm{d}\theta\right] \tag{7.39}$$

其中$\mathcal{P}$表示积分的柯西主值。

同理，由式（7.30）出发，可以导出

$$X_{\mathrm{R}}(\mathrm{e}^{\mathrm{j}\omega}) = x[0] + \frac{1}{2\pi}\mathcal{P}\left[\int_{-\pi}^{\pi}X_{\mathrm{I}}\left(\mathrm{e}^{\mathrm{j}\theta}\right)\cot\left(\frac{\omega-\theta}{2}\right)\mathrm{d}\theta\right] \tag{7.40}$$

式（7.39）和式（7.40）称为稳定的实因果序列的傅里叶变换的实部和虚部之间的希尔伯特变换关系。这组关系说明，对于稳定的实因果序列，在给定$x[0]$的条件下，其傅里叶变换的实部和虚部之间是通过希尔伯特关系相互确定约束的，而不能任意指定。

以上仅讨论了实因果序列情况下DTFT实部和虚部之间的希尔伯特变换，对复因果序列，问题稍复杂一点，留作习题。

7.3.2　变换域的幅度与相位关系

如果实因果序列$x[n]$的傅里叶变换$X(\mathrm{e}^{\mathrm{j}\omega})$存在，除了可以如式（7.32）表示为实部和虚部之和的形式，还可以用幅度和相位进行表示

$$X(\mathrm{e}^{\mathrm{j}\omega}) = |X(\mathrm{e}^{\mathrm{j}\omega})|\,\mathrm{e}^{\mathrm{jarg}\,[X(\mathrm{e}^{\mathrm{j}\omega})]} \tag{7.41}$$

直觉上，我们期望实因果序列傅里叶变换的幅度和相位之间也具有类似其实部和虚部之间的相互确定约束的关系。但事实上，如果将实序列看作某LTI系统的单位抽样响应，其因果和稳定的性质只约束了系统极点的分布，而对系统零点的分布没有任何的限制（既可以在单位圆内也可以在单位圆外），因此无法保证系统频率响应函数幅度和相位之间具有确定性的关系。

我们考虑由序列$x[n]$导出的另一序列$\hat{x}[n]$，其傅里叶变换$\hat{X}(\mathrm{e}^{\mathrm{j}\omega})$为$x[n]$的傅里叶变换$X(\mathrm{e}^{\mathrm{j}\omega})$的对数，即

$$\hat{X}(\mathrm{e}^{\mathrm{j}\omega}) = \ln[X(\mathrm{e}^{\mathrm{j}\omega})] = \ln|X(\mathrm{e}^{\mathrm{j}\omega})| + \mathrm{jarg}[X(\mathrm{e}^{\mathrm{j}\omega})] \tag{7.42}$$

这里没有对对数的底做特别约束，默认地假设取自然对数。设序列$\hat{x}[n]$是由$\hat{X}(\mathrm{e}^{\mathrm{j}\omega})$的傅里叶反变换所得到的序列，序列$\hat{x}[n]$被称为$x[n]$的复倒谱。当我们将因果性的约束施加到序列$x[n]$的复倒谱$\hat{x}[n]$之上时，则$\hat{x}[n]$的傅里叶变换$\hat{X}(\mathrm{e}^{\mathrm{j}\omega})$的实部$\log|X(\mathrm{e}^{\mathrm{j}\omega})|$和虚部$\arg[X(\mathrm{e}^{\mathrm{j}\omega})]$之间应满足式（7.39）和式（7.40）给定的希尔伯特变换关系，即

$$\arg[X(\mathrm{e}^{\mathrm{j}\omega})] = -\frac{1}{2\pi}\mathcal{P}\left[\int_{-\pi}^{\pi}\ln|X(\mathrm{e}^{\mathrm{j}\theta})|\cot\left(\frac{\omega-\theta}{2}\right)\mathrm{d}\theta\right] \tag{7.43}$$

$$\ln|X(\mathrm{e}^{\mathrm{j}\omega})| = \hat{x}[0] + \frac{1}{2\pi}\mathcal{P}\left[\int_{-\pi}^{\pi}\arg[X(\mathrm{e}^{\mathrm{j}\theta})]\cot\left(\frac{\omega-\theta}{2}\right)\mathrm{d}\theta\right] \tag{7.44}$$

其中

$$\hat{x}[0] = \frac{1}{2\pi}\int_{-\pi}^{\pi}\ln|X(\mathrm{e}^{\mathrm{j}\omega})|\,\mathrm{d}\omega \tag{7.45}$$

由式（7.43）可见，序列$x[n]$的复倒谱$\hat{x}[n]$的因果性决定了可由序列$x[n]$傅里叶变换的幅度谱完全确定其相位谱；同样，由式（7.44）可见，序列$x[n]$的复倒谱$\hat{x}[n]$的因果性决定了可由序列$x[n]$傅里叶变换的相位谱确定其幅度谱，只是相差一个增益常数。理论上可以证

明,复倒谱 $\hat{x}[n]$ 的因果性和以序列 $x[n]$ 作为单位抽样响应的 LTI 系统最小相位系统之间是等价的。而最小相位性质同时约束了系统函数的极点和零点都必须分布在单位圆内,这决定了序列 $x[n]$ 傅里叶变换的幅度谱和相位谱之间的相互约束关系。关于复倒谱及其应用,7.4 节做详细讨论。

希尔伯特变换有多种形式,下面对希尔伯特变换进行小结。

(1) 在一个域(频域/时域)单边的(因果的)决定了在另一个域实部与虚部之间存在关系,这个关系是希尔伯特变换。不管是连续信号还是离散信号,均存在这种希尔伯特变换关系。

(2) 对于一般实信号,可以通过希尔伯特变换构造出一个虚部,进而构成解析信号,它的傅里叶变换是单边的(可以说是频域"因果的")。在一些现代采样系统或现代信号处理系统中,采用这种方法把实信号变成复信号进行处理,可能更加方便。

(3) 对于时域因果信号,频域的希尔伯特变换是客观存在的,这种关系可以得到利用,即仅由信号傅里叶变换的实部即可恢复信号。对于这种信号,通过信号的部分信息可恢复信号的全部。

(4) 希尔伯特变换可以进一步推广。对于最小相位因果信号,其幅度和相位谱之间存在希尔伯特变换,由幅度谱可构造相位谱。这是通过信号的部分信息恢复全部信号的另一种方式。后两点在一些信号恢复方法中得到应用,最后一点在最小相位系统建模中得到应用,即仅由测量得到的幅度谱可完整建模一个最小相位系统。

*7.4 复倒谱

7.3 节为了导出 DTFT 的幅度和相位函数之间的希尔伯特变换,引出复倒谱的概念。实际上,复倒谱是一个很重要的概念,在数字信号处理中有许多应用。本节专注于讨论复倒谱问题。

7.4.1 复倒谱的定义和基本性质

首先从离散序列的 z 变换出发定义复倒谱的一般概念。一个序列 $x[n]$ 的 z 变换可表示为

$$X(z) = |X(z)| e^{j\angle x(z)} \tag{7.46}$$

其中 $|X(z)|$ 是 z 变换复函数的幅度部分;$\angle X(z)$ 是其相位部分。定义 z 变换的对数为

$$\hat{X}(z) = \ln[X(z)] = \ln|X(z)| + j\angle X(z) \tag{7.47}$$

将 $\hat{X}(z)$ 看作另一个序列 $\hat{x}[n]$ 的 z 变换,定义 $\hat{x}[n]$ 为序列 $x[n]$ 的复倒谱。

以下为了讨论方便,将讨论的问题加以限制。假设 $x[n]$ 是绝对可和的,即其收敛域包括单位圆,同时,设 $\hat{X}(z)$ 的收敛域也包括单位圆,表示为

$$r_{\mathrm{R}} < |z| < r_{\mathrm{L}} \tag{7.48}$$

这里 $0 < r_{\mathrm{R}} < 1 < r_{\mathrm{L}}$。因此,在单位圆取值得到

$$\hat{X}(e^{j\omega}) = \ln[X(e^{j\omega})] = \ln|X(e^{j\omega})| + j\angle X(e^{j\omega}) \tag{7.49}$$

复倒谱可通过傅里叶反变换得到

$$\hat{x}[n] = \frac{1}{2\pi} \int_{-\pi}^{\pi} \ln \left[X(e^{j\omega}) \right] e^{j\omega n} \, d\omega$$

$$= \frac{1}{2\pi} \int_{-\pi}^{\pi} \left[\ln \left| X(e^{j\omega}) \right| + j \angle X(e^{j\omega}) \right] e^{j\omega n} \, d\omega \tag{7.50}$$

上式计算的复倒谱与上节的定义是一致的。在后续讨论中，根据方便既可用 z 变换也可用傅里叶变换的复对数定义复倒谱。

复对数 $\hat{X}(e^{j\omega})$ 的实部 $\ln \left| X(e^{j\omega}) \right|$ 的傅里叶反变换定义为序列 $x[n]$ 的倒谱，即

$$c_x[n] = \frac{1}{2\pi} \int_{-\pi}^{\pi} \ln \left| X(e^{j\omega}) \right| e^{j\omega n} \, d\omega \tag{7.51}$$

由 DTFT 的性质，倒谱 $c_x[n]$ 是复倒谱 $\hat{x}[n]$ 的共轭对称分量，故

$$c_x[n] = \frac{1}{2} (\hat{x}[n] + \hat{x}^*[-n]) \tag{7.52}$$

对于复倒谱，给出如下几点注释。

注释 1　复倒谱定义中，默认取以 e 为底的自然对数。

注释 2　由于 $\hat{X}(z)$ 的收敛域包括单位圆，$\hat{X}(z)$ 是单位圆上的解析函数，故 $\hat{X}(e^{j\omega})$ 是 ω 的连续函数。

在第 2 章曾经讨论过，在序列的 DTFT 的一般定义中，若记

$$X(e^{j\omega}) = X_R(e^{j\omega}) + j X_I(e^{j\omega}) = \left| X(e^{j\omega}) \right| e^{j \angle X(e^{j\omega})}$$

由于

$$e^{j \angle X(e^{j\omega})} = e^{j \left[\angle X(e^{j\omega}) \pm 2\pi r \right]}$$

故 DTFT 的相位部分并不是唯一指定的，一般常取两种方式。第一种是取相位函数主值函数 $\text{ARG}(\cdot)$，其取值范围为 $-\pi \leqslant \text{ARG}(\cdot) \leqslant \pi$，一般是不连续的；第二种取法是取相位的"无缠绕"函数 $\arg \left[X(e^{j\omega}) \right]$

$$\arg \left[X(e^{j\omega}) \right] = \text{ARG} \left[X(e^{j\omega}) \right] + 2\pi r(\omega) = \arctan \frac{X_I(e^{j\omega})}{X_R(e^{j\omega})} + 2\pi r(\omega)$$

这里，$r(\omega)$ 是补偿系数，只取整数值。目的是通过 $r(\omega)$ 的补偿将主值相位函数调整为可能的连续函数（有的相位函数本质是不连续的，无法调整为连续函数，例如希尔伯特滤波器其相位只取 $\pm \pi/2$）。

在用式（7.49）和式（7.50）计算复倒谱时，由于要求 $\hat{X}(e^{j\omega})$ 是连续的，由式（7.49）知，相位函数 $\angle X(e^{j\omega})$ 也必须是连续的。因此，在复倒谱计算时，必须取相位的"无缠绕"函数 $\arg \left[X(e^{j\omega}) \right]$。

注释 3　注意，名词复倒谱中的"复"字主要取自对复函数的复对数运算，并不是指 $\hat{x}[n]$ 是复数序列。稍后会看到，对于实序列 $x[n]$ 的复倒谱也是实序列。

7.4.2　有理分式 z 变换的复倒谱

若实信号 $x[n]$ 是由多个指数序列求和组成的，其 z 变换是有理分式形式，分式的系数是实数，设其可表示为

$$X(z) = A \frac{\prod\limits_{k=1}^{M_1}(1-a_k z^{-1})\prod\limits_{k=1}^{M_2}(1-b_k z)}{\prod\limits_{k=1}^{N_1}(1-c_k z^{-1})\prod\limits_{k=1}^{N_2}(1-d_k z)} \tag{7.53}$$

其中 $A>0$，上式中的各系数均为绝对值小于 1 的数。$(1-c_k z^{-1})$ 表示位于单位圆内的极点项，$(1-d_k z)$ 是位于单位圆外的极点项，设

$$c = \max\{|c_k|, k=1,2,\cdots,N_1\} \tag{7.54}$$

和

$$d = \min\{|1/d_k|, k=1,2,\cdots,N_1\} \tag{7.55}$$

为使式 (7.53) 的 z 变换收敛域包括单位圆，其收敛域为 $c<|z|<d$。对式 (7.53) 取对数得

$$\hat{X}(z) = \ln A + \sum_{k=1}^{M_1}\ln(1-a_k z^{-1}) + \sum_{k=1}^{M_2}\ln(1-b_k z)$$
$$- \sum_{k=1}^{N_1}\ln(1-c_k z^{-1}) - \sum_{k=1}^{N_2}\ln(1-d_k z) \tag{7.56}$$

通过取对数，$X(z)$ 的零点也变成 $\hat{X}(z)$ 的极点，类似式 (7.54) 和式 (7.55) 可定义 a、b，则取 $p_1 = \max\{|c|, |a|\}$，$p_2 = \min\{|b|, |d|\}$，式 (7.56) 的收敛域为 $p_1<|z|<p_2$。

通过对数函数的级数展开，得到

$$\ln(1-\alpha z^{-1}) = -\sum_{n=1}^{+\infty}\frac{a^n}{n}z^{-n} \qquad |z|>|\alpha| \tag{7.57}$$

$$\ln(1-\beta z) = -\sum_{n=1}^{+\infty}\frac{\beta^n}{n}z^n \qquad |z|<|\beta| \tag{7.58}$$

将式 (7.56) 中的每一项按式 (7.57) 或式 (7.58) 展开，得到复倒谱为

$$\hat{x}[n] = \begin{cases} \ln A, & n=0 \\[2mm] -\sum\limits_{k=1}^{M_1}\dfrac{a_k^n}{n} + \sum\limits_{k=1}^{N_1}\dfrac{c_k^n}{n}, & n>0 \\[4mm] -\sum\limits_{k=1}^{M_2}\dfrac{b_k^{-n}}{n} + \sum\limits_{k=1}^{N_2}\dfrac{d_k^{-n}}{n}, & n<0 \end{cases} \tag{7.59}$$

对于可用式 (7.53) 表示的离散信号，由式 (7.59) 求出的复倒谱是绝对可和的双向序列，由单位圆内部的极零点决定了复倒谱的右序列部分，单位圆外的极零点决定了复倒谱的左序列部分。式 (7.59) 不难看出，若信号 $x[n]$ 是实序列，其极点和零点若是复数，都是共轭成对出现的，故复倒谱也是实序列。由式 (7.59) 还可以看到，若信号 $x[n]$ 是有限长序列，其复倒谱却是无限长序列。

若 $x[n]$ 是稳定的因果序列，并不能保证其复倒谱的因果性，单位圆外的零点导致复倒谱中左序列的存在。只有当 $x[n]$ 是严格的最小相位序列时（单位圆上没有零点），式 (7.53) 中只有单位圆内的极零点存在，式 (7.59) 中等号右侧第 3 行为零，即复倒谱是稳定的因果序列。7.3 节讨论利用复倒谱概念导出的信号傅里叶变换幅度函数和相位函数的希尔伯特变换关系，就是建立在最小相位序列的复倒谱是稳定因果序列的结论上的。

对于实最小相位序列 $x[n]$，其复倒谱 $\hat{x}[n]$ 是实因果序列，式 (7.52) 定义的倒谱变成

$\hat{x}[n]$ 的对称分量，即

$$c_x[n] = \frac{1}{2}(\hat{x}[n] + \hat{x}[-n]) \tag{7.60}$$

由 $\hat{x}[n]$ 的因果性，类似式(7.27)，不难由 $c_x[n]$ 表示为 $\hat{x}[n]$

$$\hat{x}[n] = 2c_x[n]u[n] - c_x[0]\delta[n] \tag{7.61}$$

即对于最小相位序列，可由其倒谱计算其复倒谱，倒谱 $c_x[n]$ 的计算只用到 $x[n]$ 的 DTFT 的幅度函数，计算更简单。

7.4.3 一般采样序列的复倒谱计算

7.4.2 节讨论了离散信号 $x[n]$ 的 z 变换已知并可写成式(7.53)的有理分式形式时，复倒谱的计算可由式(7.59)完成。由此，也观察到复倒谱的一些性质。在实际中得到的可能只是信号 $x[n]$ 在 $[0, N-1]$ 区间的一组采样值，最有效的计算复倒谱的方法是利用 FFT 计算。为了讨论方便，将用 DTFT 计算复倒谱的公式重写如下

$$X(e^{j\omega}) = \sum_{k=-\infty}^{+\infty} x[n]e^{-j\omega n}$$

$$\hat{X}(e^{j\omega}) = \ln[X(e^{j\omega})] = \ln|X(e^{j\omega})| + j\angle X(e^{j\omega})$$

$$\hat{x}[n] = \frac{1}{2\pi}\int_{-\pi}^{\pi} \hat{X}(e^{j\omega})e^{j\omega n}\,d\omega$$

在只有 N' 个采样点 $\{x[n], 0 \leq n < N'\}$ 情况下，取 $N \geq N'$，对 $x[n]$ 补零得到

$$x'[n] = \begin{cases} x[n], & 0 \leq n < N' \\ 0, & N' \leq n < N \end{cases} \tag{7.62}$$

利用 DFT 计算复倒谱的公式依次为

$$X[k] = X(e^{j\omega})\big|_{\omega=\frac{2\pi}{N}k} = \sum_{k=0}^{N-1} x'[n]e^{-j\frac{2\pi}{N}kn} = \mathrm{DFT}\{x'[n]\} \tag{7.63}$$

$$\hat{X}[k] = \ln[X(e^{j\omega})]\big|_{\omega=\frac{2\pi}{N}k} = [\ln|X(e^{j\omega})| + j\arg\{X(e^{j\omega})\}]\big|_{\omega=\frac{2\pi}{N}k}$$

$$= \ln|X[k]| + j\angle\arg\{X[k]\} \tag{7.64}$$

$$\hat{x}_p[n] = \frac{1}{N}\sum_{k=0}^{N-1} \hat{X}[k]e^{j\frac{2\pi}{N}kn} = \mathrm{IDFT}\{\hat{X}[k]\} \tag{7.65}$$

其中式(7.63)和式(7.65)可采用 FFT 进行计算。若采用基 2-FFT 算法，总复乘法运算量为 $N\log_2 N$。由于复倒谱是无限长序列，式(7.65)得到的复倒谱是真实复倒谱的时域混叠版，由第 3 章 DFT 的性质知

$$\hat{x}_p[n] = \sum_{k=-\infty}^{+\infty} \hat{x}[n+kN] \tag{7.66}$$

故 FFT 计算得到复倒谱的有限长近似值，即

$$\hat{x}[n] \approx \hat{x}_p[n]R_N[n] \tag{7.67}$$

有两点可以保证得到一段相当精确的复倒谱估计。第一点，由式(7.59)可见，稳定序列的复倒谱是对指数序列的 $1/n$ 加权，比指数序列衰减还要快；第二点，通过式(7.62)的补零运算，可采样较长的 N，确保所计算得到的复倒谱是很精确的和数目是足够的。

利用式(7.63)～式(7.65)计算复倒谱的主要困难是无缠绕 DFT 相位序列 $\arg\{X[k]\}$，要求 $\arg\{X[k]\}$ 是连续相位函数 $\arg\{X(\mathrm{e}^{\mathrm{j}\omega})\}$ 的采样值，由于 $\arg\{X[k]\}$ 是序列，因此确定无缠绕的 $\arg\{X[k]\}$ 比确定 $\arg\{X(\mathrm{e}^{\mathrm{j}\omega})\}$ 更困难。若表示计算机程序产生的相位序列为 $\mathrm{ARG}\{X[k]\}$，则有

$$\arg\{X[k]\}=\mathrm{ARG}\{X[k]\}+2\pi r[k] \tag{7.68}$$

一个确定 $r[k]$ 的简单算法如下。

(1) 取初始值 $r[0]=0,k=1$；

(2) 如果 $\mathrm{ARG}\{X[k]\}-\mathrm{ARG}\{X[k-1]\}>2\pi-\varepsilon$，则 $r[k]=r[k-1]-1$；

(3) 如果 $\mathrm{ARG}\{X[k]\}-\mathrm{ARG}\{X[k-1]\}<-(2\pi-\varepsilon)$，则 $r[k]=r[k-1]+1$；

(4) 否则 $r[k]=r[k-1]$；

(5) $k=k+1$，如果 $k<N/2$，重复步骤(2)～(4)；否则停止。

由于假设信号是实的，故 $\arg\{X[k]\}=-\arg\{X[N-k]\}$ 且 $\arg\{X[N/2]\}=0$。利用对称性，只需计算出 $0\leqslant k<N/2$ 的无缠绕相位。这里 ε 是个门限参数，相当于连续相位函数在两个采样之间的最大差。但对于不同信号，ε 是一个经验值，无法确保 $r[k]$ 序列的正确性。有关怎样可靠确定 $r[k]$ 序列的一些方法，请参考文献[1]。

如果 $x[n]$ 是最小相位序列，问题大为简化，可直接计算如下两式

$$X[k]=X(\mathrm{e}^{\mathrm{j}\omega})\big|_{\omega=\frac{2\pi}{N}k}=\sum_{k=0}^{N-1}x'[n]\mathrm{e}^{-\mathrm{j}\frac{2\pi}{N}kn}=\mathrm{DFT}\{x'[n]\}$$

$$c_{\mathrm{xp}}[n]=\frac{1}{N}\sum_{k=0}^{N-1}\ln|X[k]|\mathrm{e}^{-\mathrm{j}\frac{2\pi}{N}kn}=\mathrm{IDFT}\{\ln|X[k]|\} \tag{7.69}$$

类似地，$c_{\mathrm{xp}}[n]$ 是时域混叠版的倒谱估计，即

$$c_{\mathrm{xp}}[n]=\sum_{k=-\infty}^{+\infty}c_x[n+kN]$$

由于 $c_{\mathrm{xp}}[n]$ 的对称性，由 $c_{\mathrm{xp}}[n]$ 可得到如下复倒谱的近似估计

$$\hat{x}[n]\approx\begin{cases}c_{\mathrm{xp}}[n], & n=0,N/2\\2c_{\mathrm{xp}}[n], & 1\leqslant n<N/2\\0, & \text{其他}\end{cases} \tag{7.70}$$

7.4.4　复倒谱的一些应用

注意到复倒谱的一类重要性质，若信号 $x[n]=x_1[n]*x_2[n]$ 是由两个信号的卷积构成，其复倒谱是两个信号复倒谱的和，即 $\hat{x}[n]=\hat{x}_1[n]+\hat{x}_2[n]$。复倒谱将卷积运算变换成相加运算，由此启发可构成一类新系统，称为同态系统，如图 7.7 所示。

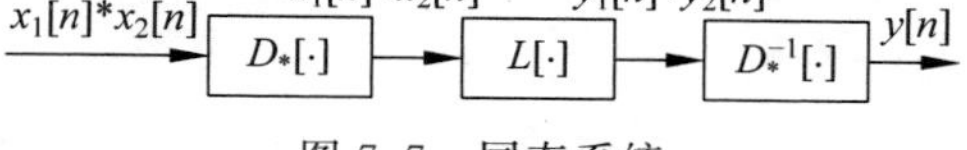

图 7.7　同态系统

在同态系统中，框图 $D_*[\cdot]$ 表示求信号复倒谱的子系统，它也被称为同态特征系统，$D_*^{-1}[\cdot]$ 是由复倒谱计算信号的子系统，它也被称为同态逆特征系统，$L[\cdot]$ 代表的是在复倒谱域进行运算的子系统。由于复倒谱是一种导出的时域信号，因此，若 $L[\cdot]$ 是复倒谱域

的线性时不变系统,可用单位抽样响应 $l[n]$ 表示该系统。$D_*[\cdot]$ 是求复倒谱的子系统,前面已经详细讨论过了,$D_*^{-1}[\cdot]$ 是 $D_*[\cdot]$ 的逆系统,显然,由如下三部分运算组成

$$\hat{Y}(\mathrm{e}^{\mathrm{j}\omega}) = \sum_{k=-\infty}^{+\infty} \hat{y}[n]\mathrm{e}^{-\mathrm{j}\omega n} \tag{7.71}$$

$$Y(\mathrm{e}^{\mathrm{j}\omega}) = \exp[\hat{Y}(\mathrm{e}^{\mathrm{j}\omega})] \tag{7.72}$$

$$y[n] = \frac{1}{2\pi}\int_{-\pi}^{\pi} Y(\mathrm{e}^{\mathrm{j}\omega})\mathrm{e}^{\mathrm{j}\omega n}\,\mathrm{d}\omega = \frac{1}{2\pi}\int_{-\pi}^{\pi} \exp[\hat{Y}(\mathrm{e}^{\mathrm{j}\omega})]\,\mathrm{e}^{\mathrm{j}\omega n}\,\mathrm{d}\omega \tag{7.73}$$

将实现 $D_*[\cdot]$ 和 $D_*^{-1}[\cdot]$ 的系统框图分别示于图 7.8 和图 7.9。图 7.8 和图 7.9 中可用 z 变换替代 DTFT,表示更一般的情况。

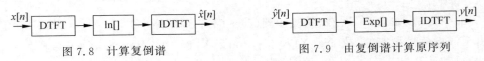

图 7.8　计算复倒谱　　　　　　　图 7.9　由复倒谱计算原序列

　　如图 7.7 所示的同态系统本质上是一种非线性系统,但其处理模块 $L[\cdot]$ 完成线性时不变系统功能。从输入/输出的角度,同态系统是非线性的,但中心处理模块是线性的,故人们将同态系统称为一类广义线性系统。首先将两个卷积信号分解为复倒谱域的相加信号,若两个复倒谱分量可由 $L[\cdot]$ 分离,则通过一个同态系统,可恢复出其中一路被卷积的信号。

　　利用同态系统和复倒谱的概念对语音信号进行建模,可广泛应用于语音编码和语音识别。由于语音信号的时变特性,无法用一个 LTI 系统对整体语音信号进行建模。一般是将语音信号分成一段段的短信号进行处理,每一段信号可建模为一个激励信号通过一个 LTI 系统产生的输出,即一段语音信号可写为

$$s[n] = v[n] * e[n] \tag{7.74}$$

这里,$s[n]$ 表示一段语音信号;$e[n]$ 是产生这段语音信号的激励信号;$v[n]$ 是表示声道系统的单位抽样响应。在语音处理中,人们发现,从 $s[n]$ 中分解出 $e[n]$ 和 $v[n]$,对语音信号的后续处理是非常有用的。一种分解方式是利用复倒谱和同态系统。式(7.74)表示的语音信号经过同态特征系统得到复倒谱表示

$$\hat{s}[n] = \hat{v}[n] + \hat{e}[n] \tag{7.75}$$

为了在复倒谱域将两者分离,需利用语音信号的一些特性。首先假设这段信号是浊语音,对于浊语音信号,激励 $e[n]$ 是一段等间隔单位抽样序列,即

$$e[n] = \sum_{k=0}^{K} \delta[n - kN_{\mathrm{p}}] \tag{7.76}$$

这里,N_{p} 对应浊语音的基音周期,用 T_{p} 表示连续时间下浊语音的基音周期,离散信号的采样率是 F_{s},则 $N_{\mathrm{p}} = T_{\mathrm{p}}F_{\mathrm{s}}$。人的基音周期大约在 $2.5 \sim 20\mathrm{ms}$,若采样率 $F_{\mathrm{s}} = 10\mathrm{kHz}$,$N_{\mathrm{p}}$ 取值范围为 $25 \sim 200$。$e[n]$ 的 z 变换为

$$E(z) = \sum_{k=0}^{K} z^{-kN_{\mathrm{p}}} = 1 + \sum_{k=1}^{K} z^{-kN_{\mathrm{p}}} \tag{7.77}$$

为了使 z 变换收敛域包含单位圆,对式(7.77)略加变化为

$$E(z) = 1 + \sum_{k=1}^{K} a^{k} z^{-kN_{\mathrm{p}}} \tag{7.78}$$

上式取 $a<1$，级数展开后再令 $a \to 1$ 得到结果。为求 $\hat{e}[n]$，上式取对数再用级数展开得

$$\hat{E}(z) = \ln E(z) = \ln\left(1 + \sum_{k=1}^{K} a^k z^{-kN_p}\right)$$

$$= \sum_{r=1}^{+\infty} \frac{(-1)^{r+1}}{r}\left(\sum_{k=1}^{K} a^k z^{-kN_p}\right)^r = \sum_{m=1}^{+\infty} \xi_m z^{-mN_p} \tag{7.79}$$

这里，ξ_m 是整理后的系数，其具体取值并不重要，由式(7.79)得到 $\hat{e}[n]$ 为

$$\hat{e}[n] = \begin{cases} \xi_m, & n = mN_p, m = 1,2,3,\cdots \\ 0, & n \text{ 为其他值} \end{cases} \tag{7.80}$$

可见，在复倒谱域，$\hat{e}[n]$ 只有在 N_p 的整数倍点才非零。设 $v[n]$ 的 z 变换 $V(z)$ 表示声道的传输函数，是一个因果且稳定的 LTI 系统，可表示为式(7.53)的一个特例。$\hat{v}[n]$ 随着 n 的增加迅速减小，认为在 $[-25, 25]$ 范围外 $\hat{v}[n]$ 已足够小。而由 N_p 的取值范围，$\hat{e}[n]$ 的非零区间在 $[-25, 25]$ 之外，故分别构造如下两个滤波器，其单位抽样分别响应为

$$L_1[n] = \begin{cases} 1, & |n| < 25 \\ 0, & |n| \geqslant 25 \end{cases} \tag{7.81}$$

$$L_2[n] = \begin{cases} 1, & n \geqslant 25 \\ 0, & n < 25 \end{cases} \tag{7.82}$$

可见，同态特征系统的输出 $\hat{s}[n]$，经过滤波器 $L_1[n]$ 利用运算 $\hat{s}[n]L_1[n]$ 分离出 $\hat{v}[n]$，经过滤波器 $L_2[n]$ 利用运算 $\hat{s}[n]L_2[n]$ 分离出 $\hat{e}[n]$，$\hat{v}[n]$ 和 $\hat{e}[n]$ 分别经过 $D_*^{-1}[\cdot]$ 可得到分离的 $v[n]$ 和 $e[n]$。实现这一功能的同态系统如图 7.10 所示。

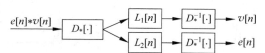

图 7.10　分离语音激励和声道的同态系统

对于浊语音信号，复倒谱域的分离比较理想。若一段语音是清语音，则 $e[n]$ 具有类似噪音的特性，$\hat{e}[n]$ 也不再是 N_p 整数倍点的峰值，而是在很宽范围内的取值，而 $\hat{v}[n]$ 仍是仅存在于 $n=0$ 附近的一段时间。这种情况下，用同态系统对 $v[n]$ 和 $e[n]$ 的分离更困难。

在一些应用中，可能只需要用到倒谱。显然，只计算倒谱更简单，而且卷积信号的倒谱也是相加的关系

$$c_s[n] = c_v[n] + c_e[n] \tag{7.83}$$

图 7.11 给出了一段浊音信号及其复倒谱分析[55]。150 采样点的浊音信号加汉明窗后，求得其复倒谱和倒谱，经过复倒谱域的分离，通过逆特征系统得到声道单位抽样响应和激励序列。图 7.12 给出一段清音信号(加汉明窗)和其倒谱。比较浊音和清音信号的倒谱发现，浊音信号的倒谱中存在与基音周期 N_p 对应的次峰值点，而清音信号的倒谱无此性质，利用这一点可构造清浊音的判别方法。复倒谱和倒谱在语音信号的参数提取、压缩编码和语音识别等应用中，都有重要作用，本节不再进一步展开。有兴趣的读者，可参考语音处理的专门著作，如文献[55,56]。

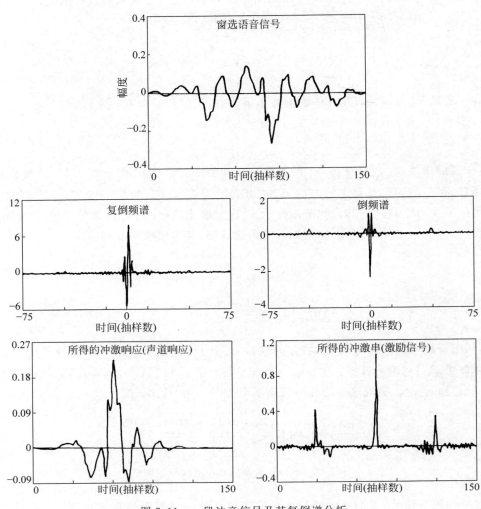

图 7.11　一段浊音信号及其复倒谱分析

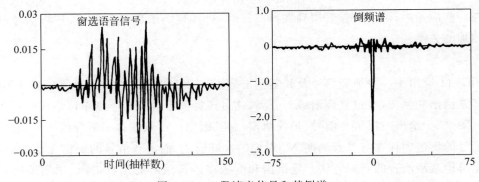

图 7.12　一段清音信号和其倒谱

*7.5 希尔伯特-黄变换和实验模态分析

希尔伯特变换在现代电子信息系统中的应用越来越广泛,除希尔伯特变换自身的基本应用外,还外延出一些新的方法。7.4 节介绍的复倒谱尽管与希尔伯特变换有所联系,但它却是独立发展出的一个概念和由此引出的一类方法。考虑到讨论一类信号的幅度与相位之间的希尔伯特变换关系用到了复倒谱的概念,因此把复倒谱放在了本章。本节给出另一类由希尔伯特变换结合实验模态分解(empirical mode decomposition,EMD)而得到的一种新变换:希尔伯特-黄变换(HHT)。一方面,HHT 是信号瞬态分析的一类有效工具;另一方面,实验模态分解在数据处理中也日益受到重视。本节对该方法给出一个入门性的介绍。HHT 的叙述中,为简单计用连续变量表示(算法描述中用到极值、过零点等术语,连续情况有确切定义),实际计算时使用采样信号做数字实现。

7.5.1 HHT 的定义

HHT 由两步骤组成。第一步实验模态分解将待分析的实信号分解为若干分量之和,每一个分量称为一个固有模态函数(intrinsic mode function,IMF),即信号分解为 IMF 之和

$$x(t) = \sum_{i=1}^{N} c_i(t) \tag{7.84}$$

这里 N 表示信号中包含的 IMF 数目,$c_i(t)$ 称为一个 IMF,一个 IMF 必须满足如下两个条件:

(1) 在数据域,极值数目和过零点数目相等或仅差 1;

(2) 在任意点,局域极大值构成的包络和局域极小值构成的包络的均值为 0。

可以把 IMF 看作正弦和余弦类函数的推广。显然一个 $\cos(\omega_0 t)$ 是一个 IMF;反之不成立,即一个 IMF 不一定是正弦或余弦函数。一个 IMF 的例子如图 7.13 所示。可见,一个 IMF 是一个更广义的振荡模态。

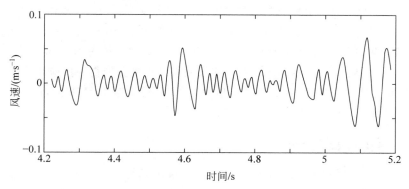

图 7.13 一个 IMF 的波形

第二步,对每一个 IMF $c_i(t)$,求希尔伯特变换 $d_i(t)$,即

$$d_i(t) = \frac{1}{\pi} P \int_{-\infty}^{+\infty} \frac{c_i(\tau)}{t-\tau} dt \tag{7.85}$$

式中 P 表示柯西主值，构造一个复 IMF 函数为

$$z_i(t) = c_i(t) + \mathrm{j}d_i(t) = a_i(t)\mathrm{e}^{\mathrm{j}\theta_i(t)} \tag{7.86}$$

其中

$$a_i(t) = [c_i^2(t) + d_i^2(t)]^{1/2} \tag{7.87}$$

$$\theta_i(t) = \arctan^{-1}\frac{d_i(t)}{c_i(t)} \tag{7.88}$$

定义每个复 IMF 的瞬时频率为

$$\omega_i(t) = \frac{\mathrm{d}\theta_i(t)}{\mathrm{d}t} \tag{7.89}$$

将式(7.84)～式(7.89)的结果写在一起，得到实信号的一种变换表示为

$$x(t) = \mathrm{Re}\left(\sum_{i=1}^{N} a_i(t)\mathrm{e}^{\mathrm{j}\int \omega_i(t)\mathrm{d}t}\right) \tag{7.90}$$

式(7.90)的分解中，将信号 $x(t)$ 分解为

$$\{a_i(t), \omega_i(t), i = 1, 2, \cdots, N\} \tag{7.91}$$

这就是 HHT。若用采样信号来实现 HHT，式(7.91)用离散希尔伯特变换替换，其他公式也用相应的离散时间运算替代。

来看一下 HHT 的物理意义。在式(7.90)或式(7.91)中，若 $\omega_i(t) = \omega_i$，$a_i(t) = a_i$ 是常数，并令 $\int \omega_i(t)\mathrm{d}t = \omega_i t + \varphi_i$，则 HHT 就简化为将一个信号分解为若干不同频率的余弦信号之和，即 $x(t) = \sum_{i=1}^{N} a_i\cos(\omega_i t + \varphi_i)$。若进一步，有 $\omega_i = n\omega_0$，$N \to \infty$，这实际变成周期信号的傅里叶级数展开(这里隐含了均值为零，后文将看到，若均值非零，会有一个尾项补上该均值)。因此，HHT 可看作是对傅里叶展开的一个拓广。

HHT 将信号分解为 N 项之和，每一项可以是频率时变的($\omega_i(t)$)和幅度时变的($a_i(t)$)(这也是一个 IMF 对正弦信号的拓广)。从这个意义上讲，HHT 善于分析具有快速瞬变特性的信号。HHT 把一个具有瞬变特性的信号分解为几个 IMF 之和。由于一个 IMF 不是一个预先固定的基函数，而是实际分解出的信号中实际存在的一个"模态"；但一个 IMF 的瞬时频率虽然变化，但变化较小，刻画了信号中存在的一个"非预先固定"的分量。因此，HHT 可看做是信号的一种自适应分解方式，在一些领域得到重视并取得一些应用成果。

注意到，要完成 HHT，第一步是将实信号 $x(t)$ 分解为若干 IMF 之和，这个过程称为实验模态分解(EMD)。7.5.2 节专门讨论 EMD。

7.5.2 实验模态分解

如前所述，需要将信号 $x(t)$ 分解为式(7.84)所示的多个模态(IMF)之和，这称为实验模态分解。这里，介绍一种筛选算法(sifting)。注意，在以下介绍这种算法时模糊了连续和离散的表示，以下的叙述的大多数内容对连续和离散均适用。

首先将信号极大值之间插值为一个包络函数，称为上包络；同样，将极小值之间插值为下包络，推荐的插值函数为立体样条函数。用 $m_{1,0}(t)$ 表示上下包络的均值，得到如下的第一个原型模态(protomode)。

$$h_{1,0}(t) = x(t) - m_{1,0}(t) \tag{7.92}$$

第一个原型模态 $h_{1,0}(t)$ 一般不满足 IMF 条件，需迭代。以 $h_{1,0}(t)$ 为输入，重新计算上下包络，并计算新上下包络均值 $m_{1,1}(t)$，得到如下新的原型模态 $h_{1,1}(t)$ 为

$$h_{1,1}(t) = h_{1,0}(t) - m_{1,1}(t) \tag{7.93}$$

式(7.93)可进一步迭代，可得到迭代通式为

$$h_{1,k}(t) = h_{1,k-1}(t) - m_{1,k}(t) \tag{7.94}$$

每一步迭代，得到 $h_{1,k}(t)$，将 $h_{1,k}(t)$ 代入停止条件进行测试。若不满足停止条件，式(7.94)的迭代继续，若满足停止条件，则 $h_{1,k}(t)$ 是找到的一个 IMF，记为

$$c_1(t) = h_{1,k}(t) \tag{7.95}$$

停止条件不是唯一的，一个典型的停止条件为

$$\mathrm{SD}_k = \frac{\sum\limits_{t=0}^{T} |h_{1,k-1}(t) - h_{1,k}(t)|^2}{\sum\limits_{t=0}^{T} |h_{1,k-1}(t)|^2} \leqslant \mathrm{TR} \tag{7.96}$$

这里 TR 是预先给出的门限。注意，上式实际是对采样信号进行求和计算的，t 代表采样序号。

分解出第一个 IMF 后，减去此 IMF，得到残差 $r_1(t)$

$$r_1(t) = x(t) - c_1(t) \tag{7.97}$$

图 7.14 给出了计算第一个 IMF 的迭代过程[74]，其中第 1 行是信号（可以是连续的，也可以是离散信号的包络图，图中实际是离散信号的包络图形），第 2 行给出了极大值和极小值，第 3 行给出了插值得到的上包络和下包络，第 4 行给出第一次迭代出的原型模态 $h_{1,0}(t)$，第 5 行是多次迭代后，满足停止条件的第一个 IMF，最后一行是残差 $r_1(t)$。

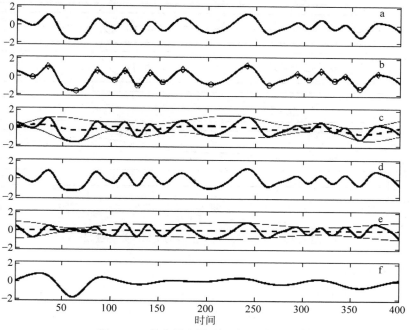

图 7.14 从信号中抽取一个 IMF 的过程

将残差信号 $r_1(t)$ 作为输入信号值，重复以上过程，得到第二个 IMF$c_2(t)$，并得到如下残差

$$r_2(t) = r_1(t) - c_2(t) \tag{7.98}$$

这个过程一直重复，得到

$$r_N(t) = r_{N-1}(t) - c_N(t) \tag{7.99}$$

设 $r_N(t)$ 不再包含新的 IMF，分解过程终止。由分解过程知 $r_N(t)$ 不再包含 IMF 的条件是，当 $r_N(t)$ 只有一个极点或只是一个直流分量时，不可能再分解出 IMF，分解算法终止。

EMD 相当于信号的一种自适应分解，它不像傅里叶变换那样存在预先固定的基，而是自适应地将信号分解为几个模态，即

$$x(t) = \sum_{j=1}^{N} c_j(t) + r_N(t) \tag{7.100}$$

Huang 证明了信号的 IMF 分量表示相当于获取信号分解的自适应基，而自适应基满足收敛性、完整性、正交性、唯一性，即对于一个给定的信号，式（7.100）的表示是唯一的，且各 $c_j(t)$ 是正交的。$r_N(t)$ 是分解中的残差补函数，是信号广义的均值。

图 7.15 给出了一个实际记录信号的 EMD 分解结果[74]，信号分解为 6 个 IMF，分别示于图中，最后一行是残差信号。为了更加清楚，如下给出 EMD 分解的算法形式描述。

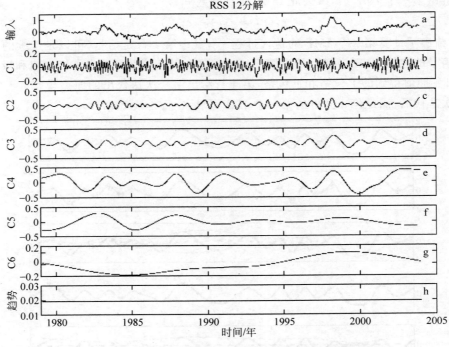

图 7.15　一个实际记录信号的 EMD 分解过程

（1）初始化 $r_0(t) = x(t)$，$i = 1$。

（2）抽取第 i 个 IMF：

① 初始化 $h_{i,k-1}(t) = r_i(t)$，$k = 1$；

② 抽取 $h_{i,k-1}(t)$ 的局部极大和极小值；

③ 用立体样条函数首先将 $h_{i,k-1}(t)$ 极大值插值为一个上包络函数,将极小值插值为下包络函数;

④ 计算上下包络的均值函数 $m_{i,k-1}(t)$;

⑤ 令 $h_{i,k}(t) = h_{i,k-1}(t) - m_{i,k-1}(t)$;

⑥ 判断如果 $h_{i,k}(t)$ 是一个 IMF,令转步骤③;否则,令 $k=k+1$ 转步骤②。

(3) $r_{i+1}(t) = r_i(t) - IMF_i$。

(4) 如果 $r_{i+1}(t)$ 至少有两个极值点,转步骤②;否则 $r_{i+1}(t)$ 为残差量,算法结束。

由于每个 $c_j(t)$ 可以通过希尔伯特变换得到式(7.86)所示的解析表示,考虑残差项,对式(7.90)稍做修改,HHT 表示为

$$x(t) = \mathrm{Re}\left(\sum_{i=1}^{N} a_i(t) \mathrm{e}^{\mathrm{j}\int \omega_i(t)\mathrm{d}t} \right) + r_N(t) \tag{7.101}$$

对于 HHT,也可以给出一种直观的图像表示,即在 (t, ω) 坐标系中(t 是横轴,ω 是纵轴),对于任给的时间 t,存在瞬时频率 $\omega_i(t)$,构成一个坐标点 $(t, \omega_i(t))$,在该坐标点上以不同颜色或灰度表示 $|a_i(t)|$ 值,这样形成一幅二维图像称为 HHT 的时频幅度谱图。这个谱图的含义比频谱图更丰富(与第 4 章介绍的时频谱图类似),可以显示出在给定时间信号中包含哪些频率成分。若一些频率成分,在一个短的时间内出现,这个谱图可以回答一些频率成分何时出现,何时消失。图 7.16 给出一个简单例子[85],图 7.16(a)信号是正弦信号,在一个时

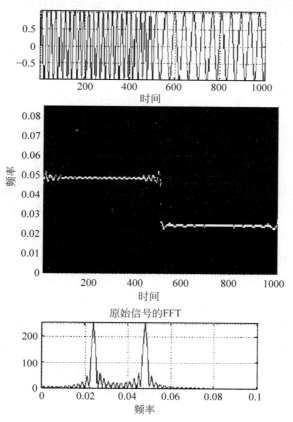

图 7.16 一个信号的 HHT 谱图和 FFT 谱图的比较

刻突然改变了频率。图 7.16(b) 是 HHT 的时频幅度谱，它清晰地显示出信号频率的改变时刻。图 7.16(c) 是 FFT 做的幅度频谱分析，它显示信号包含两个频率分量，但两个频率分量是持续存在还是只在一段时间存在，频谱分析无法告知这种时间和频率的联合信息。在更复杂的信号分析时，HHT 在一些方面更显示出其优势。

HHT 也存在一定的局限性。当信号本身存在间歇时，IMF 可能存在模态混合问题（mode mixing）；当信号存在不同程度噪声时，IMF 分解可能受噪声影响，在不同信噪比下产生不同的分解结果。为了改善 HHT 的性能，提出了平均 EMD（ensemble empirical mode decomposition，EEMD）。尽管这样，低信噪比下 HHT 的应用仍存在很大问题。HHT 这类自适应分解，对已给定的信号，可能用较少的几个 IMF 相当精确地表示；但是没有固定基函数也使得它敏感于噪声。对于 DFT 这样的有固定基函数的变换，信号在固定基上的投影是一种积累过程，但噪声的随机性使其积累效应不及信号。因此，当存在噪声时，DFT 分析的稳健性是相当好的，而 HHT 缺乏这种稳健性。实际中，不存在一种变换是十全十美的，在一个方面的所得很可能导致其他方面的所失。工程科学很大程度上是折中的艺术，选择对一个问题最合适的折中方法是工程科学将长期面对的问题。

本节给出了 HHT 的概要介绍，希望进一步深入了解 HHT 的读者可参考文献[74,75]。

7.6 与本章相关的 MATLAB 函数与实例

7.6.1 相关的 MATLAB 函数简介

1. hilbert

功能介绍 对离散信号做 Hilbert（希尔伯特）变换，并形成一个离散解析信号。

语法

```
x = hilbert(xr)
x = hilbert(xr,n)
```

输入变量 xr 为输入离散序列，应为实序列，若 xr 是复序列，忽略其虚部。

输出内容 hilbert(xr) 为返回输入的解析信号，其虚部为输入序列的希尔伯特变换。

2. cceps

功能介绍 计算复倒谱。

语法

```
cceps(x)
[xhat,nd] = cceps(x)
```

输入变量 x 为实信号序列。

输出内容 cceps(x) 为返回实信号序列 x 的复倒谱；[xhat,nd]＝cceps(x) 在计算复倒谱的同时还能辨识出信号延迟的采样点位置 nd，xhat 为返回的复倒谱。

3. rceps

功能介绍 计算（实）倒谱和最小相位重构。

语法

```
rceps(x)
[xh, yh] = rceps(x)
```

输入变量 x 为信号序列。

输出内容 rceps(x)为返回信号 x 的实倒谱；[xh, yh]＝rceps(x)将返回信号 x 的实倒谱 xh 和最小相位重构信号 yh。

4. icceps

```
x = icceps(XHAT, ND)
```

复倒谱的反函数,利用复倒谱恢复信号序列；各变量的含义同 cceps 的说明；也用该函数计算(实)倒谱的反函数。

7.6.2 MATLAB 例程

例 7.6.1 Hilbert 变换是一个很有用的变换,用它来做包络分析更是一种有效的数据处理方法。

已知信号 xr(t)＝cos(2 * pi * 50 * t)

(1) 计算信号 xr(t)的 Hilbert 变换 xi(t)。

(2) 验证 xr(t)与 xi(t)是正交的。

(3) 通过对信号 xr(t)和经 Hilbert 变换后合成的复信号的频谱进行分析,验证复信号是单边频谱。

```
clc
clear all
close all
ts = 0.001;
fs = 1/ts;
N = 200;
f = 50;
k = 0:N-1;
t = k * ts;
% 信号变换
% 结论: cos 信号 Hilbert 变换后为 sin 信号
xr = cos(2 * pi * f * t);
x = hilbert(xr);             % MATLAB 函数得到信号是合成的复信号
xi = imag(x);               % 虚部为书上定义的 Hilbert 变换
figure
subplot(211)
plot(t, xr)
title('原始 cos 信号')
subplot(212)
plot(t, xi)
title('Hilbert 变换信号')
```

```
% 检验两次 Hilbert 变换的结果(理论上为原信号的负值)
% 结论: 两次 Hilbert 变换的结果为原信号的负值
xih = hilbert(xi);
xii = imag(xih);
max(xr + xii)
% 信号与其 Hilbert 变换的正交性
% 结论: Hilbert 变换后的信号与原信号正交
sum(xr. * xi)
% 谱分析
% 结论: Hilbert 变换后合成的复信号的谱为单边的
NFFT = 2^nextpow2(N);
f = fs * linspace(0,1,NFFT);
XR = fft(xr, NFFT)/N;
X = fft(x, NFFT)/N;
figure
subplot(211)
plot(f,abs(XR))
title('原信号的双边谱')
xlabel('频率 f (Hz)')
ylabel('|XR(f)|')
subplot(212)
plot(f,abs(X))
title('信号 Hilbert 变换后组成的复信号的双边谱')
xlabel('频率 f (Hz)')
ylabel('|X(f)|')
```

程序中,判定两次 Hilbert 变换恢复原信号的负值,结果为 7.7716×10^{-16},直接评价解析信号实部和虚部正交的结果为 2.498×10^{-15},这实际是计算误差对零值的偏移。

图 7.17 和图 7.18 是例程运行的图形显示。

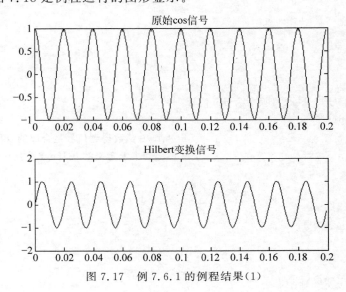

图 7.17　例 7.6.1 的例程结果(1)

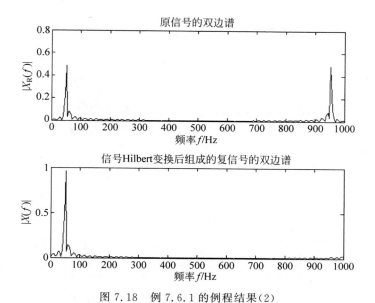

图 7.18　例 7.6.1 的例程结果(2)

　　例 7.6.2　对信号 $s = \sin(90\pi t) + 0.5\sin(90\pi(t-0.2))$ 做倒谱分析。例程如下,分析结果如图 7.19 所示。

```
clear all
close all
clc
Fs = 100;
t = 0:1/Fs:1.27;
% 45Hz sine sampled at 100Hz
s1 = sin(2 * pi * 45 * t);
% 增加一个半幅度且有 0.2s 延迟的回波
s2 = s1 + 0.5 * [zeros(1,20) s1(1:108)];
[c,nd] = cceps(s2);                    % 求信号倒谱
s3 = icceps(c,nd);                     % 利用倒谱恢复信号
figure(1)
plot(t,c)
title('信号复倒谱')
figure(2)
subplot(211)
plot(t,s2)
title('原始信号')
subplot(212)
plot(t,s3)
title('利用 icceps 函数对复倒谱恢复的信号')
```

　　若计算复倒谱和恢复信号的函数用如下语法,原信号和恢复的信号不能对齐,如图 7.20 所示,由此理解变量 Nd 的作用。

```
c = cceps(s2);
s3 = icceps(c);
```

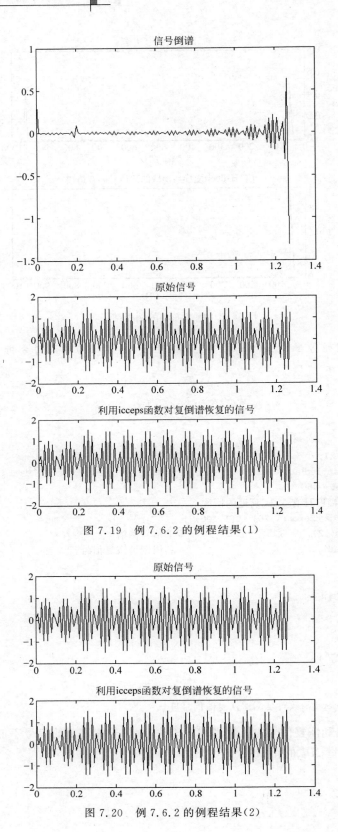

图 7.19　例 7.6.2 的例程结果(1)

图 7.20　例 7.6.2 的例程结果(2)

7.6.3 希尔伯特变换器设计

式(7.13)和式(7.14)给出了理想的希尔伯特变换器的频率响应和单位抽样响应。为了设计 FIR 线性相位希尔伯特变换器,首先增加延迟因子 $\alpha = \dfrac{M}{2}$,这里 M 是将要设计的 FIR 滤波器非零单位抽样响应的最大序号,$N = M+1$ 为 FIR 滤波器长度。考虑了延迟因子的希尔伯特变换器的频率响应和单位抽样响应分别为

$$H_d(\mathrm{e}^{\mathrm{j}\omega}) = -\mathrm{j}\,\mathrm{sgn}(\omega)\mathrm{e}^{-\mathrm{j}\omega\alpha}, \quad |\omega| \leqslant \pi$$

$$h_d[n] = \frac{2\sin^2[\pi(n-\alpha)/2]}{\pi(n-\alpha)}, \quad -\infty < n < +\infty$$

例 7.6.3 通过凯泽窗设计一个第三类 FIR 滤波器实现希尔伯特变换。由于第三类 FIR 滤波器在 $\omega = 0$ 和 $\omega = \pi$ 处幅频响应为零,故选择过渡带为 $\Delta\omega = 0.15\pi$,即在正频率端的通带为 $[0.15\pi, 0.85\pi]$,通带波纹 $-30\mathrm{dB}$,凯泽窗参数 $N = 23$,$\beta = 2.35$ 可满足要求,设计的滤波器单位抽样响应为

$$h[n] = \begin{cases} \dfrac{2\sin^2[\pi(n-11)/2]}{\pi(n-11)} \dfrac{I_0\left[2.35(1-[(n-11)/11]^2)^{1/2}\right]}{I_0(2.35)}, & 0 \leqslant n \leqslant 22 \\ 0, & 其他 \end{cases}$$

单位抽样响应和实幅度响应示于图 7.21,注意图中显示出实幅度响应的负值。

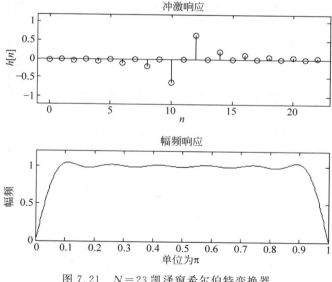

图 7.21 $N=23$ 凯泽窗希尔伯特变换器

MATLAB 例程如下。

```
N = 23; beta = 2.35;
alpha = (N - 1)/2;
n = 0:N - 1;
hd = 2 * ((sin(pi * (n - alpha)/2)).^2)./(pi * (n - alpha));
hd(alpha + 1) = 0;
w_kaiser = (kaiser(N,beta))';
```

```
h = hd. * w_kaiser;
subplot(2,1,1);stem(n,h);title('冲激响应');
axis([ - 1 N - 1.2 1.2]);xlabel('n');ylabel('h(n)');
N1 = length(h);
L = (N1 - 1)/2;
c = [2 * h(L + 1: - 1:1)];m = [0:1:L];
w = [0:1:500]' * pi/500;Hr = sin(w * m) * c';
subplot(2,1,2);plot(w/pi, - Hr);title('幅频响应');
xlabel('pi Units');ylabel('幅频');axis([0 1 0 1.2]);
```

例 7. 6. 4　同样选择类型三 FIR 滤波器,用等波纹逼近方法设计,利用 firpm 函数的 'hilbert'选项,可实现希尔伯特变换器。选择正频率端通带为$[0.1\pi,0.9\pi]$,$N=25$,设计的希尔伯特变换器的单位抽样响应和实幅度响应示于图 7.22。

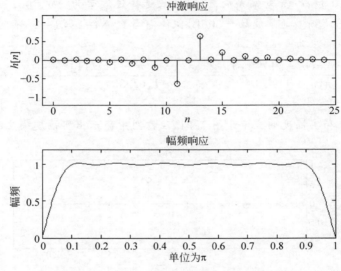

图 7.22　$N=25$ 等波纹逼近希尔伯特变换器

MATLAB 例程如下。

```
N = 25;
f = [0.1 0.9]; a = [1 1];
h = firpm(N - 1,f,a,'hilbert');
n = 0:N - 1;
```

以下同例 1 的图形部分,略。

例 7. 6. 5　选择类型四 FIR 滤波器,用等波纹逼近方法设计,利用 firpm 函数的 'hilbert'选项,可实现希尔伯特变换器。选择正频率端通带为$[0.1\pi,\pi]$,$N=24$,设计的希尔伯特变换器的单位抽样响应和幅度响应示于图 7.23。设计的单位抽样响应的值如下

$h = \{-0.0082, -0.0079, -0.0116, -0.0165, -0.0227, -0.0309, -0.0419,$
$\quad -0.0571, -0.0800, -0.1193, -0.2073, -0.6350, 0.6350, 0.2073,$
$\quad 0.1193, 0.0800, 0.0571, 0.0419, 0.0309, 0.0227, 0.0165,$
$\quad 0.0116, 0.0079, 0.0082\}$

```
N=24;
f=[0.1 1];a=[1 1];
h=firpm(N-1,f,a,'hilbert')
n=0:N-1;
subplot(2,1,1);stem(n,h);title('冲激响应');
axis([-1 N -1.5 1.5]);xlabel('n');ylabel('h(n)');
L=N/2;
c=2*[h(L:-1:1)];m=[1:1:L];m=m-0.5;
w=[0:1:500]'*pi/500;
Hr=sin(w*m)*c';
subplot(2,1,2);
plot(w/pi,-Hr);title('幅频响应');
xlabel('pi Units');ylabel('幅频');axis([0 1 0 1.2]);
```

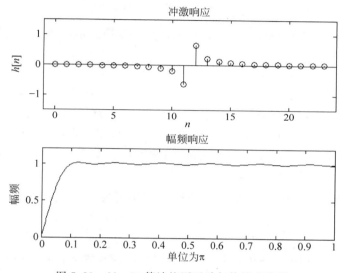

图 7.23　$N=24$ 等波纹逼近希尔伯特变换器

　　注意,用线性相位 FIR 滤波器实现希尔伯特变换总是第三类或第四类 FIR 滤波器。尽管第四类滤波器在 $\omega=\pi$ 处没有零点,但实际中第三类滤波器用的更多,原因是第三类滤波器的延迟参数 $\alpha=\dfrac{M}{2}=\dfrac{N-1}{2}$ 为整数。参考图 6.4 给出的实现结构的例子,若由实信号构成复解析信号时,实部通过 α 步的延迟单元,虚部由实信号经过 FIR 结构的希尔伯特变换器产生,得到时间上对齐的实部和虚部。若采用第四类滤波器实现希尔伯特变换,由于 α 中包含 0.5 的小数,因此实部无法通过整数延迟实现对齐,需要做插值运算(见第 8 章),增加了实现的复杂性。

　　为了使 FIR 结构的希尔伯特变换变换器不损失信号成分,希望实信号的频谱在 $\omega=0$ 和 $\omega=\pm\pi$ 附近近似为零,即对于选择的小的频带宽度 $\Delta\omega$,信号频谱主要能量集中在 $[-\pi+\Delta\omega,-\Delta\omega]\bigcup[\Delta\omega,\pi-\Delta\omega]$。若离散信号是由连续信号采样获得,这可以通过适当的选择采样率和做频率调制来实现。

7.7　本章小结

本章讨论了希尔伯特变换及其相关技术的专题。除频域和时域的希尔伯特变换外，还介绍了复倒谱技术、实验模态分析和希尔伯特-黄变换。

习题

7.1　对于实信号 $x[n]=2\cos\left(\dfrac{3}{4}\pi n\right)+3.5\sin(\pi n)$，求其希尔伯特变换 $\hat{x}[n]$。

7.2　对于实信号 $x[n]=\dfrac{\sin(\omega_0 n)}{\pi n}$，求其希尔伯特变换 $\hat{x}[n]$。

7.3　用符号 $\mathcal{H}\{\cdot\}$ 表示对离散序列进行希尔伯特变换。请证明其具有如下性质。

(1) $\mathcal{H}\{\mathcal{H}\{x[n]\}\}=-x[n]$

(2) $\displaystyle\sum_{n=-\infty}^{+\infty}x[n]\mathcal{H}\{x[n]\}=0$

(3) $\mathcal{H}\{x[n]*y[n]\}=\mathcal{H}\{x[n]\}*y[n]=x[n]*\mathcal{H}\{y[n]\}$

7.4　已知 $x[n]=x_r[n]+\mathrm{j}x_i[n]$ 是一个复序列，$x_r[n]$ 和 $x_i[n]$ 为其实部和虚部。已知 $x[n]$ 的 DTFT 在 $-\pi\leqslant\omega<0$ 区间上满足 $X(\mathrm{e}^{\mathrm{j}\omega})=0$。如果已知 $x_i[n]=-3\delta[n+2]+3\delta[n-2]$，求其 DTFT $X(\mathrm{e}^{\mathrm{j}\omega})$。

7.5　一个实因果序列 $x[n]$，已知其 DTFT 的实部为
$$X_R(\mathrm{e}^{\mathrm{j}\omega})=1.25-\cos\omega$$
求该序列。

7.6　一个实因果 FIR 线性相位系统的单位抽样响应和频率响应分别为 $h[n]$ 和 $H(\mathrm{e}^{\mathrm{j}\omega})$。已知 $H(\mathrm{e}^{\mathrm{j}\omega})$ 的虚部 $H_I(\mathrm{e}^{\mathrm{j}\omega})=-8\sin\omega-8\sin(2\omega)-4\sin(3\omega)$，请求出单位抽样响应 $h[n]$。

7.7　一个实因果序列 $x[n]$，已知其 DTFT 的虚部为
$$X_I(\mathrm{e}^{\mathrm{j}\omega})=2\sin\omega+\sin(2\omega)$$
且已知其傅里叶变换 $X(\mathrm{e}^{\mathrm{j}\omega})|_{\omega=\pi}=2$。求该序列。

7.8　一个实因果序列 $x[n]$，已知其 DTFT 的虚部为
$$X_I(\mathrm{e}^{\mathrm{j}\omega})=\sin\omega$$
且已知 $\displaystyle\sum_{n=-\infty}^{+\infty}x[n]=3$。求该序列。

7.9　对于复因果序列 $x[n]$，其共轭对称分量 $x_e[n]$，共轭奇对称分量为 $x_o[n]$，证明：
$$x_o[n]=\mathrm{sgn0}[n]x_e[n]-\mathrm{Re}\{x[0]\}\delta[n]+\mathrm{jIm}\{x[0]\}\delta[n]$$
$$x_e[n]=\mathrm{sgn0}[n]x_o[n]-\mathrm{jIm}\{x[0]\}\delta[n]+\mathrm{Re}\{x[0]\}\delta[n]$$
这里 $\mathrm{Re}\{x[0]\}$ 和 $\mathrm{Im}\{x[0]\}$ 分别表示 $x[0]$ 的实部和虚部。

7.10　利用 7.9 题的结果，证明：对于复因果序列 $x[n]$，存在希尔伯特变换关系，即
$$X_I(\mathrm{e}^{\mathrm{j}\omega})=-\frac{1}{2\pi}\mathcal{P}\left[\int_{-\pi}^{\pi}X_R(\mathrm{e}^{\mathrm{j}\theta})\cot\left(\frac{\omega-\theta}{2}\right)\mathrm{d}\theta\right]-\mathrm{Re}\{x[0]\}+\mathrm{jIm}\{x[0]\}$$

$$X_{\mathrm{R}}(\mathrm{e}^{\mathrm{j}\omega}) = \frac{1}{2\pi}\mathcal{P}\left[\int_{-\pi}^{\pi}X_{\mathrm{I}}(\mathrm{e}^{\mathrm{j}\theta})\cot\left(\frac{\omega-\theta}{2}\right)\mathrm{d}\theta\right] + \mathrm{Re}\{x[0]\} - \mathrm{jIm}\{x[0]\}$$

其中 $\mathcal{P}$ 表示积分的柯西主值。

7.11　用凯泽窗设计一个希尔伯特变换器,尽量逼近理想情况的

$$H(\mathrm{e}^{\mathrm{j}\omega}) = -\mathrm{jsgn}(\omega) = \begin{cases} -\mathrm{j}, & 0 < \omega < \pi \\ \mathrm{j}, & -\pi < \omega < 0 \end{cases}$$

要求过渡带不大于 0.1π,波纹不超过 $-40\mathrm{dB}$,给出凯泽窗参数,写出设计的希尔伯特变换器的单位抽样响应。

MATLAB 习题

7.1　已知一个调幅信号 $x[n]=[\cos(0.002\pi n)+1]\sin(0.1\pi n)$。请先利用 MATLAB 画出其时域波形;然后分别采用低通滤波和希尔伯特变换两种方法实现幅度解调,并比较分析解调的效果。

7.2　已知有限长序列 $x_1[n]=\sin(0.2\pi n)$ 和 $x_2[n]=\exp(-0.2n)$,其中 $n=0,1,\cdots,20$。请利用 MATLAB 求出这两个序列的希尔伯特变换,并验证是否满足习题 7.3 中给出的离散序列希尔伯特变换的性质。

7.3　请利用 MATLAB 设计习题 7.11 中的希尔伯特变换器,并画出该滤波器的单位抽样响应、幅度响应和相位响应。

第8章

多采样率信号处理

前几章的叙述中,把均匀采样后的离散信号表达成离散序列形式,不仅简化了离散信号的表示,也避免了在处理过程中频繁与采样周期发生联系,优点很明显。但是,在数字信号处理中,采样率是一个重要的基本参数,它决定了信号处理的计算量和精度,是不可忽略的。有些场合,由于采样率远远超过采样定理的要求,过高的采样率徒然增加数据量,此时降低采样率可以明显减少计算量;有些场合,由于混叠效应的影响,过低的采样率引起处理精度下降,此时提高采样率可以显著提高性能。在一些分布式应用中,由于多个信号来源于放置在不同地点的不同采样装置,原采样率可能不同,必须将它们转换成相同采样率后再进行处理。在移动通信设备之间的信号接入时,由于设备所处环境的不同,需要对传输的信号进行重采样,实质是改变采样率。根据信号特点和性能要求的不同,在处理过程中改变信号采样率,从而提高处理效率和性能,这就是多采样率处理。多采样率处理重新把"采样率"(或者等价地把"采样周期")纳入数字信号处理的考虑之中,拓展了数字信号处理研究的范围,也获得了广泛应用。多采样率处理应用到信号的分解与综合中,导出了子带编码和滤波器组技术,人们也发现离散小波变换等价于子带分解,这些方法丰富了数字信号处理的内涵与应用。本章讨论多采样率处理的基本原理和典型应用。

8.1 采样率转换

采样率转换包括提高采样率和降低采样率。采样率转换的一种办法是把离散信号转换成模拟信号格式,然后重新用新的采样率采样。这样做,一方面由于需要抗混叠滤波器、A/D、D/A 以及重建滤波器,增加了系统复杂度;另一方面由于模拟电路的非理想特性,引进了失真和噪声,所以实际系统中一般并不采用这种办法。采样率转换的另一种办法是直接在离散信号上进行抽取和内插,再辅以抗混叠滤波器和内插滤波器,这样做大大简化了采样率转换的复杂度,而且避免了失真,实用性好。本节主要讨论采样率转换的离散方法。

8.1.1 整数倍降采样率

对离散信号 $x[n]$,每隔 M 个值保留一个值,构成一个新序列 $y[n]$,这是整数倍抽取,具体地称为 M 倍抽取,表示为

$$y[n] = x[Mn] \tag{8.1}$$

示意图见图 8.1。如果 $x[n]$ 是由一个连续信号 $x_a(t)$ 经过采样获得,$x[n] = x_a(nT_s)$,显然

$$y[n] = x[Mn] = x_a(MT_s n)$$

相当于 $y[n]$ 是通过采样间隔 MT_s 获得的,也就是采样频率为 F_s/M,这样抽取过程就相当于在离散域进行的"降采样率"操作。与 $x[n]$ 相比,$y[n]$ 相当于用更低采样率获得的离散信号。如果 $x[n]$ 是在满足基本采样定理的条件下获得的离散信号,$y[n]$ 则不一定仍满足采样定理。抽取获得的信号的性质如何? 可通过复频域和频域分析进一步研究该问题。

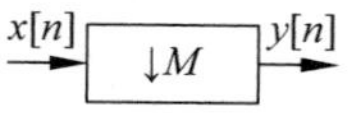

图 8.1 整数抽取系统表示符号

为了求得 $y[n]$ 和 $x[n]$ 的 z 变换和傅里叶变换关系,把式(8.1)分解成两步,第一步是定义一个中间序列

$$x_M[n] = \begin{cases} x[n], & n = 0, \pm M, \pm 2M, \cdots \\ 0, & \text{其他} \end{cases} = x[n] \sum_{m=-\infty}^{+\infty} \delta[n - Mm] = x[n] \frac{1}{M} \sum_{k=0}^{M-1} e^{j\frac{2\pi}{M}kn}$$

第二步是

$$y[n] = x_M[Mn]$$

很清楚,两步获得的结果与式(8.1)是一样的。

第一步将抽取过程中丢弃的信号值置为0,为的是推导简便,这里用了一个恒等式,即

$$c[n] \overset{\text{def}}{=} \frac{1}{M} \sum_{k=0}^{M-1} e^{j\frac{2\pi}{M}kn} = \sum_{m=-\infty}^{+\infty} \delta[n - Mm]$$

第二步的抽取没有再丢失有用值,故可做简单变量替换。有了这些准备,显然第一步的 z 变换过程为

$$\begin{aligned} X_M(z) &= \sum_{n=-\infty}^{+\infty} x_M[n]z^{-n} = \sum_{n=-\infty}^{+\infty} c[n]x[n]z^{-n} \\ &= \frac{1}{M} \sum_{n=-\infty}^{+\infty} \sum_{k=0}^{M-1} e^{j\frac{2\pi}{M}kn} x[n]z^{-n} = \frac{1}{M} \sum_{k=0}^{M-1} \left(\sum_{n=-\infty}^{+\infty} x[n] (e^{-j\frac{2\pi}{M}k}z)^{-n} \right) \\ &= \frac{1}{M} \sum_{k=0}^{M-1} X(e^{-j\frac{2\pi}{M}k}z) \end{aligned} \tag{8.2}$$

再由第二步通过变量替换得

$$\begin{aligned} Y(z) &= \sum_{n=-\infty}^{+\infty} x_M[Mn]z^{-n} \quad k = Mn; n = k/M \\ &= \sum_{\substack{k=-\infty \\ k=Mn}}^{+\infty} x_M[k]z^{-k/M} \\ &= \sum_{k=-\infty}^{+\infty} x_M[k]z^{-k/M} = X_M(z^{1/M}) \end{aligned} \tag{8.3}$$

将式(8.2)和式(8.3)两式结合,得到

$$Y(z) = \frac{1}{M} \sum_{k=0}^{M-1} X(e^{-j\frac{2\pi}{M}k} z^{\frac{1}{M}}) \tag{8.4}$$

在式(8.4)中,假设 z 变换的收敛域包括单位圆,代入 $z = e^{j\omega}$ 得到傅里叶变换关系式

$$Y(e^{j\omega}) = \frac{1}{M} \sum_{k=0}^{M-1} X(e^{j\frac{(\omega - 2\pi k)}{M}}) \tag{8.5}$$

对连续信号采样会导致频谱周期性延拓,降采样率同样会引起频谱周期性延拓。降采样率之前离散信号的频谱已经是周期性的,降采样率之后该周期性频谱再次被周期性延拓,可能会引起新的频谱混叠。为了对该问题有一个直观理解,研究如下例子。

例 8.1.1 有一个连续信号 $x_a(t)$,其最高角频率为 Ω_M,采样定理规定的最大采样间隔

为（对应最小采样周期）$T_{\max}=\dfrac{\pi}{\Omega_{M}}$。这里，选取 $T=\dfrac{1}{2}\dfrac{\pi}{\Omega_{M}}$ 作为采样周期，得到离散信号 $x[n]$。不难发现，连续信号频谱的非零区域，映射到离散傅里叶变换域的 $[-\pi/2,\pi/2]$ 区间。对 $x[n]$ 分别做 $M=2$ 和 $M=3$ 的抽取，观察抽取后的频谱变化。

$M=2$ 时，降采样率后信号的傅里叶变换为

$$Y(e^{j\omega})=\frac{1}{2}\Big[X(e^{j\frac{\omega}{2}})+X(e^{j\frac{\omega-2\pi}{2}})\Big] \tag{8.6}$$

第一项是将 $x[n]$ 的傅里叶变换伸展 2 倍，第二项是伸展 2 倍后向右移位 2π，然后两者相加，如图 8.2 所示。由于 $x[n]$ 是以两倍奈奎斯特率采样，2 倍降采样仍不会产生混叠，但已经相当于是以奈奎斯特率采样获得的离散信号了，所以频谱填满了 $[-\pi,\pi]$ 区间。

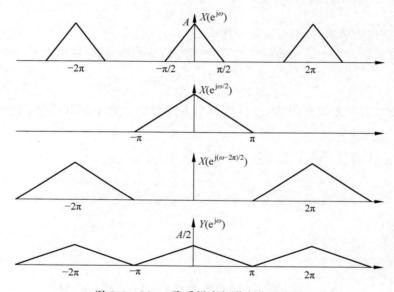

图 8.2　$M=2$ 降采样率频谱变化示意图

$M=3$ 时，$Y(e^{j\omega})$ 由 3 项求和而得，每一项对应 $x[n]$ 频谱伸展 3 倍，并做不同位移，频谱变化示意图如图 8.3 所示。注意，图中没有画出 $X(e^{j(\omega-4\pi)/3})$ 项，它对 $[-\pi,\pi]$ 区间频谱没有贡献。图中示出了频谱的混叠部分。不难理解，$M=3$ 时降采样率后的离散信号已不满足采样定理的条件，频谱混叠是预料中的。

本例中，$M=3$ 的情况下产生了频谱混叠。为了防止混叠，可使信号 $x[n]$ 先经过一个截止频率为 $\pi/3$ 的低通滤波器，再做 $M=3$ 的抽取。这种情况下，尽管丢失了 $x[n]$ 的部分高频成分，却避免了混叠，如图 8.4 所示（图 8.4 画出对任意正整数 M 的示意图）。比较图 8.3 和图 8.4 发现，抗混叠抽取比直接抽取保持了 $x[n]$ 中更多的正确频谱成分。由于所加的滤波器起到抗混叠的作用，称为抗混叠抽取滤波器。

在一般情况下，对 $x[n]$ 的频谱分布没有限制条件，因此，抗混叠抽取滤波器是必要的。离散域的降采样率过程规定为：先经过一个截止频率为 π/M 的抗混叠抽取滤波器，再进行 M 抽取，这个过程用图 8.5 的系统框图表示。

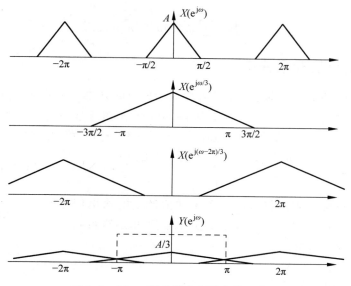

图 8.3 $M=3$ 降采样率频谱变化示意图

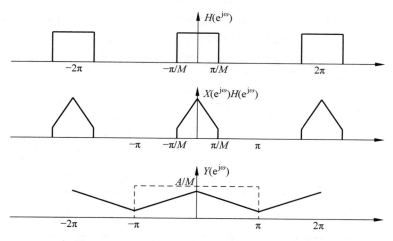

图 8.4 $M=3$ 抗混叠降采样率频谱变化示意图

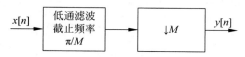

图 8.5 降采样率系统框图

为区别计,本书后续讨论中,"抽取"一词指的是图 8.1 所示的单纯抽取过程,而"降采样率"指的是图 8.5 所示的包括了抗混叠和抽取的过程。用 $H(z)$ 表示抗混叠滤波器的系统函数,$h[n]$ 为其单位抽样响应,降采样率过程的复频域、频域和时域表达式分别为

$$Y(z)=\frac{1}{M}\sum_{k=0}^{M-1}H(z^{\frac{1}{M}}\mathrm{e}^{-\mathrm{j}\frac{2\pi}{M}k})X(z^{\frac{1}{M}}\mathrm{e}^{-\mathrm{j}\frac{2\pi}{M}k}) \tag{8.7}$$

$$Y(\mathrm{e}^{\mathrm{j}\omega})=\frac{1}{M}\sum_{k=0}^{M-1}H(\mathrm{e}^{\mathrm{j}\frac{\omega-2\pi k}{M}})X(\mathrm{e}^{\mathrm{j}\frac{\omega-2\pi k}{M}}) \tag{8.8}$$

$$y[n] = \sum_{m=-\infty}^{+\infty} h[Mn-m]x[m] \tag{8.9}$$

8.1.2　整数倍升采样率

为了整数倍的提高采样率,在离散信号域采用插值的方法。为了获得相当于原离散信号 $x[n]$ 的 L 倍采样率的信号 $y[n]$,分两步操作:第一步通过零插值为产生的新"采样值"提供"位置";第二步是对零插值信号进行低通滤波,滤除镜像分量。第一步的零插值运算定义为

$$x_L[n] = \begin{cases} x[n/L], & n=0, \pm L, \pm 2L \cdots \\ 0, & \text{其他} \end{cases} = \sum_{k=-\infty}^{+\infty} x[k]\delta[n-Lk] \tag{8.10}$$

图 8.6 是零插值系统的表示符号。一个零插值产生的输出信号的例子示于图 8.8(a)中。对 $x_L[n]$ 做 z 变换,经过简单运算得到零插值信号的 z 变换表达式为

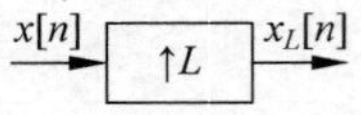

$$X_L(z) = X(z^L) \tag{8.11}$$

图 8.6　零插值系统
表示符号

零插值信号的傅里叶变换为

$$X_L(e^{j\omega}) = X(e^{jL\omega}) \tag{8.12}$$

图 8.7 以 $L=2$ 为例,画出了零插值后的频谱示意图,由图中看出,零插值信号在对原信号频谱进行压缩后,在 $[-\pi, \pi]$ 中除保留原频谱的一个压缩形式外,还有多个复制形式(镜像),将这些镜像通过一个低通滤波器滤除后,得到相当于 L 倍升采样率的信号 $y[n]$。

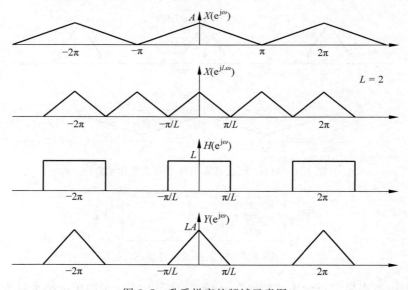

图 8.7　升采样率的频域示意图

图 8.8(b)是 $L=5$ 的升采样例子,"×"代表的是插值滤波器输出后产生的"新采样值"。将 L 倍升采样率的系统实现框图画于图 8.9 中,图中的低通滤波器称为插值滤波器。完整升采样率系统的频率域表示为

$$Y(e^{j\omega}) = X_L(e^{j\omega})H(e^{j\omega}) = X(e^{j\omega L})H(e^{j\omega}) \tag{8.13}$$

式中的插值滤波器定义为

$$H(e^{j\omega}) = \begin{cases} L, & |\omega| \leqslant \dfrac{\pi}{L}, \text{对于 } |\omega| \leqslant \pi \\ 0, & \text{其他} \end{cases} \tag{8.14}$$

时域运算关系为

$$y[n] = \sum_{k=-\infty}^{+\infty} h[n-Lk]x[k] \tag{8.15}$$

不管是降采样率还是升采样率,理论上都需要一个理想低通滤波器才能完成精确的采样率转换。理想滤波器是不可实现的,实际中可设计一个滤波器逼近于理想滤波器,这在第 6 章做了细致讨论。根据实际精度要求的需要,给出实际滤波器的指标,总可以设计出一个 IIR 结构或 FIR 结构的实际滤波器完成对理想滤波器的逼近。在一些情况下,可以采用简单的特殊滤波器来替代理想滤波器,将在 8.3 节给出 CIC 实现的例子。

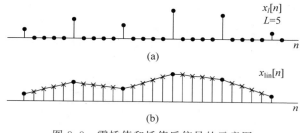

图 8.8 零插值和插值后信号的示意图

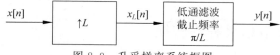

图 8.9 升采样率系统框图

在升采样率过程中,另一个常用的插值滤波器是线性插值滤波器。以 $L=5$ 为例,给出线性插值滤波器的例子。这是一个线性相位的非因果 FIR 滤波器,其单位抽样响应如图 8.10 所示,表示为 $h_{\lin}[n]$。

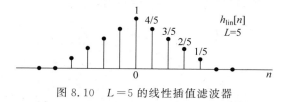

图 8.10 $L=5$ 的线性插值滤波器

将图 8.8(a)的零插值信号与 $h_{\lin}[n]$ 进行卷积和运算,不难看出,输出依次为

$$y[0] = x[0]$$

$$y[1] = \frac{4}{5}x[0] + \frac{1}{5}x[1]$$

$$y[2] = \frac{3}{5}x[0] + \frac{2}{5}x[1]$$

$$y[3] = \frac{2}{5}x[0] + \frac{3}{5}x[1]$$

$$y[4] = \frac{1}{5}x[0] + \frac{4}{5}x[1]$$

$$y[5] = x[1]$$

$$\vdots$$

一般的 L 倍线性插值的计算公式为

$$y[Lk] = x[k]$$

$$y[Lk+m] = \frac{L-m}{L}x[k] + \frac{m}{L}x[k+1], \quad 1 \leqslant m \leqslant L-1 \tag{8.16}$$

线性插值是简单的和常用的插值技术，在语音和视频图像编码时常用。为了比较与理想插值的性能差距，图 8.11 对比画出了 $L=5$ 时线性插值滤波器和理想插值滤波器频率响应的比较。从图中看出，线性插值会产生可观的高频残余频谱，在要求高精度升采样率时是难以满足要求的。

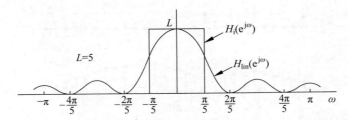

图 8.11　理想插值滤波器和线性插值滤波器的频率响应幅度谱比较

8.1.3　有理分数倍采样率转换

将前两节介绍的整数倍升采样率和整数倍降采样率级联，可实现有理分数倍的采样率转换。设 $\alpha = L/M$ 是一个有理数，L 和 M 是互质的整数，希望产生新的信号 $y[n]$ 相当于是 $x[n]$ 采样率的 α 倍。该采样率转换系统的直接实现框图如图 8.12(a) 所示，首先通过 L 倍的升采样率系统，然后再经过一个 M 倍的降采样率系统，得到 α 倍采样率转换。图 8.12(a) 系统中存在相邻的两个滤波器，可以合并为一个滤波器，合并后的滤波器频率响应为

$$H(e^{j\omega}) = \begin{cases} L, & |\omega| \leqslant \min\left\{\dfrac{\pi}{L}, \dfrac{\pi}{M}\right\}, \ |\omega| \leqslant \pi \\ 0, & \text{其他} \end{cases}$$

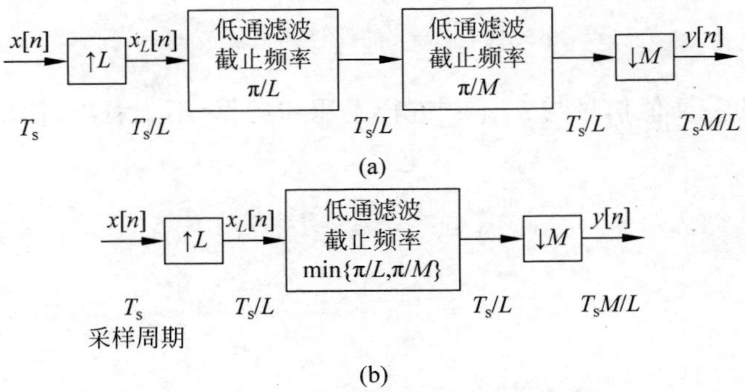

图 8.12　有理分数倍采样率转换系统

8.1.4　抽取和插值的线性时变性

这里讨论了三个新的系统,即抽取、零插值以及与滤波器组合构成的采样率转换系统。这些系统均满足线性条件,是线性系统。这个结论容易验证,留作练习。

需要注意的是,抽取、零插值和采样率转换系统都不再满足时不变性,即它们都是时变系统。这里通过一个例子证明抽取不满足时不变性。以 $M=2$ 倍抽取为例,把抽取运算表示成系统 $y[n]=T\{x[n]\}=x[2n]$,若取输入信号为

$$x[n]=\begin{cases} 1, & n\ \text{为偶数} \\ -1, & n\ \text{为奇数} \end{cases}$$

则输出 $y[n]=T\{x[n]\}=x[2n]=1$,因此 $y[n-1]=1$,另外,$T\{x[n-1]\}=x[2n-1]=-1$,即 $T\{x[n-1]\}\neq y[n-1]$,由此判定这是时变系统。

零插值和采样率转换系统不满足时不变性的验证留作练习。抽取、零插值和采样率转换系统都是线性时变系统,不再是 LTI 系统。因此 LTI 系统的一些性质不再适用,无法用标准的卷积和表示这些系统的输入/输出关系。由卷积和性质引出的一些系统性质也不再适用,例如交换律,两个级联系统交换次序不再是相等的。

在图 8.12(a)的系统实现中,若把升采样率和降采样率系统交换次序,先做降采样率再做升采样率,得到的结果是不一样的。通过一个简单例子可说明这一点。设图 8.12(a)系统中,取 $\alpha=3/2$,设输入信号 $x[n]$ 的频谱充满了 $[-\pi,\pi]$ 区间。先做 $L=3$ 的升采样,将频谱压缩在 $[-\pi/3,\pi/3]$ 区间,再做 $M=2$ 的降采样,频谱伸展到 $[-2\pi/3,2\pi/3]$ 区间。因为总体上采样率是上升的,故结果的频谱保留了原信号频谱的所有内容,只是被按比例压缩到了更窄的区间,这是符合要求的正确结果。若把升采样率和降采样率系统交换次序,先做 $M=2$ 的降采样,为了不混叠,首先将 $x[n]$ 的频谱中 $[-\pi/2,\pi/2]$ 区间外的部分滤除,然后伸展到 $[-\pi,\pi]$ 区间,再做 $L=3$ 的升采样,把频谱限制到 $[-\pi/3,\pi/3]$ 区间。最后得到的信号频谱不为零的区间为 $[-\pi/3,\pi/3]$,相当于将 $x[n]$ 的频谱中 $[-\pi/2,\pi/2]$ 范围的部分压缩到了 $[-\pi/3,\pi/3]$ 区间,而 $x[n]$ 一半的高频部分被丢失了。可见,采样率转换系统作为线性时变系统,直接做交换次序不再是等价的。

8.2　采样率转换的高效实现结构

若完成高性能的采样率转换需要设计逼近理想性能的滤波器,实际中更多采用 FIR 滤波器来实现抗混叠和插值滤波器。在一些高性能要求的条件下,直接设计的 FIR 滤波器可能需要的长度非常大,例如单位抽样响应的长度要求可能高于 1000。当信号采样率也很高时,其运算负载非常高。为了解决该问题,需要研究高效的采样率转换实现结构。

8.2.1　抽取和零插值与滤波器的交换等价性

8.1 节的结论指出,抽取和零插值都不是 LTI 系统,与滤波器直接交换级联次序不是等价的。后续研究高效实现时需要将一些级联系统进行次序交换,因此这里讨论怎样的交换是等价的。

如图 8.13 所示，假设 M 倍抽取 $x_a[n]=x[Mn]$ 和滤波器 $H(z)$ 级联成一个系统，可验证图示的位置互换系统是等价的。

根据抽取运算的 z 变换关系有

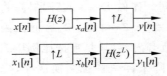

图示右上方框图

$$X_a(z) = \frac{1}{M}\sum_{k=0}^{M-1} X(\mathrm{e}^{-\mathrm{j}\frac{2\pi}{M}k}z^{\frac{1}{M}})$$

$$Y_1(z) = \frac{1}{M}\sum_{k=0}^{M-1} X_b(\mathrm{e}^{-\mathrm{j}\frac{2\pi}{M}k}z^{\frac{1}{M}})$$

8.13　抽取的等价交换结构

而

$$Y(z) = X_a(z)H(z)$$

$$X_b(z) = X_1(z)H(z^M)$$

可得

$$Y_1(z) = \frac{1}{M}\sum_{k=0}^{M-1} X_1(\mathrm{e}^{-\mathrm{j}\frac{2\pi}{M}k}z^{\frac{1}{M}})H(z)$$

$$Y(z) = X_a(z)H(z) = \frac{1}{M}\sum_{k=0}^{M-1} X(\mathrm{e}^{-\mathrm{j}\frac{2\pi}{M}k}z^{\frac{1}{M}})H(z)$$

可见，两个系统是等价的。

如图 8.14 所示，假设滤波器 $H(z)$ 和 L 倍零插值级联成一个系统，下面证明它们互换位置并把 $H(z)$ 变成 $H(z^L)$ 后的系统与原系统等价。

对零插值系统

$$Y(z) = X_a(z^L)$$

$$X_b(z) = X_1(z^L)$$

图 8.14　零插值的等价交换结构

而

$$X_a(z) = X(z)H(z)$$

$$Y_1(z) = X_b(z)H(z^L)$$

可得

$$Y(z) = X(z^L)H(z^L)$$

$$Y_1(z) = X_1(z^L)H(z^L)$$

可见，两个系统是等价的。

8.2.2　采样率转换的级联形式

当 M 倍降采样率系统的 M 取值较大时，抗混叠滤波器是一个截止频率为 π/M 的窄带低通滤波器。为了实现高精度的降采样率操作，必须设计一个过渡带极窄的低通滤波器。若采用 FIR 滤波器，单位抽样响应的长度很长，系统实现成本很高。若采用级联实现，在一定条件下，可明显降低系统复杂性。假设 M 可分解为

$$M = M_1 M_2 \cdots M_k$$

级联实现的框图如图 8.15(a)所示。

若使图 8.15(b)表示的 M 倍降采样率系统的直接实现等价于图 8.15(a)的级联实现，可以证明

$$H(z) = G_1(z)G_2(z^{M_1})G_3(z^{M_1 M_2})\cdots G_K(z^{M_1 M_2 \cdots M_{k-1}}) \tag{8.17}$$

这里只对 $M = M_1 M_2$ 的简单情况作个证明。利用图 8.13 的抽取等价交换结构,将图 8.15(a) 的 M_1 倍抽取单元和 $G_2(z)$ 的滤波器交换次序,滤波器的系统函数变为 $G_2(z^{M_1})$,将两个滤波器合并为一个后的系统函数为

$$H(z) = G_1(z)G_2(z^{M_1}) \tag{8.18}$$

两个分别为 M_1 和 M_2 的抽取器合并为 $M = M_1 M_2$ 的抽取运算。式(8.17)的一般性证明留作习题。

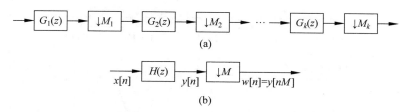

图 8.15 降采样率系统的级联实现

通过一个例子说明级联可能带来的系统实现复杂度的降低。

例 8.2.1 将采样率 8kHz 信号降为采样率 800Hz,采样率降低 $M = 10$ 倍,分别采用单级实现和两级级联实现,实现的性能指标一致。

取 $M = 5 \times 2$ 两级滤波器分解为

$$H(z) = G_1(z)G_2(z^5)$$

频率响应为

$$H(e^{j\omega}) = G_1(e^{j\omega})G_2(e^{j5\omega})$$

$G_2(e^{j5\omega})$ 意味着将 $G_2(e^{j\omega})$ 的频率响应压缩 5 倍后,作为一部分控制 $H(e^{j\omega})$ 的最终频率响应。如果 $H(e^{j\omega})$ 的频率响应的过渡带由 $G_2(e^{j5\omega})$ 控制,那么设计 $G_2(e^{j\omega})$ 时,可允许一个比 $H(e^{j\omega})$ 的过渡带宽 5 倍的过渡带,会明显降低对 $G_2(e^{j\omega})$ 过渡带的限制。同时,由于相乘性,既然由 $G_2(e^{j5\omega})$ 控制了 $H(e^{j\omega})$ 的过渡带,也就放松了对 $G_1(e^{j\omega})$ 过渡带的要求,得到更经济的系统实现。

若系统直接实现,假设要求的滤波器技术指标为

$$\omega_p = \frac{0.9\pi}{10} \quad \omega_s = \frac{\pi}{10} \quad \delta_p = 0.004 \quad \delta_s = 0.002$$

等价为连续时间指标为

$$F_p = 380\text{Hz} \quad F_s = 400\text{Hz} \quad \delta_p = 0.004 \quad \delta_s = 0.002$$

$$\left(F = \frac{1}{T}\omega/2\pi\right)$$

若用凯泽窗设计滤波器,可计算出滤波器阶数

$$N = 641$$

参考图 8.16,采样两级实现时,两个级联滤波器的指标分别为

$$G_2(z^5): \omega_{p,5} = \frac{0.9}{10}\pi \quad \omega_{s,5} = \frac{1}{10}\pi \quad \delta_p = 0.002 \quad \delta_s = 0.002$$

$$G_2(z): \omega_{p,2} = \frac{0.9}{2}\pi \quad \omega_{s,2} = \frac{1}{2}\pi \quad \delta_p = 0.002 \quad \delta_s = 0.002$$

$$G_1(z): \omega_{p,1} = \frac{0.9}{10}\pi \quad \omega_{s,1} = \frac{3}{10}\pi \quad \delta_p = 0.002 \quad \delta_s = 0.002$$

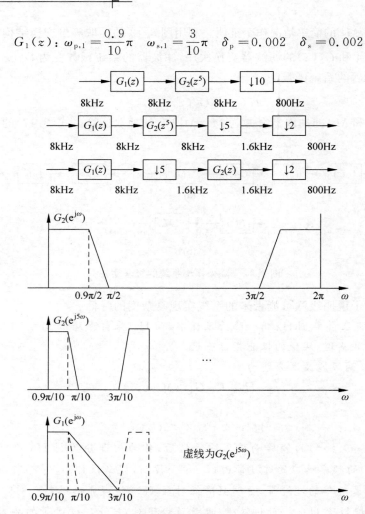

图 8.16　两级实现示意图

等价成连续域频率为

$$G_2(z): F_{p,2} = 1.8\text{kHz} \quad F_{s,2} = 2\text{kHz} \quad \delta_p = 0.002 \quad \delta_s = 0.002$$

$$G_1(z): F_{p,1} = 360\text{Hz} \quad F_{s,1} = 1200\text{Hz} \quad \delta_p = 0.002 \quad \delta_s = 0.002$$

设计的两个 FIR 滤波器长度分别为

$$N_1 = 129, \quad N_2 = 32$$

比较两种实现的运算量。直接实现运算量为

$$C_H = N\frac{F_T}{M} = 641 \times \frac{8000}{10} = 512\,800 \text{ 乘/秒}$$

级联实现的运算量为

$$C = 32 \times \frac{8000}{5} + 129 \times \frac{1600}{2} = 154\,400 \text{ 乘/秒}$$

运算量改善因子为 $512\,800/154\,400 \approx 3.32$。

同样,升采样率系统也可以通过级联实现,设

$$L = L_1 L_2 \cdots L_k$$

级联的升采样率系统的实现框图如图 8.17(a)所示。

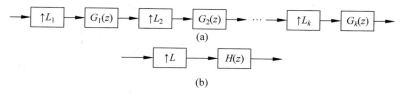

图 8.17 升采样率系统的级联实现

与图 8.17(a)所示的级联实现相比,图 8.17(b)直接实现的滤波器系统函数为

$$H(z) = G_1(z^{L_2 L_3 \cdots L_k}) G_2(z^{L_3 \cdots L_k}) \cdots G_{k-1}(z^{L_k}) G_k(z) \tag{8.19}$$

类似地,可通过级联得到更有效的升采样率系统实现。

8.2.3 滤波器的多相实现

首先讨论序列的多相分解,序列 $x[n]$ 的 z 变换可表示为

$$\begin{aligned}
X(z) &= \sum_{n=-\infty}^{+\infty} x[n] z^{-n} \\
&= \sum_{k=-\infty}^{+\infty} \sum_{m=0}^{L-1} x[kL+m] z^{-(kL+m)} \\
&= \sum_{m=0}^{L-1} z^{-m} \sum_{k=-\infty}^{+\infty} x[kL+m] z^{-kL} \\
&= \sum_{m=0}^{L-1} z^{-m} X_m(z^L)
\end{aligned}$$

例如,对序列 $x[n]$,取 $L=3$,分解成三相实现,则

$$x_0[n] = x[3n], \quad n = 0, 1, \cdots$$
$$x_1[n] = x[3n+1], \quad n = 0, 1, \cdots$$
$$x_2[n] = x[3n+2], \quad n = 0, 1, \cdots$$

每一相实现相当于对原信号右移一个单元后做 M 倍抽取。也可用另一种角度看多相分解,可把 $x[n]$ 看成是由 L 个序列(每个序列为其中一相 $x_m[n]$)分别做 L 倍升采样率后,再分别延迟 $0 \sim L-1$ 步相加得到。由于延迟相当于在频谱上增加了一个相位项,因此以上分解也称为多相分解(polyphase decomposition)。

LTI 系统可以用其单位抽样响应序列来表示,因此上述多相分解同样适用于 LTI 系统函数的表示。也就是说 LTI 系统的系统函数 $H(z)$ 可以通过多相分解表示为

$$H(z) = \sum_{m=0}^{L-1} z^{-m} H_m(z^L) \tag{8.20}$$

系统函数的多相表示在多采样率处理中十分重要。变采样率与级联滤波器互换位置可以把本来需要在高采样率上完成的滤波器搬移到低采样率上实现,从而减少计算负担。但是要实现这种互换,要求滤波器的系统函数在高采样率上可以表示成 $H(z^M)$ 或者 $H(z^L)$ 的形

式。一般滤波器系统函数并不能保证具有这样的表示，而多相分解可以把系统函数分解成具有这种表示的多个系统函数之和，从而便于交换变采样率与级联滤波器的位置。

滤波器的直接实现和式(8.20)表示的滤波器多相实现的框图如图 8.18 所示。

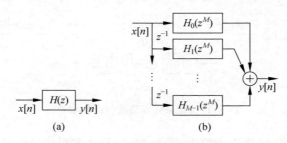

图 8.18　滤波器的多相实现

8.2.4　降采样率系统的多相实现

通过多相分解可以把抗混叠滤波器变成多相滤波器组输出叠加的形式。图 8.19(a)给出了 M 倍降采样率的直接实现，图 8.19(b)中用多相实现替代抗混叠滤波器的直接实现。

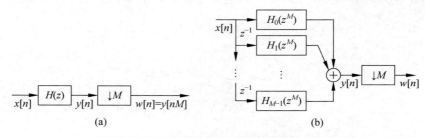

图 8.19　抗混叠滤波器的直接实现和多相实现

由于叠加和抽取都是线性系统，因此可以把图 8.19(b)的抽取运算分解到多相实现的每条支路上，如图 8.20 所示。

如图 8.13 所示，由于抽取与级联滤波器可以做特殊的互换，因此滤波器组可以在降采样率之后处理，然后再叠加。图 8.20 中，各相支路的滤波与抽取交换次序后，得到的降采样率系统的多相实现结构如图 8.21 所示。

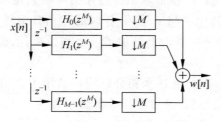

图 8.20　将抽取运算分解到各相支路

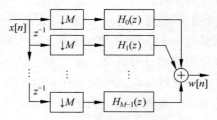

图 8.21　降采样率系统的多相实现结构

通过这种处理，计算量可以减少。假定原抗混叠滤波器 $H(z)$ 是 N 点的 FIR 滤波器，通过降采样率级联多相滤波器组，每个滤波器的乘法次数为 N/M，在输出采样率的一个周期内需要 N 次乘法，但是输出采样率比输入采样率低 M 倍，所以等效于输入采样率的一个周期内需要的乘法次数是 N/M，比在降采样率之前处理计算量降低 M 倍。

8.2.5　升采样率系统的多相实现

升采样率系统的实现同样可采用多相结构。图 8.22 示出了从直接实现到多相实现的变化过程。图 8.22(a) 是直接实现升采样率的系统框图。在图 8.22(b) 中，用多相实现替代系统 $H(z)$，注意到，零插值是线性运算，故可直接移到每条支路中。在图 8.22(c) 中，将每条支路的零插值和滤波器交换位置，得到升采样率系统的多相结构。如果 $H(z)$ 是 FIR 滤波器，每相滤波器也是 FIR 的，并且单位取样响应非零长度是 $H(z)$ 的 L 分之一。每相支路中，低采样速率信号先经过各相滤波器，再做零插值，零插值后通过移位组合为最后的高采样率输出信号。这个结构在高采样率上不需要任何实际运算。降低了对系统实现的硬件要求。

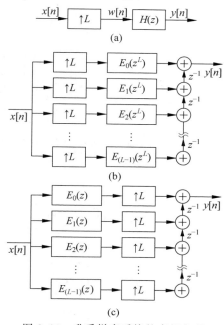

图 8.22　升采样率系统的多相实现

8.3　积分器-梳状滤波级联系统

积分器-梳状滤波级联（cascade-integrator-comb，CIC）系统是一种简单的降采样率和升采样率系统，用于一些数字通信系统中。CIC 系统的最大优点是无须乘法系统实现，实现简单，缺点是性能一般。

在 CIC 系统中，不管是降采样率的抗混叠滤波器还是升采样率的插值滤波器均采用简单的矩形序列作为滤波器的单位抽样响应，即

$$h[n] = \begin{cases} 1, & 0 \leqslant n < M \\ 0, & \text{其他} \end{cases}$$

其频率响应为

$$H(\mathrm{e}^{\mathrm{j}\omega}) = \frac{\sin(\omega M/2)}{\sin(\omega/2)}\mathrm{e}^{-\mathrm{j}\omega(M-1)/2} = \hat{H}(\mathrm{e}^{\mathrm{j}\omega})\mathrm{e}^{-\mathrm{j}\omega(M-1)/2}$$

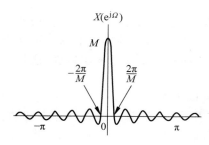

图 8.23　CIC 滤波器的频率响应

除线性相位外，其频率响应的实值函数 $\hat{H}(\mathrm{e}^{\mathrm{j}\omega})$ 的图形示于图 8.23。

这个滤波器（CIC 滤波器）在正频率部分的主瓣宽度是 $2\pi/M$，其 3dB 带宽近似为 π/M。如果以其 3dB 带宽作为抗混叠滤波器的通带宽度，以主瓣之外为阻带，中间作为过渡带，这符合 M 倍降采样率系统的要求。首先以降采样率为例，来说明 CIC 滤波器与抽取结合如何构成运算结构有效的降采样率系统。将 CIC

滤波器的系统函数写为

$$H(z) = \frac{1}{1-z^{-1}}(1-z^{-M}) = I(z)C(z) \tag{8.21}$$

这里

$$I(z) = \frac{1}{1-z^{-1}} \tag{8.22}$$

相当于是数字积分器

$$C(z) = 1-z^{-M} \tag{8.23}$$

是一个梳状滤波器。在第 4 章曾介绍梳状滤波器,式(8.23)表示的是一个最简单的梳状滤波器,它的频率响应为

$$C(e^{j\omega}) = j2\sin\frac{M\omega}{2}e^{-j\frac{M\omega}{2}}$$

$M=10$ 的梳状滤波器的频率响应如图 8.24 所示。

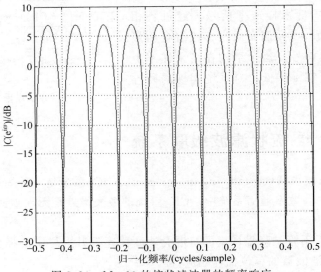

图 8.24　$M=10$ 的梳状滤波器的频率响应

式(8.21)的 CIC 滤波器是单级的,将其频率响应的幅度谱重画在图 8.25 中。注意到,阻带最大幅度只比通带频率响应的最大值小 13dB,这个阻带性能是非常差的。为此,经常采用式(8.21)的多级级联系统作为 CIC 滤波器。2~4 级级联系统的频率响应也示于图 8.25 中,可以看出,4 级级联阻带幅度与最大值的差距超过 40dB,注意区分四个图纵坐标的差别。

一个采用 K 级 CIC 滤波器的 M 倍降采样率系统如图 8.26 所示。图 8.26(a)是该实现的原始框图,图 8.26(b)中把 K 级 CIC 滤波器分解成级联实现,图 8.26(c)中将 M 倍抽取与梳状滤波器进行了位置交换,图 8.26(d)给出了这个系统级联结构的实现框图。在这个实现中,不管是前面的递归结构还是后面的延迟求和结构,都不需要任何乘法运算,这是一个非常经济的 M 倍降采样率系统。

类似地,可以构造 CIC 系统实现 L 倍升采样率,系统框图如图 8.27 所示。图 8.27 的结构图中,CIC 滤波器级联实现时,为了方便与零插值交换次序,将梳状滤波器放在前端。图 8.27(c)是梳状滤波器与零插值交换次序后的系统实现框图,图 8.27(d)则给出了系统的具体算法结构。该系统中不需要任何乘法运算。

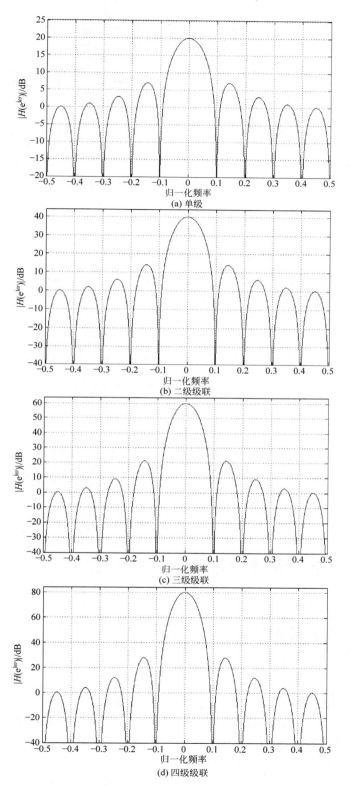

图 8.25　CIC 滤波器的幅频响应

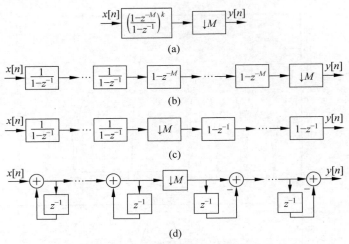

图 8.26　CIC 系统实现 M 倍降采样率

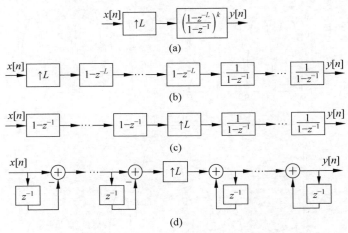

图 8.27　CIC 系统实现 L 倍升采样率

8.4　升采样率系统与奈奎斯特滤波器

本节研究升采样率系统中对插值滤波器设计的一些特殊要求。

8.4.1　奈奎斯特滤波器

由于精确的升采样率系统中的插值滤波器要求是理想低通滤波器，实际中无法实现。利用第 6 章介绍的方法，通过设计一个 FIR 或 IIR 滤波器逼近理想低通滤波。由于插值滤波器不再满足理想升采样率条件，结果会产生一定的误差。

升采样率系统中，将输入信号 $x[n]$ 变成 L 倍采样率的 $y[n]$，希望原序列 $x[n]$ 精确地或按比例精确地重现在 $y[n]$ 中，即

$$y[Ln] = \alpha x[n] \tag{8.24}$$

这里 α 是比例系数，若要求升采样率后信号幅度不变，则取 $\alpha = 1$。若考虑插值滤波器可能会引起延迟，式（8.24）的条件可放宽到

$$y[Ln+k]=\alpha x[n] \tag{8.25}$$

不是所有的插值滤波器得到的输出 $y[n]$ 都满足式(8.25)的条件,满足式(8.25)条件的插值滤波器称为奈奎斯特滤波器。

通过参考图 8.22 给出的升采样率系统的多相实现,可给出奈奎斯特滤波器的一般要求。从图 8.22(c)的实现可以看出,$x[n]$ 输入各相滤波器中,各相滤波器的输出做 L 倍零插值后,通过移位合成为最后的升采样率信号。合成过程没有任何运算,而是将第 k 相滤波器的输出形成最后输出中的 $y[Ln+k]$。故若要对一个给定的 k,满足式(8.25),只需要第 k 相滤波器的系统函数为简单的 α。

考虑到升采样率系统的输入/输出关系为

$$Y(z)=H(z)X(z^L) \tag{8.26}$$

$H(z)$ 用多相实现来表示为

$$H(z)=H_0(z^L)+z^{-1}H_1(z^L)+\cdots+z^{-(L-1)}H_{L-1}(z^L) \tag{8.27}$$

对于给定的一个 k 值,为满足式(8.25),要求

$$H_k(z)=\alpha \tag{8.28}$$

把式(8.27)和式(8.28)代入式(8.26),输出表达式为

$$Y(z)=az^{-k}X(z^L)+\sum_{\substack{l=0\\l\neq k}}^{L-1}z^{-l}H_l(z^L)X(z^L) \tag{8.29}$$

将式(8.29)的第一项,定义为

$$Y_k(z)=az^{-k}X(z^L) \tag{8.30}$$

求 z 反变换为

$$y_k[n]=\begin{cases}\alpha x\left[\dfrac{n-k}{L}\right], & \dfrac{n-k}{L}=m\\ 0, & \text{其他}\end{cases}$$

或写为

$$y_k[Ln+k]=\alpha x[n]$$
$$y_k[Ln+l]=0, \quad l\neq k$$

由于 $y_k[n]$ 是构成 $y[n]$ 的第 k 个通道,因此

$$y[Ln+k]=y_k[Ln+k]=ax[n] \tag{8.31}$$

只要满足式(8.28),就得到了式(8.31),即原信号在升采样率后按比例关系精确出现在 $y[n]$ 中。式(8.28)意味着第 k 相滤波器的单位抽样响应为

$$h_k[n]=h[Ln+k]=\begin{cases}a, & n=0\\ 0, & n\neq 0\end{cases}=\alpha\delta[n] \tag{8.32}$$

例 8.4.1 图 8.10 所示的 $L=5$ 的线性插值滤波器,是一种实际常用的非理想插值滤波器,显然它是奈奎斯特滤波器,满足 $y[5n]=x[n]$,这里 $k=0$ 和 $\alpha=1$,多相滤波器分别为

$$h_0[n]=h[5n]=\begin{cases}1, & n=0\\ 0, & n\neq 0\end{cases}=\delta[n]$$

$$h_1[n]=h[5n+1]=\begin{cases}1/5, & n=-1\\ 4/5, & n=0\\ 0, & \text{其他}\end{cases}$$

$$h_2[n]=h[5n+2]=\begin{cases}2/5, & n=-1 \\ 3/5, & n=0 \\ 0, & \text{其他}\end{cases}$$

$$h_3[n]=h[5n+3]=\begin{cases}3/5, & n=-1 \\ 2/5, & n=0 \\ 0, & \text{其他}\end{cases}$$

$$h_4[n]=h[5n+4]=\begin{cases}4/5, & n=-1 \\ 1/5, & n=0 \\ 0, & \text{其他}\end{cases}$$

如果要构造一个新的线性插值滤波器为

$$\bar{h}[n]=h[n-4]$$

这是一个因果的线性插值滤波器，不难证实线性插值输出为 $\bar{y}[5n+4]=x[n]$，即 $k=4$ 和 $\bar{h}_4[n]=h[5n+4]=\delta[n]$，这是因果滤波器带来的延迟效应。

线性插值滤波器是实际可用的奈奎斯特滤波器中最简单的一个。$L=3,k=0$ 的一个更一般的奈奎斯特滤波器的示意图如图 8.28 所示。对于 $k=0$ 的情况要满足式(8.32)，要求

$$h[n]=0, \quad n=\pm L, \pm 2L, \pm 3L, \cdots \tag{8.33}$$

以后主要讨论 $k=0$ 的情况，k 的其他取值通过延迟插值滤波器可以获得。

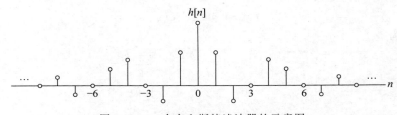

图 8.28　一个奈奎斯特滤波器的示意图

在 $k=0$ 的情况下，可以导出奈奎斯特滤波器满足的一个恒等式，重写式(8.24)为

$$\alpha x[n]=y[Ln]$$

即 $\alpha x[n]$ 是 $y[n]$ 的 L 倍抽取，可用 $y[n]$ 的 z 变换表示为

$$\alpha X(z)=\frac{1}{L}\sum_{l=0}^{L-1}Y(z^{\frac{1}{L}}\mathrm{e}^{-\mathrm{j}\frac{2\pi}{L}l})$$

代入式(8.26)

$$\alpha X(z)=\frac{1}{L}\sum_{l=0}^{L-1}H(z^{\frac{1}{L}}\mathrm{e}^{-\mathrm{j}\frac{2\pi}{L}l})X(z)$$

两边消去 $X(z)$，得

$$\sum_{l=0}^{L-1}H(z^{\frac{1}{L}}W_L^l)=\alpha L$$

由于上式只有 $z^{\frac{1}{L}}$ 是变量的恒等式，用 z 替代 $z^{\frac{1}{L}}$ 仍成立，故得到

$$\sum_{l=0}^{L-1}H(zW_L^l)=\alpha L \tag{8.34}$$

式(8.34)是奈奎斯特滤波器必须满足的恒等式。在一些情况下,利用该式引导出设计奈奎斯特滤波器的一些方法。

8.4.2 奈奎斯特滤波器的窗函数法设计

首先设计一个低通滤波器 $h_{LP}[n]$,然后用窗函数将它截断构成一个 FIR 滤波器。设计的滤波器单位抽样响应为

$$h[n] = h_{LP}[n]w[n]$$

这里 $w[n]$ 可采用第 5 章介绍的任意窗函数,例如凯泽窗。对于 $k=0$ 情况,要求满足式(8.33),这个要求转化为要求

$$h_{LP}[n] = 0, \quad n = \pm L, \pm 2L, \pm 3L, \cdots \tag{8.35}$$

一个设计实例是设计截止频率为 $\omega_c = \pi/L$ 的理想低通滤波器,其单位抽样响应为

$$h_{LP}[n] = \frac{\sin(\omega_c n)}{\pi n} = \frac{\sin(\pi n/L)}{\pi n}$$

注意到该滤波器满足式(8.35)的条件,不管选择哪种窗函数,该滤波器是奈奎斯特滤波器。

第二个设计实例是

$$h_{LP}[n] = \begin{cases} 1/L, & n = 0 \\ \dfrac{2\sin(\Delta\omega n/2)}{\Delta\omega n} \dfrac{\sin(\pi n/L)}{\pi n}, & n \neq 0 \end{cases} \tag{8.36}$$

这里 $\Delta\omega = \omega_s - \omega_p$,$(\omega_s + \omega_p)/2 = \pi/L$,式(8.36)的低通滤波器也满足式(8.35)。

8.4.3 半带滤波器设计

在进行 $L=2$ 的倍增采样率的特殊条件下,对奈奎斯特滤波器的要求变成一个特殊的条件,这样的滤波器称为半带滤波器。

将 $L=2$ 代入式(8.34),得到奈奎斯特滤波器需要满足的条件为

$$H(z) + H(-z) = 2\alpha = C \tag{8.37}$$

这里,记 $C = 2\alpha$。

在式(8.37)中代入 $z = e^{j\omega}$,得到滤波器频率响应需满足的要求为

$$H(e^{j\omega}) + H(e^{j(\pi+\omega)}) = C \tag{8.38}$$

满足式(8.38)的滤波器为半带滤波器。图 8.29(a)给出频率响应 $H(e^{j\omega})$ 在正频率部分的图示,图 8.29(b)中 $H(e^{j(\pi+\omega)})$ 用虚线画出,在 $\omega = \pi/2$ 时,$H(e^{j\omega})$ 降到幅度最大值的一半。由图 8.29 不难理解半带滤波器名称的由来。

由 $H(e^{j\omega}) = C - H(e^{j(\pi+\omega)})$ 得到半带滤波器的单位抽样响应 $h[n]$ 为

$$h[n] = \frac{1}{2\pi}\int_{-\pi}^{\pi} H(e^{j\omega})e^{j\omega n}\,d\omega = \frac{1}{2\pi}\int_{-\pi}^{\pi}(C - H(e^{j(\omega+\pi)}))e^{j\omega n}\,d\omega$$

$$= C\delta[n] - \frac{1}{2\pi}\int_{0}^{2\pi}(-1)^n H(e^{j\xi})e^{j\xi n}\,d\xi$$

$$= C\delta[n] - (-1)^n h[n]$$

即

$$h[n] + (-1)^n h[n] = C\delta[n]$$

因此得

$$h[0] = C/2$$
$$h[2n] = 0, \quad n \neq 0 \tag{8.39}$$

这与式(8.33)的在 $L=2$ 时的结论是一致的。又根据多相分解，在两相分解和 $k=0$ 时，式(8.27)和式(8.28)可写成

$$H(z) = a + z^{-1} H_1(z^2) \tag{8.40}$$

由式(8.40)同样得到式(8.39)的结论。

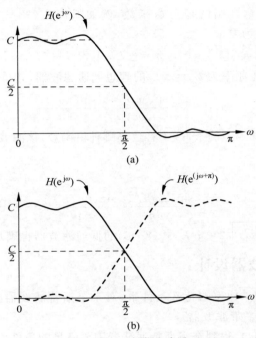

图 8.29 半带滤波器

若利用窗函数法设计半带 FIR 滤波器，则首先设计一个低通半带滤波器，然后再用窗函数截断为一个 FIR 滤波器，一个理想半带滤波器为(取 $C=2a=1$)

$$h_{\mathrm{LP}}[n] = \frac{1}{2\pi} \int_{-\pi/2}^{\pi/2} \mathrm{e}^{\mathrm{j}\omega n} \mathrm{d}\omega = \frac{1}{2} \frac{\sin(\pi n/2)}{\pi n/2}$$

注意到，$h_{\mathrm{LP}}[0] = 1/2$，其余偶数序号时取值为零，加窗后的半带滤波器为 $h[n] = h_{\mathrm{LP}}[n] w[n]$。

例 8.4.2 若取窗函数为 $-6 \leqslant n \leqslant 6$ 的矩形窗，设计的半带滤波器单位抽样响应画于图 8.30。

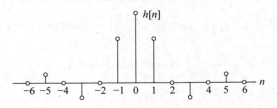

图 8.30 一个半带滤波器的单位抽样响应

对于图 8.30 所示的滤波器,也可以得到其因果实现,将 $h[n]$ 右移 6 得到一个因果滤波器,$\bar{h}[n]=h[n-6]$,对 $\bar{h}[n]$ 做 2 相分解,显然

$$\bar{h}_0[n]=\frac{1}{2}\delta[n-3]$$

$$\overline{H}_0(z)=\frac{1}{2}z^{-3}$$

用因果实现的系统框图如图 8.31,其中两相分解的 $\overline{H}_1(z)$ 有 6 个非零系数,而 $\overline{H}_0(z)$ 仅由延迟单元和一个移位电路构成(1/2 系数),不需要乘和加运算。

实际中,考虑到图 8.30 所示的滤波器单位抽样响应中,除零序号外,其他偶数序号时单位抽样响应取值为零,因此,只需要右移 5 点,即可得到因果滤波器,若取 $\bar{h}[n]=h[n-5]$,则 $\overline{H}_0(z)$ 变为 6 个非零系数的因果滤波器,而 $\overline{H}_1(z)$ 仅由延迟构成,在这个简单例子中,有

$$\bar{h}_1[n]=\frac{1}{2}\delta[n-2]$$

$$\overline{H}_1(z)=\frac{1}{2}z^{-2}$$

这种多相实现如图 8.32 所示。

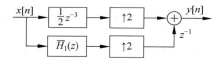

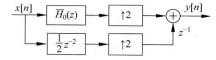

图 8.31 一个因果半带滤波器实现 2 倍升采样率 　　图 8.32 一个因果半带滤波器实现 2 倍升采样率

前面给出的设计方法直接给出了以序号零为对称的非因果设计,通过如上例子的讨论,通过移位可以得到因果设计。通过移位的思路可以得到因果设计的一般方法,并可不限于窗函数法,也可以采用等波纹逼近方法。

由于前面的设计方法,滤波器的单位抽样响应 $h[n]$ 满足式(8.39),因此,FIR 结构滤波器的非零系数的数目一定是奇数。假设设计的 FIR 滤波器非零系数范围为 $-N/2\leqslant n\leqslant N/2$,这里 $N/2$ 为奇数,N 为偶数,且 $N+1$ 为滤波器的非零系数数目。为了得到因果滤波器,只需要右移 $N/2$,得到新的滤波器

$$\bar{h}[n]=h[n-N/2] \tag{8.41}$$

$\bar{h}[n]$ 是因果的半带滤波器。利用式(8.40)和式(8.41)得

$$\overline{H}(z)=\alpha z^{-N/2}+z^{-(1+N/2)}H_1(z^2)$$

若再取式(8.37)中的 $C=2\alpha=1$,即 $\alpha=1/2$,则

$$\overline{H}(z)=\frac{1}{2}z^{-N/2}+z^{-(1+N/2)}H_1(z^2)$$

$$=\frac{1}{2}(z^{-N/2}+F(z^2)) \tag{8.42}$$

式(8.42)中,由于 $z^{-(1+N/2)}$ 是偶数次方,故表示为

$$F(z^2)=2z^{-(1+N/2)}H_1(z^2)$$

式(8.42)把设计半带滤波器的问题变成设计一个新滤波器 $F(z)$。若 $F(z)$ 设计完成,其单

位抽样响应 $f[n]$ 求得，则由式(8.42)得

$$\bar{h}[n] = \begin{cases} \dfrac{1}{2} f\left[\dfrac{n}{2}\right], & n \text{ 为偶数} \\[2mm] \dfrac{1}{2}, & n = \dfrac{N}{2} \\[2mm] 0, & n \text{ 为奇数}, n \neq \dfrac{N}{2} \end{cases} \tag{8.43}$$

将

$$\bar{H}(\mathrm{e}^{\mathrm{j}\omega}) = \frac{1}{2}\left(\mathrm{e}^{-\mathrm{j}\omega N/2} + F(\mathrm{e}^{\mathrm{j}2\omega})\right)$$

代入式(8.38)的半带滤波器条件，得到（注意，在因果性条件下，式(8.38)的半带滤波器条件中，等式右侧应加上线性相位项 $\mathrm{e}^{-\mathrm{j}\omega\beta}$，为简单计，这里忽略线性相位项，用幅度表示）

$$|F(\mathrm{e}^{\mathrm{j}\omega})| = 1 \tag{8.44}$$

注意到，$F(z)$ 是一个全通滤波器，但用 FIR 实现时需指定过渡带和通带波纹，在 $\omega = \pi$ 点频率响应下降为 0。

如果要求设计的因果半带滤波器满足 $\bar{H}(\mathrm{e}^{\mathrm{j}\pi/2}) = \dfrac{1}{2}$，通带截止频率为 $\omega_\mathrm{p} = \dfrac{\pi}{2} - \Delta$，阻带截止频率为 $\omega_\mathrm{s} = \dfrac{\pi}{2} + \Delta$，通带和阻带波纹均为 δ，则不难确定对滤波器 $F(z)$ 的指标为通带截止频率 $2\omega_\mathrm{p}$，通带波纹 2δ，过渡带 $(2\omega_\mathrm{p}, \pi)$。利用这个指标设计 $F(z)$，可采用 Park-McClellan 的等波纹逼近方法。

*8.5　均匀滤波器组

8.5.1　均匀 DFT 滤波器组分解

结合滤波技术，设计一组滤波器。各滤波器的中心频率不同，各自覆盖不同的频率范围（由于无法实现理想滤波器，可能各滤波器的频带有所重叠），将通过滤波器的各路信号再进行抽取，得到原信号的多路分解，每一路输出信号表示了原信号中由该支路滤波器所覆盖的频率范围的分量。这种多路分解方式如图 8.33 所示。

图 8.33 中的一组滤波器称为一个滤波器组（filter bank），有多种方法设计该滤波器组。本节讨论由一个基本低通滤波器通过单位抽样响应的调制得到一均匀滤波器组。

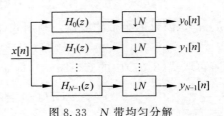

图 8.33　N 带均匀分解

设基本低通滤波器的系统函数为 $H_0(z)$，其单位抽样响应为 $h_0[n]$。通过 FIR 滤波器设计方法，设计 $H_0(z)$ 的通带截止频率为 $\omega_\mathrm{p} = \dfrac{\pi}{N} - \Delta$，阻带截止频率为 $\omega_\mathrm{s} = \dfrac{\pi}{N} + \Delta$。通过下式确定第 k 个滤波器的单位抽样响应为

$$h_k[n] = h_0[n]e^{j\frac{2\pi}{N}kn} = h_0[n]W_N^{-kn}, \quad k=1,2,\cdots,N-1 \tag{8.45}$$

第 k 个滤波器的系统函数为

$$H_k(z) = H_0(ze^{-j\frac{2\pi}{N}k}), \quad k=1,2,\cdots,N-1 \tag{8.46}$$

第 k 个滤波器的频率响应为

$$H_k(e^{j\omega}) = H_0(e^{j(\omega-\frac{2\pi k}{N})}), \quad k=1,2,\cdots,N-1 \tag{8.47}$$

第 k 个滤波器的中心频率 $\frac{2\pi k}{N}$,带宽约 $\frac{2\pi}{N}$。各滤波器的有效频带大约有 Δ 的重叠,重叠区间位于各滤波器的过渡带。图 8.34 画出各滤波器频率响应的示意图。

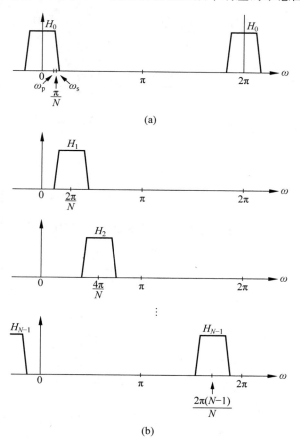

图 8.34 滤波器组各滤波器频率响应的示意图

在要求设计的滤波器性能高时,即 Δ 和波纹系数 δ 都很小时,FIR 滤波器的单位抽样响应较长,若输入信号采样率很高时,直接实现图 8.33 的复杂性很高,研究其多相实现可能带来计算复杂性的改善。从 $H_0(z)$ 的多相表示出发,$H_0(z)$ 写成多相形式为

$$H_0(z) = \sum_{m=0}^{N-1} z^{-m}H_{0m}(z^N) \tag{8.48}$$

注意,这里用 $H_{0m}(z)$ 表示 $H_0(z)$ 的第 m 相分支。

$H_k(z)$ 写成多相形式为

$$H_k(z) = H_0(ze^{-j\frac{2\pi}{N}k}) = \sum_{m=0}^{N-1}(ze^{-j\frac{2\pi}{N}k})^{-m}H_{0m}((ze^{-j\frac{2\pi}{N}k})^N)$$

$$= \sum_{m=0}^{N-1}z^{-m}e^{j\frac{2\pi}{N}km}H_{0m}(z^N) \tag{8.49}$$

根据 N 倍抽取的关系得到输出 $y_k[n]$ 的 z 变换式

$$Y_k(z) = \frac{1}{N}\sum_{l=0}^{N-1}H_k(z^{\frac{1}{N}}e^{-j\frac{2\pi}{N}l})X(z^{\frac{1}{N}}e^{-j\frac{2\pi}{N}l})$$

$$= \frac{1}{N}\sum_{l=0}^{N-1}X(z^{\frac{1}{N}}e^{-j\frac{2\pi}{N}l})\sum_{m=0}^{N-1}z^{-\frac{m}{N}}e^{-j\frac{2\pi}{N}lm}e^{j\frac{2\pi}{N}km}H_{0m}(z)$$

$$= \sum_{m=0}^{N-1}e^{j\frac{2\pi}{N}km}\frac{1}{N}\sum_{l=0}^{N-1}X(z^{\frac{1}{N}}e^{-j\frac{2\pi}{N}l})z^{-\frac{m}{N}}e^{-j\frac{2\pi}{N}lm}H_{0m}(z) \tag{8.50}$$

写成矢量积形式为

$$Y_k(z) = [1, e^{j\frac{2\pi}{N}k}, e^{j\frac{2\pi}{N}2k}, \cdots, e^{j\frac{2\pi}{N}(N-1)k}]\begin{bmatrix}\dfrac{1}{N}\sum\limits_{l=0}^{N-1}X(z^{\frac{1}{N}}e^{-j\frac{2\pi}{N}l})H_{00}(z)\\[2mm]\dfrac{1}{N}\sum\limits_{l=0}^{N-1}X(z^{\frac{1}{N}}e^{-j\frac{2\pi}{N}l})z^{-\frac{1}{N}}e^{-j\frac{2\pi}{N}l}H_{01}(z)\\[2mm]\vdots\\[2mm]\dfrac{1}{N}\sum\limits_{l=0}^{N-1}X(z^{\frac{1}{N}}e^{-j\frac{2\pi}{N}l})z^{-\frac{N-1}{N}}e^{-j\frac{2\pi}{N}l(N-1)}H_{0(N-1)}(z)\end{bmatrix}$$
$$\tag{8.51}$$

注意到式(8.51)中后一项矢量与 k 无关，将各路输出的 z 变换写成一列矢量，得到

$$\begin{bmatrix}Y_0(z)\\Y_1(z)\\\vdots\\Y_{N-1}(z)\end{bmatrix} = \begin{bmatrix}1 & 1 & \cdots & 1 & 1\\1 & e^{j\frac{2\pi}{N}} & \cdots & e^{j\frac{2\pi}{N}(N-2)} & e^{j\frac{2\pi}{N}(N-1)}\\\vdots & \vdots & \ddots & \vdots & \vdots\\1 & e^{j\frac{2\pi}{N}(N-2)} & \cdots & e^{j\frac{2\pi}{N}(N-2)(N-2)} & e^{j\frac{2\pi}{N}(N-2)(N-1)}\\1 & e^{j\frac{2\pi}{N}(N-1)} & \cdots & e^{j\frac{2\pi}{N}(N-1)(N-2)} & e^{j\frac{2\pi}{N}(N-1)(N-1)}\end{bmatrix}$$

$$\times\begin{bmatrix}\dfrac{1}{N}\sum\limits_{l=0}^{N-1}X(z^{\frac{1}{N}}e^{-j\frac{2\pi}{N}l})H_{00}(z)\\[2mm]\dfrac{1}{N}\sum\limits_{l=0}^{N-1}X(z^{\frac{1}{N}}e^{-j\frac{2\pi}{N}l})z^{-\frac{1}{N}}e^{-j\frac{2\pi}{N}l}H_{01}(z)\\[2mm]\vdots\\[2mm]\dfrac{1}{N}\sum\limits_{l=0}^{N-1}X(z^{\frac{1}{N}}e^{-j\frac{2\pi}{N}l})z^{-\frac{N-1}{N}}e^{-j\frac{2\pi}{N}l(N-1)}H_{0(N-1)}(z)\end{bmatrix} \tag{8.52}$$

式(8.52)等号右侧第一项是用 $-k$ 代替 k 的 DFT 变换系数矩阵，分析式(8.52)右侧矢量的第 m 行的量

$$\left\{\frac{1}{N}\sum_{l=0}^{N-1}X(z^{\frac{1}{N}}e^{-j\frac{2\pi}{N}l})z^{-\frac{m}{N}}e^{-j\frac{2\pi}{N}lm}\right\}H_{0m}(z)$$

的意义，不难验证（留做作业），上式大括号内的量恰是 $x[n-m]$ 做 N 倍抽取的结果，这样得到最终实现结构如图 8.35 所示。因为这个实现中采用了 DFT 变换作为运算单元，称为

均匀 DFT 滤波器结构。

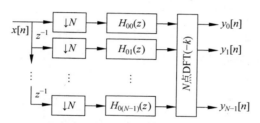

图 8.35　N 带均匀分解的多相 DFT 实现结构

如果原来每个滤波器冲激响应序列长度为 L，则直接实现 N 个滤波器需要 LN 次乘法；而采用均匀 DFT 滤波器组结构时，每个滤波器需要 L/N 次乘法，N 个滤波器共需要 L 次乘法，N 点 DFT 需要 $\frac{1}{2}N\log_2 N$ 次乘法，因此总的乘法次数为 $L+\frac{1}{2}N\log_2 N$。例如，$L=16$，$N=8$，直接运算需要 128 次乘法，均匀 DFT 滤波器组结构需要 28 次乘法。可见均匀 DFT 滤波器结构可以有效地减少运算量。

8.5.2　均匀 DFT 滤波器组合

若由均匀 DFT 滤波器组分解得到的 N 路信号，经过传输或存储需要重新合成为一个信号，则合成过程是一个反过程，如图 8.36 所示。

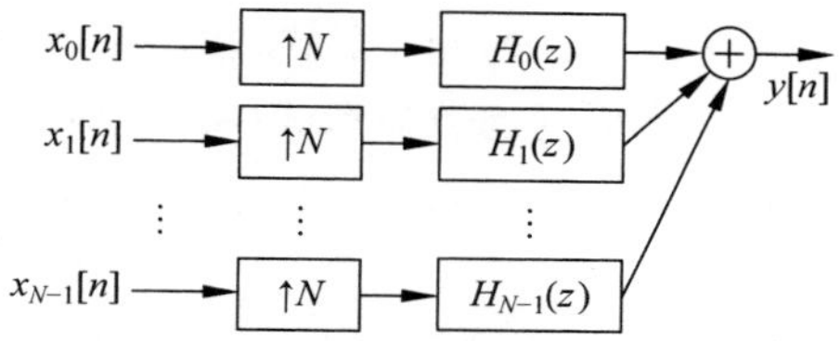

利用式(8.49)给出的滤波器多项分解的结果，得到图 8.36 中第 k 支路输出表达式为

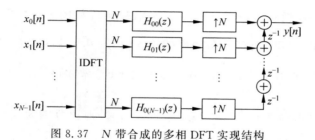

$$Y_k(z)=\sum_{m=0}^{N-1}z^{-m}\mathrm{e}^{\mathrm{j}\frac{2\pi}{N}km}H_{0m}(z^N)X_k(z^N) \tag{8.53}$$

图 8.36　N 带均匀合成

求和后的输出为

$$Y(z)=\sum_{k=0}^{N-1}Y_k(z)=\sum_{k=0}^{N-1}\sum_{m=0}^{N-1}\mathrm{e}^{\mathrm{j}\frac{2\pi}{N}km}X_k(z^N)H_{0m}(z^N)z^{-m} \tag{8.54}$$

式(8.54)中的项 $X_k(z^N)H_{0m}(z^N)$，表示对 $X_k(z)H_{0m}(z)$ 做 N 倍零插值，而 $\mathrm{e}^{\mathrm{j}\frac{2\pi}{N}km}$ 是离散傅里叶反变换(IDFT)的基序列(缺一个 $1/N$ 的系数)。由于 N 倍零插值是线性运算，而 $\mathrm{e}^{\mathrm{j}\frac{2\pi}{N}km}$ 在式(8.54)中是系数项，运算次序可变。不难看出，用图 8.37 的结构可实现式(8.54)的系统。

图 8.37　N 带合成的多相 DFT 实现结构

8.5.3 DFT 的滤波器组解释

通过对图 8.35 表示的 N 带均匀分解多相 DFT 实现结构的分析，也可以将离散傅里叶变换（DFT）看作均匀滤波器组分解的一个特例。若取均匀滤波器组的基本低通滤波器的抽样响应为

$$h_0[n] = \begin{cases} 1, & 0 \leqslant n < N \\ 0, & \text{其他} \end{cases} \tag{8.55}$$

多相实现中的各相滤波器的抽样响应为 $h_{0k}[n] = \delta[n]$，即图 8.35 中的各滤波器 $H_{0k}(z)$ 不做任何事情。当 $n=0$ 时，图 8.35 中 DFT 的输入端分别是 $x[0], x[-1], \cdots, x[-N+1]$；系统的输出是对序列值 $x[0], x[-1], \cdots, x[-N+1]$ 的 DFT 系数。在输入端 $n=N$ 时，DFT 的输入端分别是 $x[N], x[N-1], \cdots, x[1]$，由于抽取的关系，此时对应各输出为 $y_k[1]$。

为了与 DFT 的标准定义相关，假设输入信号只是有限长信号，非零值为 $x[0], x[1], \cdots, x[N-1]$。将输入信号延迟 1，即以 $x[n-1]$ 作为图 8.35 系统的输入信号，则输入端 $n=N$ 时，DFT 的输入端分别是 $x[N-1], x[N-2], \cdots, x[0]$，这是对序列 $x[0], x[1], \cdots, x[N-1]$ 的反转。由于 DFT 时域反转对应变换域次序的反转（周期循环反转），但恰好图 8.35 中的 DFT 是序号 k 反转的，因此，DFT 单元的输出是 $x[0], x[1], \cdots, x[N-1]$ 的 DFT 系数，即 $y_k[1] = X[k]$（注：严格讲 $x[N-1], x[N-2], \cdots, x[0]$ 与 $x[0], x[1], \cdots, x[N-1]$ 的关系表示为 $x((1-n))_N$ 形式，输出是 $X[k]W_N^k$，这与输入的单位延迟对应）。

在基本低通滤波器取式（8.55）时，图 8.35 的系统实际变成一个简单的 DFT 系统。对于给定的 n，$y_k[n]$ 对应输入信号 $x[n]$ 在 $(n-1)N \leqslant n < nN$ 范围 N 个连续取值的 N 点 DFT 变换。

DFT 是频谱分析的主要工具，但存在一些问题，如频谱泄漏、栅栏现象等。用滤波器组的观点，同样可以分析这些问题，并可得到改善频谱分析性能的思路。若取式（8.53）的基本低通滤波器，其幅频响应为

$$|H_0(e^{j\omega})| = \left| \frac{\sin(\omega N/2)}{\sin(\omega/2)} \right|$$

第 k 个滤波器的幅频响应为

$$|H_k(e^{j\omega})| = \left| \frac{\sin\left[\dfrac{N}{2}\left(\omega - \dfrac{2\pi}{N}k\right)\right]}{\sin\left(\omega - \dfrac{2\pi}{N}k\right)} \right|$$

以 $N=8$ 为例，DFT 变换各系数对应的滤波器幅频响应如图 8.38 所示。由于每个滤波器的主瓣只比旁瓣高 13dB，若一个单频率的输入信号，其频率不是 $\dfrac{2\pi}{N}$ 的整数倍，则输出幅度下降并且在多个滤波器中均有输出值。这就是 DFT 做频谱分析所遇到的栅栏现象和泄漏效应。

若取基本低通滤波器 $h_0[n] = w[n]$，这里 $w[n]$ 是取值范围为 $[0, N-1]$ 的一个窗函数，如汉明窗或凯泽窗等。多相分解后每一相滤波器 $h_{0k}[n] = w[k]\delta[n]$ 是窗函数的第 k 个取值，对应的图 8.38 的各滤波器幅频响应主瓣加宽，旁瓣变小，降低泄漏效应，但也降低

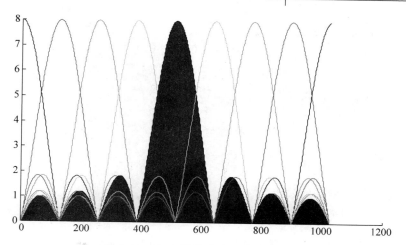

图 8.38　DFT 等价滤波器的幅频响应

了频率分辨率。

　　既然 DFT 可看作均匀滤波器组的特殊形式,那么均匀滤波器组可以看成 DFT 的更广义形式。通过设计滤波器 $h_0[n]$ 使其幅频响应有更好的形状,例如通带内平坦、过渡带窄、旁瓣小,这使得 $h_0[n]$ 的非零值系数更长。例如若 $h_0[n]$ 的长度为 $4N$,则每相滤波器的单位抽样响应长度为 4,产生一组 $y_k[n]$ 需要用到 $4N$ 点输入,相邻时刻 $y_k[n]$ 需要的输入信号相互重叠,这可以看成是一种更广义的重叠 DFT 变换。若合理地设计 $h_0[n]$ 可改善频谱分析的性能。利用滤波器组改善频谱分析性能,是滤波器组的有效应用之一。

8.6　双通道准确重构滤波器组

　　本节讨论一般的滤波器组设计和信号的频带分解问题。双通道分解最简单常用,发展也最成熟,故本节详细讨论双通道信号分解和滤波器组设计。

8.6.1　准确重构条件

　　图 8.39 所示的分解和综合过程,也称为子带编码(subband coding,SBC)系统,包括两个可独立应用的部分。中间的虚线框之前部分是双通道分解滤波器组,之后的部分是双通道综合滤波器组。在实际应用中,虚线框可代表诸如传输、编码和存储等过程,在示意图中,当虚线框代表"什么都不做"时,图 8.39 用来表示一个分解和综合过程。用这个示意图所示的系统,研究如何设计滤波器组 $\{H_0(z),H_1(z),G_0(z),G_1(z)\}$,使得分解和综合过程构成对输入信号的分解和理想重构过程。

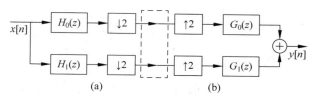

图 8.39　分解和综合滤波器组

第一级滤波器输出表示为

$$\begin{cases} V_0(z) = X(z)H_0(z) \\ V_1(z) = X(z)H_1(z) \end{cases} \tag{8.56}$$

经过亚采样后信号的输出为

$$\begin{cases} U_0(z) = \dfrac{1}{2}[V_0(z^{1/2}) + V_0(-z^{1/2})] \\ U_1(z) = \dfrac{1}{2}[V_1(z^{1/2}) + V_1(-z^{1/2})] \end{cases} \tag{8.57}$$

在重构端，得零插值后信号的输出为

$$\begin{cases} \hat{V}_0(z) = U_0(z^2) = \dfrac{1}{2}[V_0(z) + V_0(-z)] \\ \hat{V}_1(z) = U_1(z^2) = \dfrac{1}{2}[V_1(z) + V_1(-z)] \end{cases} \tag{8.58}$$

通过滤波和相加，最后一级输出信号的表达式为

$$\begin{aligned} Y(z) &= G_0(z)\hat{V}_0(z) + G_1(z)\hat{V}_1(z) \\ &= \frac{1}{2}[X(z)H_0(z) + X(-z)H_0(-z)]G_0(z) \\ &\quad + \frac{1}{2}[X(z)H_1(z) + X(-z)H_1(-z)]G_1(z) \end{aligned}$$

输出进一步整理为

$$\begin{aligned} Y(z) &= \frac{1}{2}[H_0(z)G_0(z) + H_1(z)G_1(z)]X(z) \\ &\quad + \frac{1}{2}[H_0(-z)G_0(z) + H_1(-z)G_1(z)]X(-z) \end{aligned} \tag{8.59}$$

如果要求分解和重构是理想的，即通过分解和综合过程，使得 $y[n] = x[n-k]$，k 是一整数，则要求满足

$$[H_0(z)G_0(z) + H_1(z)G_1(z)] = 2z^{-k} \tag{8.60}$$

$$[H_0(-z)G_0(z) + H_1(-z)G_1(z)] = 0 \tag{8.61}$$

式(8.60)是准确重构条件，式(8.61)是无混叠条件，式(8.60)和式(8.61)并称为滤波器组的理想重构条件。

分解为两路信号的时域分解公式为

$$\begin{cases} u_0[n] = \displaystyle\sum_{m=-\infty}^{+\infty} h_0[2n-m]x[m] = \sum_{m=-\infty}^{+\infty} h_0[m]x[2n-m] \\ u_1[n] = \displaystyle\sum_{m=-\infty}^{+\infty} h_1[2n-m]x[m] = \sum_{m=-\infty}^{+\infty} h_1[m]x[2n-m] \end{cases} \tag{8.62}$$

由两路分解信号进行综合的运算为

$$y[n] = \sum_{k=-\infty}^{+\infty} g_0[n-2k]u_0[k] + \sum_{k=-\infty}^{+\infty} g_1[n-2k]u_1[k] \tag{8.63}$$

例 8.6.1 可以构造出一组简单的滤波器，满足滤波器组的准确重构条件，一组这样的例子是

$$\begin{cases} H_0(z) = \dfrac{1}{\sqrt{2}}(1+z^{-1}) & h_0[n] = \left\{ \dfrac{1}{\sqrt{2}}, \dfrac{1}{\sqrt{2}} \right\} \\[3mm] H_1(z) = \dfrac{1}{\sqrt{2}}(1-z^{-1}) & h_1[n] = \left\{ \dfrac{1}{\sqrt{2}}, -\dfrac{1}{\sqrt{2}} \right\} \\[3mm] G_0(z) = \dfrac{1}{\sqrt{2}}(1+z^{-1}) & g_0[n] = \left\{ \dfrac{1}{\sqrt{2}}, \dfrac{1}{\sqrt{2}} \right\} \\[3mm] G_1(z) = \dfrac{1}{\sqrt{2}}(-1+z^{-1}) & g_1[n] = \left\{ -\dfrac{1}{\sqrt{2}}, \dfrac{1}{\sqrt{2}} \right\} \end{cases} \tag{8.64}$$

将如上 4 个滤波器的系统函数分别代入式(8.60)和式(8.61),分别得到

$$\begin{aligned} \left[H_0(z)G_0(z) + H_1(z)G_1(z) \right] &= \frac{1}{\sqrt{2}}(1+z^{-1})\frac{1}{\sqrt{2}}(1+z^{-1}) + \\ &\quad \frac{1}{\sqrt{2}}(1-z^{-1})\frac{1}{\sqrt{2}}(-1+z^{-1}) \\ &= 2z^{-1} \end{aligned}$$

和

$$\begin{aligned} \left[H_0(-z)G_0(z) + H_1(-z)G_1(z) \right] &= \frac{1}{\sqrt{2}}(1-z^{-1})\frac{1}{\sqrt{2}}(1+z^{-1}) + \\ &\quad \frac{1}{\sqrt{2}}(1+z^{-1})\frac{1}{\sqrt{2}}(-1+z^{-1}) \\ &= 0 \end{aligned}$$

满足准确重构条件,分解与综合过程产生 $k=1$ 的延迟,即分解与综合过程产生 $y[n] = x[n-1]$。

如上结论,直接用时域运算关系式(8.62)和式(8.63)可以验证,将滤波器组的单位抽样响应代入式(8.62)得到分解式为

$$\begin{cases} u_0[n] = \dfrac{1}{\sqrt{2}}(x[2n] + x[2n-1]) \\[3mm] u_1[n] = \dfrac{1}{\sqrt{2}}(x[2n] - x[2n-1]) \end{cases} \tag{8.65}$$

得到合成公式为

$$y[n] = \begin{cases} \dfrac{1}{\sqrt{2}}\left(u_0\left[\dfrac{n}{2}\right] - u_1\left[\dfrac{n}{2}\right] \right), & n \text{ 为偶数} \\[4mm] \dfrac{1}{\sqrt{2}}\left(u_0\left[\dfrac{n-1}{2}\right] + u_1\left[\dfrac{n-1}{2}\right] \right), & n \text{ 为奇数} \end{cases} \tag{8.66}$$

将式(8.65)代入式(8.66),得到 $y[n] = x[n-1]$。

式(8.65)的分解,也称为 Harr 小波分解。式(8.64)给出的滤波器组是 Harr 滤波器组的标准形式,实际中,为了减少运算量,可将系数 $\dfrac{1}{\sqrt{2}}$ 合成到分解或综合滤波器中,例如实际中可取新的一组滤波器为

$$\begin{cases} H_0(z) = \dfrac{1}{2}(1+z^{-1}) & h_0[n] = \left\{ \dfrac{1}{2}, \dfrac{1}{2} \right\} \\[2mm] H_1(z) = \dfrac{1}{2}(1-z^{-1}) & h_1[n] = \left\{ \dfrac{1}{2}, -\dfrac{1}{2} \right\} \\[2mm] G_0(z) = (1+z^{-1}) & g_0[n] = \{1,1\} \\[2mm] G_1(z) = (-1+z^{-1}) & g_1[n] = \{-1,1\} \end{cases} \tag{8.67}$$

不要被例 8.6.1 这个简单和漂亮的例子掩盖了利用式(8.60)和式(8.61)准确重构条件设计一般滤波器组问题的复杂性。由于利用两个条件设计四个滤波器存在多种选择,滤波器组的设计问题被广泛地研究,存在多种设计方法,后面讨论几种典型的滤波器组。

8.6.2　正交镜像滤波器组

滤波器组的第一个设计方法,称为正交镜像滤波器组(quadrature mirror filter banks, QMF),其思想是,设计一个原型低通滤波器 $H(z)$,4 个滤波器均由该滤波器按式(8.68)构成,即

$$\begin{cases} H_0(z) = H(z) \\ H_1(z) = H(-z) \\ G_0(z) = 2H(z) \\ G_1(z) = -2H(-z) \end{cases} \tag{8.68}$$

容易看出,如上条件的等价时域关系为

$$\begin{cases} h_0[n] = h[n] \\ h_1[n] = (-1)^n h[n] \\ g_0[n] = 2h[n] \\ g_1[n] = -2(-1)^n h[n] \end{cases} \tag{8.69}$$

将式(8.68)代入式(8.61),发现左侧恒为零,即式(8.68)表示的滤波器组满足无混叠条件,为了获得原型低通滤波器 $H(z)$ 需满足的条件,将式(8.68)各式代入式(8.60),得到

$$H^2(z) - H^2(-z) = z^{-k} \tag{8.70}$$

只要设计的原型低通滤波器 $H(z)$ 满足式(8.70),由式(8.68)构成的滤波器组,可完成从分解到综合的准确重构过程。

进一步研究式(8.70),假设 $H(z)$ 是 FIR 滤波器,并且是线性相位的,并假设 FIR 滤波器不为零的系数数目 N 为偶数,由线性相位性,可将 $H(z)$ 写为

$$H(z) = A(z) z^{-(N-1)/2} \tag{8.71}$$

代入式(8.70)得

$$A^2(z) z^{-(N-1)} - A^2(-z)(-1)^{N-1} z^{-(N-1)} = z^{-k} \tag{8.72}$$

取延迟 $k = N-1$ 并考虑 N 为偶数,由式(8.72)得到

$$A^2(z) + A^2(-z) = 1 \tag{8.73}$$

取 $z = e^{j\omega}$ 代入式(8.73),得到原型低通滤波器的频率响应需满足的条件为

$$A^2(e^{j\omega}) + A^2(e^{j(\omega+\pi)}) = 1 \tag{8.74}$$

或

$$|H(e^{j\omega})|^2 + |H(e^{j(\omega+\pi)})|^2 = 1 \tag{8.75}$$

只要设计一个幅频响应满足式(8.75)(或等价的式(8.74))的滤波器,由式(8.71)可得到一个线性相位 FIR 原型低通滤波器 $H(z)$。

这里 $F(e^{j\omega}) = A^2(e^{j\omega})$ 是一个低通半带滤波器,$F(e^{j(\omega+\pi)}) = A^2(e^{j(\omega+\pi)})$ 是一个高通半带滤波器,两者以 $\omega = \pi/2$ 为镜像对称,这是 QMF 名称的由来。

遗憾的是,Vaidynathan 证明[88],除了式(8.67)给出的这组 Harr 滤波器外,不再存在满足(8.75)条件的原型滤波器同时满足线性相位条件。

一种方法是放弃设计理想重构滤波器的要求,改而设计允许存在一定误差条件下逼近于式(8.75)的线性相位滤波器组。Johnston 给出了一种设计方法,通过迭代设计出以一定误差逼近式(8.75)的滤波器组。令重构误差为

$$E_r = 2\int_0^\pi (|H(e^{j\omega})|^2 + |H(e^{j(\omega+\pi)})|^2 - 1)\,d\omega$$

也给出一个描述阻带误差的项为

$$E_s = \int_{\omega_s}^\pi |H(e^{j\omega})|^2\,d\omega$$

这里

$$\omega_s = \frac{\pi}{2} + \Delta$$

是阻带截止频率,2Δ 是过渡带宽。优化目标函数为

$$E = E_r + \alpha E_s$$

Johnston 给出一个迭代算法,设计了一系列按一定误差逼近式(8.75)的滤波器组,Johnston 给出的是线性相位 FIR 滤波器组,由于 N 为偶数和对称性,他的列表只给出 $h(n)$ 的前一半的非零值,后一半由对称性确定。表 8.1 给出了 Johnston 的部分列表,其中,在 $N=16$ 时,过渡带 $\Delta = 0.125\pi$,误差项 $||H(e^{j\omega})|^2 + |H(e^{j(\omega+\pi)})|^2 - 1| < 0.0081$。

表 8.1　部分线性相位近似重构滤波器组(只列出前一半滤波器系数)

长　度	$N=8$	$N=12(A)$	$N=12(B)$	$N=16(A)$
$h[0]$	0.93871500E−02	−0.38096990E−02	−0.64439770E−02	0.10501670E−02
$h[1]$	−0.70651830E−01	0.18856590E−01	0.27455390E−01	−0.50545260E−02
$h[2]$	0.69428270E−01	−0.27103260E−02	−0.75816400E−02	−0.25897560E−02
$h[3]$	0.48998080E−00	−0.84695940E−01	−0.91382500E−01	0.27641400E−01
$h[4]$		0.88469920E−01	0.98085220E−01	−0.96663760E−02
$h[5]$		0.48438940E−00	0.48079620E−00	−0.90392230E−01
$h[6]$				0.97798170E−01
$h[7]$				0.48102840E−00

8.6.3　共轭正交滤波器组

放弃对线性相位的要求,设计一个原型低通滤波器 $H(z)$,4 个滤波器均由该滤波器按式(8.76)构成,即

$$\begin{cases} H_0(z) = H(z) \\ H_1(z) = z^{-(N-1)} H(-z^{-1}) \\ G_0(z) = 2z^{-(N-1)} H(z^{-1}) \\ G_1(z) = 2H(-z) \end{cases} \tag{8.76}$$

不难验证（留作习题）单位抽样响应的关系为

$$\begin{cases} h_0[n] = h[n] \\ h_1[n] = (-1)^{(N-1-n)} h[N-1-n] \\ g_0[n] = 2h[N-1-n] \\ g_1[n] = 2(-1)^n h[n] \end{cases} \tag{8.77}$$

将式(8.76)式代入式(8.61)得

$$2H(-z)z^{-(N-1)} H(z^{-1}) + (-1)^{N-1} z^{-(N-1)} H(z^{-1}) H(-z) = 0$$

为使其满足无混叠条件，要求 N 取偶数。为了得到对原型低通滤波器 $H(z)$ 的条件，将式(8.76)代入式(8.60)并取 $k=N-1$ 得到

$$H(z)H(z^{-1}) + H(-z)H(-z^{-1}) = 1 \tag{8.78}$$

取 $z = e^{j\omega}$ 代入式(8.78)，得到原型低通滤波器的频率响应需满足的条件为

$$|H(e^{j\omega})|^2 + |H(e^{j(\omega+\pi)})|^2 = 1 \tag{8.79}$$

注意到，从形式上，低通原型滤波器需满足的条件与式(8.75)相同，不一样的是，式(8.75)是在线性相位 FIR 滤波器条件下导出的结果，而式(8.79)设计的原型低通滤波器不要求线性相位条件，实际上，在放松线性相位要求的条件下，针对式(8.79)，Daubechies 设计了一系列满足准确重构条件的滤波器组，其中几个例子示于表 8.2 中。

表 8.2　部分 CQF 滤波器组原型低通滤波器

长 度	$N=4$	$N=6$	$N=8$	$N=10$
$\sqrt{2}h(n)$	0.482962913145	0.332670552950	0.230377813309	0.160102397974
	0.836516303738	0.806891509311	0.714846570553	0.603829269797
	0.224143868042	0.459877502118	0.630880767930	0.724308528438
	−0.129409522551	−0.135011020010	−0.027983769417	0.138428145901
		−0.085441273882	−0.187034811719	0.242294887066
		0.035226291882	0.030841381836	0.032244869585
			0.032883011667	0.077571493840
			0.010597401785	−0.006241490213
				0.012580751999
				0.003335725285

8.6.4　准确重构滤波器组的一般解

以上两节构造性地设计了两类滤波器组，本节研究解滤波器组的一般形式。为了研究准确重构滤波器组的一般解，将式(8.59)写成矩阵形式为

$$Y(z) = \frac{1}{2} \begin{bmatrix} G_0(z) & G_1(z) \end{bmatrix} \begin{bmatrix} H_0(z) & H_0(-z) \\ H_1(z) & H_1(-z) \end{bmatrix} \begin{bmatrix} X(z) \\ X(-z) \end{bmatrix} \tag{8.80}$$

在式(8.80)中用$-z$替代z得到

$$Y(-z) = \frac{1}{2}\begin{bmatrix} G_0(-z) & G_1(-z) \end{bmatrix}\begin{bmatrix} H_0(-z) & H_0(z) \\ H_1(-z) & H_1(z) \end{bmatrix}\begin{bmatrix} X(-z) \\ X(z) \end{bmatrix}$$

$$= \frac{1}{2}\begin{bmatrix} G_0(-z) & G_1(-z) \end{bmatrix}\begin{bmatrix} H_0(z) & H_0(-z) \\ H_1(z) & H_1(-z) \end{bmatrix}\begin{bmatrix} X(z) \\ X(-z) \end{bmatrix} \tag{8.81}$$

将式(8.80)和式(8.81)第二行合在一起得到

$$\begin{bmatrix} Y(z) \\ Y(-z) \end{bmatrix} = \frac{1}{2}\begin{bmatrix} G_0(z) & G_1(z) \\ G_0(-z) & G_1(-z) \end{bmatrix}\begin{bmatrix} H_0(z) & H_0(-z) \\ H_1(z) & H_1(-z) \end{bmatrix}\begin{bmatrix} X(z) \\ X(-z) \end{bmatrix} \tag{8.82}$$

定义

$$\boldsymbol{G}^m(z) = \begin{bmatrix} G_0(z) & G_1(z) \\ G_0(-z) & G_1(-z) \end{bmatrix} \quad \boldsymbol{H}^m(z) = \begin{bmatrix} H_0(z) & H_1(z) \\ H_0(-z) & H_1(-z) \end{bmatrix}$$

准确重构滤波器组的另一种表述为：只要满足

$$\boldsymbol{G}^m(z)[\boldsymbol{H}^m(z)]^{\mathrm{T}} = 2\begin{bmatrix} z^{-k} & 0 \\ 0 & (-z)^{-k} \end{bmatrix} = 2z^{-k}\begin{bmatrix} 1 & 0 \\ 0 & (-1)^{-k} \end{bmatrix} \tag{8.83}$$

则滤波器组满足准确重构条件。式(8.83)解的一般形式为

$$\boldsymbol{G}^m(z) = 2z^{-k}\begin{bmatrix} 1 & 0 \\ 0 & (-1)^{-k} \end{bmatrix}([\boldsymbol{H}^m(z)]^{\mathrm{T}})^{-1} \tag{8.84}$$

取 k 为奇数，式(8.84)重写为

$$\boldsymbol{G}^m(z) = \frac{2z^{-k}}{\det \boldsymbol{H}^m(z)}\begin{bmatrix} H_1(-z) & -H_0(-z) \\ H_1(z) & -H_0(z) \end{bmatrix} \tag{8.85}$$

这里 $\det \boldsymbol{H}^m(z)$ 表示行列式，写为

$$\det \boldsymbol{H}^m(z) = H_0(z)H_1(-z) - H_0(-z)H_1(z) \tag{8.86}$$

将 $\boldsymbol{G}^m(z)$ 的定义式代入式(8.85)，对比两侧得到解

$$G_0(z) = \frac{2z^{-k}}{\det \boldsymbol{H}^m(z)}H_1(-z) \tag{8.87}$$

$$G_1(z) = -\frac{2z^{-k}}{\det \boldsymbol{H}^m(z)}H_0(-z) \tag{8.88}$$

式(8.87)和式(8.88)是准确重构滤波器组的一般解，只要首先选定分析滤波器组 $H_0(z)$ 和 $H_1(z)$，通过式(8.87)和式(8.88)得到综合滤波器组，这样得到的分析滤波器组和综合滤波器组满足准确重构性。

一般来讲，若选定 $H_0(z)$ 和 $H_1(z)$ 为 FIR 滤波器，式(8.87)和式(8.88)的解为 IIR，除非选择 $H_0(z)$ 和 $H_1(z)$，使得行列式满足

$$\det \boldsymbol{H}^m(z) = cz^{-l} \tag{8.89}$$

这里，c 是任意常数，l 为一整数，在行列式满足式(8.89)时，综合滤波器的解为

$$G_0(z) = \frac{2}{c}z^{-k+l}H_1(-z) \tag{8.90}$$

$$G_1(z) = -\frac{2}{c}z^{-k+l}H_0(-z) \tag{8.91}$$

容易验证，8.6.3节给出的 CQF 滤波器组是式(8.90)和式(8.91)解的一个例子，首先取

$$\begin{cases} H_0(z) = H(z) \\ H_1(z) = z^{-(N-1)} H(-z^{-1}) \end{cases} \tag{8.92}$$

并得到

$$\det \boldsymbol{H}^m(z) = -z^{(N-1)}(H(z)H(z^{-1}) + H(-z)H(-z^{-1}))$$

若令 $H(z)H(z^{-1}) + H(-z)H(-z^{-1}) = 1$，得 $\det \boldsymbol{H}^m(z) = -z^{(N-1)}$，并取 $k = l = N - 1$，代入式(8.90)和式(8.91)得

$$\begin{cases} G_0(z) = 2z^{-(N-1)} H(z^{-1}) \\ G_1(z) = 2H(-z) \end{cases} \tag{8.93}$$

式(8.92)和式(8.93)正是 CQF 滤波器组。

8.6.5　准确重构双正交线性相位滤波器组

由准确重构条件，可首先设计两个滤波器 $H_0(z)$ 和 $H_1(z)$，并且要求 $H_0(z)$ 和 $H_1(z)$ 满足行列式为简单延迟项的条件，即

$$\det \boldsymbol{H}^m(z) = H_0(z)H_1(-z) - H_0(-z)H_1(z) = z^{-(N-1)} \tag{8.94}$$

取 $k = N - 1$，由此得到

$$G_0(z) = \frac{2z^{-k}}{\det \boldsymbol{H}^m(z)} H_1(-z) = 2H_1(-z) \tag{8.95}$$

$$G_1(z) = -\frac{2z^{-k}}{\det \boldsymbol{H}^m(z)} H_0(-z) = -2H_0(-z) \tag{8.96}$$

通过式(8.94)可设计具有线性相位的两个滤波器 $H_0(z)$ 和 $H_1(z)$，再通过式(8.95)和式(8.96)得到同样满足线性相位的综合滤波器组，用这种方法设计的滤波器组均具有线性相位性。

为了应用式(8.94)设计线性相位滤波器，取

$$z^{-(N-1)} T(z) = H_0(z)H_1(-z) \tag{8.97}$$

若取 N 为偶数，则式(8.97)两侧用 $-z$ 替代 z 得

$$(-z)^{-(N-1)} T(-z) = -z^{-(N-1)} T(-z) = H_0(-z)H_1(z) \tag{8.98}$$

将式(8.97)和式(8.98)代入式(8.94)，得到

$$H_0(z)H_1(-z) - H_0(-z)H_1(z)$$
$$= z^{-(N-1)}(T(z) + T(-z)) = z^{-(N-1)}$$

需要设计 $T(z)$ 满足

$$T(z) + T(-z) = 1 \tag{8.99}$$

可首先设计一个半带滤波器 $T(z)$，再通过式(8.97)分解因式得到 $H_0(z)$ 和 $H_1(z)$。

设 $H_0(z)$ 和 $H_1(z)$ 是长度为 N 的 FIR 滤波器，N 为偶数，即 $N = 2m$，由式(8.97)得到的 $T(z)$ 是中心点为零的零相位滤波器，$T(z)$ 的长度为 $2N - 1 = 4m - 1$，该长度为奇数。

不难验证，式(8.67)给出的滤波器组，是该类型滤波器的一个例子，另一个例子是

$$H_0(z) = \frac{1}{8}(1 + 3z^{-1} + 3z^{-2} + z^{-3})$$

$$H_1(z) = \frac{1}{4}(-1 - 3z^{-1} + 3z^{-2} + z^{-3})$$

$$G_0(z) = \frac{1}{2}(-1 + 3z^{-1} + 3z^{-2} - z^{-3})$$

$$G_1(z) = \frac{1}{4}(-1 + 3z^{-1} - 3z^{-2} + z^{-3})$$

这类滤波器被称为双正交滤波器组的原因是其与双正交小波基紧密联系的。一些方法被用于研究系统地构造这类滤波器组集合,本章不再详细讨论这些设计细节,有兴趣的读者可参考有关文献。

8.6.6　能量保持准确重构滤波器组

在本节研究的几种滤波器设计方法中,从式(8.68)、式(8.76)、式(8.95)和式(8.96)的关系中,看到综合滤波器的系数取值是分析滤波器的 2 倍,而且由式(8.75)、式(8.79)和式(8.99)的基本半带滤波器设计方程要求右侧恒为 1。这些条件意味着什么? 这里以 QMF 滤波器组为例进行说明。

由式(8.68)给出的一组滤波器,要求首先设计基本半带滤波器,满足式(8.75),其中分解滤波器 $H_0(z) = H(z)$,$H_1(z) = H(-z)$ 产生的输出,由式(8.56)得

$$V_0(z) = X(z)H_0(z) = X(z)H(z)$$
$$V_1(z) = X(z)H_1(z) = X(z)H(-z)$$

两路输出信号的总能量为

$$E = \frac{1}{2\pi}\int_{-\pi}^{\pi}(\mid H(e^{j\omega})\mid^2 + \mid H(e^{j(\omega+\pi)})\mid^2)\mid X(e^{j\omega})\mid^2 d\omega$$
$$= \frac{1}{2\pi}\int_{-\pi}^{\pi}\mid X(e^{j\omega})\mid^2 d\omega$$

第二个等式用了式(8.75)。可以看到,两个分解滤波器的输出总能量等于输入源信号的能量,但经过 $M=2$ 的抽样单元后,样本数少了一半,信号总能量也降低一半,因此,分解过程后,信号能量减半,综合过程使得能量倍增,最后可恢复信号的能量。

如果希望分解过程和综合过程均保持能量不变,则可将分解滤波器系数增加 $\sqrt{2}$ 倍,综合滤波器系数降低 $\sqrt{2}$ 倍,相当于将式(8.68)和式(8.75)修改为

$$\begin{cases} H_0(z) = H(z) \\ H_1(z) = H(-z) \\ G_0(z) = H(z) \\ G_1(z) = -H(-z) \end{cases} \tag{8.100}$$

和

$$\mid H(e^{j\omega})\mid^2 + \mid H(e^{j(\omega+\pi)})\mid^2 = 2 \tag{8.101}$$

显然这种修改不改变准确重构条件。同样可对式(8.79)和式(8.99)式、式(8.76)、式(8.95)和式(8.96)诸式做类似修改,变成"能量保持准确重构滤波器组"。

若设计的半带低通原型滤波器满足 $H(e^{j\pi}) = 0$,由式(8.101)得

$$H(e^{j0}) = \pm\sqrt{2} \tag{8.102}$$

上式只取正号,得到

$$\sum_n h[n] = \sqrt{2} \tag{8.103}$$

$H(e^{j\pi}) = 0$ 的条件写为

$$\sum_n (-1)^n h[n] = 0 \tag{8.104}$$

式(8.103)是能量保持 QMF 滤波器组需满足的基本条件。

文献中给出了很多满足准确重构或近似重构的滤波器组，有的是能量保持型的，有的不是。一个简单的判别准则是式(8.103)的求和项是 1 还是 $\sqrt{2}$，前者是分解能量减半，综合能量倍增，后者满足能量保持。由一种滤波器转变成另一种很简单，只需要乘或除一个 $\sqrt{2}$ 因子。

例 8.6.1 中，式(8.64)和式(8.67)是这种例子。前者是能量保持型滤波器组，而后者不是。

*8.7   多通道准确重构滤波器组

在一些应用中，需要将信号分解为多于 2 的通道数，这就是 $M>2$ 的多通道分解问题。解决多通道分解有两种很直接的思路。一是利用已有的双通道滤波器组的结果，通过多级方式实现，也被称为树状结构滤波器组；二是直接推导一般 M 带分解与综合的准确重构条件，直接实现 M 带滤波器的设计。本节分别概要地介绍这两种方法。

8.7.1   由双通道级联的多通道滤波器组

构成多通道分解的一种办法是通过级联的两通道分解，图 8.40 是通过两级级联构成均匀 4 通道分解的示意图。该方法的一般形式是通过 K 级分解，得到 $M=2^K$ 的均匀子带分解。图 8.41 是一个相反的过程，通过两级综合过程由 4 个均匀通道的子带信号重构原信号（有延迟存在）。

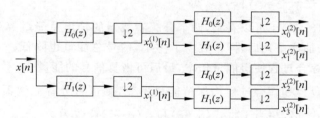

图 8.40   两通道级联构成多通道分解

每一级分解都可采用式(8.62)所表示的运算过程，若 $h_0[n]$ 和 $h_1[n]$ 都是 FIR 滤波器，且长度均为 N，分解公式由相对简单的有限求和组成，例如图 8.40 中第一级的 2 路分解分别可写为

$$x_0^{(1)}[n] = \sum_{m=0}^{N-1} h_0[m] x[2n-m]$$

$$x_1^{(1)}[n] = \sum_{m=0}^{N-1} h_1[m] x[2n-m]$$

第二级的 4 路分解分别可写为

$$x_0^{(2)}[n] = \sum_{m=0}^{N-1} h_0[m] x_0^{(1)}[2n-m]$$

$$x_1^{(2)}[n] = \sum_{m=0}^{N-1} h_1[m] x_0^{(1)}[2n-m]$$

$$x_2^{(2)}[n] = \sum_{m=0}^{N-1} h_0[m] x_1^{(1)}[2n-m]$$

$$x_3^{(2)}[n] = \sum_{m=0}^{N-1} h_1[m] x_1^{(1)}[2n-m]$$

综合过程是相反的运算,将式(8.63)应用到图8.41的每一个综合过程,依次完成如下的综合运算(设综合滤波器均为FIR,长度为N)

$$\begin{cases} x_0[n] = \sum_{\substack{n-2k=0 \\ k\text{为整数}}}^{N-1} g_0[n-2k] x_{00}[k] + \sum_{\substack{n-2k=0 \\ k\text{为整数}}}^{N-1} g_1[n-2k] x_{01}[k] \\[2mm] x_1[n] = \sum_{\substack{n-2k=0 \\ k\text{为整数}}}^{N-1} g_0[n-2k] x_{10}[k] + \sum_{\substack{n-2k=0 \\ k\text{为整数}}}^{N-1} g_1[n-2k] x_{11}[k] \\[2mm] y[n] = \sum_{\substack{n-2k=0 \\ k\text{为整数}}}^{N-1} g_0[n-2k] x_0[k] + \sum_{\substack{n-2k=0 \\ k\text{为整数}}}^{N-1} g_1[n-2k] x_1[k] \end{cases}$$

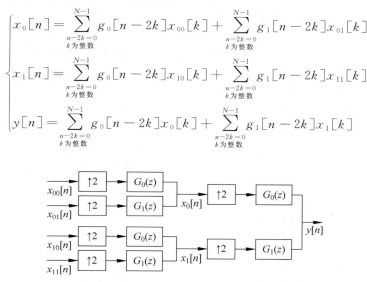

图 8.41 两通道级联的多通道综合

图8.40和图8.41所示的级联分解和综合过程的优点是,可充分利用两通道滤波器组设计的丰富成果。正如8.5节所讨论的,对于两通道滤波器组,有许多已经设计的滤波器组的表格可供选择。其中,既有满足线性相位条件的近似准确重构和准确重构滤波器组,也有非线性相位准确重构滤波器组可供选择,而且设计的滤波器组均为FIR结构,分解和综合仅需要有限求和,通过多相分解结构还可以进一步降低运算负载。但是,级联实现的缺点是所分解的通道数目不够灵活,只能实现$M=2^K$的通道数目,例如很容易实现4、8、16等通道分解,却无法实现3、5、12等非2的幂次通道数分解。

另一种级联分解方式是"倍频程"分解。首先将输入信号分解为半带低频信号和半带高频信号,在后续的分解过程中,只对低频通道继续分解,而高频通道不再分解,若完成K级分解,则得到的通道数$M=K+1$,而且除了最低端的两个通道,每个通道信号的带宽,在输入信号的频带内是相邻低频端通道频带的2倍,故称为倍频程分解。一个4级倍频程分解后各通道所占带宽的示意图如图8.42所示,图8.42画出了$[0,\pi]$范围内的频带分解示意图,图中的频带划分不是理想的,各频带有过渡带的重叠。

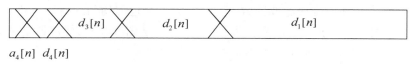

图 8.42 倍频程频带分解

图 8.43 是一个 3 级倍频程分解的示意图，图中将每一级分解的低频支路表示为 $a_i[n]$，将高频支路表示为 $d_i[n]$，若定义 $a_0[n]=x[n]$，FIR 滤波器的最大长度为 N，分解过程可表示为

$$\begin{cases} a_i[n]=\sum_{m=0}^{N-1}h_0[m]a_{i-1}[2n-m] \\ d_i[n]=\sum_{m=0}^{N-1}h_1[m]a_{i-1}[2n-m] \end{cases} \tag{8.105}$$

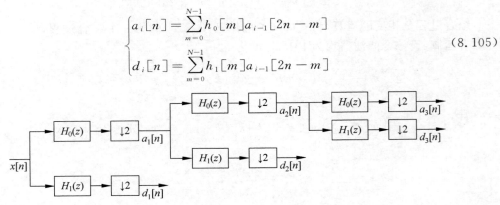

图 8.43　一个 3 级倍频程分解的示意图

与图 8.43 对应的综合过程示意图如图 8.44 所示，若表示 $a_0[n]=y[n]$，FIR 滤波器的最大长度为 N，则综合过程的分级实现表示为

$$a_{i-1}[n]=\sum_{\substack{n-2k=0 \\ k为整数}}^{N-1}g_0[n-2k]a_i[k]+\sum_{\substack{n-2k=0 \\ k为整数}}^{N-1}g_1[n-2k]d_i[k] \tag{8.106}$$

通过倍频程分解，将源信号分解为 $M=K+1$ 个子带信号进行处理和传输，在接收端利用综合过程重构源信号。如果处理和传输没有带来信号的损失，若选择准确重构的双通道滤波器组，可构成对源信号的准确重构。若处理过程，例如通过有损的信源编码，信号在处理和传输中造成了损失，准确重构滤波器组不会引入新的损失。

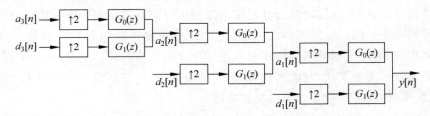

图 8.44　一个 3 级倍频程信号综合示意图

8.7.2　一般 M 通道滤波器组

直接将输入信号通过 M 个带通滤波器，形成 M 路信号，再进行 M 倍抽取，得到 M 通道分解信号。由于 M 倍抽取的作用，各通道输出信号每秒总样本数等于源信号的样本数。M 个滤波器是频带相邻的带通滤波器，在正频率 $[0,\pi]$ 上近似均匀地对频带进行划分，允许各频带有重叠。图 8.45 与图 8.33 看上去相同，不同的是图 8.33 的滤波器是由单一滤波器通过调制构成，而图 8.45 的每个滤波器均可以独立设计。

将 M 路分解信号通过处理和传输，在接收端可通过综合过程进行合成，综合过程如

图 8.46 所示。要研究的基本问题是,怎样选择分解和综合滤波器组,使得合成所得信号是源信号的准确重构。

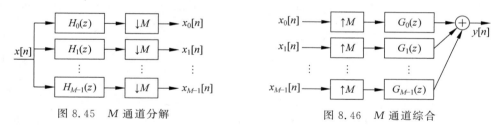

图 8.45 M 通道分解

图 8.46 M 通道综合

图 8.45 和图 8.46 构成的系统,称为最大抽取(或 critically sampled-临界采样)子带编码滤波器组。"最大抽取"的含义是指:每个滤波器允许通过的信号带宽大约为 π/M,为不产生混叠 M 允许的最大抽取率。图 8.45 中的抽取因子也可以取 $K<M$,图 8.46 做 K 倍零插值,这样构成有冗余的子带编码系统,本章仅讨论最大抽取子带系统。

图 8.45 中分解出的每一路子带信号的 z 变换表示为

$$X_i(z) = \frac{1}{M} \sum_{m=0}^{M-1} H_i(z^{\frac{1}{M}} e^{-j\frac{2\pi}{M}m}) X(z^{\frac{1}{M}} e^{-j\frac{2\pi}{M}m}), \quad i=0,1,2\cdots,M-1 \qquad (8.107)$$

将分解输出的各子带信号表示成矢量为

$$\boldsymbol{x}(z) = [X_0(z) \quad X_1(z) \quad \cdots \quad X_{M-1}(z)]^\mathrm{T} \qquad (8.108)$$

将式(8.107)各项代入式(8.108)并整理得

$$\boldsymbol{x}(z) = \frac{1}{M} [\boldsymbol{H}^{(m)}(z^{1/M})]^\mathrm{T} \boldsymbol{x}^{(m)}(z^{1/M}) \qquad (8.109)$$

这里

$$\boldsymbol{H}^{(m)}(z) = \begin{bmatrix} H_0(z) & H_1(z) & \cdots & H_{M-1}(z) \\ H_0(zW_M^1) & H_1(zW_M^1) & \cdots & H_{M-1}(zW_M^1) \\ \vdots & \vdots & \ddots & \vdots \\ H_0(zW_M^{M-1}) & H_1(zW_M^{M-1}) & \cdots & H_{M-1}(zW_M^{M-1}) \end{bmatrix} \qquad (8.110)$$

称为分解滤波器组的调制矩阵,和

$$\boldsymbol{x}^{(m)}(z) = [X(z) \quad X(zW_M^1) \quad \cdots \quad X(zW_M^{M-1})]^\mathrm{T} \qquad (8.111)$$

称为输入信号的调制矢量。

为了研究准确重构条件,假设图 8.45 表示的分解系统得到的各子带信号未做任何处理,直接连接到图 8.46 相应的输入端,构成 M 子带编码,输出信号可写为

$$Y(z) = \sum_{l=0}^{M-1} G_l(z) X_l(z^M) = \boldsymbol{g}^\mathrm{T}(z) \boldsymbol{x}(z^M) \qquad (8.112)$$

这里

$$\boldsymbol{g}(z) = [G_0(z) \quad G_1(z) \quad \cdots \quad G_{M-1}(z)]^\mathrm{T} \qquad (8.113)$$

把式(8.109)代入式(8.112)得到

$$Y(z) = \boldsymbol{g}^\mathrm{T}(z) \boldsymbol{x}(z^M)$$

$$= \frac{1}{M} \boldsymbol{g}^\mathrm{T}(z) [\boldsymbol{H}^{(m)}(z)]^\mathrm{T} \boldsymbol{x}^{(m)}(z)$$

$$= \frac{1}{M} \sum_{l=0}^{M-1} \left(\sum_{i=0}^{M-1} G_i(z) H_i(zW_M^l) \right) X(zW_M^l) \tag{8.114}$$

式(8.114)求和项中，只有 $l=0$ 的项对应输入信号，其他项对应的输入信号的调制项，无失真条件为

$$\frac{1}{M} \sum_{i=0}^{M-1} G_i(z) H_i(z) = z^{-k} \tag{8.115}$$

无混叠条件可表示为

$$\sum_{i=0}^{M-1} G_i(z) H_i(zW_M^l) = 0, \quad l=1,2,\cdots,M-1 \tag{8.116}$$

可定义一个混叠函数

$$F_a(z) = \left(\sum_{l=0}^{M-1} \left| \frac{1}{M} \sum_{i=0}^{M-1} G_i(z) H_i(zW_M^l) \right|^2 \right)^{1/2} \tag{8.117}$$

无混叠条件也可等价为混叠函数为零。

M 带子带编码的准确重构条件由式(8.115)和式(8.116)(或式(8.117))构成，与双通道类似，可以导出矩阵形式的准确重构条件，为此，用式(8.114)第一行，得到输出的一个调制形式为

$$Y(zW_M^k) = \boldsymbol{g}^\mathrm{T}(zW_M^k) \boldsymbol{x}(z^M), \quad k=0,1,2,\cdots,M-1 \tag{8.118}$$

若定义输出调制矢量为

$$\boldsymbol{y}^{(m)}(z) = \begin{bmatrix} Y(z) & Y(zW_M^1) & \cdots & Y(zW_M^{M-1}) \end{bmatrix}^\mathrm{T} \tag{8.119}$$

由式(8.118)整理得到输出调制矢量为

$$\boldsymbol{y}^{(m)}(z) = \boldsymbol{G}^{(m)}(z) \boldsymbol{x}(z^M) \tag{8.120}$$

这里

$$\boldsymbol{G}^{(m)}(z) = \begin{bmatrix} G_0(z) & G_1(z) & \cdots & G_{M-1}(z) \\ G_0(zW_M^1) & G_1(zW_M^1) & \cdots & G_{M-1}(zW_M^1) \\ \vdots & \vdots & \ddots & \vdots \\ G_0(zW_M^{M-1}) & G_1(zW_M^{M-1}) & \cdots & G_{M-1}(zW_M^{M-1}) \end{bmatrix} \tag{8.121}$$

把式(8.109)代入式(8.120)得到

$$\boldsymbol{y}^{(m)}(z) = \frac{1}{M} \boldsymbol{G}^{(m)}(z) \left[\boldsymbol{H}^{(m)}(z) \right]^\mathrm{T} \boldsymbol{x}^{(m)}(z) = \boldsymbol{F}(z) \boldsymbol{x}^{(m)}(z) \tag{8.122}$$

上式中，定义了传输矩阵

$$\boldsymbol{F}(z) = \frac{1}{M} \boldsymbol{G}^{(m)}(z) \left[\boldsymbol{H}^{(m)}(z) \right]^\mathrm{T} \tag{8.123}$$

式(8.122)的含义是：输出调制矢量等于一个传输矩阵乘以输入调制矢量。若要求系统无失真传输，只需要满足

$$\boldsymbol{F}(z) = \mathrm{Diag}(F_0(z), F_0(zW_M^1), \cdots, F_0(zW_M^{M-1})) \tag{8.124}$$

且

$$F_0(z) = z^{-k} \tag{8.125}$$

准确重构的条件表述为：式(8.123)定义的传输矩阵是如式(8.124)的对角化矩阵，第一个对角元素满足式(8.125)。可以以式(8.123)～式(8.125)为基础设计 M 带滤波器组，在 M

取值较大时,比起双通道情况要更加复杂。

*8.8 复用转换滤波器组

在8.6节和8.7节讨论了子带编码系统的滤波器组设计问题,本节简要讨论另一种应用形式所要求的滤波器组设计问题,复用转换滤波器组(transmultiplexer filter banks)。图8.47以双通道为例给出了时分复用(TDM)信号通过频分复用(FDM)信道传输的例子。在目前多种通信网络共存和互联的形式下,这是一种实际应用需求。

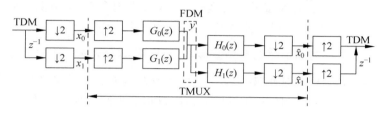

图 8.47 时分复用和频分复用转换

在图8.47中,TDM信号经过抽取和延时抽取后,得到两路信号 x_0、x_1,两路信号各通过零插值后,分别通过低通滤波器和高通滤波器后合成为一路FDM信号;中间的虚线框表示FDM信号经过信道传输到达接收端;接收到的FDM信号通过低通和高通滤波器后进行抽取,得到两路信号 $\hat{x}_0$、$\hat{x}_1$,再通过零插值和延迟相加重新得到TDM信号。将从 x_0、x_1 到 $\hat{x}_0$、$\hat{x}_1$ 的过程(两条竖直虚线之间所包含的系统)称为多路复用转换器(transmultiplexer,TMUX),其中的滤波器组称为 TMUX 滤波器组。这里要研究的问题是:如何设计滤波器组,使得从 x_0、x_1 到 $\hat{x}_0$、$\hat{x}_1$ 是无失真的。

用 $y[n]$ 表示合成的FDM信号,在 z 变换域合成信号表示为

$$Y(z) = \begin{bmatrix} G_0(z) & G_1(z) \end{bmatrix} \begin{bmatrix} X_0(z^2) \\ X_1(z^2) \end{bmatrix} \tag{8.126}$$

TMUX 的输出信号表示为

$$\begin{bmatrix} \hat{X}_0(z) \\ \hat{X}_1(z) \end{bmatrix} = \frac{1}{2} \begin{bmatrix} H_0(z^{1/2}) & H_0(-z^{1/2}) \\ H_1(z^{1/2}) & H_1(-z^{1/2}) \end{bmatrix} \begin{bmatrix} Y(z^{1/2}) \\ Y(-z^{1/2}) \end{bmatrix} \tag{8.127}$$

在式(8.127)中,先用 z^2 替代 z,再将式(8.126)代入式(8.127)得

$$\begin{bmatrix} \hat{X}_0(z^2) \\ \hat{X}_1(z^2) \end{bmatrix} = \frac{1}{2} [\boldsymbol{H}^{(m)}(z)]^{\mathrm{T}} \boldsymbol{G}^{(m)}(z) \begin{bmatrix} X_0(z^2) \\ X_1(z^2) \end{bmatrix} \tag{8.128}$$

由于式(8.128)两侧的信号 z 变换中都是以 z^2 形式,故准确恢复条件为

$$\frac{1}{2} [\boldsymbol{H}^{(m)}(z)]^{\mathrm{T}} \boldsymbol{G}^{(m)}(z) = \begin{bmatrix} z^{2k} & 0 \\ 0 & z^{2k} \end{bmatrix} \tag{8.129}$$

类似从8.6节到8.7节的讨论,也可以研究 M 通道 TMUX 滤波器组的一般性问题。限于篇幅,本章不再进一步研究该问题,读者可尝试自行讨论这一推广性问题。

*8.9 连续和离散小波变换简介

小波变换是时-频变换的一种,更严格地说,它是一种"时间-尺度"变换。由于尺度参数和频率参数有直接的对应关系,因此小波变换可归结为时-频变换的一种。离散小波变换与子带编码有密切关系,本节仅对小波变换做一个简要介绍。

从连续域到离散域,小波变换都有良好的数学性质。连续小波变换非常清楚地刻画了小波变换具有的良好的数学和物理性质,洞察了小波变换所潜在的各类应用;离散小波变换则存在良好的可计算性,存在多种容易理解和实现的快速算法,存在许多性质良好的正交和双正交基函数。这些性质使得小波变换非常易于应用。

小波是指"一个持续时间很短的振荡波形"。如果用 $\psi(t)$ 表示一个母小波,则 $\int \psi(t)\mathrm{d}t = 0$,并且 $\psi(t)$ 的伸缩和平移也是小波。由一个母小波及其伸缩平移形成的函数集来表示一个信号,这就是小波变换。在 1910 年,Harr 就认识到了小波变换的存在,并给出了一个小波基,这就是 Harr 基。但 Harr 基的时-频局域性不好。直到 1983 年,Morlet 在地震数据分析中正式提出小波的概念,小波变换的研究才得到了广泛的重视。Mallat 提出的多分辨分析的概念成为系统地构造正交小波基的基础,并引出了离散小波变换和信号重构的快速算法。Daubechies 等人则构造出了一组具有良好数学性质的"紧支"小波基。这些工作,刺激了小波变换理论研究及在各个领域的应用研究。

尽管从数学上形成了小波变换的从连续到离散的一套理论体系,但人们也发现,其离散小波变换与信号处理领域中的子带编码和滤波器组理论是一致的。本节从信号处理的角度来阐述小波变换的原理,主要给出离散小波变换的入门性讨论。

8.9.1 连续小波变换

设 $x(t)$ 是平方可积函数(记作 $x(t)\in L^2(R)$),$\psi(t)$ 是被称为母小波的函数,则

$$WT_x(a,b) = \frac{1}{\sqrt{a}}\int x(t)\psi^*\left(\frac{t-b}{a}\right)\mathrm{d}t = \langle x(t), \psi_{ab}(t)\rangle \tag{8.130}$$

称为 $x(t)$ 的连续小波变换(continuous wavelet transform,CWT),式中 $a>0$ 是尺度因子,b 是位移,$b\in R$,其中

$$\psi_{ab}(t) = \frac{1}{\sqrt{a}}\psi\left(\frac{t-b}{a}\right) \tag{8.131}$$

式(8.130)的小波变换定义具有很深刻的含义。母小波 $\psi(t)$ 可能是复函数或实函数,在复函数时一般是取解析函数或近似解析函数。例如 $\psi(t)=\mathrm{e}^{-\frac{t^2}{T}}\mathrm{e}^{\mathrm{j}\omega_0 t}$,称为 Morlet 小波,它是高斯包络下的复指数函数。复小波主要用于对信号频率的跟踪和估计,实小波则常用于检测信号的瞬变特性或用于信号的变换域处理,例如图像的边缘检测、信号去噪和图像编码等。

8.9.2 尺度和位移离散化的小波变换

连续小波变换难于计算,希望只计算离散位移和尺度取值下的小波变换值,并通过离散位移和尺度下的小波变换值重构原信号。

尺度 a 离散化　取一个值 a_0,尺度因子 a 只取 a_0 的整数幂,例如,a 仅取

$$\cdots,a_0^{-j},\cdots,a_0^{-2},a_0^{-1},a_0^0=1,a_0^1,a_0^2,\cdots,a_0^j,\cdots$$

位移离散化　当尺度取 $a=a_0^0$ 时,取位移为 kb_0。在 $a=a_0^j$ 时,相应取 $b=ka_0^jb_0$。

只在这些离散取值的尺度和位移值上计算小波变换的值,相当于只计算变换系数集 $\{WT_x(a_0^j,kb_0)\}_{j,k\in Z}$。更特别的是,最典型的 a_0,b_0 取值是 $a_0=2,b_0=1$,得到的小波尺度平移离散函数集简记为

$$\psi_{jk}(t)\overset{\text{def}}{=}2^{-\frac{j}{2}}\psi(2^{-j}t-k)$$

这种情况称为 2 尺度采样,在 2 尺度采样情况下,相应的离散尺度和位移点的小波变换值简记为

$$WT_x(j,k)=\langle x(t),\psi_{jk}(t)\rangle \tag{8.132}$$

对一般情况,由离散采样点的小波系数和一个对偶函数集 $\tilde{\psi}_{jk}(t)$,可以重构信号,即

$$x(t)=\sum_j\sum_k <x,\psi_{jk}>\tilde{\psi}_{jk}(t) \tag{8.133}$$

当函数集满足

$$\langle\psi_{l,m}(t),\psi_{j,k}(t)\rangle=\delta[l-j]\delta[m-k]$$

称函数集 $\psi_{jk}(t)$ 是正交离散小波基,由小波变换重构信号表达式为

$$x(t)=\sum_j\sum_k <x,\psi_{jk}>\psi_{jk}(t)=\sum_j\sum_k WT_x(j,k)\psi_{jk}(t)$$

利用式(8.132)计算离散采样点小波变换系数仍需积分。如下讨论,在离散信号情况下怎样计算小波变换系数,即离散小波变换 DWT,也要讨论如何获得离散小波基 $\psi_{jk}(t)$,这些需要多分辨分析的概念。

8.9.3　多分辨分析和正交小波基

本节首先介绍多分辨分析的概念,由此引出构造正交小波基的一般方法,并导出快速离散小波变换算法——Mallat 算法。通过一个简单例子可以很容易理解多分辨分析的概念。设有子空间 V_0,它是由母函数 $\varphi(t)$ 及其整数平移集生成的,这里

$$\varphi(t)=\begin{cases}1, & 0\leqslant t<1\\0, & \text{其他}\end{cases}$$

对于任一 $x(t)\in V_0$,有 $x(t)=\sum_k a_k\varphi(t-k)$,直观地说,$V_0$ 是由单位宽度的脉冲串构成的函数子空间(或称为单位宽台阶函数子空间),$\{\varphi(t-n)\quad n\in z\}$ 构成 V_0 的基。更一般的 V_i 是由函数系 $\{2^{-i/2}\varphi(2^{-i}t-k),k\in Z\}$ 生成的。例如,V_1 是由宽度为 2 的脉冲串构成的函数子空间,V_{-1} 是宽度为 1/2 的脉冲串构成的函数子空间,不难理解这些子空间之间的嵌套关系:$\cdots V_2\subset V_1\subset V_0\subset V_{-1}\subset V_{-2}\cdots$。$V_\infty$ 表示直流分量子空间,$V_{-\infty}$ 表示任意光滑函数子空间。参考这个简单例子,有助于理解如下多分辨分析的定义。

定义多分辨分析:一个多分辨分析由一个嵌套的闭子空间序列组成,它们满足

$$\cdots V_2\subset V_1\subset V_0\subset V_{-1}\subset V_{-2}\cdots$$

并且满足:

(1) 上完整性 $\overline{\bigcup_{m\in Z}}V_m=L^2(R)$(平方可积函数);

（2）下完整性 $\bigcap\limits_{m\in Z}V_m=\{0\}$；

（3）尺度不变性 $x(t)\in V_m\Leftrightarrow x(2^m t)\in V_0$；

（4）位移不变性 $x(t)\in V_0\Rightarrow x(t-n)\in V_0$　$n\in \mathbf{Z}$；

（5）存在一个基 $\varphi\in V_0$，使得 $\{\varphi(t-n)\quad n\in \mathbf{Z}\}$ 是 V_0 的正交基。

若 $\{\varphi(t-n)\quad n\in \mathbf{Z}\}$ 是 V_0 的正交基，它要满足一定的条件，为了后续应用，把该条件总结为一个引理如下。

引理 1 如果 $\{\varphi(t-n)\quad n\in \mathbf{Z}\}$ 是一个子空间的标准正交基，则

$$\sum_{k=-\infty}^{+\infty}\mid \Phi(\Omega+2k\pi)\mid^2=1$$

如果 $\{\varphi(t-n)\quad n\in \mathbf{Z}\}$ 和 $\{\psi(t-n)\quad n\in \mathbf{Z}\}$ 互相正交，即 $<\varphi(t-k),\psi(t-l)>=0$，则

$$\sum_{k}\Phi(\Omega+2\pi k)\Psi^*(\Omega+2k\pi)=0$$

这里用 $\Phi(\Omega)$ 表示 $\varphi(t)$ 的傅里叶变换，用 $\Psi(\Omega)$ 表示 $\psi(t)$ 的傅里叶变换，由于这里是连续时间函数的傅里叶变换，用 Ω 表示角频率变量。

证明 设 $\{\varphi(t-n)\}$ 是标准正交的，则

$$\delta[n]=\int_{-\infty}^{+\infty}\varphi(t-n)\varphi *(t)\mathrm{d}t$$

$$=\frac{1}{2\pi}\int_{-\infty}^{+\infty}\Phi(\Omega)\mathrm{e}^{-\mathrm{j}\Omega n}\Phi^*(\Omega)\mathrm{d}\Omega$$

$$=\frac{1}{2\pi}\sum_{k=-\infty}^{+\infty}\int_{0}^{2\pi}\mid \Phi(\Omega+2\pi k)\mid^2\mathrm{e}^{-\mathrm{j}\Omega n}\mathrm{d}\Omega$$

$$=\frac{1}{2\pi}\int_{0}^{2\pi}\sum_{k=-\infty}^{+\infty}(\mid \Phi(\Omega+2\pi k)\mid^2)\mathrm{e}^{-\mathrm{j}\Omega n}\mathrm{d}\Omega$$

注意：$\Phi_1(\Omega)\overset{\mathrm{def}}{=}\sum\limits_{k=-\infty}^{+\infty}\mid \Phi(\Omega+2\pi k)\mid^2$ 是 2π 周期函数，而上式是求其傅里叶级数系数的公式，因此，$\delta[n]$ 是 $\Phi_1(\Omega)$ 的傅里叶级数展开系数。故由傅里叶级数展开式得

$$\sum_{k=-\infty}^{+\infty}\mid \Phi(\Omega+2\pi k)\mid^2=\sum_{n=-\infty}^{+\infty}\delta[n]\mathrm{e}^{\mathrm{j}\Omega n}=1$$

类似地，可以证明正交性的结果，此处从略。

由于 $V_1\subset V_0$，设 W_1 是 V_1 在 V_0 中的正交补子空间，则 $W_1\perp V_1$，和 $V_1\oplus W_1=V_0$，这里用 $\oplus$ 表示子空间的直和。同理可以得到 $V_1=V_2\oplus W_2$，且 $W_2\perp W_1$．…，由此构成一组互相正交的子空间 $W_2,W_1,W_0,W_{-1},\cdots$，且使得 $\overline{\bigcup\limits_{m\in \mathbf{Z}}}W_m=L^2(R)$。

如果 $\psi(t)\in W_0$，且 $\{\psi(t-n),n\in \mathbf{Z}\}$ 构成 W_0 的正交基，则由尺度不变性，容易证明

$$\{\psi_{jk}(t)=2^{-\frac{j}{2}}\psi(2^{-j}t-k),\quad k\in \mathbf{Z}\}$$

构成 W_j 的正交基。那么，取所有不同 j 值下 W_j 的正交基的集合

$$\{\psi_{jk}(t)=2^{-\frac{j}{2}}\psi(2^{-j}t-k),\quad j,k\in \mathbf{Z}\}$$

构成 $\overline{\bigcup\limits_{m\in \mathbf{Z}}}W_m=L^2(R)$ 的正交基。

由于 $\{\varphi(t-n),n\in\mathbf{Z}\}$ 构成 V_0 的正交基,并且,$V_1\subset V_0,W_1\subset V_0$,和

$$\varphi\left(\frac{t}{2}\right)\in V_1\subset V_0$$

$$\psi\left(\frac{t}{2}\right)\in W_1\subset V_0$$

既然属于 V_0 的任何函数均由 $\{\varphi(t-n),n\in\mathbf{Z}\}$ 展开,因此 $\varphi\left(\dfrac{t}{2}\right),\psi\left(\dfrac{t}{2}\right)$ 都可以由 $\{\varphi(t-n),n\in\mathbf{Z}\}$ 展开,由此,可以构成如下二尺度方程

$$\varphi\left(\frac{t}{2}\right)=\sqrt{2}\sum_k h_k\varphi(t-k) \tag{8.134}$$

$$\psi\left(\frac{t}{2}\right)=\sqrt{2}\sum_k g_k\varphi(t-k) \tag{8.135}$$

利用式(8.134)两边积分相等和将式(8.135)代入关系式 $\int\psi(t)\mathrm{d}t=0$,可以证明以下关系式成立

$$\sum_k h_k=\sqrt{2}$$

$$\sum_k g_k=0$$

对式(8.134)两边取傅里叶变换,得到

$$\Phi(\Omega)=\frac{1}{\sqrt{2}}H(\mathrm{e}^{\mathrm{j}\Omega/2})\Phi\left(\frac{\Omega}{2}\right) \tag{8.136}$$

其中

$$H(\mathrm{e}^{\mathrm{j}\Omega})=\sum_k h_k\mathrm{e}^{-\mathrm{j}k\Omega}$$

是序列 h_k 的离散时间傅里叶变换(DTFT)。但由于 $H(\mathrm{e}^{\mathrm{j}\Omega})$ 是通过对式(8.134)两侧的连续时间函数做傅里叶变换引出的,故用 Ω 表示其自变量。注意 $H(\mathrm{e}^{\mathrm{j}\Omega})$ 满足以 2π 为周期,即 $H(\mathrm{e}^{\mathrm{j}\Omega})=H(\mathrm{e}^{\mathrm{j}(\Omega+2k\pi)})$,但同时注意 $\Phi(\Omega)$ 是连续时间函数的傅里叶变换,没有周期性约束。

对式(8.135)两边取傅里叶变换,类似地得到

$$\Psi(\Omega)=\frac{1}{\sqrt{2}}G(\mathrm{e}^{\mathrm{j}\Omega/2})\Phi\left(\frac{\Omega}{2}\right) \tag{8.137}$$

其中

$$G(\mathrm{e}^{\mathrm{j}\Omega})=\sum_k g_k\mathrm{e}^{-\mathrm{j}k\Omega}$$

由引理1知道如下关系式成立

$$\sum_k |\Phi(\Omega+2\pi k)|^2=1$$

$$\sum_k |\Psi(\Omega+2\pi k)|^2=1$$

$$\sum_k \Phi(\Omega+2\pi k)\Psi^*(\Omega+2k\pi)=0$$

分别将式(8.136)和式(8.137)代入上述关系式,利用上述公式得到如下一组关系式为

$$|H(\mathrm{e}^{\mathrm{j}\Omega})|^2+|H(\mathrm{e}^{\mathrm{j}(\Omega+\pi)})|^2=2 \tag{8.138}$$

$$| G(e^{j\Omega}) |^2 + | G(e^{j(\Omega+\pi)}) |^2 = 2 \tag{8.139}$$

$$H(e^{j\Omega})G^*(e^{j\Omega}) + H(e^{j(\Omega+\pi)})G^*(e^{j(\Omega+\pi)}) = 0 \tag{8.140}$$

这里仅说明性的验证第一个关系式，即式(8.138)，由

$$1 = \sum_{k=-\infty}^{+\infty} | \Phi(2\Omega + 2k\pi) |^2 = \frac{1}{2} \sum_{-\infty}^{+\infty} | H(e^{j(\Omega+k\pi)}) |^2 | \Phi(\Omega + k\pi) |^2$$

分成奇偶项如下

$$1 = \frac{1}{2} \sum_{-\infty}^{+\infty} | H(e^{j(\Omega+2k\pi)}) |^2 | \Phi(\Omega + 2k\pi) |^2$$

$$+ \frac{1}{2} \sum_{-\infty}^{+\infty} | H(e^{j(\Omega+2k\pi+\pi)}) |^2 | \Phi(\Omega + (2k+1)\pi) |^2$$

由 $H(e^{j\Omega})$ 为 2π 周期的事实得到

$$1 = \frac{1}{2} | H(e^{j\Omega}) |^2 \sum_{k=-\infty}^{+\infty} | \Phi(\Omega + 2k\pi) |^2 + \frac{1}{2} | H(e^{j(\Omega+\pi)}) |^2 \sum_{k=-\infty}^{+\infty} | \Phi(\Omega + \pi + 2k\pi) |^2$$

$$= \frac{1}{2} (| H(e^{j\Omega}) |^2 + | H(e^{j(\Omega+\pi)}) |^2) = 1$$

可以把 h_k, g_k 看成是两个离散滤波器的单位抽样响应，$H(e^{j\Omega}), G(e^{j\Omega})$ 是滤波器的频率响应，用 $H(z), G(z)$ 表示 h_k, g_k 的 z 变换，式(8.138)～式(8.140)也存在等价的 z 变换形式

$$H(z)H(z^{-1}) + H(-z)H(-z^{-1}) = 2 \tag{8.141}$$

$$G(z)G(z^{-1}) + G(-z)G(-z^{-1}) = 2 \tag{8.142}$$

$$H(z)G(z^{-1}) + H(-z)G(-z^{-1}) = 0 \tag{8.143}$$

为满足如上等式式(8.138)～式(8.140)或式(8.141)～式(8.143)，两个滤波器的频率响应间建立了一定的关系，这种关系式的解不是唯一的，其中一个解是

$$G(e^{j\Omega}) = e^{-j\Omega} H^*(e^{-j(\Omega+\pi)}) \tag{8.144}$$

即

$$g_k = (-1)^{1-k} h_{(1-k)}$$

h 和 g 等价于一个离散滤波器，它们被称为双通道滤波器组。满足如上关系的这些滤波器称为共轭镜像滤波器(CQF)，相应的滤波器组称为共轭镜像滤波器组。

由如上讨论，可以得到小波母函数的关系式：首先令

$$H'(e^{j\Omega}) = \frac{1}{\sqrt{2}} H(e^{j\Omega}), \quad G'(e^{j\Omega}) = \frac{1}{\sqrt{2}} G(e^{j\Omega})$$

连续迭代使用式(8.136)、式(8.137)，得到

$$\Phi(\Omega) = \prod_{i=1}^{+\infty} H'(e^{j2^i\Omega}) \tag{8.145}$$

和

$$\Psi(\Omega) = G'(e^{j\Omega}) \prod_{i=2}^{+\infty} H'(e^{j2^i\Omega}) \tag{8.146}$$

通过到目前为止的讨论可以看到，通过多分辨分析，将小波基的求解转化为对一个数字滤波器的设计问题。设计一个满足式(8.138)的低通滤波器 h_k，通过式(8.144)得到相应的

高通滤波器 g_k,再通过式(8.145)、式(8.146)可以获得尺度函数和母小波函数的傅里叶变换,再由其反变换得到这些函数本身,母小波的按 2 的幂次的伸缩平移函数集$\{\psi_{jk}(t)=2^{-\frac{j}{2}}$ $\psi(2^{-j}t-k),j,k\in \mathbf{Z}\}$构成 $L^2(R)$ 的正交基。

以上从原理性上讨论了由多分辨分析和共轭镜像滤波器构造小波基的方法,如下 2 个定理给出对这一问题的总结,这两个定理的叙述比上述讨论稍严格一些。

定理 1 设 $\varphi \in L^2(R)$ 是一个可积的尺度函数,$h_k=\left\langle \frac{1}{\sqrt{2}}\varphi(t/2),\varphi(t-k)\right\rangle$的离散傅里叶变换满足

$$\forall \Omega \in R, \quad |H(e^{j\Omega})|^2+|H(e^{j(\Omega+\pi)})|^2=2 \tag{8.147}$$

和

$$H(e^{j0})=\sqrt{2} \tag{8.148}$$

反之,如果 $H(e^{j\Omega})$ 是 2π 周期函数,并且在 $\Omega=0$ 附近连续可导,并且满足式(8.147)、式(8.148)和

$$\inf_{\Omega\in[-\pi/2,\pi/2]}|H(e^{j\Omega})|>0 \tag{8.149}$$

那么

$$\Phi(\omega)=\prod_{i=1}^{+\infty}H(e^{j2^{-i}\Omega})/\sqrt{2}$$

是尺度函数 $\varphi\in L^2(R)$ 的傅里叶变换。

定理 2 设 $\varphi \in L^2(R)$ 是一个尺度函数,h 是相应的共轭镜像滤波器,设函数 $\psi(t)$ 的傅里叶变换为

$$\Psi(\Omega)=\frac{1}{\sqrt{2}}G(e^{j\Omega/2})\Phi\left(\frac{\Omega}{2}\right)$$

当且仅当

$$|G(e^{j\Omega})|^2+|G(e^{j(\Omega+\pi)})|^2=2 \tag{8.150}$$
$$H(e^{j\Omega})G^*(e^{j\Omega})+H(e^{j(\Omega+\pi)})G^*(e^{j(\Omega+\pi)})=0 \tag{8.151}$$

时,函数系$\{\psi_{jk}(t)=2^{-\frac{j}{2}}\psi(2^{-j}t-k), \quad k\in \mathbf{Z}\}$对任一尺度 2^j 构成 W_j 的正交基,对所有尺度,$\{\psi_{jk}\}_{j,k\in \mathbf{Z}^2}$ 构成 $L^2(R)$ 的正交基,而且

$$G(e^{j\Omega})=e^{-j\Omega}H^*(e^{j(\Omega+\pi)})$$

即

$$g_k=(-1)^{1-k}h_{(1-k)}$$

是式(8.150)和式(8.151)的一个解。

这里将小波基的构造与滤波器设计联系了起来,并且从理论上给出了由设计的滤波器构造尺度函数和小波函数式(8.145)、式(8.146)的方法。下面将会看到,离散小波变换系数的计算也与滤波和亚抽样结合在一起,构成了快速离散小波变换算法:Mallat 算法。

8.9.4 离散小波变换的 Mallat 算法

到目前为止,我们还只能通过 $WT(j,k)=<x(t),\psi_{j,k}(t)>$这样一个积分计算每个小

波变换系数,运算量很大且不易编程实现。现在考虑离散小波变换的快速计算问题。设从 V_0 出发,经过 J 级分解得

$$V_0 = W_1 \oplus W_2 \oplus W_3 \cdots \oplus W_J \oplus V_J$$

设有函数 $x(t)$,它在 V_0 空间投影,$X_0(t) = P_0 x(t)$ 由一组系数 $a_n^{(0)}$ 构成,即

$$P_0 x(t) = \sum_n a_n^{(0)} \varphi_{0n}(t) = \sum_n a_n^{(0)} \varphi(t-n)$$

这里,$a_n^{(0)}$ 作为初始系数,显然 $a_n^{(0)} = <x(t), \varphi(t-n)>$ 还不是我们要求的小波系数 $WT(j,k)$, 而是一种尺度系数,称 $a_n^{(0)}$ 为初始尺度系数。由

$$V_0 = V_1 \oplus W_1$$

得到

$$P_0 x(t) = P_1 x(t) + D_1 x(t)$$

P_1 是 $x(t)$ 在 V_1 上的投影算子,D_1 是 $x(t)$ 在 W_1 上的投影算子。因此

$$P_0 x(t) = \sum_n a_n^{(0)} \varphi_{0n}(t) = \sum_n a_n^{(1)} \varphi_{1n}(t) + \sum_n d_n^{(1)} \psi_{1n}(t)$$

这里 $a_n^{(1)} = <x(t), \varphi_{1n}(t)>$ 是尺度 2^1 下的尺度系数,$d_n^{(1)} = <x(t), \psi_{1n}(t)>$ 是尺度 2^1 下 的小波系数,即 $WT(1,n)$。这个过程可以继续下去,V_1 继续分解,连续分解下去,可以将 V_0 空间分解为 $W_1, W_2, \cdots, W_J, V_J$,从而得到在这些子空间内的系数集

$$\{d_k^{(i)}, a_k^{(J)}, i = 1, \cdots, J, k \in \mathbf{Z}\}$$

由两尺度方程可以证明分解方程为

$$a_k^{(1)} = \sum_n h_{(n-2k)} a_n^{(0)}$$

$$d_k^{(1)} = \sum_n g_{(n-2k)} a_n^{(0)}$$

合成方程为

$$a_n^{(0)} = \sum_k h_{(n-2k)} a_k^{(1)} + \sum_k g_{(n-2k)} d_k^{(1)}$$

这个分解与合成过程可以进行 J 阶,一般分解公式为

$$\begin{cases} a_k^{(i+1)} = \sum_n h_{(n-2k)} a_n^{(i)} \\ d_k^{(i+1)} = \sum_k g_{(n-2k)} a_n^{(i)} \end{cases} \qquad (8.152)$$

一般合成公式为

$$a_n^{(i)} = \sum_k h_{(n-2k)} a_k^{(i+1)} + \sum_k g_{(n-2k)} d_k^{(i+1)} \qquad (8.153)$$

注意到

$$d_k^{(i)} = <x(t), \psi_{i,k}(t)> = W(i,k)$$

是在 2^i 尺度下的小波变换系数 $WT(i,k)$,和

$$a_k^{(J)} = <x(t), \varphi_{J,k}>$$

是函数 $x(t)$ 在这次分解过程中,分解到最大尺度函数空间 V_J 的投影系数。

由 $V_0 = W_1 \oplus W_2 \oplus W_3 \cdots \oplus W_J \oplus V_J$,将 $P_0 x(t)$ 分解为如下形式

$$P_0 x(t) = \sum_{i=1}^J \sum_k d_k^{(i)} \psi_{i,k}(t) + \sum_k a_k^{(J)} \varphi_{J,k}(t) \qquad (8.154)$$

可以看到分解公式式(8.152)相当于输入序列同滤波器的单位抽样响应卷积后进行亚采样，只保留偶数样点，合成公式式(8.153)相当于先对输入序列插值，再通过滤波器。分解和合成的示意图如图 8.48 所示。这组计算离散小波变换和反变换的分解和合成公式式(8.152)和式(8.153)称为 Mallat 算法。

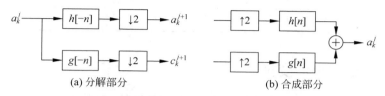

(a) 分解部分   (b) 合成部分

图 8.48　单层小波分解与合成示意图

下面给出分解和合成公式的简要证明，先证明一个等式 $a_k^{(i+1)} = \sum_n h_{(n-2k)} a_n^{(i)}$。
由 $V_j = V_{j+1} \oplus W_{j+1}$，得

$$P_j x(t) = P_{j+1} x(t) + D_{j+1} x(t)$$

即

$$\sum_k a_k^{(j)} \varphi_{j,k}(t) = \sum_m a_m^{(j+1)} \varphi_{j+1,m}(t) + \sum_m d_m^{(j+1)} \psi_{j+1,m}(t) \tag{8.155}$$

由双尺度方程和正交性原理，容易验证

$$< \varphi_{j,k}, \varphi_{j+1,m} > = h_{(k-2m)} \tag{8.156}$$

$$< \varphi_{j,k}, \psi_{j+1,m} > = g_{(k-2m)} \tag{8.157}$$

式(8.155)两边同乘 $\varphi_{j+1,l}(t)$，两边积分，利用式(8.156)得

$$a_m^{(j+1)} = \sum_k h_{(k-2m)} a_k^{(j)}$$

用 k 代 m，以 n 代 k，即为所证公式。

同理，式(8.155)两边同乘 $\psi_{j+1,l}$ 可以证明第二个等式。式(8.155)两边同乘 $\varphi_{j,l}(t)$ 可以证明合成公式。

对于离散小波变换的计算，人们只需初始值 $a_k^{(0)}$ 和一组由两尺度方程规定的滤波器系数 h_n 和 g_n，并不需要 $\psi(t)$、$\varphi(t)$ 表达式，因此正交小波基往往是以 h_n 和 g_n 形式给出的。由 h_n 和 g_n 用迭代方法可以逼近地画出 $\varphi(t)$ 和 $\psi(t)$。

在实际应用中，一般仅有信号 $x(t)$ 的离散采样值 $x[n]$ 存在，由 $x[n]$ 计算离散小波变换系数，一般取 $a_n^{(0)} = x[n]$ 作为计算 DWT 系数的初始尺度系数，反复应用式(8.152)，可以得到 J 级小波分解，得到系数集 $\{d_k^{(i)}, a_k^{(J)}, i=1, \cdots J, k \in \mathbf{Z}\}$。如果实际中，仅有 N 个数据 $\{x[n], n=0, \cdots, N-1\}$，也就是 $a_n^{(0)}, n=0, \cdots, N-1$ 仅有 N 个初始系数，如果忽略边界问题，注意到 $a_n^{(1)}$ 和 $d_n^{(1)}$ 仅各有 $N/2$ 个系数，这是由于 Mallat 算法是滤波加亚采样的结果。类似地，$a_n^{(2)}$ 和 $d_n^{(2)}$ 各有 $N/4$ 个系数，以此类推，$a_n^{(J)}$ 和 $d_n^{(J)}$ 各有 $N/2^J$ 个系数，最后保留下来的系数集 $\{d_k^{(i)}, a_k^{(J)}, i=1, \cdots, J, 0 \leqslant k < N/2^i\}$，共有 N 个系数，与原始数据量相等，并可按如表 8.3 所示数据格式存储在相同数组中。

表 8.3　数据格式

原始数据	$x[0],x[1],$		$\cdots,$		$x[N-1]$
变换系数	$d_0^1,\cdots,d_{N/2-1}^1$	$d_0^2,\cdots,d_{N/4-1}^2$	$\cdots$	$d_0^J,\cdots,$ $d_{N/2^J-1}^J$	$a_0^J,\cdots,$ $a_{N/2^J-1}^J$
系数数目	$N/2$	$N/4$	$\cdots$	$N/2^J$	$N/2^J$

8.9.5　双正交小波变换

正交基与正交小波变换从数学性质上说是最理想的，但是 Daubechies 已经证明，除 Harr 基外，所有正交基都不具有对称性。Harr 基是一种最简单的小波基，它对应的尺度函数就是 8.9.4 节台阶函数的例子。容易验证，其相应的共轭镜像滤波器分别为 $h_0=1/\sqrt{2}$，$h_1=1/\sqrt{2}$ 和 $g_0=1/\sqrt{2}$，$g_1=-1/\sqrt{2}$，其他系数为零。在类似图像编码这类有失真的应用情况下，不对称会引入相位失真，这是很不理想的，为此希望具有对称性质的小波基。有一类具有双正交性质的小波基具有这个特性，Cohen 和 Daubechies 等从数学上构造了具有紧支特性和一定正则性的对称双正交小波基，Vetterli 和 Herley 从理想重构的滤波器组理论出发构造了对称的双正交小波基。

双正交小波基是框架理论的一个特例，存在两个对偶的母小波 $\psi(t)$ 和 $\tilde{\psi}(t)$，满足如下互正交关系

$$\langle \psi_{m,n},\tilde{\psi}_{m',n'}\rangle=\delta_{mm'}\delta_{nn'} \tag{8.158}$$

相应的尺度函数也满足

$$\langle \varphi_{mn},\tilde{\varphi}_{mn'}\rangle=\delta_{nn'} \tag{8.159}$$

这里 $\{\psi_{m,n},m,n\in \mathbf{Z}\}$ 和 $\{\tilde{\psi}_{m,n},m,n\in \mathbf{Z}\}$ 本身并不要求是正交的。

双正交小波基联系着一个推广了的多分辨分析，存在两个嵌套的空间，即

$$\begin{cases} \cdots\subset V_1\subset V_0\subset V_{-1}\subset \cdots \\ \cdots\subset \tilde{V}_1\subset \tilde{V}_0\subset \tilde{V}_{-1}\subset \cdots \end{cases} \tag{8.160}$$

其中

$$V_m=\mathrm{Span}\{\varphi_{m,n}\},\quad \tilde{V}_m=\mathrm{Span}\{\tilde{\varphi}_{m,n}\}$$

并且

$$V_m\perp\tilde{W}_m,\quad \tilde{V}_m\perp W_m \tag{8.161}$$

相似于式（8.134）、式（8.135）的两尺度关系同样存在，除式（8.134）和式（8.135）外，增加了两个方程，即

$$\tilde{\varphi}(t)=\sqrt{2}\sum_n \tilde{h}_n\tilde{\varphi}(2t-n) \tag{8.162}$$

$$\tilde{\psi}(t)=\sqrt{2}\sum_n \tilde{g}_n\tilde{\varphi}(2t-n) \tag{8.163}$$

与正交情况类似，如果要求 $\psi(t)$ 和 $\tilde{\psi}(t)$ 构成双正交基，必须对相应的四个滤波器系

数 $h,\tilde{h},g,\tilde{g}$ 施加约束,使 $\psi(t)$ 和 $\tilde{\psi}(t)$ 构成双正交基的约束条件的一般表示为

$$\begin{cases} H(z^{-1})\tilde{H}(z) + G(z^{-1})\tilde{G}(z) = 2 \\ H(-z^{-1})\tilde{H}(z) + G(-z^{-1})\tilde{G}(z) = 0 \end{cases} \tag{8.164}$$

用频域表示所构成的一种解的形式为

$$H^*(e^{j\Omega})\tilde{H}(e^{j\Omega}) + H^*(e^{j(\Omega+\pi)})\tilde{H}(e^{j(\Omega+\pi)}) = 2 \tag{8.165}$$

和

$$g_n = (-1)^{1-n}\tilde{h}_{1-n}, \quad \tilde{g}_n = (-1)^{1-n}h_{1-n}$$

$$\sum_n h_n\tilde{h}_{n+2k} = \delta_{k,0}$$

满足如上关系的滤波器组称为准确重构滤波器组,由式(8.165)设计 h、$\tilde{h}$,然后构造 g、$\tilde{g}$,这组滤波器获得后,由下式构造尺度函数和小波函数

$$\begin{cases} \Phi(2\Omega) = \dfrac{1}{\sqrt{2}}H(e^{j\Omega})\Phi(\Omega), \quad \tilde{\Phi}(2\Omega) = \dfrac{1}{\sqrt{2}}\tilde{H}(e^{j\Omega})\tilde{\Phi}(\Omega) \\ \Psi(2\Omega) = \dfrac{1}{\sqrt{2}}G(e^{j\Omega})\Psi(\Omega), \quad \tilde{\psi}(2\Omega) = \dfrac{1}{\sqrt{2}}\tilde{G}(e^{j\Omega})\tilde{\psi}(\Omega) \end{cases} \tag{8.166}$$

由此构成的两个小波函数族 $\{\psi_{m,n}, m,n \in \mathbf{Z}\}$ 和 $\{\tilde{\psi}_{m,n}, m,n \in \mathbf{Z}\}$ 构成双正交基。双正交时,小波变换的递推公式(分析公式)仍然成立,写成如下

$$\begin{cases} a_k^{(i+1)} = \displaystyle\sum_n h_{(n-2k)}a_n^{(i)} \\ d_k^{(i+1)} = \displaystyle\sum_k g_{(n-2k)}a_n^{(i)} \end{cases} \tag{8.167}$$

反递推(合成)公式式(8.153)修改为

$$a_n^{(j-1)} = \sum_k [\tilde{h}_{n-2k}a_k^{(j)} + \tilde{g}_{n-2k}d_k^{(j)}] \tag{8.168}$$

注意,其实递推和反递推中滤波器组 h,g 和 $\tilde{h},\tilde{g}$ 是可以互换的,但必须一个出现在分解公式中,另一个出现在合成公式中。这一点,按叙述方便选择一组作为分析滤波器,另一组作为合成滤波器。

式(8.154)关于 $x(t)$ 由离散小波变换系数的重构公式修改为

$$\begin{aligned} x(t) &= \sum_n a_n^L \tilde{\varphi}_{L,n} + \sum_m \sum_n d_n^m \tilde{\psi}_{m,n} \\ &= \sum_n <x(t),\varphi_{L,n}> \tilde{\varphi}_{L,n} + \sum_m \sum_n <x(t),\psi_{m,n}> \tilde{\psi}_{m,n} \end{aligned} \tag{8.169}$$

当 $L \to \infty$ 时,式(8.169)第一项消失,式(8.169)简化成式(8.170)

$$x(t) = \sum_m \sum_n <x(t),\psi_{m,n}> \tilde{\psi}_{m,n} \tag{8.170}$$

这是框架理论下,由离散小波变换重构 $x(t)$ 的标准公式,式(8.170)更多地用于原理性的说明,式(8.169)更多地用于代表信号的实际分解形式。

8.10　与本章相关的 MATLAB 函数与实例

8.10.1　相关的 MATLAB 函数简介

首先介绍与多采样率信号处理相关的部分 MATLAB 函数。

1. resample

功能介绍　有理分数倍采样率转换函数。本函数集成在 Signal Processing 工具箱中，用于实现采样率的有理分数倍转换。

语法

```
y = resample(x,p,q)
y = resample(x,p,q,n)
y = resample(x,p,q,n,beta)
y = resample(x,p,q,b)
[y,b] = resample(x,p,q)
```

输入变量　y＝resample(x,p,q)用于将离散信号 x 的采样率转化为原始采样率的 p/q 倍。x 表示原始信号；p 和 q 表示新采样率同原始采样率比值的分子和分母，这里要求 p 和 q 都是正整数。如果 x 为矩阵，则 resample 函数作用于 x 的每一列。

其中的低通滤波器利用加 Kaiser 窗的 FIR 滤波器实现。滤波器的设计可由 n、beta 和 b 控制。n 正比于 FIR 滤波器的阶数：n 越大，滤波器越复杂，默认值为 10。beta 为 Kaiser 窗的设计参数，默认值为 5。当我们对滤波器的要求更高时，也可以通过 b 参数来设计滤波器，其中 b 是滤波器的系数。

输出内容　y 代表输出信号。信号长度等于 ceil(length(x) * p/q)。b 是采样率转换过程中所用滤波器的系数。

2. decimate

功能介绍　降采样函数。本函数集成在 Signal Processing 工具箱中，通过低通滤波器和抽取两步获得降采样信号。

语法

```
y = decimate(x,r)
y = decimate(x,r,n)
y = decimate(x,r,'fir')
y = decimate(x,r,n,'fir')
```

输入变量　y＝decimate(x,r)用于将离散信号 x 的采样率降低为原始采样率的 1/r。x 表示原始信号；r 表示降采样率，这里要求 r 是正整数。

其中的低通滤波器利用 8 阶切比雪夫 1 型 IIR 低通滤波器实现，滤波器的通带截止频率为 $0.8 * (Fs/2)/r$。但是我们也可以通过 n 和'fir'参数来设计滤波器。y = decimate(x,r,n)指定了切比雪夫滤波器的阶数为 n。y = decimate(x,r,'fir')指定了滤波器选择为 30 阶 FIR 滤波器。y = decimate(x,r,n,'fir')指定了 n 阶 FIR 滤波器。

需要注意的是,当 r 大于 13 时,最好将 r 分解质因数而后多次调用 decimate 函数以得到更好的效果。Decimate 函数和 p＝1 时的 resample 函数相同,但是在滤波器上的选择方面有自己的特点。

输出内容 y 代表输出信号。信号长度等于原来的 1/r。

3. interp

功能介绍 升采样率函数。本函数集成在 Signal Processing 工具箱中,通过零插值和低通滤波器两步获得升采样率信号。

语法

```
y = interp(x,r)
y = interp(x,r,l,alpha)
[y,b] = interp(x,r,l,alpha)
```

输入变量 y＝interp(x,r)用于将离散信号 x 的采样率升高为原始采样率的 r 倍。x 表示原始信号;r 表示升采样率,这里要求 r 是正整数。

其中的滤波器可以通过 l 和 alpha 设计。l 确定了滤波器的长度,默认为 4。alpha 确定了截止频率,默认为 0.5。

需要注意的是,interp 函数和 q＝1 时的 resample 函数相同,但是效率要明显低于 resample 函数。

输出内容 y 代表输出信号。信号长度等于原来的 r 倍。b 是滤波器的系数。

4. idresamp

功能介绍 采样率转换函数。本函数集成在 System Identification 工具箱中,用于实现采样率的转换。功能类似 resample,当没有安装 Signal Processing 工具箱时可以考虑使用此函数。

语法

```
datar = idresamp(data,R)
datar = idresamp(data,R,order,tol)
[datar,res_fact] = idresamp(data,R,order,tol)
```

输入变量 datar＝idresamp(data,R)用于将离散信号 data 的采样率升高为原始采样率的 R 倍。data 表示原始信号,R 表示重采样率系数,R＞1 表示升采样,R＜1 表示降采样。

datar = idresamp(data,R,order,tol)用于在升采样和降采样之前对原信号进行滤波。滤波器的阶数由 order 参数决定,默认为 8。和 resample 的不同点在于这里重采样率系数可以用小数表示,而在实现时,我们要将小数 R 转化为分数,转化的精度由 tol 决定,默认值为 0.1。tol 设置越小,小数转化为分数的结果越准确,计算时间也越长。

输出内容 datar 代表输出信号。res_fact 代表由 R 转换成的分数值。

5. downsample

功能介绍 抽取函数。本函数集成在 Signal Processing 工具箱中,用于实现信号的抽取。

语法

```
y = downsample(x,n)
y = downsample(x,n,phase)
```

输入变量　y＝downsample(x,n)用于将离散信号 x 从第一个样本开始每隔 n－1 个样本取出一个样本组成 y。即对信号 x 每 n 个点进行一次抽取操作。如果不想从第一个点开始抽取，可以通过 phase 参数进行初始相位的设置，phase 的取值范围是 0 到 n－1。此函数也可以用于 x 为矩阵的情况，此时将 x 的每一列作为一个信号进行抽取操作。

输出内容　Y 为经抽取操作所得信号。

6. upsample

功能介绍　零插值函数。本函数集成在 Signal Processing 工具箱中，用于实现信号的零插值过程。

语法

```
y = upsample(x,n)
y = upsample(x,n,phase)
```

输入变量　y＝upsample(x,n)用于将离散信号 x 进行零插值操作，即将信号的每两个连续样本间插入 n－1 个 0。如果想从第一个点开始即插入 0，可以通过 phase 参数进行初始相位的设置，phase 的取值范围是 0 到 n－1。此函数也可以用于 x 为矩阵的情况，此时将 x 的每一列作为一个信号进行 0 插入操作。

输出内容　y 为经抽取操作所得信号。长度为 n 倍原信号的长度。

7. upfirdn

功能介绍　采样率转换函数。功能类似 resample。本函数集成在 Signal Processing 工具箱中，用于实现信号的采样率转换。

语法

```
yout = upfirdn(xin,h)
yout = upfirdn(xin,h,p)
yout = upfirdn(xin,h,p,q)
```

输入变量　upfirdn 用于将离散信号 x 进行如下三步操作：

（1）零插值。即将信号的每两个连续样本间插入 p－1 个 0。

（2）滤波。将零插值后的信号进行滤波，滤波器的冲激响应函数由 h 给出。

（3）抽取。即对信号 x 每 q 个点进行一次抽取操作。

xin 为原始数字信号；h 为滤波器的单位抽样响应函数；p 为插值参数；q 为抽取参数。

输出内容　yout 为经采样率转换所得信号。长度为 ceil((((length(xin)－1) * p＋length(h))/q)。

8. d2d

功能介绍　对离散时间模型进行采样率转换。

语法

```
sys1 = d2d(sys, Ts)
sys1 = d2d(sys, Ts, 'method')
sys1 = d2d(sys, Ts, opts)
```

输入变量 sys 为离散时间系统模型。Ts 表示新的采样时间(单位:秒(s))。

输出内容 sys1 为采样率转换后的系统模型。

9. firpmord

功能介绍 本函数集成在 Signal Processing 工具箱,用于估计 FIR 滤波器的阶数。

语法

```
[n,fo,ao,w] = firpmord(f,a,dev)
[n,fo,ao,w] = firpmord(f,a,dev,fs)
```

输入变量 f 是一个矢量,表示截止频率。a 也为矢量,表示对应 f 中的频率上的滤波器增益。dev 矢量表示通带阻带上纹波大小。

输出内容 n 表示估计出的 FIR 滤波器的阶数。

10. mfilt. cicdecimFixed-point CIC decimator

功能介绍 本函数集成在 DSP System 工具箱,用于生成积分器-梳状滤波级联系统。

语法

```
hm = mfilt.cicdecim(r,m,n,iwl,owl,wlps)
```

输入变量参见表 8.4。

表 8.4 输入变量及其介绍

输 入 变 量	介　　绍
r	输入端的降采样率因子,默认为 2
m	差分时延,默认为 1
n	积分器或梳状滤波器个数,默认为 2
iwl	输入信号的字长
owl	输出信号的字长
wlps	确定了在每个积分器或者梳状滤波器中的字的位数

输出内容 生成一个 CIC 系统 hm。

11. morlet

功能介绍 本函数集成在 wavelet 工具箱,用于产生 Morlet 小波。

语法

```
[PSI,X] = morlet(LB,UB,N)
```

输入变量 [LB,UB] 是小波生成区间,N 为小波点数。

输出内容 PSI 为生成的小波结果,x 矢量表示小波生成的区间。

12. qmf

功能介绍　本函数集成在 wavelet 工具箱，用于产生正交镜像滤波器。

语法

```
Y = qmf(X)
```

输入变量　X 为已知滤波器的单位抽样响应函数。

输出内容　Y 为 X 的正交镜像滤波器。

13. cwt

功能介绍　本函数集成在 wavelet 工具箱，用于一维连续小波变换函数。

语法

```
coefs = cwt(x,scales,'wname')
coefs = cwt(x,scales,'wname','plot')
coefs = cwt(x,scales,'wname','coloration')
[coefs,sgram] = cwt(x,scales,'wname','scal')
[coefs,sgram] = cwt(x,scales,'wname','scalCNT')
coefs = cwt(x,scales,'wname','coloration',xlim)
```

输入变量　这里重点介绍 coefs = cwt(x,scales,'wname')用法。其他用法是对此用法功能的简单补充。x 是要进行小波变换的函数。scale 是尺度因子，这里可以是一个矢量，表示进行一系列不同尺度的小波变换。'wname'是母小波函数，可以有如表 8.5 所示的选择：

表 8.5　参数选择

小　波　族	wname 参数
Daubechies	'db1'或 'haar', 'db2', … ,''db10', … , 'db45'
Coiflets	'coif1', … , 'coif5'
Symlets	'sym2', … , 'sym8', … ,'sym45'
Discrete Meyer	'dmey'
Biorthogonal	'bior1.1', 'bior1.3', 'bior1.5' 'bior2.2', 'bior2.4', 'bior2.6', 'bior2.8' 'bior3.1', 'bior3.3', 'bior3.5', 'bior3.7' 'bior3.9', 'bior4.4', 'bior5.5', 'bior6.8'
Reverse Biorthogonal	'rbio1.1', 'rbio1.3', 'rbio1.5' 'rbio2.2', 'rbio2.4', 'rbio2.6', 'rbio2.8' 'rbio3.1', 'rbio3.3', 'rbio3.5', 'rbio3.7' 'rbio3.9', 'rbio4.4', 'rbio5.5', 'rbio6.8'

输出内容　coefs 是小波变换结果。其结果为一个矩阵。矩阵的行数对应于尺度 scale 的维数。矩阵的列数对应于输入信号的长度。

14. dwt

功能介绍　本函数集成在 wavelet 工具箱，用于一维单层离散小波变换。

语法

```
[cA,cD] = dwt(X,'wname')
[cA,cD] = dwt(X,Lo_D,Hi_D)
```

输入变量　dwt 函数用于对信号 X 进行一维单层离散小波分解。小波基可以通过 'wname'指定,也可以通过 Lo_D 和 Hi_D 指定,其中 Lo_D 是低通滤波器单位抽样响应; Hi_D 是高通滤波器单位抽样响应,两者长度必须相同。'wname'是母小波函数,选择同 cwt 函数。

输出内容　cA 对应小波系数的低频部分,cD 对应小波系数的高频部分。

15. waveinfo

功能介绍　本函数集成在 wavelet 工具箱,用于说明工具箱中所有小波信息。

语法

```
waveinfo('wname')
```

输入变量　'wname'是指定了小波族的名称,可用参数如表 8.6 所示。

表 8.6　wname 参数

wname 参数	小 波 名 称
'haar'	Haar wavelet
'db'	Daubechies wavelets
'sym'	Symlets
'coif'	Coiflets
'bior'	Biorthogonal wavelets
'rbio'	Reverse biorthogonal wavelets
'meyr'	Meyer wavelet
'dmey'	Discrete approximation of Meyer wavelet
'gaus'	Gaussian wavelets
'mexh'	Mexican hat wavelet
'morl'	Morlet wavelet
'cgau'	Complex Gaussian wavelets
'shan'	Shannon wavelets
'fbsp'	Frequency B-Spline wavelets
'cmor'	Complex Morlet wavelets

输出内容　函数的输出对小波族进行了介绍,包括其正交性、双正交性、参考文献等。

16. wfilters

功能介绍　本函数集成在 wavelet 工具箱,用于产生小波分解和合成过程中的滤波器单位抽样响应。

语法

```
[Lo_D,Hi_D,Lo_R,Hi_R] = wfilters('wname')
[F1,F2] = wfilters('wname','type')
```

输入变量 wname 指定了具体的小波名称，参见 cwt 函数。'type'指输出的滤波器类型，见表 8.7。

表 8.7 滤波器类型

Lo_D and Hi_D	合成滤波器	'type' = 'd'
Lo_R and Hi_R	合成滤波器	'type' = 'r'
Lo_D and Lo_R	低通滤波器	'type' = 'l'
Hi_D and Hi_R	高通滤波器	'type' = 'h'

输出内容 Lo_D 是分解过程的低通滤波器；Hi_D 是分解过程的高通滤波器；Lo_R 是重建过程的低通滤波器；Hi_R 是重建过程的高通滤波器。

8.10.2 MATLAB 例程

通过几个例程及其运行结果，说明 MATLAB 函数在多采样问题的应用。

例 8.10.1 以之前采样率的 1.5 倍采样率对一个简单的线性序列采样，例程和运行结果如下。

```
fs1 = 10;                                   % Original sampling frequency in
t1 = 0:1/fs1:1;                             Hz
x = t1;                                     % Time vector
y = resample(x,3,2);                        % Define a linear sequence
t2 = (0:(length(y)-1))*2/(3*fs1);           % Now resample it
plot(t1,x,'*',t2,y,'o',-0.5:0.01:1.5,-0.5:0.01:1.5,':')   % New time vector
legend('original','resampled'); xlabel('Time')
```

结果如图 8.49 所示。可以发现最后的几点出现了错误，这是由于 resample 函数将原始数据的前后都进行了补零处理，这样的处理会造成错误。

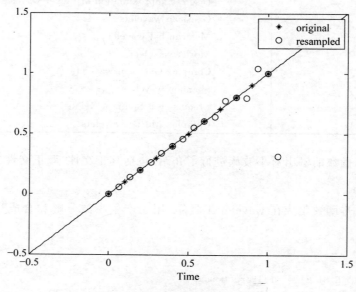

图 8.49 例 8.10.1 的例程结果

例 8.10.2 将一个原始离散信号的采样率降低为原来的 $1/4$,例程和图形如下(见图 8.50)。

```
t = 0:.00025:1;                          % Time vector
x = sin(2 * pi * 30 * t) + sin(2 * pi * 60 * t);
y = decimate(x, 4);
stem(x(1:120)), axis([0 120 - 2 2])     % Original signal
title('Original Signal')
figure
stem(y(1:30))                            % Decimated signal
title('Decimated Signal')
```

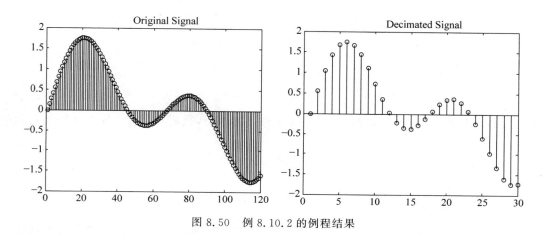

图 8.50 例 8.10.2 的例程结果

例 8.10.3 将原始离散信号采样率提高为原来的 4 倍,例程和图形如下(见图 8.51)。

```
t = 0:0.001:1;                           % Time vector
x = sin(2 * pi * 30 * t) + sin(2 * pi * 60 * t);   % Original sampling rate is 1kHz, the maximum
y = interp(x, 4);                        % frequency of the signal is 60Hz.
subplot(121);
stem(x(1:30));
axis([0 30 - 2 2]);
title('Original Signal');
subplot(122);
stem(y(1:120));
title('Interpolated Signal');
axis([0 120 - 2 2]);
```

例 8.10.4 对原信号进行抽取的简单测试例程如下。

```
x = [1 2 3 4 5 6 7 8 9 10];
y = downsample(x, 3)                     % Decrease the sampling rate of a sequence by 3
```

输出结果为:$y = [1\ 4\ 7\ 10]$,即程序从新号的第一个样本点开始每隔两个点取出一个样本。如果我们不想从第一个点进行抽取操作,可以通过设置偏移达到效果,如下述例程。

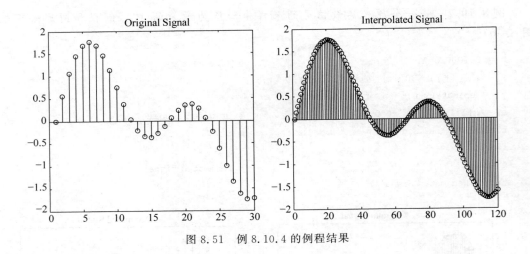

图 8.51　例 8.10.4 的例程结果

```
x = [1 2 3 4 5 6 7 8 9 10];
y = downsample(x,3,2)                         % Add a phaseoffset of 2
```

输出结果为 y＝[3 6 9]，即通过设置 2 个样本的偏置，我们从第三个样本开始进行抽取操作。

例 8.10.5　对原信号进行零插值的简单测试例程。

```
x = [1 2 3 4];
y = upsample(x,3);
```

输出结果为：y ＝[1 0 0 2 0 0 3 0 0 4 0 0]，即从第一个样本点开始每两个样本间插入 0。我们也可通过增加偏置来改变输出结果。

```
x = [1 2 3 4];
y = upsample(x,3,2);
```

输出结果为：y ＝[0 0 1 0 0 2 0 0 3 0 0 4]，这相当于上面例子进行了时延所得结果。

例 8.10.6　将离散信号采样率由 48kHz(DAT 采样率)转换为 44.1kHz(CD 采样率)，转换比例为 147/160。例程如下，运行结果见图 8.52。

```
L = 147; M = 160;                            % Interpolation/decimation factors
N = 24 * L;
h = fir1(N - 1,1/M,kaiser(N,7.8562));
h = L * h;                                   % Passband gain = L
Fs = 48e3;                                   % Original sampling frequency - 48kHz
n = 0:10239;                                 % 10240 samples, 0.213 seconds long
x = sin(2 * pi * 1e3/Fs * n);                % Original signal, sinusoid @ 1kHz
y = upfirdn(x,h,L,M);                        % 9430 samples, still .213 seconds
stem(n(1:49)/Fs,x(1:49)); hold on
stem(n(1:45)/(Fs * L/M),y(13:57),'r','filled');
xlabel('Time (sec)');ylabel('Signal value');
```

此例程将采样率 48kHz 转换为 44.1kHz，功能类似 resample。

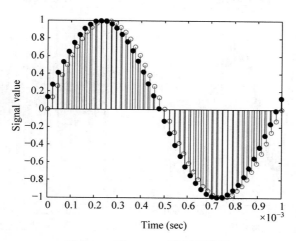

图 8.52 例 8.10.6 的例程结果

例 8.10.7 离散小波变换的实现例程。

```
load noisdopp;
[Lo_D,Hi_D] = wfilters('bior3.5','d');
[A,D] = dwt(noisdopp,Lo_D,Hi_D);
figure;subplot(131);plot(noisdopp);title('Noisdopp');
subplot(132);plot(A);title('Low Frequency Coefficients');
subplot(133);plot(D);title('High Frequency Coefficients');
```

例程通过 wfilter 函数，以 Biorthogonal 为小波基构造了低通滤波器和高通滤波器。而后利用 dwt 函数对 noisdopp 信号进行离散小波分解，得到离散小波变换结果如图 8.53 所示。注意，高频系数的幅度范围比低频系数小得多。

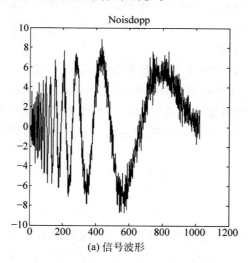

(a) 信号波形

图 8.53 离散小波分解

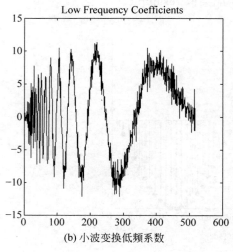
(b) 小波变换低频系数

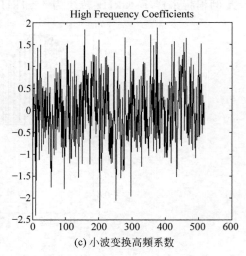
(c) 小波变换高频系数

图 8.53 （续）

8.11 本章小结

尽管本章篇幅已经足够长了，但由于数十年来学术界和工业界对多采样率信号处理领域的持续关注，使得在该方向上不管是理论、方法和应用方面均取得大量的成果，并且多采样率信号处理问题与时频分析有着密切的联系，本章的材料仍属于该分支的一个入门性介绍。

本章首先讨论了整数倍降采样率和整数倍升采样率的基本结构，然后讨论了任意有理倍数重采样率技术，也专门讨论了重采样率技术中常用的多相实现方式和奈奎斯特滤波器设计技术；然后讨论了子带编码和滤波器组理论，给出了准确重构滤波器组准则，并介绍了几种实际设计的准确重构滤波器组。由于与子带分解和滤波器技术密切相关，也简要介绍了小波变换及其离散实现方法。

Crochiere 等在 1983 年出版了论述多采样率信号处理的第一本书，Vaidynathan 在 1993 年的著作对该领域进行了全面和系统的介绍，Vetteli 等则将小波变换和子带编码进行了统一性的介绍，Mallat 给出了关于小波变换和其他时频表示的详尽分析，Strang 等也给出了小波和滤波器组的全面介绍。有兴趣的读者可进一步参考这些专门著作。

习题

8.1 两个离散信号 $x_1[n]=\cos(0.2\pi n)+1.5\sin(0.45\pi n)$ 和 $x_2[n]=2\cos(0.35\pi n)+\sin(0.78\pi n)$，分别对其做 $M=2$ 的抽取，求其抽取后离散信号的 DTFT，用两种方法求解：

（1）直接对信号进行时域抽取运算，然后再做离散时间傅里叶变换。

（2）用 M 抽取运算的频域关系直接计算。对比两种方法的结果。

（3）取 $M=4$，重做题（1）和题（2）。

（4）若要求不产生频率混叠，需要先做滤波再进行 $M=4$ 的抽取，有几种滤波器的选择可能性,并给出滤波器的通带截止参数。

8.2 信号频谱示意图如题8.2图所示,画出按 $M=2$ 抽取后的频谱示意图。

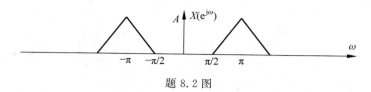

题 8.2 图

8.3 有两个信号,其频谱示意图(假设只画出幅度谱)如题8.3图所示,分别直接做 $M=2$ 和 $M=3$ 的抽取,画出抽取后的频谱示意图。若先通过一个滤波器,再做 $M=3$ 的抽取,为了最大可能保存原信号的信息并且避免混叠,针对两种信号,给出理想滤波器的通带截止频率参数。

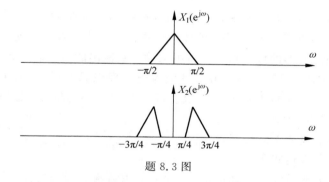

题 8.3 图

8.4 证明 M 抽取和零插值均为线性和时变系统。

8.5 已知模拟信号 $x_a(t)$ 的频谱 $X_a(j\Omega)$ 如题8.5图所示,请回答:

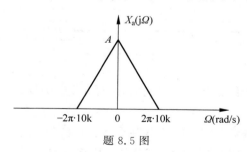

题 8.5 图

(1)写出该模拟信号的奈奎斯特采样频率。

(2)以采样率 $f_s=30\mathrm{kHz}$ 对该信号进行采样得到离散序列 $x[n]$,请画出序列 $x[n]$ 的频谱。

(3)为降低后续处理的计算量,要求只用一个数字滤波器将序列 $x[n]$ 的采样率转变为 Nyquist 采样频率,请画出采样率转换系统的实现框图,并给出滤波器的设计指标。

8.6 如果一个离散序列 $x[n]$ 的 DTFT 满足 $X(e^{j\omega})=X(e^{j(\omega-\pi)})$,序列 $y[n]$ 是由 $x[n]$ 两倍抽取得到的,即 $y[n]=x[2n]$。已知 $y[n]=\delta[n]+4\delta[n-1]-2\delta[n-3]$,请确定序列 $x[n]$。

8.7 证明式(8.17)的正确性。

8.8 证明式(8.19)的正确性。

8.9 设序列 $x[n]$ 的离散时间傅里叶变换 $X(e^{j\omega})$ 的幅度如题 8.9 图所示,请回答:

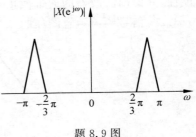

(1) 对 $x[n]$ 进行 $M=3$ 的抽取,得到 $y[n]=x[3n]$,画出 $y[n]$ 的 DTFT 的幅度 $|Y(e^{j\omega})|$ 的示意图;

(2) 由 $y[n]$ 可否恢复 $x[n]$,如果可以,画出实现框图,对框图中的关键模块给出有关参数。

题 8.9 图

(3) 由这个问题,能否联想到对“带通信号”采样的问题,谈谈对这个问题的看法(注:该问题是开放性问题,自由发挥)。

8.10 有一实离散时间信号 $x[n]$,其 DTFT 在 $\left[\dfrac{\pi}{3},\pi\right]$ 区间为零,该离散时间信号有若干点因存储器损坏而被破坏,但发现 $n=3m$ 的点都保持正确值,这里 m 是任意整数。

(1) 设计一个用多采样方法实现已毁坏信号重构的方法。画出实现该功能的系统结构框图,说明其中理想滤波器的技术指标。写出从输入到输出的时域表达式。

(2) 如果采用 FIR 结构因果线性相位滤波器逼近理想滤波器,要求在相应于理想滤波器的截止频率点上,幅度衰减不高于 1%,过渡带不大于 0.05π,阻带内衰减达到 40dB,用凯泽窗方法设计该滤波器,确定:

① 滤波器冲激响应非零值长度。

② 写出冲激响应表达式。

③ 用多相结构实现系统中的插值部分,画出多相结构实现的框图,若原信号是用每秒 1MHz 采样所得,比较直接实现和多相实现对处理器每秒处理的乘法次数和加法次数的要求。

8.11 题 8.11 图给出了一种利用内插和抽取可以实现对输入信号进行分数延迟的系统。

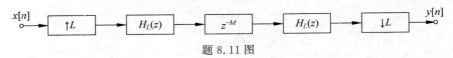

题 8.11 图

输入序列 $x[n]$ 是对连续信号采样得到的,采样率为 10Hz。希望通过该系统引入时延为 2.38s。

(1) 为实现该时延,请确定所需的最小内插因子 L 的值。

(2) 假设线性相位 FIR 滤波器 $H_L(z)$ 单位抽样响应的长度为 50,则为了获得所需总时延,请确定延迟器的参数 M。

8.12 已知连续信号 $s_a(t)$ 通过题 8.12 图(a)所示系统得到序列 $s[n]$,其也可通过题 8.12 图(b)所示系统得到序列 $s_1[n]$。现希望用数字方法直接由 $s[n]$ 得到 $s_1[n]$,请画出实现框图,并给出所使用滤波器的设计指标(包括截止频率和通带增益)。

8.13 如果一个滤波器的冲激响应是 $h[n]=\begin{cases}1, & 0\leqslant n\leqslant 19\\ 0, & \text{其他}\end{cases}$。

(1) 求它的频率响应 $H(e^{j\omega})$,大致画出频率响应的草图,如果定义频率响应的峰值到第一个零值点的距离为带宽,该滤波器的带宽为多大?

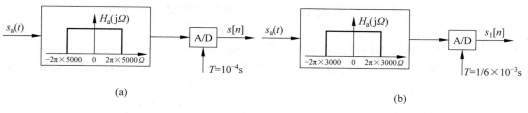

题 8.12 图

（2）要求以 $H(\mathrm{e}^{\mathrm{j}\omega})$ 为基础，设计多通带滤波器，在 $[0,2\pi]$ 范围内，各通带中心为 $\omega_i=$ $\frac{\pi}{3}k$，$k=0,1,\cdots,6$，每个通带形状与 $H(\mathrm{e}^{\mathrm{j}\omega})$ 一致，但带宽约为 $H(\mathrm{e}^{\mathrm{j}\omega})$ 的 $1/6$，求该滤波器的冲激响应 $h_1[n]$。

（3）在题（2）中滤波器的基础上，求一个新的滤波器，频率中心比（2）中滤波器向右平移 $\pi/12$，求该滤波器的冲激响应 $h_2[n]$。

8.14 将离散信号 $x[n]$ 的采样率转变为原采样率的 $\frac{4}{3}$，只用一个滤波器，

（1）画出实现框图，给出滤波器的设计指标。

（2）假设滤波器冲激响应为 $h[n]$，写出系统输出 $y[n]$ 和输入 $x[n]$ 之间的关系。

（3）该采样率转换系统是一种时变系统还是时不变系统，证实你的判断。

8.15 已知用有理数 I/D 作采样率转换的两个系统如题 8.15 图所示：

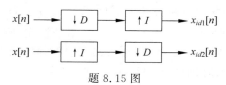

题 8.15 图

（1）写出 $X_{id1}(z)$、$X_{id2}(z)$、$X_{id1}(\mathrm{e}^{\mathrm{j}\omega})$、$X_{id2}(\mathrm{e}^{\mathrm{j}\omega})$ 的表达式。

（2）若 $I=D$，试分析这两个系统是否有 $x_{id1}[n]=x_{id2}[n]$，请说明理由。

（3）若 $I\neq D$，请问在什么条件下有 $x_{id1}[n]=x_{id2}[n]$，并说明理由。

8.16 两种实际中比较简单且粗糙的 L 倍插值系统：一种是固定插值，即在原序列每一个样本后插入 $L-1$ 个与此样本相等的值；一种是线性插值（线性插值：原序列先后相邻的两个样本 A，B 之间插入 $L-1$ 个新值，插入的新值按 $1,2,\cdots,L-1$ 排序，第 k 个插入值的取值为 $\frac{L-k}{L}A+\frac{k}{L}B$）。

（1）将上述两种插值方法等价为原序列两个相邻样本间先插入 $L-1$ 个零值再经过一个低通滤波器，写出对应两种插值的低通滤波器冲激响应表达式。

（2）写出这两个滤波器的频率响应表达式，根据表达式分析线性插值相对固定插值的优点。

8.17 已知离散信号 $x[n]$ 是通过对连续时间信号以采样率 $f_s=100\mathrm{Hz}$ 采样得到的。现在要求通过数字信号处理方法将 $x[n]$ 的采样率提高到 $f_s=300\mathrm{Hz}$。

（1）请写出所需的理想抗镜像滤波器 $H_L(e^{j\omega})$ 的频率响应要求。

（2）请使用凯泽窗来设计该抗镜像滤波器，要求过渡带 $\Delta\omega = 0.1\pi$，滤波器引入的群延迟为 15 个采样点。请写出该滤波器的单位抽样响应 $h[n]$。

（3）采用多相滤波器来实现该升采样率的过程，请确定各多相滤波器的系统函数 $H_i(z)$，并画出系统实现框图。

8.18　如果只对输入信号 $x[n]$ 在中心频率 ω_0 附近的一段频谱感兴趣，可以采用如题 8.18 图所示的系统实现窄带、高频率分辨间隔的信号频谱分析。已知输入信号 $x[n]$ 的频谱和低通滤波器 $h_{LP}[n]$ 的频率响应函数分别为 $X(e^{j\omega})$ 和 $H_{LP}(e^{j\omega})$。

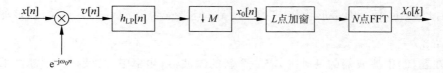

题 8.18 图

（1）请写出图中信号 $v[n]$ 和 $x_0[n]$ 频谱 $V(e^{j\omega})$ 和 $X_0(e^{j\omega})$ 的表达式。

（2）假设输入信号 $x[n]$ 是以采样率 f_s 对连续信号 $x_c(t)$ 采样得到的，请确定图中 N 点 FFT 输出 $X_0[k]$ 中相邻两点间的频率间隔，并在此基础上说明上述系统实现高频率分辨间隔信号频谱分析的工作原理。

（3）已知上述系统中采样率 $f_s = 6 \times 10^4$ Hz，抽取因子 $M = 256$，截断窗函数采用矩形窗。假设频谱分析所需要的频率分辨力和分辨间隔分别为 10 Hz 和 1 Hz，请确定窗长 L 和 FFT 变换长度 N 的最小取值。

（4）为保证所分析频带内不产生混叠，请写出理想低通滤波器 $h_{LP}[n]$ 的截止频率。

8.19　有人使用两次滤波加两次抽取的方式，实现对信号的 4 频带分解，其结构如题 8.19 图（a）所示，请回答：

（1）有人根据系统级联时各子系统可交换次序的原则，将题 8.19 图（a）中第二列的抽取和第三列的滤波交换次序，然后将相邻的滤波器合并、相邻的抽取运算合并，得到如题 8.9 图（b）所示的结构，却发现得到结果是错误的，他的思路错在哪里？

（2）若以题 8.19 图（c）来等价实现题 8.19 图（a）的功能，用 $h_1[n]$，$g_1[n]$ 分别表示 $h_{20}[n]$、$h_{21}[n]$、$h_{22}[n]$ 和 $h_{23}[n]$ 的表达式。

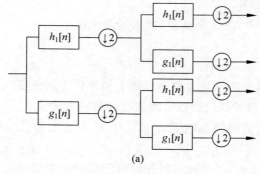

(a)

题 8.19 图

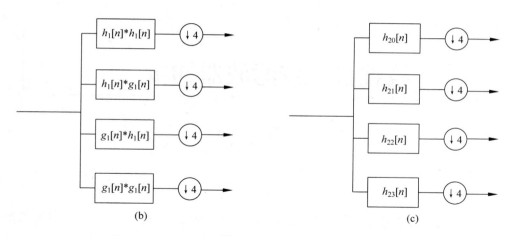

题 8.19 图(续)

8.20　证明式(8.76)所表示的 z 变换关系对应的时域关系为式(8.77)。

MATLAB 习题

8.1　请设计一个采样率变换系统,将采样率为 44.1kHz 的 CD 格式数字音频文件转换为采样率为 48kHz 的 DAT 格式。要求在保证变换质量的前提下尽可能降低采样率变换的计算复杂度。请用 MATLAB 验证所设计采样率变换系统的正确性。

8.2　请利用 MATLAB 验证 8.2.1 节介绍的抽取和零插值与滤波器交换的等价性。

8.3　请编写 MATLAB 函数实现滤波器的多相实现结构,并与 MATLAB 自带的滤波函数对比验证实现的正确性。进一步,编写 MATLAB 函数实现基于多相实现结构的降采样率和升采样率系统,并通过实际数据进行验证。

8.4　请利用 MATLAB 实现习题 8.11 中设计的分数延迟系统,并通过实际数据进行验证。

第9章

线性自适应滤波器初步

从滤波器设计角度讲,第 6 章讨论的是传统滤波器的设计方法。目标是把滤波器作为选频系统,信号通过滤波器以后,信号中位于滤波器通带内的频率成分几乎无损失地保留,而位于阻带内的频率分量被抑制。滤波器的概念最初是来自选频系统,但在信号处理中已经被泛化,不再限于选频。一些新的滤波器类型,如 Wiener 滤波器、Kalman 滤波器、自适应滤波器、粒子滤波器、小波滤波器等,都已经超出选频的概念。对于系统输入施加某种运算,以产生期待效果的系统,我们均可称为滤波器。对这类滤波器的深入全面的讨论,超出本书的范围。本章以比较直观的形式导出和讨论一种目前常用的滤波器:自适应滤波器。

自适应滤波器的目的是由输入信号产生一个期望的输出信号。这个期望的输出信号(以后简称为期望信号或期望响应)是存在的,设计一个滤波器的参数使得它对于这个输入信号产生的输出尽可能逼近期望信号。这里滤波器可采用 FIR 结构或 IIR 结构。正如我们将看到的,自适应滤波是一个迭代过程。为保证迭代中滤波器总是稳定的,FIR 结构成为自适应滤波器更常用的结构。本章只讨论 FIR 结构的自适应滤波器。

正如自适应的名称,自适应滤波器具有实时的自我调节功能。在初始时,由于对期望信号的积累较少,初始的滤波器参数可能得不到对期望响应的良好逼近,产生较大的估计误差。误差被反馈用于调整滤波器参数。如果调节过程设计得合理,这种反馈调节将逐渐改善系统性能,最终达到或逼近一组最优的滤波器参数。由于估计误差是期望响应与滤波器输出之差,估计误差又及时地反馈用于调整滤波器参数,因此,从系统观点讲自适应滤波器是一种非线性时变系统。但它完成滤波功能的单元进行的是线性运算,所以称其为线性自适应滤波器。在自适应滤波文献中的"线性"不代表"线性系统"的概念。

对于 FIR 结构的滤波器,待设计的参数是其不为零的单位抽样响应的值。设有 M 个不为零的单位抽样响应值,记为 $h[0], h[1], \cdots, h[M-1]$。在传统滤波器设计中,目标就是求出这组参数以使所求得的滤波器的频率响应逼近给定的理想频率响应。但在自适应滤波器设计中,这组系数是时变的,也不适合再称其为单位抽样响应。为了表示方便,我们将这组滤波器系数称为权系数,并用符号 $w_0[n], w_1[n], \cdots, w_{M-1}[n]$ 表示,也可用矢量表示权系数为

$$\boldsymbol{w}[n] = [w_0[n], w_1[n], \cdots, w_{M-1}[n]]^{\mathrm{T}}$$

在每一个时刻,滤波器的输出为

$$y[n] = \sum_{k=0}^{M-1} w_k[n] x[n-k] = \boldsymbol{w}^{\mathrm{T}}[n] \boldsymbol{x}[n]$$

这里用 $\boldsymbol{x}[n]=[x[n],x[n-1],\cdots,x[n-M+1]]^{\mathrm{T}}$ 表示在一个时刻参与滤波器运算的输入信号及其各阶延迟,称为输入信号矢量。如果用 $d[n]$ 表示期望响应,则滤波器输出对期望响应的估计误差为

$$e[n]=d[n]-\boldsymbol{w}^{\mathrm{T}}[n]\boldsymbol{x}[n]$$

在每一个时刻,自适应滤波除完成当前的滤波功能外,还要实时地调节滤波器参数以期待改善滤波器性能。一种调节方式是

$$\boldsymbol{w}[n+1]=\boldsymbol{w}[n]+\delta(\boldsymbol{x}[n],e[n])$$

由 $\boldsymbol{x}[n]$ 和 $e[n]$ 构成的调节函数用于调整滤波器权系数。如何设计这个调节函数是自适应滤波器设计的关键。

　　自适应滤波器是一种具有学习功能的滤波器。让期望响应作为"导师",输入信号通过滤波器输出对期望响应进行估计,通过估计误差表示这种估计的性能。通过调节函数逐渐更新(递推)滤波器系数,使得滤波器系数逐渐逼近于性能最优的滤波器,也就是使滤波器输出对期望响应的误差逐渐接近最小。简单地说,自适应滤波器就是通过对环境进行学习,逐渐达到或逼近最优滤波器。由于自适应滤波器在学习过程中有"导师"(期望响应)存在,它可归类为一种有监督学习的过程。

　　正因为自适应滤波器具有学习的能力,当滤波器的应用环境发生缓慢变化时,也就是相当于自适应滤波器应用于非平稳环境但环境的非平稳变化比自适应滤波器的学习速度更缓慢时,自适应滤波器能够自适应地跟踪这种非平稳变化。

　　自适应滤波与神经网络和统计学习理论都有密切关系,LMS 算法和线性感知器有相似之处,也可看作 BP 算法的一种特例。自适应滤波又可归结为统计学习理论中有监督学习的特例。统计学习理论主要解决两类问题:递归和分类。目前由于网络搜索的需要,人们也将统计学习推广到排序问题,自适应滤波可看作有监督学习中递归问题的一个特殊算法。目前,神经计算、统计学习和信号处理的融合是学术界非常关注的一个方向。这些技术与关于人脑模型探索的深入,有可能交融出新的理论和工具。

　　本章主要讨论三种典型的线性自适应滤波器原理,分别是:

　　(1) 最陡下降算法。假设目标函数为 $J[n]=\lim\limits_{N\to+\infty}\dfrac{1}{2N+1}\sum\limits_{n=-N}^{N}|e[n]|^{2}$,为使之最小求对 $\boldsymbol{w}[n]$ 的梯度,构成对 $\boldsymbol{w}[n]$ 的迭代算法。由于采用整体平均,使得梯度中有几项平均量存在在迭代公式中,实际中难以实现。但它给出了关于最终收敛性能的结果和关于收敛步长的要求。

　　(2) LMS 算法。假设目标函数为 $J[n]=|e[n]|^{2}$,为使之最小求对 $\boldsymbol{w}[n]$ 的梯度。由于瞬间操作,梯度随机性很大,构造的对 $\boldsymbol{w}[n]$ 的迭代算法收敛慢,有相对"较大"的多余误差存在。但算法简单,在能够满足实际需求时,采用该算法具有最简单的实现成本。

　　(3) RLS 算法。设 $J[n]=\sum\limits_{i=i_{1}}^{i_{2}}|e[n]|^{2}$,是以上两者的折中,比 LMS 有更好的性能,但运算复杂性比 LMS 算法明显增加。目前研究的各种快速 LS 算法,使运算复杂性大大降低。快速 RLS 算法已经成为高性能自适应滤波器的主要算法。

9.1　自适应滤波器概述

自适应滤波器的基本结构示于图 9.1。其中图 9.1(a)表示一个自适应滤波器的组成结构，图 9.1(b)是单框图的自适应滤波器的表示图。

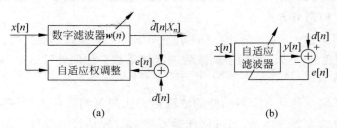

(a)　　　　　　　　　　　(b)

图 9.1　线性自适应滤波器的一般结构框图

我们以建立在 FIR 结构上的自适应滤波器为例，说明自适应滤波器的工作原理。自适应滤波器主要由两部分构成。其主要执行部件是一个 FIR 滤波器，也常称为横向滤波器，它完成实质的工作"滤波"；FIR 滤波器的权系数是可以随时调整的，构成自适应滤波器的第二部分就是滤波器的权调整算法，也称为学习算法。在开始时，可以给 FIR 滤波器赋予任意的初始权系数。在每个时刻，用当前权系数对输入信号进行滤波运算，产生输出信号；输出信号与期望响应的差定义为误差信号，由误差信号和输入信号矢量一起构造一个校正量，自适应地调整权矢量 $\hat{w}[n]$，使误差信号趋于降低的趋势，使滤波器逐渐达到或接近最优。

在自适应滤波器设计中，期望响应 $d[n]$ 是一个很关键的量，它被称为"导师"，是构成学习算法的核心量。因为学习的目的是使滤波器输出逐渐更加逼近 $d[n]$，它是不可以缺失的一个量。在一些应用中，$d[n]$ 的选择是很显然的；而在另一些应用中，如何选取 $d[n]$ 是一个很有智慧的问题。

自适应滤波有非常广泛的应用，主要可以归类为图 9.2 的 4 类应用。图 9.2(a)表示线性预测应用，将信号延迟后送到滤波器的输入，用于预测信号的当前值。初始时给出任意的

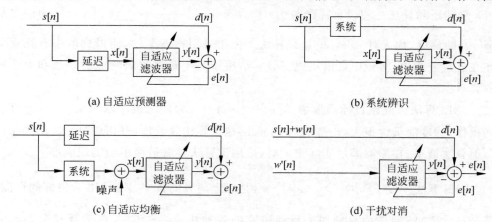

(a) 自适应预测器　　　　　　　　　　(b) 系统辨识

(c) 自适应均衡　　　　　　　　　　(d) 干扰对消

图 9.2　自适应滤波器应用的几种类型

预测系数(对应于 FIR 滤波器的系数),随着自适应滤波过程的进行,逐渐逼近最优预测系数。线性预测有很多应用。在当前数字通信系统中语音信号都要经过信源编码,一般也称为语音压缩,意指用尽可能少的比特数表示一段语音以节省通信信道资源。当前通信系统中采用的语音编码技术,几乎都是建立在线性预测基础上的,这类编码方法称为 LPC 编码。

图 9.2(b)对应系统辨识的应用,通过自适应滤波器逼近一个待模型化或参数未知的系统。图 9.2(c)是用自适应滤波实现逆系统的结构框图,自适应滤波器将逼近图中系统的逆系统,通过这个过程或得到系统的一个近似的逆系统,或得到系统输入信号的比较逼真的恢复。这类应用可统称为解卷积。其中通信系统的自适应均衡器是一个典型的例子,通过自适应均衡器抑止通信系统传输过程中对传输信号的各种畸变和干扰。图 9.2(d)是消除噪声干扰的应用,信号 $s[n]$ 被加性噪声 $v[n]$ 所污染,但一个与 $v[n]$ 相关的噪声信号 $v'[n]$ 可以利用,以 $v'[n]$ 为输入信号的自适应滤波器产生一个对 $v[n]$ 非常近似的逼近,用于抵消掉混入信号中的噪声。

这里给出了对自适应滤波应用的一个简单说明。其中,每一类应用都可以找到很多成功应用的例子。例如,第 4 类应用(见图 9.2(d))的干扰对消,在电话线通信中成功应用于电话线路中回声消除问题;在飞机座舱中,用于飞行员耳机的环境噪声消除;在医疗设备中,消除工频干扰;在胎儿监护系统中,消除母亲心电信号的干扰等。

在自适应滤波器应用中,通过迭代或者说通过学习算法,使滤波器系数逐渐趋近最优滤波器系数。在不同应用中,学习过程有不同的作用和持续期。在有的应用中,只有开始的部分时间,期望响应和学习算法起作用,通过调整算法使滤波器系数接近最优,然后,期望响应将缺席,此后或学习算法中止,自适应滤波器退化为一个普通的滤波器;或由已达到良好性能的系统本身产生一个替代的期望响应。例如,在通信的自适应均衡器的应用中,只有在通话双方接通的初始阶段,通过一个双方约定的训练序列使自适应均衡器达到好的性能。当训练阶段结束,或学习算法停止工作,自适应均衡器就变成一个普通的滤波器;或通过一个检测器产生一个替代的期望响应。在一个缓慢的非平稳环境下的最优预测的应用中,学习算法始终在工作以跟踪序列的非平稳性,总能够得到好的预测滤波器系数。

为了寻找设计自适应滤波器的工具,我们讨论误差的最优准则。有了准则才谈得上最优。对一个在给定时刻的滤波器系数 $w[n]$,滤波器对期望响应的估计误差

$$e[n] = d[n] - w^{\mathrm{T}}[n]x[n]$$

注意到,由于自适应滤波器的权系数随时可以调整,因此,这里用带时间变量的滤波器权系数。对于任意权矢量 $w[n]$,误差平方(或称为开销函数)$J[n]$ 为

$$J[n] = e^2[n] = d^2[n] - 2w^{\mathrm{T}}[n]r_{xd}[n] + w^{\mathrm{T}}[n]R[n]w[n] \tag{9.1}$$

这里

$$r_{xd}[n] = x[n]d[n], \quad R[n] = x[n]x^{\mathrm{T}}[n]$$

我们首先研究全局特性,假设存在一个最优的滤波器系数 $w[n] = w_o$。使得误差的总体平均达到最小,误差的总体平均写为

$$J = \lim_{N \to +\infty} \frac{1}{2N+1} \sum_{n=-N}^{N} e^2[n] \tag{9.2}$$

将 $w[n] = w_o$ 和式(9.1)代入式(9.2)得到

$$J = \sigma_d^2 - 2w_o^{\mathrm{T}}r_{xd} + w_o^{\mathrm{T}}Rw_o \tag{9.3}$$

这里

$$\begin{cases} \sigma_d^2 = \lim_{N \to +\infty} \frac{1}{2N+1} \sum_{n=-N}^{N} d^2[n] \\ \boldsymbol{r}_{xd} = \lim_{N \to +\infty} \frac{1}{2N+1} \sum_{n=-N}^{N} \boldsymbol{r}_{xd}[n] \\ \boldsymbol{R} = \lim_{N \to +\infty} \frac{1}{2N+1} \sum_{n=-N}^{N} \boldsymbol{R}[n] \end{cases} \tag{9.4}$$

为得到 $\boldsymbol{w}_o$，令

$$\frac{\mathrm{d}J}{\mathrm{d}\boldsymbol{w}_o} = -2\boldsymbol{r}_{xd} + 2\boldsymbol{R}\boldsymbol{w}_o = 0$$

$\boldsymbol{w}_o$ 的解满足

$$\boldsymbol{R}\boldsymbol{w}_o = \boldsymbol{r}_{xd} \tag{9.5}$$

将 $\boldsymbol{w}_o$ 的解代入式(9.3)，得到最小的总体平均误差为

$$J_{\min} = \sigma_d^2 - \boldsymbol{r}_{xd}^{\mathrm{H}} \boldsymbol{w}_o \tag{9.6}$$

如果通过式(9.4)求得 $\boldsymbol{r}_{xd}$ 和 $\boldsymbol{R}$，就可以通过式(9.5)求得最优滤波器系数。这个滤波器系数是固定的，且产生以平均误差为准则的最优滤波器。遗憾的是，式(9.4)需要对期望响应和信号做总体平均，在实际实时应用中是难以实现的。自适应滤波就是通过寻找不同的迭代运算，得到逐渐逼近最优滤波的实际滤波器。

式(9.5)称为 Wiener-Hopf 方程，是统计信号处理的重要基础。Wiener 滤波器是由 MIT 的数学家 Wiener 在第二次世界大战中首先提出，并于 1949 年公开发表。满足统计意义下最优的滤波器称为 Wiener 滤波器。原始的 Wiener 滤波器是针对连续信号情况的积分方程，式(9.5)是针对离散情况在 FIR 滤波器结构下的特例，其中 $\boldsymbol{R}$ 称为信号矢量的自相关矩阵，$\boldsymbol{r}_{xd}$ 称为信号矢量和期望响应的互相关矢量。在统计学意义上有对 Wiener 滤波器的非常完美的数学理论，并且限制 Wiener 滤波器是均方误差准则下对于平稳随机信号的最优线性滤波器。为了避免在本节引入信号的统计理论，我们只是从误差总体平均最小的意义上导出 Wiener-Hopf 方程的这个特殊形式，并以它作为评价其他自适应滤波性能的标准。

9.2　最陡下降法

本节我们以式(9.3)的总体平均误差为出发点，导出一个"准自适应滤波"算法。所谓"准自适应滤波"是指它还不是一个真正的自适应滤波算法。但是，由于它使用了建立在总体平均基础上的误差函数，它的收敛性能有简洁的分析结果。

对于一个自适应滤波器，给出初始的滤波器系数 $w[0]$，通过一个迭代算法，得到一系列滤波器系数 $w[n]$，希望算法收敛，即 $\boldsymbol{w}_o = \lim_{n \to +\infty} w[n] + \delta$，这里 δ 是容许的小的抖动量，理想情况下为零。为了从任意给定的初始值 $w[0]$ 开始迭代均可收敛到最优滤波器系数 $\boldsymbol{w}_o$，构造一个合理的迭代算法，将 $w[n]$ 代入式(9.3)得到

$$J_1[n] = \sigma_d^2 - 2\boldsymbol{w}^{\mathrm{T}}[n]\boldsymbol{r}_{xd} + \boldsymbol{w}^{\mathrm{T}}[n]\boldsymbol{R}\boldsymbol{w}[n] \tag{9.7}$$

为了获得迭代算法，使 $w[n+1]$ 比 $w[n]$ 更逼近于 $\boldsymbol{w}_o$，采用传统的最优化算法——最陡下降

算法解此问题。最陡下降算法构成的迭代公式为

$$w[n+1] = w[n] + \frac{1}{2}\mu[-\nabla J_1[n]] \qquad (9.8)$$

式(9.8)中,μ 是迭代步长参数,由开销函数式(9.7)对滤波器权矢量的求导得

$$\nabla J_1[n] = \frac{\partial J_1[n]}{\partial w[n]} = -2r_{xd} + 2Rw[n] \qquad (9.9)$$

将式(9.9)代入式(9.8)得到

$$w[n+1] = w[n] + \mu[r_{xd} - Rw[n]] \qquad (9.10)$$

注意到式(9.10)可以写成 $w[n+1] = w[n] + \delta w[n]$。在每一个新时刻,新的滤波器权系数是在上一个时刻权系数基础上进行调整,调整量为

$$\delta w[n] = \mu[r_{xd} - Rw[n]]$$

式(9.10)就是在每一步的权调整算法,或者称为学习算法,通过这个算法调整权系数,最终收敛到最优滤波器系数。式(9.10)算法的关键是在什么条件下算法是收敛的。收敛的要求是对于给出的任意初始值,经过迭代滤波器权系数矢量逐渐趋于一个固定的矢量。理想情况下,这个固定矢量就是最优滤波器系数 w_o。收敛分析最重要的结果是保证收敛的迭代步长 μ 的取值范围。

最陡下降算法的收敛性分析:为便于分析,设中间变量 $c[n] = w[n] - w_o$,将式(9.10)两侧减 w_o,并代入 $r_{xd} = Rw_o$ 得

$$w[n+1] - w_o = w[n] - w_o + \mu[Rw_o - Rw[n]]$$

代入中间变量 $c[n]$ 有

$$c[n+1] = (I - \mu R)c[n] \qquad (9.11)$$

利用自相关矩阵的分解性质(见附录 A.2)$R = Q\Lambda Q^H$,并代入式(9.11)得

$$c[n+1] = (I - \mu Q\Lambda Q^H)c[n] \qquad (9.12)$$

这里 Λ 是由自相关矩阵的特征值构成的对角线矩阵。上式两边左乘 Q^H,并注意 $Q^H = Q^{-1}$,得到

$$Q^H c[n+1] = (I - \mu\Lambda)Q^H c[n]$$

设另一个中间变量

$$v[n] = Q^H c[n] = Q^H[w[n] - w_o] \qquad (9.13)$$

利用中间变量 $v[n]$,式(9.12)变为

$$v[n+1] = (I - \mu\Lambda)v[n]$$

这是一个解偶的矢量关系式,从 $v[0]$ 开始递推,得到: $v[n] = (I - \mu\Lambda)^n v[0]$,由矩阵解耦性质,得每个分量的表达式

$$v_k[n] = (1 - \mu\lambda_k)^n v_k[0] \qquad (9.14)$$

由式(9.13)可以看到,当 $w[n] \to w_o$ 时,$v[n]$ 收敛到零,因此只需要找到使 $v[n]$ 收敛到零的条件,它就相当于 $w[n] \to w_o$。由式(9.14)发现,$v[n]$ 各分量收敛的条件为:对所有 k,$|1 - \mu\lambda_k| < 1$,故得到收敛条件为

$$0 < \mu < \frac{2}{\lambda_{max}} \qquad (9.15)$$

这里 λ_{max} 是自相关矩阵的最大特征值。由 $w[n] = w_o + Qv[n]$,代入 $v[n]$ 表达式,得

$$w_i[n] = w_{oi} + \sum_{k=1}^{M} q_{ki} v_k[0] (1-\mu\lambda_k)^n, \quad i=1,2,\cdots,M \tag{9.16}$$

这里，q_{ki} 是自相关矩阵 $\boldsymbol{R}$ 第 k 个特征矢量 $\boldsymbol{q}_k$ 的第 i 个元素。

式（9.16）的每一项都是一个指数衰减的形式。对于每一个指数衰减项，可以定义一个时间常数 τ_k，用 $ce^{-\frac{\tau}{\tau_k}}$ 的包络描述该指数项的衰减情况。时间常数 τ_k 越大，衰减越慢。为得到一个指数项的时间常数，令式（9.16）的第 k 个指数项的时间标号取 1，得

$$ce^{-\frac{\tau}{\tau_k}}\big|_{\tau=1} = c(1-\mu\lambda_k)$$

得时间常数为

$$\tau_k = \frac{1}{\ln(1-\mu\lambda_k)} \tag{9.17}$$

当步长 μ 取得很小时，时间常数近似为

$$\tau_k \approx \frac{1}{\mu\lambda_k} \tag{9.18}$$

由于式（9.16）是 M 个指数项的和，总的时间常数应该是最大时间常数和最小时间常数之间的折中值，为了充分留有余地，我们采用最大时间常数来刻画算法的收敛时间，记

$$\tau_{\max} \approx \frac{1}{\mu\lambda_{\min}}$$

由收敛条件取 $\mu = \alpha\dfrac{2}{\lambda_{\max}}, 0<\alpha<1$，得到最大时间常数为

$$\tau_{\max} \approx \frac{1}{2\alpha}\frac{\lambda_{\max}}{\lambda_{\min}} \tag{9.19}$$

由式（9.19）可见，当输入信号的自相关矩阵的特征值分布很分散时，最大特征值和最小特征值相差很大，算法的收敛速度很慢；反之，当输入信号的自相关矩阵的特征值比较紧凑时，收敛速度较快。

容易验证平均误差的变化规律为

$$J_1[n] = J_{\min} + \sum_{k=1}^{M}\lambda_k |v_k[n]|^2 = J_{\min} + \sum_{k=1}^{M}\lambda_k(1-\mu\lambda_k)^{2n}|v_k[0]|^2 \tag{9.20}$$

若满足收敛条件式（9.15），则 $J[n] \to J_{\min}$。同时观察到，平均误差的每一项的时间常数是相应权系数时间常数的一半，因此，输入信号自相关矩阵特征值的分布对平均误差衰减速度的影响同权系数是一致的。

由于最陡下降算法的迭代公式中存在 $\boldsymbol{R}$、$\boldsymbol{r}_{xd}$，这两个参数是总体平均的结果，因此该算法还不是真正意义的自适应滤波算法，但是讨论最陡下降算法是有意义的。9.3节会看到，由最陡下降算法可以很直观地导出一类自适应滤波算法 LMS 算法，另外最陡下降算法中关于算法收敛的简洁和完备的结果，对讨论更复杂算法的收敛性有参考意义。

9.3 LMS 自适应滤波算法

LMS(least mean square，最小均方)算法是 20 世纪 60 年代由 Widrow 和 Hoff 提出的一类自适应滤波算法，在实际中得到广泛应用。该算法结构简单，可收敛，满足许多实际应

用的需求,但也存在收敛速度慢、有额外误差等缺点。

9.3.1　LMS 算法

最陡下降法尽管可以收敛到最优滤波器,但其迭代过程需要自相关矩阵和互相关矢量,这在实际中是难以实现的。为了构造真正的自适应算法,需要对最陡下降算法的梯度式(9.9)进行估计。由梯度表达式

$$\nabla J[n] = -2\boldsymbol{r}_{xd} + 2\boldsymbol{R}\boldsymbol{w}[n] \tag{9.21}$$

需由输入信号矢量和期望响应值实时估计 $\boldsymbol{R}$、$\boldsymbol{r}_{xd}$,一种最简单的估计方法是,令

$$\hat{\boldsymbol{R}}[n] = \boldsymbol{x}[n]\boldsymbol{x}^{\mathrm{T}}[n] \text{ 和 } \hat{\boldsymbol{r}}_{xd}[n] = \boldsymbol{x}[n]d[n]$$

并代入式(9.21)得到梯度的估计值为

$$\hat{\nabla} J[n] = -2\boldsymbol{x}[n]d[n] + 2\boldsymbol{x}[n]\boldsymbol{x}^{\mathrm{T}}[n]\hat{\boldsymbol{w}}[n]$$
$$= -2\boldsymbol{x}[n](d[n] - \boldsymbol{x}^{\mathrm{T}}[n]\hat{\boldsymbol{w}}[n]) = -2\boldsymbol{x}[n]e[n] \tag{9.22}$$

式(9.22)代入最陡下降迭代公式式(9.8),得

$$\hat{\boldsymbol{w}}[n+1] = \hat{\boldsymbol{w}}[n] + \mu\boldsymbol{x}[n](d[n] - \boldsymbol{x}^{\mathrm{T}}[n]\hat{\boldsymbol{w}}[n])$$
$$= \hat{\boldsymbol{w}}[n] + \mu\boldsymbol{x}[n]e[n] \tag{9.23}$$

这就是 LMS 算法权系数更新公式。结合自适应滤波器的 FIR 滤波功能,将 LMS 自适应滤波算法总结为如下三部分:

(1) 滤波器输出 $y[n] = \hat{\boldsymbol{w}}^{\mathrm{T}}[n]\boldsymbol{x}[n]$;

(2) 估计误差 $e[n] = d[n] - y[n]$;

(3) 权自适应更新 $\hat{\boldsymbol{w}}[n+1] = \hat{\boldsymbol{w}}[n] + \mu\boldsymbol{x}[n]e[n]$。

注意到,在每个时刻由输入信号矢量和估计误差的乘积被步长限定后作为权系数的调整量。在这三个部分中,只使用了输入信号矢量和期望响应及当前权系数进行运算,然后更新权系数,为下一个时刻做准备。这个过程是完全自适应的。

如上 LMS 算法导出过程中,是用简化了对最陡下降算法中梯度的估计而获得一个简洁的自适应滤波算法;其实,LMS 算法也可以由另一种方法推导出。使用式(9.1)的误差表达式 $J[n] = e^2[n]$ 作为开销函数,在每一个时刻 n 以 $\boldsymbol{w}[n]$ 为起点,通过 $J[n]$ 的梯度用最陡下降算法可以得到与式(9.23)相同的递推公式(可作为练习)。因此 LMS 算法相当于即时地令每个时刻的误差最小而得出的最优结果。

很容易地统计,每次迭代 LMS 算法需要 $(2M+1)$ 次乘法和 $2M$ 次加法。因此,它的运算量是 $O(M)$,这是非常理想的。LMS 算法具有运算量小的显著优点。

LMS 算法被称为随机梯度算法。显然式(9.22)表示的估计的梯度,因为缺了平均运算,是一个随机性很强的矢量,这是它名称的由来。随机梯度能否使算法收敛? 如果收敛能否收敛到最优滤波器的解? 这是 LMS 算法收敛性分析所要回答的问题。将会看到,在限定迭代步长的条件下,LMS 算法是收敛的。但一般情况下,它不能收敛到最优滤波器的解,这与最陡下降算法不同,称这个现象为 LMS 算法的失调。LMS 算法最终收敛,但均方误差收敛到比最小总体平均误差大一个额外值 $J_{ex}[n]$。通过调整步长参数可以减小 $J_{ex}[n]$,但相应地也加长了收敛时间。

9.3.2 LMS算法的收敛性分析

定义自适应滤波器权系数的偏差矢量,它表示自适应滤波器在每个迭代时刻与最优滤波器系数矢量的偏差。偏差矢量为$\boldsymbol{\varepsilon}[n]=\hat{\boldsymbol{w}}[n]-\boldsymbol{w}_0$,由迭代公式式(9.23)两边减去$\boldsymbol{w}_0$,并用$\boldsymbol{w}_0$和$\boldsymbol{\varepsilon}[n]$取代$\hat{\boldsymbol{w}}[n]$得

$$\boldsymbol{\varepsilon}[n+1]=[1-\mu\boldsymbol{x}[n]\boldsymbol{x}^{\mathrm{T}}[n]]\boldsymbol{\varepsilon}[n]+\mu\boldsymbol{x}[n]e_0[n] \tag{9.24}$$

由式(9.24)直接进行$\boldsymbol{\varepsilon}[n+1]$性能分析比较烦琐。如果用式(9.24)计算$\boldsymbol{\varepsilon}[n]$随时间变化的平方收敛性质,将引入信号与误差量的6阶乘;如果讨论平均特性,将引入6阶乘积的平均,分析过程非常繁复。从20世纪60年代后期以来,通过各种简化假设来简化LMS收敛性的分析,是自适应滤波领域的一个研究课题。最有效的方法之一,是通过独立性假设进行分析,将得到的结果用于指导实际LMS自适应滤波器的应用。实践证明,尽管一些结论是在简化假设下得到的,这些结论对实际设计的应用是正确的。本节不再讨论收敛性分析的细节,给出几个结论性的结果。

(1) 为使LMS算法收敛,步长必须满足

$$0<\mu<\frac{2}{\lambda_{\max}} \tag{9.25}$$

这个结果与最陡下降算法是相同的。

(2) LMS算法的总体平均误差为

$$J=J_{\min}+J_{\mathrm{ex}}[+\infty]$$

也就是说,LMS算法达不到最小总体平均误差的性能,存在一个额外误差项,该项的值为

$$J_{\mathrm{ex}}[+\infty]=J_{\min}\sum_{i=1}^{M}\frac{\mu\lambda_i}{2-\mu\lambda_i}$$

定义失调系数

$$U=\frac{J_{\mathrm{ex}}[+\infty]}{J_{\min}}=\sum_{i=1}^{M}\frac{\mu\lambda_i}{2-\mu\lambda_i} \tag{9.26}$$

失调系数刻画了LMS算法最终的收敛性能。失调系数越小,LMS算法越收敛于接近最优滤波器的性能;反之,失调系数越大,LMS算法最终的收敛结果与最优滤波器的性能差距越大。为使失调小于1,令

$$\sum_{i=1}^{M}\frac{\mu\lambda_i}{2-\mu\lambda_i}<1 \tag{9.27}$$

步长越小,失调参数越小,但收敛时间会越长;实际中,根据对失调参数的要求,适当选择步长。式(9.25)和式(9.26)是步长选取的依据,式(9.25)是必须满足的,然后根据式(9.26)再选择满足预定失调参数要求下的尽量大的步长。

关于步长的实际实现时的考虑:式(9.25)的收敛条件需要输入自相关矩阵的最大特征值,这在实际应用中不方便得到,我们讨论更实际的步长确定方法。

由于$\boldsymbol{R}=\boldsymbol{Q}\boldsymbol{\Lambda}\boldsymbol{Q}^{\mathrm{H}}$,计算自相关矩阵的迹

$$\mathrm{tr}(\boldsymbol{R})=\mathrm{tr}(\boldsymbol{Q}\boldsymbol{\Lambda}\boldsymbol{Q}^{\mathrm{H}})=\mathrm{tr}(\boldsymbol{\Lambda})=\left(\sum_{i=1}^{M}\lambda_i\right)>\lambda_{\max}$$

得到更严格的步长确定公式

$$0 < \mu < \frac{2}{\mathrm{tr}(\boldsymbol{R})} \tag{9.28}$$

从另一方面,由迹的定义得

$$\mathrm{tr}(\boldsymbol{R}) = Mr(0) = M \lim_{N \to +\infty} \frac{1}{2N+1} \sum_{n=-N}^{N} x^2[n] = MP_x$$

P_x 表示信号功率,上式等于滤波器各延迟节拍的实际输入功率之和。因此,一个实际的 LMS 算法的步长估计公式为

$$0 < \mu < \frac{2}{Mr(0)} = \frac{2}{滤波器实际输入功率} \tag{9.29}$$

在实际中,估计输入信号的功率比估计特征值方便得多。更何况我们并不需要精确的功率估计,只要估计一个保守的上限,保证所得步长使算法收敛即满足要求。

9.3.3 一些改进的 LMS 算法

改进的 LMS 算法很多,介绍几种有代表性的算法。

1. 正则 LMS 算法(normalized LMS,NLMS)

简单介绍正则 LMS 算法,取

$$\hat{w}[n+1] = \hat{w}[n] + \frac{\bar{\mu}}{\| \boldsymbol{x}[n] \|^2} \boldsymbol{x}[n] e[n] \tag{9.30}$$

其中 $\| \boldsymbol{x}[n] \|^2 = \sum_{k=0}^{M-1} | \boldsymbol{x}[n-k] |^2$,式(9.30)相当于 $\mu[n] = \frac{\bar{\mu}}{\| \boldsymbol{x}[n] \|^2}$ 时变步长的 LMS 算法,或相当于将输入信号能量归一化的 LMS 算法。可以验证为使 NLMS 算法收敛,步长需满足

$$0 < \bar{\mu} < 2$$

因此,NLMS 算法的步长 $\bar{\mu}$ 可以提前确定。为了避免在 $\| \boldsymbol{x}[n] \|^2$ 较小的时刻,$\mu[n]$ 太大,进一步限制和改进 NLMS 算法如下

$$\hat{w}[n+1] = \hat{w}[n] + \frac{\bar{\mu}}{\alpha + \| \boldsymbol{x}[n] \|^2} \boldsymbol{x}[n] e[n] \tag{9.31}$$

α 为大于零的校正量。

为了降低 NLMS 算法的运算复杂性,注意利用如下公式对 $\| \boldsymbol{x}[n] \|^2$ 进行递推

$$\| \boldsymbol{x}[n] \|^2 = \sum_{k=0}^{M-1} | x[n-k] |^2 = | x[n] |^2 - | x[n-M] |^2 + \sum_{k=1}^{M} | x[n-k] |^2$$

$$= | x[n] |^2 - | x[n-M] |^2 + \| \boldsymbol{x}[n-1] \|^2$$

2. 泄漏 LMS 算法(leaky LMS)

当自适应滤波器输入信号的自相关矩阵是奇异的,即自相关矩阵存在零特征值时,标准的 LMS 算法的滤波器权系数可能不收敛。这可以分析如下。

在 9.2 节讨论最陡下降算法时,得到式(9.14)的每个变换后系数分量的收敛表达式为

$$\hat{v}_k[n] = (1 - \mu\lambda_k)^n \hat{v}_k[0]$$

当一个特征值 $\lambda_k = 0$,有 $\hat{v}_k[n] = \hat{v}_k[0]$,这使得 $\hat{\boldsymbol{v}}[n]$ 的一些分量不收敛。LMS 算法作为最

陡下降算法的简化形式，其权系数总体平均也满足如上关系。这样从平均来讲，若自相关矩阵有零特征值的信号，其权系数不保证收敛。一个解决办法是修改 LMS 算法的目标函数，设

$$J_1[n] = |e[n]|^2 + \gamma \hat{\boldsymbol{w}}^{\mathrm{T}}[n]\hat{\boldsymbol{w}}[n]$$

这里取 $0 < \gamma \ll 1$，由于

$$\hat{\nabla} J_1[n] = -2e[n]\boldsymbol{x}[n] + 2\gamma \hat{\boldsymbol{w}}[n]$$

得到权矢量的更新公式为

$$\hat{\boldsymbol{w}}[n+1] = \hat{\boldsymbol{w}}[n] + \frac{1}{2}\mu[-\hat{\nabla} J[n]] = (1-\gamma\mu)\hat{\boldsymbol{w}}[n] + \mu \boldsymbol{x}[n]e[n] \tag{9.32}$$

式（9.32）就是所谓的泄漏 LMS 算法。泄漏 LMS 算法可保证对于任意输入信号 LMS 算法均收敛。

3. 符号 LMS 算法

尽管 LMS 算法已经是一种运算量很低的算法，但在高速实时应用时仍希望有运算效率更高的算法。符号 LMS 算法（sign LMS）就是一种运算量更低的算法。

常用的符号 LMS 算法是：符号-误差 LMS 算法。在 LMS 算法中的权更新算法中，只将估计误差的符号用于更新滤波器的权矢量，得到符号-误差 LMS(S-E LMS)算法的权更新公式为

$$\hat{\boldsymbol{w}}[n+1] = \hat{\boldsymbol{w}}[n] + \frac{1}{2}\mu \mathrm{sgn}(e[n])\boldsymbol{x}[n] \tag{9.33}$$

这里

$$\mathrm{sgn}(x) = \begin{cases} 1, & x > 0 \\ 0, & x = 0 \\ -1, & x < 0 \end{cases}$$

为符号函数。可以验证，S-E LMS 算法相当于假设开销函数为

$$J[n] = |e[n]|$$

梯度估计值为

$$\hat{\nabla} J[n] = \frac{\partial |e[n]|}{\partial \hat{\boldsymbol{w}}[n]} = \mathrm{sgn}(e[n])\boldsymbol{x}[n]$$

将该梯度估计值代入最陡下降算法中，得到式（9.33）。在 S-E LMS 算法中，如果取迭代步长 $\mu = 2^{-k}$，则式（9.33）仅由加法运算和位移运算组成，非常适合硬件集成。尽管式（9.33）运算量小，但其收敛速度与 LMS 算法相当。一种更加简单的双符号 LMS 算法为

$$\hat{\boldsymbol{w}}[n+1] = \hat{\boldsymbol{w}}[n] + \mu \mathrm{sgn}(e[n])\mathrm{sgn}(\boldsymbol{x}[n])$$

一个有更加可靠的收敛性的双符号 LMS 算法是如下附加了泄漏功能的算法

$$\hat{\boldsymbol{w}}[n+1] = (1-\mu\gamma)\hat{\boldsymbol{w}}[n] + \mu \mathrm{sgn}(e[n])\mathrm{sgn}(\boldsymbol{x}[n]) \tag{9.34}$$

一般地，双符号 LMS 算法收敛速度明显慢于 LMS 算法，并且最终额外误差也明显大于 LMS 算法。但由于其简单，还是得到了一些应用，例如 CCITT 的语音编码标准 G.721（32Kbit/s 自适应脉冲编码器 ADPCM）中的线性预测部分就是采用了双符号 LMS 算法。

9.4 递推 LS 算法

最小二乘(LS)算法是一种非常务实的方法,它利用已经获得的输入信号和期望响应的有限记录,得到使误差和最小的滤波器实现。最小二乘算法是可实现的一种最优方法,该方法是古老的,可追溯到高斯时代,在各种新的应用中又以不同的形式焕发新的生命力。本节先以块处理的概念,讨论最小二乘滤波的基本概念,然后讨论它的自适应实现。

9.4.1 最小二乘滤波

由输入信号 $x[n],x[n-1],\cdots,x[n-M+1]$ 估计期望响应 $d[n]$,估计误差 $e[n]$,则有

$$e[n]=d[n]-y[n]=d[n]-\sum_{k=0}^{M-1}w_kx[n-k]=d[n]-\boldsymbol{x}^{\mathrm{T}}[n]\boldsymbol{w} \tag{9.35}$$

如果只能得到 $i_1\leqslant n\leqslant i_2$ 范围的误差,将所有误差表示成矢量形式为

$$\boldsymbol{e}=\boldsymbol{d}-\boldsymbol{Aw} \tag{9.36}$$

其中对期望响应矢量的估计为

$$\hat{\boldsymbol{d}}=\boldsymbol{y}=\boldsymbol{Aw} \tag{9.37}$$

这里

$$\begin{cases} \boldsymbol{e}=[e[i_1],e[i_1+1],\cdots,e[i_2]]^{\mathrm{T}} \\ \boldsymbol{d}=[d[i_1],d[i_1+1],\cdots,d[i_2]]^{\mathrm{T}} \\ \boldsymbol{x}[n]=[x[n],x[n-1],\cdots,x[n-M+1]]^{\mathrm{T}} \\ \boldsymbol{w}=[w_0,w_1,\cdots,w_{M-1}]^{\mathrm{T}} \end{cases} \tag{9.38}$$

$$\begin{cases} \boldsymbol{A}=\begin{bmatrix} \boldsymbol{x}^{\mathrm{T}}[i_1] \\ \boldsymbol{x}^{\mathrm{T}}[i_1+1] \\ \vdots \\ \boldsymbol{x}^{\mathrm{T}}[i_2] \end{bmatrix} \end{cases} \tag{9.39}$$

i_1、i_2 表示处理问题所考虑的起始时间和终止时间,$\boldsymbol{A}$ 是数据矩阵,稍后会进一步讨论 $\boldsymbol{A}$ 的取值问题。

LS 滤波问题中,需确定 w_k 的值使

$$\begin{aligned} \xi(w_0,w_1,\cdots w_{M-1})&=\sum_{i=i_1}^{i_2}|e[i]|^2=\sum_{i=i_1}^{i_2}\left|d[i]-\sum_{k=0}^{M-1}w_kx[i-k]\right|^2 \\ &=(\boldsymbol{d}-\boldsymbol{Aw})^{\mathrm{T}}(\boldsymbol{d}-\boldsymbol{Aw}) \end{aligned} \tag{9.40}$$

最小。

在 LS 方法中,因为数据是有限长的,因此存在对边界的不同处理方式。有几种 (i_1,i_2) 的不同取法,对应着对数据窗或数据矩阵的不同取法。

在自适应滤波的应用中,可以将起始时间定义为 1,如果需要考虑终止时间,将终止时间表示为 N。数据区间为 $(1,N)$,如果用到数据区间外的数据,假设为零,令 $i_1=1,i_2=N$,则转置的数据矩阵为

$$A^{\mathrm{T}} = [\boldsymbol{x}[1], \boldsymbol{x}[2], \cdots, \boldsymbol{x}[N]]$$

$$= \begin{pmatrix} x[1] & x[2] & \cdots & x[M] & \cdots & x[N] \\ 0 & x[1] & \cdots & x[M-1] & \cdots & x[N-1] \\ & 0 & & & & \\ \vdots & \vdots & \ddots & \vdots & \ddots & \vdots \\ 0 & 0 & \cdots & x[1] & \cdots & x[N-M+1] \end{pmatrix} \qquad (9.41)$$

为了得到使式(9.40)最小的滤波器系数 $\boldsymbol{w}_{\mathrm{o}}$，令

$$\frac{\partial(\xi(w_0, w_1, \cdots, w_{M-1}))}{\partial \boldsymbol{w}} = 2A^{\mathrm{T}}A\boldsymbol{w}_{\mathrm{o}} - 2A^{\mathrm{T}}\boldsymbol{d} = \boldsymbol{0}$$

解得

$$\boldsymbol{w}_{\mathrm{o}} = (A^{\mathrm{T}}A)^{-1}A^{\mathrm{T}}\boldsymbol{d} \qquad (9.42)$$

式(9.42)的解，也可以写成如下正则方程的解

$$\boldsymbol{\Phi}\boldsymbol{w}_{\mathrm{o}} = \boldsymbol{z} \qquad (9.43)$$

即

$$\boldsymbol{w}_{\mathrm{o}} = \boldsymbol{\Phi}^{-1}\boldsymbol{z} \qquad (9.44)$$

这里

$$\boldsymbol{\Phi} = A^{\mathrm{T}}A = \sum_{n=1}^{N} \boldsymbol{x}[n]\boldsymbol{x}^{\mathrm{T}}[n]. \qquad (9.45)$$

$$\boldsymbol{z} = A^{\mathrm{T}}\boldsymbol{d} = \sum_{n=1}^{N} \boldsymbol{x}[n]d[n] \qquad (9.46)$$

9.4.2 基本 RLS 算法

9.4.1 节介绍了最小二乘滤波器原理，它可由 SVD 技术或其他方程组求解技术进行有效求解。实际中，LS 滤波器是令 $J[n] = \sum_{i=i_1}^{i_2} |e[n]|^2$ 为最小而设计的滤波器。由 9.4.1 节看到，对 LS 滤波器的解只需要数据矩阵和期望响应矢量，它是现实可实现的。基于 LS 原理的自适应滤波器，应该是 LMS 算法和最陡下降算法的折中。它不像 LMS 算法那样只是用当前时刻的输入矢量和期望响应值来调整滤波器权系数。由于 LMS 算法等价于仅令当前时刻的误差项最小，由此得到对梯度的估计是非常随机性的，代价是收敛速度慢、存在失调现象。LS 也不像最陡下降算法那样，用误差的总体平均作为开销函数，结果是由输入的自相关矩阵和输入与期望响应的互相关矢量定义梯度，使算法无法自适应实现。当 LS 滤波器用于自适应滤波时，可以固定起始时刻 $i_1 = 1$，令构成开销函数的时间上限为当前时刻值。在每个固定时刻，等价于令从起始至当前时刻的误差平均最小来确定滤波器权系数。每向前一个时刻，增加一个输入数据和期望响应的新值，产生一个新的误差项，这种过程应该会改善滤波器系数，使其收敛。可以预计，随 $i_2 \to +\infty$，LS 的平均结果将使得它的性能趋于最优滤波器。平均的结果等价于减少梯度的随机性，使 LS 算法性能好于 LMS 算法。

由 LS 原理，对于 LS 自适应滤波器的一种实现方式已经存在。对每一个新时刻，将新得到的数据增加到数据矩阵，然后解新的 LS 方程（一般可用 SVD 技术），得到新时刻的权系数 $\boldsymbol{w}[n]$。但这种方法太耗费运算资源。希望与最陡下降和 LMS 算法类似，导出 LS 自适

应滤波器的递推公式。相当于已知 $w[n-1]=[w_0[n-1],w_1[n-1],\cdots,w_{M-1}[n-1]]^T$,在 n 时刻递推更新 $w[n]$,使其满足最小二乘解,这就是递推 LS 算法。将这类算法通称为 RLS 算法。

更一般地,考虑加权开销函数

$$\xi[n]=\sum_{i=1}^{n}\beta[n,i]\mid e[i]\mid^2 \tag{9.47}$$

在 RLS 问题中,$\beta[n,i]$ 取法应考虑给"较新的时刻"更大的比例,"较久远的时刻"更小的比例。经常使用的一种指数"忘却"因子如下

$$\beta[n,i]=\lambda^{n-i} \quad i=1,2,\cdots,n, \quad 0<\lambda\leqslant 1$$

考虑了加权因子后,使加权误差平方和最小的 LS 解,满足如下正则方程

$$\Phi[n]\hat{w}[n]=z[n] \overset{\text{解为}}{\Rightarrow} \hat{w}[n]=\Phi^{-1}[n]z[n] \tag{9.48}$$

对于加权 LS 问题,系数矩阵略有变化,由下式构成

$$\Phi[n]=\sum_{i=1}^{n}\lambda^{n-i}x[i]x^T[i] \tag{9.49}$$

$$z[n]=\sum_{i=1}^{n}\lambda^{n-i}x[i]d[i] \tag{9.50}$$

由式(9.49)和式(9.50)的定义,很容易推出系数矩阵和矢量的递推关系

$$\Phi[n]=\lambda\Phi[n-1]+x[n]x[n] \tag{9.51}$$

和

$$z[n]=\lambda z[n-1]+x[n]d[n] \tag{9.52}$$

为了得到 $w[n]$ 的递推解,关键问题是由 $\Phi^{-1}[n-1]$ 递推得到 $\Phi^{-1}[n]$。为解决这个问题,应用矩阵反引理。为了阅读方便,将矩阵反引理引述如下:

矩阵反引理 若有

$$A=B+CDC^T \tag{9.53}$$

则有

$$A^{-1}=B^{-1}-B^{-1}C(D^{-1}+C^TB^{-1}C)^{-1}C^TB^{-1} \tag{9.54}$$

若已知 B 和 D 的逆,并且 $D^{-1}+C^TB^{-1}C$ 阶数较小,在一些特殊情况下可能是标量,应用矩阵反引理可以有效计算 A 的逆。

为使用矩阵反引理由 $\Phi^{-1}[n-1]$ 得到 $\Phi^{-1}[n]$,比较式(9.51)和式(9.53),按如下对应关系应用矩阵反引理

$$A=\Phi[n], \quad B=\lambda\Phi[n-1]$$
$$C=x[n], \quad D=1$$

将如上 4 项代入 A^{-1} 式(9.54)得

$$\Phi^{-1}[n]=\lambda^{-1}\Phi^{-1}[n-1]-\frac{\lambda^{-2}\Phi^{-1}[n-1]x[n]x^T[n]\Phi^{-1}[n-1]}{(1+\lambda^{-1}x^T[n]\Phi^{-1}[n-1]x[n])} \tag{9.55}$$

为表示方便,令

$$P[n]=\Phi^{-1}[n] \tag{9.56}$$

$$k[n]=\frac{\lambda^{-1}P[n-1]x[n]}{(1+\lambda^{-1}x^T[n]\Phi^{-1}[n-1]x[n])} \tag{9.57}$$

由此得 $\boldsymbol{P}[n]$ 递推方程为

$$\boldsymbol{P}[n] = \lambda^{-1}\boldsymbol{P}[n-1] - \lambda^{-1}\boldsymbol{k}[n]\boldsymbol{x}^{\mathrm{T}}[n]\boldsymbol{P}[n-1] \tag{9.58}$$

这个方程称为 RLS 的 Riccati 方程。

$\boldsymbol{k}[n]$ 称为增益矢量，对它的表达式进行变换可以看到更明确的物理意义。将其定义式(9.57)的分母对两边同乘，并整理得

$$\begin{aligned}
\boldsymbol{k}[n] &= \lambda^{-1}\boldsymbol{P}[n-1]\boldsymbol{x}[n] - \lambda^{-1}\boldsymbol{k}[n]\boldsymbol{x}^{\mathrm{T}}[n]\boldsymbol{P}[n-1]\boldsymbol{x}[n] \\
&= [\lambda^{-1}\boldsymbol{P}[n-1] - \lambda^{-1}\boldsymbol{k}[n]\boldsymbol{x}^{\mathrm{T}}[n]\boldsymbol{P}[n-1]]\boldsymbol{x}[n] \\
&= \boldsymbol{P}[n]\boldsymbol{x}[n] = \Phi^{-1}[n]\boldsymbol{x}[n]
\end{aligned} \tag{9.59}$$

$\boldsymbol{k}[n]$ 由 $\boldsymbol{x}[n]$ 经由一个 $\Phi^{-1}[n]$ 线性变换而得。

在求得 $\Phi^{-1}[n]$ 的递推公式后，可以进一步得到对 $\boldsymbol{w}[n]$ 的递推方程，由式(9.58)和式(9.52)式得

$$\hat{\boldsymbol{w}}[n] = \Phi^{-1}[n]\boldsymbol{z}[n] = \boldsymbol{P}[n]\boldsymbol{z}[n] = \boldsymbol{P}[n][\lambda \boldsymbol{z}[n-1] + \boldsymbol{x}[n]d[n]]$$

将上式分成两项，第一项代入 $\boldsymbol{P}[n]$ 的迭代公式，并做如下推导

$$\begin{aligned}
\hat{\boldsymbol{w}}[n] &= \boldsymbol{P}[n-1]\boldsymbol{z}[n-1] - \boldsymbol{k}[n]\boldsymbol{x}^{\mathrm{T}}[n]\boldsymbol{P}[n-1]\boldsymbol{z}[n-1] + \boldsymbol{P}[n]\boldsymbol{x}[n]d[n] \\
&= \Phi^{-1}[n-1]\boldsymbol{z}[n-1] - \boldsymbol{k}[n]\boldsymbol{x}^{\mathrm{T}}[n]\Phi^{-1}[n-1]\boldsymbol{z}[n-1] + \boldsymbol{k}[n]d[n] \\
&= \hat{\boldsymbol{w}}[n-1] - \boldsymbol{k}[n]\boldsymbol{x}^{\mathrm{T}}[n]\hat{\boldsymbol{w}}[n-1] + \boldsymbol{k}[n]d[n] \\
&= \hat{\boldsymbol{w}}[n-1] - \boldsymbol{k}[n][d[n] - \boldsymbol{x}^{\mathrm{T}}[n]\boldsymbol{w}[n-1]] \\
&= \hat{\boldsymbol{w}}[n-1] + \boldsymbol{k}[n]\varepsilon[n]
\end{aligned}$$

这里

$$\varepsilon[n] = d[n] - \boldsymbol{x}^{\mathrm{T}}[n]\hat{\boldsymbol{w}}[n-1] = d[n] - \hat{\boldsymbol{w}}^{\mathrm{T}}[n-1]\boldsymbol{x}[n]$$

称为前验估计误差，它用上一次迭代时刻的权系数 $\hat{\boldsymbol{w}}[n-1]$ 估计当前时刻误差。注意前验误差跟估计误差 $e[n] = d[n] - \hat{\boldsymbol{w}}^{\mathrm{T}}[n]\boldsymbol{x}[n]$ 的区别。为区别于 $\varepsilon[n]$，$e[n]$ 称为后验估计误差。

现在，已经得到了权更新递推公式

$$\hat{\boldsymbol{w}}[n] = \hat{\boldsymbol{w}}[n-1] + \boldsymbol{k}[n]\varepsilon[n] \tag{9.60}$$

和前验误差定义式

$$\varepsilon[n] = d[n] - \hat{\boldsymbol{w}}^{\mathrm{T}}[n-1]\boldsymbol{x}[n] \tag{9.61}$$

将式(9.57)、式(9.58)、式(9.60)、式(9.61)按次序执行，就得到了 RLS 递推算法，将 RLS 算法总结如下。

RLS 算法　设已知 $\boldsymbol{P}[n-1]$ 和 $\hat{\boldsymbol{w}}[n-1]$，按表 9.1 的递推次序执行。

表 9.1　RLS 算法的递推方程

(1) 计算 RLS 增益矢量 $\boldsymbol{k}[n] = \dfrac{\lambda^{-1}\boldsymbol{P}[n-1]\boldsymbol{x}[n]}{(1 + \lambda^{-1}\boldsymbol{x}^{\mathrm{T}}[n]\boldsymbol{P}[n-1]\boldsymbol{x}[n])}$

(2) 计算前验估计误差 $\varepsilon[n] = d[n] - \hat{\boldsymbol{w}}^{\mathrm{T}}[n-1]\boldsymbol{x}[n]$

(3) 更新权系数矢量 $\hat{\boldsymbol{w}}[n] = \hat{\boldsymbol{w}}[n-1] + \boldsymbol{k}[n]\varepsilon[n]$

(4) 递推系数逆矩阵 $\boldsymbol{P}[n] = \lambda^{-1}\boldsymbol{P}[n-1] - \lambda^{-1}\boldsymbol{k}[n]\boldsymbol{x}^{\mathrm{T}}[n]\boldsymbol{P}[n-1]$

(5) 当前滤波器输出 $y[n] = \hat{\boldsymbol{w}}^{\mathrm{T}}[n]\boldsymbol{x}[n]$

(6) 当前估计误差（并不是必要的）$e[n] = d[n] - \hat{\boldsymbol{w}}^{\mathrm{T}}[n]\boldsymbol{x}[n]$

递推算法示意图如图 9.3 所示。

RLS 递推的初始值　按 LS 正则方程系数矩阵的定义,$\Phi[0]=0$,$P[0]\rightarrow+\infty$。为使 RLS 算法流程有一个可用的初始条件,设 δ 是一个很小值,一般 $\delta\leqslant 0.01\sigma_x^2$,实际中取 $\Phi[0]=\delta I$ 作为初始条件,等效于 $P[0]=\delta^{-1}I$。另一个初始条件是 $\hat{w}[0]=0$。由初始条件,令 $n=1$ 开始 RLS

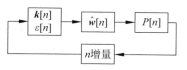

图 9.3　RLS 算法运算流程

的递推,对每一个新的时刻获得新的输入数据 $x[n]$ 和期望响应 $d[n]$,更新矢量 $x[n]$,以此执行 RLS 算法的 6 个公式。

对于 RLS 算法的收敛性能,我们不加证明地列出如下几点。①RLS 是收敛的,且不存在额外误差项 $J_{ex}[+\infty]$,并且不需要迭代步长,但一般可根据需要选择忘却因子 λ。当 $\lambda=1$ 时,实际是不加权的 LS 方法,对所有误差同等对待;但实际中,为了跟踪信号环境存在的非平稳性,取 $\lambda<1$,工程中 λ 常取值范围为 $0.8\sim0.95$。②一般情况下,$n=2M$ 时大约就可以收敛。在高信噪比情况下,RLS 收敛明显快于 LMS 算法;在小信噪比情况下,RLS 收敛速度可能与 LMS 算法等价,但仍收敛到明显小于 LMS 的最终误差值。③RLS 算法运算量明显大于 LMS 算法。

基本 RLS 算法尽管可以得到理论上更好的精度,但其运算复杂性高,数值稳定性差。已有许多用于改善 RLS 的算法被研究,例如基于矩阵 QR 分解的快速算法、基于格型结构的 RLS 算法等,既可以减少运算复杂性,又可以获得数值计算稳定性的改善;但是,这些改进 RLS 算法的推导都比较复杂,超出入门性介绍的范围。有兴趣的读者,可参考文献[40]。

9.5　LMS 和 RLS 算法对自适应均衡器的一些仿真结果

均衡器是通信系统中常用的功能单元,目的是补偿信号波形在信道传输过程中引起的各种畸变。在实际中,目前很多系统利用自适应滤波算法实现均衡器,即自适应均衡器。自适应均衡需要一个期望响应序列。在通信系统接通的时候,设置一段专门时隙,用于训练均衡器。在这段时隙,通信发送机和通信接收机都产生一段约定的训练序列。发送机发送约定的训练序列 $s[n]$,接收机收到的是已经畸变的信号 $x[n]$。$x[n]$ 作为均衡器的输入信号,接收机在本地产生相同的训练序列 $s[n]$ 作为自适应均衡器的期望响应。

为了研究自适应滤波算法的收敛性质,本节以一个仿真自适应均衡器实验为例,讨论各类自适应滤波算法的收敛性质。

考虑一个简化的线性自适应均衡器的原理性实验框图如图 9.4 所示。随机数据产生器产生双极性的随机序列 $s[n]$,它随机地取 ±1。随机信号通过一个信道传输,信道性质可由一个三系数 FIR 滤波器近似,滤波器系数分别是 0.3、0.9、0.3。在信道输出端加入方差为 σ^2 的高斯白噪声。设计一个有 11 个权系数的 FIR 结构的自适应滤波器作为本问题的自适应均衡器,令均衡器的期望响应为 $s[n-7]$。在几个选定的信噪比下,进行如下实验。

（1）用 LMS 算法实现这个自适应均衡器,画出一次实验的误差平方的收敛曲线,给出最后设计的滤波器系数。一次实验的训练序列长度为 500。进行 20 次独立实验,画出误差平方的平均收敛曲线,给出不同的步长值的比较。

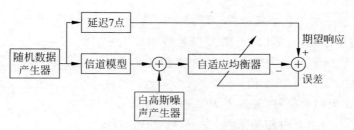

图 9.4　自适应均衡器的原理性实验框图

（2）用 RLS 算法进行实验(1)，并比较实验(1)、(2)的结果。

通过这个实验，进一步了解 LMS 和 RLS 算法的收敛性和误差特性。

1. LMS 算法的实验结果

采用归一化的正则 LMS 算法进行实验，理论上步长取 $0<\tilde{\mu}<2$ 都可以保证收敛。实验中，首先取 $\tilde{\mu}=1$ 和信噪比 25dB。一次单独实验的误差平方曲线如图 9.5(a)所示，20 次实验的误差平方的均值如图 9.5(b)所示。

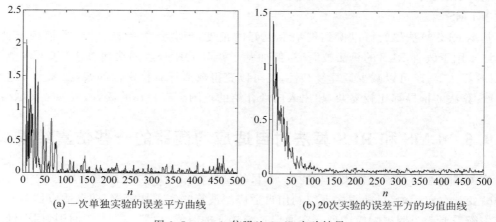

(a) 一次单独实验的误差平方曲线　　　　(b) 20次实验的误差平方的均值曲线

图 9.5　$\tilde{\mu}=1$，信噪比 25dB 实验结果

由 LMS 算法设计的自适应均衡器的滤波器单位抽样响应和自适应均衡器与信道滤波器的卷积结果示于表 9.2 中。由表的第 3 行可见，自适应均衡器与信道滤波器的卷积非常接近于一个单位抽样响应为单位抽样序列的滤波器，这正是逆系统设计所期望的。

表 9.2　用 LMS 设计的自适应均衡器

序号	0	1	2	3	4	5	6
20 次平均	-0.0018	-0.0060	0.021	-0.0788	0.209	-0.555	1.467
一次设计	-0.0384	0.0245	-0.016	-0.047	0.177	-0.526	1.455
卷积	-0.0005	-0.0034	0.0004	-0.0065	-0.0019	-0.0021	0.0031

序号	7	8	9	10	11	12
20 次平均	-0.547	0.212	-0.084	0.02		
一次设计	-0.511	0.185	-0.073	-0.0117		
卷积	0.9896	0.0112	0.0019	-0.0057	-0.0073	0.0059

步长 $\tilde{\mu}=1.5$ 时的误差平方曲线示于图 9.6。

步长 $\tilde{\mu}=0.4$ 时的误差平方曲线示于图 9.7。

观察三个不同步长情况下的平均误差曲线不难看出,步长越小,平均最终误差越小,但收敛速度越慢。为了好的精度,必然牺牲收敛速度。一种有启发意义的做法是,在迭代算法开始时采用较大的步长以尽快收敛,在基本达到收敛状态时再改用较小的步长使最终额外误差尽可能小。这样做可以获得收敛速度和最终误差之间的一个好的折中,Harris 给出一个这样的实现算法,细节参见文献[73]。

降低信噪比的结果如图 9.8 所示,图示的是在信噪比为 20dB 时用步长 $\tilde{\mu}=1$ 得到的结果。由图可见,尽管 20 次结果的平均曲线仍有较好的收敛结果,但单次实验的误差曲线随机性明显增加,这是更大的噪声功率对随机梯度的影响。

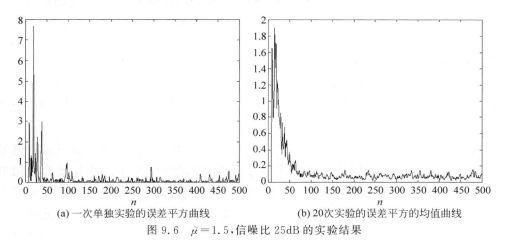

(a) 一次单独实验的误差平方曲线   (b) 20次实验的误差平方的均值曲线

图 9.6 $\tilde{\mu}=1.5$,信噪比 25dB 的实验结果

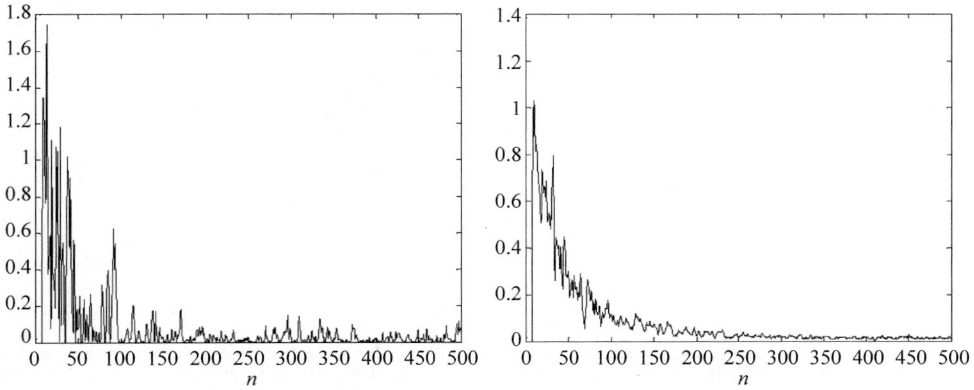

(a) 一次单独实验的误差平方曲线   (b) 20次实验的误差平方的均值曲线

图 9.7 $\tilde{\mu}=0.4$,信噪比 25dB 的实验结果

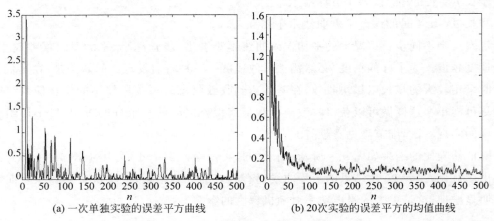

(a) 一次单独实验的误差平方曲线　　　　(b) 20次实验的误差平方的均值曲线

图 9.8　$\tilde{\mu}=1$，信噪比 20dB 的实验结果

2. RLS 算法的实验结果

在同样条件下用 RLS 算法设计这个自适应均衡器，观察它的收敛性和最终误差性能。仍在信噪比 25dB 下进行实验。取忘却因子 $\lambda=0.8$。单次实验和 20 次实验的结果如图 9.9 所示。

从图 9.9 可以看到，RLS 算法的收敛速度明显比 LMS 算法快，并且最终误差值也比 LMS 算法小。不考虑运算复杂性，RLS 算法性能比 LMS 算法要好。当 RLS 算法用更小的忘却因子时，单次实验结果明显变坏。图 9.10 是忘却因子取 $\lambda=0.6$ 时一次实验的误差曲线。从原理上讲，当忘却因子取得较小时，几个单位时间之前的信号的贡献就已变得很小，只有最近的信号值参与了平均。当忘却因子趋于 0 时，LS 就蜕变成了 LMS。

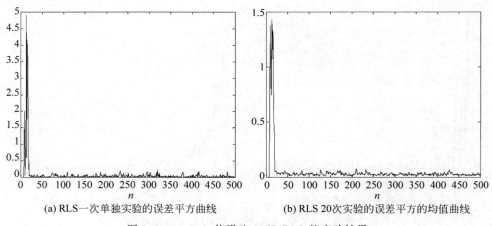

(a) RLS一次单独实验的误差平方曲线　　　(b) RLS 20次实验的误差平方的均值曲线

图 9.9　$\lambda=0.8$，信噪比 25dB RLS 的实验结果

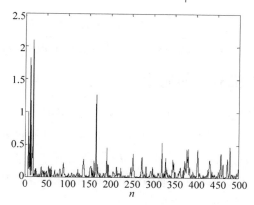

图 9.10　$\lambda=0.6$，信噪比 25dB RLS 一次单独实验的误差平方曲线

9.6　自适应滤波器的应用举例

在本章的开始非常简单地介绍了自适应滤波算法的 4 种类型的应用。在学习基本的自适应滤波算法后，对自适应滤波的应用再做些介绍，以增加对自适应滤波应用的认识。

9.6.1　自适应均衡再讨论

在 9.5 节，通过数值仿真的例子，分析了自适应滤波在通信的信道均衡方面的应用。

前述的自适应均衡器需要一个期望响应，即训练序列。但训练序列只在初始系统训练阶段存在，一旦训练结束训练序列不再存在，通信系统将传输用户的有用数据。在期望响应不再存在后，自适应滤波器怎样做？一种方法是将自适应均衡器切换成一个固定滤波器，对于平稳信道来讲这样做是可接受的，但对于性能不稳定的信道接收机性能将会明显下降。一种改善的方法是在训练序列传输结束后，通过人造一个期望响应使得自适应滤波过程能够继续，以保证自适应均衡器跟踪信道的变化。在数字通信中，一种人造期望响应的方法是在训练阶段结束后，将均衡器输出送入判决器，判决器的输出作为期望响应，与滤波器输出相减构成误差量用于调整自适应均衡器的滤波器系数。实验和理论分析都表明，这种方法达到好的效果，这种人造期望响应的方法称为"决策方向"（Decision-Direction）法，简称 DD 方法。采用 DD 方法的

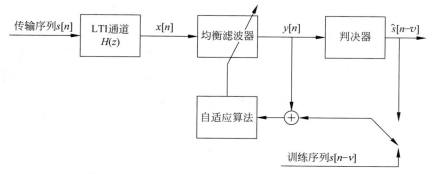

图 9.11　利用决策方向法的自适应均衡器的结构图

自适应均衡器的方框图如图 9.11 所示。由于判决器运算是一种非线性运算，因此，训练结束后利用人造期望响应的自适应均衡算法不再是线性自适应滤波器，而是非线性自适应滤波器。

9.6.2 自适应干扰对消的应用

噪声对消的原理框图如图 9.12 所示。信号 $s[n]$ 中混入了不相关的噪声 $v_0[n]$，将 $s[n]+v_0[n]$ 称为原始输入，它的作用是用作期望响应，可以通过其他途径得到与 $v_0[n]$ 相关的另一个噪声信号 $v_1[n]$（称为噪声副本），用作自适应滤波器的输入，它也称为参考输入。调整滤波器系数，使自适应滤波器输出 $y[n]$ 是 $v_0[n]$ 的非常精确的逼近。原始输入减去滤波器输出，得到抵消了噪声干扰的信号 $s[n]$。

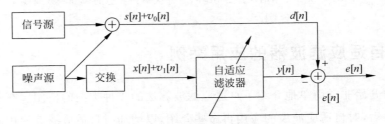

图 9.12 用自适应滤波进行噪声对消的示意图

"噪声对消"一词表示了自适应滤波的一类应用可以衍生出许多具体应用。例如，在心电图测量中，50Hz 工频干扰（有些国家如美国等是 60Hz）是非常严重的干扰。因为传感器产生的是弱信号 $s[n]$，很可能记录的信号 $s[n]+v_0[n]$ 中主要能量是工频干扰。为了消除干扰，通过变压器另获取一个工频信号 $v_1[n]$，但 $v_1[n]$ 的相位和幅度与 $v_0[n]$ 都不相同，直接相减可能会引起噪声的增强。使 $v_1[n]$ 通过自适应滤波器产生与 $v_0[n]$ 的幅度和相位几乎一致的输出 $y[n]$，再从 $s[n]+v_0[n]$ 减去 $y[n]$，就起到消除噪声的目的。

图 9.12 的结构能否使 $y[n]$ 有效逼近 $v_0[n]$ 且不对信号产生畸变呢？回答是肯定的。这里略去严格证明，可以这样理解：由于 $s[n]$ 和 $v_0[n]$、$v_1[n]$ 是不相关的，$v_1[n]$ 作为滤波器的输入可以由期望响应学习到 $v_0[n]$，却学习不到 $s[n]$，故最终 $y[n]$ 逼近 $v_0[n]$。

图 9.12 的结构中，由于 $s[n]$ 没有经过滤波器，$y[n]$ 与 $s[n]$ 不相关，因此在噪声消除过程中有用信号 $s[n]$ 不会被衰弱和畸变。但是，如果信号 $s[n]$ 也串扰到了参考信号 $v_1[n]$ 中，噪声对消器输出中 $s[n]$ 将发生畸变。但如果这种串扰能量较小，仍可以有较好的噪声消除和保持信号的效果。更详细讨论参考文献[44]。

当干扰噪声是单频的正弦信号时，一个两系数特殊结构的自适应滤波器将得到好的效果。设参考输入是 $v_1[n]=A\cos(\omega_0 n+\varphi)$ 时，图 9.13 结构的自适应滤波器的消噪性能是良好的。在这个系统中，若采用 LMS 算法，则两个输入信号分量为

$$x_1[n]=A\cos(\omega_0 n+\varphi)$$
$$x_2[n]=A\sin(\omega_0 n+\varphi)$$

权系数更新公式为

$$w_1[n+1]=w_1[n]+\mu x_1[n]e[n]=w_1[n]+\mu A\cos(\omega_0 n+\varphi)e[n]$$

$$w_2[n+1]=w_2[n]+\mu x_2[n]e[n]=w_2[n]+\mu A\sin(\omega_0 n+\varphi)e[n]$$

虽然图 9.13 所示的系统是一个非线性时变系统,但是文献[44]可以证明,从期望响应 $d[n]$ 到噪声抵消器输出 $e[n]$ 等价为一个线性时不变系统,且传输函数为

$$H(z)=\frac{z^2-2z\cos(\omega_0)+1}{z^2-2(1-\mu A^2)z\cos(\omega_0)+1-2\mu A^2}$$

它的零点位于 $z=\mathrm{e}^{\pm j\omega_0}$,因此频率响应在 ω_0 处有一个凹口,凹口带宽为 $BW=\mu A^2$。当迭代步长很小时,该系统是一个凹口带宽很窄的陷波器,这正是所需要的功能,即消除了原始输入中角频率为 ω_0 的干扰。

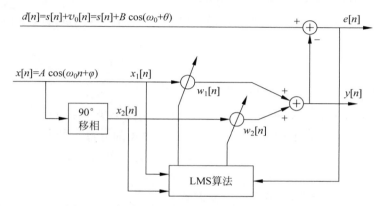

图 9.13　抵消一个单频率正弦波噪声的特殊结构

噪声对消已得到许多实际应用,罗列一些应用实例如下:

◇　心电图中 50Hz 或 60Hz 电源工频干扰的消除;

◇　胎儿检测中胎儿心电图中母体心电图的对消;

◇　飞机驾驶员座舱内,环境噪声的干扰对消;

◇　长途电话线路中的回声对消。

有关这些应用的更详细的讨论,参考文献[44]。

自适应滤波有非常广泛的应用,更多的应用实例可见文献[40,43,44]。

9.7　与本章相关的 MATLAB 函数与实例

9.7.1　相关的 MATLAB 函数简介

首先介绍与线性自适应滤波相关的 MATLAB 函数。

1. adaptfilt. lms(Filter Design Toolbox)

功能介绍　用 LMS 算法实现一个 FIR 自适应滤波器,本函数集成在 Filter Design 工具箱中。

语法

```
ha = adaptfilt.lms(L,step,leakage,coeffs,states)
```

输入变量　L 是自适应滤波器系数的个数，默认情况下为 10；step 是 LMS 的迭代步长；leakage 是泄漏 LMS 算法的泄漏系数；coeffs 为初始滤波器系数，必须是长度为 L 的矢量，与待设计滤波器系数的个数相同，默认为全 0 矢量；states 是初始滤波器的状态，默认值全为零。

输出内容　构造一个 LMS 自适应滤波器 ha。

2. adaptfilt.nlms（Filter Design Toolbox）

功能介绍　用 NLMS 算法实现一个 FIR 自适应滤波器，本函数集成在 Filter Design 工具箱中。

语法

```
ha = adaptfilt.nlms(L,step,leakage,offset,coeffs,states)
```

输入变量　L 是自适应滤波器系数的个数，默认情况下为 10；step 是 NLMS 的迭代步长；leakage 是 NLMS 算法的泄漏系数；offset 是在步长的分母上的校正量；coeffs 为初始滤波器系数，与待设计滤波器系数的个数相同，默认为全 0 矢量；states 是初始滤波器的状态。

输出内容　构造一个 NLMS 自适应滤波器 ha。

3. adaptfilt.se（Filter Design Toolbox）

功能介绍　用 S-E LMS 算法实现一个 FIR 自适应滤波器，本函数集成在 Filter Design 工具箱中。

语法

```
ha = adaptfilt.se(L,step,leakage,coeffs,states)
```

输入变量　L 是自适应滤波器系数的个数，默认情况下为 10；step 是 S-E LMS 算法的迭代步长；leakage 是 S-E LMS 算法的泄漏系数；coeffs 为初始滤波器系数，与待设计滤波器系数的个数相同，默认为全 0 矢量；states 是初始滤波器的状态。

输出内容　构造一个 S-E LMS 自适应滤波器 ha。

4. adaptfilt.ss（Filter Design Toolbox）

功能介绍　用双符号 LMS 算法实现一个 FIR 自适应滤波器，本函数集成在 Filter Design 工具箱中。

语法

```
ha = adaptfilt.ss(L,step,leakage,coeffs,states)
```

输入变量　L 是自适应滤波器系数的个数，默认情况下为 10；step 是双符号 LMS 算法的迭代步长；leakage 是双符号 LMS 算法的泄漏系数；coeffs 为初始滤波器系数，与待设计滤波器系数的个数相同，默认为全 0 矢量；states 是初始滤波器的状态。

输出内容　构造一个 SS LMS 自适应滤波器 ha。

5. adaptfilt. rls（Filter Design Toolbox）

功能介绍 用 RLS 算法实现一个 FIR 自适应滤波器,本函数集成在 Filter Design 工具箱中。

语法

```
ha = adaptfilt.rls(L,lambda,invcov,coeffs,states)
```

输入变量 L 是自适应滤波器系数的个数,默认情况下为 10;lambda 是 RLS 算法的忘却因子;invcov 是输入信号协方差矩阵的逆矩阵,初始化该矩阵成一个正定矩阵;coeffs 为初始滤波器系数;states 是初始滤波器的状态。

输出内容 构造一个 RLS 自适应滤波器 ha。

6. adaptfilt. qrdrls（Filter Design Toolbox）

功能介绍 用 QR-RLS 算法实现一个 FIR 自适应滤波器,本函数集成在 Filter Design 工具箱中。

语法

```
ha = adaptfilt.qrdrls(L,lambda,sqrtcov,coeffs,states)
```

输入变量 L 是自适应滤波器系数的个数,默认情况下为 10;lambda 是 RLS 算法的忘却因子;sqrtcov 是输入信号协方差矩阵逆的平方根分解,初始化该矩阵成一个正定的上三角矩阵;coeffs 为初始滤波器系数;states 是初始滤波器的状态。

输出内容 构造一个 QR-RLS 自适应滤波器 ha。

9.7.2 MATLAB 例程

通过几个例程及其运行结果,说明 MATLAB 函数在线性自适应滤波问题中的应用。

例 9.7.1 用 LMS 算法实现一个 FIR 自适应滤波器,例程和运行结果如下。

```
x   = randn(1,500);
b   = fir1(15,0.5);                              % FIR 滤波器
n   = 0.1 * randn(1,500);                        % 观测噪声
d   = filter(b,1,x) + n;                         % 期望信号
mu_lms = 0.008;                                  % LMS 步长
ha_lms = adaptfilt.lms(16,mu_lms);               % 建立自适应滤波器
[y_lms,e_lms] = filter(ha_lms,x,d);
subplot(2,1,1); plot(1:500,[d;y_lms;e_lms]);
legend('期望信号','滤波器输出','误差');
xlabel('时间序列 n'); ylabel('幅值');
subplot(2,1,2); stem([b.',ha_lms.coefficients.']);
legend('实际系数','估计系数');
xlabel('滤波器系数序列'); ylabel('滤波器系数值');   grid on;
```

执行结果如图 9.14 所示。

函数 adaptfilt. nlms 的使用方法与 adaptfilt. lms 相似,故不再列举实例。

例 9.7.2 用 S-E LMS 算法实现一个 FIR 自适应滤波器,例程和运行结果如下。

```
delay = 2;                                       % 采样时延为 2
ntr = 5000;                                       % 迭代次数
```

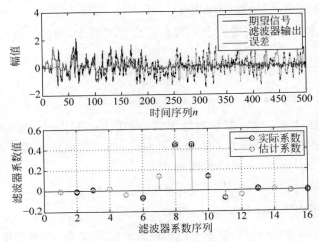

图 9.14　例 9.7.1 的例程结果

```
v = sin(2 * pi * 0.05 * [1:ntr + delay]);          % 正弦信号
n = randn(1,ntr + delay);                          % 噪声
x = v(1:ntr) + n(1:ntr);                           % 输入信号
d = v(1 + delay:ntr + delay) + n(1 + delay:ntr + delay);   % 期望信号
mu_se = 0.0001;                                    % 步长
ha_se = adaptfilt.se(32,mu_se);                    % 建立自适应滤波器
[y_se,e_se] = filter(ha_se,x,d);
plot(1:ntr,[d;y_se;v(1:end - delay)]);
axis([ntr - 100 ntr  - 3 3]);
legend('观测信号','滤波器输出信号','原始信号');
xlabel('时间序列 n'); ylabel('幅值');
```

执行结果如图 9.15 所示。

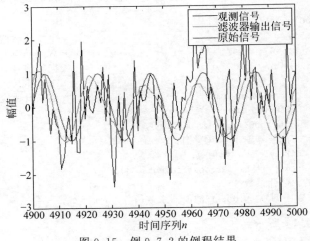

图 9.15　例 9.7.2 的例程结果

说明：自适应滤波器的输入是原始信号加噪声后的信号，输出信号是对该加噪信号做了时延，对比滤波器输出与原始信号可明显看到时延。函数 adaptfilt.ss 的使用方法与

adaptfilt. se 相同,故不再列举实例。

例 9.7.3 用 RLS 算法实现一个 FIR 自适应滤波器,例程和运行结果如下。

```
x  = randn(1,500);                         % FIR 滤波器
b  = fir1(15,0.5);                         % 观测噪声
n  = 0.1 * randn(1,500);                   % 期望信号
d  = filter(b,1,x) + n;                    % 初始化逆矩阵
P0 = 10 * eye(16);                         % 忘却因子
lam = 0.99;                                % 建立自适应滤波器
ha_rls = adaptfilt.rls(16,lam,P0);
[y_rls,e_rls] = filter(ha_rls,x,d);
subplot(2,1,1); plot(1:500,[d;y_rls;e_rls]);
legend('期望信号','滤波器输出信号','误差');
xlabel('时间序列 n'); ylabel('幅值');
subplot(2,1,2); stem([b.',ha_rls.Coefficients.']);
legend('实际系数','估计系数'); grid on;
xlabel('滤波器系数序列'); ylabel('滤波器系数值');
```

执行结果如图 9.16 所示。

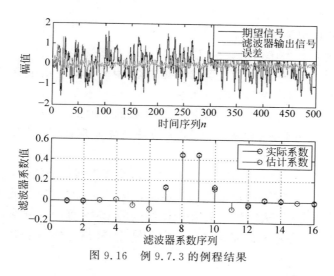

图 9.16 例 9.7.3 的例程结果

函数 adaptfilt. qrdrls 的使用方法与 adaptfilt. rls 相似,故不再列举实例。

9.8 本章小结

本章简要讨论了线性自适应滤波器的算法原理和一些应用实例。LMS 算法是一种运算有效的自适应滤波算法,通过选择适当的迭代步长,可使 LMS 算法收敛;但 LMS 算法存在额外均方误差项,步长参数的选择可以控制额外均方误差项的大小。RLS 算法的收敛误差更小,不存在额外均方误差项,但是算法的运算复杂性比 LMS 算法要高得多,目前已有大量快速的 RLS 算法在性能和速度方面得到良好的平衡。

习题

9.1 一个随机信号 $x[n]$，它的自相关序列值 $r[0]=1,r[1]=a,x[n]$ 混入了方差为 $1/2$ 的白噪声，设计一个 2 阶 FIR 滤波器，以使输出噪声功率最小。

（1）求出滤波器系数。

（2）求输出残余噪声功率。

（3）求滤波器输入信号自相关矩阵的特征值。

（4）如果用最陡下降法递推求解滤波器系数，分析 a 取值变化对递推算法收敛性的影响。

9.2 一个信号 $x[n]$，自相关序列为 $r_x[k]=\dfrac{\sigma_v^2}{1-a_1^2}(-a_1)^{|k|}$，模型参数 $a_1=-0.8,\sigma_v^2=1$，该信号中混入了一个具有随机初相位的正弦噪声 $w[n]=A\cos\left(\dfrac{\pi}{4}n+\varphi\right),\varphi$ 是在 $[0,2\pi]$ 间均匀分布的随机相位，$A=2$。

（1）求 $x[n]$ 的自相关序列值 $r_x[0],r_x[1]$。

（2）求 $w[n]$ 的自相关序列值 $r_w[0],r_w[1]$。

（3）设计一个有两个系数的 FIR 型维纳滤波器，使滤波器输出中有尽可能低的噪声功率。求滤波器系数和输出中尚存的噪声功率。

（4）设计一个自适应滤波器，用一个有两个系数的 FIR 自适应滤波器尽可能消除信号中的噪声，设滤波器采用 LMS 算法，画出自适应滤波器原理框图，写出自适应滤波器的递推公式，求最大允许的迭代步长。

9.3 有两个黑盒子，已知其中一个装一个 4 阶全极点线性滤波器，另一个装一个 5 阶全零点线性滤波器，但滤波器的权系数均被遗忘，设计两个自适应滤波器分别用于估计两个黑盒子的滤波器系数，自适应滤波采用 FIR 结构的 LMS 算法。分别画出两个估计系统的方框图和两个自适应滤波器的结构图，标出各输入/输出点的信号名称，写出各自适应滤波器的递推公式。

9.4 一个三角波信号

$$x[n]=\begin{cases}\dfrac{10-|n|}{10}, & |n|<10\\[2mm] 0, & \text{其他}\end{cases}$$

混入了一个正弦波噪声 $v[n]=A\sin(0.75\pi+\varphi_0)$，其中 A 和 φ_0 未知，设计一个自适应滤波器尽可能消除噪声。

MATLAB 习题

9.1 对习题 9.4 的噪声消除自适应滤波器进行 MATLAB 仿真。

9.2 考虑一个线性自适应均衡器的原理框图如题 9.2 图所示。随机数据产生器产生双极性的随机序列 $x[n]$，它随机地取 ±1。随机信号通过一个信道传输，信道性质可由一个三系数 FIR 滤波器刻画,滤波器系数分别是 0.3,0.9,0.3。在信道输出加入方差为 σ^2 的高斯白噪声。设计一个有 11 个权系数的 FIR 结构的自适应均衡器,令均衡器的期望响应为 $x[n-7]$。选择几个合理的白噪声方差值 σ^2(相当于针对不同信噪比),进行实验。

(1) 用 LMS 算法实现这个自适应均衡器,画出一次实验的误差平方的收敛曲线,给出最后设计的滤波器系数。一次实验的训练序列长度为 500。进行 20 次独立实验,画出误差平方的平均收敛曲线。给出不同的 3 个步长值的比较。

(2) 用 RLS 算法进行题(1)的实验,并比较题(1)和题(2)的结果。

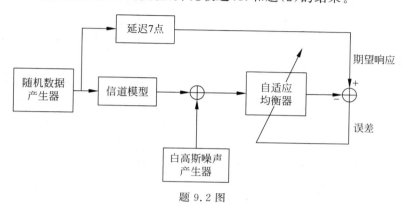

题 9.2 图

9.3　在题 9.2 中,如果针对复信号和复系统,重做此题。随机数据产生器产生双极性的随机序列 $\{x_R[n],x_I[n]\}$($x_R[n]+\mathrm{j}x_I[n]$),它随机地取 $\{\pm1,\pm1\}$。随机信号通过一个信道传输,信道性质可由一个三系数 FIR 滤波器刻画,滤波器系数分别是 $0.3+0.35\mathrm{j}$,$0.9+0.8\mathrm{j}$,$0.3+0.35\mathrm{j}$。在信道输出加入方差为 σ^2 的复高斯白噪声。设计一个有 11 个权系数(复系数)的 FIR 结构的自适应均衡器,令均衡器的期望响应为 $\{x_R[n-7],x_I[n-7]\}$。选择几个合理的白噪声方差值 σ^2(相当于针对不同信噪比,建议实验时用 20dB 和 30dB),进行实验。

(1) 用 LMS 算法实现这个自适应均衡器,画出一次实验的误差平方的收敛曲线,给出最后设计的滤波器系数。一次实验的训练序列长度为 500。进行 20 次独立实验,画出误差平方的平均收敛曲线。给出不同的 3 个步长值的比较。

(2) 用 RLS 算法进行题(1)的实验,并比较题(1)和题(2)的结果。

9.4　用自适应滤波器实现模型参数的辨识。设有两个信号模型,均是 4 阶 AR 过程,模型参数如题 9.4 表所示。

题 9.4 表

信　号　源	a_1	a_2	a_3	a_4	σ^2
信号源 1	-1.352	1.338	-0.662	0.240	1
信号源 2	-2.760	3.809	-2.654	0.924	1

这里,4 阶 AR 过程指输入/输出关系为 $x[n]=-\sum\limits_{k=1}^{4}a_k x[n-k]+v[n]$,其中 $v[n]$ 是方差为 σ^2 的白噪声。设计一个自适应线性预测器用于对 AR 模型参数的估计。

（1）用 LMS 算法实现这个功能，画出随时间序号的各参数的变化曲线和误差收敛曲线。

（2）用 RLS 算法实现同样的功能，比较两个算法的收敛特性。

（3）设计一个非平稳环境，研究 LMS 算法对非平稳环境的跟踪。这个非平稳环境是：在前 500 个时刻，信号模型用第一组参数，在第 500 个点时，信号参数突然切变到第二组参数。研究 LMS 算法的跟踪能力。

（4）用 RLS 算法重新做题（3）。

第10章

有限字长效应

在本书第 2～9 章介绍了离散信号处理的许多算法和系统结构。这些算法是针对离散时间信号,信号的幅度值没有限制,因此这些算法本质上是离散时间信号处理,还不是数字信号处理。当离散时间采样信号通过 A/D(模拟数字转换器)变换成幅度离散的数字信号并通过数字系统实现时,才称得上是数字信号处理。

当采样信号用 A/D 变换成数字信号后,每个采样值只能用有限位数的二进制数字表示,相当于信号的幅度值也离散化了,仅有有限个状态,因此由有限位二进制数字表示一个采样值一定会带来量化误差。另外,数字系统的存储和计算单元也是有限位的,例如,一些典型处理器的有效位数是 16 位或 32 位,计算过程中(尤其乘法运算)需要尾数处理,这进一步带来计算误差。有限位二进制表示的数据有其限定范围,运算过程可能会产生溢出。量化过程本质上是非线性运算,可能带来一些非线性误差。所有这些统称为数字处理的有限字长效应。大致上,引起有限字长效应的因素有如下几条:

(1) A/D 变换的量化误差;

(2) 用有限精度的数表示系统各系数引起的量化误差;

(3) 在运算时为限制数位扩展而进行的尾数处理(舍入或截尾)及防止溢出而压缩信号电平所产生的量化误差;

(4) 溢出振荡产生的误差;

(5) 恒定信号输入时产生的极限环振荡带来的误差。

研究有限字长效应,其实就是分析离散信号处理的理论和算法用数字系统实现时所出现的问题,并研究其现象和解决问题的方法。将有限字长效应集中在一章讨论,有几点好处。其一,前面章节专注于讨论原理和算法而不考虑幅度量化问题,使得理论简洁,物理概念清晰,更方便抓住问题的本质。其二,集中处理有限字长效应,分析比较各种误差、各种异常现象以及解决方法,容易加深对有限字长问题的全面认识。其三,随着系统接口硬件和处理硬件能力的不断加强,有限字长效应的影响也在不断变化,便于根据需要从本章中选择部分内容进行学习。其四,数字处理是在目前技术条件下最有效的实现方法,但离散信号处理的理论和算法不一定要用数字系统实现,也可能用不需要数字化的离散时间系统直接实现。目前这些系统也仍然存在,只是从技术实现上不是主流而已。从发展的观点看,若未来器件技术的突破使离散时间系统直接实现变得有效时,数字系统实现也未必永远是主流,但离散信号处理的理论和算法却可能有更久远的生命力。其五,把复杂问题分解成不同方面分别研究,是一种常用的科学方法。

10.1　二进制数据表示和量化误差

目前的数字系统包括计算机的运算和存储单元，都采用二进制表示数字。关于二进制表数的基本知识在数字逻辑电路和计算机原理中都有介绍，这里不展开详细讨论。本节只给出二进制表数的简单复习，然后主要讨论二进制表示的量化误差分析。

10.1.1　二进制数据表示

一个数值的二进制表示总可以写为

$$x = 2^c \times M$$

这里 M 是尾数，用若干位二进制表示，并且 $-1 \leqslant M \leqslant 1$，$c$ 是阶码。c 的不同选择引出二进制数据表数的类型。

1. 定点数

当 c 为常数时，称为定点数。定点数表示的范围不超过 $|x| \leqslant 2^c$。不失一般性，本章假设 $c=0$，即数据范围限定在 $|x| \leqslant 1$。

定点数表示的特点是：运算方便，实现简单，快速，经济；但动态范围小。

2. 浮点数

对每一个数值随时调整 c，而且把尾数 M 的最高位调整为 1，即 $1/2 \leqslant M < 1$，称为规格化表示。因为要表示 c 和 M，需要分别分配位数给 c 和 M。一些标准化组织，给出浮点数的格式，例如 IEEE 754—1985 标准定义的单精度浮点格式如图 10.1 所示。

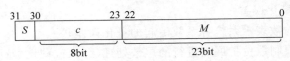

图 10.1　IEEE 单精度浮点格式（图中 S 是符号位）

浮点数特点：动态范围大，但运算复杂，设备量大，速度慢。

3. 成组浮点数

按运算要求把数分成若干组（例如 FFT 中，每级作为一组），每组数中最大数的阶码 c 作为该组数的共同阶码，用这单一阶码做运算。

成组浮点数的特点：运算简单，同时有一定的精度。

在考虑有限字长效应时，定点数带来的问题最严重，同时分析模型相对简单。所以，本章主要针对定点数讨论有限字长效应。由于实际数字硬件系统的定点二进制表示和运算主要采用补码形式，如下只简要给出二进制补码的表示。

设数据满足 $|x| \leqslant 1$，其二进制补码的定义为

$$[x]_{\text{补}} = \begin{cases} |x|, & 0 \leqslant x < 1 \\ 2 - |x|, & -1 \leqslant x < 0 \end{cases}$$

用二进制位数表示的补码 $(b_{0\Delta} b_1 b_2 \cdots b_B \cdots)_2$ 与其实际值之间的关系为

$$x = -b_0 + \sum_{i=1}^{\infty} b_i \times 2^{-i} \tag{10.1}$$

这里，b_0 是符号位

$$b_0 = \begin{cases} 0, & x > 0 \\ 1, & x < 0 \end{cases}$$

实际中，总是只能用有限位数表示一个值。本章后续若不加说明，总是假设用 $B+1$ 位字长，其中 1 位符号位，B 位有效位数。有限位 $(b_{0\Delta}b_1 b_2 \cdots b_B)_2$ 只能近似表示一个数值为

$$\hat{x} = [x]_Q = -b_0 + \sum_{i=1}^{B} b_i \times 2^{-i} \tag{10.2}$$

用有限位数表示一个数是一个量化过程，上式用 $[x]_Q$ 表示对 x 量化得到近似表示，两个数的最小量化间隔表示为

$$q = 2^{-B} \tag{10.3}$$

10.1.2　有限位二进制定点表示的量化误差

在几种情况下用有限位二进制定点表示会带来量化误差。有两种典型的量化过程，第一种量化是用有限位二进制表示一个实数，包括 A/D 和滤波器实系数的量化；第二种量化是用较短有效位表示较长有效位的二进制数，典型例子是两个 B 位尾数相乘，可能产生 $2B$ 位，但只能保留 B 位。这里讨论这种量化过程的误差描述。

尾数处理有两种典型方式，一是截尾处理，二是舍入处理。以下用式(10.2)的有限位表数量化式(10.1)所示的无限精度数据作为说明，讨论尾数处理的量化误差。

1. 截尾处理

截尾处理是将式(10.1)中包括 b_{B+1} 位及其后续位直接舍弃，从而得到式(10.2)的有限位表示。定义截尾误差为

$$e_T = [x]_Q - x$$

代入式(10.1)和式(10.2)得

$$e_T = -b_0 + \sum_{i=1}^{B} b_i \times 2^{-i} - \left(-b_0 + \sum_{i=1}^{+\infty} b_i \times 2^{-i} \right) = -\sum_{i=B+1}^{+\infty} b_i \times 2^{-i}$$

显然，上式当 $b_{B+1} = b_{B+2} = \cdots = 0$ 时 $e_T = 0$，当 $b_{B+1} = b_{B+2} = \cdots = 1$ 时

$$e_T = -\sum_{i=B+1}^{+\infty} 2^{-i} = -2^{-B} = -q$$

误差的取值范围为

$$-2^{-B} = -q \leqslant e_T \leqslant 0 \tag{10.4}$$

误差 e_T 是一个随机变量，合理的假设是将 e_T 看作均匀分布的随机变量，其概率密度函数为

$$p_{e_T}(e) = \begin{cases} \dfrac{1}{q}, & -q \leqslant e \leqslant 0 \\ 0, & \text{其他} \end{cases} \tag{10.5}$$

2. 舍入处理

舍入处理是按四舍五入的思路处理尾数，若 $b_{B+1} = 1$ 则进位，然后舍去 b_{B+1} 及其后续

位；若 $b_{B+1}=0$ 则直接舍去 b_{B+1} 及其后续位，按舍入处理的有限位表示需对式（10.2）修正为

$$\hat{x}=[x]_Q=-b_0+\sum_{i=1}^{B}b_i\times 2^{-i}+b_{B+1}\times 2^{-B}$$

定义并求得舍入误差为

$$e_R=[x]_Q-x=-b_0+\sum_{i=1}^{B}b_i\times 2^{-i}+b_{B+1}\times 2^{-B}-\left(-b_0+\sum_{i=1}^{+\infty}b_i\times 2^{-i}\right)$$

$$=-\sum_{i=B+1}^{+\infty}b_i\times 2^{-i}+b_{B+1}\times 2^{-B}$$

当 $b_{B+1}=0,b_{B+2}=b_{B+3}=\cdots=1$ 则

$$e_R=-\sum_{i=B+1}^{+\infty}b_i\times 2^{-i}+b_{B+1}\times 2^{-B}=-2^{-(B+1)}=-\frac{1}{2}q$$

当 $b_{B+1}=1,b_{B+2}=b_{B+3}=\cdots=0$ 则

$$e_R=-\sum_{i=B+1}^{+\infty}b_i\times 2^{-i}+b_{B+1}\times 2^{-B}=\frac{1}{2}q$$

不难看出，以上分别是舍入误差的最小值和最大值，故舍入误差范围

$$-2^{-(B+1)}=-\frac{1}{2}q\leqslant e_R\leqslant\frac{1}{2}q=2^{-(B+1)} \tag{10.6}$$

为便于分析可以把 e_R 建模为一个随机变量，合理的假设是将 e_R 看作均匀分布的随机变量，其概率密度函数为

$$p_{e_R}(e)=\begin{cases}\dfrac{1}{q}, & -\dfrac{1}{2}q\leqslant e\leqslant\dfrac{1}{2}q\\[2mm]0, & \text{其他}\end{cases} \tag{10.7}$$

为了直观地理解舍入处理，图 10.2 给出了信号取值（斜线）、量化输出（阶梯线）和量化误差概率密度函数（右下角）的示意图。

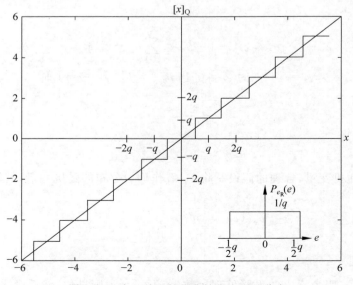

图 10.2　舍入处理的量化输出和误差分布

10.1.3 量化误差的统计分析模型

前面讨论了单个数据表示的量化误差范围。当输入采样信号经过 A/D 持续变换成数字信号，或数字信号经过滤波器或 FFT 处理进行运算时，相当于持续地对信号序列 $x[n]$ 进行量化处理，持续地产生量化误差序列 $e[n]$。严格讲，量化是非线性过程，其严格分析非常复杂。实际中，常采用统计模型分析其平均特性，将量化过程表示为

$$Q\{x[n]\} = x[n] + e[n] \tag{10.8}$$

这里 $Q\{x[n]\}$ 表示量化过程，将量化误差序列等效成加性噪声序列。量化误差序列是随机序列，为分析方便，对 $e[n]$ 序列做如下假设：

(1) $e[n]$ 是各态历经的平稳随机序列；

(2) $e[n]$ 与 $x[n]$ 相互统计独立；

(3) $e[n]$ 序列中任意两个不同时刻的取值是统计独立的，即 $e[n]$ 具有白噪声的性质；

(4) $e[n]$ 是均匀分布的。

这个统计模型具有合理性，尤其当信号序列变化复杂时，例如语音、音乐、通信或雷达接收机接收的信号等，其量化误差都很好地符合这个模型；但若信号是直流或矩形脉冲或正弦波等变化简单且规律的信号时，量化噪声不满足统计独立和白噪声的假设。即便如此，在实际应用中，通过该模型进行量化分析，会得到很多有用的结论。

如概率论所述，随机序列有几个常用统计特征值。当截尾或舍入处理时，量化误差的概率密度函数分别如式（10.5）或式（10.7）所示，由概率密度函数可求得这些统计特征量。截尾处理时 $e[n]$ 的均值为

$$m_T = E[e_T] = \int_{-q}^{0} e p_T(e)\,\mathrm{d}e = \int_{-q}^{0} e\,\frac{1}{q}\,\mathrm{d}e = -\frac{1}{2}q$$

对于舍入处理，$e[n]$ 的均值为

$$m_R = E[e_R] = \int_{-\frac{1}{2}q}^{\frac{1}{2}q} e p_R(e)\,\mathrm{d}e = \int_{-\frac{1}{2}q}^{\frac{1}{2}q} e\,\frac{1}{q}\,\mathrm{d}e = 0$$

两者的方差相同，均为

$$\sigma_e^2 = E[(e - m_e)^2] = \int_{-\infty}^{+\infty} (e[n] - m_e)^2\, p(e)\,\mathrm{d}e$$

$$= \frac{1}{q} \int_{-\frac{1}{2}q}^{\frac{1}{2}q} e^2\,\mathrm{d}e = \frac{1}{12}q^2 = \frac{1}{12} \times 2^{-2B} \tag{10.9}$$

上式中，m_e 表示均值，对两种尾数处理均值不同。两种尾数处理量化误差的协方差序列相同，均为

$$C_e[n] = E\{(e[m] - m_e)(e[m-k] - m_e)\} = \sigma_e^2 \delta[k]$$

对于舍入误差，协方差序列等于自相关序列，故

$$r_e[k] = C_e[k] = \sigma_e^2 \delta[k]$$

此时，$r_e[0] = \sigma_e^2$ 表示量化噪声序列的功率。

若希望量化噪声越小，则需字长 B 越长。比较舍入误差和截尾误差，其噪声方差相等，但截尾误差取值的最大绝对值是舍入误差的 2 倍，且截尾误差的均值非零，存在固定的直流分量。综合考虑，实际数字系统实现时，主要采用舍入处理。故本章后续若不加特别说明，

则假设尾数处理均采用舍入处理。这样，也不区分噪声功率和噪声方差。

本节注释：补码表数的特性

现代数字系统的定点表数和运算，大多采用二进制补码形式。补码运算有许多显著特点：其一，可以将加法和减法用一个统一的加法器实现；其二，用补码进行连续多项相加时，如果补码运算总和不溢出，中间结果有溢出，不会影响结果的正确性，这对数字信号处理应用是一个很重要的性质。数字信号处理中的很多运算结构是多项相加运算，只需关注相加的最后结果是否溢出即可，只要最后结果不溢出，中间的溢出结果可被自我调节以达到正确的输出。关于补码还有很多性质，超出本书范围，有兴趣的读者可参考计算机数据表示的专门著作。

10.2 A/D 转换器的量化误差

A/D 转换器是利用数字系统处理连续信号不可缺少的器件，构成数字信号处理系统的前端。信号经过采样后，首先变成时间离散幅度连续的离散时间信号，再经过 A/D 后变成时间离散幅度也离散的数字信号。A/D 产生了量化误差，这是一种源误差，源误差在后续信号处理系统中传播，在处理结果中反映出来。

与现代计算部件（如 CPU 等）字长的明显增长不同，A/D 的字长增长明显缓慢。目前实际中使用的 A/D 字长主要集中在 8～18 位，A/D 的量化效应是第一个要关注的问题。在本节讨论中，假设 A/D 的输出字长是 $B+1$ 位，其中 1 位符号位，B 位有效数据位，尾数做舍入处理。

10.2.1 A/D 量化模型

讨论 A/D 量化问题，需要对 A/D 进行建模。常用的 A/D 模型如图 10.3 所示，其中图 10.3(a) 为非线性模型，图 10.3(b) 为统计模型，也称为线性模型。在图 10.3(a) 的模型中，用运算符号

$$x_Q[n] = Q\{x[n]\} \tag{10.10}$$

表示量化过程，这是一种非线性运算。对于给定的输入信号，用这种模型可实际计算 A/D 的输出和误差，但难以用于导出一般的分析方法。图 10.3(b) 为统计模型，用一个随机序列 $e[n]$ 表示量化产生的误差，将 A/D 的输出表示为输入信号与量化误差之和，即

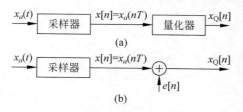

图 10.3　A/D 的非线性和线性模型

$$x_Q[n] = x[n] + e[n] \tag{10.11}$$

对于 A/D 的统计模型，关键是合理地描述量化误差的统计特性，本章采用对量化误差如下假设：

(1) 量化误差 $e[n]$ 是白噪声序列，其相关函数为 $r_Q[n] = \sigma_Q^2 \delta[n]$，功率谱密度为常数 $S_Q(\omega) = \sigma_Q^2$。

(2) 量化误差功率为 $\sigma_Q^2 = \dfrac{1}{12} 2^{-2B} = \dfrac{1}{12} q^2$。

（3）量化误差 $e[n]$ 和信号 $x[n]$ 是统计独立的。

注意到，统计模型是一种"平均"模型，用这种模型可以比较方便地确定量化误差的功率，确定 A/D 的信噪比，计算 A/D 量化误差在系统中传播的功率，但一般不用于计算量化误差的实际波形。因为统计模型给出了从平均意义上量化误差的特性，无法保证人为产生的白噪声序列与一个实际信号量化产生的实际误差相吻合。幸运的是，利用统计模型可以计算出与系统设计相关的大多数性能指标。

在信号检测中，影响检测性能的重要指标是信噪比。对于 A/D，其输出产生了量化误差，量化误差可看作一种噪声。因此，若 A/D 的输入端是一个单纯的信号，其输出就是信号和噪声之和，设输入信号的功率为 σ_x^2，则 A/D 的输出信噪比为

$$\frac{S}{N} = \frac{\sigma_x^2}{2^{-2B}/12}$$

用 dB 单位表示的信噪比为

$$\left(\frac{S}{N}\right)_{\text{dB}} = 10\lg\left(\frac{\sigma_x^2}{2^{-2B}/12}\right) = 6.02B + 10.79 + 10\lg(\sigma_x^2) \tag{10.12}$$

可以看到，若信号功率已定，要提高 A/D 输出的信噪比，可增加 A/D 的有效字长 B。每增加 1 位，信噪比增加约 6dB。这是选择 A/D 的一个重要因素。

10.2.2 A/D 误差经过系统的传播

A/D 的输出作为输入信号经过一个数字系统进行传输，暂不考虑数字系统的其他有限字长效应带来的误差，用 LTI 系统描述该系统，其单位抽样响应为 $h[n]$，见图 10.4。A/D 的输出作为系统的输入。利用统计模型，系统输入由两个分量组成，一是原信号 $x[n]$，一是量化误差 $e[n]$，因此输出 $y_Q[n]$ 也是由两部分组成，即

$$y_Q[n] = \{x[n] + e[n]\} * h[n] = x[n] * h[n] + e[n] * h[n] = y[n] + f_Q[n]$$

这里

$$y[n] = x[n] * h[n]$$

是信号经过系统后的输出，是输出中希望产生的信号。而

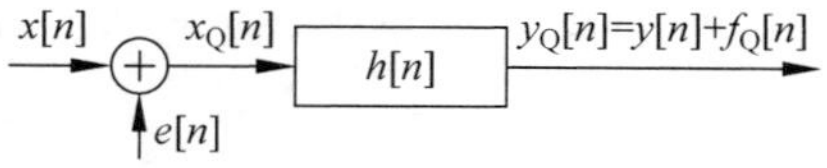

$$f_Q[n] = e[n] * h[n]$$

图 10.4 A/D 输出经过 LTI 系统

是 A/D 量化误差传播到输出端的分量，是一种噪声。首先考察输出端 A/D 噪声传播的性质，输出均值为

$$m_f = E\{f_Q[n]\} = E\left\{\sum_{k=0}^{+\infty} h[k]e[n-k]\right\} = \sum_{k=0}^{+\infty} h[k]E\{e[n-k]\} = 0$$

由于假设是舍入处理，A/D 量化误差信号的均值为零，由此得到输出噪声均值也为零。

输出端 A/D 噪声的功率谱密度为

$$S_f(\omega) = S_Q(\omega)|H(e^{j\omega})|^2 = \sigma_Q^2|H(e^{j\omega})|^2$$

输出误差功率为

$$\sigma_f^2 = \frac{1}{2\pi}\int_{-\pi}^{\pi} S_f(\omega)\,d\omega = \frac{1}{2\pi}\sigma_Q^2\int_{-\pi}^{\pi}|H(e^{j\omega})|^2\,d\omega$$

$$=\sigma_Q^2\sum_{n=0}^{+\infty}\mid h[n]\mid^2 \tag{10.13}$$

式(10.13)应用了帕塞瓦尔定理。

假设输入信号 $x[n]$ 的功率谱可写为 $S_x(\omega)$，输出信号分量 $y[n]$ 的功率谱为

$$S_y(\omega)=S_x(\omega)\mid H(e^{j\omega})\mid^2$$

则输出信号功率为

$$\sigma_y^2=\frac{1}{2\pi}\int_{-\pi}^{\pi}S_y(\omega)d\omega=\frac{1}{2\pi}\int_{-\pi}^{\pi}S_x(\omega)\mid H(e^{j\omega})\mid^2 d\omega \tag{10.14}$$

若只考虑 ADC 量化误差的影响，在系统输出端的信噪比为

$$\left(\frac{S}{N}\right)_{输出}=\frac{\int_{-\pi}^{\pi}S_x(\omega)\mid H(e^{j\omega})\mid^2 d\omega}{\sigma_Q^2\int_{-\pi}^{\pi}\mid H(e^{j\omega})\mid^2 d\omega}=\frac{\int_{-\pi}^{\pi}S_x(\omega)\mid H(e^{j\omega})\mid^2 d\omega}{2\pi\sigma_Q^2\sum_{n=0}^{+\infty}\mid h[n]\mid^2} \tag{10.15}$$

例 10.2.1　讨论几种特殊情况下的输出信噪比

(1) 输入信号是单频率实信号，即 $x[n]=A\cos(\omega_0 n+\varphi)$，该信号的功率谱为

$$S_x(\omega)=\frac{A^2\pi}{2}[\delta(\omega-\omega_0)+\delta(\omega+\omega_0)],\quad\mid\omega\mid\leqslant\pi$$

代入式(10.14)，得

$$\sigma_y^2=\frac{A^2}{2}\mid H(e^{j\omega_0})\mid^2$$

因此，信噪比的表达式为

$$\left(\frac{S}{N}\right)_{输出}=\frac{A^2\mid H(e^{j\omega_0})\mid^2}{2\sigma_Q^2\sum_{n=0}^{+\infty}\mid h[n]\mid^2}$$

(2) 若输入信号功率谱也具有白噪声性质，是常数，即 $S_x(\omega)=\sigma_x^2$，则显然

$$\left(\frac{S}{N}\right)_{输出}=\frac{\sigma_x^2}{\sigma_Q^2}=\left(\frac{S}{N}\right)_{输入}$$

信噪比不变。

(3) 若输入信号为确定性信号，功率谱为

$$S_x(\omega)=\mid X(e^{j\omega})\mid^2$$

$$\left(\frac{S}{N}\right)_{输出}=\frac{\int_{-\pi}^{\pi}\mid X(e^{j\omega})\mid^2\mid H(e^{j\omega})\mid^2 d\omega}{\sigma_Q^2\int_{-\pi}^{\pi}\mid H(e^{j\omega})\mid^2 d\omega}=\frac{\int_{-\pi}^{\pi}\mid X(e^{j\omega})\mid^2\mid H(e^{j\omega})\mid^2 d\omega}{2\pi\sigma_Q^2\sum_{n=0}^{+\infty}\mid h[n]\mid^2}$$

10.3　数字系统运算量化误差的统计分析

当数字系统采用固定字长的定点运算和存储系统实现时，运算过程会产生量化误差，这个误差会传播到系统的输出端，造成系统输出端的运算量化噪声。

10.3.1 数字系统直接实现的误差分析

为讨论方便,假设信号用定点补码二进制小数表示。一个数表示为 $X = b_0. b_1 b_2 \cdots b_B$, b_0 是符号位,其他为数据位,表示的数据范围为 $|X| \leqslant 1$,无论运算和存储是否都采用 $B+1$ 位二进制数表示。乘法运算采用尾部舍入处理,假设系统运算不产生溢出。

首先观察一个简单系统,完成运算为

$$y[n] = x[n] + \alpha y[n-1]$$

其系统实现框图如图 10.5(a)所示。

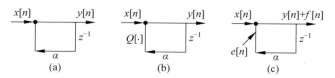

图 10.5 简单系统的统计量化模型

在图 10.5(a)所示的系统实现中,每产生一个输出值,需要一次加法和一次乘法,本节主要讨论由乘法运算引入的运算误差。加法运算也可能带来溢出问题,10.4 节专门讨论应对溢出的办法,本节集中讨论乘法运算。图 10.5(a)的乘法运算 $\alpha y[n-1]$ 带来与 A/D 类似的量化误差。两个有效位 B 的二进制乘法,可能产生有效位 $2B$,为了下一步运算和存储,可采用尾数舍入处理,保留 B 位。这种用较短位数表示一个较长位数的方法,是前述的第二类量化,它带来量化误差。图 10.5(b)用 $Q[\cdot]$ 表示这一量化过程,考虑了乘法运算量化效应后的输出表达式为

$$y[n] = x[n] + Q\{\alpha y[n-1]\}$$

这是一个非线性模型,进一步的分析变得很复杂。若主要讨论运算量化误差对系统输出的影响,可采用图 10.5(c)的线性量化模型。这里量化噪声的影响相当于加入了一个输入噪声源 $e[n]$,系统输出可以写为 $y[n] + f[n]$,这里 $y[n]$ 是不考虑运算量化误差时的输出,$f[n]$ 是由量化噪声源 $e[n]$ 产生的输出。设从 $e[n]$ 到 $f[n]$ 的系统函数为 $G(z)$,单位抽样响应为 $g[n]$。与 A/D 量化噪声类似,假设乘法运算量化噪声是白噪声,其方差为

$$\sigma_e^2 = \frac{1}{12} 2^{-2B} \tag{10.16}$$

由运算量化噪声产生的输出噪声功率为(同式(10.13),只需调整一下有关符号)

$$\sigma_f^2 = \frac{1}{2\pi} \sigma_e^2 \int_{-\pi}^{\pi} |G(e^{j\omega})|^2 d\omega = \sigma_e^2 \sum_{n=0}^{+\infty} |g[n]|^2 \tag{10.17}$$

与 A/D 量化噪声不同,对于 SISO(单输入单输出)系统,A/D 量化噪声源只有一个,但对于稍复杂的系统实现中,乘法器有多个,每个乘法器都会引入一个运算量化噪声源。例如,一个二阶 IIR 系统,其系统函数为

$$H(z) = \frac{b_0 + b_1 z^{-1} + b_2 z^{-2}}{1 + a_1 z^{-1} + a_2 z^{-2}}$$

其直接 II 型实现如图 10.6 所示,其中有 5 个乘法运算,因此引入 5 个运算量化噪声源。每个噪声源由于引入的位置不同,由噪声源 $e_i[n]$ 到系统输出的系统函数为 $G_i(z)$,单位抽样

响应为 $g_i[n]$，每个噪声源产生的输出噪声 $f_i[n]$，每个噪声源对输出的贡献，可看作一个单独系统，如图 10.7 所示。

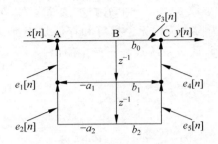

图 10.6　二阶 IIR 系统的量化噪声源

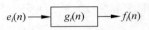

图 10.7　量化噪声的系统表示

假设每个噪声源互相独立，各噪声源在系统输出端产生的噪声功率为

$$\sigma_f^2 = \sum_{i=1}^{K} \sigma_{fi}^2 = \sum_{i=1}^{K} \sigma_{ei}^2 \frac{1}{2\pi} \int_{-\pi}^{\pi} |G_i(e^{j\omega})|^2 d\omega$$

$$= \sum_{i=1}^{K} \sigma_{ei}^2 \sum_{n=-\infty}^{+\infty} |g_i[n]|^2 = \frac{2^{-2B}}{12} \sum_{i=1}^{K} \sum_{n=-\infty}^{+\infty} |g_i[n]|^2 \tag{10.18}$$

上式中，用 K 表示总噪声源个数。在一般系统实现中，由于各运算单元字长相等，故各噪声源方差相等，均由式(10.16)表示，故得到式(10.18)的最后等式。

对于图 10.6 所示系统，若已知系统的单位抽样响应为 $h[n]$，可得到系统输出的运算量化噪声功率。图 10.6 中，噪声源 $e_1[n]$ 和 $e_2[n]$ 均输入 A 节点，用

$$e_A[n] = e_1[n] + e_2[n]$$

表示输入 A 节点的误差，$e_A[n]$ 到输出端的单位抽样响应是 $g_A[n] = h[n]$，噪声源

$$e_C[n] = e_3[n] + e_4[n] + e_5[n]$$

输入 C 节点，其到输出是直通的，单位抽样响应是 $g_C[n] = \delta[n]$，输出噪声功率为

$$\sigma_f^2 = \frac{2^{-2B}}{12} \left(\frac{1}{\pi} \int_{-\pi}^{\pi} |H(e^{j\omega})|^2 d\omega + 3 \right) = \frac{2^{-2B}}{12} \left(2 \sum_{n=-\infty}^{+\infty} |h[n]|^2 + 3 \right) \tag{10.19}$$

以上结果可推广到直接 Ⅱ 型实现的任意阶 IIR 系统，若系统函数

$$H(z) = \frac{\sum_{k=0}^{M} b_k z^{-k}}{1 + \sum_{r=1}^{N} a_r z^{-r}} \tag{10.20}$$

用直接 Ⅱ 型实现，相当于输入端 A 节点的噪声源 $e_A[n]$ 为由 N 个独立乘法器单元的量化噪声之和，输出端 C 节点的噪声源 $e_C[n]$ 为由 $M+1$ 个独立乘法器单元的量化噪声之和，因此，输出的运算量化噪声功率为

$$\sigma_f^2 = N \frac{2^{-2B}}{12} \frac{1}{2\pi} \int_{-\pi}^{\pi} |H(e^{j\omega})|^2 d\omega + (M+1) \frac{2^{-2B}}{12}$$

$$= N \frac{2^{-2B}}{12} \sum_{n=-\infty}^{+\infty} |h[n]|^2 + (M+1) \frac{2^{-2B}}{12} \tag{10.21}$$

例 10.3.1　系统如图 10.8 所示，若输入信号是通过 B_1+1 位 A/D 产生的，系统运算和存储单元用 B_2+1 位，均包含 1 位符号位，求系统输出的 A/D 量化噪声功率和运算量化

噪声功率。

系统函数为

$$H(z) = \frac{0.5 + 0.5z^{-1}}{1 + \frac{1}{6}z^{-1} - \frac{1}{6}z^{-2}} = \frac{\frac{8}{10}}{1 - \frac{1}{3}z^{-1}} - \frac{\frac{3}{10}}{1 + \frac{1}{2}z^{-1}}$$

反变换得到单位抽样响应

$$h[n] = \left[\frac{8}{10}\left(\frac{1}{3}\right)^n - \frac{3}{10}\left(-\frac{1}{2}\right)^n\right]u[n]$$

计算得到

$$\sum_{n=0}^{+\infty} h^2[n] = \sum_{n=0}^{+\infty}\left[\frac{8}{10}\left(\frac{1}{3}\right)^n - \frac{3}{10}\left(-\frac{1}{2}\right)^n\right]^2 = \frac{3}{7}$$

输出的 A/D 量化噪声功率为

$$\sigma_{yQ}^2 = \frac{2^{-2B_1}}{12}\sum_{n=0}^{+\infty} h^2[n] = \frac{2^{-2B_1}}{28}$$

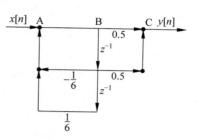

图 10.8　二阶系统例子

运算量化噪声的输出功率为

$$\sigma_f^2 = N\frac{2^{-2B_2}}{12}\sum_{n=-\infty}^{+\infty} |h[n]|^2 + (M+1)\frac{2^{-2B_2}}{12}$$

$$= \frac{2^{-2B_2}}{12}\left(2 \times \frac{3}{7} + 2\right) = \frac{5}{21}2^{-2B_2}$$

在很多实际系统中，一般 $B_2 > B_1$，例如，一个典型的数字滤波器实现中，可能采用 12 位 A/D 和 16 位运算单元，这样 $B_2 = B_1 + 4$，在本例中，可得到

$$\sigma_f^2 = \frac{5}{21}2^{-2B_2} \approx \frac{1}{1075}2^{-2B_1}$$

可见，在这种情况下，运算量化误差远小于 A/D 量化噪声对输出的影响。只有当系统阶数充分大时，两者逐渐接近。

FIR 系统的运算量化误差的分析很简单，相当于式(10.20)的系统中，分母为 1 的特殊情况。对于 $M+1$ 个非零系数的 FIR 滤波器，输出运算量化误差功率为

$$\sigma_f^2 = (M+1)\frac{2^{-2B}}{12} \tag{10.22}$$

对式(10.22)的结果，由 FIR 滤波器的实现结构也可直接观察得到，即所有乘法运算量化误差直接传到输出端。由于实际应用的 FIR 滤波器大多是线性相位的，乘法次数进一步减少，运算量化误差也相应减少。若 M 是奇数，乘法次数减少一半；若 M 是偶数，接近减少一半。近似地，对于线性相位 FIR 滤波器，输出运算量化误差用下式表示

$$\sigma_f^2 = \frac{M+1}{2}\frac{2^{-2B}}{12} \tag{10.23}$$

10.3.2　系统级联和并联实现的误差分析

在系统字长较长时，2^{-2B} 变得很小。例如 16 位字长时，$B = 15$，$2^{-2B} \approx 9.3 \times 10^{-10}$，这时，

只有当 $\displaystyle\sum_{n=-\infty}^{+\infty}|h[n]|^2$ 充分大，或系统阶数充分高时，运算量化误差才不可忽略。对于稳定的因果系统，只有当系统极点充分靠近单位圆时，$\displaystyle\sum_{n=-\infty}^{+\infty}|h[n]|^2$ 才可能变得很大。对于高阶和具有靠近单位圆极点的系统，用级联或并联实现，可合理降低运算量化误差的影响。这里把 $\displaystyle\sum_{n=-\infty}^{+\infty}|h[n]|^2$ 称为系统的噪声功率增益。

设一个高阶系统可以分解为若干低阶子系统的连接，为叙述简单且不失一般性，设每一个子系统是图 10.6 所示的二阶子系统，把这样一个子系统表示为图 10.9 所示的模型。其中 $e_{A_i}[n]$ 是子系统输入端 A 接点（见图 10.6）的计算量化误差源，$e_{C_i}[n]$ 是子系统输出端的运算量化噪声源，$H_i(z)$ 是子系统的系统函数。

4.5 节讨论了系统的并联分解和级联分解。在并联分解时，考虑系统的运算量化误差情况下的系统分析模型如图 10.10 所示。考虑到各噪声源的独立性，得到输出运算量化噪声功率为

$$\sigma_{\mathrm{f}}^2=\sum_{i=1}^{K}\left(\sigma_{\mathrm{A}_i}^2\frac{1}{2\pi}\int_{-\pi}^{\pi}|H_i(\mathrm{e}^{\mathrm{j}\omega})|^2\mathrm{d}\omega+\sigma_{\mathrm{C}_i}^2\right)$$

$$=\sum_{i=1}^{K}\left(\sigma_{\mathrm{A}_i}^2\sum_{n=-\infty}^{+\infty}|h_i[n]|^2+\sigma_{\mathrm{C}_i}^2\right)$$

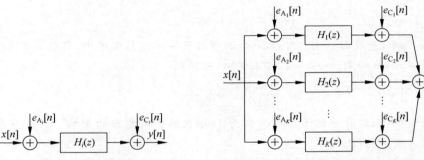

图 10.9　量化噪声的子系统模型　　　图 10.10　量化噪声计算的并联模型

在并联结构中，每个子系统是低阶子系统，总输出噪声是各子系统输出噪声之和，这个总的噪声并没有反馈通路反馈回输入，并联结构的总输出量化噪声一般比直接 Ⅱ 型结构明显减少。

级联实现的模型如图 10.11 所示。不难写出其输出计算量化噪声功率为

$$\sigma_{\mathrm{f}}^2=\sigma_{\mathrm{A}_1}^2\frac{1}{2\pi}\int_{-\pi}^{\pi}\prod_{i=1}^{K}|H_i(\mathrm{e}^{\mathrm{j}\omega})|^2\mathrm{d}\omega+(\sigma_{\mathrm{A}_2}^2+\sigma_{\mathrm{C}_1}^2)\frac{1}{2\pi}\int_{-\pi}^{\pi}\prod_{i=2}^{K}|H_i(\mathrm{e}^{\mathrm{j}\omega})|^2\mathrm{d}\omega$$

$$+(\sigma_{\mathrm{A}_3}^2+\sigma_{\mathrm{C}_2}^2)\frac{1}{2\pi}\int_{-\pi}^{\pi}\prod_{i=3}^{K}|H_i(\mathrm{e}^{\mathrm{j}\omega})|^2\mathrm{d}\omega+\cdots$$

$$+(\sigma_{\mathrm{A}_K}^2+\sigma_{\mathrm{C}_{K-1}}^2)\frac{1}{2\pi}\int_{-\pi}^{\pi}|H_K(\mathrm{e}^{\mathrm{j}\omega})|^2\mathrm{d}\omega+\sigma_{\mathrm{C}_K}^2$$

$$=\sigma_{\mathrm{A}_1}^2\frac{1}{2\pi}\int_{-\pi}^{\pi}\prod_{i=1}^{K}|H_i(\mathrm{e}^{\mathrm{j}\omega})|^2\mathrm{d}\omega+\sum_{m=2}^{K}\left[(\sigma_{\mathrm{A}_m}^2+\sigma_{\mathrm{C}_{m-1}}^2)\frac{1}{2\pi}\int_{-\pi}^{\pi}\prod_{i=m}^{K}|H_i(\mathrm{e}^{\mathrm{j}\omega})|^2\mathrm{d}\omega\right]+\sigma_{\mathrm{C}_K}^2$$

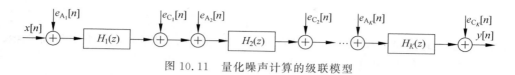

图 10.11　量化噪声计算的级联模型

级联实现时,前级输出误差经过后级进行滤波可能被放大或衰减,因此对构成各子系统需要权衡考虑。有两个基本因素影响输出误差大小。第一个因素是极点和零点的配对。构成一个子系统时,选择哪些极点和零点组合是关键的因素。靠近单位圆的极点会造成对噪声功率的放大,但靠近极点的零点可以抑制这个放大能力,因此,尽量选择相互靠近的极点和零点组成子系统。第二个因素是各子系统的顺序,从减少输出计算量化噪声角度考虑,将功率增益最大的子系统放在最前面,这样后级的计算量化噪声就不通过这些子系统,可以有效减少输出噪声功率。但这种排列方式也有其副作用。一般噪声功率增益大的子系统对信号的放大作用也大。为了使信号通过这些子系统不产生溢出(溢出问题的详细讨论见 10.4节),在系统的前端就要施加较大的压缩因子,输入信号衰减较大可能会降低信号的有效动态范围,造成系统输出总体信噪比的下降。在实际中,经常通过计算机模拟进行反复调整,得到一个相对好的实现结构。

10.3.3　乘法累加器结构

在用于数字信号处理实现的专用处理器中,常采用乘法累加器(MAC)结构完成连续的乘加运算,且 MAC 采用比数据字长更长的乘法器、加法器和寄存器。典型的 MAC 采用双倍字长,若系统中数据字长采用 $B+1$ 位,MAC 采用 $2B+2$ 位字长。这样,在完成多个乘积的累加之前不产生量化误差,只有当一组乘法累加运算全部完成后,通过舍入处理将其量化为 $B+1$ 字长,以便存储和进一步处理。因此,当一组乘法累加运算全部完成后,只产生一个量化误差源。

以 IIR 系统的直接 II 型实现为例,其运算过程分为两步

$$w[n] = \sum_{k=1}^{N} a_k w[n-k] + x[n]$$

$$y[n] = \sum_{k=0}^{M} b_k w[n-k]$$

这里 $w[n]$ 代表中间节点的输出值,用 MAC 结构,量化只施加于一组乘法累加运算之后,即

$$\hat{w}[n] = Q\left[\sum_{k=1}^{N} a_k \hat{w}[n-k] + x[n] \right]$$

$$\hat{y}[n] = Q\left[\sum_{k=0}^{M} b_k \hat{w}[n-k] \right]$$

这样,采用具有 MAC 处理器的 IIR 直接 II 型实现的运算量化噪声修改为

$$\sigma_f^2 = \frac{2^{-2B}}{12} \frac{1}{2\pi} \int_{-\pi}^{\pi} |H(e^{j\omega})|^2 d\omega + \frac{2^{-2B}}{12}$$

$$= \frac{2^{-2B}}{12} \sum_{n=-\infty}^{+\infty} |h[n]|^2 + \frac{2^{-2B}}{12}$$

若 FIR 系统采用具有 MAC 的处理器实现,其运算量化噪声简化到

$$\sigma_f^2 = \frac{2^{-2B}}{12}$$

许多数字信号处理器（DSPs）的核心运算单元是一个 MAC，若用 16 位以上字长的 DSPs 实现 FIR 滤波器，运算量化误差的影响可忽略不计。

10.4　防止溢出和压缩比例因子

系统中存在加法运算节点，这些节点的运算结果有产生溢出的可能性；系数绝对值大于 1 的乘法支路也可能产生溢出。溢出将会造成很大的误差，只有在不发生溢出的情况下，10.3 节的结果才是正确的。如下主要针对加法节点进行溢出判断，对于可能产生溢出的节点，通过加入压缩比例因子抑制溢出。为了更直观地理解问题，先考虑图 10.12(a)所示的简单例子。该例子中，只有 A 节点是相加节点，A 节点的输出用符号 $w[n]$ 表示。

不难求出从 $x[n]$ 到 $w[n]$ 的差分方程为（本例中 $w[n]=y[n]$）

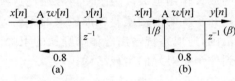

图 10.12　加法节点的压缩比例因子

$$w[n] = x[n] + 0.8w[n-1]$$

以 $x[n]$ 为输入，$w[n]$ 为输出的系统函数为

$$L(z) = \frac{W(z)}{X(z)} = \frac{1}{1 - 0.8z^{-1}}$$

对应单位抽样响应为

$$l[n] = (0.8)^n u[n]$$

$w[n]$ 可以用卷积和形式表达，由此得到加法节点输出 $w[n]$ 的幅度值为

$$|w[n]| = \left| \sum_{m=0}^{+\infty} l[m]x[n-m] \right| \leqslant x_{\max} \sum_{m=0}^{+\infty} |l[m]|$$

上式中假设系统中各数据用归一化定点补码数表示，故要求 $|w[n]| \leqslant 1$，由

$$\sum_{n=0}^{\infty} |l[n]| = \sum_{n=0}^{+\infty} |0.8^n| = \frac{1}{1 - 0.8} = 5$$

得到

$$x_{\max} \leqslant \frac{1}{\displaystyle\sum_{n=0}^{+\infty} |l[n]|} = \frac{1}{5}$$

在这个例子中，若要求加法节点不产生溢出，输入信号的最大值不超过 0.2。实际中，来自于前级系统输出或 A/D 输出的信号 $x[n]$，一般满足归一化条件，即 $|x[n]| \leqslant 1$，但却不一定满足不大于 0.2 的要求。为了保证不溢出，需加入压缩比例因子，本例中定义压缩比例因子为

$$\beta = \sum_{n=0}^{+\infty} |l[n]| = \|l[n]\|_1 \tag{10.24}$$

这里，$\|l[n]\|_1$ 表示序列 $l[n]$ 的 l_1 范数，这是第一类压缩比例因子的定义。求得压缩比例因子后，信号 $x[n]$ 除以压缩比例因子 β 再输入系统，如图 10.12(b)所示，这样就保证了加法节点不溢出。注意到，为了保持系统传输特性不变，在输出端再乘上 β。对这个 β 加上了括号表示实际中并不一定做这一步操作，但要记住这个因子，在必要的步骤恢复这个因子

的影响。

在一些应用中,输入信号是频谱集中在角频率 ω_0 附近的窄带信号。以单频信号为例,若 $x[n]=\cos(\omega_0 n+\phi)$,则加法节点的输出为

$$|w[n]|=||L(e^{j\omega_0})|\cos(\omega_0 n+\phi+\arg(L(e^{j\omega_0})))|\leqslant|L(e^{j\omega_0})|\leqslant 1$$

为了保证不溢出,取压缩比例因子

$$\beta=\max_{-\pi\leqslant\omega\leqslant\pi}|L(e^{j\omega})| \tag{10.25}$$

在图 10.12(a)所示系统中

$$|L(e^{j\omega})|=\left|\frac{1}{1-0.8e^{-j\omega}}\right|=\frac{1}{\sqrt{1.64-1.6\cos\omega}}$$

故

$$\beta=\max_{-\pi\leqslant\omega\leqslant\pi}\frac{1}{\sqrt{1.64-1.6\cos\omega}}=5$$

对于较复杂的系统,以上两种压缩比例因子计算较困难。利用施瓦茨不等式,可导出另一种压缩比例因子。若设信号满足

$$\sum_{n=0}^{+\infty}|x[n]|^2\leqslant 1$$

即信号能量有限,则可得到下式

$$|w[n]|=\left|\frac{1}{2\pi}\int_{-\pi}^{\pi}L(e^{j\omega})X(e^{j\omega})e^{j\omega n}d\omega\right|\leqslant\frac{1}{2\pi}\int_{-\pi}^{\pi}|L(e^{j\omega})X(e^{j\omega})|d\omega\leqslant 1$$

利用能量定理和 Schwartz 不等式,有

$$|w[n]|\leqslant\sqrt{\frac{1}{2\pi}\int_{-\pi}^{\pi}|L(e^{j\omega})|^2 d\omega}\sqrt{\frac{1}{2\pi}\int_{-\pi}^{\pi}|X(e^{j\omega})|^2 d\omega}$$

$$\leqslant\sqrt{\frac{1}{2\pi}\int_{-\pi}^{\pi}|L(e^{j\omega})|^2 d\omega}\leqslant 1$$

因此,定义

$$\beta=\sqrt{\frac{1}{2\pi}\int_{-\pi}^{\pi}|L(e^{j\omega})|^2 d\omega}=\sqrt{\sum_{n=0}^{+\infty}l^2[n]}=\|l[n]\|_2 \tag{10.26}$$

如上,根号下的求和式是序列 $l[n]$ 的 l_2 范数,记为 $\|l[n]\|_2$。式(10.26)定义的是 l_2 范数的压缩比例因子,对于图 10.12(a)所示系统,l_2 范数的压缩比例因子为

$$\beta=\sqrt{\sum_{n=0}^{+\infty}l^2[n]}=\sqrt{\sum_{n=0}^{+\infty}0.8^{2n}}=\frac{5}{3}$$

对于任意的一个单位抽样响应和对应的频率响应,可以证明(留作习题)

$$\|l[n]\|_2\leqslant\max_{-\pi\leqslant\omega\leqslant\pi}|L(e^{j\omega})|\leqslant\|l[n]\|_1$$

一般来讲,当系统比较复杂时,l_2 范数的求解最方便;当输入只满足 $|x[n]|\leqslant 1$ 时,该压缩比例因子不能保证不溢出。实际中,可以先求得单位抽样响应的 l_2 范数,以 $C\|l[n]\|_2$ 为压缩比例因子,这里 $C>1$,一种保守的取法是 $C=5$。

如上通过一个简单例子说明了防止溢出和加入压缩比例因子的方法,这个过程是一般

化的,可推广到任意系统。图 10.13 给出了系统中一个加法节点的示意图,为了表示更清楚,用一个加法器表示该节点,用 $w_i[n]$ 表示该节点的输出值,图中用两个方框图表示系统的其他部分。用 $L_i(z)$ 表示从 $x[n]$ 到 $w_i[n]$ 的系统函数,对于该节点, l_2 范数的压缩比例因子定义为

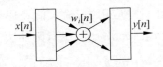

图 10.13　系统中的一个加法节点

$$\beta_i = C\sqrt{\left[\frac{1}{2\pi}\int_{-\pi}^{\pi}|L_i(e^{j\omega})|^2 d\omega\right]} = C\sqrt{\sum_{n=0}^{+\infty} l_i^2[n]}$$

若一个系统中存在 I 个加法节点,对每个都求其压缩比例因子,得到压缩比例因子集合

$$\{\beta_1, \beta_2, \cdots, \beta_I\}$$

令

$$\beta_{max} = \max\{\beta_1, \beta_2, \cdots, \beta_I\}$$

有两种加入压缩比例因子的基本方式,集中加入或分布式加入。集中加入是取 β_{max} 作为最终压缩比例因子,加入到输入端,即输入信号除以压缩比例因子后进入系统,而输出端(可选择性地)乘以压缩比例因子以保持系统传输性能不变,如图 10.14(a)所示。这种方式,若 β_{max} 较大时,对输入信号的衰减过大,导致系统输出的信噪比变坏。

　　第二种加入方式是分布式的,如图 10.14(b)所示。针对每一个节点,输入支路除以 β_i,输出支路乘以 β_i,这相当于对该节点加入压缩比例因子。输出支路乘 β_i,保证该压缩比例因子只影响本节点,对其他节点的传输性能没有影响。所有相加节点均可独立地计算和加入压缩比例因子,系统对信号的整体传输性质没有改变。但这种加入方式,会增加系统实现的复杂性。

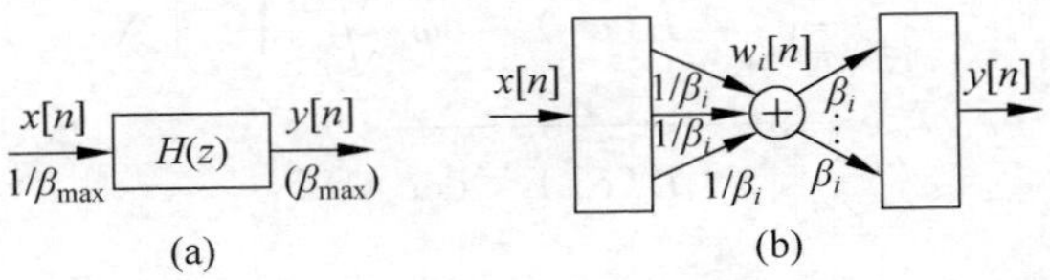

图 10.14　两种压缩比例因子的加入方法

　　压缩比例因子的加入也影响到系统的运算量化噪声的大小。对于集中式加入,由于乘法运算的量化噪声直接进入加法节点,没有被压缩比例因子衰减,若输出端乘以压缩比例因子 β_{max},则所有运算量化噪声的传输通道乘以 β_{max},并且输出端乘 β_{max} 增加了一个运算量化噪声源,故输出运算量化噪声功率公式式(10.18)修改为

$$\sigma_f^2 = \frac{2^{-2B}}{12}\left[\beta_{max}^2\sum_{i=1}^{K}\sum_{n=-\infty}^{+\infty}|g_i[n]|^2 + 1\right]$$

对于分布式加入压缩比例因子,其输出运算量化噪声公式修改为

$$\sigma_f^2 = \frac{2^{-2B}}{12}\left[\sum_{i=1}^{K}\sum_{n=-\infty}^{+\infty}\beta_i^2|g_i[n]|^2 + 1\right]$$

若系统输出端不是一个相加节点,上式方括号中的 1 可删去。

　　例 10.4.1　一个 IIR 系统的信号流图如图 10.15 所示,求其压缩比例因子,并比较加入压缩比例因子前后的运算量化噪声功率。

该系统中有两个相加节点，节点 A 和节点 C。$x[n]$ 到 A 节点输出端的系统函数为

$$L_1(z) = \frac{1}{1 - 0.81z^{-2}} = \frac{1}{(1 - 0.9z^{-1})(1 + 0.9z^{-1})}$$

$$= \frac{0.5}{1 - 0.9z^{-1}} + \frac{0.5}{1 + 0.9z^{-1}}$$

故

$$l_1[n] = \frac{1}{2}(0.9)^n u[n] + \frac{1}{2}(-0.9)^n u[n]$$

取 $C = 5$ 计算得

$$\beta_1 = C \sqrt{\sum_{n=0}^{+\infty} l_1^2[n]} \approx 8.53$$

$x[n]$ 到 C 节点输出端的系统函数为

$$L_2(z) = H(z) = \frac{1 - 0.8z^{-1}}{1 - 0.81z^{-2}} = \frac{1 - 0.8z^{-1}}{(1 - 0.9z^{-1}) \times (1 + 0.9z^{-1})}$$

$$= \frac{1}{18} \times \frac{1}{1 - 0.9z^{-1}} + \frac{17}{18} \times \frac{1}{1 + 0.9z^{-1}}$$

故

$$l_2[n] = h[n] = \frac{1}{18} \times (0.9)^n u[n] + \frac{17}{18} \times (-0.9)^n u[n]$$

计算得到

$$\sum_{n=0}^{+\infty} l_2^2[n] = \sum_{n=0}^{+\infty} h^2[n] \approx 4.769$$

压缩比例因子

$$\beta_2 = C \sqrt{\sum_{n=0}^{+\infty} l_2^2[n]} \approx 10.92$$

注意到，图 10.15 的系统在没有加入压缩比例因子时，A 节点和 C 节点各只有一个运算量化噪声源，因此输出量化噪声

$$\sigma_f^2 = \frac{2^{-2B}}{12} \sum_{n=-\infty}^{+\infty} |h[n]|^2 + \frac{2^{-2B}}{12}$$

$$= 5.769 \times \frac{2^{-2B}}{12} \approx 0.48 \times 2^{-2B}$$

若集中加入压缩比例因子，则取压缩因子为 $\beta_{max} = \beta_2 = 10.92$，加入压缩因子后，A 节点增加了一个量化噪声源，故输出量化噪声为

$$\sigma_f^2 = \frac{2^{-2B}}{12} \beta_{max}^2 \left[2 \sum_{n=-\infty}^{+\infty} |h[n]|^2 + 1 \right] + \frac{2^{-2B}}{12} \approx 1275.6 \times \frac{2^{-2B}}{12} \approx 106.3 \times 2^{-2B}$$

若分布式加入压缩比例因子，如图 10.16，C 节点也增加了一个噪声源，则输出量化噪声为

$$\sigma_f^2 = \frac{2^{-2B}}{12} \left[2\beta_1^2 \sum_{n=-\infty}^{+\infty} |h[n]|^2 + 2\beta_2^2 \right] + \frac{2^{-2B}}{12} = 933.5 \times \frac{2^{-2B}}{12} = 77.8 \times 2^{-2B}$$

由本例看到，压缩比例因子的加入可以抑制溢出，但一般会增加输出运算量化噪声功率。一般分布式加入压缩比例因子比集中式的输出噪声更小。

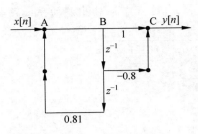

图 10.15　系统实例

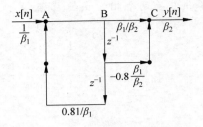

图 10.16　压缩比例因子的加入

*10.5　量化噪声分析的状态空间方法

若一个系统是 SISO 的，但当讨论运算量化噪声影响时，它是一个 MISO（多输入单输出）系统；当讨论溢出问题时，它是一个 SIMO（单输入多输出）系统。把两种情况综合考虑，就是一个 MIMO（多输入多输出）系统。以上两节的讨论中，把 SISO 分析的系统函数方法推广到每一个输入与每一个输出之间分别计算，然后对结果进行求和。当系统结构比较单一，如直接 II 型实现的 IIR 系统，或系统比较小时，这种推广是简单易行的。但当一个系统是由多个子系统经过各类互联而构成的一个复杂系统时，这种 SISO 系统函数方法将非常烦琐且不易用计算机自动实现，状态方程求解是解决 MIMO 系统的一个有效工具。

10.5.1　运算量化噪声计算的状态方程法

考虑乘法运算的量化噪声时，把各量化噪声源看作系统的一组输入，构成了 MISO 系统，系统状态方程表示的信号流图如图 10.17 所示。

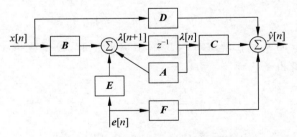

图 10.17　量化噪声计算的状态模型

流图中各方框中的字母表示矩阵运算，根据各方框输入/输出的维数确定各矩阵维数，由图 10.17 得到系统的状态方程组为

$$\boldsymbol{\lambda}[n+1] = \boldsymbol{A}\boldsymbol{\lambda}[n] + \boldsymbol{B}\boldsymbol{x}[n] + \boldsymbol{E}\boldsymbol{e}[n]$$
$$\hat{y}[n] = \boldsymbol{C}\boldsymbol{\lambda}[n] + \boldsymbol{D}\boldsymbol{x}[n] + \boldsymbol{F}\boldsymbol{e}[n]$$

其中

$$\boldsymbol{\lambda}[n] = [\lambda_1[n], \lambda_2[n], \cdots, \lambda_N[n]]^{\mathrm{T}}$$

是系统的状态矢量；而

$$\boldsymbol{e}[n] = [e_1[n], e_2[n], \cdots, e_M[n]]^{\mathrm{T}}$$

是量化噪声源矢量。A 矩阵是 $N \times N$ 矩阵，B 矩阵是 $N \times 1$，E 矩阵是 $N \times M$。$\hat{y}[n]$ 是标量，包含输入信号产生的输出 $y[n]$ 和量化噪声源产生的输出噪声 $f[n]$。如果只考虑量化噪声影响，由于系统是线性的，其状态方程组简化为

$$\begin{cases} \boldsymbol{\lambda}[n+1] = A\boldsymbol{\lambda}[n] + Ee[n] \\ f[n] = C\boldsymbol{\lambda}[n] + Fe[n] \end{cases} \tag{10.27}$$

这是一个 MISO 系统。

为了求出各量化噪声源至输出端的单位抽样响应 $\boldsymbol{g}[n] = [g_1[n], g_2[n], \cdots, g_M[n]]$，注意 $\boldsymbol{g}[n]$ 是行矢量，令 $\boldsymbol{\lambda}[0] = \boldsymbol{0}$ 和 $e[n] = [\delta[n], \delta[n], \cdots, \delta[n]]^T$，利用式(10.27)进行递推(留作习题)，得到

$$\boldsymbol{g}[n] = CA^{n-1}E \operatorname{diag}[u[n-1]]_{M \times M} + F \operatorname{diag}[\delta[n]]_{M \times M} \tag{10.28}$$

式中

$$\operatorname{diag}[u[n-1]]_{M \times M} = \begin{bmatrix} u[n-1] & 0 & \cdots & 0 \\ 0 & u[n-1] & 0 & \cdots \\ \vdots & \vdots & \ddots & \cdots \\ 0 & \cdots & 0 & u[n-1] \end{bmatrix}$$

$$\operatorname{diag}[\delta[n]]_{M \times M} = \begin{bmatrix} \delta[n] & 0 & \cdots & 0 \\ 0 & \delta[n] & 0 & \cdots \\ \vdots & \vdots & \ddots & \cdots \\ 0 & \cdots & 0 & \delta[n] \end{bmatrix}$$

式(10.28)也可写成

$$\boldsymbol{g}[n] = \begin{cases} \boldsymbol{0}, & n < 0 \\ F, & n = 0 \\ CA^{n-1}E, & n \geqslant 1 \end{cases} \tag{10.29}$$

为了求得各 $\sum\limits_{n=0}^{+\infty} |g_i[n]|^2, i = 1, 2, \cdots, M$，令

$$\boldsymbol{G} = \sum_{n=0}^{+\infty} \boldsymbol{g}^H[n]\boldsymbol{g}[n] = \begin{bmatrix} \sum\limits_{n=0}^{+\infty} |g_1[n]|^2 & \sum\limits_{n=0}^{+\infty} g_1^*[n]g_2[n] & \cdots & \sum\limits_{n=0}^{+\infty} g_1^*[n]g_M[n] \\ \sum\limits_{n=0}^{+\infty} g_2^*[n]g_1[n] & \sum\limits_{n=0}^{+\infty} |g_2[n]|^2 & \cdots & \sum\limits_{n=0}^{+\infty} g_2^*[n]g_M[n] \\ \vdots & \vdots & \ddots & \vdots \\ \sum\limits_{n=0}^{+\infty} g_M^*[n]g_1[n] & \sum\limits_{n=0}^{+\infty} g_M^*[n]g_2[n] & \cdots & \sum\limits_{n=0}^{+\infty} |g_M[n]|^2 \end{bmatrix}$$

$$\tag{10.30}$$

可见，只要得到矩阵 G，其对角线元素为待求的各项。把式(10.28)代入式(10.30)得

$$\boldsymbol{G} = \sum_{n=0}^{+\infty} \boldsymbol{g}^H[n]\boldsymbol{g}[n]$$

$$= \sum_{n=0}^{+\infty} [CA^{n-1}E \operatorname{diag}[u[n-1]]_{M \times M} + F \operatorname{diag}[\delta[n]]_{M \times M}]^H \cdot$$

$$\boldsymbol{CA}^{n-1}\boldsymbol{E}\,\mathrm{diag}[u[n-1]]_{M\times M}+\boldsymbol{F}\,\mathrm{diag}[\delta[n]]_{M\times M}$$

$$=\boldsymbol{E}^{\mathrm{T}}\left[\sum_{n=1}^{+\infty}(\boldsymbol{CA}^{n-1})^{\mathrm{T}}\boldsymbol{CA}^{n-1}\right]\boldsymbol{E}+\boldsymbol{F}^{\mathrm{T}}\boldsymbol{F} \tag{10.31}$$

在上式中,已假设状态方程的各系数矩阵是实数矩阵,故各单位抽样响应也是实序列,令

$$\boldsymbol{W}=\sum_{n=1}^{+\infty}(\boldsymbol{CA}^{n-1})^{\mathrm{T}}\boldsymbol{CA}^{n-1} \tag{10.32}$$

$\boldsymbol{W}$ 可通过迭代算出,进一步考察 $\boldsymbol{W}$,可写为

$$\boldsymbol{W}=\sum_{n=2}^{+\infty}(\boldsymbol{CA}^{n-1})^{\mathrm{T}}\boldsymbol{CA}^{n-1}+\boldsymbol{C}^{\mathrm{T}}\boldsymbol{C} \tag{10.33}$$

令 $m=n-1$,式(10.33)重写为

$$\boldsymbol{W}=\sum_{m=1}^{+\infty}(\boldsymbol{CA}^{m-1}\boldsymbol{A})^{\mathrm{T}}\boldsymbol{CA}^{m-1}\boldsymbol{A}+\boldsymbol{C}^{\mathrm{T}}\boldsymbol{C}$$

$$=\boldsymbol{A}^{\mathrm{T}}\left[\sum_{m=1}^{+\infty}(\boldsymbol{CA}^{m-1})^{\mathrm{T}}\boldsymbol{CA}^{m-1}\right]\boldsymbol{A}+\boldsymbol{C}^{\mathrm{T}}\boldsymbol{C}$$

$$=\boldsymbol{A}^{\mathrm{T}}\boldsymbol{WA}+\boldsymbol{C}^{\mathrm{T}}\boldsymbol{C}$$

因此,可通过解如下方程

$$\boldsymbol{W}=\boldsymbol{A}^{\mathrm{T}}\boldsymbol{WA}+\boldsymbol{C}^{\mathrm{T}}\boldsymbol{C} \tag{10.34}$$

求得 $\boldsymbol{W}$,代入式(10.31)得

$$\boldsymbol{G}=\sum_{n=0}^{+\infty}\boldsymbol{g}^{\mathrm{H}}[n]\boldsymbol{g}[n]=\boldsymbol{E}^{\mathrm{T}}\boldsymbol{WE}+\boldsymbol{F}^{\mathrm{T}}\boldsymbol{F} \tag{10.35}$$

通过式(10.35)求得各 $\sum\limits_{n=0}^{+\infty}|g_i[n]|^2,i=1,2,\cdots,M$,代入式(10.18)可得到输出噪声功率。

　　例 **10.5.1**　如图 10.18 所示系统,由于 A 节点至 B 节点加入了一个乘法因子,故有 3 个等效噪声源存在,利用状态方程法,求输出量化噪声功率。

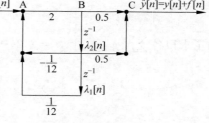

图 10.18　系统实例

　　注意,$e_{\mathrm{A}}[n]$ 包含两个运算量化噪声源,$e_{\mathrm{B}}[n]$ 只包含一个,$e_{\mathrm{C}}[n]$ 也是包含两个运算量化噪声源,以 $e_{\mathrm{A}}[n]$、$e_{\mathrm{B}}[n]$ 和 $e_{\mathrm{C}}[n]$ 作为输入,以 $f[n]$ 作为输出,两个延迟单元的输出为状态变量,得到状态方程组为

$$\begin{cases}\lambda_1[n+1]=\lambda_2[n]\\[4pt]\lambda_2[n+1]=\dfrac{1}{6}\lambda_1[n]-\dfrac{1}{6}\lambda_2[n]+2e_{\mathrm{A}}[n]+e_{\mathrm{B}}[n]\end{cases}$$

$$f[n]=\frac{1}{2}\lambda_2[n+1]+\frac{1}{2}\lambda_2[n]+e_{\mathrm{C}}[n]$$

$$=\frac{1}{12}\lambda_1[n]+\frac{5}{12}\lambda_2[n]+e_{\mathrm{A}}[n]+\frac{1}{2}e_{\mathrm{B}}[n]+e_{\mathrm{C}}[n]$$

相当于状态方程组式(10.27)的各矩阵为

$$A = \begin{bmatrix} 0 & 1 \\ \dfrac{1}{6} & -\dfrac{1}{6} \end{bmatrix} \quad C = \begin{bmatrix} \dfrac{1}{12}, & \dfrac{5}{12} \end{bmatrix}$$

$$E = \begin{bmatrix} 0 & 0 & 0 \\ 2 & 1 & 0 \end{bmatrix} \quad F = \begin{bmatrix} 1, & \dfrac{1}{2} & 1 \end{bmatrix}$$

利用式(10.34)求 W 矩阵

$$W = \begin{bmatrix} w_{00} & w_{01} \\ w_{10} & w_{11} \end{bmatrix} = \begin{bmatrix} 0 & 1 \\ \dfrac{1}{6} & -\dfrac{1}{6} \end{bmatrix} \begin{bmatrix} w_{00} & w_{01} \\ w_{10} & w_{11} \end{bmatrix} \begin{bmatrix} 0 & 1 \\ \dfrac{1}{6} & -\dfrac{1}{6} \end{bmatrix}^{\mathrm{T}} + \begin{bmatrix} \dfrac{1}{12} \\ \dfrac{5}{12} \end{bmatrix} \begin{bmatrix} \dfrac{1}{12}, & \dfrac{5}{12} \end{bmatrix}$$

解得

$$W = \begin{bmatrix} w_{00} & w_{01} \\ w_{10} & w_{11} \end{bmatrix} = \begin{bmatrix} \dfrac{1}{84} & \dfrac{1}{28} \\ \dfrac{1}{28} & \dfrac{5}{28} \end{bmatrix}$$

故

$$G = \sum_{n=0}^{+\infty} g^{\mathrm{H}}[n] g[n] = E^{\mathrm{T}} W E + F^{\mathrm{T}} F$$

$$= \begin{bmatrix} 0 & 2 \\ 0 & 1 \\ 0 & 0 \end{bmatrix} \begin{bmatrix} \dfrac{1}{84} & \dfrac{1}{28} \\ \dfrac{1}{28} & \dfrac{5}{28} \end{bmatrix} \begin{bmatrix} 0 & 0 & 0 \\ 2 & 1 & 0 \end{bmatrix} + \begin{bmatrix} 1 \\ \dfrac{1}{2} \\ 1 \end{bmatrix} \begin{bmatrix} 1, & \dfrac{1}{2}, & 1 \end{bmatrix}$$

$$= \begin{bmatrix} \dfrac{12}{7} & \dfrac{6}{7} & 1 \\ \dfrac{6}{7} & \dfrac{3}{7} & \dfrac{1}{2} \\ 1 & \dfrac{1}{2} & 1 \end{bmatrix}$$

因此，$\displaystyle\sum_{n=0}^{+\infty} |g_{\mathrm{A}}[n]|^2 = \dfrac{12}{7}$，$\displaystyle\sum_{n=0}^{+\infty} |g_{\mathrm{B}}[n]|^2 = \dfrac{3}{7}$，$\displaystyle\sum_{n=0}^{+\infty} |g_{\mathrm{C}}[n]|^2 = 1$。输出端运算量化噪声为

$$\sigma_{\mathrm{f}}^2 = \left(2 \sum_{n=0}^{+\infty} |g_{\mathrm{A}}[n]|^2 + \sum_{n=0}^{+\infty} |g_{\mathrm{B}}[n]|^2 + 2 \sum_{n=0}^{+\infty} |g_{\mathrm{C}}[n]|^2 \right) \times \dfrac{2^{-2B}}{12}$$

$$= \left(2 \times \dfrac{12}{7} + \dfrac{3}{7} + 2 \right) \times \dfrac{2^{-2B}}{12} = \dfrac{41}{84} \times 2^{-2B}$$

10.5.2　压缩比例因子计算的状态方程法

对于求解压缩比例因子的状态方程法，基本过程同上。方框图如图 10.19 所示，只是要注意，在这里是一个 SIMO 问题，即从输入 $x[n]$ 到每个可能溢出的节点 $w_i[n]$，这里将

$$w[n] = [w_1[n], w_2[n], \cdots, w_M[n]]^{\mathrm{T}}$$

作为状态方程组中的输出矢量，状态方程组为

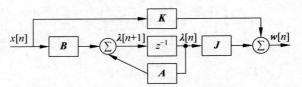

图 10.19　计算压缩比例因子的状态模型

$$\begin{cases} \boldsymbol{\lambda}[n+1] = \boldsymbol{A}\boldsymbol{\lambda}[n] + \boldsymbol{B}x[n] \\ w[n] = \boldsymbol{J}\boldsymbol{\lambda}[n] + \boldsymbol{K}x[n] \end{cases} \tag{10.36}$$

从输入 $x[n]$ 到每个溢出节点 $w_i[n]$ 的单位抽样响应为 $l_i[n]$，故可定义单位抽样响应矢量为 $\boldsymbol{l}[n]=[l_1[n],l_2[n],\cdots,l_M[n]]^\mathrm{T}$，注意，$\boldsymbol{l}[n]$ 为列矢量。与 10.5.1 节类似，$\boldsymbol{l}[n]$ 的解为

$$\boldsymbol{l}[n] = \boldsymbol{J}\boldsymbol{A}^{n-1}\boldsymbol{B}\,\mathrm{diag}[u[n-1]]_{M\times M} + \boldsymbol{K}\,\mathrm{diag}[\delta[n]]_{M\times M} \tag{10.37}$$

类似地，为得到各 $\displaystyle\sum_{n=0}^{+\infty}|l_i[n]|^2, i=1,2,\cdots,M$，求如下式

$$\begin{aligned} \boldsymbol{L} &= \sum_{n=0}^{+\infty}\boldsymbol{l}[n]\boldsymbol{l}^\mathrm{H}[n] \\ &= \boldsymbol{J}\left[\sum_{n=1}^{+\infty}(\boldsymbol{A}^{n-1}\boldsymbol{B})(\boldsymbol{A}^{n-1}\boldsymbol{B})^\mathrm{T}\right]\boldsymbol{J}^\mathrm{T} + \boldsymbol{K}^\mathrm{T}\boldsymbol{K} \\ &= \boldsymbol{J}\boldsymbol{T}\boldsymbol{J}^\mathrm{T} + \boldsymbol{K}^\mathrm{T}\boldsymbol{K} \end{aligned}$$

式中，矩阵 $\boldsymbol{T}$ 为

$$\boldsymbol{T} = \sum_{n=1}^{+\infty}(\boldsymbol{A}^{n-1}\boldsymbol{B})(\boldsymbol{A}^{n-1}\boldsymbol{B})^\mathrm{T}$$

与上节类似的推导，可得矩阵 $\boldsymbol{T}$ 的求解方程为

$$\boldsymbol{T} = \boldsymbol{A}\boldsymbol{T}\boldsymbol{A}^\mathrm{T} + \boldsymbol{B}^\mathrm{T}\boldsymbol{B} \tag{10.38}$$

求得矩阵 $\boldsymbol{T}$ 后，得到

$$\boldsymbol{L} = \boldsymbol{J}\boldsymbol{T}\boldsymbol{J}^\mathrm{T} + \boldsymbol{K}^\mathrm{T}\boldsymbol{K} \tag{10.39}$$

取其对角线元素，得 $\displaystyle\sum_{n=0}^{+\infty}|l_i[n]|^2, i=1,2,\cdots,M$，求得各压缩比例因子为

$$\beta_i = C\sqrt{\sum_{n=0}^{+\infty}|l_i[n]|^2}, \quad i=1,2,\cdots,M$$

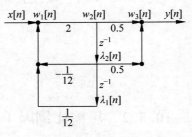

图 10.20　系统实例

例 10.5.2　如图 10.20 所示系统，尽管系统与例 10.5.1 相同，但由于考虑的是溢出问题，状态方程组与例 10.5.1 是不同的，2 个相加节点和 1 个传输系数大于 1 的支路的输出端节点都作为系统输出，系统输入为 $x[n]$，状态变量不变。

状态方程组写为

$$\begin{cases} \lambda_1[n+1] = \lambda_2[n] \\ \lambda_2[n+1] = \dfrac{1}{6}\lambda_1[n] - \dfrac{1}{6}\lambda_2[n] + 2x[n] \end{cases}$$

$$\begin{cases} w_1[n] = \dfrac{1}{12}\lambda_1[n] - \dfrac{1}{12}\lambda_2[n] + x[n] \\[2mm] w_2[n] = \dfrac{1}{6}\lambda_1[n] - \dfrac{1}{6}\lambda_2[n] + 2x[n] \\[2mm] w_3[n] = \dfrac{1}{12}\lambda_1[n] + \dfrac{5}{12}\lambda_2[n] + x[n] \end{cases}$$

各矩阵为

$$\boldsymbol{A} = \begin{bmatrix} 0 & 1 \\[2mm] \dfrac{1}{6} & -\dfrac{1}{6} \end{bmatrix} \quad \boldsymbol{B} = \begin{bmatrix} 0 \\ 2 \end{bmatrix}$$

$$\boldsymbol{J} = \begin{bmatrix} \dfrac{1}{12} & -\dfrac{1}{12} \\[2mm] \dfrac{1}{6} & -\dfrac{1}{6} \\[2mm] \dfrac{1}{12} & \dfrac{5}{12} \end{bmatrix} \quad \boldsymbol{K} = \begin{bmatrix} 1 \\ 2 \\ 1 \end{bmatrix}$$

利用式(10.38)求 $\boldsymbol{T}$ 矩阵,即

$$\boldsymbol{T} = \begin{bmatrix} i_{00} & i_{01} \\ i_{10} & i_{11} \end{bmatrix} = \begin{bmatrix} 0 & 1 \\[2mm] \dfrac{1}{6} & -\dfrac{1}{6} \end{bmatrix} \begin{bmatrix} i_{00} & i_{01} \\ i_{10} & i_{11} \end{bmatrix} \begin{bmatrix} 0 & 1 \\[2mm] \dfrac{1}{6} & -\dfrac{1}{6} \end{bmatrix}^{\mathrm{T}} + \begin{bmatrix} 0 \\ 2 \end{bmatrix} [0, 2]$$

解得

$$\boldsymbol{T} = \begin{bmatrix} i_{00} & i_{01} \\ i_{10} & i_{11} \end{bmatrix} = \begin{bmatrix} \dfrac{30}{7} & -\dfrac{6}{7} \\[3mm] -\dfrac{6}{7} & \dfrac{30}{7} \end{bmatrix}$$

代入式(10.39)得

$$\boldsymbol{L} = \sum_{n=0}^{+\infty} \boldsymbol{l}^{\mathrm{H}}[n]\boldsymbol{l}[n] = \boldsymbol{J}\boldsymbol{T}\boldsymbol{J}^{\mathrm{T}} + \boldsymbol{K}^{\mathrm{T}}\boldsymbol{K}$$

$$= \begin{bmatrix} \dfrac{1}{12} & -\dfrac{1}{12} \\[2mm] \dfrac{1}{6} & -\dfrac{1}{6} \\[2mm] \dfrac{1}{12} & \dfrac{5}{12} \end{bmatrix} \begin{bmatrix} \dfrac{30}{7} & -\dfrac{6}{7} \\[3mm] -\dfrac{6}{7} & \dfrac{30}{7} \end{bmatrix} \begin{bmatrix} \dfrac{1}{12} & \dfrac{1}{6} & \dfrac{1}{12} \\[2mm] -\dfrac{1}{12} & -\dfrac{1}{6} & \dfrac{5}{12} \end{bmatrix} + \begin{bmatrix} 1 \\ 2 \\ 1 \end{bmatrix} [1, 2, 1]$$

$$= \begin{bmatrix} \dfrac{15}{14} & \dfrac{15}{7} & \dfrac{6}{7} \\[3mm] \dfrac{15}{7} & \dfrac{30}{7} & \dfrac{12}{7} \\[3mm] \dfrac{6}{7} & \dfrac{12}{7} & \dfrac{12}{7} \end{bmatrix}$$

取压缩比例因子为

$$\beta_1 = C\sqrt{\sum_{n=0}^{+\infty}|l_1[n]|^2} = 5\sqrt{\frac{15}{14}}$$

$$\beta_2 = C\sqrt{\sum_{n=0}^{+\infty}|l_2[n]|^2} = 5\sqrt{\frac{30}{7}}$$

$$\beta_3 = C\sqrt{\sum_{n=0}^{+\infty}|l_3[n]|^2} = 5\sqrt{\frac{12}{7}}$$

状态方程法求解运算量化噪声功率和计算压缩比例因子的方法，易于编程求解，适于分析连接结构比较复杂的大规模系统。

10.6　滤波器系数有限字长的影响

利用第 6 章的设计技术得到的数字滤波器系数一般都是实数，当滤波器性能要求较高时，设计的滤波器系数有效位数也往往越长。当使用定点表数时各系数也产生舍入误差，这种误差影响系统的特性。对于 IIR 系统，由于滤波器系数的有限字长表示带来的误差影响系统的极零点位置，实际上极点位置的变化对系统性能的影响更大。极点位置的变化影响系统的频率响应特性，甚至造成系统不稳定。本节重点讨论系数表示误差对系统极点的影响，进一步讨论对系统频率响应的影响。首先对问题进行数学分析，然后通过实例进行计算机模拟研究。

10.6.1　系数量化对极点位置的影响

设精确表示的数字滤波器系统函数为

$$H(z) = \frac{B(z)}{A(z)} = \frac{\sum_{r=0}^{M} b_r z^{-r}}{1 + \sum_{k=1}^{N} a_k z^{-k}} \tag{10.40}$$

在实际实现时，各系数 a_k 和 b_k 用有限位二进制表示，故产生量化误差，量化后的各系数表示为

$$\begin{cases} \hat{a}_k = a_k + \Delta a_k \\ \hat{b}_k = b_k + \Delta b_k \end{cases} \tag{10.41}$$

这里 Δa_k 和 Δb_k 表示系数的量化误差。考虑有限字长表示的量化误差后，系统函数表示为

$$\hat{H}(z) = \frac{\hat{B}(z)}{\hat{A}(z)} = \frac{\sum_{r=0}^{M} \hat{b}_r z^{-r}}{1 + \sum_{k=1}^{N} \hat{a}_k z^{-k}} \tag{10.42}$$

为了研究系数量化对极点变化的影响，可计算各极点对系数变化的灵敏度，即

$$\frac{\partial p_j}{\partial a_i}, \quad i, j = 1, 2, \cdots, N \tag{10.43}$$

各系数变化引起的各极点的变化可用灵敏度表示为

$$\Delta p_j = \sum_{i=1}^{N} \frac{\partial p_j}{\partial a_i} \Delta a_i \tag{10.44}$$

可见,灵敏度 $\partial p_j / \partial a_i$ 越大,Δa_i 对其极点的影响也越大。

为了简单,假设式(10.40)的系统函数只有单阶极点,其分母多项式为

$$A(z) = 1 + \sum_{i=1}^{N} a_i z^{-i} = \prod_{k=1}^{N} (1 - p_k z^{-1}) \tag{10.45}$$

对式(10.45)两边求 $A(z)$ 对 a_i 的导数,得

$$\frac{\partial A(z)}{\partial a_i}\bigg|_{z=p_j} = \left(\frac{\partial A(z)}{\partial p_j}\right)\bigg|_{z=p_j} \frac{\partial p_j}{\partial a_i} \tag{10.46}$$

对式(10.45)分别直接求导得

$$\frac{\partial A(z)}{\partial a_i}\bigg|_{z=p_j} = p_j^{-i}$$

$$\left(\frac{\partial A(z)}{\partial p_j}\right)\bigg|_{z=p_j} = -p_j^{-1} \prod_{\substack{k=1 \\ k \neq j}}^{N} (1 - p_k p_j^{-1}) = -p_j^{-N} \prod_{\substack{k=1 \\ k \neq j}}^{N} (p_j - p_k)$$

将以上两式代入式(10.46),得

$$\frac{\partial p_j}{\partial a_i} = \frac{\dfrac{\partial A(z)}{\partial a_i}}{\dfrac{\partial A(z)}{\partial p_j}}\bigg|_{z=p_j} = -\frac{p_j^{N-i}}{\prod\limits_{\substack{k=1 \\ k \neq j}}^{N} (p_j - p_k)} \tag{10.47}$$

上式表示系数 a_i 的量化误差引起极点 p_j 变化的灵敏度。将式(10.47)代入式(10.44),得到滤波器各系数量化误差 Δa_i 引起极点 p_j 的偏移量,即

$$\Delta p_j = -\sum_{i=1}^{N} \frac{p_j^{N-i}}{\prod\limits_{\substack{k=1 \\ k \neq j}}^{N} (p_j - p_k)} \Delta a_i, \quad j = 1, 2, \cdots, N \tag{10.48}$$

观察式(10.47)和式(10.48),可得到一些有意义的结论:对高阶滤波器极点多而密集,式(10.47)和式(10.48)分母由多项相邻的极点乘积,系数灵敏度高,极点偏移大;对低阶滤波器极点少而稀,极点偏移可能小。所以对于高阶系统,通过级联或并联系统实现,可使系数量化灵敏度比直接型低得多。

图10.21是一个典型带通滤波器的极点分布图。当极点向横轴移动并靠近 $z=1$ 位置时,相当于低通滤波器;当极点靠近横轴的 $z=-1$ 位置时,相当于高通滤波器。对于带通滤波器,极点位于虚轴附近,其共轭极点间距离远,因而系数灵敏度低。低通或高通滤波器,极点位于实轴附近,系数灵敏度更高。

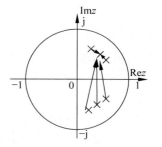

图10.21 典型带通滤波器的极点分布图

例 10.6.1 给定一个系统函数为

$$H(z) = \frac{0.0373}{1 - 1.7z^{-1} + 0.745z^{-2}} = \frac{0.0373}{1 - a_1 z^{-1} - a_2 z^{-2}}$$

设 a_2 量化使极点位置变化不超过 0.5%,试确定表示滤波器系数所需的最小字长;若

使系统处于临界稳定状态,所需最小字长。

解 系统极点位置

$$p_{1,2} = -0.85 \pm 0.15\mathrm{j} = 0.836\mathrm{e}^{\pm\mathrm{j}170°}$$

忽略负号,式(10.48)写为

$$\Delta p_1 = \frac{p_1^{2-1}}{p_1 - p_2}\Delta a_1 + \frac{p_1^{2-2}}{p_1 - p_2}\Delta a_2$$

$$\Delta p_2 = \frac{p_2^{2-1}}{p_2 - p_1}\Delta a_1 + \frac{p_2^{2-2}}{p_2 - p_1}\Delta a_2$$

极点对 a_2 的灵敏度为

$$\begin{cases} \dfrac{\partial p_1}{\partial a_2} = \dfrac{1}{p_1 - p_2} = \dfrac{1}{\mathrm{j}0.3} = \dfrac{10}{3}\mathrm{e}^{-\mathrm{j}90°} \\[3mm] \dfrac{\partial p_2}{\partial a_2} = \dfrac{1}{p_2 - p_1} = \dfrac{1}{-\mathrm{j}0.3} = \dfrac{10}{3}\mathrm{e}^{\mathrm{j}90°} \end{cases}$$

仅由 a_2 引起的极点变化为

$$|\Delta p_2| = \left|\frac{\partial p_2}{\partial a_2}\right|\Delta a_2$$

已知极点的变化为

$$|\Delta p_2| = 0.863 \times 0.5\% = 0.004\,315$$

故

$$|\Delta a_2| = \frac{0.004\,315}{\dfrac{10}{3}} = 1.3 \times 10^{-3}$$

设用 $B+1$ 位表示滤波器系数,舍入误差为 $\dfrac{1}{2} \times 2^{-B}$,故

$$1.3 \times 10^{-3} = e_{\mathrm{R}} = \frac{1}{2} \times 2^{-B}$$

$$B = \frac{\lg(1.3 \times 10^{-3} \times 2)}{-\lg 2} = 8.6 \approx 9\mathrm{bit}$$

即保证极点偏移不超过 0.5%,需要至少 10 位字长。若极点偏移到单位圆上,则引起不稳定性,因此,保证临界稳定的条件是极点误差不超过 $|\Delta p_2| = 1 - 0.863$,因此得

$$B = \frac{\lg((1 - 0.863)/(10/3) \times 2)}{-\lg 2} = 3.6 \approx 4\mathrm{bit}$$

即至少需要5位字长。

以上通过一个二阶系统做了说明,若系统是高阶的,可能需要的字长明显增加。因此,对于高阶系统可通过分解为两阶系统的级联或并联实现。

10.6.2 系数量化影响极点偏移的结构依赖性

通过以上分析得到结论,高阶系统的直接实现其极点非常敏感于系数的量化误差,从而使系统频率特性也很敏感于系数的量化误差。因此,对于高阶 IIR 系统,应分解成低阶子系统的级联或并联实现。本节通过对一个典型二阶系统的分析来说明,即使用二阶系统实现,

极点偏移也依赖于系统的实现结构。

假设一个由两个共轭极点构成的系统,极点分别是 $p_{1,2}=re^{\pm j\theta}$,系统函数为

$$H(z)=\frac{C}{(1-re^{j\theta}z^{-1})(1-re^{-j\theta}z^{-1})}=\frac{C}{1-2r\cos\theta z^{-1}+r^2z^{-2}}$$

为简单,假设 $C=1$。系统的直接实现如图 10.22(a)所示。

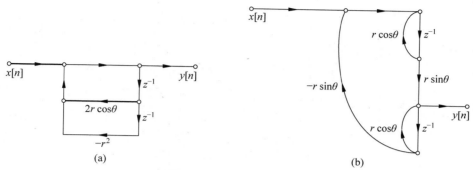

图 10.22 系统的直接实现

在直接实现中,两个系数分别为 $a_1=-2r\cos\theta,a_2=r^2$。若用 $B+1$ 位二进制数表示系数,其中 1 位符号位,B 位用于表示系数的有效位。由于直接对 a_1,a_2 进行量化,相当于对 $|r\cos\theta|$ 和 r^2 直接用 B 位表示(设系数 a_1 中的因子 2 用移位实现,不作为有效位数)。以 $B=3$ 为例,表 10.1 给出 $|r\cos\theta|$ 和 $r=\sqrt{r^2}$ 的可能取值。

表 10.1 系数的量化值

3 位二进制位置坐标	0.000	0.001	0.010	0.011	0.100	0.101	0.110	0.111
$|r\cos\theta|$	0.0	0.125	0.25	0.375	0.5	0.625	0.75	0.875
$r=\sqrt{r^2}$	0.0	0.345	0.500	0.612	0.707	0.791	0.866	0.935

由于 $|r\cos\theta|$ 和 r 只能取表 10.1 所示的取值,把 $|r\cos\theta|$ 取值的垂直线和 r 取值所确定的圆画于图 10.23(a)中(只画出第一象限),相交点用空心圆点表示,这些空心圆点表示了 $B=3$ 时 $|r\cos\theta|$ 和 r 所有可能的取值。实际上,这些点也确定了 r 和 θ 的可能取值点。由于系统极点分别为

$$p_{1,2}=re^{\pm j\theta}=r\cos\theta\pm r\sin\theta$$

极点由 r 和 θ 确定,在 $B=3$ 时极点也只能落在空心圆点处。若所设计系统的极点(设计极点)不在这些圆点处,$B=3$ 的有限字长表示将把极点偏移到设计极点位置周围的 4 个圆点之一。因此图 10.23(a)中,4 个圆点围成的每个区域,表示了极点偏移的最大可能区间。可见图 10.23(a)的划分很不均匀,在靠近实轴和原点处区域变大,可能的极点偏移就会变大。

图 10.22(b)给出的系统实现在精确表示时与图 10.22(a)具有相同的极点。但图 10.22(b)实现中的系数分别为 $\alpha=r\cos\theta$ 和 $\beta=r\sin\theta$,在 $B=3$ 时,对 α 和 β 的可能取值分别为图 10.23(b)的垂直线和水平线,因此两组线的相交圆点均匀分布在单位圆内。这样,不管设计极点处在什么位置,其可能的偏移是均匀分布的,不会产生很大的极点偏移。随着位数

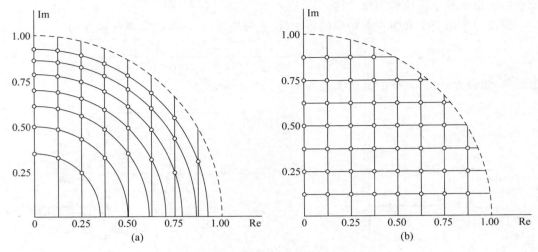

图 10.23 两种结构的极点分布

B 的增长，极点偏移一致地减小。因此图 10.22(b)的结构在有限字长实现时，有更好的性能。

在有限字长表示时，系统的性能依赖于特殊的系统结构。分析和仿真都表明：一般地，格型结构比其他结构的数值稳定性更好。

10.7 有限字长的非线性效应：极限环效应

以上 10.2～10.5 节将有限字长效应引起的误差模型化为加性量化噪声，依此引出对有限字长效应的统计分析。统计分析方法可利用 LTI 系统的计算方便性，得到有效的结果。这些结果对于分析系统的信噪比等特性非常方便，也得到对系统实现的一些启发性的结果。但有限字长效应本质上是一种非线性运算，其与 IIR 系统的反馈环路结合可能引起一些振荡现象。这是用线性系统理论无法解释的现象，必须通过非线性处理进行研究。

存在两类非线性振荡现象：一是溢出振荡，二是恒输入（或无输入）极限环效应。在定点数表示和运算时，若计算结果超出表示范围则产生溢出，在 IIR 系统中溢出效果可能引起溢出振荡。对于溢出问题，可通过 10.4 节和 10.5.2 节所介绍的通过设置压缩比例因子来抑制溢出问题，也可通过特定的系统结构以避免溢出[2]，本节不再讨论溢出振荡问题。

本节主要讨论恒输入极限环效应。恒输入极限环也称为死区效应，本质上是一种振荡现象。由于系统运算过程中的量化效应及反馈环路中的非线性量化结果，使无限精度条件下的稳定系统在恒输入的情况下呈现一定程度的振荡。振荡的表现有两种，一种是系统输出偏离无限精度条件下系统的稳态值而趋于另一个值；另一种现象是围绕一个稳态值正负交替变化，即表现为振荡现象。引起死区效应的原因是 IIR 滤波器定点运算舍入处理和反馈回路引起的低电平极限环振荡。对于这种现象的分析方法需用舍入处理的非线性分析方法，舍入误差不再当作加性的随机变量。由于非线性分析的复杂性，首先通过简单例子观察这种现象。

以一阶 IIR 系统为例,系统结构如图 10.24(a) 所示,其乘法运算的舍入处理如图 10.24(b) 所示。系统的差分方程为

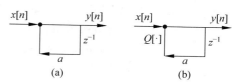

图 10.24 一阶 IIR 系统及其非线性量化结构

$$y[n] = x[n] + ay[n-1] \quad (10.49)$$

首先看其在无限精度条件下的解,设起始条件为 $y[-1]$,输入为恒定值 $x[n] = Cu[n]$,通过迭代,得到输出的表达式为

$$y[n] = a^{n+1} y[-1] + \sum_{k=0}^{n} a^k x[n-k] = a^{n+1} y[-1] + C \frac{1-a^{n+1}}{1-a} \quad (10.50)$$

假设系统是稳定的,$|a| < 1$,系统的稳态输出与起始条件无关,为

$$y_s[\infty] = y[n] \big|_{n=\infty} = \frac{C}{1-a} \quad (10.51)$$

若取 $C = 0.125, a = 0.75$,则 $y_s[\infty] = 0.5$。

如果采用有限字长定点表示和运算,尾数采用舍入处理,输出的表达式为

$$y[n] = x[n] + Q[ay[n-1]] \quad (10.52)$$

这里,$Q[ay[n-1]]$ 表示按舍入处理进行量化。由式(10.52)难以得到解的一般表达式,可以通过例子来观察考虑量化处理时输出的变化情况。并且注意到,在考虑非线性量化效应时,不同的起始条件,得到的稳态解是不同的。

假设除符号位外,系统表数和运算用 $B = 4$ 位二进制。研究两个不同的起始条件,$y[-1] = 0.0625 = (0.0001)_2$ 和 $y[-1] = 0.875 = (0.1110)_2$,这里 $(\cdot)_2$ 表示二进制数。系数也用二进制数表示为 $C = 0.125 = (0.0010)_2, a = 0.75 = (0.1100)_2$。用式(10.52)迭代,每次乘法运算后,用舍入处理将其结果量化为 4 位,计算结果列于表 10.2 中。

表 10.2 舍入处理时,系统实际输出

$y[-1] = 0.0625 = (0.0001)_2$	$y[-1] = 0.875 = (0.1110)_2$
$y[0] = Q[(0.1100)_2 \times (0.0001)_2] + (0.0010)_2$ $= (0.0011)_2$	$y[0] = Q[(0.1100)_2 \times (0.1110)_2] + (0.0010)_2$ $= (0.1101)_2$
$y[1] = Q[(0.1100)_2 \times (0.0011)_2] + (0.0010)_2$ $= (0.0100)_2$	$y[1] = Q[(0.1100)_2 \times (0.1101)_2] + (0.0010)_2$ $= (0.1100)_2$
$y[2] = Q[(0.1100)_2 \times (0.0100)_2] + (0.0010)_2$ $= (0.0101)_2$	$y[2] = Q[(0.1100)_2 \times (0.1100)_2] + (0.0010)_2$ $= (0.1011)_2$
$y[3] = Q[(0.1100)_2 \times (0.0101)_2] + (0.0010)_2$ $= (0.0110)_2$	$y[3] = Q[(0.1011)_2 \times (0.1101)_2] + (0.0010)_2$ $= (0.1010)_2$
$y[4] = Q[(0.1100)_2 \times (0.0110)_2] + (0.0010)_2$ $= (0.0111)_2$	$y[4] = Q[(0.1100)_2 \times (0.1010)_2] + (0.0010)_2$ $= (0.1010)_2$
$y[5] = Q[(0.1100)_2 \times (0.0111)_2] + (0.0010)_2$ $= (0.0111)_2$	$y[5] = Q[(0.1100)_2 \times (0.1010)_2] + (0.0010)_2$ $= (0.1010)_2$
$y[\infty] = (0.0111)_2 = 0.4375$	$y[\infty] = (0.1010)_2 = 0.625$

由表 10.2 的计算结果看到，当起始条件为 $y[-1]=0.0625$ 时，实际计算的稳态值为 $y_s[+\infty]=0.4375$；而当初始条件为 $y[-1]=0.875$ 时，稳态值为 $y_s[+\infty]=0.625$。两种情况下，有限字长效应下实际稳态值都偏离了精确值 $y_s[+\infty]=0.5$，这是死区效应的一种现象。

再看第二种情况，系数 a 取负值，给出一组实例参数为

$$C=0.75=(0.1100)_2, \quad a=-0.25=(-0.0100)_2$$

初始条件 $y[-1]=0.9375=(0.1111)_2$，由式（10.51）得精确的稳态值为

$$y_s[+\infty]=\frac{0.75}{1+0.25}=0.6$$

计算输出列于表 10.3 中。

表 10.3　计算输出

$y[-1]=0.9375=(0.1111)_2$
$y[0]=Q[-(0.0100)_2\times(0.1111)_2]+(0.1100)_2=(0.1000)_2$
$y[1]=Q[-(0.0100)_2\times(0.1000)_2]+(0.1100)_2=(0.1010)_2$
$y[2]=Q[-(0.0100)_2\times(0.1010)_2]+(0.1100)_2=(0.1001)_2$
$y[3]=Q[-(0.0100)_2\times(0.1001)_2]+(0.1100)_2=(0.1010)_2$
$y[4]=Q[-(0.0100)_2\times(0.1010)_2]+(0.1100)_2=(0.1001)_2$
$y[5]=Q[-(0.0100)_2\times(0.1001)_2]+(0.1100)_2=(0.1010)_2$
$y[6]=Q[-(0.0100)_2\times(0.1010)_2]+(0.1100)_2=(0.1001)_2$

由表 10.3 可见，系数 a 取负值时，输出稳态情况下是一个振荡波形，在 $0.625=(0.1010)_2$ 和 $0.5975=(0.1001)_2$ 之间振荡，振荡周期 $N=2$，这是死区效应的另一种表现形式。

以下，以 $a>0$ 为例推导死区的范围。进入死区条件后 $y[n]$ 经运算量化后等于它本身，即

$$y[n]=C+Q[ay[n]] \tag{10.53}$$

又因为舍入处理的误差满足

$$|Q[ay[n]]-ay[n]|\leqslant\frac{q}{2}=\frac{1}{2}\times 2^{-B} \tag{10.54}$$

将式（10.53）的 $Q[ay[n]]$ 代入式（10.54）得

$$|y[n]-C-ay[n]|\leqslant\frac{q}{2} \tag{10.55}$$

式（10.55）可另写为

$$\frac{C}{1-a}-\frac{q}{2(1-a)}\leqslant y[n]\leqslant\frac{C}{1-a}+\frac{q}{2(1-a)} \tag{10.56}$$

把式（10.51）代入式（10.56）得

$$y_s[+\infty]-\frac{q}{2(1-a)}\leqslant y[n]\leqslant y_s[+\infty]+\frac{q}{2(1-a)} \tag{10.57}$$

由于量化运算，实际输出与精确稳态值的误差不超过

$$|\Delta|=\frac{q}{2(1-a)} \tag{10.58}$$

这个范围确定了死区的范围。

对于 $a = 0.75$ 的例子($B = 4$),可计算出死区范围为

$$|\Delta| = \frac{q}{2(1-a)} = \frac{2^{-4}}{2 \times (1-0.75)} = 0.125$$

可以看到,表 10.2 的两种实际稳态值与精确稳态值之间误差不超过 $\pm\Delta$。

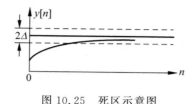

图 10.25 死区示意图

实际上式(10.58)也可计算 a 取负值时的死区范围,在 $a = -0.25$ 时,可计算得

$$\Delta = \frac{2^{-4}}{2 \times (1+0.25)} = 0.025$$

这时振荡的幅度不超过 2Δ,即振荡在一个中心值的 $\pm\Delta$ 范围内振荡。

式(10.58)可以写为

$$\frac{|\Delta|}{q/2} = \frac{1}{1-a} \tag{10.59}$$

式(10.58)给出了死区范围与系统二进制表示误差之比。若 a 趋近于 1,则该比值较大,说明死区效应可能使输出信号的后几位变成无效位数,降低系统输出的信噪比。

对于高阶系统,恒输入极限环效应的分析非常复杂,但可以借助计算机模拟进行分析。对于一些更复杂输入环境下可能存在的非线性效应,计算机仿真是一种更有效的分析工具。

恒输入极限环效应是可以消除的。第一种方法是在输入端人为地附加一定强度的噪声,可减小进入极限环后舍入处理的量化效应;第二种方法是采用截尾处理,可以证明,对于稳定系统定点原码表数的截尾处理不存在极限环现象。

10.8 DFT/FFT 运算的有限字长效应

DFT(离散傅里叶变换)及其快速算法 FFT(快速傅里叶变换)是信号处理中常用工具。本节利用统计分析方法,研究 DFT 和 FFT 的有限字长效应。

10.8.1 DFT 直接实现的量化误差分析

为讨论方便,重写 DFT 的定义如下

$$X[k] = \sum_{n=0}^{N-1} x[n] W_N^{nk}, \quad k = 0, 1, \cdots, N-1 \tag{10.60}$$

考虑一般情况,每一个复数乘法由 4 个实数乘法组成,假设各实数乘法的量化误差是不相关的,则一个复数乘法的量化误差方差为

$$\sigma_B^2 = 4\sigma_e^2 = 4\left(\frac{1}{12} \times 2^{-2B}\right) = \frac{1}{3} \times 2^{-2B} = E[|e[n,k]|^2] \tag{10.61}$$

这里，用符号 $e[n,k]$ 表示运算项 $x[n]W_N^{nk}$ 的量化误差。考虑量化误差时，DFT 运算重写为

$$\hat{X}[k] = \sum_{n=0}^{N-1}[x[k]W_N^{nk} + e[n,k]] = X[k] + f[k] \qquad (10.62)$$

DFT 系数 $X[k]$ 的量化误差为

$$f[k] = \sum_{n=0}^{N-1} e[n,k] \qquad (10.63)$$

假设各误差项是不相关的，则总的量化噪声方差为

$$E[f^2[k]] = E\left[\left|\sum_{n=0}^{N-1} e[n,k]\right|^2\right] = NE[|e[n,k]|^2]$$

$$= \frac{N}{3} \times 2^{-2B} = N\sigma_B^2 \qquad (10.64)$$

式（10.64）说明，每个 DFT 系数的量化噪声功率正比于点数 N。若取 $N = 2^m$，则

$$E[f^2[k]] = \frac{1}{3} \times 2^{-2\left(B-\frac{m}{2}\right)} \qquad (10.65)$$

式（10.65）给出一个有用的结论：若 DFT 点数增加 4 倍（m 增 2），只需表数字长增加 1 位（B 增 1），则保证量化噪声功率不变。

若定点表数范围是归一化的，为使输出不产生溢出，则要求满足

$$|X[k]| = \left|\sum_{n=0}^{N-1} x[n]W_N^{nk}\right| \leqslant \sum_{n=0}^{N-1}|x[n]| \leqslant 1 \qquad (10.66)$$

因为输入 $x[n]$ 用同样位数表示，并服从 $|x[n]| \leqslant 1$，为了满足式（10.66），输入信号需除以压缩比例因子 $\beta = N$。当变换点数 N 很大时，除以该压缩比例因子将严重压缩输入信号的动态范围，使输出信噪比严重衰减。直接的解决办法是选择较长的字长 B。

10.8.2　定点 FFT 实现的量化效应分析

FFT 运算量化效应与具体采用的哪一种算法有关，本节以基 2 按时间抽取 FFT 算法（基 2-DIT-FFT）为例进行讨论，结论也同样适用于基 2 按频率抽取的 FFT 算法。对于基 4 和分裂基算法，其量化效应的量级是相同的，只有系数的调整。

基 2-DIT-FFT 的基本运算是如下的蝶形运算

$$\begin{cases} x_L[i] = x_{L-1}[i] + x_{L-1}[j]W_N^r \\ x_L[j] = x_{L-1}[i] - x_{L-1}[j]W_N^r \end{cases}$$

这里用 L 表示第 L 级蝶形运算。注意到，蝶形运算只有一次复数乘法产生量化误差，因此，将考虑量化误差的蝶形运算改写为

$$\begin{aligned} \hat{x}_L[i] &= x_{L-1}[i] + x_{L-1}[j]W_N^r + e[L,j] \\ \hat{x}_L[j] &= x_{L-1}[i] - x_{L-1}[j]W_N^r + e[L,j] \end{aligned} \qquad (10.67)$$

包含了量化误差项的蝶形图如图 10.26 所示。每一个蝶形运算产生的量化噪声方差为

$$E[|e[L,j]|^2] = \sigma_B^2 = \frac{1}{3} \times 2^{-2B} \qquad (10.68)$$

分析 FFT 流程中最后一级输出，也就是各 DFT 系数 $X[k]$ 的输出，通过考察基 2-DIT-

FFT 的流程图(第 3 章),发现 FFT 的每一个输出值由最后一级的一个蝶形产生,而这个蝶形的输入又由次最后一级的两个蝶形分别产生,依次前推如图 10.27 所示。对于 $N=2^m$,产生每个输出 $X[k]$ 所连接到的蝶形个数为

$$1+2+4+\cdots+N/2=N-1$$

每一个蝶形运算只有加、减和乘以旋转因子,因而每一个蝶形引入的舍入量化噪声在传输过程中,它的方差不变。因此,每个输出 $X[k]$ 的量化噪声方差为

$$E\big[\,|\,f[k]\,|^2\big]=(N-1)\sigma_{\mathrm{B}}^2\approx N\sigma_{\mathrm{B}}^2=\frac{N}{3}\times 2^{-2B} \tag{10.69}$$

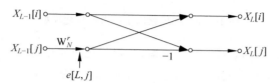

图 10.26 FFT 蝶形运算的量化模型

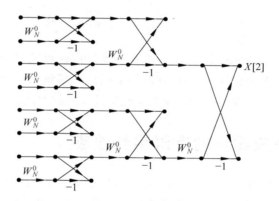

图 10.27 一个 FFT 输出关联的蝶形

为了防止蝶形运算单元溢出,可计算蝶形运算输入/输出的放大作用,可以证明(留作习题)

$$\max\{|\,x_{L-1}[i]\,|,\,|\,x_{L-1}[j]\,|\}\leqslant \max\{|\,x_L[i]\,|,$$
$$|\,x_L[j]\,|\}\leqslant 2\max\{|\,x_{L-1}[i]\,|,\,|\,x_{L-1}[j]\,|\} \tag{10.70}$$

式(10.70)说明,蝶形运算可放大输入,但放大倍数不超过 2。因此,对于 $N=2^m$ 的 FFT 流程共 m 级蝶形,最大放大倍数不超过 $N=2^m$,这与直接计算 DFT 的结论是一致的。但对于 FFT 结构,压缩比例因子可以有两种加入方式:①为防止溢出可以在输入端一次性加入压缩比例因子 N,其效果与 DFT 相同;②逐级衰减量化噪声的计算,每一个蝶形输入端插入 1/2 衰减(在定点情况下做移位操作)。可以证明,逐级加入衰减因子的方法,可获得更好的效果。考虑每一个蝶形都插入 1/2 的衰减因子,如图 10.28 所示。每个蝶形引入两个乘法支路,都引起量化误差,但由于乘 1/2 的支路只需 2 次实数乘法,因此其量化噪声方差为

$$E\big[\,|\,e[L,i]\,|^2\big]=2\sigma_{\mathrm{e}}^2=\frac{1}{6}\times 2^{-2B}$$

所以每个蝶形运算的总量化噪声方差为

$$\sigma_{BI}^2 = E[|e[L,i]|^2] + E[|e[L,j]|^2] = 2\sigma_e^2 + 4\sigma_e^2 = \frac{3}{2}\sigma_B^2 = \frac{1}{2} \times 2^{-2B} \tag{10.71}$$

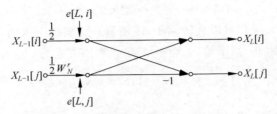

图 10.28　加压缩因子的蝶形量化模型

考虑输出量化噪声时，由于插入 1/2 衰减，前级量化噪声也将被衰减，其方差下降为 1/4。这种衰减按每级传播，故 FFT 输出端 $X[k]$ 的量化噪声方差为

$$\sigma_{FFT}^2 = \sigma_{BI}^2 + \frac{1}{4} \times 2\sigma_{BI}^2 + \left(\frac{1}{4} \times 2\right)^2 \sigma_{BI}^2 + \cdots + \left(\frac{1}{4} \times 2\right)^{m-1} \sigma_{BI}^2$$

$$= \left[2 - \left(\frac{1}{2}\right)^{m-1}\right]\sigma_{BI}^2 \approx 2\sigma_{BI}^2 = 2^{-2B} \tag{10.72}$$

输出方差与 FFT 长度 $N = 2^m$ 无关，仅由字长 B 确定。由此可见，对于定点 FFT 实现，通过每级的蝶形输入端插入 1/2 衰减因子，得到的结果比直接在输入端进行 1/N 倍衰减要好得多。这种每级衰减 1/2 的结构，是定点 FFT 实现中最常用的方法。

*10.9　自适应滤波的有限字长效应

第 9 章讨论了自适应滤波器。在自适应滤波器结构中，横向结构（FIR 滤波器）占了主导地位。本节仅简要讨论 FIR 结构的自适应滤波器的有限字长效应。

在每一个时刻，自适应滤波器输入/输出关系就相当于一个 FIR 滤波器，因此，对于一个时刻输出量化噪声与 FIR 滤波器是一致的。但自适应滤波器是递推实现的，在递推过程中有限字长效应可能会传播，影响自适应滤波的收敛性。递推过程中有限字长效应的严格分析是非常复杂的，本书不再进一步讨论。对这类问题，计算机仿真是更有效的工具。以下给出有关自适应滤波有限字长效应的几个结果，这些结果也得到了计算机仿真的验证。

LMS 算法的有限字长效应：

（1）在 LMS 递推过程中，滤波器系数矢量 $w[n]$ 对量化最敏感，$w[n]$ 量化误差的方差 σ_w^2 反比于 $\mu\lambda_{min}$，这里 μ 是 LMS 算法的迭代步长，λ_{min} 是输入信号自相关矩阵的最小特征值。由此要想使 σ_w^2 小，需要较大的迭代步长，这与第 9 章分析的结果相反。第 9 章结论是：要使 LMS 算法的误差小，要求更小的步长，这是个矛盾，要求实际中应折中地选择步长。

（2）泄露 LMS 算法对有限字长是更稳健的。

（3）在一个 11 个系数的自适应均衡器 LMS 实现的仿真中（文献[3]），字长（包括符号位）取 9 位以上算法均可收敛，字长取 13 位时已取得良好的收敛精度。可见 LMS 算法在有限字长效应的表现上继承了 FIR 滤波器的稳健性能。

RLS算法的有限字长效应：

（1）基本 RLS 算法的数值稳定性远不及 LMS 算法。RLS 算法的更新矩阵 $P[n]$ 是由两个矩阵之差计算的，在有限精度递推实现时，其可能失去其正定性，从而使算法不收敛。为了保证 $P[n]$ 的计算精度，需要较长的位数。另外忘却因子 λ 也影响 RLS 算法的收敛性，收敛性要求 $\lambda < 1$。

（2）一些改进的 RLS 算法具有更好的数值稳定性，QR-RLS 算法和格型 RLS 算法都具有良好的数值稳定性，在有限字长实现时有更好的收敛性。

（3）与如上 LMS 算法相同的实验，基本 RLS 算法要求字长 24 位以上才能保证收敛，但改进的 QR-RLS 算法和格型 RLS 算法的字长要求与 LMS 算法接近，11 位字长即可收敛，13 位以上字长可取得良好的收敛误差。

注意，以上不管 LMS 算法还是 RLS 算法，其第（3）条是一个实验结果，其数据仅给出一个参考。在实际中，可通过计算机模拟确定满足算法收敛性能的最小字长。

10.10 与本章相关的 MATLAB 函数与实例

10.10.1 相关的 MATLAB 函数简介

首先介绍与有限字长效应相关的部分 MATLAB 函数。

1. ceil

功能介绍 对于实数，求大于或等于该实数的最小整数；对于复数，分别求大于或等于其实部和虚部的最小整数。

语法

```
B = ceil(A)
```

输入变量 A 为复矩阵、复向量、复数。

输出内容 B 为复矩阵、复向量、复数。

2. floor

功能介绍 对于实数，求小于或等于该实数的最大整数；对于复数，分别求小于或等于其实部和虚部的最大整数。

语法

```
B = floor(A)
```

输入变量 A 为复矩阵、复向量、复数。

输出内容 B 为复矩阵、复向量、复数。

3. diag

功能介绍 用于构造一个对角矩阵（不在对角线上的元素全为 0 的方阵）或者以向量的形式返回一个矩阵上对角线元素。

语法

```
X = diag(v,k)
X = diag(v)
v = diag(X,k)
v = diag(X)
```

输入变量　对于 X = diag(v,k)和 X = diag(v),v 是一个含有 n 个元素的向量,k 表示 v 在 X 对角线的位置。

对于 v = diag(X,k)和 v = diag(X),X 是矩阵,k 表示所取 X 对角线的位置。

输出内容　对于 X = diag(v,k) 和 X = diag(v),设 v 的长度为 n,X 是一个 n+abs(k)阶的方阵。

对于 v = diag(X,k)和 v = diag(X),v 表示所取的 X 的对角线元素组成的向量。

10.10.2　MATLAB 例程

通过几个例程及其运行结果,说明 MATLAB 函数在有限字长效应问题的应用。

例 10.10.1　对比截尾处理和舍入处理两种尾数处理方式的量化误差,例程和运行结果如下。

```
A = 1;
t = [-0.5:0.01:0.5];
signal = A * t;                                      % The Original Signal
B = 4;                                               % Length of Bits
Q = 2^B-1;
figure(1);                                           % rounding treatment
x = floor(signal/(A/Q) + 0.5);
plot(t,x/Q,'o',t,signal,'*');
grid;
title('rounding treatment');
legend('AfterQuantization','BeforeQuantization');    % censored treatment
figure(2)
x = floor(signal/(A/Q));
plot(t,x/Q,'o',t,signal,'*');
grid;
title('censored treatment');
legend('AfterQuantization','BeforeQuantization');
```

例程结果如图 10.29 所示。舍入误差范围为 $-2^{-(B+1)} = -\frac{1}{2}q \leqslant e_R \leqslant \frac{1}{2}q = 2^{-(B+1)}$；截尾误差范围为 $-2^{-B} = -q \leqslant e_T \leqslant 0$。

例 10.10.2　如本书例 10.5.1 所示,系统的框图如图 10.30 所示。设字长取 8 位,舍入处理,利用状态方程法,求输出量化噪声功率,例程如下。

```
B = 8;
q = 2^(1-B);
```

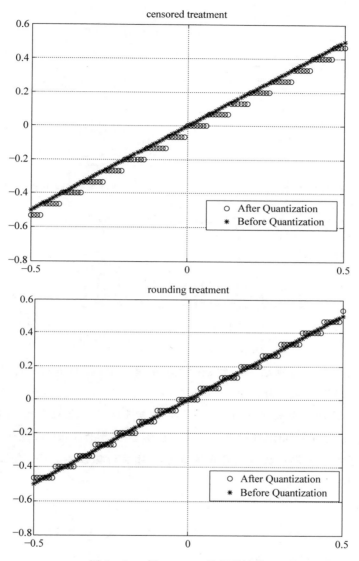

图 10.29　例 10.10.1 的例程结果

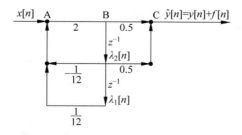

图 10.30　例 10.10.2 的系统流图

```
A = [0, 1; 1/6, -1/6];
B = [0, 2]';
C = [1/12, 5/12];
D = 1;
E = [zeros(1, 3); 2, 1, 0];
F = [1, 0.5, 1];
P = A;                                          % Calculate the Matrix W
W = C' * C;
while any(P ~ = 0)
    W = P' * W * P + W;
    P = P^2;
end
G = E' * W * E + F' * F;                          % Calculate the Matrix G
diag_G = diag(G);
sigma = (q^2)/12 * (2 * diag_G(1) + diag_G(2) + 2 * diag_G(3));
fprintf('\n Noise = % 2.8f \n', sigma)
```

运行结果为

$$
\boldsymbol{G} = \begin{bmatrix} 1.7143 & 0.8571 & 1 \\ 0.8571 & 0.4286 & 0.5 \\ 1 & 0.5 & 1 \end{bmatrix}
$$

$$\text{Noise} = 0.000\,029\,79$$

计算结果与例 10.5.1 的计算结果一致，在状态方程法中，需要进行一定次数的迭代计算 W，因此用 MATLAB 计算更为方便。

例 10.10.3　设计一个椭圆带通滤波器，要求通带低频截止频率为 1kHz，高频截止频率为 2kHz，通带起伏为 1.0dB，阻带衰减为 50dB，采样频率为 10kHz，设计直接形式结构的带通滤波器，观察不同量化位数和不同滤波器阶数对幅频特性的影响，例程如下，结果图形如图 10.31～图 10.33 所示。

```
fs = 10000;
fpl = 1000;
fph = 2000;
Wn = [fpl, fph]/(fs/2);
N = 4;
Rp = 1.0;
Rs = 50;
[B, A] = ellip(N, Rp, Rs, Wn);
[H, w] = freqz(B, A, 1024);
[z, p, k] = tf2zp(B, A);                          % Calculate the zero points and pole
points
bit = 6;
[Bq, Nbq] = cf(B, bit);
[Aq, Naq] = cf(A, bit);                           % Quantify the Coefficients
Bq1 = Bq * Nbq;
Aq1 = Aq * Naq;
```

```
[H1, w] = freqz(Bq1, Aq1, 1024);
[z1, p1, k1] = tf2zp(Bq1, Aq1);
figure(1);
subplot(211);
plot(w * fs/pi/2, 20 * log10(abs(H)));
xlabel('f/Hz'); ylabel('20lg|H(exp(jw))|');
title('H(w)');
subplot(212);
plot(w * fs/pi/2, 20 * log10(abs(H1)));
xlabel('f/Hz'); ylabel('20lg|H(exp(jw))|');
title('Order: 4,Bits: 6)');
figure(2);
subplot(211);
zplane(z, p);
title('zero - pole');
subplot(212);
zplane(z1, p1);
title('Order: 4,Bits: 6)');
```

其中函数 cf 定义如下。

```
function [aq, nq] = cf(coeff, B)
factor = log(max(abs(coeff))) /log(2);
n = 2^ceil(factor);
an = coeff / n;
q = 2^(1 - B);
Qs = an/q;
for i = 1:length(an)
    if Qs(i) > = 1/q - 1
        Qs(i) = 1/q - 1;
    elseif Qs(i) < = - 1/q                % Calculate the zero points and pole points
        Qs(i) = - 1/q;
    end
end                                       % Quantify the Coefficients
aq = q * floor(Qs + 0.5);
nq = n;
```

滤波器阶数 4,量化位数 10 情况下的运行结果如图 10.31 所示。

滤波器阶数 4,量化位数 6 情况下的量化效应如图 10.32 所示。

滤波器阶数 6,量化位数 10 的量化效果如图 10.33 所示。

由执行结果可知,系数量化会对滤波器的幅频特性和零极点位置产生影响,量化位数越少,幅频特性曲线失真越严重,零极点偏移也越大。此外,对于高阶滤波器极点多而密集,系数灵敏度高,极点偏移大;对低阶滤波器极点少而稀,极点偏移可能性小。

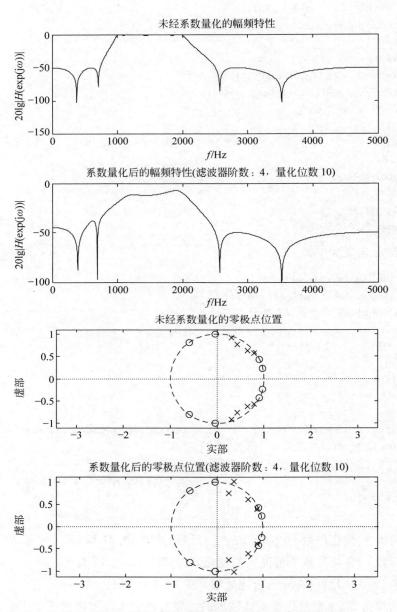

图 10.31　滤波器阶数 4,量化位数 10 情况下的量化效应

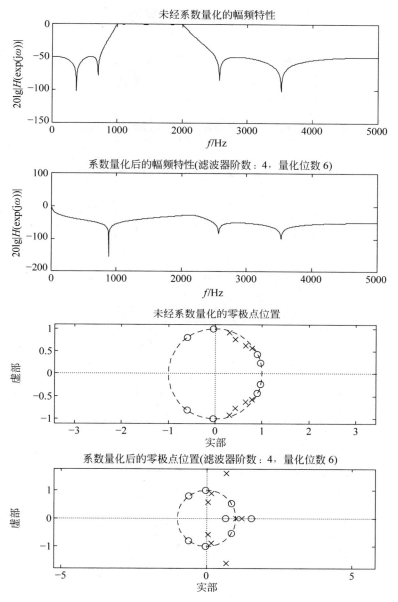

图 10.32　量化效果

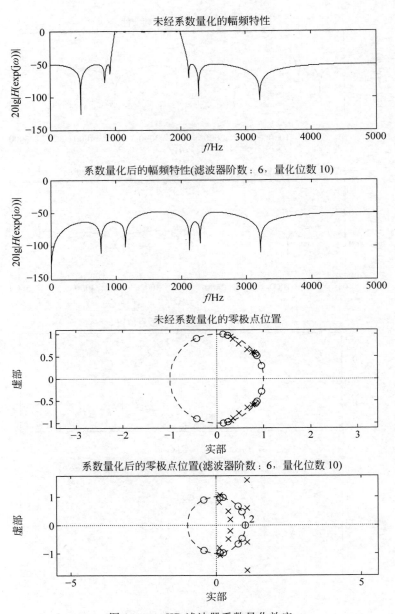

图 10.33　IIR 滤波器系数量化效应

10.11 本章小结

有限字长效应是数字信号处理要考虑的基本问题。由于本质上量化过程是非线性过程,有限字长效应的严格分析是非常复杂的。把量化误差模型化为加性噪声,将有限字长问题转化为噪声在线性系统中的传播问题,可得到相当简化的分析。这种分析是一种统计分析,可以得到一些平均性的结果,例如输出的信噪比等,这些结果是重要的。但统计方法并不能解决量化问题非线性本质所反映的所有现象,例如极限环效应。幸运的是,目前MATLAB等工具的广泛使用,用计算机模拟非线性现象变得比较方便。

有限字长效应曾是制约数字信号处理系统广泛应用的因素之一。为了降低有限字长效应的影响,人们认识到可以更多地使用 FIR 系统,它对有限字长效应的敏感性远低于 IIR 系统;而在高阶 IIR 系统实现中,更多地采用级联、并联或格型结构,而不是直接实现,可大大缓解有限字长效应的影响。

随着数字系统主流处理器字长的增加(例如主流处理器字长从 16 位字长演变到 32 位字长,甚至 64 位字长),有限字长效应的影响也大大减弱了。在 32 位字长系统实现时,一般地对于中等规模的 FIR 系统,有限字长效应的影响基本可忽略,而选择适当的实现结构,IIR 系统一般也能可靠实现。因此,随着典型数字系统字长的增加,有限字长效应的影响在减弱。即使如此,对于数字信号处理系统的设计者,有限字长问题仍是需要了解的知识。一方面常用 A/D 的字长增加并不明显,因此输入量化误差问题仍是影响数字系统信噪比的一个重要因素;另一方面,有限字长效应的非线性特征,仍是系统实现中(主要是 IIR 系统)的潜在危险因素。当实现的系统无法达到预期的设计指标时,检查有限字长效应的影响,仍是首要考虑的因素之一。

习题

10.1 设一个 A/D 转换器的字长为 $B+1$ 位(包含符号位),采用定点补码表数,舍入处理。输入信号为具有白噪声性质的随机序列,幅度在 $[-1,1]$ 区间均匀分布。

(1) 要求在 A/D 转换器输出端得到 65dB 信噪比,B 应如何选择。

(2) A/D 转换器输出信号送至一个系统函数为 $H(z)=\dfrac{1}{1-a^2z^{-2}}$ 的数字滤波器,求 A/D 转换器引入的量化噪声通过该滤波器后输出量化噪声的方差 σ_f^2(不考虑数字滤波器运算引入的量化噪声)。

10.2 已知二阶 IIR 系统的系统函数为

$$H(z)=\frac{0.5}{1-1.5z^{-1}+0.56z^{-2}}$$

要求对系数 $a_2=0.56$ 的量化使系统极点位置的变化不超过原值的 0.5%,请确定所需的最小表数字长。

10.3 已知一数字系统用差分方程:$y[n]=x[n]-x[n-1]+0.64y[n-2]$ 描述。

(1) 画出系统的零、极点分布,粗略画出系统的幅频特性;说明它具有什么滤波特性?

（2）画出系统直接形式 II 型结构流图，回答下列问题：

① 如果系统用定点补码表数、舍入处理，字长取（$B+1$）位（包括 1 位符号位），求系统输出的运算量化噪声。

② 如果系统输入信号为：$x[n]=2\cos\left(\dfrac{\pi}{6}n\right)$，求系统输出端的信号功率与量化噪声功率之比$\left(\text{即}\dfrac{S}{N}\right)$。

10.4　有一个输入信号为 $x[n]=\cos\left(\dfrac{1}{4}\pi n\right)+0.12\cos\left(\dfrac{3}{4}\pi n\right)$，其中第一个余弦分量是有用信号，第二个余弦分量是干扰噪声，该信号经过一个 IIR 滤波器，滤波器传输函数的两个极点分别是：$z_{1,2}=0.8\mathrm{e}^{\pm\mathrm{j}\pi/4}$，一阶零点位于 $z_o=-1$，且其频率响应在零频率点的取值 $H(\mathrm{e}^{\mathrm{j}0})=1/4$，请回答：

（1）求出系统的传输函数，用直接 II 型实现，画出其实现流图。

（2）输入信号是由 12 位 A/D 转换器转换而来，其中 1 位符号位，11 位有效位，采用二进制补码表示，求滤波器输入端的信噪比。

（3）假设不考虑系统实现的有限字长效应，求输出端的信噪比。

（4）假设系统用 16 位定点二进制补码表示和运算，其中 1 位符号位，15 位有效位，在考虑舍入误差的情况下，求输出信噪比（不考虑溢出和压缩比例因子）。

10.5　如题 10.5 图所示系统，将 A/D 转换器输出送入数字滤波器，已知 A/D 转换的有效位是 12 位（1 个符号位，11 位数据位），A/D 输出端信号与量化噪声比为 60dB，信号经过数字滤波器，数字滤波器是 16 位运算（1 位符号位，15 位数据位），

（1）考虑数字滤波计算的舍入误差后，求输出信噪比（假设信号与量化噪声有类似统计特性，相邻取值不相关，是白化的）。

（2）为了不使得系统运算过程产生溢出，给出 A/D 转换器输出端 $\mathrm{AD}_0\sim\mathrm{AD}_{11}$ 与系统输入端数据总线 $\mathrm{D}_0\sim\mathrm{D}_{15}$ 的合理的连接方式（注意，为了符合总线表示的规范，设最高位为符号位，D_{15} 和 AD_{11} 是符号位，D_0 和 AD_0 是最低有效位，数据总线和 A/D 转换器表示的数据都是归一化的，即均表示 $[-1,1)$ 范围内的数值）。

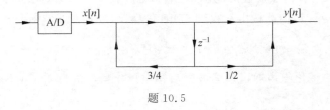

题 10.5

10.6　如题 10.6 图所示，A/D 转换器字长为 6 位（包含 1 位符号位），而滤波器 $H(z)$ 实现采用字长为 $B+1=8$ 位（包含 1 位符号位）。系统采用定位补码表数、舍入处理。已知输入连续信号 $x_a(t)$ 为零均值均匀分布的随机信号，其自协方差 $\gamma_{xx}(\tau)=3\delta(\tau)$；A/D 转换器的动态范围为 $\pm1\mathrm{V}$。

（1）为防止 A/D 转换器溢出，请确定 A/D 前加入的衰减因子 A 至少要多大；并求在此情况下，A/D 转换器输出端的信噪比。

（2）要求滤波器输出端不溢出，并且要求最大化输出端的信噪比，请确定 A/D 转换器 6 位输出与滤波器 8 位输入间的连接关系。

（3）在题（1）、题（2）确定的系统位置下，同时考虑 A/D 量化和滤波器运算量化引入的噪声，请求出滤波器输出端的信噪比。

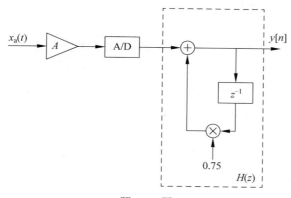

题 10.6 图

10.7　对于一个单位抽样响应 $h[n]$ 及其对应的频率响应 $H(e^{j\omega})$，试证明

$$\parallel h[n] \parallel_2 \leqslant \max_{-\pi \leqslant \omega \leqslant \pi} \mid H(e^{j\omega}) \mid \leqslant \parallel h[n] \parallel_1$$

10.8　已知 LTI 系统的差分方程为

$$y[n] = \frac{1}{4} y[n-1] + x[n]$$

并给定 $y[-1] = 0, x[n] = \frac{1}{2} u[n]$。

（1）在无限运算精度下，求系统输出 $y[n]$ 以及 $n \rightarrow \infty$ 时的 $y[\infty]$ 值。

（2）当该系统实现采用字长 $B+1=5$ 位（包括符号位）和定点补码截尾处理时，请计算输出 $\hat{y}[n]$ 的前 6 点值（$0 \leqslant n \leqslant 5$），并求出 $n \rightarrow \infty$ 时的 $\hat{y}[\infty]$ 值。

（3）如果系统实现时采用定点补码舍入处理，请重复解答（2）中的问题。

10.9　已知 2 阶 IIR 系统的系统函数为

$$H(z) = \frac{1 - z^{-1}}{1 - 0.3 z^{-1} - 0.4 z^{-2}}$$

系统实现采用 $B+1$ 位（包含符号位）定点补码表数，舍入处理。

（1）求采用直接形式 II 结构实现时输出端的运算量化噪声方差。

（2）该系统也可以采用两个一阶子系统级联的形式来实现，请找出一种输出端量化噪声比较小的级联形式，并求出对应的输出端运算量化噪声方差。

（3）求采用两个一阶子系统并联结构形式实现时输出端运算量化噪声方差。

（4）对以上三种实现结构，采用 l_2 准则，分别求出可以保证系统内部节点不溢出的压缩比例因子（采用输入端一次性加入）。

10.10　设线性系统的状态方程组为

$$\boldsymbol{\lambda}[n+1] = \boldsymbol{A}\boldsymbol{\lambda}[n] + \boldsymbol{E}\boldsymbol{e}[n]$$
$$f[n] = \boldsymbol{C}\boldsymbol{\lambda}[n] + \boldsymbol{F}\boldsymbol{e}[n]$$

输入源 $e[n]$ 至输出端的单位抽样响应 $g[n]=[g_1[n],g_2[n],\cdots,g_M[n]]$，注意，$g[n]$ 是行矢量，令 $\boldsymbol{\lambda}[0]=\boldsymbol{0}$ 和 $e[n]=[\delta[n],\delta[n],\cdots,\delta[n]]$，利用状态方程进行递推，得到 $g[n]$ 的表达式为

$$g[n]=\boldsymbol{CA}^{n-1}\boldsymbol{E}\cdot\mathrm{diag}[u[n-1]]_{M\times M}+\boldsymbol{F}\cdot\mathrm{diag}[\delta[n]]_{M\times M}$$

（提示：利用线性系统的叠加性，可分别求输入为 $e[n]=[0,\cdots,\delta[n],0\cdots,0]$ 的解，然后叠加在一起。）

10.11   证明基 2 按时间抽取 FFT 算法蝶形（见题 10.11 图）运算满足

$$\max[\,|\,x_{L-1}[i]\,|\,,\,|\,x_{L-1}[j]\,|\,]\leqslant\max[\,|\,x_L[i]\,|\,,$$
$$|\,x_L[j]\,|\,]\leqslant 2\max[\,|\,x_{L-1}[i]\,|\,,\,|\,x_{L-1}[j]\,|\,]$$

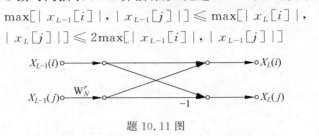

题 10.11 图

MATLAB 习题

10.1   请用 MATLAB 设计一个 12 阶带通椭圆 IIR 滤波器。需要满足如下的设计要求

$$0.99\leqslant|\,H(\mathrm{e}^{\mathrm{j}\omega})\,|\leqslant 1.01,\qquad\qquad 0.3\pi\leqslant|\,\omega\,|\leqslant 0.4\pi,$$
$$|\,H(\mathrm{e}^{\mathrm{j}\omega})\,|\leqslant 0.01(i.e.,-40\mathrm{dB}),\quad|\,\omega\,|\leqslant 0.29\pi,$$
$$|\,H(\mathrm{e}^{\mathrm{j}\omega})\,|\leqslant 0.01(i.e.,-40\mathrm{dB}),\quad 0.41\pi\leqslant|\,\omega\,|\leqslant\pi.$$

请画出该滤波器采用直接 Ⅱ 型、级联形式和并联形式的实现框图。采用单精度浮点和 16 比特定点数来表示滤波器实现中的系数，请用 MATLAB 分别画出三种实现结构在不同量化精度下的幅频响应和相频响应，讨论滤波器不同实现结构对系数量化的敏感程度。

10.2   请用 MATLAB 分别画出习题 10.4 中设计的 IIR 滤波器三种实现结构（直接 Ⅱ 型、级联、并联）在不同量化精度下的零、极点分布图，讨论滤波器不同实现结构的零、极点分布对系数量化的敏感程度。

10.3   请用 MATLAB 编写模拟定点基 2 按时间抽取 1024 点 FFT 计算的函数。与浮点 FFT 计算函数相比，需要考虑输入数据和内部相位因子的字长、蝶形乘法计算的舍入方式、蝶形加法计算的溢出处理等。通过对实际数据的处理与 MATLAB 自带的浮点 fft 函数进行比对，分析量化对 FFT 计算的影响。

10.4   请用 MATLAB 编写模拟定点滤波操作的函数实现习题 10.9 中的 IIR 系统。与浮点滤波操作相比，需要考虑输入数据和内部滤波系数的字长、乘法计算的舍入方式、加法计算的溢出处理等。请采用 $B+1=8$ 位（包含符号位）定点补码表数、乘法舍入处理，针对直接形式 Ⅱ 结构和理论输出端量化噪声更小的级联结构分别编写实现代码，通过对实际数据的处理与 MATLAB 自带的浮点滤波函数进行比对，讨论有限字长效应对滤波器不同实现结构引入的量化噪声误差。

第11章

采样与重构技术

如前所述,连续时间信号通过采样和量化可以转换为数字信号,而数字信号通过内插重构又可以转换为相应的连续时间信号。A/D 转换器和 D/A 转换器就是数字信号处理应用中分别用于信号采样和重构的物理器件。实际应用中对采样和重构等连续时间信号和数字信号的相互转换操作往往会提出两方面的要求:一是要求在转换过程中尽可能不造成信息的损失;二是希望能够以尽可能低的采样率和量化位数完成对连续时间信号的数字化,从而降低对后续数字信号处理中数据存储和运算处理能力的要求。本章将首先介绍通信、雷达等领域中获得广泛应用的带通信号采样和 I/Q 复采样技术,利用带通信号采样技术我们可以以低于奈奎斯特定理给出的采样率完成对带通信号的采样并且仍然可以保证无失真地重建原信号;然后,将讨论多采样率信号处理和数字滤波器等在 A/D 转换器和 D/A 转换器中的应用。

11.1　带通采样定理

由第 1 章中给出的基本采样定理的证明可以知道:对连续时间信号 $x_a(t)$ 以周期 T_s 进行采样获得的理想冲激采样信号 $x_s(t)$,其频谱是原连续时间信号 $x_a(t)$ 的频谱 $X_a(\mathrm{j}\Omega)$ 的周期延拓,且频谱的重复周期为 $F_s=1/T_s$。采样过程的频域分析从直观上给出了一个能够保证无失真重建原连续时间信号的充分条件,即要求采样过程带来的原信号频谱的周期延拓不会造成频谱的重叠。由此,我们得到了基本采样定理(奈奎斯特采样定理):对于 σ-BL 连续时间信号,当以其最高频率分量两倍以上的频率对信号进行采样时,可以保证由采样值无失真的重建原信号。换言之,奈奎斯特采样定理给出了可保证无失真重建原 σ-BL 连续时间信号的最低采样频率。

奈奎斯特采样定理的正确性是毫无疑问的,但其隐含了对连续时间信号模型的假设,即假设待采样的连续时间信号是 σ-BL 信号。而在通信、雷达等信号处理重要应用领域中,带通信号则是更为普遍的信号模型。所谓带通信号是指其频谱中非零部分集中在以载波频率 Ω_c 为中心的一个相对窄的区间,即 $\Omega_c \gg \sigma$。带通信号的频谱非零区间可表示为

$$[\Omega_c-\sigma,\Omega_c+\sigma] \bigcup [-\Omega_c-\sigma,-\Omega_c+\sigma] \tag{11.1}$$

对于带通信号,如果将其简单地视为 $(\Omega_c+\sigma)$-BL 信号,则奈奎斯特采样定理给出的采样频率同样可以保证无失真重建原信号。但如果注意到带通信号频谱分布的特点,则可以找到更低的采样频率来实现对其采样并保证无失真重建,这正是带通采样定理讨论的内容。特别是对于载波频率 Ω_c 远远高于信号带宽 2σ 的带通信号,由带通采样定理决定的采

样频率将远低于奈奎斯特采样频率。

带通采样定理   连续时间信号 $x(t)$ 为实带通信号，其频谱限制在 (f_L, f_H) 和 $(-f_H, -f_L)$ 区间内，令信号带宽 $B = f_H - f_L$，$k_{max} = \left\lfloor \dfrac{f_H}{B} \right\rfloor$ 为不大于 f_H/B 的最大正整数。如果采样频率 f_s 满足条件

$$\frac{2f_H}{k} \leqslant f_s \leqslant \frac{2f_L}{k-1}, \quad 1 \leqslant k \leqslant k_{max} \tag{11.2}$$

则可以由采样序列无失真地重建原始信号 $x(t)$。

带通采样定理证明的基本思路是找到不会造成采样信号频谱混叠的采样频率范围。我们已经知道，无论采样频率 f_s 如何选择，采样后信号在 (f_L, f_H) 和 $(-f_H, -f_L)$ 区间一定保留着频谱分量。因此，采样频率的选择必须保证其他按采样频率 f_s 延拓得到的频谱分量不与上述区间重叠。由于实信号正负频谱的对称性，只需考虑正频率范围 (f_L, f_H) 区间即可。在采样信号频谱中，总可以找到合适的正整数 k，使得 (f_L, f_H) 区间相邻的延拓区间分别为

$$((k-1)f_s - f_H, \ (k-1)f_s - f_L) \text{ 和 } (kf_s - f_H, \ kf_s - f_L) \tag{11.3}$$

这样，保证采样后信号不会发生频谱混叠的条件为

$$(k-1)f_s - f_L \leqslant f_L \text{ 和 } kf_s - f_H \geqslant f_H \tag{11.4}$$

整理上式可以得到

$$\frac{2f_H}{k} \leqslant f_s \leqslant \frac{2f_L}{k-1}, \quad 1 \leqslant k \leqslant k_{max} \tag{11.5}$$

关于正整数 k 的取值范围的确定，亦可由上述不等式确定，即

$$\frac{2f_H}{k} \leqslant \frac{2f_L}{k-1}$$

整理可以得到

$$k \leqslant \frac{f_H}{B} \tag{11.6}$$

例 11.1.1   为了说明带通采样定理，用一个数值上比较简单的例子进行说明。假设一个带通信号的频率范围为 $F_L = 25\text{MHz}$，$F_H = 35\text{MHz}$，带宽 $B = 10\text{MHz}$，若遵循奈奎斯特基本采样定理，需要取采样频率满足 $F_s \geqslant 70\text{MHz}$，本例讨论带通采样定理给出的结果。

显然可求得 $k_{max} = 3$，k 可取如下几种情况：

情况 1 $k = k_{max} = 3$，代入式（11.2），得 $23.3\text{MHz} \leqslant F_s \leqslant 25\text{MHz}$，本例中取 $F_s = 24\text{MHz}$。

情况 2 $k = k_{max} - 1 = 2$，代入式（11.2），得 $35\text{MHz} \leqslant F_s \leqslant 50\text{MHz}$，本例中取 $F_s = 40\text{MHz}$。

情况 3 $k = k_{max} - 2 = 1$，只用式（11.2）左侧不等式，得 $F_s \geqslant 70\text{MHz}$，这是基本采样定理的结果。

可以看到在情况 1 和情况 2 时，带通采样定理给出更低的采样频率范围，在 $k = 1$ 时带通采样定理等同于基本采样定理。图 11.1 给出情况 1 和情况 2 的频谱图（图中频率的单位是 MHz），采样信号的傅里叶变换表达式如下

$$X_s(F) = \frac{1}{T_s} \sum_{l=-\infty}^{+\infty} X(F - lF_s)$$

为了方便这里用频率变量代替角频率变量。图中第一行是原带通信号频谱示意图,第2行和第3行的图分别是情况1和情况2两种不同采样率下的采样信号傅里叶变换示意图,可以看到带通采样定理得到的采样频率也保证了频谱不发生混叠。

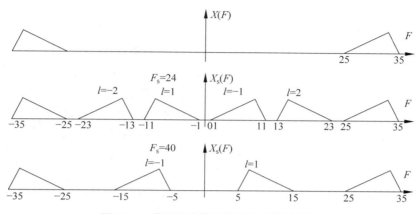

图 11.1 带通采样信号傅里叶变换的例子

结合定理的叙述和证明并参考例11.1.1,我们对带通采样定理给出进一步说明如下:

(1)当$k=1$时,带通采样定理给出的采样频率为$f_s \geq 2f_H$,这相应于奈奎斯特采样定理的情况,即以信号频谱中最高频率分量的两倍作为采样频率进行采样。

(2)随着k的增加,可取采样频率降低。但采样频率的减小不是任意的,至少要高于信号带宽的2倍,即$f_s \geq 2B$。这可将k_{max}的上限代入不等式的左侧得到。带通采样定理揭示出的"以信号带宽而不是信号最高频率分量作为采样频率下限"的规律,对于载波频率远远高于带宽的带通信号来说将显著降低可无失真重建的采样频率。

(3)图11.2反映了基于式(11.5)得到的带通采样可选采样频率范围的情况。其中,阴影区域内的采样频率会造成频谱混叠,为不可选区域。

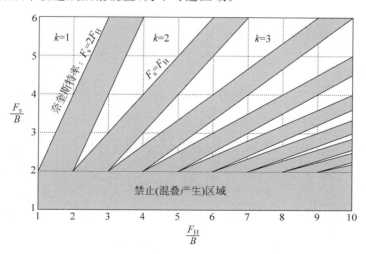

图 11.2 带通采样可选和禁止采样频率区域

（4）带通采样在完成对实带通信号采样的同时也可实现对原信号的变频操作。采样过程带来原信号频谱的周期延拓，当采样频率满足带通采样定理要求不会造成频谱混叠时，延拓的频带也携带有和原信号相同的特征和信息，可以选择某个合适的延拓频带代替原频带进行后续信号处理。例如，对于载波频率为 210MHz、带宽 50MHz 的实带通信号，不难验证，120MHz 的采样率满足带通采样定理的要求。采样后的信号在以 30MHz、90MHz 等频点为中心的位置处均会出现延拓的频带，可根据后续处理的需要选择合适的频带进行处理，这对于中心频率 210MHz 的原信号而言，通过带通采样完成了一次数字下变频。需要注意的是，在上述例子中，90MHz 频点为中心位置处的延拓频谱与原信号频谱完全相同，而 30MHz 频点为中心位置处的延拓频谱则为原信号频谱的翻转（原信号 210MHz 附近的频谱搬移到 -30MHz 附近，而 -210MHz 附件的频谱搬移到 30MHz 附近）。

（5）原则上，带通采样定理给出了对带通信号进行采样可选的采样频率范围。除此之外，在实际采样频率选择中，还需要考虑带通采样前模拟抗混叠滤波器过渡带的不理想。因此，采样频率通常选择在每个可选带状区域的中心附近，尽量远离可选和不可选区域的边界。

（6）为了完成带通采样信号的无失真重建，需要有原带通信号载波频率作为先验信息。数字信号经过 D/A 转换器转换后的连续信号中会存在多个周期延拓的频带，将其通过以原带通信号载波频率为中心的带通滤波器滤除其他周期延拓频带，即可恢复出原带通信号。

（7）考虑特殊情况，即 $k_{max} = F_H/B$ 为整数情况，这时 $F_H = k_{max}B$，$F_L = (k_{max}-1)B$，取 $k = k_{max}$ 时，代入式（11.2）得：$2B \leqslant F_s \leqslant 2B$，因此取采样频率 $F_s = 2B$，也就是采样频率是带通信号带宽的 2 倍。有的文献把这个特殊结果当成带通采样定理，在大多数情况下，用 $F_s = 2B$ 作为采样频率得到的采样信号存在频率混叠，无法正确重构原信号，只有当最高频率是带宽的整数倍时，用 $F_s = 2B$ 采样才不发生频率混叠。

（8）加保护带。利用带通采样定理，当取 $k = k_{max}$ 时，为了重构信号或取出一个下变频的采样信号，都需要过渡带很窄的滤波器。为了放松滤波器设计的要求，可以给带通信号附加上一个虚拟的保护带，然后再确定采样频率。如图 11.3 所示，将带通频谱两侧分别设 ΔB_L 和 ΔB_H 的保护带，总的带宽增加了

$$\Delta B = \Delta B_L + \Delta B_H$$

相当于把带通信号的最低和最高频率看作

$$F_L^N = F_L - \Delta B_L \qquad F_H^N = F_H + \Delta B_H$$

等效的新带宽为

$$B^N = B + \Delta B$$

取

$$k_{max} = \left\lfloor \frac{F_H^N}{B^N} \right\rfloor$$

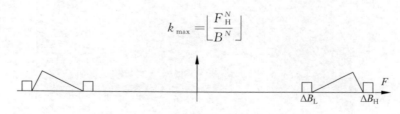

图 11.3 加保护带的带通采样

$$k' \leqslant k_{\max}$$

确定的采样频率为

$$\frac{2F_{\mathrm{H}}^{\mathrm{N}}}{k'} \leqslant F_{\mathrm{s}}^{\mathrm{N}} \leqslant \frac{2F_{\mathrm{L}}^{\mathrm{N}}}{k'-1}$$

这样获得的采样频率,保证各频谱搬移项之间距离更大,可降低系统的实现代价。

11.2　I/Q 采样技术

前面讨论的奈奎斯特采样定理和带通采样定理都是针对实信号进行的,实信号频谱具有正负频率对称的特征。本节将讨论与复信号采样相关的问题。本节首先讨论的复信号为第 7 章中介绍的解析信号。解析信号具有如下的特点:①解析信号的实部和虚部之间满足 Hilbert 变换关系;②解析信号的频谱只含有正频率分量。在通信、雷达等应用领域的研究和算法设计中,实带通调制信号通常被转换为等价的复低通包络信号,以便于后续的正交解调和检测等处理,但复低通包络信号不一定是解析信号,却服从解析信号采样定理。在通信、雷达等领域,复低通包络信号的实部通常被称为同相分量(in-phase component),而虚部则被称为正交分量(quadrature component)。

解析信号采样定理　连续时间信号 $x(t) = x_{\mathrm{I}}(t) + \mathrm{j}x_{\mathrm{q}}(t)$ 为解析信号,其频谱限制在 $(f_{\mathrm{L}}, f_{\mathrm{H}})$ 区间内,令信号带宽 $B = f_{\mathrm{H}} - f_{\mathrm{L}}$。如果采样频率 f_{s} 满足条件

$$f_{\mathrm{s}} \geqslant B$$

则可以由采样序列无失真的重建原解析信号 $x(t)$。

从避免频谱混叠的角度出发,很容易证明上述解析信号采样定理。由于解析信号只有正频谱分量,因此只要保证采样频率高于其带宽,则采样带来的频谱延拓分量就不会相互混叠。在重建信号时设计理想带通滤波器将其他延拓分量滤除即可恢复原解析信号。

尽管解析信号采样定理很容易证明,但在实际理解和应用中还会存在一定的疑问。一个明显的问题就是:解析信号的同相分量 $x_{\mathrm{I}}(t)$ 和正交分量 $x_{\mathrm{q}}(t)$ 均为实带通信号,根据 11.1 中介绍的带通采样定理,对于这两个实信号分别至少需要 $2B$ 的采样频率才能保证无失真的重建。但根据解析信号采样定理,当同相分量 $x_{\mathrm{I}}(t)$ 和正交分量 $x_{\mathrm{q}}(t)$ 组成一个复信号时,采样频率仅需要高于 B 即可保证无失真重建。这究竟是为什么呢?

观察原解析信号所在频带,当以采样频率 $f_{\mathrm{s}} = B$ 对其进行采样时,解析信号的同相分量 $x_{\mathrm{I}}(t)$ 和正交分量 $x_{\mathrm{q}}(t)$ 的负频谱分量经过周期延拓将落入原解析信号所在频带,对于同相分量和正交分量而言,确实发生了频谱的混叠。由于解析信号的实虚部之间满足 Hilbert 变换关系,正交分量 $x_{\mathrm{q}}(t)$ 的负频谱等于同相分量 $x_{\mathrm{I}}(t)$ 的负频谱乘以 j。对于经过周期延拓落入原解析信号所在频带的同相分量和正交分量的频谱同样遵循相同的关系。因为,解析信号的频谱等于同相分量的频谱与正交分量频谱乘以 j 的和。这样,对于解析信号而言,混叠的同相分量频谱和正交分量频谱刚好抵消,从而保证了以采样频率 $f_{\mathrm{s}} = B$ 对解析信号进行采样不会造成频谱混叠。

对于一个实带通信号,实现对其 I/Q 采样可以有如下两种方式:

第一种方式是先将实带通信号通过模拟正交下变频或模拟 Hilbert 变换转换为解析信号,由同相通道(I)和正交通道(Q)组成。然后根据解析信号采样定理给出的范围选择合适

的采样频率，同时对 I/Q 通道分别进行采样。图 11.4 给出了通过模拟正交下变频方式将实带通信号转换为 I/Q 通道的示意图。

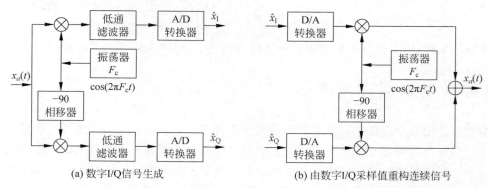

(a) 数字I/Q信号生成   (b) 由数字I/Q采样值重构连续信号

图 11.4　基于模拟正交上下变频的 I/Q 信号生成与重建

第二种方式是先根据带通采样定理给出的范围选出合适的采样频率直接对实带通信号进行采样。然后，在数字域中通过数字正交下变频或数字 Hilbert 变换将采样信号转换为 I/Q 通道，再按照解析信号采样无混叠的条件对其进行适当的抽取降低采样率，以降低对后续处理的存储量和计算能力的要求。

第一种方式的优点在于对 I/Q 通道采样的速率可以直接按照解析信号采样定理选择，可降低对 A/D 转换器采样率的要求；其缺点是需要两块 A/D 转换器分别对 I/Q 通道采样，并且模拟正交下变频很难保证 I/Q 通道的幅度和相位的平衡。

第二种方式的优点在于只需要一块 A/D 转换器，并且数字正交下变频可以很好地解决 I/Q 通道幅度相位平衡的问题；其缺点在于 A/D 转换器需要更高的采样频率。

下面给出进行 I/Q 采样的实例。考虑一个实带通信号 $x(t)$，其载波频率为 F_0，带宽为 β。以下给出两种将其变换为复低通包络数字信号的方案。

方案一如图 11.5 所示，其中处理中各阶段频谱情况如图 11.6 所示：

（1）输入信号与本振信号 $\cos[2\pi(F_0-\beta)t]$ 相乘进行模拟下变频，带通滤波器滤除掉和频分量后得到中频信号 $x'(t)$ 的中心频率为 β。

（2）$x'(t)$ 的最高频率为 $3\beta/2$。根据基本采样定理，A/D 转换器选择 4β 的采样率对 $x'(t)$ 进行采样获得数字中频信号 $\tilde{x}[n]$，其归一化的中心频率为 $\pi/2$，带宽也为 $\pi/2$。

（3）利用数字滤波器 $H(z)$ 滤除负频率分量，将 $\tilde{x}[n]$ 变换为解析信号 $\hat{x}[n]$。其中滤波器的频率响应为

$$H(e^{j\omega})=\begin{cases}1, & \pi/4\leqslant\omega<3\pi/4\\0, & -3\pi/4\leqslant\omega<-\pi/4\\\text{任意}, & \text{其他}\end{cases}$$

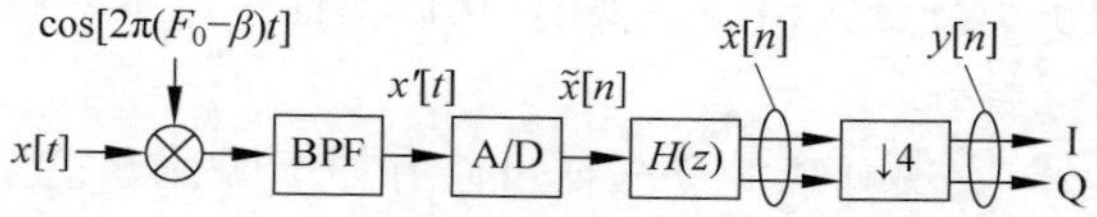

图 11.5　I/Q 采样方案一的实现框图

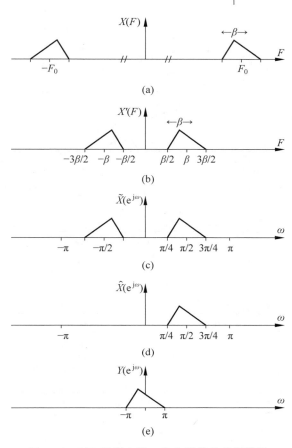

图 11.6 I/Q 采样方案一各步骤信号的频谱图

这个滤波器可通过第 7 章介绍的离散 Hilbert 变换实现。

(4) 通过 4 倍抽取获得原实带通信号的离散复低通包络信号 $y[n]$，采样率为 β。

方案二如图 11.7 所示，其中处理中各阶段频谱情况如图 11.8 所示。

(1) 输入信号与本振信号 $\cos[2\pi(F_0 - 0.625\beta)t]$ 相乘进行模拟下变频，带通滤波器滤除掉和频分量后得到中频信号 $x'(t)$ 的中心频率为 0.625β。

(2) $x'(t)$ 的最高频率为 1.125β。根据基本采样定理，A/D 转换器选择 2.5β 的采样率对 $x'(t)$ 进行采样获得数字中频信号 $\tilde{x}[n]$。其归一化的中心频率为 $\pi/2$，带宽为 0.8π。

(3) 利用数字正交下变频，将 $\tilde{x}[n]$ 变换到基带信号 $\bar{x}[n]$。由于归一化的中心频率为 $\pi/2$，数字正交下变频的操作仅需将 $\tilde{x}[n]$ 和 j^n 相乘即可，事实上并不需要真正的乘法。

(4) $H(z)$ 为低通滤波器，将混频过程中产生的高频分量滤除得到 $\hat{x}[n]$。

(5) 通过 2 倍抽取获得原实带通信号的离散复低通包络信号 $y[n]$，采样率为 1.25β。

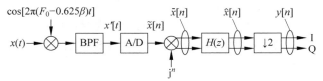

图 11.7 I/Q 采样方案二的实现框图

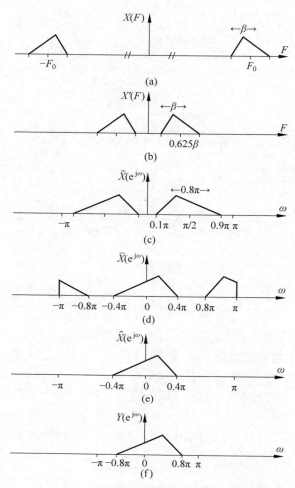

图 11.8　I/Q 采样方案二各步骤信号的频谱图

11.3　信号处理技术在 A/D 转换器中的应用

　　A/D 转换器是用于完成对模拟信号采样量化操作的物理器件，其将模拟信号转换为数字信号提供给后续数字信号处理单元进行处理。A/D 转换器的功能包括采样和量化两部分。其中，采样功能的实现需要遵循第 1 章中讨论的基本采样定理或本章介绍的带通采样定理以保证采样后得到的离散时间信号能够无失真的表示原来的模拟信号；而量化功能是一种非线性操作，其引入的量化误差会在后续的信号处理过程中传播，为了便于对其影响进行定量的分析，在第 10 章中引入了量化误差的统计模型，利用一个随机序列来表示 A/D 转换器量化过程中带来的误差。而在基于 A/D 转换器实现对模拟信号采样量化的过程中，我们也可以应用前面学习过的多采样率处理、数字滤波等数字信号处理方法来改善模数转换过程的性能，本节就对这部分内容进行介绍。

11.3.1　降低对抗混叠模拟滤波器的要求

前面介绍的基本采样定理和带通采样定理分别给出了对模拟信号进行基带采样和带通采样为保证无混叠所需要的最低采样频率。在实际系统设计中,常常会遇到如下两种情况:一是我们仅需要对模拟信号中某一部分频带内的信号进行处理;二是输入的模拟信号中除了需要处理的信号以外还包含有频谱分布更宽的噪声信号或干扰信号。在这两种情况下,为了尽可能降低采样频率以降低对后续数字信号处理和存储能力的要求,为了防止所关心信号频带外的噪声信号或干扰信号混叠到信号频带内,通常会在 A/D 转换器之前加入抗混叠模拟滤波器,如图 11.9 所示。

以基带采样为例,A/D 转换器的采样频率按照基本采样定理选择为所关心信号最高频率分量的两倍,而抗混叠滤波器为低通滤波器,其频谱特性应如图 11.10 所示。

图 11.9　基于奈奎斯特采样的采样系统　　　　图 11.10　理想的抗混叠模拟滤波器的幅度响应

上述方案在具体实现时面临的主要困难在于为了基于模拟元器件实现滚降特性优异的带限滤波器需要付出极高的代价,且模拟滤波器的滤波性能会随着元器件的老化、环境温度变化等发生改变。针对这种情况,可基于多采样率处理方法将抗混叠滤波的主要操作搬移到数字域中来实现,以降低对抗混叠模拟滤波器的要求,保证系统性能的稳定可靠。具体方案如图 11.11 所示。其中 A/D 转换器的采样频率选择为高于奈奎斯特采样频率,即对输入信号进行过采样,这样抗混叠模拟滤波器的过渡带可设计得更为平缓,显著降低模拟滤波器的设计难度。为了保证后续的数字信号处理单元可以尽可能低的处理能力来完成相应的信号处理功能,还需要对过采样得到的数字信号进行相应的抽取。而在抽取器设计中包含有数字抗混叠滤波器,而数字滤波器设计的固有优点可以保证抗混叠滤波器具有更好的滤波性能并且稳定可靠。

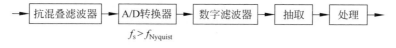

图 11.11　基于过采样的采样系统

11.3.2　提高 A/D 转换器的有效量化位数

对于每一个具体的 A/D 转换器器件,其量化位数都是确定的,例如 8 比特、12 比特或 16 比特。根据第 10 章中介绍的量化误差统计模型,量化位数决定了量化噪声的功率和 A/D 转换器的输出信噪比。在不考虑 A/D 转换器器件其他非理想特性的前提下,量化位数越高意味着量化噪声功率越小,A/D 转换器输出信噪比越高。假设 A/D 转换器的输出字长是 $B+1$ 位(其中 1 位符号位、B 位有效数据位、尾数做舍入处理),第 10 章中给出的

A/D 转换器量化噪声功率和 A/D 转换器输出信噪比的计算公式重写如下

$$\sigma_e^2 = \frac{1}{12} 2^{-2B} \tag{11.7}$$

$$\left(\frac{S}{N}\right)_{dB} = 6.02B + 10.79 + 10\log\sigma_x^2 \tag{11.8}$$

其中 σ_x^2 为输入信号功率。

但在实际应用中，经常会遇到希望利用一个低位数的 A/D 转换器获得更高信噪比性能或获得更高有效量化位数的情况。例如，目前很多单片机或 ARM 处理器中都集成有多个 A/D 转换器通道，其量化位数通常为 10 比特或 12 比特。但在某些针对语音或控制的应用中，往往需要相当于 16 比特 A/D 转换器的量化性能。同样可以基于过采样等数字信号处理技术来解决这类问题。

考虑第 10 章给出量化误差统计模型时所做的假设：量化误差 $e[n]$ 为白噪声序列，其功率谱密度为常数，即

$$S_e(\omega) = \sigma_e^2 \tag{11.9}$$

这一假设说明，经 A/D 转换器采样量化后输出数字信号的量化噪声功率仅与 A/D 转换器量化位数相关，而与采样频率无关，其频谱在 $(-\pi, \pi)$ 区间呈均匀分布，如图 11.12 所示信号和噪声的频谱示意图。当我们采用奈奎斯特采样频率对信号进行采样时，信号功率谱和量化噪声功率谱均占据 $(-\pi, \pi)$ 区间，其输出信噪比如式(11.8)所示。

但当我们采用超过奈奎斯特频率的采样频率对信号进行采样时，即对信号进行过采样，则可以利用量化误差 $e[n]$ 为白噪声序列而量化噪声功率仅与 A/D 转换器量化位数相关的性质来提高信噪比。用 F_n 表示奈奎斯特频率，过采样频率选择为 MF_n，其中 M 为正整数。当以 MF_n 对输入信号进行采样时，量化噪声仍在 $(-\pi, \pi)$ 区间均匀分布，功率谱密度为 σ_e^2；而此时信号功率谱仅占据在 $(-\pi/M, \pi/M)$ 区间。当对过采样信号进行滤波抽取将其采样率降低至 F_n 时，理想抗混叠滤波器的通带应选择为 $(-\pi/M, \pi/M)$。过采样实现的信号与噪声频谱分布如图 11.13 所示。这样，对于抽取后的数字信号，其对应输入信号部分的功率没有发生变化，但量化噪声部分的功率则减小为原来的 $1/M$。因此，对于过采样后经滤波抽取处理得到数字信号，其量化噪声功率可表示为

$$\sigma_e^2 = \frac{1}{12} \frac{2^{-2B}}{M} = \frac{1}{12} 2^{-2(B + 1/2\log_2 M)} \tag{11.10}$$

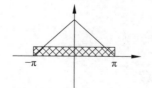

图 11.12　奈奎斯特采样下信号和量化
噪声的功率谱分布

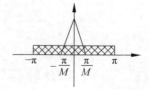

图 11.13　过采样下信号和量化
噪声的功率谱分布

对比式(11.7)，式(11.10)表明将采样率提高 M 倍可等效为有效量化位数增加 $1/2 \log_2 M$。考虑某单片机中集成 A/D 转换器的量化位数为 12 比特，为达到 16 比特 A/D 转换器的量化性能(即增加 4 比特的量化位数)所需要的过采样率为 256 倍。

11.3.3 噪声成形和 Σ-Δ A/D 转换器

11.3.2 节说明通过过采样可以提高 A/D 转换器的有效量化位数。由式(11.10)可知，过采样率每增加 4 倍则有效量化位数增加 1 比特。考虑一个 1 比特 A/D 转换器，如果需要获得 16 比特的有效量化位数，则过采样倍数需要达到 4^{15}，这在实际系统中是不可能达到的。而 Σ-Δ A/D 转换器将噪声成形技术与过采样技术相结合，可以仅以 64 倍过采样率即可实现 1 比特 A/D 转换器获得 16 比特有效量化位数的目标。

噪声成形技术的基本出发点为：构造一个系统，使其对被采样信号的系统函数为 1，即被采样信号通过该系统时不会发生变化；而该系统对量化噪声的系统函数则与频率相关，并且需要尽可能压低在与被采样信号重叠频带内的增益。因为 A/D 转换器采样后量化噪声是白噪声，而量化噪声经过该系统后输出的频谱则反映该系统对量化噪声的幅频响应，因此该技术被称为噪声成形。对噪声成形后的输出进行数字滤波，则会滤除掉比简单采样中更多的量化噪声功率。

图 11.14 给出了一个基于过采样和噪声成形技术的采样系统框图，其中 $H(z)$ 为积分器或累加器，通常基于开关电容等离散信号处理器件来实现，而在 Σ-Δ A/D 转换器中量化器通常为 1 比特的比较器。

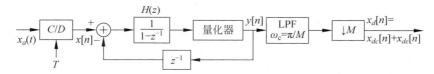

图 11.14 基于噪声成形的过采样量化器

将非线性量化器用线性统计模型替换，则系统的原理框图如 11.15 所示。

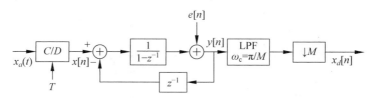

图 11.15 基于噪声成形的过采样量化器的线性模型

由图 11.15 可推导得到，由 $x[n]$ 到 $y[n]$ 的传递函数 $H_x(z)$ 和由 $e[n]$ 到 $y[n]$ 的传递函数 $H_e(z)$ 分别为

$$H_x(z) = 1 \tag{11.11}$$

$$H_e(z) = 1 - z^{-1} \tag{11.12}$$

式(11.11)保证了被采样信号可以无失真传递到 $y[n]$，而由式(11.12)，$y[n]$ 中的量化噪声 $\hat{e}[n]$ 可表示为

$$\hat{e}[n] = e[n] - e[n-1] \tag{11.13}$$

进一步，由式(11.12)可以得到 $\hat{e}[n]$ 的功率谱密度为

$$\Phi_{\hat{e}\hat{e}}(\omega) = \sigma_e^2 |H_e(e^{j\omega})|^2 = \sigma_e^2 [2\sin(\omega/2)]^2 \tag{11.14}$$

图 11.16 给出了信号、直接采样量化噪声和经成形滤波后量化噪声的功率谱密度。不难发现，尽管经滤波后总的量化噪声功率事实上增加了两倍，但与信号频谱重叠部分的量化噪声功率却显著减少。当进一步通过通带为 $(-\pi/M, \pi/M)$ 抗混叠滤波器并抽取之后，最终输出信号中的量化噪声功率将小于式（11.10）。

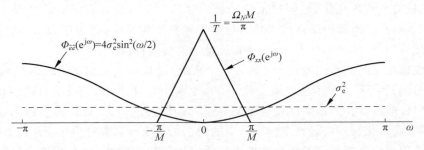

图 11.16　噪声成形前后的信号和量化噪声功率谱密度

在 M 远远大于 1 的情况下，可以简化计算得到最终输出的量化噪声功率为

$$\sigma_{\mathrm{e}}^2 = \frac{1}{36} \frac{2^{-2B}\pi^2}{M^3} \qquad (11.15)$$

上式表明，在采用上述噪声成形技术之后，过采样率每增加 4 倍则有效量化位数将增加 3 比特，这远远优于 11.3.2 节讨论的直接采样的情况。

通过增加多阶累加器，可以进一步压低与信号频谱重叠部分的量化噪声功率，从而提高有效量化比特位数。图 11.17 给出了基于二阶噪声成形的原理框图。

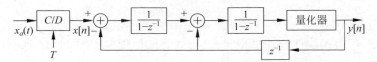

图 11.17　基于二阶噪声成形的过采样量化器

一般地，基于 p 阶噪声成形的量化噪声功率谱可表示为

$$\Phi_{\hat{e}\hat{e}}(\omega) = \sigma_{\mathrm{e}}^2 \left[2\sin(\omega/2)\right]^{2p} \qquad (11.16)$$

表 11.1 给出了在给定噪声成形阶数 p 和过采样率条件下，有效量化位数提高的情况。这样，在噪声成形阶数为 3、过采样率为 64 的情况下，1 比特 A/D 转换器可以保证等效实现 16 位 A/D 转换器的噪声性能。

表 11.1　基于噪声成形的过采样量化器对有效量化位数的提高

成形滤波器	过采样率 M				
阶数 p	4	8	16	32	64
0	1.0	1.5	2.0	2.5	3.0
1	2.2	3.7	5.1	6.6	8.1
2	2.9	5.4	7.9	10.4	12.9
3	3.5	7.0	10.5	14.0	17.5
4	4.1	8.5	13.0	17.5	22.0
5	4.6	10.0	15.5	21.0	26.5

11.4　D/A 转换器和补偿技术

D/A 转换器是用于将数字信号转换为模拟信号的物理器件。基本采样定理保证了以高于奈奎斯特频率的采样频率进行采样后得到的离散时间信号能够无失真地重建原来的模拟信号。理想的数模转换过程如图 11.18 所示

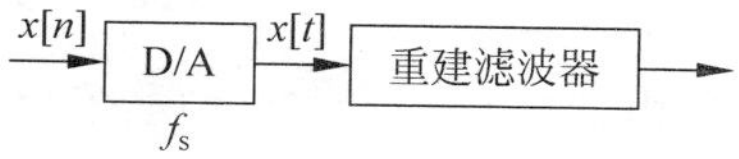

设 $x[n]$ 为待转换的数字信号，首先理想 D/A 转换器将 $x[n]$ 转换为以其幅度加权、间隔为采样周期的冲激脉冲串信号 $x(t)$，如式（11.17）所示

$$x(t) = \sum_n x[n]\delta(t - nT_s) \qquad (11.17)$$

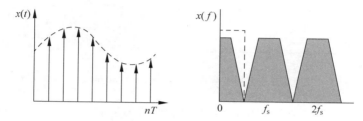

图 11.18　基于奈奎斯特频率的数模转换过程

$x(t)$ 频谱如图 11.19 所示，其包含无数个周期延拓的部分。然后，$x(t)$ 通过一个理想模拟低通重建滤波器，保留零频附近的频带，将其他延拓的频带部分滤除。

图 11.19　基于奈奎斯特频率的理想数模转换的时域和频域关系

当基于奈奎斯特频率完成数模转换时，由于周期延拓分量之间相互紧邻，这要求模拟重建滤波器的过渡带必须具有优异的滚降特性。类似 A/D 转换器前的抗混叠滤波器的情况，这样的模拟滤波器是难于实现的。

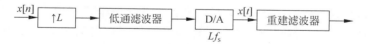

图 11.20　基于过采样的数模转换过程

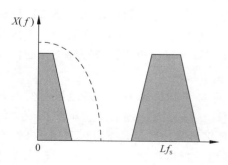

图 11.21　基于过采样的理想数模转换的频域关系

为了解决这一问题，通常在数模转换之前，对数字信号 $x[n]$ 进行内插，通过提高采样速率来降低模拟重建滤波器的实现难度。图 11.20 给出了基于过采样的数模转换过程，而图 11.21 给出了 D/A 转换器输出信号的频谱，不难发现经过采样 D/A 转换后输出信号中周期延拓分量之间间隔显著加大，从而低通重建滤波器的过渡带可设计的更为平缓。

在实际的模数转换过程中，还有一个问题需要注意。这就是在实际的 D/A 转换器中理想的冲激脉冲是无法实现的，需要使用脉冲展宽函数，如

式(11.18)所示

$$p(t) = u(t) - u(t - T_s) = \begin{cases} 1, & 0 \leqslant t \leqslant T_s \\ 0, & \text{其他} \end{cases} \qquad (11.18)$$

上述脉冲展宽函数是实际 D/A 转换器中零阶保持电路的数学模型。这样 D/A 转换器输出信号可表示为

$$s(t) = x(t) * p(t) = \sum_n x[n] p(t - nT_s) \qquad (11.19)$$

由式(11.19)不难发现，实际 D/A 转换器输出信号是理想 D/A 转换器输出信号与脉冲展宽函数的卷积。相应地，实际 D/A 转换器输出信号的频谱是理想 D/A 转换器输出信号频谱与脉冲展宽函数频谱的乘积，如图 11.22 所示。

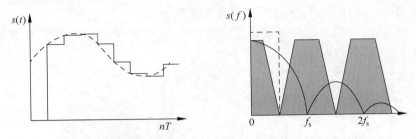

图 11.22　基于奈奎斯特频率的实际数模转换的时域和频域关系

脉冲展宽函数的频谱是 Sinc 函数形状，其将改变理想 D/A 转换器输出信号频谱形状，从而引入重建误差。为了消除这一重建误差，可以将过采样数模转换过程中数字低通滤波器通带设计为 Sinc 函数倒数的形状，以补偿零阶保持电路所引入的频谱变形。

11.5　亚奈奎斯特采样与压缩感知技术简介

在第 1 章和本章前面的论述中，我们讨论了奈奎斯特采样定理。定理说明了对于一个带限信号，如果想对其进行数字化处理，采样频率取值与信号的带宽直接相关。可以说，采样定理是数字信号处理技术的基础。然而随着技术的发展，信号的频带越来越宽。更高速的采样意味着更先进的模数转换技术或者更多的传感器数目，同时意味着更大的数据量。

以雷达、医学成像领域为例，模数转换器性能的提高和传感器数目的增加会造成系统成本的大幅度上升，而这些系统的输出往往仅是目标的少量关键参数。又如，在音频和图像处理领域中，针对音频和图像中的大量冗余信息，多种压缩算法早已应用到音频和图像的传输和存储中。而经过压缩处理，表示音频和图像的数据量大幅减少。

广泛应用的信号压缩算法包括变换编码技术，即将要编码的数字信号经过数学变换在基(basis)或框架(frame)下稀疏(sparse)或者可压缩(compressible)地表示。稀疏指信号的大部分元素都是零元素。对于一个长度为 n 的信号，所谓**稀疏地表示**是指可以利用 $k(k \ll n)$ 个非零系数在某组基或框架下表示；所谓**可压缩地表示**是指可以利用 $k(k \ll n)$ 个较大的非零系数在某组基或框架下近似表示，其余的 $n-k$ 个较小的系数被丢弃。可以称这种对信号的表示为 k-稀疏表示。在图像、视频、语音信号处理领域，我们常见的 JPEG 图像压缩标准、MPEG/H264 视频压缩标准、MP3 音频压缩标准等都使用了变换编码技术。常用的变

换有离散余弦变换、小波变换等。图 11.23 是利用 1% 的 DCT 变换系数重构出的图像同原图像的比较,其相对误差为 0.075。大量类似的实验表明,日常生活中的大量信号都具有稀疏性或者可压缩性。

图 11.23　利用原图像和保留 1% DCT 变换系数重构图像比较
(左图为原图像,右图为恢复图像)

针对信号处理过程中的“先采样,后丢弃”的模式,2004 年左右,美国学者 Candes、Romberg、陶哲轩和 Donoho 等总结自己的研究提出了压缩感知(compressed sensing, compressive sensing 或 compressive sampling)理论。压缩感知理论出发点在于,既然很多应用需要以高采样率进行采样后再通过处理丢弃一大部分样本,何不将采样和压缩过程结合起来同时进行,直接对信号的稀疏或可压缩表示进行感知,这也是压缩感知得名的原因。如果能对稀疏信号进行感知,采样率就可能大幅降低。几位学者的工作表明,通过精心设计采样方式,一个稀疏或者可压缩的信号是可以通过少量的线性非迭代采样值完全恢复的,而这些采样值的数目少于奈奎斯特采样定理给出的限制,因此也称这种方式为亚奈奎斯特采样。

下面,我们从数学角度对压缩感知问题进行简要说明。

假设离散信号 $x \in \mathbf{C}^N$ 是一个 N 维列矢量,其中元素可以表示为 $x[n], n=1,2,\cdots,N$它来自满足奈奎斯特采样定理的采样值。对于一幅图像、视频等信号,可以将其矢量化。简单起见,假设 $\mathbf{\Psi}$ 为一 $N \times N$ 维的正交基矩阵,$\mathbf{\Psi} = [\psi_1, \psi_2, \cdots, \psi_N]$。$x$ 可以以 $\mathbf{\Psi}$ 为基 k-稀疏地表示($k \ll N$),即

$$x = \sum_{i=1}^{N} s_i \psi_i$$

或写为矩阵形式

$$x = \mathbf{\Psi} s \tag{11.20}$$

其中矢量 s 中仅有 k 个较大的非零元素,其余 $(N-k)$ 个元素均为 0 或很小。

假设对 $M(M < N)$ 个 N 维矢量 $\{\varphi_j\}_{j=1}^{M}$ 同 x 的内积进行采样记录获得 M 个内积结果 $\{y_j\}_{j=1}^{M}$,即

$$y_j = \langle x, \varphi_j \rangle \big|_{j=1}^{M}$$

这里 $\{y_j\}_{j=1}^M$ 相当于是 M 个采样值,注意到这种采样方式与奈奎斯特采样定理支持下的简单均匀采样是不同的。将此结果写成矩阵的形式为

$$y = \boldsymbol{\Phi} x \tag{11.21}$$

其中 $y = [y_1 \quad y_2 \quad \cdots \quad y_M]^T$,矩阵 $\boldsymbol{\Phi} = [\varphi_1, \varphi_2, \cdots, \varphi_M]^T$ 维数为 $M \times N$。这相当于对原信号 x 进行线性映射,从 N 维空间线性映射至 M 维空间。式(11.20)和式(11.21)结合可以得到

$$y = \boldsymbol{\Phi} x = \boldsymbol{\Phi} \boldsymbol{\Psi} s = \boldsymbol{\Theta} s \tag{11.22}$$

其中 $\boldsymbol{\Theta} = \boldsymbol{\Phi} \boldsymbol{\Psi}$,维数为 $M \times N$。此问题中,我们已知 y 和 $\boldsymbol{\Theta}$,要对 s 进行求解。然而,这是一个欠定方程,可能存在无穷组 s 满足式(11.22)。然而压缩感知理论将会说明,如果利用 s 的稀疏性,我们可以通过 $M < k$ 个采样值恢复 s,进而恢复原信号 x。采样点数 M 和稀疏指标 k 之间的关系很复杂,这里不展开讨论。在一种理想的条件下 $M = k + 1$ 可重构信号,但实际中难以实现。在实际中若采用随机采样矩阵 $\boldsymbol{\Phi}$,在一定条件下若满足 $M \geqslant C_1 k \lg(N/k)$ 则大概率可重构信号,C_1 是一常数,在一些经验公式中 $M = 3k \sim 5k$ 可重构信号。

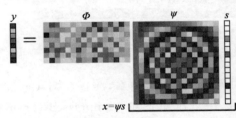

图 11.24　压缩感知的原理示意图

式(11.22)是压缩感知的一种原理性说明,这个说明可以由图 11.24 直观地给出示意。S 列中只有很少的几个颜色块,表示非零值,它是一种稀疏矢量。变换矩阵 $\boldsymbol{\Psi}$ 和采样矩阵 $\boldsymbol{\Phi}$ 中,不同颜色表示其不同的系数值。由于并不知道 S 列中有几个非零值和非零值的位置,简单的代数求解式(11.22)是不可能的。怎样求解这个方程,是压缩感知研究中要解决的问题。

从以上的讨论中,我们发现压缩感知和传统采样的不同。第一,传统采样一般考虑无限长的连续信号,而压缩感知中信号表现为有限维度的矢量信号;第二,在压缩感知中采样利用内积的形式实现,这是对传统采样的一种拓展。

想要说明压缩感知技术的工作原理,有两个问题需要回答:第一,线性映射矩阵或称为感知矩阵,$\boldsymbol{\Theta}$ 如何设计? 第二,利用什么样的算法可以有效地重建 x 或 s。

事实上,第一个问题是个很难简单回答的问题,也是压缩感知研究的核心内容,详细的讨论超出本节的目标,这里只简要介绍适合作为感知矩阵的一个例子。

感知矩阵举例　直接进行感知矩阵的设计是十分困难的。幸运的是,随机矩阵正好满足要求。如果矩阵的每个元素都独立同分布地产生于高斯分布、伯努利分布甚至亚高斯分布,这样的矩阵可以构成感知矩阵。利用随机矩阵作为感知矩阵还有一个好处,在设计感知矩阵时,首先要对 $\boldsymbol{\Phi}$ 进行设计,作为采样矩阵,其不同代表一种不同的采样方式。而后才会考虑 $\boldsymbol{\Psi}$ 的影响。当 $\boldsymbol{\Phi}$ 是高斯分布时,$\boldsymbol{\Theta} = \boldsymbol{\Phi} \boldsymbol{\Psi}$ 仍然是高斯分布,其性质基本不变。

恢复算法　由于未知数的个数多于方程的个数,所以方程的解有无数个。而在压缩感知中,要找到信号最稀疏的表示。目前有三种思路,优化算法、贪婪算法和贝叶斯算法,这里仅对前两种方法进行简要介绍。

优化算法　按照上面的讨论,在没有噪声的情况下,我们要求解如下优化问题

$$\min \|s\|_0 \\ \text{s.t. } y = \boldsymbol{\Theta} s \tag{11.23}$$

这里，$\|\cdot\|_0$ 表示零范数，即矢量 s 中非零值的数目，上式中，优化的目标是零范数最小，同时(s.t.)满足第二行的约束条件。在存在噪声情况下也只需要更改约束条件即可

$$\min \|s\|_0$$
$$\text{s. t. } \|y - \boldsymbol{\Theta} s\|_2 \leqslant \varepsilon \tag{11.24}$$

很可惜，以上问题虽然约束条件都是凸的，但其目标函数却不是凸的，导致其不是凸优化问题。而实际上，就连找到近似解都是非常困难的。然而通过对问题的松弛，我们可以进行问题的求解。众所周知，1 范数($\|\cdot\|_1$ 表示 1 范数，其定义见本书附录 A.1)是 0 范数的最优凸逼近。所以利用 1 范数代替 0 范数求解即可得到

$$\min \|s\|_1$$
$$\text{s. t. } y = \boldsymbol{\Theta} s \tag{11.25}$$

和

$$\min \|s\|_1$$
$$\text{s. t. } \|y - \boldsymbol{\Theta} s\|_2 \leqslant \varepsilon \tag{11.26}$$

以上问题都是凸优化问题，可以利用内点法等凸优化解法进行求解。特别对于式(11.25)，这是一个线性规划问题，也称为基追踪问题(basis pursuit)。其运算复杂度为 $O(N^3)$。凸优化是优化问题中比较成熟的一类，总可以找到一种满意的求解算法。

贪婪算法　从之前的讨论可以发现，y 是由感知矩阵$\boldsymbol{\Theta}$ 中的列加权而成，而问题的解即是找出权值的过程。利用贪婪算法，这一过程将会变得相当直观。

匹配追踪(matching pursuit，MP)算法是此类算法中最直观、最简单的一种。其思路是，每次将观测矢量 y 在感知矩阵$\boldsymbol{\Theta}$ 的每一列上投影，选择其最大投影，而后更新观测矢量，直到逼近观测矢量。

从上面的讨论中，我们也可以发现压缩感知和传统采样的第三点不同，即恢复算法的不同。传统采样一般利用核函数插值的思路，利用离散样本对连续信号进行恢复，而压缩感知则不然，其恢复算法一般是非线性的、迭代的。

实例　对一个具体应用——单像素相机进行探讨，看到压缩传感在成像中的应用。单像素相机的原理是将真实图像与独立同分布的伯努利分布产生的随机矢量进行内积，而后将测量到的内积值记录在单个像素上的设备。通过少量的记录采样，我们即可恢复原始图像。

假设图像为 $N_1 \times N_2$ 像素点的灰度图，可以将其灰度写成一维矢量 x，其维度为 $N_1 N_2 \times 1$。x 一般是不满足稀疏性的，然而上文说明在某些变换域下，如小波变换、DCT 变换等，x 可以表示为稀疏形式。这里假设通过小波变换$\boldsymbol{\Psi}$，x 可以表示为形式 $x = \boldsymbol{\Psi} s$。

单像素相机的硬件结构如图 11.25 所示。设备内部有一个数字反光镜阵列(digital micromirror device，DMD)，阵列上的每个反光镜都可以打开或关闭。镜头将打开的反光镜反射的光收集起来。采样部分通过 A/D 对镜头收集到的光信息进行采样记录。设备通过随机数产生器(random number generator，RNG)控制 DMD 的翻转情况。所以整个过程相当于对 x 同独立的伯努利分布的 0-1 矢量内积进行采样。此过程进行 M 次，获得 M 个内积值。将各次伯努利矢量写成矩阵形式$\boldsymbol{\Phi}$，可得

$$y = \boldsymbol{\Phi} \boldsymbol{\Psi} s$$

这正是压缩感知的标准形式。而实际中通过 40％ 的随机采样，图像的恢复效果很好。图 11.25 说明了单像素相机的原理，这是美国莱斯大学的报道。

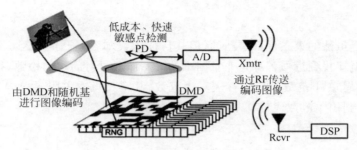

图 11.25 单像素相机的硬件结构

近年来，围绕压缩感知，数学家和信号处理学者又取得大量的进展，如结构化的稀疏问题求解（structured sparsity）、相位缺失情况下的矢量恢复，而传统的从一维矢量导出的压缩感知问题也被拓展至二维，形成矩阵完备（matrix completion）问题。从应用层面来看，数据压缩领域、雷达声呐领域、图像视频领域、机器学习领域、统计领域都有压缩感知成功应用的例子。可以说，香农-奈奎斯特定理由于对信号的先验知识的缺乏，从而悲观地确定了奈奎斯特采样频率。而压缩感知的出现突破了这一数字信号处理技术的基础，让我们以更广阔的视野对数字信号处理有了更深入的认识。而从其快速的发展可见，压缩感知方法的广泛应用或许是未来的一种趋势。

11.6 本章小结

一个完整的数字信号处理系统，往往需要通过采样和重构电路与连续信号建立联系，采样与重构问题在第 1 章、第 2 章均有简单介绍。本章进一步介绍几个目前广泛应用的与采样和重构问题相关的专题。带通采样定理和 I/Q 采样技术在当前通信、雷达等系统中得到广泛应用；利用数字技术，尤其是多采样率处理提高 A/D 和 D/A 转换的性能，已得到实际应用；最后，我们简要介绍了发展中的压缩传感理论，在稀疏条件下压缩传感理论保证了用低于奈奎斯特的采样率可准确或近似地重构信号。

附 录 A

本附录简要介绍几个书中用到的数学工具。这些内容常出现在信号处理的文献中，有些在工科高等数学教材中未作介绍。本节的介绍是直观性的，不追求数学上的严密性。

A.1 一些数学基础补充

本节补充几个数学术语。

在区间$[t_0, t_a]$上平方可积函数的全体记为

$$L^2[t_0, t_a] = \left\{ f(t) \left| \int_{t_0}^{t_a} | f(t) |^2 dt < + \infty \right. \right\}$$

在区间$[t_0, t_a]$上绝对可积函数的全体记为

$$L^1[t_0, t_a] = \left\{ f(t) \left| \int_{t_0}^{t_a} | f(t) | dt < + \infty \right. \right\}$$

用符号表示一个集合被包含于另一个集合中，例如

$$L^1[t_0, t_a] \subset L^2[t_0, t_a]$$

即绝对可积函数集包含于平方可积函数集中，绝对可积一定平方可积；反之不成立。

内积是常用的概念，定义为：对于$f(t), g(t) \in L^2[t_0, t_a]$，其内积为

$$\langle f(t), g(t) \rangle = \int_{t_0}^{t_a} f(t) g^*(t) dt$$

上式是对一般复值函数的定义，对于实函数积分中第二项的共轭符号可省略。用内积定义两个函数的正交性，若

$$\langle f(t), g(t) \rangle = 0$$

则称两个函数是正交的。

由内积可定义函数的l_2范数，对于$f(t) \in L^2[t_0, t_a]$，其l_2范数定义为

$$\| f(t) \|_2 = \langle f(t), f(t) \rangle^{1/2} = \left(\int_{t_0}^{t_a} | f(t) |^2 dt \right)^{1/2}$$

范数是描述一个函数"大小"的一个正值，文献中，有多种范数定义，例如，若一个函数满足$f(t) \in L^1[t_0, t_a]$，其l_1范数定义为

$$\| f(t) \|_1 = \int_{t_0}^{t_a} | f(t) | dt$$

用下标区别不同范数定义，若不加区分，默认地用$\| f(t) \|$表示l_2范数。

对于离散序列，可以用符号$\{x[n]\}_{n=-\infty}^{+\infty}$表示序列在$n$在$(-\infty, +\infty)$范围都有定义，等价地，可定义离散序列的平方可和和绝对可和序列集。平方可和序列的全体记为

$$l^2 = \left\{ x[n] \left| \sum_{n=-\infty}^{+\infty} | x[n] |^2 < + \infty \right. \right\}$$

绝对可和序列的全体记为

$$l^1 = \left\{ x[n] \,\middle|\, \sum_{n=-\infty}^{+\infty} |x[n]| < +\infty \right\}$$

类似的包含关系为 $l^1 \subset l^2$。

若一个序列是一种序列集合的成员，可用符号 $\in$ 表示，例如 $x[n] \in l^2$，表示 $x[n]$ 是集合 l^2 的一个成员，即 $x[n]$ 是平方可和的。

对于序列 $\{x[n]\}_{n=-\infty}^{+\infty}$，$\{y[n]\}_{n=-\infty}^{+\infty}$，可定义内积为

$$\langle x[n], y[n] \rangle = \sum_{n=-\infty}^{+\infty} x[n] y^*[n]$$

以上内积定义中，假设序列可取复数值，若序列只取实数值，则去掉第二项的共轭符号即可。若序列只在有限范围内定义，即 $\{x[n]\}_{n=N}^{M}$，$\{y[n]\}_{n=N}^{M}$，则内积定义相应调整为

$$\langle x[n], y[n] \rangle = \sum_{n=N}^{M} x[n] y^*[n]$$

本节后续只对无限长序列进行讨论，对有限长序列只简单改变求和上下限即可。若两个序列满足

$$\langle x[n], y[n] \rangle = 0$$

称它们相互正交。

描述序列 $\{x[n]\}_{n=-\infty}^{+\infty}$ 的"大小"的一种量称为范数，其中 l_2 范数由序列和其自身的内积定义

$$\| x[n] \|_2 = \langle x[n], x[n] \rangle^{1/2} = \left(\sum_{n=-\infty}^{+\infty} |x[n]|^2 \right)^{1/2}$$

序列的范数有多种形式的定义，另一种常用范数为 l_1 范数，定义如下

$$\| x[n] \|_1 = \sum_{n=-\infty}^{+\infty} |x[n]|$$

用下标表示范数类型，本书中，若省略下标，用 $\| x[n] \|$ 也表示 l_2 范数。

若有一序列集

$$\{ \cdots \varphi_{-1}[n], \varphi_0[n], \varphi_1[n], \cdots \} = \{ \varphi_k[n] \}_{k=-\infty}^{+\infty}$$

满足

$$\langle \varphi_i[n], \varphi_j[n] \rangle = \begin{cases} 0, & i \neq j \\ K_j, & i = j \end{cases}$$

称其为相互正交的，若把它们作为基序列用于表示其他序列，则称其为一组正交基。

如果对于任意

$$x[n] \in l^2$$

总可以表示为

$$x[n] = \sum_{k=-\infty}^{+\infty} c_k \varphi_k[n]$$

这里 c_k 是一组展开系数，则称

$$\{ \varphi_k[n] \}_{k=-\infty}^{+\infty}$$

是 l^2 的完备正交集。

一个常用不等式为赫尔德积分不等式(或称布尼雅可夫斯基不等式)：对于 $[a, b]$ 上的

可积函数 f 和 g，$p\geqslant 1,q\geqslant 1,p^{-1}+q^{-1}=1$，有

$$\int_a^b |f(x)g(x)|\,\mathrm{d}x \leqslant \left[\int_a^b |f(x)|^p\,\mathrm{d}x\right]^{\frac{1}{p}}\left[\int_a^b |g(x)|^q\,\mathrm{d}x\right]^{\frac{1}{q}}$$

当 $p=2$、$q=2$ 的特殊情况下

$$\int_a^b |f(x)g(x)|\,\mathrm{d}x \leqslant \left[\int_a^b |f(x)|^2\,\mathrm{d}x\right]^{\frac{1}{2}}\left[\int_a^b |g(x)|^2\,\mathrm{d}x\right]^{\frac{1}{2}}$$

称为施瓦茨不等式。这些不等式同样存在如下离散求和形式。

$$\sum_{n=-\infty}^{+\infty} |x[n]y[n]| \leqslant \left[\sum_{n=-\infty}^{+\infty} |x[n]|^p\right]^{\frac{1}{p}}\left[\sum_{n=-\infty}^{+\infty} |y[n]|^q\right]^{\frac{1}{q}}$$

$$\sum_{n=-\infty}^{+\infty} |x[n]y[n]| \leqslant \left[\sum_{n=-\infty}^{+\infty} |x[n]|^2\right]^{\frac{1}{2}}\left[\sum_{n=-\infty}^{+\infty} |y[n]|^2\right]^{\frac{1}{2}}$$

有时用集合的"并"与"交"符号可方便地表示由多个区间组成一个变量的定义域的情况。若一个变量可在几个区间内取值，例如，t 可在区间 $[a,b]$ 和区间 $[c,d]$ 内取值，称变量 t 的定义域为两个区间的并集，用符号 $\bigcup$ 表示，即 $t\in[a,b]\bigcup[c,d]$。若 t 可在区间 $[a,b]$ 和区间 $[c,d]$ 的公共区间取值，称变量 t 的定义域为两个区间的交集，用符号 $\bigcap$ 表示，即 $t\in[a,b]\bigcap[c,d]$，交集的一个具体数值例子为 $t\in[-1,1]\bigcap[0,2]=[0,1]$。

A.2 矩阵的特征分解

对于给定的 $n\times n$ 矩阵 $\boldsymbol{A}$，设有不同的特征值 $\lambda_1,\lambda_2,\cdots,\lambda_n$，对应的特征矢量为 $\boldsymbol{v}_1,\boldsymbol{v}_2,\cdots,\boldsymbol{v}_n$，对于任一个特征值，满足

$$\boldsymbol{A}\boldsymbol{v}_i = \lambda_i\boldsymbol{v}_i$$

将 n 个如上形式的方程，写成矩阵形式为

$$\boldsymbol{A}[\boldsymbol{v}_1,\boldsymbol{v}_2,\cdots,\boldsymbol{v}_n] = [\lambda_1\boldsymbol{v}_1,\lambda_2\boldsymbol{v}_2,\cdots,\lambda_n\boldsymbol{v}_n]$$

定义 $\boldsymbol{V}=[\boldsymbol{v}_1,\boldsymbol{v}_2,\cdots,\boldsymbol{v}_n]$，$\boldsymbol{\Lambda}=\mathrm{diag}(\lambda_1,\lambda_2,\cdots,\lambda_n)$，上式表示为

$$\boldsymbol{A}\boldsymbol{V} = \boldsymbol{V}\boldsymbol{\Lambda}$$

若 $\lambda_1,\lambda_2,\cdots,\lambda_n$ 各不相同，则 $\boldsymbol{v}_1,\boldsymbol{v}_2,\cdots,\boldsymbol{v}_n$ 线性独立，因此 $\boldsymbol{V}$ 的秩为 n 并可逆，矩阵 $\boldsymbol{A}$ 分解为

$$\boldsymbol{A} = \boldsymbol{V}\boldsymbol{\Lambda}\boldsymbol{V}^{-1}$$

如果 $\boldsymbol{A}$ 是共轭对称的，$\boldsymbol{v}_1,\boldsymbol{v}_2,\cdots,\boldsymbol{v}_n$ 是相互正交的和归一化的，$\boldsymbol{V}$ 是酉矩阵，即 $\boldsymbol{V}^{\mathrm{H}}=\boldsymbol{V}^{-1}$，矩阵 $\boldsymbol{A}$ 分解为

$$\boldsymbol{A} = \boldsymbol{V}\boldsymbol{\Lambda}\boldsymbol{V}^{\mathrm{H}} = \sum_{i=1}^n \lambda_i\boldsymbol{v}_i\boldsymbol{v}_i^{\mathrm{H}}$$

上式称为谱定理（spectral theorem）。

由谱定理，如果 $\boldsymbol{A}$ 是非奇异的，其逆矩阵可表示为

$$\boldsymbol{A}^{-1} = (\boldsymbol{V}\boldsymbol{\Lambda}\boldsymbol{V}^{\mathrm{H}})^{-1} = \boldsymbol{V}\boldsymbol{\Lambda}^{-1}\boldsymbol{V}^{\mathrm{H}} = \sum_{i=1}^n \frac{1}{\lambda_i}\boldsymbol{v}_i\boldsymbol{v}_i^{\mathrm{H}}$$

由于 $\boldsymbol{V}$ 是酉矩阵，还可以得到

$$I = VV^{\mathrm{H}} = \sum_{i=1}^{n} v_i v_i^{\mathrm{H}}$$

A.3　方程组的最小二乘解

从解方程观点来引入最小二乘（LS）问题，设有一线性方程组

$$Ax = b \tag{A.3.1}$$

当 A 是可逆的 $N \times N$ 方阵时，方程组式（A.3.1）的解是熟知的，但当方程数目 N 不等于变量个数 M 时，也就是说当 A 不再是方阵时（A 是 $N \times M$ 矩阵），问题的解要复杂得多。

当 $N > M$ 时，从数学意义上讲，除非满足特定的条件，否则方程组式（A.3.1）可能无解。但如果方程组描述的是一个工程问题时，实际上总希望得到一个可用的解。方程组无解的原因很多：一种原因是用测量的数据构成系数矩阵 A 和矢量 b 时引入了噪声所致；另一种原因是实际中确实不存在准确的解。对这个问题，一个实际的解是找到一个 x，使如下二乘误差最小

$$J(x) = \| Ax - b \|^2 = (Ax - b)^{\mathrm{T}}(Ax - b) \tag{A.3.2}$$

使式（A.3.2）最小的 x，仍不能使式（A.3.1）成为等式，但却是使式（A.3.1）在二乘误差（稍后就会看到，二乘误差是一个有限误差平方和）意义上最近似成立的解。这个解称为 LS 解。令

$$\frac{\partial J(x)}{\partial x} = \frac{\partial (b^{\mathrm{T}}b - b^{\mathrm{T}}Ax - (Ax)^{\mathrm{T}}b + x^{\mathrm{T}}A^{\mathrm{T}}Ax)}{\partial x} = -2A^{\mathrm{T}}b + 2A^{\mathrm{T}}Ax = 0$$

LS 解满足方程

$$A^{\mathrm{T}}Ax = A^{\mathrm{T}}b$$

上式的方程称为 LS 的正则方程，如果 $A^{\mathrm{T}}A$ 可逆，得到

$$x = (A^{\mathrm{T}}A)^{-1}A^{\mathrm{T}}b \tag{A.3.3}$$

可以证明，如果 A 满秩，即 A 的各列线性无关，$(A^{\mathrm{T}}A)^{-1}$ 存在，称

$$A^{+} = (A^{\mathrm{T}}A)^{-1}A^{\mathrm{T}} \tag{A.3.4}$$

为 A 的伪逆。

$N > M$ 表示方程数目超过未知量数目，这是 LS 的过确定问题。在信号处理中，主要遇到的是过确定情况。

对式（A.3.2）的解释，可以稍做变化，令

$$b - Ax = e$$

这里 $e = [e_1, e_2, \cdots, e_N]^{\mathrm{T}}$ 相当于误差矢量，可以看作是因为 b 中引入了这个扰动 e，而使得方程不再成立，式（A.3.2）的含义是求使误差和最小的解，即令

$$J(x) = \| Ax - b \|^2 = \sum_{i=1}^{N} | e_i |^2 \tag{A.3.5}$$

最小得到的解 x。式（A.3.5）是 LS 目标函数的一般形式，即 LS 是求使误差和最小的解。

参 考 文 献

数字信号处理教材

[1]　Oppenheim A V，Schafer R W. Discrete-Time Signal Processing［M］. 3rd ed. Upper Saddle River：Prentice Hall，2010(中译本：离散时间信号处理［M］.刘树棠，黄建国，译.2 版.西安：西安交通大学出版社，2001).

[2]　应启珩，冯一云，窦维蓓.离散时间信号分析和处理［M］.北京：清华大学出版社，2001.

[3]　Proakis J G，Manolakis D G. Digital Signal Processing：Principles，Algorithm and Application［M］. 4th ed. Upper Saddle River：Prentice Hall，2007 (中译本：数字信号处理：原理，算法与应用［M］.方艳梅，刘永清，等译.4 版.北京：电子工业出版社，2014).

[4]　Mitra S K. Digital Signal Processing—A Computer-Based Approach［M］. New York：McGraw-Hill，2005(中译本：数字信号处理——基于计算机的方法［M］.孙洪，等译.3 版.北京：电子工业出版社，2006).

[5]　Papoulis A. Signal Analysis［M］. New York：McGraw-Hill，1977 (中译本：信号分析［M］.毛培法译.北京：科学出版社，1981).

[6]　McClellan J H，Schafer R W，Yoder M A. DSP First：A Multimedia Approach［M］. Upper Saddle River：Prentice Hall，1998.

[7]　Rabiner L R，Gold B. Theory and Application in Digital Signal Processing［M］. Upper Saddle River：Prentice Hall，1975.

[8]　Ingle V K，Proakis，J G. Digital Signal Processing using MATLAB［M］. 2nd ed. Singapore：Cengage Learning，2007.

[9]　E Ifeachor C，Jevis B W. Digital Signal Processing，A Practical Approach［M］. 2nd ed. New York：Pearson Education Limited，2002.

[10]　Madisetti Vijay K. The Digital Signal Processing Handbook［M］. 2nd ed. Boca Raton，FL：CRC Press，2010.

[11]　胡广书.数字信号处理：理论，算法和实现［M］.3 版.北京：清华大学出版社，2012.

[12]　吴镇扬.数字信号处理［M］.北京：高等教育出版社，2004.

[13]　陈后金.数字信号处理［M］.北京：高等教育出版社，2004.

[14]　程佩青.数字信号处理教程［M］.3 版.北京：清华大学出版社，2006.

[15]　姚天任.数字信号处理［M］.北京：清华大学出版社，2011.

[16]　Brigham E O. The Fast Fourier Transform and Its Application［M］. Upper Saddle River：Prentice Hall，1988.

[17]　Gold B，Rader C M. Digital Processing of Signals［M］. New York：McGraw-Hill，1969.

信号与系统教材

[18]　Haykin S，Van Veen B. Signal and System［M］. 2nd ed. Hoboken：John Wiley & Sons Inc. ，2003.

[19]　郑君里，应启珩，杨为理.信号与系统［M］.2 版.北京：高等教育出版社，2000.

[20]　Bracewell R N. The Fourier Transform and Its Application［M］. 3rd ed. New York：McGraw-Hill，2000(中译本：傅里叶变换及其应用［M］.殷勤业，张建国，译.西安：西安交通大学出版社，2005).

[21]　Papoulis A. The Fourier Integral and Its Applications［M］. New York：McGraw-Hill，1962.

多采样率、小波与时频分析

[22] Vaidynathan P P. Multirate System and Filter Banks [M]. Upper Saddle River：Prentice Hall, 1993.

[23] Crochiere R E. Multirate Digital Signal Processing [M]. Upper Saddle River：Prentice Hall, 1983.

[24] Fliege N J. Multirate Digital Signal Processing：Multirate System，Filter Banks，Wavelets [M]. Hoboken：John Wiley & Sons Inc. , 1994.

[25] Akansu A N, Haddad R A, Multiresolution Signal Decomposition：Transforms, Subbands, Wavelets [M]. Amsterdam：Academic Press Inc. , 1992.

[26] Daubechies I. Ten Lecture on Wavelet [M]. Rhode：SIAM, 1992.

[27] Vetteli M，Kovaccevic J. Wavelet and Subband Coding [M]. Upper Saddle River：Prentice Hall, 1995.

[28] Akansu AN, Haddad R A. Multiresolution Signal Decomposition：Transforms, Subbands, Wavelets [M]. Amsterdam：Academic Press Inc. , 1992.

[29] Strang G, Nguyen T. Wavelet and Filter Banks [M]. Boston：Wellesley-Cambridge Press, 1997.

[30] Mallat S. A Wavelet Tour of Signal Processing：The Sparse Way [M]. 3rd ed. Amsterdam：Academic Press Inc. , 2009.

[31] Cohen L. Time-frequency Analysis：Theory and Application [M]. Upper Saddle River：Prentice Hall, 1996(中译本：时-频分析：理论与应用 [M]. 白居宪，译. 西安：西安交通大学出版社, 1999).

[32] Qian Shie. Introduction to Time-Frequency and Wavelet Transforms [M]. Upper Saddle River：Prentice-Hall, 2002.

频谱分析

[33] Kay S M. Modern Spectral Estimation：Theory & Application [M]. Upper Saddle River：Prentice-Hall, 1988(中译本：现代谱估计：原理和应用 [M]. 黄建国，武延祥，杨世兴，译. 北京：科学出版社, 1994).

[34] Marple S L. Digital Spectral Analysis with Application [M]. Upper Saddle River：Prentice-Hall, 1987.

[35] Stoica P. Introduction to Spectral Analysis [M]. Upper Saddle River：Prentice Hall, 1997.

[36] Childers D G. Modern Spectrum Analysis [M]. Piscataway：IEEE Press, 1978.

[37] Haykin S. Nonlinear Method of Spectral Analysis [M]. 2nd ed. Heidelberg：Springer-Verlag, 1983 (中译本：谱分析的非线性方法 [M]. 茅于海，译. 北京：科学出版社, 1986).

[38] 王宏禹. 现代谱估计 [M]. 南京：东南大学出版社, 1990.

[39] 肖先赐. 现代谱估计：原理与应用 [M]. 哈尔滨：哈尔滨工业大学出版社, 1991.

最优滤波与自适应滤波

[40] Haykin S. Adaptive Filter Theory [M]. 4th ed. Upper Saddle River：Prentice Hall, 2002 (中译本：自适应滤波其原理 [M]. 郑宝玉，译. 北京：电子工业出版社, 2010).

[41] Anderson B D, Moore J B. Optimal Filtering [M]. Upper Saddle River：Prentice-Hall, 1979.

[42] Kailath T, Sayed A H, Hassibi B. Linear Estimation [M] Upper Saddle River：Prentice Hall, 1990.

[43] Sayed A H. Adaptive Filters [M]. Hoboken：Wiley-Interscience, 2008.

[44] Widrow B, Stearns S D. Adaptive Signal Processing [M]. Upper Saddle River：Prentice Hall, 1985 (中译本：自适应信号处理 [M]. 王永德，译. 成都：四川大学出版社, 1991).

[45] Alexander S T. Adaptive Signal Processing：Theory and Applications [M]. Heidelberg：Springer-Verlag, 1986.

[46] 张旭东，陆明泉. 离散随机信号处理 [M]. 北京：清华大学出版社, 2005.

信号处理相关应用

[47] Proakis J G. Digital Communication [M]. 4th ed. NewYork：McGraw-Hill Education，2001（中译本：数字通信 [M]. 张力军，张宗橙，郑宝玉，等译. 4 版. 北京：电子工业出版社，2003）.

[48] Rice M. Digital Communications：A Discrete-Time Approach [M]. New York：Pearson Education Inc.，2009.

[49] Jeruchim M C，Balaban P，K，Shanmugan S. Simulation of Communication Systems-Modeling，Methodology，and Techniques [M]. 2nd ed. Boston：Kluwer Academic，2000.

[50] Tranter W H. 通信系统仿真原理与无线应用 [M]. 肖明波，杨光松，许芳，等译. 北京：机械工业出版社，2005.

[51] Richards M. Fundamentals of Radar Signal Processing[M]. NewYork：McGraw-Hill Education，2005.

[52] Skolnik M I. Introduction to Radar Systems [M]. 3rd ed. NewYork：McGraw-Hill，2001（中译本：雷达系统导论 [M]. 左群声，徐国良，马林，等译. 北京：电子工业出版社，2006）.

[53] Cumming I G，Wong F H. Digital Processing of Synthetic Radar Data Algorithms and Implementation [M]. Fitchburg：Artech House Inc.，2005（中译本：合成孔径雷达成像——算法与实现 [M]. 洪文，胡东辉，译. 北京：电子工业出版社，2012）.

[54] Meyer-Baese U. Digital Signal Processing with Field Programmable Gate Arrays [M]. 2nd ed. Heidelberg：Springer Press Ltd.，2004.

[55] 杨行峻，迟惠生. 语音信号数字处理 [M]. 北京：电子工业出版社，1995.

[56] Rabiner L R，R Schafer W，Digital Processing of Speech Signals [M]. Upper Saddle River：Prentice-Hall，1978.

[57] Jain A K. Fundamentals of Digital Image Processing [M]. Upper Saddle River：Prentice Hall，1989.

[58] 张旭东，卢国栋，冯健. 图像编码基础与小波压缩技术 [M]. 北京：清华大学出版社，2003.

[59] Rao K R，Yip P. Discrete Cosine Transform：Algorithm，Advantages，Application [M]. Amsterdam：Academic Press Inc.，1990.

[60] Eldar Y C，Kutyniok G. Compressed Sensing：Theory and Applications [M]. Cambridge：Cambridge University Press，2012.

MATLAB 应用

[61] 赵红怡，张常年. 数字信号处理及其 MATLAB 实现 [M]. 北京：化学工业出版社，2002.

[62] 万建伟，王玲. 信号处理仿真技术 [M]. 长沙：国防科技大学出版社，2008.

[63] 陈怀琛. 数字信号处理教程——MATLAB 释义与实现 [M]. 北京：电子工业出版社，2004.

学术论文（仅列出写作本书直接参考的论文）

[64] Atlas L，Duhamel P. Recent Development in The Core of Digital Signal Processing [J]. IEEE Signal Magazine，1999，16：16-31.

[65] Burg J P. The Relationship Between Maximum Entropy Spectral and Maximum Likelihood Spectra [J]. Geophysics，1972，37：375-376.

[66] Cadzow J A. Spectrum EStimation：An Over-determined Rational Model Equation Approach [J]. Proceedings of the IEEE，1982，70(9)：907-939.

[67] Candes E J，Romberg J，Tao T. Robust Uncertainty Principles：Exact Signal Reconstruction from Highly Incomplete Frequency Information [J]. IEEE Trans Information Theory，2006，52：489-509.

[68] A Cohen.，Daubechies I.，Feauvean J. C. Biorthogonal Bases of Compactly Supported Wavelets [J]. Communication on Pure and Application Math，1992，45：485-560.

[69] Cooley J W，Tukey J W. An Algorithm For the Machine Computation of Complex Fourier Series [J].

Mathematics of Computation,1965,19: 297-301.

[70] Daubechies I. Orthonormal Bases of Compactly Supported Wavelets [J]. Communication on Pure and Applied Math. 1988,41: 909-996.

[71] Donoho D L. Compressed Sensing [J]. IEEE Trans. Information Theory,2006,52: 1289-1306.

[72] Duhamel P,Hollmann H. Splix-Radix FFT Algorithm [J]. Electronics Letters,1984,20: 14-16.

[73] Harris R W,Chabries D M, et al. A Variable Step (VS) Adaptive Filter Algorithm [J]. IEEE Transactions on Acoustics Speech and Signal Processing,1986,34(2): 309-316.

[74] Huang N E, Wu Z. A Review on Hilbert-Huang Transform: Method and Its Application to Geophysical Studied [J]. Review of Geophysics,2008,46.

[75] Huang N E,et al. The Empirical Mode Decomposition and the Hilbert Spectrum for Nonlinear and Non-Stationary Time Series Analysis [J]. Proceedings: Mathematical, Physical and Engineering Sciences,1998,454(1971): 903-995.

[76] Johnston J D. A Filter Family Designed for Use in Quadrature Mirror Filter Banks [C]//Proceeding of ICASSP,IEEE,1980: 291-294.

[77] Kaiser J F. Non-recursive Digital Filter Design Using the I0-sinh Window Function [C]// ICCAS,1974.

[78] Kay S M,Marple S L. Spectrum analysis,a modern perspective [C]//Proceeding of IEEE,1981,69: 1380-1419.

[79] Loeffler C,Ligtenberg A,Moschytz G S. Practical fast 1-D DCT Algorithms with 11 Multiplications [C]//ICASSP,1989: 988-991.

[80] Mallat S. A Theory for Multiresolution Signal Decomposition: the Wavelet Representation [J]. IEEE Trans. On PAMI,1989,11(7): 674-693.

[81] Marple S L. A new Autoregressive Spectrum Analysis Algorithm [J]. IEEE Transactions on Acoustics Speech and Signal Processing,1980,28: 441-454.

[82] Oppenheim A V,Weinstein C W. Effects of Finite Register Length in Digital Filters and the Fast Fourier Transform [J]. Proc. IEEE,1972,60: 957-976.

[83] Parks T W,McClellan J H. Chebyshev Approximation for Non-recursive Digital Filters with Linear Phase [J]. IEEE Trans. Circuit Theory,1972,19: 189-194.

[84] Parks T W,McClellan J H. A Program for the Design of Linear Phase Finite Impulse Response Filters [J]. IEEE Trans. On Audio Electroacoustics,1972,20(3): 195-199.

[85] Peng Z K, et al. A Comparison Study of Improved Hilbert-Huang Transform and Wavelet Transform: Application to Fault Diagnosis for Rolling Bearing [J]. Mechanical Systems and Signal Processing,2005,19: 974-988.

[86] Rabiner L R,Schafer R W,Rader C M. The Chirp z-transform Algorithm [J]. IEEE Trans. On Audio Electroacoustics,1969,17: 86-92.

[87] Sayed A H, Kailath T. A State-space Approach to Adaptive RLS Filtering [J]. IEEE Signal Processing Magazine,1994,11: 18-60.

[88] Vaidynathan P P. On Power Complementary FIR Filters [J]. IEEE Trans. CAS, 1985, 32: 1308-1310.

[89] Wang Z D. The Discrete W Transform [J]. Appl. Math. Comput. ,1985,16: 19-48.

[90] Wiener N. Extrapolation,Interpolation and Smoothing of Stationary Times Series [M]. Cambridge: MIT Press,1949.

图书资源支持

感谢您一直以来对清华大学出版社图书的支持和爱护。为了配合本书的使用，本书提供配套的资源，有需求的读者请扫描下方的"书圈"微信公众号二维码，在图书专区下载，也可以拨打电话或发送电子邮件咨询。

如果您在使用本书的过程中遇到了什么问题，或者有相关图书出版计划，也请您发邮件告诉我们，以便我们更好地为您服务。

我们的联系方式：

地　　址：北京市海淀区双清路学研大厦 A 座 701

邮　　编：100084

电　　话：010-83470236　010-83470237

资源下载：http://www.tup.com.cn

客服邮箱：tupjsj@vip.163.com

QQ：2301891038（请写明您的单位和姓名）

用微信扫一扫右边的二维码，即可关注清华大学出版社公众号。

教学资源·教学样书·新书信息

人工智能科学与技术
人工智能|电子通信|自动控制

资料下载·样书申请

书圈